生态农业丛书

土壤生态研究与展望

张福锁 等 编著

科 学 出 版 社
龍 門 書 局
北 京

内 容 简 介

土壤中蕴育了大量的生命有机体，这些生命有机体及其环境组成了土壤生态系统。土壤生态系统中土壤生物之间的互作，以及土壤和环境之间的物质、能量和信息流的传递和流动，形成了纷繁复杂的地下网络和生态过程。本书重点介绍了近年来国内外在植物与土壤生物（动物和微生物）、土壤动物与微生物、土壤动物与动物、植物根系与根系、土壤微生物与微生物之间的互作及其生态功能、在生态农业中的重要作用等研究与应用方面的最新进展，并对今后的工作进行了展望。内容上兼顾学术性和科普性，同时侧重实用性。

本书供农业生态、土壤、植物营养相关领域科研和应用工作者、大专院校相关专业研究生、政策制定者等参考使用。

图书在版编目（CIP）数据

土壤生态研究与展望 / 张福锁等编著. —北京：龙门书局，2024.1
（生态农业丛书）
国家出版基金项目
ISBN 978-7-5088-6364-1

Ⅰ. ①土…　Ⅱ. ①张…　Ⅲ. ①土壤生态学-研究　Ⅳ. ①S154.1

中国国家版本馆 CIP 数据核字（2023）第 245845 号

责任编辑：吴卓晶 / 责任校对：赵丽杰
责任印制：肖 兴 / 封面设计：东方人华平面设计部

科学出版社
龍門書局 出版
北京东黄城根北街 16 号
邮政编码：100717
http://www.sciencep.com
北京中科印刷有限公司 印刷
科学出版社发行　各地新华书店经销
*
2024 年 1 月第 一 版　开本：720×1000 1/16
2024 年 1 月第一次印刷　印张：27 1/2
字数：550 000

定价：279.00 元

（如有印装质量问题，我社负责调换）
销售部电话 010-62136230　编辑部电话 010-62143239（BN12）

《土壤生态研究与展望》

编委会

各章主要编写人员如下：

第 1 章：李海港　金可默　申建波　张福锁

第 2 章：范分良　宋阿琳　李　娟　丁国春

第 3 章：胡　锋　刘满强　俞道远　刘　婷　龚　鑫　孙　静

第 4 章：梁文举　李　琪　张晓珂　李英滨　杜晓芳

第 5 章：李　隆　许华森　李小飞　张炜平　杨　浩

第 6 章：冯　固　张　林　石晶晶　宋春旭　彭静静　王秀荣　韦　中

第 7 章：刘满强　陈小云　靳　楠　朱柏菁　蒋林惠

第 8 章：张玉雪　蒋瑀霁　孙　波　朱　峰

第 9 章：孔垂华

第 10 章：刘　婷　胡　锋　刘满强

第 11 章：张俊伶　张江周　马煜卿　贾吉玉

第 12 章：李　季　许　艇　孟凡乔　吕贻忠　车宗贤　杨劲松

李花粉　蒋建东　朱永官　孟　梁　韩　卉　韩　笑

生态农业丛书 序 言

世界农业经历了从原始的刀耕火种、自给自足的个体农业到常规的现代化农业，人们通过科学技术的进步和土地利用的集约化，在农业上取得了巨大成就，但建立在消耗大量资源和石油基础上的现代工业化农业也带来了一些严重的弊端，并引发一系列全球性问题，包括土地减少、化肥农药过量使用、荒漠化在干旱与半干旱地区的发展、环境污染、生物多样性丧失等。然而，粮食的保证、食物安全和农村贫困仍然困扰着世界上的许多国家。造成这些问题的原因是多样的，其中农业的发展方向与道路成为人们思索与考虑的焦点。因此，在不降低产量前提下螺旋上升式发展生态农业，已经迫在眉睫。低碳、绿色科技加持的现代生态农业，可以缓解生态危机、改善环境和生态系统，更高质量地促进乡村振兴。

现代生态农业要求把发展粮食与多种经济作物生产、发展农业与第二三产业结合起来，利用传统农业的精华和现代科技成果，通过人工干预自然生态，实现发展与环境协调、资源利用与资源保护兼顾，形成生态与经济两个良性循环，实现经济效益、生态效益和社会效益的统一。随着中国城市化进程的加速与线上网络、线下道路的快速发展，生态农业的概念和空间进一步深化。值此经济高速发展、技术手段层出不穷的时代，出版具有战略性、指导性的生态农业丛书，不仅符合当前政策，而且利国利民。为此，我们组织编写了本套生态农业丛书。

为了更好地明确本套丛书的撰写思路，于 2018 年 10 月召开编委会第一次会议，厘清生态农业的内涵和外延，确定丛书框架和分册组成，明确了编写要求等。2019 年 1 月召开了编委会第二次会议，进一步确定了丛书的定位；重申了丛书的内容安排比例；提出丛书的目标是总结中国近 20 年来的生态农业研究与实践，促进中国生态农业的落地实施；给出样章及版式建议；规定丛书撰写时间节点、进度要求、质量保障和控制措施。

生态农业丛书共 13 个分册，具体如下：《现代生态农业研究与展望》《生态农田实践与展望》《生态林业工程研究与展望》《中药生态农业研究与展望》《生态茶业研究与展望》《草地农业的理论与实践》《生态养殖研究与展望》《生态菌物研究与展望》《资源昆虫生态利用与展望》《土壤生态研究与展望》《食品生态加工研究与展望》《农林生物质废弃物生态利用研究与展望》《农业循环经济的理论与实践》。13 个分册涉及总论、农田、林业、中药、茶业、草业、养殖业、菌物、昆虫利用、土壤保护、食品加工、农林废弃物利用和农业循环经济，系统阐释了生态农业的理论研究进展、生产实践模式，并对未来发展进行了展望。

本套丛书从前期策划、编委会会议召开、组织撰写到最后出版，历经近 4 年的时间。从提纲确定到最后的定稿，自始至终都得到了李文华院士、沈国舫院士和刘旭院士等编委会专家的精心指导；各位参编人员在丛书的撰写中花费了大量的时间和精力；朱有勇院士和骆世明教授为本套丛书写了专家推荐意见书，在此一并表示感谢！同时，感谢国家出版基金项目（项目编号：2022S-021）对本套丛书的资助。

我国乃至全球的生态农业均处在发展过程中，许多问题有待深入探索。尤其是在新的形势下，丛书关注的一些研究领域可能有了新的发展，也可能有新的、好的生态农业的理论与实践没有收录进来。同时，由于丛书涉及领域较广，学科交叉较多，丛书的撰写及统稿历经近 4 年的时间，疏漏之处在所难免，恳请读者给予批评和指正。

生态农业丛书编委会

2022 年 7 月

前　言

纵观古今中外，人类对土壤的了解和认知是一个由浅入深、由窄到宽、由表及里的过程。早在公元前3世纪，《周礼》（郑玄注）中就有“万物自生焉则曰土，以人所耕而树艺焉则曰壤”的描述，这种把土与壤联系起来的观点是世界上最早对土壤概念的朴素解释，即“土”指自然土壤，而“壤”指农业土壤。现代土壤学和生态学认为，土壤是有生命的历史自然体，是土壤生物与非生物环境构成的独特生态系统——土壤生态系统，其在地球表层系统及大农业系统中居于枢纽地位，起着至关重要的作用，维系着全球生态环境安全与人类的食品安全。

土壤生态学是关于土壤生物与环境相互关系的科学，其核心是探究土壤生物群落与多样性分布和演变规律、土壤生物之间及土壤生物与环境之间的相互作用机制、物质能量转化及信息传递等生态过程，旨在揭示土壤生态系统的结构、功能及调控利用途径。作为一门新兴交叉分支学科，土壤生态学的历史虽然并不久远，但已取得了长足的进步和发展，这得益于全球和区域土壤生态与环境问题的驱动、相关学科新理论和新技术的支撑及不同专业科学工作者的协同攻关。

近年来，国际社会对系统解决资源、环境和生态问题，加快实现联合国2030年可持续发展目标倍加关注，国内外高度重视农业持续发展模式、土壤退化与生态修复、土壤健康综合管理等问题。当前，我国的集约化农业到了新的历史转折点，必须改变外部投入高、资源效率低、污染风险大的传统生产方式，以绿色发展为导向，走出一条具有中国特色的农业现代化之路。其中，土壤健康是农业绿色发展的基石。深入挖掘土壤生物多样性的资源潜力，强化土壤生物学过程及其与物理化学过程的耦联增效，协同地上和地下生物的互作互惠，是培育健康土壤、增强农业生态系统服务、维护人类健康福祉、保障国家乃至全球生态安全的重要路径，也是土壤生态学的重要发展方向和土壤生态科技工作者肩负的重要使命。

《土壤生态研究与展望》是生态农业丛书之一，本书编写的主要意图是介绍近20年来尤其是近10年来国内外土壤生态学研究的基本概况、重要进展、应用领域和发展趋势，为国内同行和相关人员提供参考和借鉴。鉴于该学科发展快、涉及面广、交叉性强，本书内容突出了生物互作及其调控利用这一主线，即在介绍土壤生态系统3个主要功能组分或关键生态过程研究概况（第1～3章，包括植物根际生态、土壤微生物生态、土壤动物生态）的基础上，着重阐述不同类型和层级的生物相互作用与调控机制（第4～9章，包括土壤食物网、植物及根系互作、植物与微生物互作、植物与土壤动物互作、土壤动物与微生物互作、植物次生物质介导的土壤生物化学作用），最后拓展到3个热点与综合应用领域（第10～12章，分别为土壤生态系统服务功能与利用、土壤健康与调控、土壤生态工程）。本书提供了较为翔实的研究和应用案例，便于读者参阅；插入了概念图示，尽量做到图文并茂、文字或术语简明易懂，以增强直观性和可读性，同时起到科普效果。

本书由张福锁担任主任，李隆和胡锋担任副主任，并成立了由李海港、范分良、梁文举、冯固、刘满强、朱峰、孙波、孔垂华、张俊伶、李季、申建波组成的编委会，负责书稿的编写组织，以及修改和统稿等工作。各章编写人员如下：第1章由李海港、金可默、申建波、张福锁编写；第2章由范分良、宋阿琳、李娟、丁国春编写；第3章由胡锋、刘满强、俞道远、刘婷、龚鑫、孙静编写；第4章由梁文举、李琪、张晓珂、李英滨、杜晓芳编写；第5章由李隆、许华森、李小飞、张炜平、杨浩编写；第6章由冯固、张林、石晶晶、宋春旭、彭静静、王秀荣、韦中编写；第7章由刘满强、陈小云、靳楠、朱柏菁、蒋林惠编写；第8章由张玉雪、蒋瑀霁、孙波、朱峰编写；第9章由孔垂华编写；第10章由刘婷、胡锋、刘满强编写；第11章由张俊伶、张江周、马煜卿、贾吉玉编写；第12章由李季、许艇、孟凡乔、吕贻忠、车宗贤、杨劲松、李花粉、蒋建东、朱永官、孟梁、韩卉、韩笑编写。上述作者来自全国多所高校和科研单位，包括中国农业大学、南京农业大学、华南农业大学、中国科学院沈阳应用生态研究所、中国科学院遗传与发育生物学研究所、中国科学院南京土壤研究所、中国科学院城市环境研究所、中国农业科学院农业资源与农业区划研究所和生态环境部南京环境科学研究所等。

作者在编写本书的过程中，得到了生态农业丛书编委会专家的精心指导。中国农业大学王敬国教授、李春俭教授，南京农业大学李辉信教授、凌宁教授，中国科学院南京土壤研究所董元华研究员、梁玉婷研究员，上海交通大学邱江平教授，中国科学院沈阳应用生态研究所李琪研究员，南京林业大学阮宏华教授，河南大学丁建清教授等对本书提出了大量建设性意见，在此一并表示诚挚的感谢。

土壤生态学处于快速发展之中，研究领域不断拓展，由于作者水平有限，不足之处在所难免，敬请读者批评指正。

张福锁

2022年5月

目 录

第 1 章

植物根际生态研究与展望

1.1　根际生态系统理论概述

1904 年，德国农学家和植物生理学家 Lorenz Hiltner 在德国农业学术会议上第一次提出了根际（rhizosphere）的概念，这一概念的产生是基于其发现根系周围土壤（根际）的细菌数量显著高于非根际土壤，并通过吸收或者减少土壤有效氮的浓度来增加根瘤的固氮能力。1932 年 Thom 和 Humfeld 发现生长在酸性土壤的植物不同程度地提高了根际土壤 pH，由此将根际研究的范围从微生物数量拓展到了化学性质改变上。经过百余年的研究，根际的神秘面纱逐渐被揭开。根际是受植物根系生长活动影响，在物理、化学和生物学特性上不同于原土体的特殊土壤微域，是植物—土壤—微生物互作的场所。在根际中发生的物理、化学和生物学特性的改变，以及根际互作过程是植物—土壤连续体—地球关键带中最重要的生态过程。这些过程决定着元素的生物有效性和从根土界面向植物与环境迁移过程的速度和方向，以及污染物在土壤中的迁移和转化。随着根际研究技术的不断提高，根际研究的范畴和内涵不断得到丰富和拓展。目前，有关根际研究的内容已远远超出当初的范围，更重要的是根际研究已经不再局限于某一孤立因素，而需要从系统角度研究由植物—土壤—微生物组成的根际微生态系统中不同单元间互作、相互依赖的内在规律。从宏观角度讲，根际生态系统是生物圈、土壤圈、岩石圈、水圈和大气圈共同作用的区域（图 1-1），植物—土壤—微生物及其环境的互作决定了根际生态系统中物质循环的速率和能量传递的效率。根际生态系统的研究一直是生态学、微生物学、土壤学、植物营养学和环境科学等多学科交叉的研究前沿，进行根际生态学理论的深入研究具有重要的科学价值和实践意义。

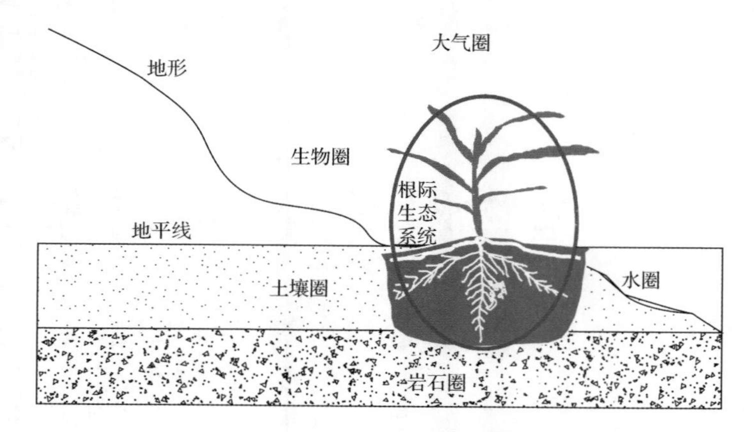

图 1-1　根际生态系统在自然生态系统中的位置

（张福锁 等，2009）

1.1.1　根际生态系统理论框架

根际生态系统是以植物为主体，以根际为核心，以植物—土壤—微生物及其环境条件互作过程为主要研究内容，囊括了从生物遗传，即基因调节和表达等引起的根际竞争，到植物、土壤、微生物及其环境条件互作的各个方面，是一个由基因水平到生态系统水平各个组分构成的特殊系统（张福锁 等，2009）。根际生态系统理论研究的核心问题是根际微生态系统的结构、功能及其调节机理。根际生态系统是植物—土壤—微生物及其环境条件互作的统一体，探讨根际生态系统中生物与非生物成分的分布、数量和空间结构，确定不同层次间的相互关系是根际生态系统结构研究的重要内容，其核心结构包括根际结构和根际生态系统结构。

1. 根际结构

根际自内向外分为 3 个部分（图 1-2），分别是：①内根际（endorhizosphere），是指植物根系皮层和内皮层中可被微生物和元素离子占据的质外体空间；②根面（rhizoplane），是指紧邻根系的空间，包括根表皮和根系黏液所能到达的区域；③外根际（ectorhizosphere），是指根际的最外层，是从根面向土体过渡的空间（McNear Jr，2013），外根际的范围通常处在距根面几个毫米内。

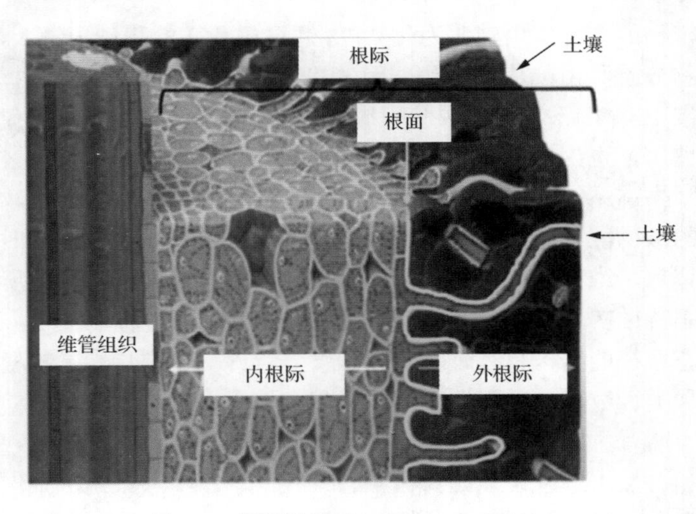

图 1-2　根际结构（McNear Jr，2013）

2. 根际生态系统结构

根际生态系统由 3 个部分组成（图 1-3），包括根系、根系所影响的土壤，以及定植在两者中的微生物。它们之间的互作构成了根际生态系统中最活跃的物理、化学和生物学过程。根系碳淀积作用是根际生态系统最基本的驱动力。自然界的

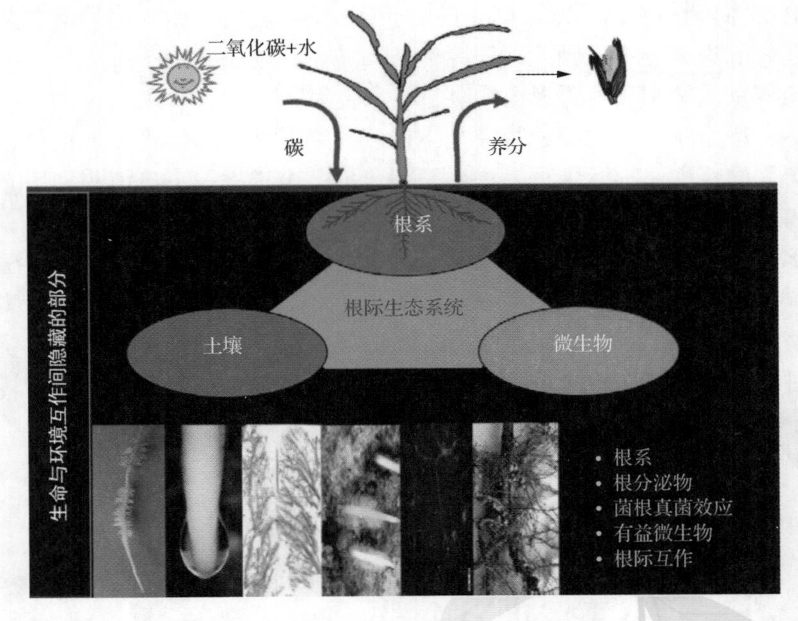

图 1-3　根际生态系统中的植物—土壤—微生物互作（Zhang et al.，2010）

太阳能通过植物的光合作用转化为化学能，通过根系碳淀积作用输入根际土壤中，最后被微生物分解利用，从而驱动根际生态系统的运转和功能的发挥。植物光合作用固定的碳中有 4%～70%以碳淀积的形式被输送到根际中，这不仅改变了根际土壤的理化性质，也为根际微生物提供了能量和碳源，决定了根际过程的强度与方向。在根际生态系统中，植物是生产者，是光合碳的来源；微生物是消费者，以根系淀积的碳为能量来源，产生或改变着根际中的理化过程，同时也是各种有机残体的分解者，维持着生态系统的元素循环和能量循环；土壤是所有根际过程的载体，土壤特性在一定程度上可以增强或者降低根际过程的强度。

根际生态系统的结构具有时空特性和营养特性。时空特性是指根际生态系统中各组分的种类、数量和过程在时间和空间上的分布和动态变化。根际生态系统涵盖了陆地上所有生态系统中的植物—土壤—微生物互作的根际过程，包括了农田生态系统和自然生态系统，如森林生态系统、草原生态系统、荒漠生态系统和水生植物生态系统等。在植物个体生长尺度上，根际生态系统起始于根系的产生，随着根系的生长而发展，随着根系的死亡而消失；在地质历史尺度上，根际生态系统起始于距今 4 亿～5 亿年前植物的登陆，与植物和地球系统共同演化；在个体空间尺度上，根际生态系统的空间结构反映在根际微观物理结构和生物组成在横向与纵向上的异质分布，以及植物—土壤—微生物互作的空间关系；在群落空间尺度上，根际生态系统的空间结构反映在植物群落系统根层中同种或不同种植物根系的空间分布特征，以及不同生态环境下植物群落—微生物群落在某一土壤属性下互作的空间分布。因此，根际生态系统是植物—土壤—微生物之间互作的时间结构和空间结构交互而形成的有机组合体系。

根际生态系统结构的营养特性是指以营养物质循环为纽带，把根际各组分紧密结合起来的特性。根际中营养物质循环包括多个过程：①自植物利用光能将二氧化碳和水转化为碳水化合物起，大部分的碳水化合物被植物自身所利用，另外有相当一部分碳水化合物（20%～50%）分泌到根际，成为根际微生物的碳源（Jones et al., 2009）；②菌根真菌与超过 80%的陆生植物根系形成了菌根［内生菌根（EM）和外生菌根（ECM）］，扩大了植物对养分的吸收空间，菌根真菌从根系获取光合碳的同时，能够不断活化和吸收土壤中的难溶性养分，并把吸收的养分转移到根系；③土壤养分和水分必须经过根际进入植物体内，参与生态系统的物质循环。因此，根际生态系统是一个开放的物质和能量交换的生态系统。

1.1.2 根际生态系统理论的层次性

根际生态系统的概念表明其研究对象从微观的分子、基因水平一直跨越到个体、群体乃至生态系统水平，因而具有明显的层次性（图 1-4）。根际生态系统理论的研究范畴涵盖了从细胞、基因和分子水平直到个体、群体和生态系统水平各个不同层面的研究内容，这一理论的特点是：以根际为中心，以根际微生态系统为研究对象，以植物—土壤—微生物及其环境间互作为研究主线，以根际微生态系统的调控措施为手段，以提高植物生产力、发展可持续农业为最终目标。植物和微生物不断地与其生长的环境进行物质和能量交换，任何环境条件的改变都直接或间接影响植物和微生物的生长，因而整个根际生态系统处于不断变化中，从而表现了动态性。根际生态系统的调控就是不断协调构成根际生态系统的各个组分，即植物、土壤和微生物及其环境条件之间的相互关系，最大限度地发挥该系统的功能，实现系统的可持续发展。

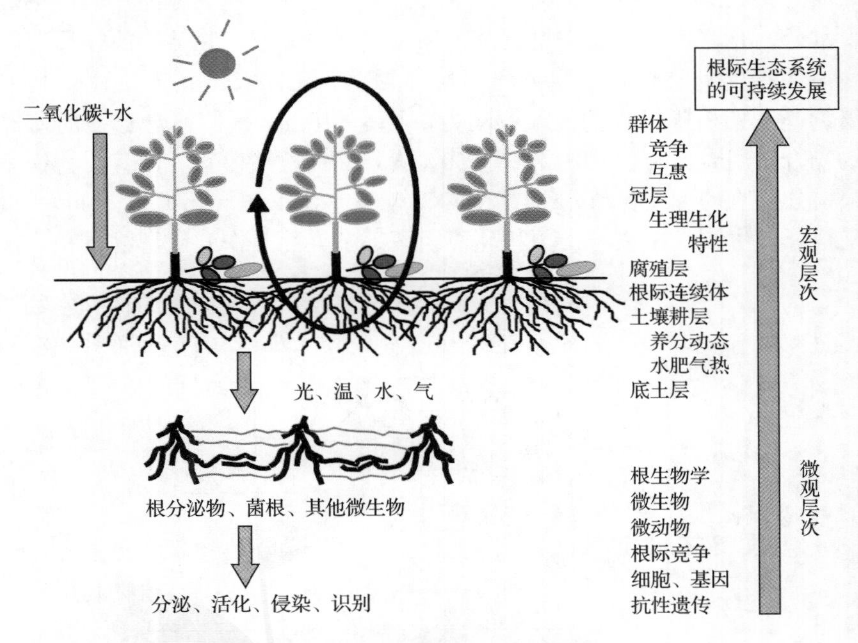

图 1-4　根际生态系统理论的层次性（张福锁 等，2009）

根际生态系统理论研究的内容包括上述过程的每个方面，其研究目的在于揭示植物—土壤—微生物及其环境之间的内在联系，通过根际调控（根际施肥调控、冠根之间的调控、植物与植物间竞争与互惠、化感物质、施用有益菌剂、间套作种植，以及其他的施肥、灌水、打顶、中耕等）优化根际生态系统各组分间的关系（植株冠根比、植物与植物间的关系、植物与微生物间的关系、微生物与微生物间的关系、植物与土壤间的关系、微生物与土壤间的关系等），为植物的生长创造良好的根际生态环境，促进农业的可持续发展（张福锁 等，1995；张福锁和申建波，2007；Zhang et al.，2004；Zhang，2006）。

1.2 根际生态系统的主要过程

从根际生态系统理论的定义中可以看出，根际生态系统强调了植物的主导作用，其研究范畴并不仅局限在根际范围内，而是以植物—土壤—微生物及其环境间互作过程为研究内容。其中，根际是根际生态系统研究的重点。根际环境的变化对植物的生长发育有着深刻的影响。根际作为在物理、化学和生物学特性上不同于土体的微域土区，既是植物—土壤—微生物及其环境互作的热区，也是各种养分、水分、有益物质、有害物质及生物进入根系参与食物链物质循环的门户。根际生态系统的动态过程，主要包括根际物理、化学及生物学过程。其中，根系分泌物是一切根际过程的内在驱动力，更是 Hiltner 根际概念存在的前提。因为植物光合作用合成有机物的 20%～50%被分配到植物根系，而其中大约有一半会以根系分泌物的形式释放到土壤中（Kuzyakov and Domanski，2000）。根系分泌物是根际微生物、植物与土壤和环境因素等多界面互作的信息物质和决定因素（图 1-5）。

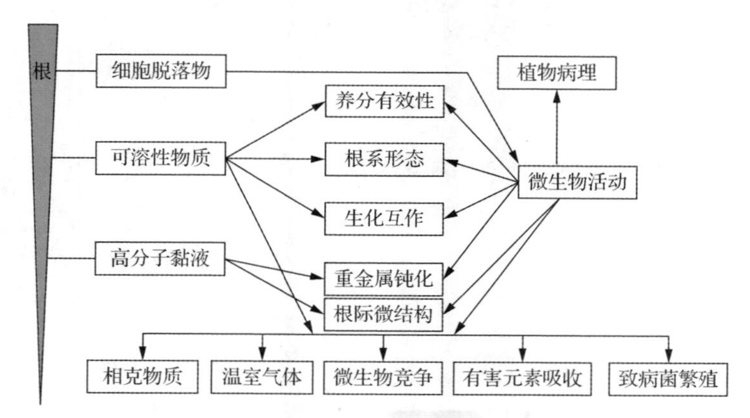

图 1-5 植物根系分泌物驱动的根际过程（张福锁 等，2009）

1.2.1 根际物理过程

根际土壤的物理过程，不断被植物根系分泌物和微生物代谢物的释放所改变和修饰（Hinsinger et al.，2009）。越来越多的研究表明，根系分泌物中存在的某些化合物能够通过分散和胶结土壤，参与根际过程，影响根际的土壤结构（Jin et al.，2017；Wang et al.，2020a，2020b）。植物根系在根际释放不同的有机物质，对土壤结构可能产生不同的影响（图 1-6）。

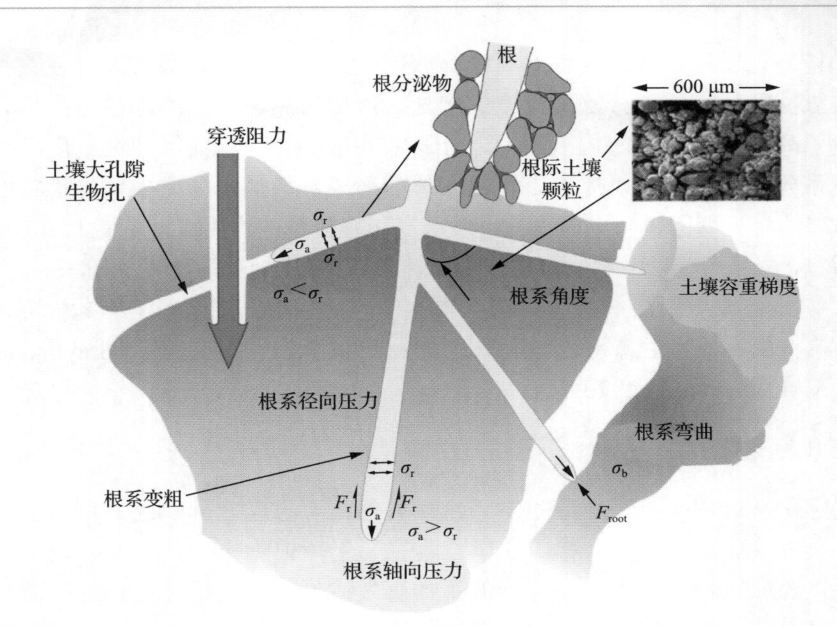

图 1-6　植物根系分泌物驱动的根际物理过程（Jin et al.，2017）

目前，根际物理过程的研究主要通过向土壤中添加植物根系分泌物或合成分泌物，来定性和定量其对土壤结构的影响（Traoré et al.，2000；Peng et al.，2015）。Akhtar 等（2018）使用一种基于硝化纤维的黏附力的测定方法对土壤中可能存在的 20 多种多糖的黏附能力进行了测定。通过对硝化纤维素片的扫描，定量测定了黏附在不同剂量的特定多糖斑点上的土壤质量。其中，黄蓍胶、凝胶多糖、黄原胶和壳聚糖等表现出较强的黏附性，且黏附土壤质量随着添加量的增加而增大。水培法收集奇亚籽、玉米和大麦根系分泌物，通过气相色谱-质谱法（gas chromatography-mass spectrometry，GC-MS）分析发现，大麦中有机酸含量最高，而奇亚籽中糖类（多糖或游离多糖）含量最高，玉米在二者之间。将收集到的分泌物添加到土壤中孵育一段时间，结果显示添加大麦根系分泌物的土壤抗剪切能力弱，即分散性强；而添加玉米和奇亚籽根系分泌物的土壤抗剪切能力强，即胶结性强，土壤结构更稳定（Naveed et al.，2018）。这可能是其中糖类物质丰富，胶结性强，增加了土壤的稳定性；而有机酸的阴离子携带的负电荷被土壤胶体吸附后，土壤颗粒间的斥力增强，土壤更分散（Shanmuganathan and Oades.，1983）。这时，根系释放的黏液和多糖可以起到稳定物质的作用，可能会抵消分散土壤的作用。其中，糖类物质是根系分泌物的主要组分，根系分泌物产生的多糖对土壤颗粒有很强的黏着力，高分子黏胶物质与土壤颗粒互作，促进团聚体的形成及稳定。根系分泌物还会降低根系穿透阻力。Somasundaram 等（2009）发现，土壤压实使土壤中的根际沉积物增多，降低了根系在穿透土壤过程中的摩擦阻力。Oleghe

等（2017）也发现，从奇亚籽涂层中提取的根系分泌液可以极大限度地改善根系生长的机械条件，随着分泌液浓度的增加，砂壤土和黏壤土的渗透阻力均有所降低。除了减小根部生长的机械阻力，分泌液还增强了土壤的回弹性。现有研究表明，根系分泌的黏液可以促进土壤团聚体的形成，增加土壤团聚体的稳定性，而根系分泌的有机酸因带负电荷与土壤胶粒有相互排斥的作用，容易使土壤分散。但整体而言，根系分泌物对根际土壤物理结构的研究还处于快速发展阶段，近年来，随着 X 射线计算机断层成像（X-CT）技术的广泛应用，根系分泌物对根际物理过程的影响将成为根际生态系统理论研究领域新的突破口和创新点（Grayling et al.，2018；Atkinson et al.，2020）。

1.2.2 根际化学过程

根际化学过程一直是根际生态系统研究的主要方向之一，同时也是早期根际领域经典理论建立的起点。根际化学过程主要包括根际 pH 的改变、根系分泌过程及氧化还原过程等。根际中养分的生物有效性受到上述根际化学过程的显著影响。土壤养分有效性与根际 pH 的变化具有紧密的联系，部分植物必需元素（如磷）的有效性在土壤 pH 为中性时达到最高。在缺乏某些营养元素时，植物根系可通过增加一些非专一性或专一性分泌物的分泌，进而增加其在土壤中的有效性。禾本科植物根系能够分泌一种特定的有机分子——植物铁载体——来络合土壤中的三价铁和二价锌，再通过质膜上专门的载体蛋白将络合物吸收至体内；然而，非禾本科植物缺铁时，根系主要依赖分泌质子改变根际的氧化还原电位，以促进土壤中三价铁的还原，增加土壤铁的有效性。因此，根际化学过程能够显著改变土壤养分的有效性，进而影响生态系统中养分的流动或利用效率。

1. 根际 pH

植物可以显著改变根际 pH，使其与土体的 pH 显著不同，最大相差可达 2 个 pH 单位（Marschner，2012）。根际 pH 的变化往往呈现趋中性的趋势。例如，生长在酸性土壤上的玉米和蚕豆会升高根际 pH，而生长在钙质土壤上时则表现为降低根际 pH（Li et al.，2010）。植物对养分离子的选择性吸收而引起阴阳离子吸收的不平衡，是造成根际 pH 变化的主要原因之一（Braschkat and Randall，2004；Shen et al.，2004；Tang et al.，2009）。研究表明：植物根系通过质膜上 H^+-ATPase 将细胞质 pH 一直维持在 7.3 左右，以保障正常生理生化反应的进行；当根系吸收阳离子的数量多于阴离子时，根系会向胞外分泌质子；相反，根系分泌 OH^-、HCO_3^- 或吸收质子（图 1-7）（Hinsinger et al.，2003）。这一现象在豆科牧草上得到很好的验证。Tang 等（1997）发现 12 种豆科牧草阴阳离子吸收的差值与质子分泌量呈直线相关（斜率接近 1）。氮素形态也是改变根系阴阳离子吸收平衡的重要因素之一（Sas et al.，2002；Zhou et al.，2009；Liu et al.，2016）。供应铵态氮肥（阳离子）通常可引起根际酸化，供应硝态氮肥（阴离子）通常会导致根际 pH 升高。根际 pH 的变化存在明显的时空变异性。Tang 等（2004）发现菜豆根际的酸化能力在白天要强于夜间，且在沿根轴方向也存在很大差别。通过平面光极（planar optode）技术结合根箱培养，可以实现对根土界面 pH 的连续动态与原位监测（Blossfeld and Gansert，2007；Rudolph-Mohr et al.，2014；Ma et al.，2019）。研究发现：不同类别根系的根际酸化能力具有显著差异，主根或者节根的根际酸化能力明显强于侧根；同时根际酸化的程度与土壤的含水量和氧气含量密切相关（Rudolph-Mohr et al.，2013，2017；Ma et al.，2019）。

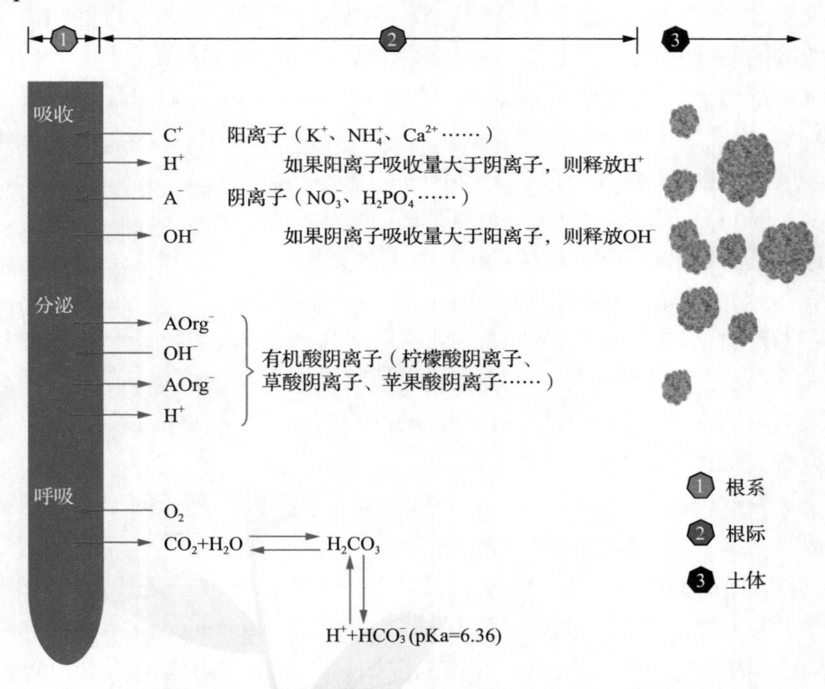

图 1-7　根际 pH 过程中根表养分离子—酸碱交换过程

（Hinsinger et al.，2003，2009；张福锁　等，2009）

磷酸根离子在中性和碱性土壤中，容易与钙离子结合形成磷酸钙盐而发生沉淀，而在酸性土壤中，容易被土壤铁铝氧化物吸附形成植物难以利用的形态（Hinsinger，2001）。当土壤 pH 变化时，土壤磷形态的有效性也随之改变。其中，铁铝磷酸盐的有效性随土壤 pH 上升而增加，而钙磷与之相反。当 pH 大于 8 时，钙磷的有效性又会随土壤 pH 上升而增加。不同种类植物分泌质子的能力具有显著的种间差异。例如，磷胁迫可促进番茄、鹰嘴豆和白羽扇豆根系的质子分泌（Neumann and Römheld，1999），但对小麦根系的质子分泌量并没有显著影响

（Neumann and Römheld，1999；Li et al.，2008a）。此外，同一植物的不同基因型（品种）分泌质子的能力也可能存在巨大的种内变异（Liu et al.，2003；Pang et al.，2018）。Pang 等（2018）研究发现，在低磷供应条件下 100 个具有不同遗传背景的鹰嘴豆基因型根际酸化的范围可以从 0.4 个 pH 单位变化到 1.0 个 pH 单位（$P<0.01$）。总而言之，由植物根系驱动的根际 pH 的改变，是植物响应低磷胁迫的适应性策略，对提高根际土壤磷的生物有效性具有重要意义（Hinsinger，2001；Hinsinger et al.，2003；Lambers et al.，2006）。

2. 有机酸阴离子

植物根系能够分泌小分子有机酸阴离子来适应低磷环境。有机酸阴离子对土壤难溶性磷的活化机制主要包括：有机酸阴离子可竞争土壤颗粒表面对磷酸盐的吸附位点，从而促进磷的解析与释放；有机酸阴离子还可以通过配位体交换（螯合作用），降低土壤中游离的金属离子（铁离子、铝离子和钙离子）对磷酸根的固定作用，进而提高土壤磷的有效性（Jones，1998；Jones et al.，2009；Shen et al.，2011；Wang and Lambers，2020）。有机酸阴离子活化土壤难溶性磷的效力，主要受其含有羧基基团（COOH 或者 COO−）的数量影响，三元羧酸的活化能力高于二元羧酸和一元羧酸（Jones，1998）。例如，就铝磷而言，有机酸阴离子活化效率的次序为柠檬酸阴离子>草酸阴离子>苹果酸阴离子>乙酸阴离子。此外，土壤 pH 和矿物组成是影响有机酸阴离子土壤磷活化效率的重要因素。有机酸阴离子能够显著阻遏土壤含钙晶体生长，从而减轻在晶体生长过程中对磷的固定作用（Qin et al.，2013）。

一般认为低磷胁迫可以促进大部分植物根系有机酸阴离子的分泌，但其有机酸阴离子的分泌能力（种类与数量）与植物的种类、品种/基因型密切相关（George et al.，2004；Lyu et al.，2016；Pang et al.，2018；Wen et al.，2019）。例如，白羽扇豆排根主要分泌苹果酸阴离子和柠檬酸阴离子（Neumann et al.，2000）；菜豆根系除分泌柠檬酸阴离子外，还可分泌酒石酸阴离子、草酸阴离子（Hoffland et al.，1992）；玉米根系分泌的有机酸阴离子种类主要包括苹果酸阴离子、酒石酸阴离子、反乌头酸阴离子、柠檬酸阴离子等（Li et al.，2010）。通过对比研究发现，禾本科作物小麦和玉米的根际有机酸阴离子数量显著低于蚕豆、白羽扇豆等豆科植物（Li et al.，2010；Lyu et al.，2016；Wen et al.，2019）。在低磷胁迫时，白羽扇豆成熟排根有机酸阴离子的分泌量可达到正常供磷植株的 65 倍（Neumann and Römheld，1999）；相反，对于部分物种（如玉米），大量研究证明玉米在磷胁迫下有机酸阴离子的分泌量通常表现为降低（Li et al.，2010；Lyu et al.，2016；Wen et al.，2017），少部分研究结果则显示为增加（Gaume et al.，2001）。在低磷条件下，不同鹰嘴豆基因型间根际有机酸阴离子含量的变异可达到约 6 倍（从 19μmol/g 根干重变化到

115μmol/g 根干重），基因型间根际有机酸阴离子含量与地上部磷浓度呈显著正相关（Pang et al.，2018）；类似的种内变异在大豆上也有发现，在低磷条件下，磷高效大豆基因型的根系有机酸阴离子分泌量显著高于磷低效大豆基因型（Zhu et al.，2016）。此外，根系分泌的有机酸阴离子还可作为碳源，显著影响根际周围微生物的活性，扩大微生物的活动范围，直接或间接地促进根际土壤磷的有效性（Wang and Lambers，2020）。值得注意的是，在自然条件下根际有机酸阴离子的来源除植物根系本身外，还有相当一部分可能来自土壤微生物的分泌（Bais et al.，2006；Jones et al.，2009；Oburger and Jones，2018）。由于受根系主导的分泌过程、土壤颗粒的吸附与解析过程，以及微生物的分解过程等因素的影响，根际中有机酸阴离子的含量时刻处于动态变化中。因此，大部分研究测定的根际有机酸阴离子含量准确来说应属于一个“累积量”，是根系—土壤—微生物互作后的综合结果。

长期以来由于土壤本身的复杂性及传统根系分泌物收集方法的局限性，限制了对地下有机酸分泌过程的了解。Lambers 等（2015）认为，成熟叶片锰浓度可作为地下根际有机酸分泌过程的替代性指标。在缺磷条件下，植物分泌大量的有机酸阴离子，在活化根际难溶性无机磷和有机磷的同时，也伴随着根际土壤中难溶性微量元素（铁、锰、铜和锌）的活化和吸收，最终导致叶片锰（对比其他微量元素）的累积量增加最为明显，成为稳固的指示信号（Gardner and Boundy，1983；Shane and Lambers，2005；Lambers et al.，2015）。上述观点在最近的试验研究中得到进一步验证。Pang 等（2018）研究发现，在磷胁迫条件下 100 个鹰嘴豆基因型的根际有机酸阴离子含量表现了巨大的种内变异，其含量与成熟老叶中的锰浓度呈显著正相关。Yu 等（2020）针对草原物种的研究表明，磷活化能力强（释放更多的有机酸阴离子）的物种通常具有更高的叶片锰浓度，且与非磷活化的物种混种条件下，磷活化能力强的物种可显著提高邻居物种的叶片锰浓度。综上所述，通过地上部叶片锰浓度表征植物地下有机酸的分泌过程，将为作物根系性状快速筛选及植物地下性状的快速识别和对比提供有效和简便的途径，在未来的农学育种与功能生态学中具有广泛的应用空间。

3. 根际酸性磷酸酶

植物并不能直接吸收有机磷。只有当土壤有机磷矿化形成磷酸根离子后，才能被植物根系吸收。磷酸酶水解是有机磷矿化的核心环节，只有通过磷酸酶的水解作用，才能够打断有机磷中 C—P 键，使磷酸根离子脱离下来，成为根系可吸收的有效磷。土壤中的磷酸酶按照影响其活性的最适 pH，可以大致分为两类：酸性磷酸酶和碱性磷酸酶；按照底物的特性来分，可以分为磷酸单酯酶和磷酸双酯酶。其中，植酸酶为酸性磷酸酶和磷酸单酯酶。

增加根表/根际酸性磷酸酶活性是大部分植物适应低磷胁迫的一种普遍反应，

尤其是大部分双子叶植物（Lambers et al.，2006；Shen et al.，2011）。低磷胁迫可以诱导小麦、玉米、油菜、大豆和白羽扇豆等部分常见作物分泌酸性磷酸酶（Richardson and Simpson，2011；Li et al.，2004；Lyu et al.，2016；Razavi et al.，2016）。然而，不同植物种类间分泌酸性磷酸酶的能力具有明显差异（Yadav and Tarafdar，2001；Lyu et al.，2016；Razavi et al.，2016）。Yadav 和 Tarafdar（2001）对 9 种作物（3 种禾本科作物、3 种豆科作物和 3 种油料作物）的对比研究结果表明，豆科作物根系分泌酸性磷酸酶的能力明显高于油料作物和禾本科作物，且根系分泌的酸性磷酸酶活性随着有机磷水解的难易程度依次增强；同时外界可溶性磷酸盐的供应增加时（体内磷水平也随之增加），可显著抑制小麦根系的磷酸酶活性。大量研究结果证明，根际有机磷的耗竭与根际酸性磷酸酶活性的增加密切相关（Tarafdar and Jungk，1987；George et al.，2005）。研究发现，转基因植物根系成功表达和分泌细菌性的植酸酶后，在以肌醇己糖磷酸为唯一磷源的培养条件下，可显著增加植物地上部生物量和磷吸收（Richardson et al.，2000；George et al.，2007），但在更为复杂的土壤条件下该促进作用并不明显（George et al.，2005，2007）。这可能是由于有机磷在土壤中发生了吸附与沉淀反应，从而显著降低了土壤溶液中可溶性有机磷分子浓度，致使磷酸酶的底物不足，最终导致有机磷矿化效率降低。根际有机酸阴离子的释放不仅可以促进难溶性无机磷的解析过程，对有机磷同样有效，通过增加土壤溶液中磷酸酶的底物浓度，促进土壤有机磷的矿化（Lambers et al.，2015）。大量研究验证了上述推论：有机酸阴离子和酸性磷酸酶的混合溶液对砂土磷的活化效果比单一有机酸阴离子或酸性磷酸酶增加 40%～100%（Neumann and Römheld，1999）；根际有机酸阴离子和植酸酶的协同效应，可以显著促进转基因烟草对土壤有机磷的利用及增加地上部的磷含量（Giles et al.，2016）。值得关注的是，除植物根系本身分泌根际酸性磷酸酶外，由根系主导的根际微生物也是其重要来源，共同影响植物对根际有机磷的利用效率（Tarafdar and Claassen，1988；Richardson and Simpson，2011；Zhang et al.，2019a，2019b）。

近年来，土壤酶谱法的建立与普及也大大推动了我们对根土界面上酶学过程的认识和理解（图 1-8）（Spohn and Kuzyakov，2013；Razavi et al.，2016）。对比传统酶研究方法，土壤酶谱法可以图像化和定量化土壤酶活性的时空分布特征，同时具有原位无损和高精度等优势。研究发现，根际酶活性的时空分布表现出明显的物种特异性：扁豆根系纵向（由根尖往上）酶活性的分布相对均一，然而玉米的酶活性主要集中在根尖附近（Razavi et al.，2016）。Liu 等（2017）研究了不同有机肥施用方式对土壤酶活性时空分布的影响，发现局部施用有机肥可以显著降低土壤中酶活性分布的热点区域，表明有机肥的局部使用缓解了根系与微生物之间养分的竞争，进而促进植物的生长。不同供磷条件和排根形成的前后对白羽扇豆根际酶活性的分布模式（空间分布和活性大小）具有重要影响（Ma et al.，2019）。此外，土壤酶谱法作为根际研究的新方法，通过与其他根际原位研究技术（如 ^{14}C 显影技术、微生物原位杂交技术、X-CT、pH 平面光极法）的结合（Spohn and Kuzyakov，2013；Spohn et al.，2015；Kravchenko et al.，2019；Ma et al.，2019），可进一步促进我们对根尖—土壤—微生物互作过程的综合理解，具有广阔的发展和应用前景。

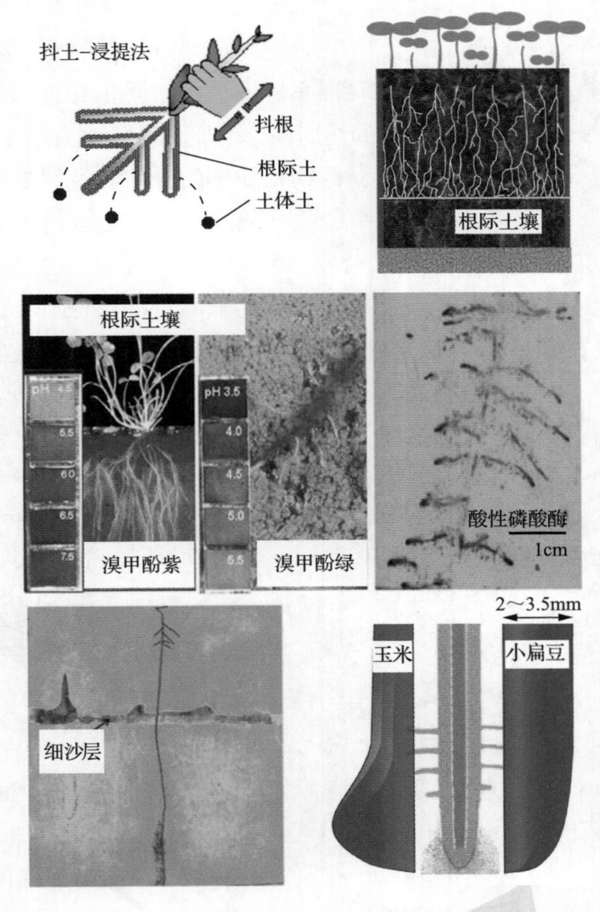

图 1-8　根系分泌物研究方法（Neumann et al.，2009；Oburger and Schmidt，2016；Razavi et al.，2016）

4. 活化微量元素的根际化学过程

生长在钙质土壤上的植物往往容易出现缺铁现象，如花生、大豆、果树等（Marschner，2012）。禾本科植物（如小麦、玉米、高粱等）根系对铁的吸收非常高效，因此一般不会出现缺铁症状。Marschner 等（1986）根据植物活化利用土壤铁的方式不同，将植物分为机理 I 植物和机理 II 植物（Marschner et al.，1986）。机理 I 是指缺铁植物根系质膜上可以诱导产生还原酶，将土壤中的三价铁还原成二价铁后，利用载体蛋白（铁调节转运蛋白，iron-regulated transporter，IRT）吸收至根内（Guerinot，2000）。机理 I 植物包括双子叶植物和非禾本科单子叶植物。禾本科植物属于机理 II 植物，缺铁时根系能够分泌大量植物铁载体，与土壤中的三价铁发生络合反应，形成水溶性的络合物，再通过专一性的载体蛋白（TOM1）进入根系内（Nozoye et al.，2011）。植物铁载体的分泌具有明显的昼夜节律性，呈单峰曲线。在日出后 4～6h，根系铁载体的分泌速度达到最大，而后迅速下降（Zhang et al.，1989）。植物铁载体的分泌过程与络合效率并不受土壤 pH 和钙的影响。因此，即使生长在高 pH 的钙质土壤上，禾本科植物也很难出现缺铁现象。双子叶植物花生在我国北方钙质土壤种植时常常出现缺铁黄化现象（Zuo and Zhang，2008）。叶面喷施铁肥是一种常见的缓解缺铁胁迫的措施，但由于效果有限和经济成本的问题，在大田推广上存在着一定困难。还有研究发现，缺锌也是诱导小麦等禾本科植物分泌植物铁载体的原因之一（Zhang et al.，1991a，1991b）。缺锌植物根系铁载体分泌量比对照高 14 倍。

此外，通气状况好的土壤往往呈现氧化态，锰的价态为四价，难以被植物吸收。在淹水的条件下，由于根系和微生物的呼吸作用，土壤中氧气浓度降低导致氧化还原电位下降，四价锰可以成为电子的受体而被还原成有效性高的二价锰（Rengel，2015）。土壤 pH 是另一个影响土壤锰有效性的因素。土壤 pH 较高时，锰的有效性非常低。在通气良好的土壤上，每上升 1 个 pH 单位，二价锰浓度下降 100 倍（Barber，1995）。因此，某些养分缺乏引起的根际酸化也会改变根际锰的生物有效性。植物根系分泌的小分子物质可以活化根际锰，也可以促进锰在根土界面的运输。由于有机酸阴离子在高 pH 时，结合锰离子的能力很弱，所以其锰的活化贡献不大。过高的锰离子浓度也会引起植物中毒。在酸性土壤中，根际酸化和氧化还原电位的降低也可能给植物带来锰中毒的风险（图 1-9）。

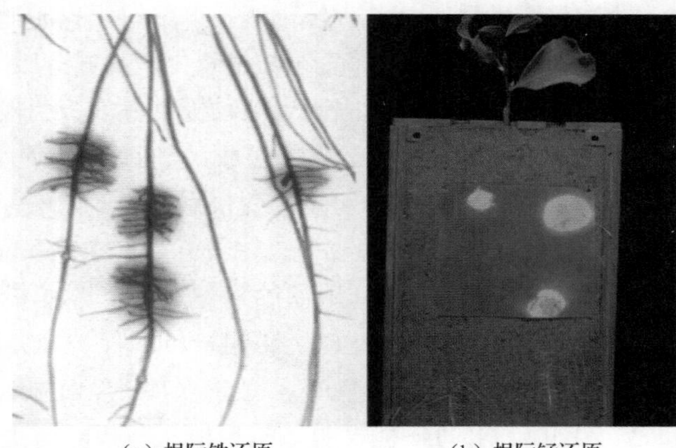

（a）根际铁还原　　（b）根际锰还原

图 1-9　根系分泌物活化微量元素原位检测
（Dinkelaker et al.，1995）

铜和锰一样是植物必需的微量元素，过多时都会导致植物中毒。土壤中的铜主要以结合态存在，包括氢氧根结合态、碳酸盐结合态和有机结合态等（Brunetto et al.，2016）。在铜污染的土壤中，根系分泌的酚类物质和有机酸阴离子能够络合根际和质外体的铜离子，阻止铜离子进入根系（Kochian et al.，2004）。其中，酚类物质，如肉桂酸、香豆酸和儿茶酚等，与铜离子具有很高的亲和性且能形成稳定性的化合物。有机酸阴离子对三价铁的亲和力要大于铜离子，土壤中三价铁会大大降低有机酸阴离子与铜离子的结合效率。因此，根系分泌物的种类和数量在一定程度上决定了植物耐受铜毒的能力。另外，超积累植物根系也可能分泌一些有机分子增加根际中重金属的活性，利于植物的吸收（Wenzel et al.，2003）。

1.2.3　根际生物学过程

根系分泌物对根际中难溶性养分的活化和利用效率的提高起着关键作用，属于根系分泌物的直接效应。根系分泌物还可以通过影响根际微生物的种群分布间接影响根际养分的生物有效性。根系分泌物可作为碳源和信号物质，显著改变根际微生物的群落结构及功能（Zhalnina et al.，2018）；根际微生物参与根际土壤中的磷素循环，并能影响植物根系发育（Venturi and Keel，2016），调控植物对低磷胁迫的响应（Castrillo et al.，2017）。研究表明，根际碳的释放和淀积在很大程度上调节了微生物量磷库（Tang et al.，2014），深刻影响土壤磷的有效性及作物对磷的利用。

由于植物根系具有分泌作用，根际中碳水化合物的数量显著高于土体土壤，致使根际微生物的数量和活性显著高于土体土壤，群落组成也明显异于土体土壤（Marschner et al.，2001）。根际中的很多微生物与植物生长和养分吸收有密切关系。根瘤菌与根系共生形成根瘤，通过共生固氮为植物提供氮素。菌根真菌与根系共生明显改善植物对土壤磷素和其他微量元素的吸收。此外，植物促生根际菌（plant growth promoting rhizobacteria，PGPR）可以改变根系构型，如增强侧根的分枝和根毛的发育（Vacheron et al.，2013）。植物—微生物互作的求助（cry-for-help）模型显示，受胁迫的植物会改变其根系分泌物的化学成分，改变根际微生物组的组成和活性；改变的根际微生物组通过直接和间接机制保护植物，提高植物抗逆能力；这种土壤微生物组的变化可作为遗产效应（legacy effects）影响下一代植物（Rolfe et al.，2019）。求助模型表明，植物根系与根际微生物之间存在着由根系分泌物驱动的强烈互作，对植物生长、养分吸收及信号调控有深刻的影响（图 1-10）。

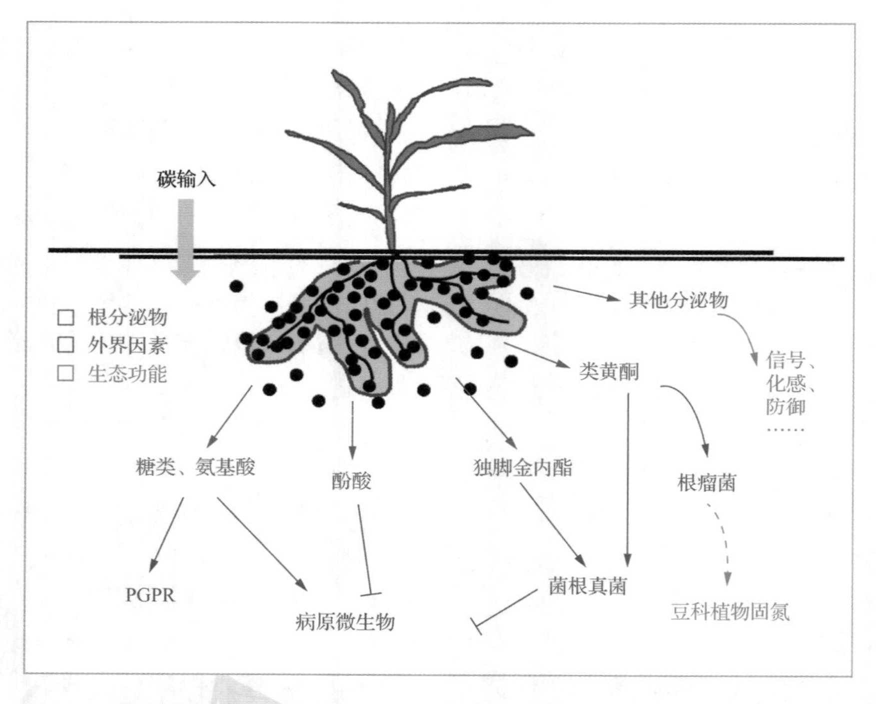

图 1-10 根系分泌物—微生物互作（Hinsinger et al.，2003；张福锁 等，2009）

此外，在根系分泌和淀积作用的影响下，与土体土壤相比，根际土壤中的微生物种类相对单调。研究发现，根际土壤中的革兰氏阴性菌和异氧微生物居多（Killham，1994）。植物种类、植物发育阶段和土壤特性也明显影响根际中微生物的时空分布。根系的代谢活动在小尺度上主导根际微生物群落结构，而土壤特性在更大尺度上决定根际微生物的时空分布，如氧化还原特性和通气性等（张福锁等，2009）。根际微生物数量与土壤微生物数量之比，称为根际效应，一般用根土比（*R/S*）表示。细菌、真菌、放线菌在根际内的数量远大于土体，*R/S* 分别为 24∶1、12∶1、6.6∶1，其中，固氮微生物的 *R/S* 可达 1700∶1（Rouatt et al.，1960）。对大麦的比较基因组和分泌物代谢组联合分析表明，根系发育过程及分泌物释放显著影响根际菌群结构，且根际细菌具有底物偏好性（Zhalnina et al.，2018）。在干旱胁迫下，高粱根系产生并释放更多代谢产物甘油醛-3-磷酸（glyceraldehyde-3-phosphate，G3P），诱导了根际革兰氏阳性菌的富集，从而改善了作物的抗旱适应性（Xu et al.，2018）。氮肥投入影响根系有机酸阴离子分泌，引起根际土壤有机碳的变化，从而招募根际促生菌，对氮肥投入做出积极响应（Chen et al.，2019）。上述结果表明，根分泌物的释放可以引起根际微生物组成和功能的显著变化。随着检测技术的发展，有关根系分泌生物硝化抑制剂（biological nitrification inhibitor，BNIs）的研究也越来越深入（Coskun et al.，2017）。2008 年，第一个 BNIs-3-(4-羟苯基)丙酸甲酯（methyl propionate，MHPP）在高粱的根系分泌物中分离出来，在三大作物（玉米、小麦和水稻）的根系分泌物中一直没有发现 BNIs。直到 2016 年，我国科学家通过自创的收集方法和鉴定技术，首次从水稻中分离和鉴定出了一种新型的 BNIs-1,9-癸二醇（Sun et al.，2016）。这种 BNIs 可以通过抑制氨单加氧酶（ammonia monooxygenase，AMO）过程来降低根际的硝化作用，进而可以减少土壤氮的损失和温室气体排放，提高作物氮肥利用率。

根系分泌物在滋养根际微生物的同时，也受到根际微生物的调控作用，其中，促生菌的研究一直是热点（图 1-11）。促生菌与植物根系互作的机制比较复杂，大致可以分为两类：①调控宿主植物激素平衡进而改变根系构型；②调节根系细胞壁和根组织结构特性（Vacheron et al.，2013）。多种植物激素参与调控根系发育，如生长素、细胞分裂素、乙烯、赤霉素和脱落酸等。其中，生长素与细胞分裂素的平衡是植物根系构型的关键调控因子（Aloni et al.，2006）。PGPR 自身可以产生包括生长素和细胞分裂素在内的多种植物激素，以及干扰激素途径的次生代谢产物（Vacheron et al.，2013）。低浓度的外源生长素促进初生根的伸长，而高浓度的外源生长素则会减少初生根的长度，刺激侧根和根毛的形成。已有研究发现，PGPR 的确含有生长素合成的基因（Malhotra and Srivastava，2008）。促生菌还可以通过间接的途径调控生长素信号转导来改变根系发育。巴西固氮螺菌在侵染根系的过程中能够产生一氧化氮，而一氧化氮参与了生长素调控根系生长的过程（Molina-Favero et al.，2008）。接种产细胞分裂素的细菌能明显地促进生菜地上部的生长和降低根冠比（Arkhipova et al.，2007）。研究表明，根际定植解淀粉芽孢杆菌 SQR9，可诱导植物分泌更多的色氨酸，作为前体合成生长素来促进植物生长（Liu et al.，2016）。此外，微生物还可以通过调节植物根内激素水平促进根系生长来间接影响作物对养分的吸收利用，根际微生物可以通过分泌生长素、细胞分裂素、乙烯等调控植物根系发育和形态（Rodriguez et al.，2019）。例如，解淀粉芽孢杆菌能够抑制主根生长并促进侧根的发生（Idris et al.，2007a），这种调控作用可以显著增加根系与土壤的接触面积以获取更多的养分。

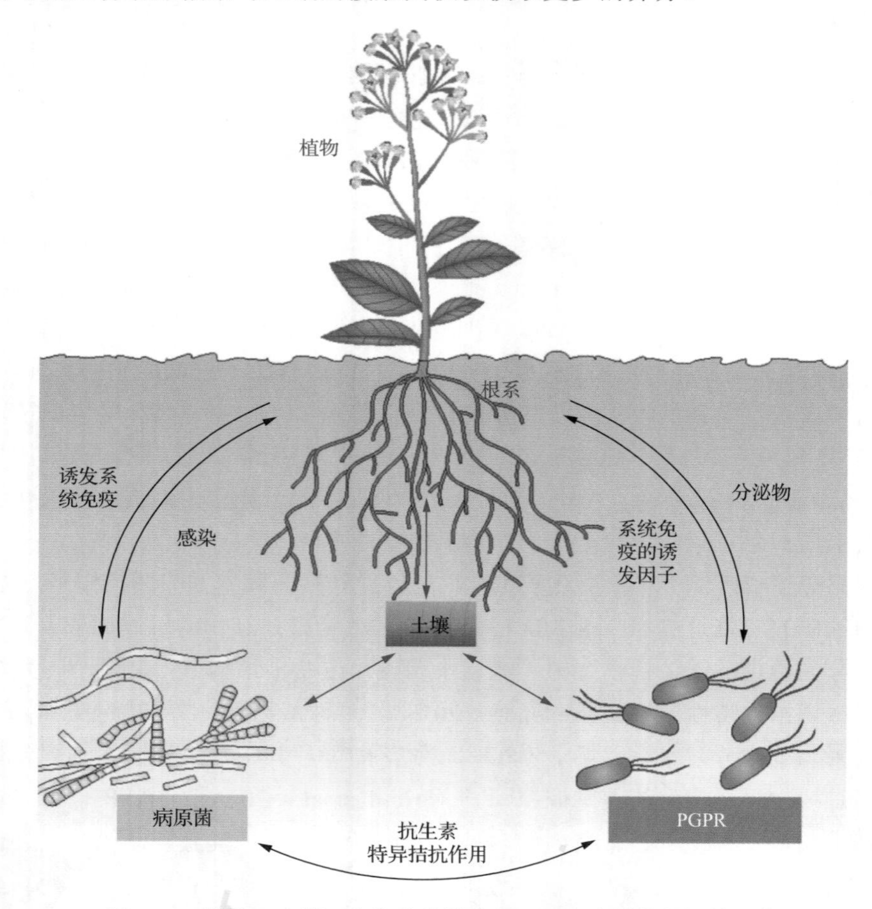

图 1-11　植物、土壤、生物防治植物 PGPR 和病原菌之间的互作

（Haas and Défago，2005）

此外，根际中还存在大量的病原菌，可以显著地降低作物的产量（图 1-11）。土壤中的植物病原菌主要是真菌，在温带，真菌危害性远超细菌和病毒（Mendes et al.，2013）。病原真菌在根际中萌发、生长和定植的过程可能与宿主植物的根

际 pH 和根系分泌物有关。根系分泌的某些酚类物质（如对羟基苯甲酸、没食子酸、香豆酸、肉桂酸、阿魏酸和水杨酸等），在低浓度时促进病原真菌的孢子萌发，而在高浓度时却能抑制孢子的萌发（Wu et al.，2008a，2008b）。百合科的大理藜芦根系能够分泌生物碱，可以抑制疫霉菌和根霉菌的生长（Zhou et al.，2003）。卵菌纲的病原菌通过产生游走孢子侵染植物根系。这些孢子具有趋电性，能够感知由于根系的生理活动而引起的根际中电流变化，如质子和其他离子的跨膜交换（van West et al.，2002）。趋电性不仅能够帮助孢子找到根系，还能够帮助孢子甄别活的根系，大大增加病原菌的存活率。植物被病原菌侵染后，会主动释放挥发性有机化合物（volatile organic compound，VOC），招募土壤中的有益微生物，从而降低病原菌的侵染。这种植物释放的 VOC 介导的化感作用可以通过微生物引发邻居植物的防御机制（Liu et al.，2019a）。植物与病原菌的关系并不是一成不变的，在养分缺乏时，植物可以调节自身的免疫系统，利于病原菌的侵染，以便从病原菌中获取所需的养分（Hacquard et al.，2016；Hiruma et al.，2016）。Hiruma 等（2016）在西班牙的中部高原上发现了一种植物内生菌（炭疽菌，Ct）在侵染拟南芥后，并没有导致病害症状，反而在植物缺磷时能够帮助其从环境中吸收磷，在植物不缺磷时，这种关系就终止了。这可能是非菌根植物适应低磷生长环境的策略之一。拟南芥对病原菌的免疫防御过程依赖宿主拟南芥磷饥饿响应（phosphate starvation response，PSR）信号对免疫相关激素（茉莉酸、水杨酸）及其相关过程的调节（Castrillo et al.，2017）。

除少数陆生植物（如一些山龙眼科植物）外，超过 80%的陆生植物都可以被菌根真菌侵染（Marschner et al.，2012）。由于菌根在养分吸收上的高效率，菌根真菌的侵染能够明显提高植物的抗逆性和生产力。菌根能够极大地增加根系的吸收面积，将土壤磷的耗竭区从距根表的 2mm 拓展到 117mm，吸收面积大约增加 60 倍（Li et al.，1991a）。菌根真菌最多可以贡献超过 70%的植物磷吸收。2017 年，中国科学家揭示了脂肪酸而非糖类是植物与丛枝菌根（arbuscular mycorrhizal，AM）真菌在共生过程中由根系传递给菌根真菌的主要碳源形式，进一步加深了人们对生态系统中碳流动的理解（Jiang et al.，2017a）。菌丝际作为根际在空间上的延伸，菌根真菌将植物来源的碳分泌到菌丝际，显著改变了土壤物理、化学和生物学性质，对提高土壤养分有效性和作物磷吸收具有重要作用（Wang et al.，2015a）。菌根真菌根外菌丝在吸收铵态氮后可以释放质子酸化土壤，降低土壤 pH，增强难溶性无机磷溶解；同时，根瘤菌在固氮过程中也会在根瘤附近释放质子，溶解难溶性无机磷。利用非损伤探测技术，用微电极原位研究手段发现菌根真菌与根瘤菌互作，使根瘤和菌丝分泌质子的速率分别提高 1 倍和 7 倍，增强土壤难溶性磷活化能力（Zhang et al.，2016a，2016b）。此外，菌丝际酸化有利于提高有机磷活化率。在石灰性土壤上，菌根真菌根外菌丝吸收铵态氮释放质子可以降低土壤 pH 0.2 个单位，一方面提高了土壤中酸性磷酸酶活性；另一方面提高了有机磷对磷酸酶的底物有效性，从而使有机磷矿化度提高 50%（Wang et al.，2013）以上。近年来，研究发现菌丝分泌物刺激解磷细菌解磷功能，提高有机磷活化。一方面，菌根真菌分泌的含碳化合物能为解磷细菌提供碳源，刺激细菌数量增加；另一方面，菌丝分泌物中的果糖能够作为信号分子，被解磷细菌吸收后刺激解磷细菌分泌磷酸酶，其蛋白基因的表达上调 20 多倍，同时也使细菌蛋白的分泌能力增强，最终导致磷酸酶活性增强 3 倍，使有机磷活化率提高 4 倍，使菌根真菌可以吸收更多的无机磷转给植物（Zhang et al.，2016a，2018a）。Zhang 等（2018b）在集约化农田中研究了菌丝际互作活化有机磷的效应，建立了在田间排除根系、收集菌根真菌菌丝的试验装置，为在田间原位开展菌丝际互作研究打下了基础。应用该装置，在田间开展了菌根真菌和菌丝际微生物互作活化土壤有机磷的研究，结果表明菌根真菌除了影响微生物的生长和活性，还能显著改变土壤微生物群落，尤其是能够吸引具有活化有机磷能力的解磷细菌［如携带 *ALP*（alkaline phosphatase，碱性磷酸酶）基因的细菌］在菌丝际定植，从而提高土壤有机磷活化率。通过在菌丝际添加启动磷，可以缓解菌根真菌和解磷细菌对磷的竞争作用，增强土壤有机磷活化能力，使菌丝际互作对作物磷吸收贡献提高 48%（Zhang et al.，2016a）。此外，菌根际的解磷细菌可提高植物对低磷土壤的耐受能力（Zhang et al.，2016b）。根系分泌物在驱动菌根共生过程中起着至关重要的作用。菌根或根瘤菌可特异性识别宿主植物根系分泌的独脚金内酯和类黄酮，从而触发共生机制来供应和运输氮和磷（Sasse et al.，2018）。上述研究为深入理解菌丝际互作过程和调控提供了重要的理论依据。

AM 真菌对植物养分吸收和生长的贡献如图 1-12 所示。

近年来，研究发现根际中微生物还可能影响人类的健康（Mendes et al.，2013）。人类的病原菌可以进入食物生产的各个环节，包括农业生产和食物加工过程。受污染的有机肥、灌溉水和种子都有可能成为病原菌的来源。这些病原菌如果在土壤中存活并进一步侵染植物，就有可能再次进入人体。在根际中，已经发现了多种人类的病原菌（Berg et al.，2005）。因此，管理好根际微生物，不仅关系到植物的健康，也关系到人类的健康。

- 土壤养分活化
- 扩大根系吸收区
- 减少有毒元素含量
- 提高根系的营养和水分吸收
- 激活植物防御反应
- 改变土壤微生物群落
- 菌丝网络改善土壤结构

- 促进植物营养
- 增强植物耐受性
- 改善抗病性
- 提高有益的根际微生物

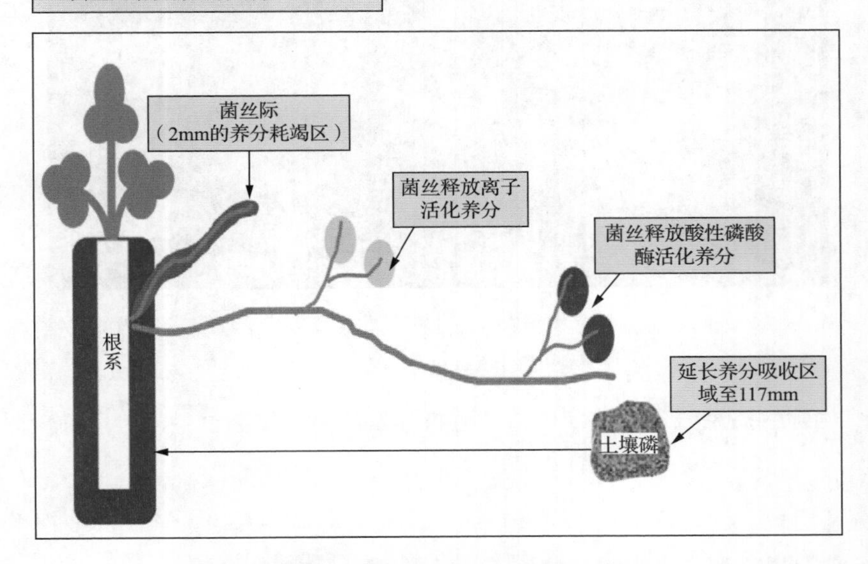

图 1-12　AM 真菌对植物养分吸收和生长的贡献（Zhang et al.，2010）

1.3　根际生态系统理论的应用

根际是养分从土壤进入根系的门户，决定着农业生产中养分资源的利用效率。根际中各组分间合理的互作关系，有利于发挥根际过程的潜力，实现农业生产体系的可持续发展。在自然条件下，根际中的互作关系是以系统稳定性为目的的，并不总与农业生产的目标相一致，因此，定向调控根际过程，是农业生产中重要的生产管理措施。基于根际生态系统理论的管理策略是指通过人为干预改变根际物理、化学和生物学过程，调节土壤—根系—微生物的互作关系，最大化植物的生物学潜力，提高养分资源利用效率和植物抗病性，最终提升植物生产力、产品品质和健康状况的管理措施（图 1-13）。

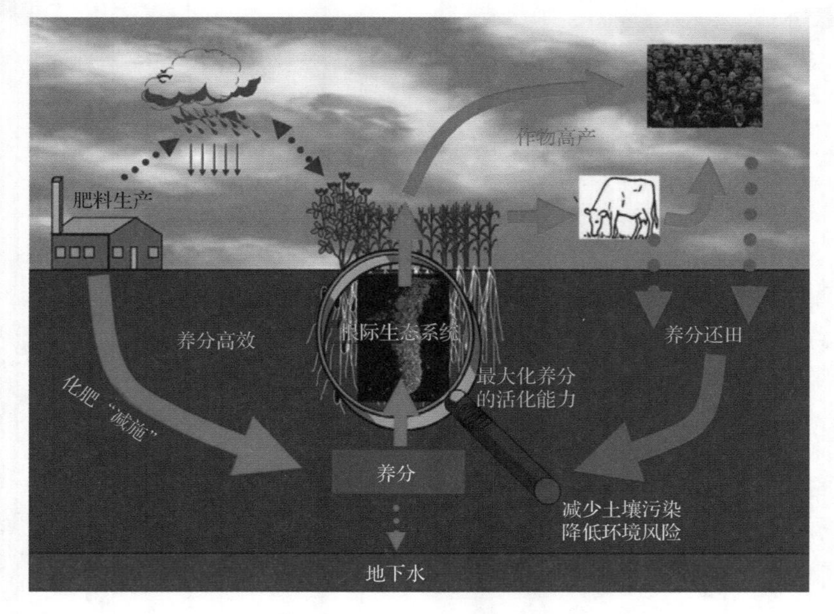

图 1-13 根际生态系统是控制农业生态系统中从土壤到食物链营养流的关键（Zhang et al.，2010）

1.3.1 根际生态系统理论在农业绿色可持续发展中的重要性

根际是植物吸收养分的必经通道。根际中养分运输和转化过程决定着作物体系养分利用效率。植物根系不仅能够根据土壤养分分布和供应状况改变根系的形态构型，使根系与土壤养分在时空上相匹配，提高养分的空间有效性，而且能够通过根系的生理活动改变根际环境，提高土壤养分的生物有效性（Hinsinger，2001；Zhang et al.，2010）。此外，根际过程还决定根际的微生物过程，影响根际中养分的转移和转化。因此，根际生态系统的有效管理决定着集约化生产体系的产量和养分利用效率（Jiao et al.，2015）。

根际生态系统管理主要包括对根系、根际和根际微生物方面的管理，其原则是最大化根系、根际和根际微生物在养分活化、吸收和利用上的效应。但其效应的大小在很大程度上取决于土壤肥力和土壤养分的供应能力。过高或者过低的土壤肥力可以显著限制根系的生长（Mi et al.，2010；Shen et al.，2011；Wen et al.，2017）和根际过程的强弱（Li et al.，2008b）。因此，合理的化肥投入对于发挥根际生态系统的潜力至关重要。优化土壤养分供应，使之能够在时空上与作物养分需求相匹配，是充分发挥根际生态系统效应的基本措施，具体包括：①调控根系的生理和形态特征；②强化养分活化的根际过程；③根层调控满足作物对养分的动态需求（Zhang et al.，2010）。

此外，根际管理是修复土壤重金属和有机物污染的重要措施之一。通过超积累植物提取受污染土壤中的重金属和减少重金属从土壤向植物中转移是土壤生物净化的基本方法。根际管理可以显著增加超积累植物对土壤重金属的吸收，促进土壤重金属的钝化以减少重金属向植物中的迁移。已有研究表明，根系分泌物能够增加超积累植物对土壤重金属的提取作用（Luo et al.，2017）。根部分泌物也可以络合土壤重金属离子，从而减少其向植物的迁移（Seshadri et al.，2015）。通过育种和基因工程等技术，培育一些抗重金属和修复效率高的植物，是一项行之有效的措施。有机污染物[如持久性有机污染物（persistent organic pollutants，POPs）]也是土壤中存在的重要污染物之一。根部分泌物（包括酶类）及微生物可调控有机污染物在土壤中的代谢转化过程。因此，现有有关土壤有机物污染修复的根际管理技术，以调控根际理化环境为手段，改善植物根系分泌作用和微生物组成，以加速土壤有机污染物的降解与去除。

1.3.2　根际生态系统理论应用于农业生产的实例

1. *局部养分调控*

植物根系具有很强的可塑性，在养分（氮、磷）富集区会大量增生。山龙眼科植物和白羽扇豆的排根集中在土壤表面的有机质层。这些特征使根系生长与土壤养分资源在时空上相匹配，最大化根系的养分吸收效率。在农业生产实践中，可以利用上述过程，对种植体系进行根际调控，实现养分的高效利用（Shen et al.，2013a；Wang and Shen，2019）。

在钙质土壤上，通过长达 10 年的连续定位试验发现，合理调控根层磷浓度（Olsen-P 为 7～10mg/kg），可以最大化玉米根系生物学潜力，增加总根长和细根比例，高效获取土壤磷。在合理控制根层磷浓度的基础上，局部供应过磷酸钙和硫酸铵，可进一步显著改善玉米的生长状况和养分吸收。根际调控处理的玉米相对于对照处理，其叶片生长速率增加 20%～50%、总根长增加 23%～30%、生长速率增加 18%～77%（图 1-14）；同时，局部养分调控显著促进了调控区根系的增生及细根比例（<0.2mm）增加；另外，根际调控区的 pH 下降 3 个单位，酸性磷酸酶活性显著提高，增加了土壤磷的生物有效性，提高了磷的利用效率（Jing et al.，2010；Zhang et al.，2010）。通过刺激根系大量增生及铵态氮诱导的根际酸化强化了玉米的根际过程，活化了被土壤颗粒固定的难溶性无机磷及有机磷，提高了玉米根系对磷的吸收效率。进一步研究发现，在北方钙质土壤上，当土壤供磷强度为 50kg 五氧化二磷/hm^2 时，根际调控的效果最佳，进一步增加供磷强度并不能促进玉米生长。在玉米苗期调控的基础上（调控区位于种子侧下方 5cm 处），当局部调控区的养分被耗竭后进行二次调控（拔节期，播后 54d，调控区位于距植株中心点水平 10cm、距地面垂直 15cm 深处），同样可以促进玉米中后期生长及养

分吸收。这意味着维持局部养分供应区持续的养分供应可以有效促进玉米苗期、快速生长期及后期的生长，促进开花期根系下扎，增加土壤亚表层根长密度，促进玉米地上部生长和养分吸收（Ma et al.，2015）。根际调控的合理应用应充分考虑种植密度，在合理的种植密度（小于 7.5 万株/hm^2）条件下可以有效保障玉米生长营养临界期的土壤磷素供应（北方春玉米苗期一般气温较低，土壤磷有效性低），弥补北方春玉米苗期由于低温而缺磷的状况。一旦增加种植密度（10 万株/hm^2），在苗期局部养分供应能显著地促进玉米根系的增生及玉米地上部生物量的增加和养分吸收，玉米根系、地上部生长与土壤养分含量紧密耦合；但是随着玉米的快速生长，局部供应区的养分被迅速耗竭，而根系的增生却维持在较高的水平，此时，在局部养分供应中，根系生长与养分浓度在时空上处于解耦合状态，影响后期玉米生长及产量形成。因此，在高密度种植环境中，养分局部供应对玉米产量具有负面的影响；在低密度环境中，局部养分供应能促进产量的提高。

图 1-14　养分局部调控对玉米生长的影响（Zhang et al.，2010）

2. 间套作体系

间套作是一种历史悠久、传统的农业生产体系。我国劳动人民在长期的工作

实践中，发展了多种作物高产和资源高效的间套作种植体系，尤其是豆科作物与非豆科作物间作模式得到了广泛应用。大量研究表明，蚕豆与禾本科作物间作明显促进了整个种植体系的氮素吸收。间作的禾本科作物吸氮量增加，蚕豆的固氮能力也得到了增强，其主要机制是：与蚕豆间作的禾本科植物根系庞大，具有很强的吸收土壤氮的能力，在与蚕豆竞争中处于优势地位，消耗了蚕豆带中土壤硝态氮的浓度，增加自身氮吸收的同时，解除了蚕豆共生固氮“氮阻遏”的作用，从而增加了蚕豆的固氮数量。此外，禾本科作物的分泌物中某些物质也可以直接促进蚕豆根瘤的形成和共生固氮作用，这进一步增加了间作蚕豆的固氮作用（Zhang et al.，2010）（图 1-15）。

与氮不同，种间促进作用是豆科与禾本科作物间作体系磷吸收增加的主要原因，其主要机制是：豆科作物由于具有很强的根系分泌能力，能够活化土壤中难溶性的磷，一方面降低了对间作禾本科作物可溶性磷吸收的竞争作用，另一方面增加了土壤可溶性磷的浓度，从而改善了间作禾本科作物的磷营养（Li et al.，2007，2014）。通过玉米—蚕豆互作体系研究根际互作对作物高效吸收磷的影响，发现玉米通过促进根系的增生促进对土壤有效磷的利用，蚕豆通过分泌有机酸阴离子和磷酸酶增强对土壤难溶性磷资源的活化，这进一步提高了玉米对磷的吸收利用（Zhang et al.，2019a）。在玉米—蚕豆互作体系中，玉米还可以整合邻居蚕豆和局部磷资源的信号，通过在蚕豆根际区域及磷富集区增生大量的根系，充分利用蚕豆活化的磷资源及局部供应的磷资源，以获得更高的磷吸收和最大的生产力。因此，通过优化物种搭配及根层养分管理，可以降低种间竞争，提高养分利用效率和作物产量（Zhang et al.，2019b）。该项成果发表后，《新植物学家》（*New Phytologist*）上发表了专文评述：这项工作阐明了植物通过响应复杂的环境信号，调节根系行为以获得生长优势，这在揭示物种共存及作物高产的机制研究方面取得了重要的突破（Callaway and Li，2020）。

但是在禾本科—禾本科间套作体系中，作物彼此间具有较庞大的根系，且 75% 的根系分布在 0～40cm 的土壤表层，引起对表层土壤水分和养分吸收的强烈竞争，使根际生物化学生态位没有得到很好的分离，无法有效驱动植物对不同组分养分资源的高效利用，在某种程度上，加剧了植物对相同形态土壤养分的竞争。如果水分和养分供应不足，就会造成体系的减产；水分和养分供应充足时，物种间的竞争会促进间套作体系有更高的生产力。我国西北地区的小麦—玉米间作体系是一种典型的强竞争体系，间作产量优势明显。间作小麦的产量可达 7344～9220kg/hm^2，远高于单作小麦的 4716～5995kg/hm^2，但玉米产量差异不显著。主

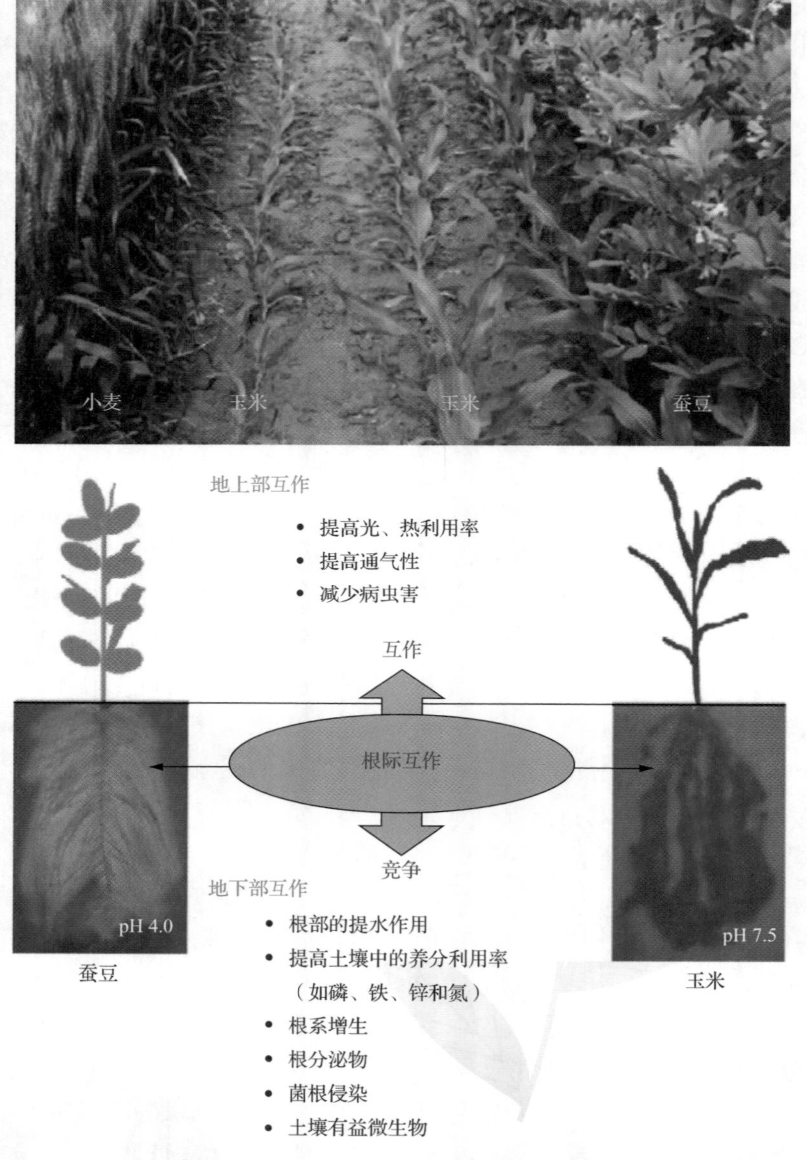

图 1-15　间套作对玉米生长的影响（Zhang et al.，2010）

要根际竞争机制是：小麦播种时间早，玉米播种后，小麦已经建立起了强大的根系系统，具有更强的资源获取能力，首先获得产量优势；小麦收获后，玉米可以利用间作体系的全部资源，经过恢复—快速生长获得不低于单作的产量（Li et al.，2001a，2001b）。

1.3.3　根际生态系统管理未来提升的方向

根系的时间空间分布特性决定了根际的空间构型，包括根际组分的空间结构和根际功能的时间轨迹。作物体系的理想根际构型要求：①在空间上各组分协调；②在时间上与作物生长相匹配。定量根际的空间构型是根际管理高效化的前提，是未来根际研究首先要突破的领域。这方面的研究在过去一直受限于方法，进展很慢。现在随着先进检测技术和模型方法的应用，在某些方面，尤其是根际磷活化方面，已经取得了突破。根际功能互作也是未来根际研究需要重点突破的领域。此外，根际作为各种信号交换的场所，包括植物与植物之间、植物与微生物之间和微生物与微生物之间一系列的信号交流，根际信号物质的鉴别与功能解析有赖于分离和解析技术的发展。目前，对已知信号物质的根际效应的研究取得了一定的进展。Li 等（2016a）发现禾本科植物根系分泌信号物质能够改变豆科植物的共生固氮作用。除此之外，根际中一定还存在着一些未知的信号物质，需要去鉴定与调控，进而为精确的根际生态系统管理服务（图 1-16）。

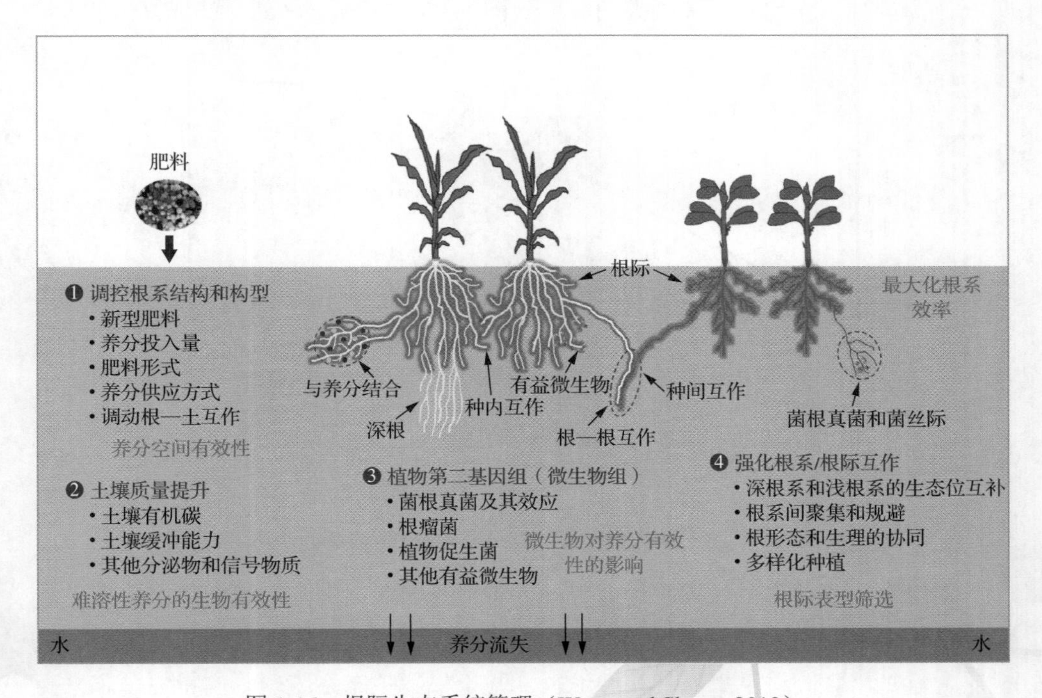

图 1-16　根际生态系统管理（Wang and Shen，2019）

目前，随着人们对根际生态系统认识的不断加深，为了让未来根际生态系统管理更加全面和有效，可以从以下 3 个方面予以加强。

1. 土壤质量提升

农田土壤类型众多，理化性质也不一样，相同的调控措施在不同类型土壤上取得的效果也有所差异。局部施磷根际调控措施在沙质土壤上的效果是在黏质土壤上效果的近 2 倍。土壤对调控措施的缓冲能力在一定程度上决定了调控效果。缓冲能力主要包括土壤质地和土壤养分含量等。因为土壤中黏粒对养分的吸附能力要大于砂粒。黏质土壤对施入养分的吸附明显减弱了根际调控的效果，短时间内难以改变土壤的粒径组成，因此，根际调控措施在应用的时候需要根据土壤类型调整。近几十年来，我国为保障粮食安全，向耕地投入了大量的化学肥料，大大提升了土壤养分含量（Li et al.，2011；Zhang et al.，2019a），虽然提高了作物的产量，但是也带来了巨大的环境风险。我国平均土壤有效磷浓度已经超过大多数作物的临界值（20mg/kg）。土壤养分含量过高，一方面降低了环境污染的阈值；另一方面抑制了作物对根际调控的响应（图 1-17）（Zhang et al.，2010）。

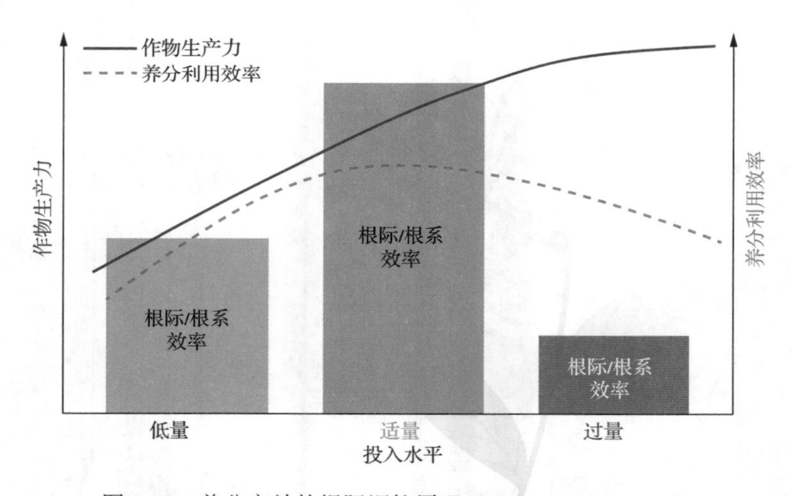

图 1-17　养分高效的根际调控原理（Zhang et al.，2010）

现阶段，我国倡导的减肥增效行动的目标是实现高产与环境的协调发展。其中，基于根际生态系统理论的管理策略将拥有巨大的效应发挥空间。提高土壤有机质含量是培育高质量土壤的核心途径。基于根际生态系统理论的特性，未来高质量的土壤还应具备对根际过程及根际调控高度响应的特点。

2. 与植物第二基因组（微生物组）进行交叉研究

“第二基因组”的概念源自人类肠道菌群，与宿主自身的“第一基因组”对应，这既反映了肠道微生物本身庞大的基因容量和重要作用，又强调了宿主信号调节与微生物活动之间存在密切联系。同样地，在植物周围，尤其是处于复杂土壤环境中的根系周围（根际）富集了数量巨大且种类繁多的微生物，这些微生物的集合构成了植物第二基因组（图 1-18），它们与植物形成相互适应、相互依赖的共生关系。近年来，对根际微生物结构、功能和动态的研究受到了越来越多的关注，植物通过整合环境和生物互作信号，调控代谢物的合成与分泌，从而驱动根际微生物重组（Zhalnina et al.，2018），微生物间通过相互协作和竞争形成稳定的群落结构，它们能够编码比宿主植物更多的基因，通过发挥不同功能对作物生长发育、抗病、抗逆等产生重要影响（白洋 等，2017；Ma et al.，2020）。随着高通量测序、规模化微生物分离鉴定和生物信息学分析技术的发展，植物根际微生物组学已成为国际科研的前沿领域之一。植物根际微生物组主要受地理分布、资源环境、物种类型、基因型等因素的影响，且表现出可遗传特征（Walters et al.，2018）。

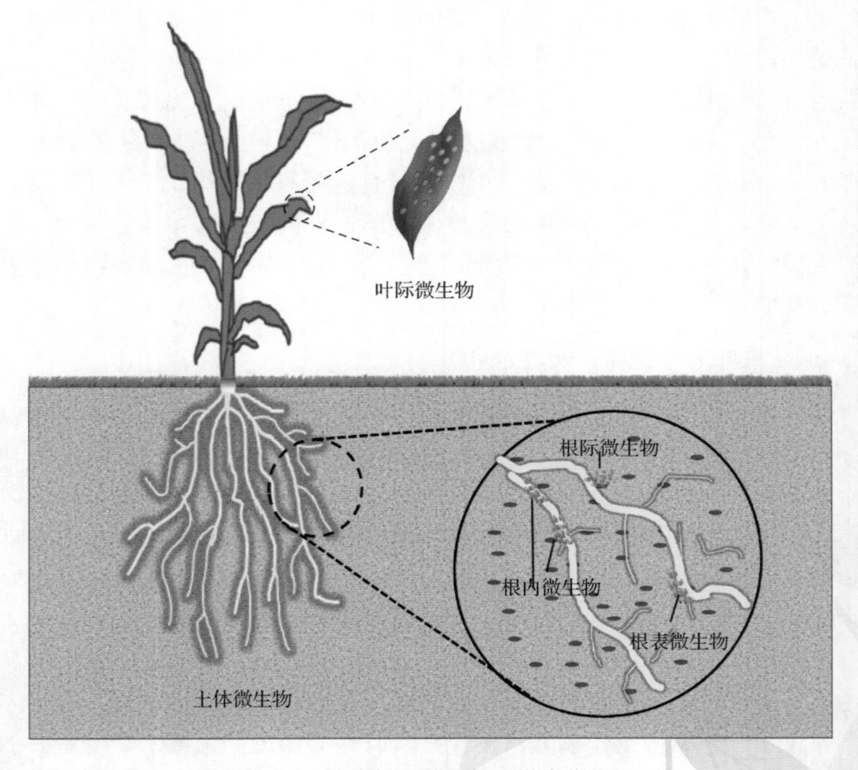

图 1-18　植物第二基因组（微生物组）

目前农作物微生物组分析已经由描述性研究进入了功能研究阶段。Bai 等（2015）通过高通量分离培养得到 64%的根系及 47%的叶片细菌，并在此基础上对微生物群落进行人工重组，即从已知的微生物中分离重要种类，通过模拟自然条件下植物微生物群落的形成及演化过程，研究它们在作物生长发育过程中的重要功能，进而揭示植物—微生物互作提高生产力的奥秘。

作物根际微生物组主要包括细菌、真菌、卵菌、藻类、原生生物、古菌及病毒等（Edwards et al.，2015），其中，不仅包括 PGPR，还有大量的病原菌及其他的中性微生物。由于农田的生物多样性低，长期耕作易导致植物病原菌在土壤中聚集，引发严重的连作障碍，如大豆、西瓜，甚至小麦和玉米。在灭菌试验中，完全灭菌后，大多数耕地土壤上小麦和玉米的生长状况都得到改善，说明耕地土壤微生物群落对我国的粮食生产呈负反馈效应。在我国农民的长期实践中，轮作制度在一定程度上减轻了土壤微生物的负反馈效应。最近，在 PGPR、菌根真菌方面的研究进展为未来的根际微生物管理提供了很好的基础。选择友好的根际微生物伙伴和改良根系—微生物互作关系在未来的微生物管理中同等重要（Dessaux et al.，2016）。

可见，根际微生物可以通过直接或间接作用改变植物对环境的响应过程。不同生长条件需要的微生物区系亦有所差异。因此，需要筛选更多的具有广谱性或特异性的有益微生物，尤其对盐渍土等质量不好的土壤而言更加重要。不仅农田土壤，在自然土壤中，植物—土壤的负反馈也在调控着生态系统的物种多样性（Teste et al.，2017）。在农田生态系统中，只有植物—土壤的正反馈才能促进作物产量提高和品质提升。菌根真菌与根瘤菌、菌根真菌与解磷菌互作目前已经取得很好的进展。在未来，一方面需要继续增强这方面的研究，另一方面可以开发其他 PGPR 互作促进作物生长技术。

3. 加强根际表型理论和方法的构建

自绿色革命以来，新品种的选育与推广一直是世界粮食增加的核心驱动力。一直以来，植物育种家主要围绕高产与增加抗逆性的目标进行作物筛选。深根（系）作为作物抗旱性的一个可以遗传的重要性状，被广泛应用在抗旱育种的研究中（Uga et al.，2013）。例如，在玉米的研究中发现，增加根系扎根深度不仅能提高根系在紧实土壤条件下的适应性，还可以大幅提高作物对深层土壤水分的利用，通过根系的提水作用将水分从深层土壤传递到表层干土中，对于提高作物水分吸收利用效率非常重要（Zhan et al.，2015；Zhan and Lynch，2015）。近年来，以养分高效利用为目标的基于根系性状的作物品种选育工作越来越受到重视。不同的土壤养分和水分分布特点，需要作物根系具有相应的理想根系构型特征。例如，硝态氮主要通过质流方式运输到根系进而被吸收，而养分磷主要通过扩散方式运输到根系进而被吸收（Lynch，2013；Lynch and Wojciechowski，2015）。因此，陡、廉、深（steep，cheap and deep）的根系构型适合作物对硝态氮的吸收，而浅根系的根系构型更适于根系对土壤磷的吸收（Lynch，2019）。

但是在上述根系表型筛选育种的研究中，都忽略了对潜在的高效根际过程及其所影响的根际表型的筛选（Wasson et al.，2020；Tracy et al.，2020）。例如，小麦根系有机酸阴离子的分泌能力往往很弱（Li et al.，2008a），但有些品种能够分泌大量的柠檬酸阴离子，显著增加土壤磷获取的能力（Shen et al.，2018）。此外，研究发现根冠细胞一旦脱离并沿着根部离开，就会通过细胞死亡程序向根部发出信号，从而影响侧根的发生（Xuan et al.，2016）。对包括根系在内的根际进行表型化，可以保留性状表达的基本条件（Watt et al.，2006），并可大大增加发现与根系功能相关的新表型的机会，其中根鞘与根毛关系的研究可以作为一个重要的案例（Delhaize et al.，2012）。此外，苹果酸阴离子分泌对铝的耐受性是根际表型研究的另一案例（Sasaki et al.，2005）。然而，根际表型的筛选要真正地改善作物的生长还取决于土壤的理化性状。可见，筛选具有强根际过程的品种可以从根本上提高根际生态系统管理的效率。目前，分子生物学技术，尤其是基因编辑技术的发展，可以让科学家设计出具有良好根际过程的作物。

第2章 土壤微生物生态研究与展望

2.1 土壤微生物生态概述

育种、栽培、土壤改良等农业技术在近百年来得到了长足发展和广泛应用，促使粮食产量不断提高，基本满足了当前人口数量的粮食需求。然而，未来全球人口数量将迅速达到100亿以上，当前的粮食产量水平难以满足如此巨大数量人口的粮食需求。而且，在短期内，育种水平很难实现大幅度提升，单纯增加肥料、运用农业机械也已经逐渐接近增产极限，难以再大幅度提高作物单产。因此，未来全球粮食供应将面临巨大挑战。土壤中栖息着数量巨大且种类丰富的微生物，蕴含着难以估量的生物潜力。挖掘土壤微生物的增产潜力，有可能为粮食进一步增产带来新的希望，这被一些有远见的科学家认为是实现第二次绿色革命的重要途径。为此，各国纷纷设立相应的微生物组计划，期望占领技术制高点。

土壤微生物生态是指土壤微生物间、微生物与其他生物间，以及微生物与自然环境间的各种相互关系。这些关系成为实现土壤微生物功能调控的依据，人们利用这些关系，逐步发展成了许多切实可用的管理措施，这些管理措施为农业减少投入和增产增效发挥着巨大作用，已经并将在新一轮绿色革命和生态文明建设中发挥不可估量的作用。土壤微生物包括细菌、真菌、古菌、病毒、原生动物等，鉴于土壤动物在其他章节中进行论述，土壤病毒目前研究较少，本章将不做重点论述。本章首先将概述土壤中存在的微生物、微生物之间及其与其他生物的关系、微生物行使的主要功能，在此基础上收集整理对微生物功能进行调控的应用实例，力图为科研和生产者提供科学和技术参考，并对土壤微生物功能调控进行了展望。

2.1.1 土壤微生物物种组成

据估计，全球土壤中栖息着约10^{30}个、10^{12}种微生物。就大多数土壤而言，每克土壤中微生物数量大约为10亿个、几百到几千种。其中，数量上占优势的主要细菌门有酸杆菌门、变形菌门、放线菌门、拟杆菌门、绿弯菌门、厚壁菌门等，主要优势真菌门有子囊菌门、担子菌门、球囊霉门、壶菌门和隐真菌门，主要优势古菌门有奇古菌门、广古菌门、微古菌门等。在门的分类水平上，我国主要土壤类型的优势微生物门与其他国家没有本质区别。

在属的分类水平上，我国东北黑土、华北潮土、南方红壤、西北灰漠土、南方水稻土均含有1000个左右的细菌属和真菌属。其中，东北黑土10个丰度最高的属依次为酸杆菌门的第四、六和十六亚类（*Gp4*、*Gp6*、*Gp16*）（由于部分微生物分类尚不明确，本章中此类微生物分类可能同时用在目、纲、属等不同分类水平上）、放线菌门的*Gaiella*属（暂无中文名）、变形菌门的变形菌属、芽殖球菌属、类诺卡氏菌属、慢生根瘤菌属、*Povalibacter*属（暂无中文名）、鞘氨醇单胞菌属；华北潮土依次为酸杆菌门的第四、六和十六亚类（*Gp4*、*Gp6*、*Gp16*）、硝化螺旋菌属、亚硝化球菌属、变形菌门的*Panacagrimonas*属（暂无中文名）、斯科曼氏球菌属、节杆菌属、类诺卡氏菌属、八叠球菌属；南方红壤依次为酸杆菌门的第六亚类（*Gp6*）、变形菌属、酸杆菌门的第十六亚类（*Gp16*）、类诺卡氏菌属、链霉菌属、慢生根瘤菌属、酸杆菌门的第七和第四亚类（*Gp7*、*Gp4*）、小单孢菌、黄色土源菌；西北灰漠土依次为酸杆菌门的第六亚类（*Gp6*）、节杆菌属、酸杆菌门的第十六亚类（*Gp16*）、溶杆菌属、链霉菌属、亚硝化球菌属、类诺卡氏菌、海洋杆菌、变形菌门的*Thioprofundum*属（暂无中文名）、藤黄单胞菌；南方水稻土依次为变形菌属、黄色土源菌、贪噬菌属、丙酸弧菌属、禽岛海草球菌、芽孢杆菌、厌氧黏细菌、新草螺菌属、微枝形杆菌属、根瘤菌属等。

2.1.2　土壤微生物的相互关系

微生物之间存在许多不同的相互作用，最终表现为一种微生物对其他微生物促进、抑制或无作用。土壤中微生物种类繁多，相互关系多样，使土壤微生物关系网络异常复杂。揭示微生物关系网络是土壤生物科学的难点和热点，可为理解微生物群落功能的驱动机制和功能调控提供理论基础和方法。

1. 中立关系

中立关系指微生物之间没有任何关系。中立关系往往发生在相互隔离的微生物之间，或者群体密度非常小的微生物之间，或者代谢相差甚远的微生物之间，或者休眠的微生物之间，或者在底物非常丰富且生长初期的微生物之间。

2. 偏利共生

偏利共生指共处时一种微生物获利，而另一种微生物不受影响。偏利共生发生在一种微生物的降解或代谢产物为另一种微生物提供物质和能量来源时，或者一种微生物的生理活动（如改变pH、消除有毒物质等）为另一种微生物提供了良好的生活环境时。

3. 协作关系

协作关系指在一起的微生物均从对方获利。与互惠共生不同的是，协作关系微生物并不相互依赖，分开时仍能单独生活。协作关系常发生在复杂物质的分解过程中，不同微生物负责不同的分解步骤，并都从最终形成的简单代谢物中获取能量。

4. 互惠共生

互惠共生指在一起的微生物相互依存，互不可分，具有专一性和选择性。这类关系比较少见，一些细菌和真菌的关系可视为互惠共生，细菌携带某些基因扩展了真菌的功能，真菌为细菌提供物质和能量基础。

5. 竞争关系

竞争关系指微生物相互竞争相同的空间或食物，给对方造成不利影响。微生物数量繁多和食物重叠使土壤中这种关系非常常见，竞争的结果可能导致其中一方的生长遭受抑制乃至灭绝。

6. 拮抗关系

拮抗关系指两种微生物生长在一起时，其中一种微生物对另一种微生物有抑制作用或有毒害作用，结果造成另一种微生物受到抑制或被杀害，而产生抑制物或有毒物质的微生物不受影响或处于有利地位。

7. 寄生关系

寄生关系指寄生物可以从宿主获取营养物，而寄主受到损害。寄生可分为内寄生和外寄生，内寄生模式包括病毒—细菌、病毒—真菌、细菌—真菌等，外寄生生物包括不直接接触而通过分泌酶来破坏寄主细胞壁的细菌和真菌，如芽孢杆菌和木霉。

2.1.3 影响土壤微生物的环境因素

不像动物可以根据自身需求自由转移生长地点，大部分微生物个体一生都局限在土壤中较小的空间里。因此，土壤环境对微生物个体生长、群落组成均有巨大影响。从群落整体来看，细菌群落组成受土壤 pH、有机碳数量和化学组成、土壤氧化还原电位的影响最大，随后影响因素依次为土壤含水量、氮和磷有效性、土壤质地和结构、温度、植被类型等（Fierer，2017）。影响真菌群落组成的因素根据重要程度依次为蒸散强度、土壤 pH、碳氮比、净生产力、年平均温度等（Tedersoo et al.，2014）。

从不同分类水平看，不同微生物个体或种群对环境变化的响应不尽相同。在门的水平下，细菌中的酸杆菌门具有耐酸性的特点，随土壤 pH 下降而丰度增加，而放线菌门和拟杆菌门丰度却随土壤 pH 下降而减少；真菌门丰度随土壤 pH 变化没有一致规律（Rousk et al.，2010）。酸杆菌门、疣微菌门和变形菌门种群丰度干旱时下降，降雨时上升，而厚壁菌门、放线菌门和绿弯菌门则相反（Barnard et al.，2013）。酸杆菌门偏好低碳，而 β 变形菌门和拟杆菌门则偏好高碳环境（Fierer et al.，2007）。在目的水平下，细菌酸杆菌门内部的不同目对土壤酸碱度的响应发生了分异，如 *Gp1*、*Gp2* 和 *Gp3* 的种群丰度随 pH 下降而下降，而 *Gp4*、*Gp5*、*Gp6* 和 *Gp7* 的种群丰度则随土壤 pH 上升而增加。肉座菌目真菌随土壤 pH 下降而丰度增加，柔膜菌目和有丝分裂孢子担子菌随土壤 pH 下降而丰度减少（Rousk et al.，2010）。此外，部分微生物也对温度、盐浓度、湿度、氮浓度等其他环境因子表现出不一样的适应性。

2.1.4　土壤微生物的空间分布

土壤微生物的空间分布对动植物和人类健康、农业管理措施、生态功能预测，甚至政策制定等均具有重要意义。尽管人们发现了一些常见的影响因素，对较高分类水平微生物类群进行了研究，但较低分类水平下，微生物在土壤真实环境里所受影响的因子多，相互交织，难以根据已有的知识加以预测。同时，土壤微生物的精细分布图绘制所需人力物力投入大。测序技术通量的提高和价格下降为该领域的研究提供了新的契机。例如，2017 年 11 月 27 日，地球微生物组计划（Earth Microbiome Project，EMP）公布了首期研究成果，报道了全球 27 751 个土壤及动植物体的微生物群落的总体情况，但其详细的分布规律还有待深入分析（Thompson et al.，2017）。一些国家对本国土壤微生物进行了规则取样和详细的研究，如英国和法国。法国是迄今为止对本国土壤细菌和古菌分布研究最为详细的国家，法国科学家对本国土壤进行 16km×16km 标准样方网格采集土壤样品，共采集了 2173 个样品，每个样品获得了 10 000 条微生物序列。这样珍贵而详细的研究为不同目的的使用者提供了基础数据，对农业生产，如动物和植物疾病的发生和流行预测，将产生不可估量的积极作用（Karimi et al.，2018）。

2.2　土壤微生物功能

土壤微生物每时每刻都在进行着生理代谢活动。微生物通过分泌胞外酶，把土壤中复杂的物质降解为可直接利用的简单物质进行吸收，或者从土壤中吸取可直接利用的物质。微生物将吸收的物质进行代谢后，合成一些新的代谢物，并释放到土壤中。一些微生物完成生命周期后，自身发生降解，在体内或相邻的微生物酶的作用下，把微生物体分解成简单的有机物质和无机物质。一些微生物代谢物质可作为信号、化感物质，与其他微生物发生复杂的相互作用。这些微生物的基本生命活动构成了土壤微生物的总体功能，支撑着生态系统物质转化和能量循环。本章特别关注与土壤物质循环、植物生长与健康，以及污染修复相关的微生物功能，这些微生物功能与人类环境健康和粮食安全息息相关。

2.2.1 土壤微生物与养分循环

1. 土壤微生物与碳素循环

土壤中的有机碳主要来自植物光合作用，以根、茎、叶等植物残体或根系分泌物的形式进入土壤。此外，蓝细菌和自养微生物也可通过光合作用或化能自养等方式同化二氧化碳，为土壤输入小部分有机碳。除部分根系或微生物分泌物组分（如氨基酸、有机酸和单糖等）为简单有机化合物外，其余大部分为结构复杂的有机物，如纤维素、木质素、几丁质等，这些结构复杂的有机物不能被微生物直接吸收利用，而需要在微生物胞外酶（如纤维素酶、几丁质酶、蛋白酶、多酚氧化酶）的催化下，分解为简单的有机物后，才能被微生物吸收。具有复杂有机物降解功能的胞外酶的结构非常复杂，科学家根据底物特异性、酶的结构、进化关系等，把已发现的胞外酶分为上千种。研究也显示，大部分土壤微生物均能分泌具有降解功能的胞外酶，但不同微生物种类的胞外酶对复杂有机碳的降解活性差异显著，具有高效降解活性的细菌有纤维单胞菌、假单胞菌、芽孢杆菌、类芽孢杆菌、链霉菌等，具有高效降解活性的真菌有青霉菌、毛壳菌、黄曲霉、木霉、镰刀菌等。简单有机物被微生物吸收后，一部分同化为蛋白质、核酸、脂类等，成为微生物的结构物质，或作为酶分泌到体外行使降解功能；另一部分代谢为能量、水和二氧化碳，再次通过光合作用进入碳循环。

2. 土壤微生物与氮素循环

氮是所有生物的必需元素。自然土壤中的氮素循环开始于生物固氮。全球每年生物固氮量高达 1700 亿 kg，主要在根瘤菌的固氮酶参与下完成，完成的场所为根瘤菌与豆科作物形成的根瘤中，即所谓的共生固氮。自生固氮在速率上比共生固氮低 1～3 个数量级，由非共生固氮微生物的固氮酶催化完成，参与的微生物有固氮菌属、固氮螺菌属、拜叶林克氏菌属、着色菌属、类芽孢杆菌属和假单胞菌属等。在农田土壤中，大量氮还来源于氮肥或动物粪尿。自然或人类合成的氮被生物利用后转化为蛋白质、核酸等复杂的大分子物质。生物死后，这些大分子物质经蛋白酶、氨基酸水解酶、脲酶等分解为氨。在有氧条件下，氨被硝化球菌属、亚硝化单胞菌属和亚硝化螺菌属等细菌或古菌氧化成羟胺或硝基氢化物，继

而氧化成亚硝态氮，亚硝态氮继续被硝化菌氧化为硝态氮。此外，部分氨还能被全程硝化菌直接催化形成硝酸根。在无氧条件下，氨可被厌氧氨氧化菌经肼氧化为氮气。硝酸根在反硝化菌的作用下，逐步还原为亚硝酸根、一氧化氮、氧化亚氮和氮气。反硝化菌广泛分布在硝化细菌科、螺菌科、红螺菌科、芽孢杆菌科、盐杆菌科、假单胞菌科、奈瑟氏球菌科、纤维黏菌科、根瘤菌科。在厌氧环境下，部分硝酸根被微生物作为电子受体进行无氧呼吸，把硝酸根还原为氨，发生异化硝酸还原作用。土壤残留的无机氮又被生物利用形成有机氮，继续进入下一轮氮转化，周而复始。

3. 土壤微生物与磷素循环

难溶性无机磷和有机磷是土壤中磷的主要成分，占土壤总磷量的 90%以上。难溶性无机磷包括矿物形态的磷，以及铁、钙和铝结合态磷。微生物在难溶性有机磷向植物有效磷转化过程中起关键作用：微生物分泌质子、有机酸、铁载体，通过离子交换和络合作用，溶解释放难溶性磷酸盐中的磷，增加土壤有效磷含量（Richardson and Simpson，2011）。目前报道的溶磷细菌属主要有芽孢杆菌属、假单胞菌属、黄杆菌属、欧文氏菌属、固氮螺菌属、节杆菌属、根瘤菌属、微球菌属、沙门氏菌属、色杆菌属、硫杆菌属、埃希氏菌属、沙雷氏菌属、红球菌属、克氏杆菌属、德尔夫特氏菌属、叶杆菌属、肠杆菌属、泛菌属和克雷伯菌属等。有效磷被植物和微生物吸收后，同化为植酸、核酸等形态的有机磷。这些有机磷在土壤的化学和生物过程作用下，形成种类多样、结构复杂的土壤有机磷。微生物主要通过酸性磷酸酶、碱性磷酸酶和植酸酶将土壤有机磷转化为有效磷。能分泌这些酶的微生物种类繁多，广泛分布在土壤优势微生物种类中（Dai et al.，2019）。被微生物释放的有效磷一部分被金属离子固定，一部分被植物和微生物同化固定，进入下一轮的有机磷和难溶性无机磷的活化，周而复始。

微生物在土壤其他元素（如碳、硫、铁、锰等）的循环中也发挥着重要作用。

2.2.2　土壤微生物与植物生长和健康

根际、根表和根内均生活着数量繁多的微生物，根际微生物数量往往是无根土壤的 10 倍之多。这些与根系紧密相关的微生物对植物的生长和健康具有重要作用。

1）微生物对植物生长和健康具有不利影响。微生物为满足自身生长需要，吸收大量氮、磷、钾、铁等元素，与作物发生养分竞争。当土壤养分不足、植物比较弱小时，微生物养分竞争将严重抑制植物生长。一些微生物能使作物发生病害，使根系腐烂、植物枯萎，无法正常生长，甚至死亡，如导致疫病的疫霉属真菌，导致根腐病的腐霉属、镰刀菌、疫霉，导致枯萎病的镰刀菌，导致菌核病的核盘菌属、链核盘菌属、丝核属和小菌核属等真菌，导致青枯病的茄科劳尔氏菌，导致软腐病的欧氏杆菌属细菌和根霉属真菌，导致猝倒病的腐霉属、疫霉属、丝核属等真菌。

2）根系紧密相关微生物在植物生长和保护健康方面发挥着有利作用。这些有益微生物充分利用植物根系分泌物壮大群落数量，激发固氮活力，为植物提供氮素（Sahoo et al.，2014）。有的微生物分泌质子、有机酸，降低土壤 pH，活化土壤中的铁磷、钙磷、铝磷等难溶性无机磷，提高土壤有效磷含量。有的微生物分泌植酸酶、酸性磷酸酶、碱性磷酸酶等，催化降解土壤中的有机质或生物残体中的有机磷向无机磷转化，提高有机磷的生物有效性。AM 真菌等则扩大根系的吸收范围，促进植物对氮、磷、铁等多种营养元素的吸收。有的微生物可以分泌铁载体，活化土壤中的难溶性铁，缓解植物缺铁症状。有的微生物通过合成和分泌促进根系生长发育的植物激素（如吲哚乙酸、吲哚丙酸、玉米素、赤霉素等），促进根系生长和发育。还有一些微生物具有 1-氨基环丙烷 1-羧酸（1-aminocyclopropane-1-carboxylic acid，ACC）脱氨酶活性，可降低乙烯合成前体浓度，减小乙烯的抑制作用，促进根系生长（Vessey，2003）。

根际微生物还通过多种途径抑制植物病原菌，降低病害的发生和发展：①部分根区微生物与病原物竞争相同的生物空间和底物，进行生态位竞争；②产生抗性物质，主要包括杆菌环肽、杆菌溶素、聚酮类化合物、大环内酯类化合物和地非西丁、脂肽类化合物（表面活性素、丰原素和芽孢菌素）等，以抑制病原菌生长；③分泌细胞壁水解酶（如几丁质酶、蛋白酶、脂肪酶、β-1,3-葡聚糖酶）瓦解病原菌的细胞壁；④产生 2,3-丁二醇、乙偶姻、表面活性肽和芬荠素等诱导植物抗性，提高植物对病原菌的抵抗能力（Chowdhury et al.，2015；Ongena and Jacques，2008）。

2.2.3 土壤微生物与污染生境修复

随着工业革命的兴起，人为向环境输入了大量的污染物，如多环芳香烃（polycyclic aromatic hydrocarbons，PAHs）、重金属及农药等，高浓度污染物超出了环境自净能力，导致了有害废弃物在环境特别是农田中的迅速积累。微生物对多种污染物具有或快或慢的净化能力，是土壤中污染物净化的重要途径。微生物对有机污染物的净化主要通过酶进行降解代谢，降解途径依污染物结构不同而千差万别。例如，好氧细菌降解 PAHs 的第一步是通过双加氧酶使芳香环羟基化，形成顺式二氢二醇，再通过脱氢酶的作用使其变成二醇中间体。然后，这些二醇中间产物通过邻位裂解，被内二醇或外二醇环双加氧酶裂解，最终完全分解为二

氧化碳、水或甲烷（Kuppusamy et al.，2017）。微生物对有机磷农药的降解，主要依靠甲基对硫磷水解酶、氧化还原酶、水解酶类、裂解酶和转移酶等直接作用于有机磷农药，使有机磷农药中的 P—O 键、P—S 键、P—N 键断裂，达到降解有机磷农药的目的（Cycoń et al.，2017）。

微生物通过胞内吸附、胞外吸附、生物转化等过程进行重金属修复。胞内吸附是指进入细胞内的重金属被微生物吸收富集的过程，微生物可以通过区域化作用将重金属离子分布于代谢活动相对不活跃的细胞器中，如液泡、线粒体，然后将其封闭，或将重金属离子和细胞内的金属硫蛋白、络合素、植物螯合肽等结合成热稳定蛋白，如谷胱甘肽、植物凝集素、不稳定硫化物等，从而将重金属转变为低毒或无毒的形式积累于细胞内部。胞外吸附主要指重金属离子与微生物代谢并分泌到胞外的高分子聚合物，如蛋白质、多糖、脂类等，形成胞外聚合物，胞外聚合物具有沉淀、络合重金属的作用。细胞壁、荚膜、黏液层等细胞结构通过络合、配位、沉淀等将重金属离子吸附结合在细胞表面。微生物细胞壁含有多糖、蛋白质、葡聚糖、几丁质、甘露聚糖等，富含羧基、磷酸根离子、硫酸根离子、氢氧根离子、氨基等官能团，这些官能团能与金属离子结合或配位。生物转化作用包括氧化还原作用、甲基化和去甲基化作用及络合配位等。土壤中的重金属存在多种价态和形态，导致重金属元素的溶解性和毒性不同，通过生物转化作用改变其毒性或移动性。对变价金属而言，微生物通过生物氧化还原作用将重金属离子转化为低毒态或无毒态，减少重金属的毒性（Liu et al.，2018b）。

2.3　土壤微生物功能调控

在一定的生态系统中，微生物代谢活动驱动的土壤微生物功能保持着适度水平，维持着整个生态系统的物质和能量输入输出平衡。但是，随着人口增加，人类对土壤功能的要求越来越高，部分微生物功能，如养分转化释放，不能满足人类对作物高产的要求。由于长期连续种植同种植物，一部分能使作物致病的微生物在土壤中不断累积，使作物病害频频暴发，导致严重减产。另外，农业化学投入品，如农药、重金属等污染物不断输入农业生态系统，并不断累积，严重影响作物安全品质。因此，需要对土壤微生物的功能加以调控，以达到活化更多土壤养分、有效抑制作物病害和消减污染物等的目的。本节将重点关注与人类食物生产和环境健康关系密切的养分循环微生物、植物促生微生物、植物病原微生物和污染物降解微生物的调控（图 2-1），并收集整理成功的应用实例。

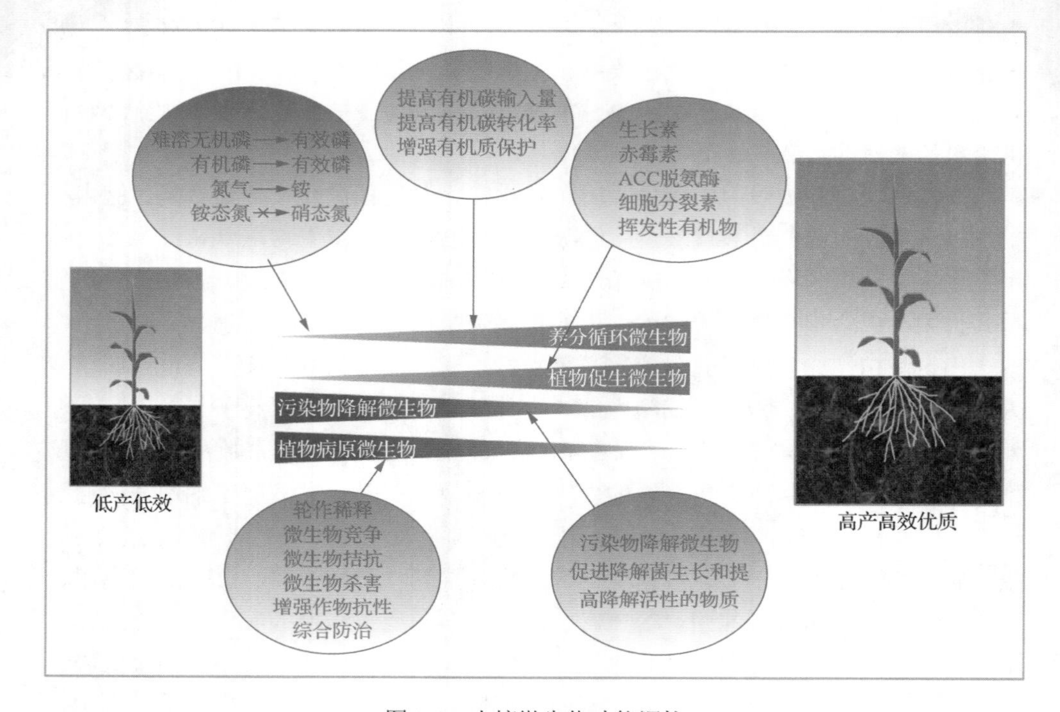

图 2-1　土壤微生物功能调控

2.3.1　养分循环微生物调控

1. *碳循环的微生物调控*

土壤有机质含量是土壤肥力的关键决定因子，是土壤微生物活力的驱动力，也严重影响土壤温室气体的排放量。因此，调控土壤碳循环对粮食生产和环境安全均具有重要意义。

土壤有机质含量由有机碳输入量、有机碳向土壤有机质转化率和有机质稳定程度决定。因此，提高土壤有机质含量的第一要务是增加输入土壤的有机碳数量。能增加有机碳输入的措施有秸秆还田、施用化肥和有机肥、种植产量高的物种或品种、种植绿肥等。据估计，提高作物产量每年每公顷可增加土壤有机碳储量 0.05～0.76t，施用有机肥每年每公顷可增加土壤有机碳储量 0.1～0.3t，种植绿肥（前 50 年）每年每公顷可增加土壤有机碳储量 0.32t（Freibauer et al.，2004；Poeplau and Don，2015）。

增加土壤有机质含量可由提高微生物的有机碳转化率实现。土壤有机质和微生物碳与养分的比例高于植物残体碳与养分的比例，因此，可以通过增加土壤养分含量，增加微生物碳转化率，提高土壤有机碳含量。利用这个原理，每吨小麦

秸秆添加 5kg 氮、2kg 磷、1.3kg 硫，可以使小麦秸秆转化为土壤有机质的比例提高 11%，养分添加量增加 1 倍，小麦秸秆转化为土壤有机质的比例提高到 29%（Kirkby et al.，2013），这说明施肥可以提高土壤有机质含量，大量长期施肥试验也证实了这一点（Manna et al.，2007）。

增加土壤有机质含量还可通过加强对土壤有机质的保护强度来实现。土壤团聚体结构的破坏是土壤有机质含量降低的重要驱动因子。大团聚体中真菌与细菌的比例高于小团聚体，由于真菌碳利用率高于细菌，且真菌碳比细菌碳更容易被团聚体保护固定，因此，维持良好的土壤团聚体结构有利于提升和稳定土壤有机质。在农业生产中，免耕是提高表层土壤团聚体结构的有效措施。大量研究表明，免耕可以提高大团聚体比例，增加真菌与细菌的比例，增加真菌残体的比例，并提高土壤有机质含量（Six et al.，2002）。施用有机肥和秸秆还田不仅能增加有机碳输入，还能增加土壤大团聚体形成，起到保护有机质的作用。此外，有机肥替代部分化肥后，秸秆还田驱动的真菌生长量低于纯化肥处理，对土壤原有有机质的激发效应也显著低于化肥处理，这说明有机肥替代化肥也具有稳定土壤有机质的功效（Fan et al.，2019）。

2. 氮循环的微生物调控

不同形态氮素在土壤中的稳定性不同，如氨容易挥发，特别是在碱性土壤中挥发得更加剧烈，硝态氮则容易淋失。土壤中不同形态的氮转化依赖于微生物酶催化。因此，可以有针对性地对特异微生物酶进行抑制，以达到对氮形态的调控，从而提高氮肥利用率（图 2-2）。

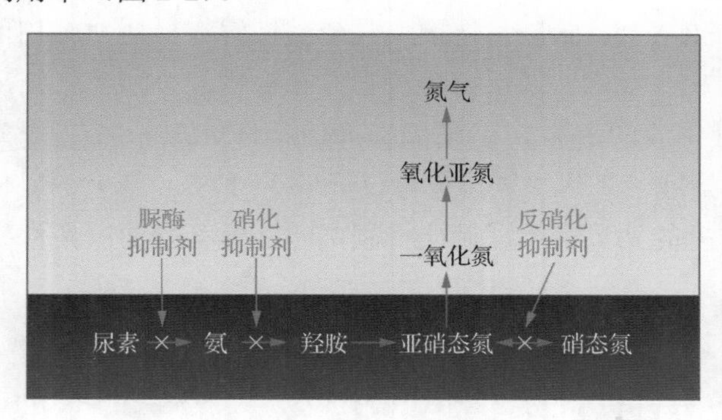

图 2-2　土壤氮循环的微生物调控

（1）脲酶抑制剂

应用比较广泛的脲酶抑制剂为正丁基硫代磷酸三胺［N-(n-butyl)thiophosphoric triamide，NBPT］。美国阿肯色州水稻的应用效果表明，施用 NBPT 的土壤氨挥发量从施氮量的 8.6%降低到 0.6%，水稻产量提高 18.1%（Dempsey et al.，2017）。

在佛罗里达州柑橘园的应用效果表明，施用 NBPT 的土壤氮肥淋失量从施用氮肥量的 12%下降为 8%。在我国华北和西北小麦—玉米种植体系，施用含 0.12%巴斯夫公司生产的新硝化抑制剂 Limus（含 75% NBPT 和 25%正丙基硫代磷酰三胺）的氮肥，土壤氨挥发量由施氮量的 11%～25%降低到 0～6%，氮肥回收率增至 60%，并达到氮肥减少 20%的情况下，维持作物产量不下降的目的（Li et al.，2015a）。据统计，脲酶抑制剂施用的全球平均效果为氨挥发量降低 53%，作物氮肥利用率提高 12%，作物产量提高 10%。

（2）硝化抑制剂

目前农业中常用的硝化抑制剂包括双氰胺（dicyandiamide，DCD）、3,4-二甲基吡唑磷酸盐（3,4-dimethylpyrazole phosphate，DMPP）、2-氯-6-三氯甲基吡啶（nitrapyrin）等。硝化抑制剂的施用可显著降低一氧化二氮和一氧化氮的排放（均值分别为 44%和 24%），减少硝酸盐淋溶损失（均值为 48%），增加氨挥发（均值为 20%），总计可减少排放 16.5%的净全氮量，同时显著增加经济效益。进一步的微生物分子生态学研究证实，脲酶或硝化抑制剂主要调控了执行相应氮循环过程的关键微生物。例如，施用 50mg/kg 的 DCD 可显著抑制我国南方酸性土壤氨氧化古菌（ammonia-oxidizing archaea，AOA）的硝化活性（Zhang et al.，2012a）；添加 DCD 还能显著抑制新西兰高氮草原中氨氧化细菌（ammonia-oxidizing bacteria，AOB）数量和土壤硝化活性（Di et al.，2009）。研究还发现，AOB 的丰度与 NO_3^--N 的浓度呈显著正相关。硝化抑制剂还可通过抑制硝化菌降低硝态氮含量，进一步抑制反硝化菌的活性，降低氮素的气态损失。例如，Wu 等（2017）将硝化抑制剂（PIADIN®，SKW Piesteritz，德国）与硫酸铵混合，在 70%田间持水能力下，检测了硝化抑制剂在沙土（低反硝化潜力）和麦秸混合沙土（高反硝化潜力）中抑制一氧化二氮排放的潜力。硝化抑制剂使秸秆处理一氧化二氮排放量降低了 41%，而无秸秆处理一氧化二氮排放量仅降低了 17%。结合一氧化二氮同位素特征和功能基因丰度的结果表明，硝化抑制剂能降低秸秆还田条件下反硝化氮素的损失。

（3）反硝化抑制剂

德国玉米地单独施用 0.07%反硝化抑制剂——唑菌胺酯可以降低 2%～24%的一氧化二氮排放量，与巴斯夫公司生产的新硝化抑制剂 Limus（含 75% NBPT 和 25%正丙基硫代磷酰三胺）合用，可以达到降低 30%氮肥用量，但保持玉米产量的目的（Weller et al.，2019）。有研究发现，植物根系释放的前花青素也可以抑制反硝化过程，在法国蔬菜地施用 83kg/hm^2 和 210kg/hm^2 前花青素可以使土壤反硝化菌数量下降 80%，并显著提高生菜的产量（Galland et al.，2019）。

3. 磷循环的微生物调控

微生物分泌质子、有机酸、铁载体，活化土壤中的难溶性无机磷，通过磷酸酶、植酸酶把土壤中的有机磷转化为可溶性无机磷。部分活化的磷被微生物吸收利用，微生物死后磷被降解释放，成为植物有效磷（图2-3）。这些微生物过程构成利用微生物调控土壤磷循环的基本原理。

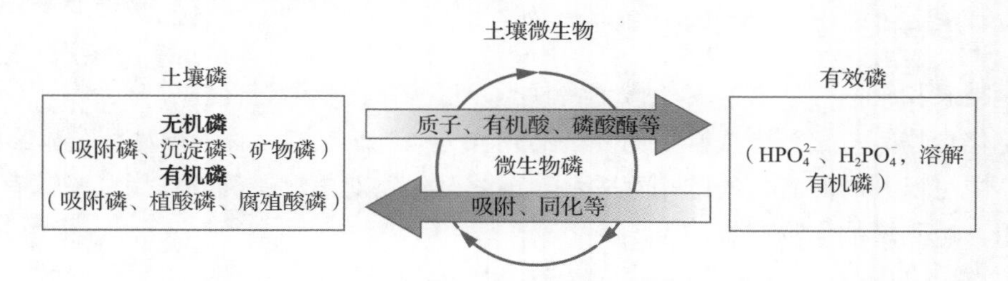

图2-3　土壤微生物对土壤有效磷的影响途径

部分土壤中能活化难溶性磷的微生物数量少，添加具备高活化能力的微生物是提高该类土壤有效磷含量的有效措施。例如，陈莎莎等（2018）选取溶磷效果较好的草酸青霉（NJDL-03）和黑曲霉（NJDL-12）进行实验，探究了溶磷真菌在石灰性土壤中的溶磷效果，发现真菌处理的土壤速效磷含量分别比不添加真菌的对照提高了4.36倍、5.03倍、0.71倍。Fernández等（2007）分离到三株肠杆菌、三株伯克氏菌和一株慢生根瘤菌，其土壤有效磷含量平均分别提高30%以上。在澳大利亚南部土壤添加青霉菌RS7B-SD1，土壤有效磷含量可提高23%（Wakelin et al.，2004）。常见的高效溶磷菌还有芽孢杆菌、假单胞菌、根瘤菌、红球菌、节杆菌、沙雷氏菌、金黄杆菌等。

土壤微生物往往受限于碳不足，导致微生物数量、微生物分泌的有机酸量、磷酸酶量仅能维持在保证微生物正常生长的较低水平。当往土壤中添加有机物料后，土壤微生物数量、有机酸含量、磷酸酶活性大幅度提高，促进土壤难溶性磷的活化。当微生物死后，更多的微生物量将周转出更多的有效磷。该规律不仅在短期的碳添加试验中被广泛观察到，在全球的有机肥长期定位试验中同样存在（Dick，1992；林先贵 等，2017）。基于这种普遍的现象，人们逐渐形成了增碳活磷的共识。另外，有研究表明，AM真菌菌丝分泌物中的果糖能作为信号分子刺激细菌磷酸酶的基因表达，提高细菌分泌的磷酸酶活性；且菌丝分泌物能招募细菌定植，提高了菌丝际土壤植酸酶活性，促进了植酸磷的矿化和作物对土壤磷的吸收。该研究从微生物相互作用的角度揭示了植物—AM真菌—溶磷细菌活化土壤难溶性磷的合作机制，同时也为未来使用有机物料调节土著细菌功能、减少磷肥投入的技术转化提供了依据（Zhang et al.，2018a）。

此外，减少土壤磷流失对提高磷利用率也非常重要。Bender和Heijden（2015）

利用渗漏池进行严格的控制试验，研究了土壤生物对土壤磷、氮养分有效性、淋失和植物生长的影响，发现相比于微生物稀少的土壤，在微生物丰富的土壤中，磷活化量提高了 112%，而磷的淋失量则降低了 25%，同时作物生长速率提高了 22%，作物磷吸收量则提高了 110%。这些结果表明，维持土壤微生物多样性也有利于提高磷素循环效率。

2.3.2 植物促生微生物调控

根表和根内生活着丰富的微生物种类，这些微生物通过促进养分吸收、分泌特定化合物等与根系形成密切而复杂的相互关系，影响植物的生长发育（图 2-4）。生产中可以利用两者之间的相互关系，增强微生物对植物有利的作用，减弱有害作用，达到增加作物产量的目的。

图 2-4 PGPR 及其作用机理

1. 固氮菌

氮气体积约占空气体积的 80%，但不能被植物直接利用，只有被闪电、固氮微生物转化为氨后才能被植物吸收利用。固氮菌种类繁多，现已发现分布在 100 多个菌属。根据固氮菌与植物的疏密关系，固氮可分为共生固氮、联合固氮和自生固氮 3 个体系。据研究，在农田土壤中，生物固氮量可占作物总需氮量的 35%～50%，其中以根瘤菌与豆科植物共生体系的固氮能力最强，年固氮量占生物固氮总量的 60%以上。因此，可以通过促进生物固氮的方法促进植物生长。

接种根瘤菌是一种提高固氮量、促进豆科植物生长的重要方法。例如，在加拿大西部，给扁豆和豌豆接种混合根瘤菌、蚕豆根瘤菌 92A3、128412 和 175P1，蚕豆接种混合根瘤菌 175F1、175F2、l75F5 和 175F8 后，3 种豆科作物产量提高 12%～74%，总氮累积量提高 25%～136%，扁豆、豌豆和蚕豆的年固氮量分别为每公顷 75kg、105kg、160kg（Bremer et al.，1988）。在澳大利亚昆士兰南部，接种慢生根瘤菌后大豆固氮量提高了 56%，总氮累积量提高了 43%（Herridge et al.，2005）。在葡萄牙，豌豆在正常降雨条件下的固氮量为 31～107kg/hm^2，干旱时固氮量为 4～37kg/hm^2，接种根瘤菌后固氮量提高幅度大于 50%（Carranca et al.，1999）。

接种时应该注意影响接种成败的诸多因素（图 2-5），首先是土壤中是否含有足够的有效根瘤菌，一些地区由于没有种过某种豆科作物，能与该种豆科作物结瘤并高效固氮的微生物就少。例如，巴西原来没有大豆，土壤中有效大豆根瘤菌数量少，固氮量也就低；澳大利亚原来没有种植农业生产常见的大部分豆科作物，故生产中需要接种相应根瘤菌（Deaker et al.，2004）。研究表明，当每克土壤的固氮菌数量超过 10 个时，接种的效果将受到影响。其次，共生固氮还取决于土壤有效氮含量是否能满足豆科作物的需求，土壤有效氮含量高，固氮量则低，反之亦然，两者往往呈负相关关系。此外，土壤其他条件对固氮的影响也非常大，土壤缺磷、缺钼将严重抑制生物固氮，土壤低 pH 对固氮也不利。

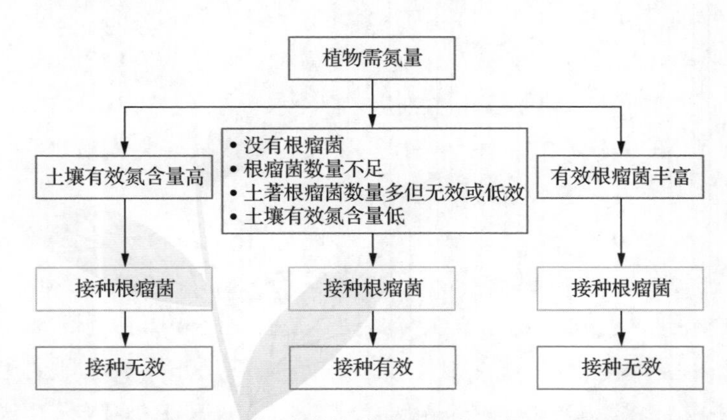

图 2-5　根瘤菌接种成败主要决定因子

2. AM 真菌

AM 真菌是一种常见的菌根真菌，能为植物贡献高达 90%的磷。AM 真菌最主要的植物营养功能是促进植物对土壤磷的摄取能力，其机制主要是通过菌丝扩大根系养分吸收空间、活化土壤有机磷和难溶性无机磷来实现的。研究表明，AM 真菌也具有促进作物对土壤氮和锌的吸收，抑制一氧化二氮排放的作用（韦莉莉等，2016）。

一些田间接种试验表明，菌根真菌具有很好的应用前景（Berruti et al.，2016；陈保冬 等，2019）。Gupta 等（2006）研究发现，玉米根长和根系干重与 AM 真菌的根系侵染强度呈显著正相关。Ceballos 等（2013）用模式菌根真菌异形根孢囊霉接种哥伦比亚的重要粮食作物木薯，在多个地点均能大幅度提高其产量，具有很大的应用潜力。姜黄接种 AM 真菌显著提高了土壤酸性磷酸酶活性，接种 90d 和 150d 后酸性磷酸酶活性分别达 18.11～21.19μg/（g·h）和 18.33～21.39μg/（g·h），接种 90d 后，根际土壤有效磷浓度（7.10～8.50mg/kg）显著高于对照（4.70～4.90mg/kg），植株磷含量与土壤有效磷浓度呈显著正相关，酸性磷酸酶活性与根围菌丝的土壤有效磷浓度也呈高度正相关（Dutta and Neog，2017）。

在农业生产中，农业措施的改变也可发挥田间原位条件下 AM 真菌的作用潜力。研究指出，施用有机肥可以激活更多的 AM 真菌物种与玉米根际其他物种相互作用（Zhu et al.，2016）。另外，种植三叶草可以提高玉米的菌根真菌侵染率，改善玉米磷营养，并提高玉米产量（Deguchi et al.，2007）。

3. 其他 PGPR

除根瘤菌和菌根真菌外，许多其他微生物也表现出对植物具有很好的促生功能，这些微生物往往能直接提高土壤养分有效性，或合成某些对植物生长发育有促进作用的物质（如生长素等）和改变土壤中某些无效元素的形态，使之有效化而利于植物吸收（如固氮、溶磷等），通过分泌铁载体供给植物生长过程中所需的铁营养，或通过合成 ACC 脱氨酶调控植物乙烯水平，或产生 VOC 诱导系统抗性，促进植物与有益的微生物共生；一些微生物能抑制或减轻某些植物病害对植物生长发育和产量的不良影响（Vessey，2003；李京，2016）。

康贻军等（2010）按照固氮、溶磷、解钾、拮抗等 6 种常见病原真菌，同时能在植物根际定植为基本初筛标准，在实验室条件下测定初筛菌株的多项促生能力，最后通过生理生化试验和 16S rRNA（ribosomal ribonucleic acid，核糖体 RNA）基因序列分析对所筛菌株进行鉴定，最终从江苏扬州、盐城等地的土壤样品中筛选出 14 株 PGPR，其中 7 株属于假单胞菌属、3 株属于类芽孢杆菌属、2 株属于芽孢杆菌属、1 株属于伯克霍尔德氏菌属、1 株属于欧文氏菌属。这些细菌具有多种促生能力，且能在根际定植，为进一步构建多功能 PGPR 广适菌群提供菌株资源。

接种 PGPR 可提高作物养分利用效率，减少化肥施用量。研究表明，施用 PGPR 可提高植株对氮素的吸收（Adesemoye et al.，2010）。Adesemoye 等（2008，2009）将解淀粉芽孢杆菌（IN937a）、短小芽孢杆菌（T4）和 AM 真菌组成的混合物菌剂替代部分化肥，结果表明，接种可以减少 25%化肥施用量，但在保证作物生长、产量和养分（氮、磷）吸收量方面与常量化肥相当。Jetiyanon 和 Plianbangchang（2012）研究了利用含蜡样芽孢杆菌（RS87）的生物菌肥部分替代化肥对不同泰国水稻品种产量的影响，发现接种 RS87 能在降低 50%化肥施用量的情况下，维持水稻品种生长和产量。以上结果均证明了 PGPR 接种剂可以作为农业综合营养管理的策略。

2.3.3　植物病原微生物调控

可以通过厌氧消毒、轮作、增施有机肥、合理养分管理、添加生防菌等措施，抑制病原菌生长，减少作物病害发生（图 2-6）。

图 2-6　土壤病原菌调控措施

1. 土壤管理

（1）轮作

轮作是在同一块田地上有顺序地在季节间或年际轮换种植不同作物或复种组合的种植方式。轮作历史悠久，很早就用来防治连作引起的病害。总体而言，轮作对作物病原菌的抑制作用取决于病原菌的寄主适应性，以及病原菌无寄主时在土壤中的存活能力。轮作特别适合抑制寄主专性的病原菌，但对寄主广谱性病原菌的抑制效果相对不佳，对能产生存活久的菌核和卵子的病原菌效果也相对较差（Ghorbani et al.，2010）。轮作也须避免引入携带主要作物病原菌的轮作作物。有研究表明，易感植物毛龙葵是马铃薯哥伦比亚根结线虫、北方根结线虫和短梗根结线虫的寄主，与马铃薯轮作后因引入病原线虫危害块茎，短梗根结线虫还可传播烟草响尾蛇病毒，引起马铃薯环斑病（Boydston et al.，2008）。

采用轮作防治作物病害在全球均得到广泛运用。在南非芬特斯多普镇，科学家于 2008～2013 年，对比了玉米连作（常规耕作、保护性耕作）、玉米两年轮作（玉米—豇豆、玉米—向日葵）、玉米 3 年轮作（玉米—谷子—豇豆、玉米—谷子—向日葵）共 6 种种植体系玉米的茎腐病发病情况，发现两年轮作玉米茎腐病发病最轻，3 年轮作次之，玉米连作发病率最高。轮作对玉米茎腐病的影响主要是降低了病原菌的数量（Craven and Nel，2017）。

对于部分作物，增加轮作植物的多样性和轮作年限，可以抑制病原菌的生长。例如，Leandro 等（2018）报道了增加轮作作物多样性和轮作年限对北美大豆猝死综合症病菌引起的大豆猝死综合症具有抑制作用。美国艾奥瓦州立大学在该州的布恩县马斯登农场于 2001 年设立了不同轮作体系的田间试验，2010 年暴发了大豆猝死综合症，于是从 2011 年起，连续 6 年观测了大豆发病情况和病原菌数量，发现两年轮作（玉米—大豆）的大豆猝死综合症的发病率和病情指数均显著高于 3 年轮作（玉米—大豆—燕麦）和 4 年轮作（玉米—大豆—燕麦—苜蓿），发病率约为 3 年轮作和 4 年轮作的 1/4，病情指数为 3 年轮作和 4 年轮作的一半。病原菌定量结果表明，3 年轮作和 4 年轮作显著降低了病原菌的数量。

轮作作物种类对香蕉枯萎病（病原菌为 *Fusarium oxysporum* f. sp. *cubense* race 4）发病率影响显著（Wang et al.，2015b）。该研究在海南万钟香蕉园因香蕉枯萎病发病率高达 60%以上而在被废弃的田块进行，研究比较了菠萝—香蕉（两年一季菠萝——季香蕉）和玉米—香蕉（一年两季玉米——季香蕉）两种轮作方式，香蕉移栽后第 10 个月调查枯萎病发病率。结果表明，与菠萝轮作的香蕉土壤枯萎病病原菌数量为每克土壤 2.8×10^4 个，发病率为 45%；与玉米轮作的香蕉土壤枯萎病病原菌数量为每克土壤 1.4×10^4 个，香蕉发病率为 17%。

科学家比较了美国加利福尼亚州连作生菜和生菜—西兰花轮作的菌核病发病情况，发现连续 5 季生菜连作后，生菜菌核病发病率逐季升高，可高达 73%，而西兰花—西兰花—生菜—生菜轮作和西兰花—生菜—西兰花—生菜轮作可使发病率分别下降 50%和 49%。连作提高生菜菌核病发病率源于连作提高了土壤中病原菌小菌核菌的数量，而轮作与连作相比，显著降低了病原菌的数量（Hao et al.，2003）。

（2）土壤有机肥调控

向土壤中施用有机肥（堆肥）、秸秆、有机废弃物（污泥）等有机物料，不仅可以提供大量有机质、矿质营养元素，改善土壤结构，还具有抑制病害的效果，因此，在农业生产中被广泛应用。自从 Hoitink 等（1975）首次发现树皮的有机堆肥对园艺植物根腐病具有明显抑制作用后，大量研究表明有机堆肥对土传病害具有较广泛的抗性。

在美国马里兰州贝茨维尔市的蔬菜地，科学家对华盛顿市政污泥堆肥的抑制土传病害效果进行了连续 4 年的研究，该土壤感染了终极腐霉（约 1×10^3CFU[①]/g 土壤）和立枯丝核菌（约 10%甜菜籽染病）。连续施用堆肥两年，第一年堆肥的施用量为每公顷 7t，第二年为每公顷 10t，通过旋耕施至 10～15cm 土层，对照土壤施用化肥（氮磷钾，10-10-10）和方解石灰岩，保持土壤养分和 pH 与施用堆肥处理一致。春季和秋季种植豌豆，夏季种植棉花。结果表明，施用有机肥使终极腐霉和立枯丝核菌数量显著下降，而且 4 年中有机肥处理的春季豌豆出苗率显著高于对照（Lewis et al.，1992）。

利用长期定位试验研究有机肥对辣椒疫病的防治效果，有机管理每公顷施用 165t 鸡粪和牛粪堆制的有机肥，并加上物理防治手段（黄色黏虫板、防虫网、氢氧化铜的杀菌剂、移除发病株和覆膜除草），常规管理施用化肥和 46.7t/hm^2 的鸡粪和牛粪，农药包括烯酰吗啡、氯氰氰菊酯、吡虫啉和多菌灵。土壤抗病测试表明，有机管理的辣椒疫病发病率为 54%，而常规管理疫病发病率为 87%。有机管理显著提高了土壤微生物多样性，同时提高了对疫病具有拮抗作用的芽孢杆菌的数量（Li et al.，2019a）。

青枯病和枯萎病是番茄的主要土传病害，病原菌分别为青枯雷尔氏菌和尖孢镰刀菌。在南京的蔬菜地里，对比了等量氮磷钾化肥和有机肥对该病害发生的影响，发现有机肥显著抑制土传病害并提高产量。该研究中的施肥量分别为氮 225kg/hm^2、磷 65kg/hm^2 和钾 150kg/hm^2，磷肥和有机肥均作为基肥施用，氮肥和钾肥分别追施 105kg/hm^2 和 50kg/hm^2。相比化肥，有机肥处理的第一季番茄发病率从 75%下降到 48%，第三季发病率由 60%下降至 30%，产量分别增加 25%和 13%。第二季有机肥和化肥处理发病率均低于 10%。同时，有机肥处理显著降低了病原菌青枯雷尔氏菌和尖孢镰刀菌的数量（Liu et al.，2018a）。

在连续种植香蕉 10 年的海南乐东香蕉园，香蕉的镰刀菌萎蔫病发病率高达 50%。在该香蕉园每亩（约为 666.67m^2）施用 600kg 由牛粪和中草药渣制作而成的有机堆肥，其中 2/3 作为底肥，1/3 作为追肥，以施用化肥的常规管理为对照。10 个月后，香蕉镰刀菌发病率从对照的 40%下降到有机肥处理的 30%，而且施用有机肥的香蕉品质得到提高，可溶性糖和糖酸比均显著高于化肥对照处理（Shen et al.，2013b）。

---

① CFU 指菌落形成单位（colony forming units）。

有机肥抑制土传病原菌的生长，减轻土传病害发生发展，维护作物健康，是多种机理共同作用的结果：①有机堆肥中含有丰富的氮磷钾和钙镁等中微量元素，可以改善作物营养；②通过碳氮等资源竞争抑制病原菌生长；③通过增加作物促生菌数量促进作物根系旺盛生长；④通过微生物诱导作物系统抗病性；⑤激发伯克氏菌、链霉菌等拮抗微生物生长；⑥通过穿刺巴氏杆菌和哈茨木霉的超寄生现象直接杀死病原菌；⑦形成植物类似化合物欺骗病原菌进行无效生殖和缓解病原菌毒性（Bonanomi et al.，2018；Mehta et al.，2014）。

（3）养分供应

尽管作物对病原菌的抗性和耐性主要由遗传控制，但受作物营养状况的影响也不小。在高产农业中，施肥是必不可少的，如果能充分了解养分对病原菌生长发育和病害发生发展的影响规律，就可以对病害防治达到事半功倍的效果。主要营养元素对作物病害的影响如表 2-1 所示（Dordas，2008）。

表 2-1 主要营养元素对作物病害的影响

养分种类	作物病害	对病害的影响
氮	根肿病	加重
	枯萎病	减轻
	香蕉细菌性枯萎病	减轻
磷	小麦根腐病	减轻
	玉米根腐病	减轻
	园艺作物菌核病	加重
钾	香蕉细菌性枯萎病	减轻
钙	花生根腐病	减轻
	花生根腐病	减轻
锰	棉花枯萎病	减轻
	马铃薯疮痂病	减轻
锌	小麦赤霉病	减轻
硼	菜豆枯萎病	减轻
氯	小麦全蚀病	减轻

硅虽没有被证明为必需营养元素，但大量研究表明，硅对减轻多种土传植物病害具有显著效果，如表 2-2 所示（Fortunato et al.，2015）。硅可能通过不同途径增强植物对病害的抵抗能力。①硅沉积假说。硅沉积在乳突体及表皮细胞或受真

菌侵染部位、伤口处，增加植物细胞壁的机械强度，起到天然的物理屏障作用。②硅积极参与了生物化学防御过程，硅可以诱导感病植物产生酚醛类、黄酮类等抗毒素物质，以及施硅可以提高植物中几丁质酶、过氧化物酶、多酚氧化酶的活性和苯丙氨酸解氨酶等感病植物病程相关蛋白酶的活性，从而通过化学防御过程提高植物对病害的抵抗能力。③硅参与调控作物信号传导途径，促进植物上调防卫基因及病程相关蛋白基因的表达，以应对病菌侵染，硅诱导植物产生乙烯、茉莉酸、活性氧等系列信号，使植物处于预激活化状态，从而增强植物的抗病性（Liang et al.，2015）。

表 2-2　硅对土传病害的影响

寄主	病害	对病原菌的作用
油梨	疫霉根腐病	抑制
香蕉	根腐病	抑制
香蕉	巴拿马病	抑制
柿子椒	疫病	抑制
苦瓜	腐霉根腐病	抑制
玉米	腐霉根腐病	抑制
黄瓜	腐霉根腐病	抑制
	枯萎病	抑制
生菜	枯萎病	抑制
柠檬	镰刀根腐病	抑制
大豆	疫霉根腐病	抑制
番茄	镰刀根腐病	抑制
	腐霉根腐病	抑制
	菌性枯萎病	抑制
小麦	镰刀根腐病	抑制

（4）其他土壤调控法

洋桔梗是云南石屏重要的经济作物，其连作导致病害频发，严重限制该产业的发展。蔡祖聪团队在洋桔梗枯萎病频发的连作土壤上，采用土壤强还原消毒措施，实现了洋桔梗的健康生长。该团队比较了 5 种种植方式，分别为无处理对照、棉隆浇灌（$40g/m^2$）+覆膜、乙醇还原消毒、蔗渣还原消毒、大豆豆腐渣还原消毒，发现尽管消毒后微生物多样性、群落结构和组成各不相同，但病原菌数量均显著下降。还原消毒在不使用化学消毒剂的同时，还循环利用了工农业废弃物，实现抑制病害和废弃物循环利用的双重目标（Huang et al.，2019）。

三七是一种名贵的中药材，市场需求量大，但其产量严重受限于连作引起的病原菌富集和化感物质累积。土壤还原消毒是一种有效抑制连作发病的农艺措施。Li 等（2019b）对比了三七连作、三七—玉米轮作、三七连作+还原消毒和三七—玉米轮作+还原消毒 4 种栽培措施对三七发病和化感物质累积的影响，发现三七—玉米轮作和还原消毒均能显著降低人参皂苷含量，且还原消毒效果更佳。还原消毒不仅显著降低尖孢镰孢菌数量，而且使连作三七的成活率由 40%提高到 71%（Li et al.，2019b）。

2. 生防微生物

（1）芽孢杆菌

芽孢杆菌是目前研究最广泛的生防菌，对病原菌具有拮抗作用的芽孢杆菌主要包括枯草芽孢杆菌、多粘芽孢杆菌、解淀粉芽孢杆菌、坚强芽孢杆菌、短小芽孢杆菌等，它们能拮抗青枯雷尔氏菌、黄瓜枯萎病原菌、立枯丝核菌、黄萎病菌等多种植物病原菌（Ruano-Rosa and Mercado-Blanco，2015）。芽孢杆菌抑制作物病原菌的作用机理包括：①产生抗性物质，如杆菌肽、杆菌溶素、聚酮化合物、脂肽等，抑制病原菌生长；②产生几丁质酶和β-1,3-葡聚糖酶分解真菌病原菌的细胞壁；③产生 2,3-丁二醇、乙偶姻、表面活性肽和芬荠素等诱导植物抗性（Chowdhury et al.，2015；Ongena and Jacques，2008）。

芽孢杆菌作为生防菌得到了广泛的应用。例如，在江苏淮安和湖北武汉两地，浓度为每升 10^{10}CFU、施用量为 20L/hm^2 的芽孢杆菌混合液，连续 4 年使辣椒疫病发病率减少 67%～90%，产量提高 13%～54%。芽孢杆菌可采用多种施用方法，如与秸秆混合（菌液稀释至 4000L/hm^2，与 2250kg/hm^2 油菜秸秆混匀，铺洒在小区上，犁地）、秸秆堆肥（菌液稀释至 4000L/hm^2，与 2250kg/hm^2 油菜秸秆混匀，堆制发酵 3d，然后撒匀犁地）、直接浇灌（辣椒移栽后马上浇灌菌液稀释至 4000L/hm^2）和喷洒（2250kg/hm^2 油菜秸秆撒匀后，浇灌菌液稀释至 4000L/hm^2）等（Jiang et al.，2006）。

解淀粉芽孢杆菌对西红柿细菌性青枯病具有较好的防治效果。具体做法是：将秸秆和猪粪堆制的有机肥和氨基酸有机肥 1∶1 混匀后，加入解淀粉芽孢杆菌 QL-5 和 QL-18，制成每克有机肥含 10^9 个解淀粉芽孢杆菌的生物有机肥。该生物有机肥在西红柿育苗时施用，施用量为育苗基质质量的 1%，幼苗移栽到前一年秋季和春季发病率分别约为 80%和 40%的蔬菜地，移栽时每株西红柿基部再施用 20g 生物有机肥。结果显示，不施用生物有机肥对照的西红柿发病率为 35%～37%，

施用生物有机肥使发病率下降 76%～86%（Wei et al.，2011）。采用类似的方法生产的枯草芽孢杆菌（菌株 SQR9）生物有机肥对黄瓜镰刀枯萎病也具有良好的防治效果，可使镰刀枯萎病菌数量下降为不施用生物有机肥的 7%，黄瓜发病率降低 50%（Cao et al.，2011）。

在美国，芽孢杆菌对多种作物病害也具有良好的防治效果。例如，明尼苏达州文代尔和史泰博两地田间试验表明，采用枯草芽孢杆菌（5.0×10^{10}CFU/g 种子）对菜豆进行包衣处理后，文代尔的菜豆根腐病的病情指数从 6.7 下降到 4.5，产量由 1579kg/hm^2 提高到 2295kg/hm^2；史泰博的菜豆根腐病病情指数由 7.2 下降到 4.8，产量由 398kg/hm^2 提高到 946kg/hm^2（Estevez de Jensen et al.，2002）。同样，按 1L/m^2 连续浇灌含 10^6CFU/mL 解淀粉芽孢杆菌 BAC03 的菌液，对美国密歇根州莱克维尤和兰辛两地链霉菌导致的马铃薯疮痂病具有防治效果，马铃薯疮痂病发病率分别降低 49%和 57%。图 2-7 为解淀粉芽孢杆菌 BAC03 对美国兰辛马铃薯疮痂病的影响（Meng et al.，2013）。

（a）BAC03处理　　（b）对照

图 2-7　解淀粉芽孢杆菌 BAC03 对美国兰辛马铃薯疮痂病的影响

（2）木霉

木霉为子囊菌门粪壳菌纲肉座菌目肉座菌科真菌，目前报道的对病原菌具有拮抗作用的木霉主要包括绿色木霉、哈茨木霉、钩状木霉、拟康氏木霉、黄绿木霉、康氏木霉、长枝木霉、棘孢木霉（Benítez et al.，2004；Druzhinina et al.，2011；Verma et al.，2007），能拮抗赤星病菌、黄曲霉、茎腐病菌、塔玛里基塔曲霉菌、芒果蒂腐病菌、灰霉菌、密执安棒状杆菌、大豆炭疽病菌、可可丛枝病菌、蒂腐病菌、黄色镰刀菌、串珠镰孢菌、串珠镰刀菌、潮湿镰刀菌、可可毛色二孢菌、根结线虫、梨形毛霉、青霉菌、草酸青霉菌、菌核青霉、腐霉属病菌、丝核菌、立枯病菌、米根霉、核盘菌、白腐小核菌、白绢病菌、干朽菌、黄萎病等多种病原菌。木霉拮抗病原菌的机理包括：①产生几丁质酶、葡聚糖酶、蛋白酶，对病原菌具有直接杀害作用；②产生抗性物质［哈茨酸（harzianic acid，HA）、丙甲菌素 alamethicins、tricholin、哌珀霉素（peptaibols）、6-pentyl-α-pyrone（暂无中文名）、二氢戊基吡喃（massoilactone）、绿胶霉素（viridin）、绿黏帚霉素（gliovirin）、glisoprenins、（+）-萜烯七脂酸（heptelidic acid）］；③通过木聚糖酶、纤维素酶和溶胀素 Swollenin、哌珀霉素类抗菌肽诱导植物抗性（Chowdhury et al.，2015；Ongena and Jacques，2008）。

木霉在世界各地广泛用于土传病害的防治，如阿根廷科尔多瓦省，500g 花生种子与 5mL 2%羧甲基纤维素分生孢子悬浊液拌种 1min，然后风干，木霉用量为每粒种子 10^4CFU。第一年，无木霉处理的自然发病土壤腐皮镰刀菌导致的根腐病病情指数为 2.67，发病率为 69%，木霉处理的花生病情指数、发病率分别为 0.87%、36%；第二年，自然发病土壤根腐病病情指数为 1.87，发病率为 55%，木霉处理的花生病情指数为 0.42，发病率为 24%。这说明木霉对花生的根腐病具有较强的防治效果（Rojo et al.，2007）。

在印度班加罗尔，木霉对不同数量病原菌潮湿镰刀菌感染的土壤木豆枯萎病都具有明显的防治作用。具体做法是：采用糖蜜—大豆混合培养基培养木霉，而后与滑石粉混合风干制成菌剂。施用时，取 20g 菌剂与 1kg 堆肥混匀，施于种子行旁边。该处理对病原菌含量分别为 $10^{3.04}$ 个/g、$10^{4.98}$ 个/g、$10^{5.34}$ 个/g 的土壤中木豆枯萎病的防治率分别为 62%、35%、31%（Prasad et al.，2002）。

在中国南京，把菜籽饼经微生物发酵，制成富含 18 种氨基酸的有机肥，加入木霉 SQR-T037 分生孢子悬浊液，在 19～24℃风干 2d，制成木霉数量为 8.1×10^5 CFU/g、7.7×10^7 CFU/g 和 4.1×10^9 CFU/g 氨基酸有机肥，按照每千克土壤 2g 该有机肥的用量进行施用。结果 3 种木霉含量的有机肥对黄瓜镰刀菌枯萎病均具有良好的防治效果。相比不施用该有机肥，黄瓜病情指数下降 90%以上（Yang et al.，2011）。

在应用中也应注意，相同种不同菌株的木霉拮抗作用差异较大。如在墨西哥瓜纳华托州比较了哈茨木霉菌株 C4、C13、C17、C30、C44 对白腐小核菌的拮抗作用。将带有哈茨木霉分生孢子的悬浊液接种到小麦麸和泥炭藓 1∶1 混合物中，接种前，混合基质 121℃反复灭菌 3 次，每天 1 次，基质中分生孢子的密度为 2×10^4 个/g，水分含量为 50%。发现只有菌株 C4 在大蒜根内和根际定植良好，菌株 C44 不但根际定植良好，而且在土壤中扩散广，菌株 C30 定植不良，菌株 C4、C17 和 C44 具有良好的拮抗作用，只有菌株 C4 连续两年表现良好的拮抗作用（Avila Miranda et al.，2006）。

（3）假单胞菌

目前报道的对病原菌具有拮抗作用的假单胞菌主要包括荧光假单胞菌、恶臭假单胞菌等，它们能拮抗尖孢镰刀菌、黑曲霉、黄曲霉、赤星病菌、十字花科白粉菌、稻瘟病菌、*Dreschelaria oryzae*（暂无中文名）、立枯丝核菌、水稻叶鞘腐败病菌、德氏疫霉、腐霉菌、小麦全蚀病菌、烟草根黑腐病菌、小麦壳针孢、小麦叶锈病菌等多种病原菌（Walsh et al.，2001）。假单胞菌作为生防菌对病害产生拮抗作用包括多种途径：①产生抗性物质（吩嗪 phenazines、间苯三酚 phloroglucinol、藤黄绿脓菌素 pyoluteorin、硝吡咯菌素 pyrrolnitrin、环脂肽 cyclic lipopeptides 和氢氰酸 hydrogen cyanide），抑制病原菌生长；②产生铁载体取得铁营养竞争优势，优先占据根际生态位；③脂多糖和 2,4-二乙酰基间苯三酚（2,4-DAPG）等诱导增强植物对病原菌的抗性（Couillerot et al.，2009；Haas and Défago，2005）。

假单胞菌的应用也非常广泛。在土耳其艾登地区，棉花连作导致大丽轮枝菌黄萎病发生严重。采用 1%次氯酸钠消毒棉花种子，并用含 1.5%羧甲基纤维素的假单胞菌菌液泡种，风干 12h，2005 年每粒种子包衣含假单胞菌 5×10^6～1.0×10^7CFU，2006 年每粒种子包衣含假单胞菌 1.1×10^7～1.4×10^7CFU。包衣种子种到自然发病的土壤中，与对照相比，2005 年和 2006 年棉花黄萎病病情指数分别下降 39%～51%和 22%～37%，增产率分别为 13%～22%和 4%～13%（Erdogan and Benlioglu，2010）。

在瑞典乌普萨拉，将雪霉叶枯病菌自然感染率为 50%的冬小麦种子，置于 200～300mL 假单胞菌菌液摇荡 5min，室温下用风扇过夜吹干。农药处理为用浓度为 15%的双胍辛胺溶液按照 4mL/kg 种子进行拌种，并设无菌无药对照处理，施肥耕作等其他管理措施保持一致。结果显示，对照处理的出苗率为每平方米 123 株，3 种假单胞菌包衣的种子出苗率分别增加至每平方米 441 株、481 株和 352 株，接近化学农药处理的出苗率（每平方米 509 株）（Amein et al.，2008）。

在美国蒙大拿州，玉米播种时温度低，幼苗活力弱，容易被腐霉菌侵染，引起立枯病。用含荧光假单胞菌 AB254 的 1.5%羧甲基纤维素对甜玉米种子进行包衣（每粒种子 1.5×10^8～3.3×10^8CFU），并过夜晾干。田间验证结果显示，荧光假单胞菌 AB254 包衣可使 3 个甜玉米品种的立枯病大幅度降低，出苗率从对照的 3.2%～17.2%提高到 38%～73%。荧光假单胞菌种子包衣对立枯病的防治效果与化学农药甲霜灵的效果不相上下（Callan et al.，1991）。

立枯丝核菌导致的立枯病是危害丹麦甜菜生产的主要病害之一。把每粒甜菜种子与 50μL 含量为 10^8CFU/mL 荧光假单胞菌 DR54 菌液混合后种植，使甜菜根表荧光假单胞菌从每株 10^4 个提高到 10^6 个，病原菌菌丝生物量下降到 80%，出苗率从 51%提高到 65%（Thrane et al.，2001）。

其他应用较多的生防菌包括放线菌、伯克霍尔德菌属、类芽孢杆菌属、粘帚霉、黄色篮状菌、盾壳霉、白粉寄生孢。

2.3.4 污染物降解微生物调控

对于土壤及其微生物而言，污染物是新物质或原来含量少的物质。土壤中缺乏降解或修复该污染物的土著微生物，或者降解或修复该污染物的微生物数量很少，且生长周期长。因此，加速污染物的降解或修复，需要加入具有降解或修复功能的外源微生物，或改善微生物生长环境，提高降解或修复的活力（图 2-8）。

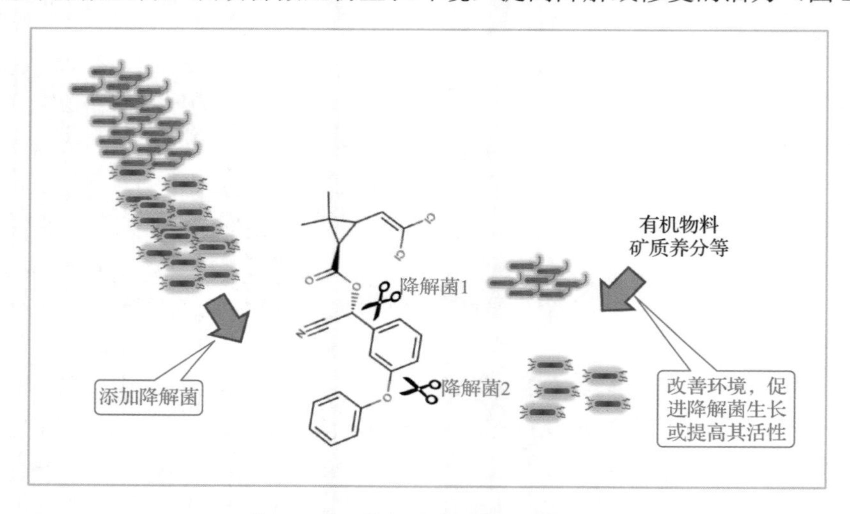

图 2-8 污染物降解微生物的调控

1. 直接加入降解污染物的微生物

（1）农药降解

1）细菌。在广州的砂壤土上，接种金色链霉菌 HP-S-01（接种量为 1×10^6 个细胞/g 土壤）加速了氯氰菊酯及其代谢物间苯氧基苯甲醛（均为 50mg/kg）的降解速率。6d 后，氯氰菊酯的降解率为 65.6%，但在没有接种的对照土壤中，只有 17.5%的氯氰菊酯被降解。10d 后，氯氰菊酯降解 81.1%，半衰期由 17.9d 降低为 4.1d。间苯氧基苯甲醛降解 73.5%，半衰期为 4.2d，而在无接种土壤中，只有 4.0%～6.5%降解，半衰期为 123.7～165.0d（Chen et al.，2012b）。在葡萄牙中部玉米地土壤，接种假单胞菌 ADP（9×10^7CFU/g），5d 内可使 20 倍推荐用量的三嗪降低 97%，低接种量降低 86%。但是，相同假单胞菌 ADP 接种量如果分成多次连续接种，可使同样剂量的三嗪降解率增加至 98%（Lima et al.，2009）。Yang 等（2006）发现，嗜麦芽窄食单胞菌 YC-1 可以毒死蜱为唯一的碳磷来源，并使之水解成 3,5,6-三氯吡啶-2-醇，接种嗜麦芽窄食单胞菌 YC-1（10^6 个细胞/g）15d 内能使北京土壤中的毒死蜱完全降解（100mg/kg 土壤），不接种土壤却只有 24%降解

（Yang et al.，2006）。在印度旁遮普，接种荧光假单胞菌、布氏杆菌、枯草芽孢杆菌和铜绿假单胞菌（2×10^8个细胞/g土壤），30d内毒死蜱（50mg/kg土壤）降解率分别为达89%、87%、85%和92%，而在不接种对照中只有34%（Vidya Lakshmi et al.，2008）。南京砂壤土接种伯克霍尔德氏菌属FDS-1可有效降解土壤中1～50mg/kg土壤的杀螟硫磷。接种2×10^6 CFU/g，3d内可使97.6%杀螟硫磷（50mg/kg土壤）降解97%，其主要代谢物3-甲基-4-硝基苯酚可在15d内降解完，相比于接种的土壤，15d后只有30.4%杀螟硫磷转化成3-甲基-4-硝基苯酚（Hong et al.，2007）。在印度勒克瑙林丹污染土壤，接种从林丹污染土壤植物根际分离到的科氏葡萄球菌，45d内，可使浓度为5mg/g、50mg/g、100mg/g的林丹降解效率达到0、41%、33%（Abhilash et al.，2011）。

2）真菌。真菌降解农药的研究和应用都比细菌少。浙江省杭州市农田土壤接种真菌轮枝菌，在温室和大田土壤中，毒死蜱降解的半衰期缩短12.0%和37.1%（Fang et al.，2008）。在埃及艾斯尤特植物园黏土中，黄曲菌和聚多曲霉能降解虫螨磷、吡嘧磷、乐果、马拉硫磷、乙酰甲胺磷、多虫清等多种有机磷农药（Hasan，1999）。彩绒革盖菌和毛韧革菌能降解甲霜灵、特丁津、莠去津、敌草隆、异菌脲、毒死蜱，簇生垂幕菇能降解甲霜灵外的其他5种农药（Bending et al.，2002）。真菌被孢霉LEJ 701对敌草隆的降解速率影响显著，降解量从每天0.61μM（1μM=10^{-6}mol/L）提高到每天0.78μM（Ellegaard-Jensen et al.，2013）。

3）复合菌。对四川大学蔬菜田的表层土壤，同时接种地衣芽孢杆菌和鞘氨醇单胞菌，可加速降解氯氰菊酯，双接种将氯氰菊酯从22.71mg/kg降低至5.33mg/kg。但单接种地衣芽孢杆菌和不接种对照土壤分别只能降到9.11mg/kg和17.11mg/kg，半衰期从对照52d降到单接种的20d和双接种的11d（Liu et al.，2014a）。真菌被孢霉（LEJ702和LEJ703）和细菌鞘氨醇单胞菌（SRS2）、贪噬菌（SRS16）、球形节杆菌（D47）组成复合菌群，能够协同催化裂解敌草隆不同化学键，加速降解，而且把降解产物也降解得更充分（Ellegaard-Jensen et al.，2014）。Jabeen等（2015）将木糖氧化无色杆菌、铜绿假单胞菌、芽孢杆菌、柯氏柠檬酸杆菌混合菌群用以消减巴基斯坦棉花地土壤丙溴磷，发现复合菌群降解速率比任何单菌降解速率提高1倍以上，并且适应多种污染物同时存在的土壤修复。对波兰南部上西里西亚土壤的研究发现，液化沙雷氏菌、黏质沙雷氏菌和假单胞菌对二嗪磷降解的半衰期为24.5d、18.9d和16.7d，而由3种菌组成的复合菌群的降解半衰期缩短为11.5d（Cycoń et al.，2009）。

（2）PAHs降解

1）细菌。在广东省PAHs污染的土壤中施用花生壳粉培养的浅黄分枝杆菌

（CP13），施用的菌量为 10^5 CFU/g 土壤，与土壤混匀后，种植芥末。在使用后 183d 内，能增加目标菌的数量，增加微生物多样性，并使土壤脱氢酶活性增加 1 倍以上，三环、四环、五环和六环 PAHs 的降解速率分别增加 12%～18%、18%～53%、19%～55%和 15%～57%，并且使生长在其中的作物累积的三环和四环 PAHs 显著降低（Ma et al.，2018）。能降解 PAHs 的微生物有气单孢菌属、产碱杆菌属、芽孢杆菌、拜叶林克氏菌、棒状杆菌、蓝细菌、黄杆菌属、四联球菌、分枝杆菌、诺卡氏菌、假单胞菌属、红球菌、弧菌属（Fernández-Luqueño et al.，2011；Wilson and Jones，1993）。

2）真菌。从波多黎各原油重污染土壤（60g/kg 土壤）中分离到的根霉、绳状青霉和梅毒曲霉对 PAHs 具有较强的降解能力，根霉、漏斗青霉和梅毒曲霉的 PAHs 降解速率分别达到 294mg/d、258mg/d 和 178mg/d（Mancera-López et al.，2008）。添加从江苏无锡分离到的短帚霉（PZ-4）30d 后，可去除液体培养基中 82.1%的苯并芘、64.3%的芘、61.9%的荧蒽和 60.0%的菲，28d 后可平均去除 77%总 PAHs（Mao and Guan，2016）。能降解 PAHs 的真菌属还有犁头霉属、田头菇属、链格孢属、曲霉属、烟管菌属、念珠菌、芽枝霉属、镰刀菌、库恩菇属、青霉素、黄孢原毛平革菌、根霉属、木霉属等（Fernández-Luqueño et al.，2011）。

3）复合菌。采用复合菌修复 PAHs 污染土壤应用潜力大（Kuppusamy et al.，2017）。黏质沙雷氏菌 L-11、罗氏链霉菌 PAH-13 和黄孢原毛平革菌 VV-18 组成的复合菌群显著增加脱氢酶活性、荧光素二乙酸酯水解酶活性、芳基酯酶活性，7d 内 3 种单菌对蒽、芴、菲和苯并芘的降解率分别为 9%～25%、4%～10%、14%～27%和 7%～28%，而 3 种菌的复合菌群对芴、蒽、菲和苯并芘降解率分别增加至 75%、52%、68%和 39%（Sharma et al.，2016）。研究表明，藻类—细菌复合菌群中藻类可为细菌提供核酸、脂类、蛋白质等丰富的代谢物质，提高细菌降解 PAHs 的活性，藻类还可通过为细菌提供氧气，促进细菌对 PAHs 的降解。因此，藻类—细菌复合菌群比细菌复合菌群和细菌—真菌复合菌群对 PAHs 的修复效果好（Kuppusamy et al.，2017）。

（3）重金属钝化与消减

1）细菌。研究和应用较多的重金属污染修复功能细菌主要有假单胞菌属、芽孢杆菌属、根瘤菌属。在高浓度的镉污染土壤条件下，耐重金属巨大芽孢杆菌 H3 和新根瘤菌属 T1-17 菌株可以降低 79%～96%的水溶性镉，并能增加水稻产量（Li et al.，2017）。郭彦蓉和刘阳生（2014）用 JK3 菌修复铅锌污染土壤，发现在土壤含水率为 35%、投菌比为 0.15mL/g 土壤时，土壤中可溶态铅含量由 0.49mg/kg 增加到 5.04mg/kg，可溶态锌含量由原来的 2.23mg/kg 增加到 22.44mg/kg。从扁豆

根瘤中分离出的根癌农杆菌和水生拉恩菌对铅的耐受能力达 3.4mmol/L，而假单胞菌的铅耐受力为 3.2mmol/L，可与富集植物联合修复铅污染土壤（Jebara et al.，2014）。另有研究表明，圆孢生孢八叠球菌、朝鲜芽孢八叠球菌、八叠球菌 R-31323、迟缓芽孢杆菌、肿大地杆菌对镍、铜、钴、锌、铅、镉去除率均达到 80%以上（Li et al.，2013a）。

2）真菌。AM 真菌在重金属修复中应用较多。Jiang 等（2016）发现 AM 真菌球囊霉菌和根孢囊霉显著增加镉处理的金银花地上部和根系的生物量，球囊霉菌处理可显著减少植物芽、根部的镉含量，根孢囊霉处理可降低植物芽的镉含量，但根部镉含量增加，同时，相比未接种球囊霉菌和根孢囊霉的处理，与球囊霉菌、根孢囊霉的共生体系通过降低地上部的镉含量以缓解镉毒性，并提高了磷的吸收。Cozzolino 等（2016）研究表明，采用腐殖质与接种 AM 真菌相结合的方式可以有效加强生菜的品质质量，并减少重金属汞对生菜的毒害作用。Mishra 等（2016）的研究表明，AM 真菌能增强御谷和高粱对铁污染土壤修复作用，AM 真菌能够产生铁载体以促进植物对铁离子的吸收。

Cecchi 等（2017）比较了洋葱曲霉、哈茨木霉、粉红粘帚霉菌对银的生物富集能力，结果表明，哈茨木霉是对银耐受和富集能力最强的，在银浓度为 330mg/L 的条件下可以富集 153mg/L。Zotti 等（2014）从废弃的铁—铜硫矿附近铜高度污染的贫瘠土壤中筛选分离的哈茨木霉菌株表现出对铜离子较强的富集能力，为 19 628mg/kg。田晔等（2012）从土壤中筛选出 1 株抗铜里氏木霉 FS10-C，该菌具有促进植物生长、铜抗性、增强植物抗铜胁迫、积累铜特性，以及增强土壤铜有效性等多种与铜污染修复相关的功能。吴翰林等（2016）从化工业冶炼厂废弃物填埋场周围采取土样，并从中筛选出 1 株耐镉哈茨木霉菌株，经条件优化后，在 pH 为 4、温度为 28℃时，该菌对镉的消减率达 58%。

3）复合菌。杨卓等（2009）研究了巨大芽孢杆菌与胶质芽孢杆菌的混合微生物制剂对超富集植物印度芥菜的重金属吸附作用，发现混合微生物制剂不仅可以促进印度芥菜的生长，还增强了超富集植物对重金属镉、铅、锌的吸收，大大提高了植物修复效率。Jebara 等（2014）把从扁豆根瘤中分离出的根癌农杆菌和水生拉恩菌同时联用，扁豆根际 3d 对铅的吸附量为 165mmol/L，可用来作为铅污染修复的富集植物。白僵菌、绿僵菌、厚垣普奇尼亚菌、淡紫拟青霉、木霉混合使用，可使蓝花楹对污染土壤铜的淋洗增加 43 倍（Farias et al.，2019）。

2. 提高微生物活性

除了直接往污染土壤里添加降解微生物，改善土壤环境，促进降解微生物的生长和活性，往往也能较好地促进微生物对污染物的降解或修复。其中一种有效方式是添加有机物料，如 100d 里，对照土壤对敌草隆的降解率为 13%，添加羟丙基-β-环糊精后土壤中敌草隆的降解率提高为 27%，添加降解菌群后降解率提高为 23%，但敌草隆和羟丙基-β-环糊精同时添加后，敌草隆降解率增加至 42%，相应的半衰期从 881d 分别缩短至 745d、355d、214d（Villaverde et al.，2018）。有机肥能促进蒽、芘、芴和菲的降解，降解的半衰期由 150～300d 缩短至 15.84～30.1d（Sharma et al.，2016）。真菌被孢霉 LEJ 701 对敌草隆的降解影响显著，添加蔗糖能使降解速率进一步增加 26 倍。此外，动物粪便和污泥等可以加速阿特拉津和甲草胺降解，玉米秸秆能加速噻唑隆降解，生橄榄饼可加速绿磺隆、苄嘧磺隆降解。另一种方式是添加无机养分，如添加氯化铵使真菌被孢霉 LEJ 701 对敌草隆降解速率提高 5 倍（Ellegaard-Jensen et al.，2013）。

2.4 土壤微生物功能调控展望

2.4.1 土壤微生物互作网络

土壤中栖息着数量巨大、种类繁多的微生物。不同微生物之间并非孤立存在，往往存在纷繁复杂的互作，如取食、拮抗、促进、竞争等，最终与相邻微生物形成促进、抑制或中立关系。同时，土壤微生物生长在复杂的环境里，任何简化的培养基质均无法模拟其真实情况。微生物本身和生长环境的复杂性，使土壤微生物互作关系难以用传统方法加以研究，这严重阻碍了土壤微生物功能的系统研究与调控。

近年来，基于高通量测序和生物信息学方法发展起来的微生物生态网络研究法，为土壤微生物相互关系研究打开了一扇窗（图 2-9）。例如，采用此法，科学家发现，随着植物的生长，根际微生物之间关系发生巨大变化，整个微生物逐步演化成若干个子系统，子系统内部关系日趋紧密，且只通过少数微生物与其他子系统产生联系，微生物之间的关系还能区分为正的和负的相互关系。根据微生物生态网络分析结果中的特定微生物关系组合进行试验验证发现，许多微生物互作组合确实存在，如微生物生态网络分析中常发现伯克氏菌与真菌存在正相关关系。伯克氏菌与赤星病菌和茄病镰刀菌的实例研究表明，与真菌共存的伯克氏菌能够取食真菌分泌物和抵抗真菌、增强防御能力有关，以此达到共存的目的（Stopnisek et al.，2015）。

网络中的每个点代表一种微生物，相同颜色的点表示彼此相关的
微生物群，黑色代表微生物数量少于5种的微生物群。

图2-9 土壤微生物的互作网络

2.4.2 土壤微生物系统调控

根据微生物之间的相互关系，有利于发现微生物功能新的驱动机制。研究表明，微生物之间的系统关系可以用于微生物促生功能的调控。首先，作者在自然生态系统中采集3个拟南芥群落，每个群落采集4个重复，每个重复采集4个植株，提取根系微生物DNA（deoxyribonucleic acid，脱氧核糖核酸），进行高通量测序，并进行物种鉴定。为了全面反映土壤生物多样性，进行了细菌、真菌和卵菌测定，然后选取存在于80% 样品中且相对丰度大于0.1%的物种进行微生物网络分析，发现细菌、真菌和卵菌三界微生物内部的互作>87%为正相关关系，而三界之间的互作>92%为负相关关系。为了研究这种互作对拟南芥生长的作用，对根系微生物进行了高通量分离培养，并获得含148株细菌、34株真菌和8株卵菌的单界或混界人工菌群。发现不含细菌的菌群严重抑制拟南芥生长，而加入细菌的菌群则可将拟南芥生长恢复至无菌状态，进一步测序表明，加入细菌的群落，真菌显著受到抑制（图2-10）。该研究阐明了土壤微生物群落的系统关系，为通过微生物间网络关系进一步调控微生物功能提供了理论依据（Durán et al., 2018）。

真菌和卵菌抑制植物生长，细菌通过抑制真菌和卵菌的生长促进植物生长。

图 2-10 微生物跨界互作对植物生长的影响

2.4.3 土壤微生物多功能协同调控

从利用的角度看，人类往往希望土壤微生物能够同时实现多种有益功能，如对作物的促生和抗病、降低温室气体排放、维持良好的土壤结构等。目前，人们常通过筛选具有多种功能的单菌，如具有促生和抗病作用的木霉菌、芽孢杆菌等，或组配具有不同功能的多个菌株来实现对土壤微生物多功能的调控。不管是多功能单菌还是组合菌群，其多功能性往往难以全部或长期实现，究其原因，可能是所添加的菌株不适合目标土壤环境，或被土著微生物复杂的反向作用所抵消。因此，如果从土壤微生物内部的关系着手，寻找目标多功能微生物共有的关键控制节点，并对其进行调控，可能是实现微生物多功能系统调控的突破口。

与此同时，土壤微生物，包括起关键作用的微生物，不是一成不变的，而是随着时间、植物生长发育、土壤条件和气候的变化不断发生改变。这使微生物多功能协同调控变得异常复杂。解决这个难题，需要结合多学科方法来实现。首先，需要发展便捷、可携带、廉价的实时检测方法，快速追踪微生物的动态变化；其次，需要发展先进的分析技术，如机器学习，深入剖析和预测微生物群落和功能的变化趋势；最后，需要发展特异微生物或特异微生物功能的有效调控方法（Toju et al.，2018）。

第3章

土壤动物生态研究与展望

土壤是一个纷繁复杂而又充满神秘的连接地上植物和地下生态系统的生命世界。除了种类众多、数量庞大的微生物，土壤中还有着很高的动物多样性，并行使着重要的生态功能。顾名思义，土壤动物是指永久或暂时栖居于土壤中的各类动物。从大的类群来说，土壤动物既有无脊椎动物也有脊椎动物，但无论是种类、数量，还是对土壤的影响，均以无脊椎动物占绝对优势，所以狭义上土壤动物是指土壤无脊椎动物。

我国古代《诗经》《礼记》《尔雅》《本草纲目》等典籍中很早就有蚯蚓、鼠妇（俗称潮虫）、蚂蚁、蛴螬等土壤动物形态、习性或功用的描述。例如，《礼记·月令》中讲到了蚯蚓的季节活动规律；明代李时珍在《本草纲目》中解释了蚯蚓一词，“娜之行也，引而后伸，其娄如丘，故名蚯蚓”，并记载了蚯蚓、蛞蝓、蜗牛、鼠妇，以及蚯蚓粪、蚁垤土和白蚁泥的药用功效，其中蚯蚓可配制的中药达 40 多种。近现代土壤动物科学研究始于英国著名博物学家、进化论奠基人达尔文，他关于蚯蚓的习性、行为及其与土壤肥力和植物生长关系的长期观察和实验研究成为公认的经典（Darwin，1881；尹文英，2001），其貌不扬的蚯蚓撬动了地下土壤动物领域。

土壤动物生态学是研究土壤动物的类群、分布、行为、功能，以及与其他生物和土壤环境相互关系的分支学科，是土壤生态学的重要组成部分。除了土壤动物对土壤肥力的保育作用这一长期备受关注的理论与实践问题，近 20 年来关于自然和农田生态系统中土壤动物的多样性、互作、生态功能及调控成为研究的热点（Wardle et al.，2004；傅声雷，2007；Bardgett and van der Putten，2014；胡锋 等，2015），蚯蚓等土壤动物在生态农业实践中的应用也愈加广泛。本章重点介绍土壤动物类群及生态学特征、生态功能及指示作用和调控与利用，旨在帮助读者了解土壤动物的类型与功能利用潜力，为保护和开发土壤动物资源、促进土壤健康与农业绿色发展提供借鉴。

3.1 土壤动物类群及生态学特征

土壤生态学是研究土壤生物之间、土壤生物与非生命环境之间互作及其调控利用的学科，强调对土壤生态系统结构与功能的整体把握（吴珊眉，1991；胡锋 等，2011）。了解土壤动物的类群及生态学特征，阐明土壤动物群落与生物多样性形成和演化的规律，是土壤生态系统结构研究的核心内容，也是揭示土壤生态系统功能、保护和利用土壤生物资源的基础。

3.1.1 土壤动物类群及多样性概述

1. 土壤动物类群

土壤动物并不是单一的生物门类，分类学上涉及环节动物门、节肢动物门、软体动物门、纽形动物门、扁形动物门、线虫动物门、轮形动物门、缓步动物门、有爪动物门和原生动物门 10 个高级单元（纽形动物门和有爪动物门限于热带土壤），几乎涵盖了陆生无脊椎动物的各个类群。

从生态系统三大组成成分（生产者、消费者和分解者）方面来说，土壤动物既属于消费者（以初级生产者植物和其他生物为食物的生物），又属于分解者（取食利用动植物残体并将其分解转化为简单物质的生物），而它们作为分解者的地位更为突出，这也是土壤被称为陆地生态系统“分解者亚系统”的原因。根据具体的食性或营养特征，土壤动物可划分为植食者（包括食根者）、腐食者（包括食碎屑者和粪食者）、菌食者（取食细菌和真菌等微生物）、肉食者（捕食其他动物）、共生者、寄生者和杂食者等。多数土壤动物的食性复杂，同一类群的动物可能有不同的食性类型，这种差异很大程度上决定了它们在土壤中发挥不同的作用和功能。

此外，土壤动物还可以按生活史与栖居特点、水分适应性、体型大小等方法进行划分，其中按体型大小划分是最简便实用的方法，一般根据体宽分为大型、中型和小型土壤动物 3 个类群（Swift et al.，1979）（图 3-1）。这种划分方法虽看似粗放，但体现了土壤动物的栖居环境特点及其在不同时空尺度上对土壤生态过程的影响（Coleman et al.，2018）。

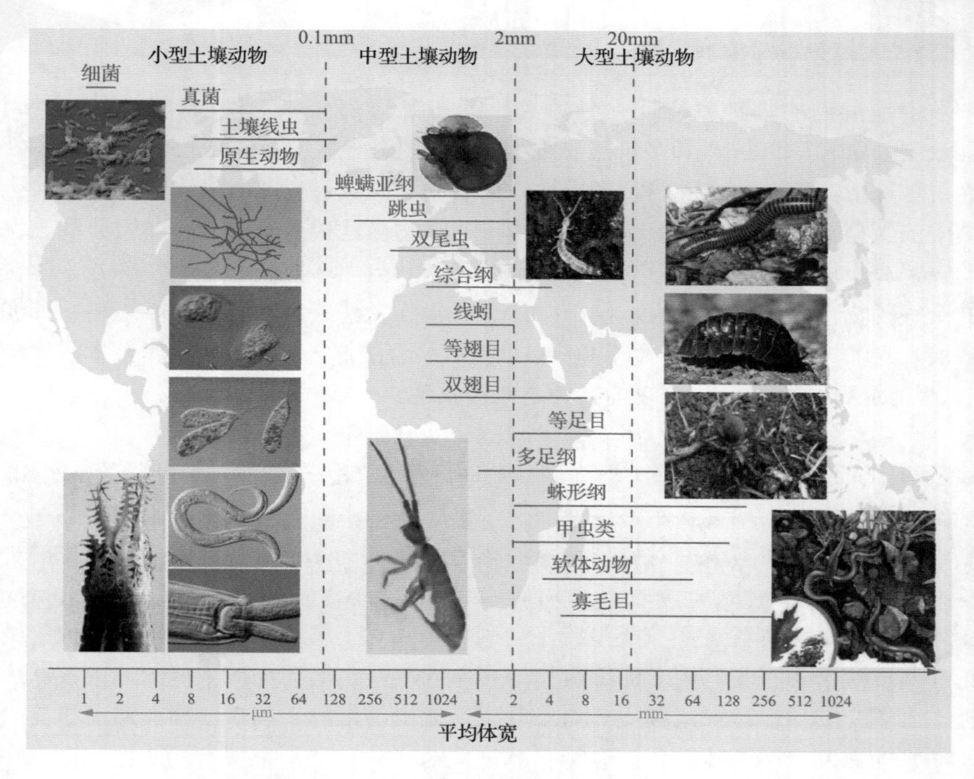

图 3-1　基于体宽的土壤动物类群划分（Swift et al.，1979）

1）大型土壤动物：平均体宽大于 2mm，常见的如环节动物门的蚯蚓（后孔寡毛目）、地栖蜘蛛（蜘蛛目）、鼠妇（等足目）和马陆（倍足纲）等。此外数量较多的还有节肢动物门的蚂蚁（膜翅目）、白蚁（蜚蠊目）和甲虫（鞘翅目）。此类动物以蚯蚓和白蚁为代表，多数移动能力强，并能借助自身的挖掘、搬运能力开辟生存所需要的空间，对土壤的结构、水分运移、有机质分布及其他物理、化学和生物学性质产生很大影响，常被称为“生态系统工程师”。

2）中型土壤动物：平均体宽为 0.1～2mm，主要是节肢动物门弹尾纲的各类跳虫、蛛形纲的螨类，以这两类最为丰富。它们自身的挖掘能力弱，利用地表凋落物、腐殖质层和空气充足的土壤孔隙栖居，主要以植物残体、真菌和其他小型动物为食物来源，破碎和分解有机物质作用较强，在土壤食物网不同营养级中占有重要位置。

3）小型土壤动物：平均体宽小于 0.1mm，主要是各种土壤线虫和原生动物。此类动物身体柔弱，无挖掘能力，移动性也差，主要栖居在土壤小孔隙膜状水中，但对各种环境的适应性及抗逆能力较强，多以微生物为食物来源，因而对土壤微生物群落及其功能有重要的调节作用。

2. 土壤动物多样性

土壤动物的物种多样性十分惊人，据估算约占全球生物物种多样性的 1/4（Decaëns et al.，2006）和多细胞生物物种多样性的 3/4（Coleman et al.，2017），高于地球上其他动植物的物种多样性。土壤动物的数量也非常庞大，每平方米土壤中的大型土壤动物可达上千个、中型土壤动物可达数万个，而小（微）型土壤动物每克土壤则可高达百万个。中国地域辽阔，自然环境及土壤类型各异，蕴含的土壤动物多样性极为丰富，仅 20 世纪 90 年代之前鉴定的就有 500 多科、1000 多属、3000 多种（尹文英 等，2000）。随着调查的深入及 DNA 测序技术和生物信息学的应用，近 20 年来新的物种不断被发现。

土壤动物群落的种类组成、数量与分布受气候条件、植被类型、土壤类型及性质等因素的影响，但不同类群土壤动物对各种生态因子的响应有所差异。例如，全球尺度的大数据研究显示，气候因子（温度和降水量）对蚯蚓群落的影响明显高于土壤性质或植被盖度对蚯蚓群落的影响（Phillips et al.，2019），而线虫的群落结构主要受土壤性质（如土壤有机碳、质地和 pH 等）的影响（van den Hoogen et al.，2019）。不同生态系统类型或土地利用方式对土壤动物的影响尚无一致的结论，其取决于各种生态因子的综合作用和不同类群土壤动物对生境的适应性。另外，土壤中的活性微域或称“热点”部位（如植物根际、凋落物和表层土壤界面及动物的巢穴、肠道及粪便）有特殊的群落结构，特别是小型土壤动物与微生物发生着强烈的相互作用，这些微域是土壤动物影响生态过程的重要场所（陈小云 等，2007；邵元虎 等，2015）。

相对于植物和微生物，多数土壤动物尤其是大中型土壤动物对各种外部干扰和环境变化更为敏感，地上植被及地表凋落物层破坏、土壤的侵蚀和污染等退化，以及农田高强度利用都会造成土壤动物多样性的降低乃至部分物种的丧失（胡锋和刘满强，2008；林英华 等，2010；李孝刚 等，2014）。对于农田生态系统而言，通过少免耕等保护性耕作、秸秆还田、施用有机肥、种植绿肥、减施化肥农药或发展有机农业等措施，可不同程度地促进土壤动物多样性、活性和功能的恢复，相关研究与调控措施在我国逐步得到重视和应用（Hu et al.，1997；朱强根 等，2009；王国利 等，2010；孙震 等，2014；Guo et al.，2016）。

虽然我国土壤动物多样性研究取得了重要进展，但野外调查和分类鉴定基础工作明显滞后，不同土壤生态系统动物多样性差异规律与生态地理分布研究仍显薄弱（冷疏影 等，2009；殷秀琴 等，2010），动物多样性的成因及稳定机制尚不明晰，多样性资源的保育和挖掘利用尚不能满足土壤管理和生态农业发展的实际需要（胡锋 等，2011）。

3.1.2 代表性土壤动物及基本特征

鉴于土壤动物种类繁多，而不同大小的土壤动物往往具有不同的生态学特征和功能，以下择取大型、中型和小型 3 个类群的代表性土壤动物——蚯蚓、跳虫及螨类、线虫及原生动物加以介绍。

1. 大型土壤动物——蚯蚓

古今中外，人类最熟知、最关注的土壤动物非蚯蚓莫属。蚯蚓常见于林间、草地及肥沃的农田、菜园，相对易于观察和采集；它们形态特异、行踪诡秘，容易引起人们的兴趣。更重要的是，蚯蚓与人类的生产生活密切相关，它们是天然的土壤“耕耘者”、植物“营养师”和环境“清道夫”。

在分类学上，蚯蚓属于环节动物门寡毛纲，陆栖蚯蚓集中在后孔寡毛目，截至 2021 年，全球已记录的蚯蚓有 12 科 181 属，约 4000 种（Lavelle and Spain，2001；Edwards，2004），但进行过生物学特性与生态学功能研究的蚯蚓不到百种。中国已记录的蚯蚓有 9 科 31 属 640（亚）种（黄健 等，2006；徐芹和肖能文，2011；蒋际宝，2016）。在全国分布较广泛的蚯蚓有远盲蚓属、腔蚓属、杜拉蚓属、爱胜蚓属、异唇蚓属、双胸蚓属，其中巨蚓科远盲蚓属和腔蚓属的蚯蚓为优势类群，常见种有毛利远盲蚓、三星远盲蚓、参状远盲蚓、湖北远盲蚓、皮质远盲蚓、赤子爱胜蚓等（图 3-2）。

（a）毛利远盲蚓 （b）三星远盲蚓 （c）参状远盲蚓

（d）湖北远盲蚓 （e）皮质远盲蚓 （f）赤子爱胜蚓

图 3-2 中国农田和自然土壤中的 6 种常见蚯蚓（孙静拍摄、制图）

目前我国应用开发较多的蚯蚓有参状远盲蚓、湖北远盲蚓、威廉腔蚓、直隶腔蚓、赤子爱胜蚓和安德爱胜蚓。其中，远盲蚓等大型种改良土壤效果好、药用价值高，而爱胜蚓（包括由赤子爱胜蚓改良的商品种大平二号）因其生长繁殖快、易于人工饲养，是处理有机废弃物、生产优质有机肥及动物蛋白和饵料、提取药用或保健物质的优良品种。

综合世界各地有蚯蚓记录的代表性文献资料，陆地主要生境中蚯蚓的数量和生物量[①]分别为每平方米 2～2000 条和 0.23～305g。特定生境中蚯蚓的物种多样性通常是所有土壤动物类群中最低的（很少超过 10 种），但它们的生物量往往最高，极值可达每公顷 3t 鲜重。蚯蚓并不是在全球任何陆地都有分布，一般在温带、热带和亚热带地区较为丰富，而极端干旱地区和极地等冻土区蚯蚓无法存活（Lavelle，1983）。不同农田土壤蚯蚓数量差异也很大，这种差异取决于食物来源及质量、土壤类型及性质、水热条件和外部干扰等因素（Edwards and Lofty，1977；黄福珍，1982；Lee，1985；姚波 等，2018）。

土壤退化对蚯蚓群落有严重影响。调查资料显示，重度侵蚀退化的红壤无任何蚯蚓，经过林地植被恢复 10 年后蚯蚓的数量仍然较低，且仅见天锡杜拉蚓（*Drawida gisti*），意味着蚯蚓恢复存在明显的滞后性（胡锋和刘满强，2008）。不合理的农业管理措施，如过于频繁的耕作、有机物归还不足或土壤有机质过低、长期过量使用化肥及农药和重金属污染等，均会造成蚯蚓的锐减甚至完全消失。向昌国等（2006）的研究表明，在太湖地区水稻—油菜水旱轮作农田中，20 年长期单施化肥处理的蚯蚓种类和数量分别为有机无机肥配施处理的 43%和 18%，蚯蚓数量甚至远低于无肥区。

蚯蚓在生态系统中的作用不仅取决于它们的多样性和群落结构特征，还与其自身构造及机能密切相关。蚯蚓通常为细长形，成蚓体长多在 30～300mm，平均长宽比约为 20∶1，个别种类体长可达 1m 以上。蚓体由一个个环节组成体节，这是环节动物的典型特征；在口的前部有一个收缩自如的口前叶，起到摄取食物、掘土，以及类似触角和嗅觉的作用；多数蚯蚓的表面具有刚毛，可增强其抓附能力以支撑身体在土中或地表移动（图 3-3）。

蚯蚓的表皮细胞中有发达的腺细胞，可分泌黏液湿润保护皮肤，分泌物释放到土壤中还有助于团聚体的形成与稳定；体壁肌肉体积占全身体积的比例高达 40%，纵肌与环肌的交替伸缩使身体呈波浪状蠕动；体壁和内部的肠壁之间为体腔，当中布满的体腔液使身体保持足够的硬度和抗压能力，使它们顺利钻入土中并在地下挖掘孔道（黄福珍，1982；许智芳 等，1986）。蚯蚓的上述特殊结构和

① 本章出现的土壤动物“数量”指标即生态学术语所讲的“密度”，是指特定地段单位面积上土壤动物的个体数目；“生物量”则是指单位面积上土壤动物的质量（一般用鲜重表示）。

机能，不仅使其在土壤改良方面大显身手，而且在仿生工程学上得到应用。例如，研究人员设计开发了仿蚯蚓环纵肌复合的新型柔性机器人（邵城和滕燕，2019）和仿蚯蚓生物学行为集松土、镇压和开沟为一体的多功能农机具（贾洪雷　等，2018）。

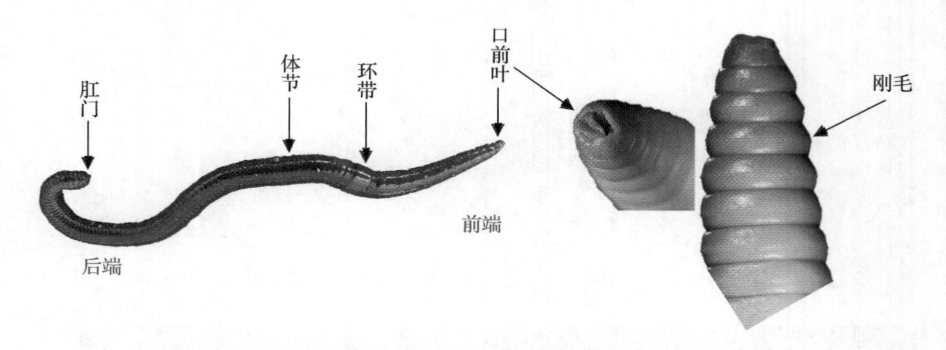

图 3-3　蚯蚓的基本形态（胥毛刚和王定一拍摄、制图）

蚯蚓有较原始而发达的消化系统，从前端到后端依次为口、咽、食道、嗉囊、砂囊、肠和肛门，这对于它们消化吸收营养并促进有机物质分解十分重要。大多数蚯蚓属于腐食者（食碎屑者），主要以植物残体为食或通过吞食土壤获取其中的有机质，吃的是"粗茶淡饭"；蚯蚓看似弱小，但发达的环肌和纵肌、吞食能力很强的口咽部、嗉囊或砂囊的研磨破碎、肠道中丰富的消化酶和共栖微生物，使它们具有较强的移动与寻找食物的能力、惊人的食量（每日食量可超过自身质量）及消解食物的能力，进而对土壤及地表凋落物产生强烈的物理和生物化学作用。

不同种类蚯蚓的生活习性差异很大，这是长期适应生态环境分化或特异化的结果。根据蚯蚓在土层中的栖居和取食活动等特点，一般将其分为 3 个生态型，即表层种（epigeic）、内层种（endogeic）和深层种（anecic）（Bouché，1977；Edwards and Bohlen，1996）（图 3-4）。

表层种主要是小型蚯蚓，代表种有赤子爱胜蚓和红正蚓，它们在地表的凋落物层和富含有机质的表层土壤活动，将凋落物等有机残体破碎为细小颗粒，有助于微生物的定植和进一步分解。内层种主要生活在 10～30cm 的矿质土层，代表种为威廉腔蚓和背暗异唇蚓，它们的洞穴多呈水平方向并带分支，靠大量吞食土壤获得其中的营养，并在土中排粪。深层种为上食下居型的大型蚯蚓，代表种有陆正蚓和参状远盲蚓，它们挖掘土壤形成垂直洞穴，深度甚至可达 2m 以上，主要取食地表有机残体并带入洞穴，并通过消化道将有机物和深层土壤混合，然后以蚓粪形式排出、堆积在地表洞口处（图 3-5）。深层种蚯蚓通常具有发达的砂囊，可以磨碎坚硬的凋落物，加上其消化道中的生物酶解作用，加速了有机物的分解

（邱江平，2000a）。后两类蚯蚓的掘穴、混合和排泄活动在土壤中形成了大量的孔隙、通道及团聚体，有助于提高土壤的通气、透水和保水能力。

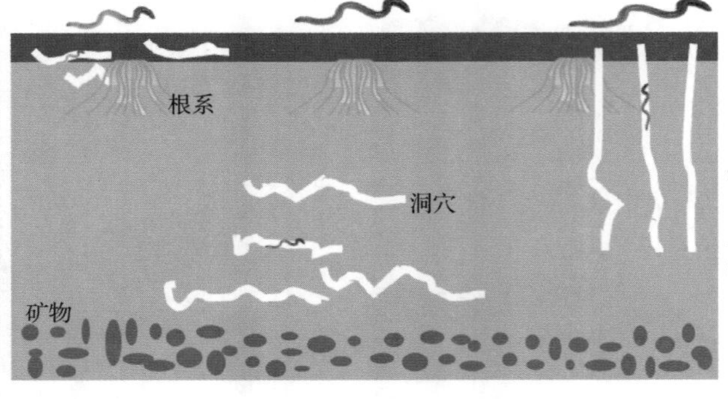

图 3-4　不同生态型蚯蚓的生活习性及在土壤中的分布（刘满强制图）

（a）

（b）

（a）蚯蚓在活动旺盛期不停地排泄蚓粪，蚓粪会随着时间进程发生老化并与表层土壤融为一体；
（b）蚓粪多富含有机质和各种养分，是典型的生物源团聚体和天然的“颗粒肥料”。

图 3-5　深层种蚯蚓的排粪活动（胡锋拍摄）

蚯蚓是具有 6 亿年历史的古老生物（Bouché，1983；邱江平，1999b），也是地球上首次出现的真体腔动物，在生物进化史上具有重要地位。它们自诞生之日起就在土壤中不知疲倦地劳作，被达尔文称为自然界的“第一劳动者”。然而，迄今为止我们对蚯蚓的科学认知与利用仍有局限。我国在蚯蚓多样性调查与资源评价、野生蚯蚓驯化与品种繁育改良及多功效利用等方面尚有大量工作要做。

2. 中型土壤动物——跳虫及螨类

在土壤节肢动物门中，数量最多、最重要的类群是跳虫及螨类，它们的数量占土壤节肢动物门总数的 80%以上。这两类动物物种高度分化，形成了极为丰富的生物多样性，广泛分布于陆地各种生境，在土壤生态系统中起着重要而独特的作用。

（1）跳虫

跳虫又称弹尾虫，隶属于节肢动物门六足总纲弹尾纲，因其多数种类具有跳跃器官——弹器，能够快速跳跃而得名。跳虫体型较小，体长一般为 0.5～2mm，形似昆虫但无翅。通常跳虫的身体可分为头、胸、腹 3 个部分：头部有触角，口器位于头壳内部；胸部分 3 节，每节有一对步足；腹部前端有腹管（黏管），末端有分叉的弹器（附肢）。依据形态特征和 DNA 序列，跳虫分为长角䖴目（Entomobryomorpha）、原䖴目（Poduromorpha）、愈腹䖴目（Symphypleona）和短角䖴目（Neelipleona）4 类。其中，前两目跳虫的体节分隔明显，多呈纵长形；后两目跳虫的体节高度愈合，多呈圆球形（图 3-6）。

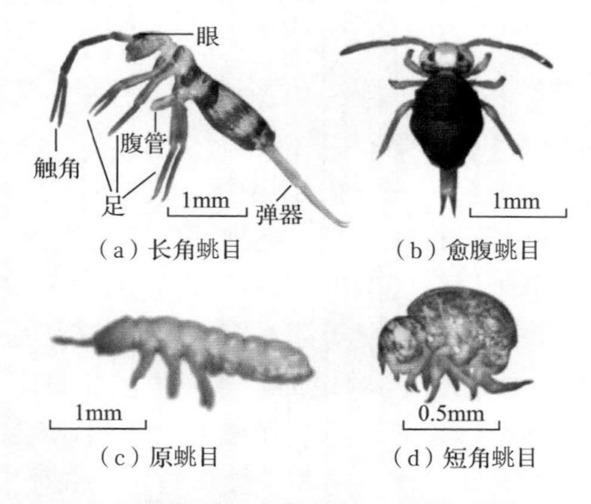

图 3-6　跳虫主要类群及身体结构（俞道远拍摄、制图）

跳虫的形态分化是它们长期适应不同生境的结果。栖居在土表和浅层土壤中的种类体型较大、颜色偏深，具有很长的触角和发达的弹器；而生活在矿质土层中的跳虫体型变小、体色变浅，且因活动空间限制弹器发生了不同程度的退化，甚至完全消失［图 3-6（d）］。Bauer 和 Christian（1987）研究了跳虫的跳跃行为，发现不同种类跳虫的跳跃倾向、方式和连续跳跃次数均与其生境偏好有关。实际上，跳虫的跳跃功能是抵御敌害、逃离不利环境的手段（Hopkin，1997）。

从物种多样性来看，截至 2022 年全世界报道的跳虫约 9400 种，我国明确记录的约 600 种，但据估计自然界 85%的跳虫尚未被发现（de Deyn and van der Putten，2005）。跳虫的数量也很庞大，通常每平方米土壤可以达到数万个，但不同生境变化很大。例如，温带森林和草地自然土壤每平方米可达上百万个，极地和高寒地区冻土中数量最低，农田土壤多在每平方米 100～10 000 个（Coleman and Jenkinson，1996；陈建秀　等，2007）。跳虫的群落组成和个体数量还与地上植被演替及凋落物分解阶段有关（柯欣　等，2001；余广彬和杨效东，2007）。此外，跳虫多为“机会主义者”（生态学上所称的r-对策者），一旦食物等条件适宜，种群就会很快增长，相反，当条件恶劣时则会快速减少或消失（Hopkin，1997）。

从地理分布来看，跳虫呈现出广布性特点，从湿地滩涂到沙漠戈壁、从赤道雨林到两极冰川、从平原到高山，都能发现它们的踪影，表明它们有较强的生态适应性及抗逆境能力。尽管如此，多数跳虫不像昆虫那样有坚硬的几丁质层保护，通常不能抵御炎热、干旱导致的水分丧失，它们偏好阴凉潮湿的环境，以减少水分和能量消耗（尹文英 等，1992；Hopkin，1997）。在微域尺度上，跳虫还有明显的表聚性和聚群习性，即主要分布在凋落物层和有机质丰富的表层土壤中，而10cm以下土层中很少，并且往往成群出现，这可能与它们向食物源集聚的行为及和自身产生的外激素（信息素）相互吸引有关（Christiansen，2003；Salmon et al.，2019）。

影响跳虫群落的因素很多。在自然土壤中，植被类型、凋落物的数量和质量、水热条件、土壤有机质含量及火灾等是主要影响因子（Salmon et al.，2014；Janion-Scheepers et al.，2016）；在农田土壤中，跳虫更多受耕作与种植方式、施用肥料的种类和数量，以及有机质含量、质地或容重、温湿度和pH等影响（胡锋和刘满强，2008；朱强根 等，2010a；卢萍 等，2013），在放牧草地中土壤跳虫的种类和数量还受放牧或刈割强度等因素影响（吴东辉 等，2008；刘任涛 等，2010）。中国科学院封丘农业生态实验站的长期定位试验表明，不同肥料处理改变了跳虫群落的结构及空间分布，施用有机肥或有机无机肥配施、采用免耕和秸秆还田保护性耕作措施，均提高了跳虫的多样性和数量（朱强根 等，2009；朱强根 等，2010c）。

在长期进化过程中，跳虫还形成了复杂的食性和不同的营养类群。多数跳虫为腐食者、菌食者或杂食者，主要以动植物残体、腐殖质、真菌、地衣等为食物来源，通过破碎凋落物、取食和调节微生物、在土壤中形成大量微孔和粪球，进而促进有机质的分解和微团聚体的形成，影响土壤的理化性质与土壤肥力（Rusek，1998）。此外，部分种类的跳虫取食作物根部的有害真菌和线虫，可以抑制病虫害并促进作物健康；少数跳虫是经济作物的害虫，另一些种类取食双孢菇、木耳、姬松茸等食用菌的子实体和菌丝体，影响菌菇的产量和品质（陈建秀 等，2007）。

跳虫是节肢动物门中的一个古老类群，源于距今4亿年前的泥盆纪（Whalley and Jarzembowski，1981）。它们是土壤环境中少见的“舞蹈家”，更是土壤—植物界面过程的重要“操盘手”，并与微生物和植物存在亦敌亦友的关系，但迄今我们对多数跳虫的生态学特征、生物互作机理和生态功能知之甚少，利用跳虫建立生态调控应用技术方面则更显薄弱。

（2）螨类

螨类隶属于节肢动物门螯肢亚门蛛形纲蜱螨亚纲，是该亚纲动物除蜱以外的

总称。多数螨类的体型比跳虫更加微小，体长通常在 1mm 以下，其形态结构与蜘蛛相似，通常具有 4 对步足，也具有螯肢和须肢。但与蜘蛛的显著区别是，螨的身体多呈椭圆形，且无头胸部和腹部之分，仅分颚体和躯体两部分，其中颚体为取食器官，躯体为感觉、运动、代谢和生殖中心（Krantz and Walter，2009）。螨依靠气管或体壁呼吸，气门的有无、数目及位置是最重要的分类依据，结合其他特征把螨类分为绒螨目（如各种前气门螨）、中气门螨（如各种革螨）和介螨目（如各种甲螨）3 个目（图 3-7）。

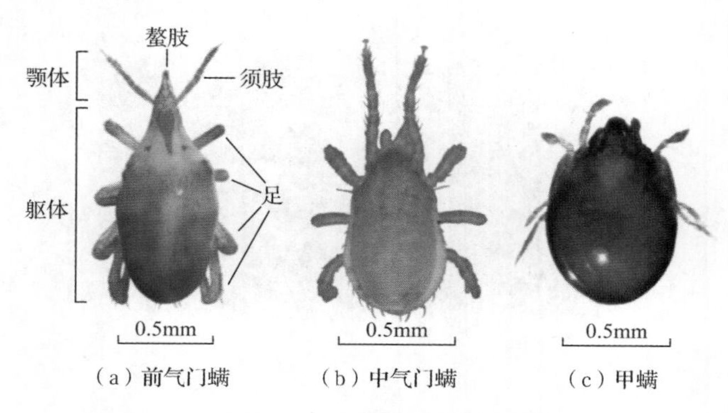

图 3-7　螨类主要类群及身体结构（俞道远拍摄、制图）

螨类是种类和数量最多的土壤节肢动物。截至 2021 年，全世界已报道的螨类约 45 000 种（中国约 700 种），但这仅占预估总种数的 4%（de Deyn and van der Putten，2005）。我国森林、草地和农田土壤一般也以螨类为优势类群，而且无论是温带还是热带、亚热带，螨类数量占比通常都高于跳虫（尹文英 等，2000）。在小尺度下，螨类的数量和种类也很惊人。例如，在有机质丰富的森林土壤中，从 100g 土样中用 Tullgren 法可分离出多达 500 只、100 种的螨类动物（Coleman and Jenkinson，1996）。甲螨又是土壤螨的最大类群，已记录的超过 10 000 种。

与跳虫的地理分布特点相似，螨类也广泛分布于各种陆地生态系统（包括沙漠和极地等严酷环境中），这可能与它们多样化的食性、较强的抗旱抗寒能力和捕食防御机制有关。例如，多数螨类靠气门呼吸，加之体表有致密的几丁质覆盖，其对干旱的适应性和对低温的耐受性较强（邱军和傅荣恕，2004；Cannon，1986），而甲螨因具有角质化或钙化的表皮、保护性的刚毛、坚硬的突起及良好的移动能力而很少受到捕食者的攻击（Krantz and Walter，2009；邵元虎 等，2015）。不同生态系统螨类的多样性有较大差异，一般森林＞草地＞农田＞沙漠＞苔原（冻土）。此外，一些学者认为螨类还存在地带性分布规律。Maraun 等（2007）的研究发现，甲螨多样性从寒带到温带地区逐步升高，不过再到热带地区并未延续这种趋势。

螨类的多样性还体现在它们复杂的食性及由此形成的多种营养类群。甲螨作为数量最多的螨类，通常为食真菌者和腐食者，取食真菌、凋落物及腐烂有机物；中气门螨数量次之，主要捕食其他小型节肢动物和线虫等，少数以真菌为食；前气门螨一般数量最少，多为捕食者，少数为食真菌者和植食者（取食植物活根和藻类等）。可以看出，螨类作为菌食者、腐食者、捕食者等角色分布在不同的营养级，并与其他生物形成密切的食物链、食物网关系（图 3-8）。

箭头所指为能量流动方向

图 3-8　不同螨类的营养关系（俞道远制图）

上述营养关系也决定了螨类在生态系统中的功能：①它们通过取食有机残体，并与微生物互作，促进有机质的分解、矿化及养分在植物—土壤间的再循环；②甲螨等可产生大量的粪粒促进微团聚体的形成，改善表层土壤的结构（Maaß et al.，2015）；③许多土壤螨为捕食者，可调控食物网的结构与稳定性，并对土壤和环境质量有敏感的响应和较强的指示作用；④某些种类的土壤螨作为寄生者或捕食者，是一些农业害虫的重要天敌，具有很高的生物防治利用价值。此外，还有部分土壤螨取食植物根系或菌类的活组织，成为经济作物害虫（洪晓月，2012；殷绥公 等，2013）。

由于螨类和跳虫在形态结构、生活环境和取食偏好等方面具有相似性，影响螨类群落的主要因素与跳虫基本相同，但也有一定的差异。其一，螨类的耐旱性高于跳虫，所以水分条件对它们的影响相对较小。有研究显示，地势较低或灌溉后土壤中螨类的数量反而下降（O'Lear and Blair，1999）。其二，螨类和跳虫多属于表栖类动物，但螨类的表聚性更明显，一般分布在 5cm 以上的土层中。其三，螨类尤其是甲螨的抗干扰能力相对较强，更适应耕作环境，所以农田土壤螨类的优势度往往更高。尽管如此，农田的集约化利用及频繁的耕作对螨类仍有不利影响，而少免耕、施用有机肥和绿肥等措施有助于螨类群落的恢复（Axelsen and Kristensen，2000；朱强根 等，2009，2010b）。

化石证据显示，和跳虫一样，螨类中的甲螨和前气门螨也是源自泥盆纪的古老生物（Coleman et al.，2018）。它们为何在上亿年的漫长时期内呈现形态上的保守性，又历久弥新演化出如此丰富的物种多样性？不同类群土壤螨的食性与生态位是如何分化的？怎样破解土壤微食物网中螨类与其他生物的互作机制及其调控利用难题？全球和区域尺度下螨类的生物地理学分布特征及驱动因子是什么？这些问题都有待深入探索，揭开谜底。

3. 小型土壤动物——线虫及原生动物

线虫及原生动物在分类学上属于完全不同的门类，在形态、生理和行为方式等方面有很大差异，但它们也有许多共同之处，如多为湿生性动物，栖居在土壤水膜或充水的孔隙中；与土壤微生物关系密切，主要取食细菌和真菌；代谢和周转速率快，对养分转化与能量流动起着重要的调控作用。

（1）线虫

提到线虫，人们通常会想到动物寄生线虫（如钩虫、蛲虫、蛔虫）和植物寄生线虫（如根结线虫、孢囊线虫、松材线虫），这些线虫因危害人类和重要经济动植物而广受重视。实际上，土壤是线虫最重要的栖息地，并以非寄生性的自由生活线虫占绝对优势。

按照形态学分类系统，线虫分为泄管纲和泄腺纲 2 个纲，土栖线虫主要分布在滑刃目、垫刃目、小杆目、双胃目、矛线目、单齿目、嘴刺目、色矛目和单宫目 9 个目中。

线虫为多细胞假体腔动物，外形一般呈长纺缍形，成虫长度多为 40μm 至 1mm（Mulder and Vonk，2011），平均长宽比约为 28∶1（Neher，2010）。虫体无体节，尾部常弯曲，全身近于无色半透明状，体视镜下容易看清其内部结构。从前端至尾部依次为口、食道及食道球、肠、直肠和肛门，这 5 个部分间呈简单的管状贯通。线虫口前部有唇和刚毛等感觉器官，口腔内有齿、口针或其他形状的口器，口器类型基本决定了线虫摄取食物的方式，是鉴定土壤线虫时最重要的形态学特征。

土壤线虫物种繁多，截至 2021 年全球已知的线虫约 3 万种，在土壤中的线虫数量则可达每平方米 10^5～10^7 条。为了研究方便，通常根据形态学特征和取食特性把线虫划归 5 个营养类群，即食细菌线虫、食真菌线虫、植食性线虫、杂食性线虫和捕食性线虫（Yeates et al.，1993；Yeates and Bongers，1999）（图 3-9）。5 个营养类群线虫的生态学基本特征及常见属如表 3-1 所示。

（a）食细菌线虫

（b）食真菌线虫

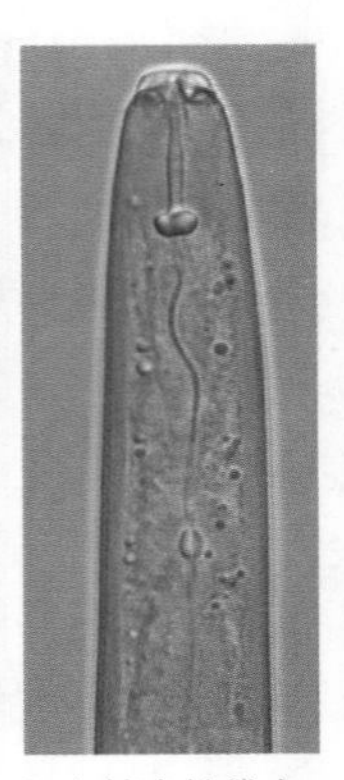
（c）植食性线虫

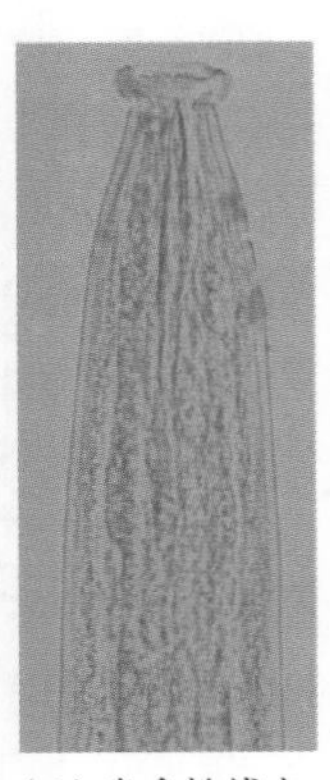
（d）杂食性线虫

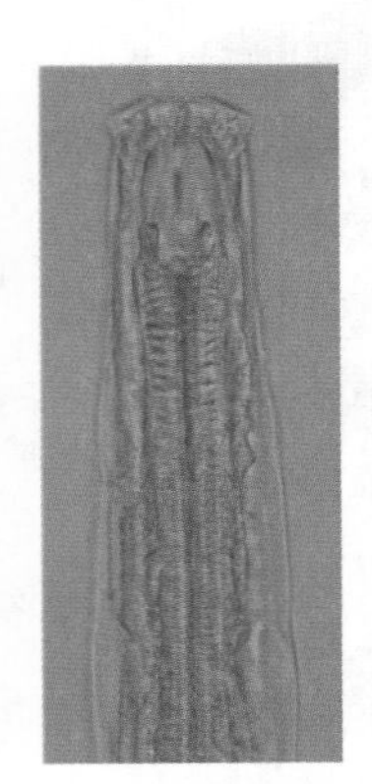
（e）捕食性线虫

图 3-9　不同营养类群线虫体前部及口器特征（陈小云拍摄、制图）

表 3-1　5 个营养类群线虫的生态学基本特征及常见属

营养类群	主要食物来源	常见属	其他生态学特征描述
食细菌线虫	腐生细菌、植物病原细菌	中杆属（*Mesorhabditis*）、头叶属（*Cephalobus*）、拟丽突属（*Acrobeloides*）、绕线属（*Plectus*）等	①数量丰富，农田土壤中比例高；②根际中明显富集，所占比例可达 80%；③繁殖快、活性高，对微生物调节及氮磷养分的矿化和循环起到重要作用
食真菌线虫	腐生真菌、病原真菌和菌根真菌	滑刃属（*Aphelenchoides*）、真滑刃属（*Aphelenchus*）、茎线虫属（*Ditylenchus*）、丝尾垫刃属（*Filenchus*）等	①数量及比例一般较低；②对微生物有一定的调节作用，有的可用作真菌病害防控；③促进养分矿化循环，但作用弱于食细菌线虫
植食性线虫	植物根系组织或根系分泌物	潜根属（*Hirschmanniella*）、螺旋属（*Helicotylenchus*）、根结线虫属（*Meloidogyne*）、短体线虫属（*Pratylenchus*）等	①土壤中分离的主要为外寄生型线虫，其直接危害较小；②内寄生型线虫对根系的生长和发育影响较大，可导致作物减产等危害
杂食性线虫	藻类、原生动物、细菌、真菌或其他类群的线虫	矛线属（*Dorylaimus*）、孔咽属（*Aporcelaimus*）、拟桑尼属（*Thorneella*）等	①食性复杂，食物来源不固定；②对其他小型土壤动物及植食性线虫、微生物有调控作用，影响土壤微食物网结构
捕食性线虫	原生动物、线蚓、缓步动物或其他类群的线虫	单齿线虫属（*Mononchus*）、三孔属（*Tripyla*）、托布利属（*Tobrilus*）等	①在 5 个类群中数量最低；②处于微食物网的较高营养级，可直接捕食中小型土壤动物及其他线虫，间接影响土壤微生物群落

由表 3-1 可见，线虫的食性及食物来源非常复杂。实际上，线虫的食性会随着环境条件尤其是食物资源可利用性的变化而变化。例如，当食物资源丰富时，一些杂食性线虫多取食藻类、原生动物和其他线虫；当食物资源缺乏时，这些线虫会以细菌、真菌等为食。线虫的食性还会随生活史或发育阶段的不同而发生变化。例如，有些捕食性线虫在没有发育成熟前是食细菌者，但是成熟后就变成了

捕食性线虫（Allen-Morley and Coleman，1989）。所以，杂食性线虫和捕食性线虫较难区分，有时把这两类线虫归为一类，统称为捕食-杂食线虫。

从活动范围来看，线虫主要栖息于 0～20cm 土层中，并在植物根际等活性微域中明显富集。作为水膜动物，它们喜好在水分充足、质地较粗和孔隙较多的土壤中活动，在直径为 25～100μm 孔隙中的分布最为集中。线虫的主动扩散能力较弱，每天移动的距离一般不超过 5cm，但可通过风力、水流、人类和动物的携带被动扩散，这也是线虫广布种较多的原因之一。

关于线虫地理分布特征的研究目前尚无权威性结论。以往的许多研究表明，土壤线虫的数量和多样性在温带区域最高（如温带草原和森林），其次为热带区域，而在两极区域较低（Procter，1984；Boag and Yeates，1998；Nielsen et al.，2014；Song et al.，2017）。但最近全球 70 名学者通过 6759 个土壤样品及相关数据的采集分析，发现土壤线虫总数和不同功能群数量均在高纬度的北极和亚北极冻原地区最高，这是因为冻原地区土壤有机碳的高储量能够为线虫提供较丰富的食物资源（van der Hoogen et al.，2019）。

土壤线虫的空间分布受多种因素的影响，且不同尺度起主导作用的生态因子不一样（Liu et al.，2019b）。在全球尺度上，线虫分布主要受地理因素（如地理隔离）和气候（如气温和降水量）影响；在田间尺度上，线虫分布受人类活动（耕作和施肥等）、生态系统类型（农田、草地和森林等）、食物资源，以及植物群落结构和多样性的影响；在微域尺度上，土壤结构及孔隙度、根系分泌物和资源的可利用性是影响线虫分布的主要因子。值得注意的是，土壤性质（有机质和 pH 等）在所有尺度上的影响均较强，可视为土壤线虫分布的关键驱动因子（图 3-10）。

在农业生态系统中，改变土壤环境的因素（包括耕作方式、种植制度、肥料和农药的使用等）都可能对土壤线虫产生影响（李琪 等，2007）。多数研究显示，施用有机肥、作物轮作或混作、适度放牧、有机种植等管理利用方式可促进土壤线虫群落的发展（Villenave et al.，2003；de Deyn et al.，2004；Liang et al.，2009；刘婷 等，2013；胡靖 等，2016；毛妙 等，2016）。总体而言，与大中型土壤动物特别是蚯蚓相比，线虫更适应耕作土壤环境，甚至对氮肥不敏感，表现为其数量和多样性在农田土壤中处于较高水平，这一方面与线虫的生物学特性有关，因为线虫个体小、生活史短、恢复能力较强，耕作的机械伤害对其影响较小；另一方面与线虫的营养类群组成特点有关，即耕地中的细菌相对更为丰富，可为食细菌线虫这类优势类群提供较充足的食物来源。

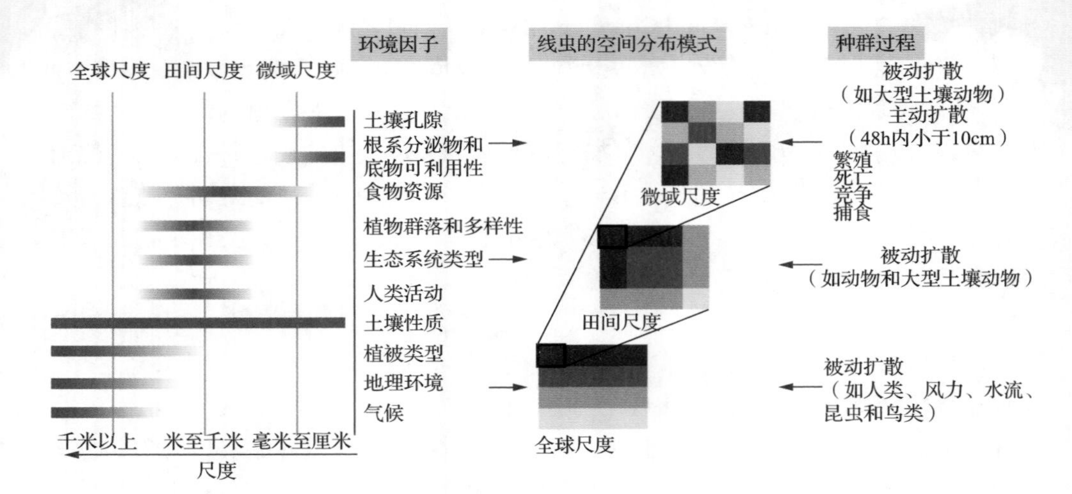

图 3-10 土壤线虫在各尺度的分布模式及影响因子（Liu et al.，2019b）

综上所述，土壤线虫物种多样性丰富、营养类群复杂，处于土壤微食物网的关键位置，在调控土壤微生物群落、养分矿化和植物生长等方面发挥着重要的生态功能，与土壤质量和生态系统健康水平密切关联并具有重要的指示潜力（Whalen and Sampedro，2010；Rousseau et al.，2013；张晓珂 等，2018）。我国土壤线虫生态学研究尚处于初级阶段，加强线虫多样性的本底调查与多尺度分布规律研究，探明其多样性与功能的关系及对人类活动和气候变化的响应，并把有益土壤线虫资源用于农业生态系统管理，是今后的努力方向。

（2）原生动物

原生动物是极其庞大的生物类群，在陆地和海洋各种生境中广泛分布。土壤中的原生动物尤为丰富，每克土壤的数量可达 10^3～10^6 个，是土壤生物区系的重要组成部分，并在细菌等微生物调控和土壤碳氮转化等过程中发挥着重要作用（Finlay，2002；Caron et al.，2008）。

原生动物是属于原生生物界的低等真核生物[①]，大多以单细胞个体形式存在，个别种类可形成多细胞聚合体；体宽多为 5～300μm，但体型大小不一，跨度可达 6 个数量级（Geisen et al.，2017）。原生动物看似简单、原始，但它们有特化的细胞器（如食物泡、伸缩泡、眼点、神经小纤维）及各种运动胞器（如鞭毛、纤毛、伪足），所以具有行动、营养、呼吸、排泄、生殖、感应等维持生命和延续后代所必需的各种功能（沈韫芬，1999）。

① 近年来，随着分子生物学和生物信息学方法在系统发育与分类中的应用，多数专家认为过去基于形态及运动性定名的原生动物（protozoa）已不合时宜，可统称为原生生物（protist）。考虑国内的研究现状，这里仍沿用原生动物这一术语。

全世界已知的原生动物超过6万种，推断总数在10万种以上，其中已记录的土壤原生动物约3000种（崔振东 等，1989；Coûteaux and Darbyshire，1998）。按传统的形态学分类，土壤原生动物集中在鞭毛亚门、肉足亚门和纤毛亚门中，这3类动物的基本特征如图3-11所示。

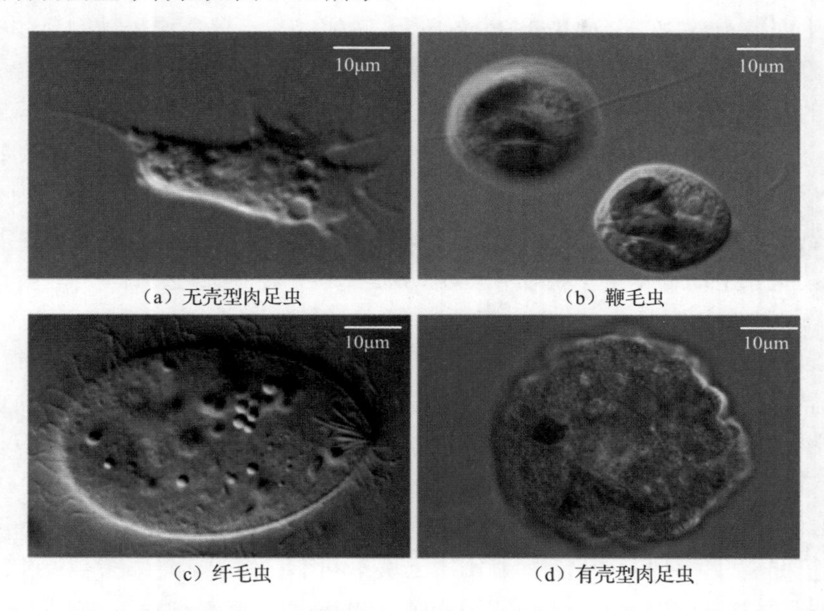

（a）无壳型肉足虫　（b）鞭毛虫　（c）纤毛虫　（d）有壳型肉足虫

图3-11　常见的3类原生动物及形态特征（Bonkowski et al., 2019）

1）鞭毛虫：因体表着生推进器官鞭毛而得名，体型较小，但数量多、活性强，主要以细菌为食物来源，靠泳动取食土壤水中的细菌，少数种类通过渗透方式汲取土壤中的溶解态营养物质。它们对水分条件的要求较高，在有机物丰富的潮湿土壤中种群密度很大。但鞭毛虫、肉足虫和纤毛虫均可形成包囊以适应干旱等不利环境胁迫，当条件适宜时种群又快速增长和恢复。

2）肉足虫：即变形虫类，包括裸肉足虫（无壳型肉足虫）和有壳型肉足虫。裸肉足虫（俗称阿米巴）因身体可塑性强、体表有无定形的突起（伪足）而著称，主要以细菌为食，也可取食真菌、微藻和细小的有机物质，它们借助身体变形深入土壤微小孔隙中，取食细菌的能力是其他捕食者不可比拟的（Foster and Dormaar，1991）；有壳型肉足虫有外壳，由几丁质、硅质或钙质构成，起物理保护作用并能抵抗低pH环境，数量明显少于裸肉足虫，但在潮湿的林地或湿地酸性土壤中活动旺盛，有的种类可作为土壤类型或古环境的指示者（Coleman and Jenkinson，1996；汪品先和闵秋宝，1987）。

3）纤毛虫：体型相对较大，体表覆有许多短小的原生质毛状物，称为纤毛；纤毛既是运动器官，又可以帮助摄取食物。它们的食性较为复杂，既有食细菌和食真菌者，也有肉食者（主要捕食其他原生动物）和杂食者。和鞭毛虫一样，其运动方式也是在水中泳动，所以多生活在非常湿润的土壤中，虽然种类较多，但数量一般少于其他两类原生动物。

除了上述已提及的食性或营养方式外，土壤原生动物还有光合自养型、共生型和寄生型等类群（Geisen and Bonkowski，2018）。自养型原生动物（如鞭毛虫类的绿眼虫和纤毛虫类的绿草履虫）尽管数量不大，但能通过光合作用合成自身所需要的能量，对土壤有机碳的输入和固存作用也不可忽视（Seppey et al.，2017）。某些纤毛虫和鞭毛虫还存在与其他动物的共生现象。例如，牛羊等反刍动物瘤胃中有大量的共生型纤毛虫，起到分解纤维素和助消化的作用；与土壤动物有关的重要案例是鞭毛虫与白蚁的互利共生，每头工蚁肠道中鞭毛虫的数量可达 10^7 个。此外，某些原生动物寄生于植物和土壤动物中，在调控寄主生物多样性等方面具有重要作用（Mahé et al.，2017）。

决定土壤原生动物数量最基本的因素是水分状况和食物来源。土壤原生动物具有明显的水生起源特点并主要以微生物为食，因而在水分充足、有机质及细菌等微生物丰富的凋落物、表层土壤和植物根际中较多，而在干旱缺水、有机物匮乏的土壤或下部土层中较少（Ekelund and Ronn，1994；孙焱鑫 等，2003；Geisen et al.，2014）。土壤结构或质地、pH 等对原生动物也有影响。原生动物和线虫一样没有挖掘能力，所以过于黏重紧实的土壤不利于它们的活动。多数原生动物对 pH 要求不严格，但某些种类不能忍受过酸或过碱的环境（崔振东 等，1989）。

不同农田土壤中原生动物的种类和数量差异很大，但多数土壤保持较高水平，表明原生动物与线虫相似，对耕作环境较为适应，主要原因是耕作降低土壤紧实度、增加土层蓄水、促进微生物等食物源暴露，肉足虫等还对机械损伤有快速的自我修复能力，使原生动物的活动和繁衍处于相对有利的地位。此外，秸秆还田、有机无机肥配施、补充灌溉等措施对原生动物有促进作用（曹志平，2007），但施用化肥的影响尚无定论，而农药（特别是杀虫剂）和持久性有机污染物对原生动物抑制作用较强（Foissner，1997；郭非凡 等，2006）。最近的一项研究发现，施用有机肥和益生菌可改变土壤原生动物群落结构，显著降低了寄生型植物病原原生动物的相对丰度，增加了食细菌者、杂食者及光合营养型等有益原生动物的相对丰度，有助于改善土壤和作物健康（Xiong et al.，2018）。

与其他土壤动物相比，原生动物的地理分布规律及影响因素研究偏少。从对 20 世纪 90 年代我国 6 个典型气候区的调查来看，三大类原生动物中肉足虫和鞭毛虫的数量较多，纤毛虫种类最多但数量最少，营养类群则以食细菌者和杂食者占优势，主要影响因素有土壤湿度、有机质含量、温度和 pH 等，但未发现地带性变化规律（宁应之和沈韫芬，1998；尹文英 等，2000）。一项覆盖 6 个大陆、

180 个土壤样本的研究表明，全球大部分土壤的原生动物以消费者（包括食细菌者、食真菌者、肉食者等）为优势营养类群（平均占原生动物群落的 85%），但沙漠土壤中的光合自养型类群、热带土壤中的寄生型类群非常丰富，预测原生动物群落组成的最好指标是年均降水量，其次为年均温、土壤 pH 和有机碳含量（Oliverio et al.，2020）。

总之，原生动物是一个庞大的家族，具有高度的形态、遗传和功能多样性，但由于方法学的限制，直到 20 世纪末人们对这类生物的研究仍然以显微镜下的形态鉴定为主。近年来，随着环境 DNA 分离技术、超深度测序和相关数据库的发展，土壤原生动物的多样性、生态功能及调控利用研究又重新引起关注，成为重要的热点领域。

3.2　土壤动物的生态功能及指示作用

土壤动物是土壤生态系统的主要组成成分，在其生命活动过程中对土壤环境及其他生物产生各种影响并发生密切的相互作用，形成多种生态功能，在维持土壤质量与健康、物质循环与能量流动及作物生产力等方面起着关键作用（傅声雷，2007；Brussaard et al.，2007；Coleman，2008）。此外，由于土壤动物对环境因子变化或干扰响应的灵敏性、与土壤生态过程联系的紧密性，其生物指示作用越来越受到重视（Paoletti，1999；胡锋 等，2011；宋理洪 等，2011）。

3.2.1　土壤动物的生态功能

当栖居环境和食物资源等条件适宜时，土壤动物有较大的种群规模和较高的活性，可直接或间接地改变土壤的物理、化学生境和微生物性质，并通过加速复杂有机物质的分解和矿化促进养分循环；通过增加土壤孔隙和团聚体数量以改善土壤结构，进而影响水分的运移、局地水循环乃至小气候状况；通过捕食作用等调控土壤生物群落结构、抑制土传病虫害发生。除有益功能外，一些土栖动物，如地老虎（又名切根虫）、根蛆、蛞蝓及寄生线虫等，可危害作物根系或幼苗。上述综合作用最终影响植物初级生产及作物的产量和品质（图 3-12）。

土壤动物的生态功能主要是通过取食作用和非取食作用实现的。各种类群的土壤动物这两种作用的表现不同。大型土壤动物的活动性强，它们的生物扰动（bioturbation）等非取食作用和肠道生化过程对土壤的影响更大；而中小型土壤动物的迁移能力和生物扰动作用弱，主要通过取食和调节微生物影响土壤生态过程。

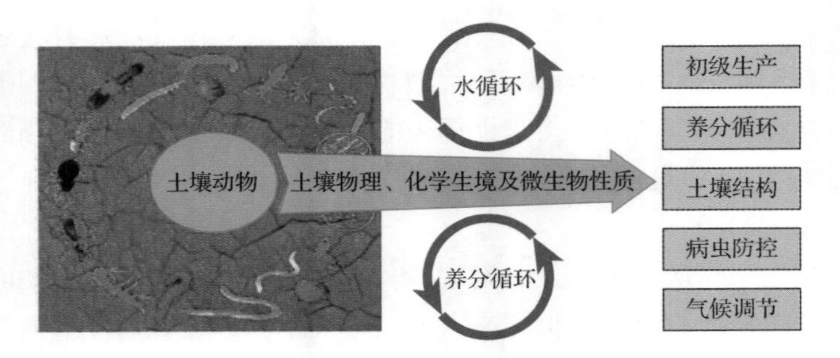

图 3-12　土壤动物的主要生态功能（Brussaard et al.，2007）

纵观国内外土壤动物的生态功能研究，早期集中在对自然和农地土壤理化性质、有机物质的分解作用、养分的转化与有效性，以及对土壤肥力保持和植物生长的影响。近年来更多关注土壤动物与植物和微生物的互作机制、土壤食物网与地上、地下生态关系、碳氮循环格局及全球变化响应、退化土壤及污染物的生态修复，并强调土壤生态系统及动物群落的多功能性（multi-functionality）综合评价。本小节着重介绍以下 4 个方面的功能。

1. 土壤动物对土壤环境的改造作用

与土壤微生物相比，土壤动物对土壤环境特别是土壤物理性质的影响要深刻得多。蚯蚓等大型土壤动物通过生物扰动对土壤性状及结构的巨大影响早在达尔文时代就有观察，并被后来的很多研究所证实（Wilkinson et al.，2009；Benckiser，2010）。

土壤动物促进土壤结构形成的机制（图 3-13）主要包括：①土壤动物的掘穴、混合等生物扰动直接创造土壤孔隙，并且不同个体大小的动物有利于形成大小协调的土壤孔隙结构；②蚯蚓和多数节肢动物排出的粪团本身就是团聚体，而且富含有机质和各种养分；③土壤动物的分泌物在团聚结构形成中具有重要作用，其中的黏多糖和疏水性物质有助于提高团聚体的稳定性；④土壤动物对植物根系生长、有机物分解及微生物群落结构和活性的调节，也会间接影响土壤结构的形成过程。需要指出的是，土壤动物在形成团聚体结构的同时又产生一定的破坏作用（Barrios，2007），此过程处于动态变化中，但总体以正向作用为主。

蚯蚓翻动和混合土壤的能力很强，被形象地称为“生物耕耘作用”。据测算，每公顷土地面积上蚯蚓每年吞食的土壤及排出的蚓粪可高达数百吨，形成的孔道长达数千千米，而且这些孔道往往被蚓粪填充形成大量非毛管孔隙（邱江平，1999a）。这一方面能降低土壤的紧实度，增强土壤的通气透水性；另一方面可通过改变微地形影响土壤中的水、气运动和热量状况（杨林章和徐琪，2005；李彦

霈 等，2018），这对农田土壤尤其是免耕或压实土壤物理性质的改善具有重要意义。也有研究表明，蚯蚓对土壤结构的改变包括地表排粪活动，可能增加土壤侵蚀和养分淋失的风险（Edwards and Bohlen，1996；Shuster et al.，2002），但其发生条件及长期效应需要进行进一步评估。

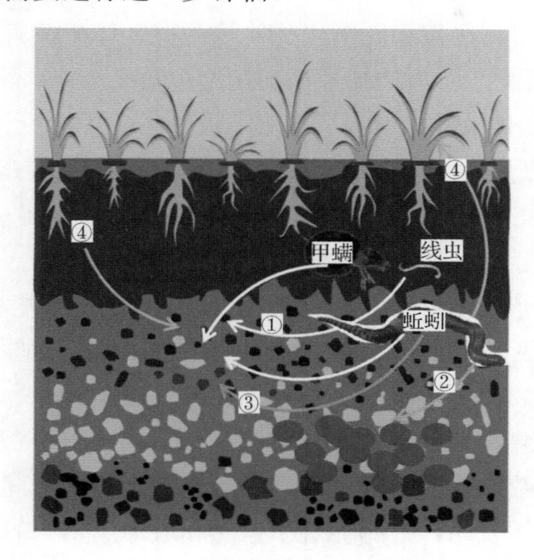

图 3-13　土壤动物促进土壤结构形成的机制（张莉莉制图）

迄今为止，土壤动物对土壤结构的影响研究仍属薄弱领域，已有的研究多基于采样分析或模拟实验并集中在土壤团聚结构的变化上（Tisdall and Oades，1982；Six et al.，1998），而忽视了土壤孔隙与土壤动物的互作（Lavelle，2002）。实际上，对真实条件下土壤孔隙空间分布与组成认识的不足，是制约我们深入揭示土壤动物的生物物理学功能的主要因素。此外，土体及孔隙作为土壤动物和微生物的主要栖息地，如何影响土壤生物的多样性与功能尚不清楚。因此，发展原位监测土壤动物和土壤结构的新技术以揭示二者的互作效应与机制，显得十分迫切。

2. 土壤动物对物质循环转化的影响

土壤动物对有机物分解和养分矿化的影响，是长久以来被关注最多的科学问题（Fu et al.，2009），其作用机制可概括为 3 个方面：①大中型土壤动物对有机残体的破碎是分解作用的重要阶段，并伴随着部分养分的淋洗释放，而有机物破碎后表面积大大增加，有助于微生物的侵染、深度降解和矿化；②各类土壤动物分泌的酶类等（包括各种降解酶和其他生物活性物质）的生物化学促进作用，均可直接影响有机物的分解和养分矿化过程；③土壤动物形成对生物和土壤物理结构的调节作用主要指土壤动物通过改变土壤孔隙和团聚体的数量与分布，并为其他生物创造适宜的生境，间接影响有机物的分解和养分释放（Eisenhauer，2010）。

与上述过程紧密关联的碳氮循环是土壤动物生态功能研究的热点，聚焦的主要问题如下：①土壤动物作为异养生物不断消耗和分解有机物质，会不会造成土壤有机碳及养分的大量损失？②土壤动物能不能增强土壤有机碳的稳定性和固存潜力？③土壤动物对二氧化碳和一氧化二氮等温室气体排放有何贡献？上述问题的系统性研究集中于蚯蚓。早期的短期添加培养实验或野外排除实验多数显示，蚯蚓活动加速了植物残体的分解，增强了土壤呼吸作用，降低了土壤有机碳含量，而土壤易矿化碳含量和无机氮含量则呈增加趋势（Edwards and Lofty，1977；Barois and Lavelle，1986；Hu et al.，1995；Burtelow et al.，1998；Cortez et al.，2000）。近期的研究表明，蚯蚓活动能将有机质与矿质土壤充分混合，形成富含有机质的土壤颗粒和团聚体，为有机质提供物理保护，从而提高土壤碳固存能力（Pulleman et al.，2005；Zhang et al.，2013；Lipiec et al.，2015），但通过团聚体影响有机碳稳定性的过程因蚯蚓种类的不同及其互作而异（Bossuyt et al.，2006）。Zhang 等（2013）发现，蚯蚓同时促进碳矿化—碳稳定过程，但对后者的增强作用更大，并采用碳固存系数量化了蚯蚓对碳固存的贡献，指出时间尺度效应的重要性（图 3-14）。一些研究还表明，蚯蚓促进了自然和农地土壤二氧化碳和一氧化二氮的排放，这主要与有机碳的分解和呼吸作用的增强、氮矿化及无机氮浓度的提高等因素有关（Lubbers et al.，2013；罗天相 等，2013；卢明珠 等，2015）。

蚯蚓对有机物的分解和养分矿化关系到陆地生态系统的物质再循环，对植物的养分供应和生产力维持也极为关键，但养分的加速释放和温室气体的排放又会带来环境风险。如何看待和权衡蚯蚓表现出的看似矛盾的效应或利弊？这需要考虑蚯蚓介导的土壤—植物系统的反馈作用，并在更大的时空尺度上对其进行评价。吴迪（2015）在番茄—菠菜轮作田间试验中的资料显示，接种蚯蚓显著提高了二氧化碳和一氧化二氮的排放量，但蚯蚓对作物产量的提高和对大团聚体形成的促进部分抵消了其综合温室效应，且土壤—作物系统整体呈现出碳的净固定作用。另一项始于 1999 年的稻麦轮作农田蚯蚓调控试验表明，蚯蚓活动促进了有机物分解、活性有机碳和二氧化碳排放量的提高，土壤本体氮淋失量增加而肥料氮淋失量减少，但土壤总有机碳和全氮保持平衡，与蚯蚓促进作物光合产物碳归还、团聚体物理保护作用及作物根系氮吸收等因素有关（李辉信 等，2002a；Wang et al.，2005；Yu et al.，2008；袁新田 等，2011；Liu et al.，2019a）。

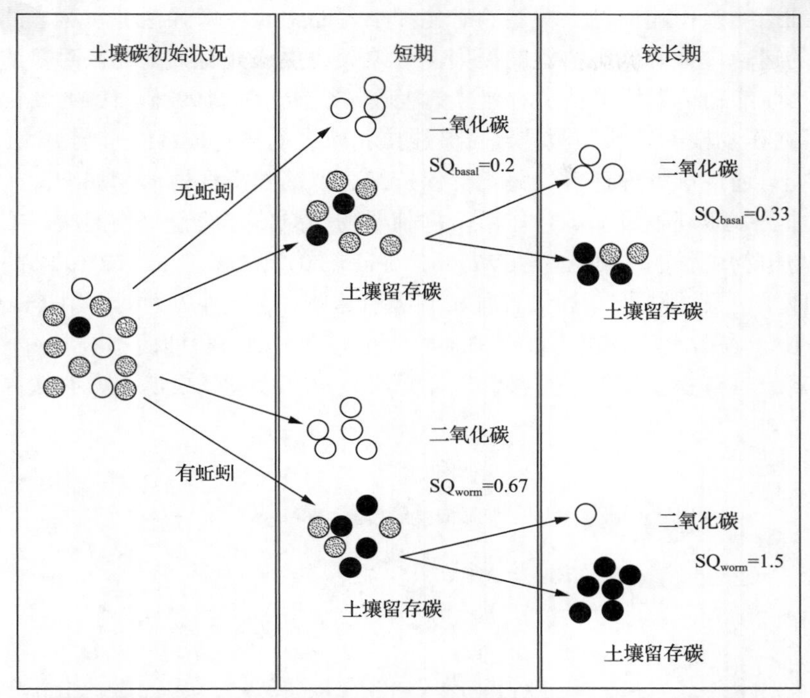

图 3-14 蚯蚓对土壤有机碳固存影响的时间尺度效应概念图示（Zhang et al.，2013）

此外，蚯蚓等土壤动物对养分转化和生物有效性、根际养分动态、腐殖质形成、土壤交换性能及 pH 的调节作用已有大量的研究报道，但对其他中量和微量元素及活性物质的影响缺乏足够的关注，在涉及整个土体和较大时空尺度上对物质循环与能量再分配的贡献研究偏少，对全球变化的响应与反馈机制的研究也有待加强。

3. 土壤动物对微生物的调控作用

土壤动物对微生物的影响，也明显地表现为取食作用和非取食作用。其中，多数中小型土壤动物以取食作用为主，因为它们直接以微生物为营养来源维系生命，并在取食等活动中对微生物群落的结构和功能产生影响，这在线虫和原生动物中显得尤为突出（Griffiths et al.，1999；Bonkowski，2004）。

有趣的是，食微线虫和原生动物的取食作用一般不会抑制微生物特别是细菌的种群，反而促进其数量的增长和代谢活性的增强，并加速微生物及固持养分的周转（Ingham et al.，1985；Fu et al.，2005；Irshad et al.，2011）。例如，食细菌线虫与细菌的互作能促进土壤氮的矿化和小麦的生长，增强植株对氮素的吸收和向穗部的运转，并降低肥料氮的损失，而杀灭线虫或只有细菌存在时氮的矿化作用很弱，会抑制小麦的生长及对养分的吸收（胡锋 等，1998a，1999；Li and Hu，2001）。在作物根际等活性微域，食微线虫和原生动物对细菌的影响更大。例如，原生动物可通过选择性捕食优势类群保持细菌群落的多样性，增加细菌的均匀度和互补性，刺激其呼吸和矿化作用，抑制植物病原体、改善植物健康，成为根际微生物与植物生长的“操控者”（Weidner et al.，2017；Gao et al.，2019）（图 3-15），而植物似乎也很“聪明”，通过各种机制吸引这些“小伙伴”为其所用（van Loon，2016）。由于农田土壤及作物根际中食微线虫、原生动物和细菌相对更占优势，上述互作效应具有重要的生态意义和农学意义，这些小动物资源也具有较高的开发和利用潜力。

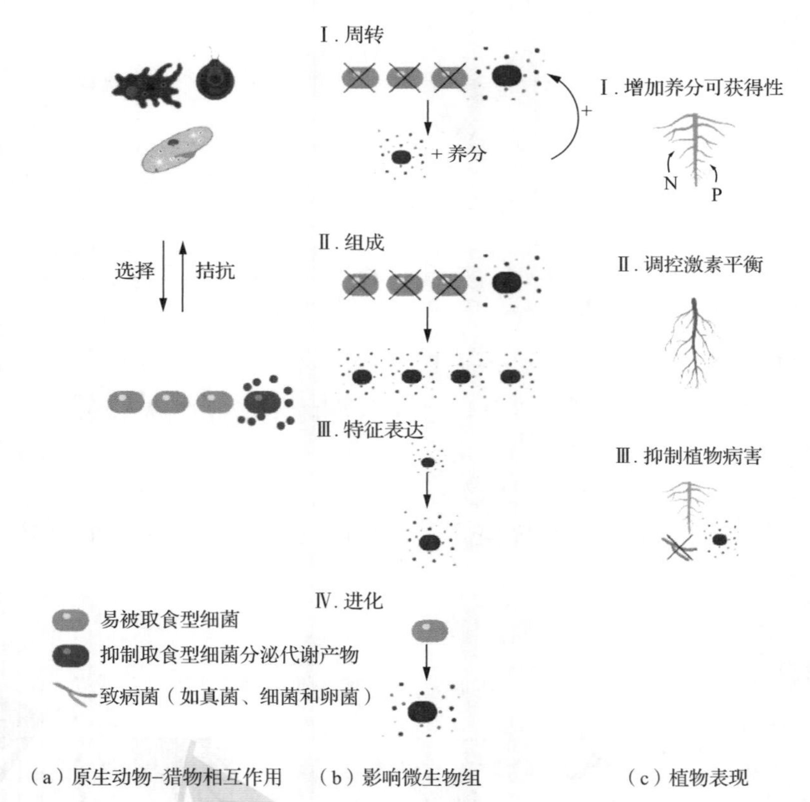

图 3-15　原生动物—细菌互作驱动根际微生物功能和植物性能（Gao et al.，2019）

土居型大型土壤动物对微生物的影响以非取食作用为主，其中关于蚯蚓对微生物的影响已开展了较多的实验研究或机制性探讨：①蚯蚓对植物残体的破碎和初步分解，可促进微生物的定植；②蚯蚓的分泌物和其他代谢产物含有碳氮等营

养，可刺激微生物生长；③蚯蚓的迁移能力强，可携带并促进微生物的扩散，有利于微生物在新生境中的拓殖；④蚯蚓在吞食有机物和土壤过程中，会消化其中的部分微生物，同时肠道内特有的营养物质和 pH 等条件的改善可促进某些微生物（主要是变形菌门和放线菌门）的生长，而过腹还田后蚓粪中的微生物组成和数量又会发生变化；⑤蚯蚓在土壤中的掘穴及消化排泄等行为，改变了土壤的理化性质与生境异质性，进而对微生物群落产生影响（图 3-16）。此外，经微生物侵染或分解的有机物可为大型土壤动物提供质量更高的食物资源，而蚯蚓和白蚁肠道的共生微生物则对于它们消化高纤维素和木质素含量的有机物起到关键作用，某些高等白蚁甚至有一套完整的培殖真菌的流程和分工，成为令人惊叹的自然界“食用菌饲养能手”。

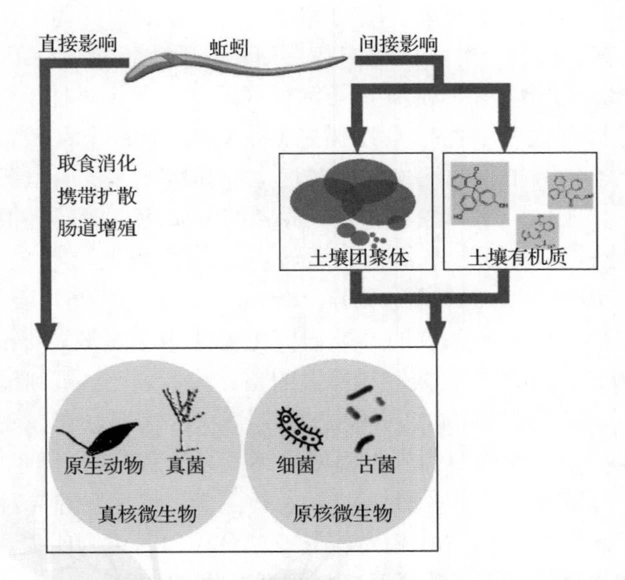

图 3-16 蚯蚓影响土壤微生物群落的直接和间接过程

显然，土壤动物的生存、繁衍及形成的各种功能，几乎都离不开与微生物的互作与协同。现有证据初步显示，土壤动物与微生物之间可能存在更多的协同进化关系（Friman et al.，2014；Nair et al.，2019），但目前还有许多未解之谜。例如，它们之间的营养关系和非营养关系在协同进化中有何贡献？土壤动物—微生物互作与协同进化多大程度上促进土壤生物多样性的形成？植物根际产物及动植物信号物质对协同进化的具体调节机制是什么？如何实现农田土壤动物—微生物—作物及根际生态过程的人工有效调控？探寻这些问题的答案需要多学科协同努力和现代分子生物学等手段的支撑。

4. 土壤动物对植物生长与健康的影响

植物的生长和初级生产力的形成是生态系统的核心功能。对于农业生态系统而言，保持作物的良好生长与健康，保障人类的粮食供应与食品安全，是根本目标。大量的研究表明，在适宜的条件下，大中小型土壤动物均可直接或间接促进植物的生长（Alphei et al., 1996; Sackett et al., 2010; 朱永恒 等, 2012; Matus-Acuña et al.，2018）。

早期的观点认为，蚯蚓等土壤动物主要通过养分效应影响植物的生长，后来的研究发现各种非养分效应也十分重要（Brussaard，1999；Bertrand et al.，2015；李欢 等，2016；Xiao et al.，2018）。土壤动物促进植物生长的机制非常复杂，一般归因于以下 5 个方面：①改善土壤的理化性质，如土壤结构、通气保水性、酸碱度等；②提高有机物的分解矿化速率和土壤养分的生物有效性（包括动物分泌、排泄的养分物质）；③增加植物激素类等活性物质的含量，对种子萌发、根系发育和开花结实等过程有促进作用；④刺激固氮菌、解磷解钾菌、激素产生菌等植物益生菌的发展；⑤增强植物的活力，以及地上部和地下部抗病虫害能力。其中，土壤动物与微生物互作产生的激素（如吲哚乙酸）效应，能促进根系发育，形成更多、更长的分枝，有利于养分吸收运转，是调控植物生长的关键途径之一（Muscolo et al.，1999；Mao et al.，2007；Kreuzer et al.，2006；姜瑛 等，2016）。

土壤动物对作物产量和品质的影响研究主要集中于蚯蚓。van Groenigen 等（2014）根据已发表的 462 项数据资料所做的整合分析表明，蚯蚓提高作物产量的平均幅度为 25%，但对作物品质的影响不明显。吴迪（2015）、吴迪等（2018，2019）的研究表明，接种蚯蚓或施用蚓粪大幅度提高了设施蔬菜的产量，并改善了蔬菜品质（如可溶性糖和维生素含量增加）。从总体上看，蚯蚓及蚓粪对大田作物的增产效果在土壤供氮能力较弱、pH 相对较低或秸秆还田时更为明显。今后需要研究其他类群土壤动物对作物生长特别是品质形成的调控作用。

土壤动物对植物健康也有多方面的影响。虽然以往已认识到健康土壤中的生物多样性可能是抑制植物病虫害暴发的重要原因，但直到最近才开始进行土壤动物与植物健康关系的深入研究（Barrios，2007；Brussaard et al.，2007）。其效应和可能的机理主要包括：①土壤动物的捕食和竞争作用能直接抑制土壤中的某些病原微生物和地下害虫；②复杂的土壤食物网多营养级结构使各生物类群相互制约、保持相对平衡，降低病虫害暴发性增长的概率（Sachez-Moreno and Ferris，2007；Kulmatiski et al.，2014）；③通过活化养分元素、改善土壤结构及通气性等，调节植物的生长与营养状况，间接增强植物对病虫害的抗（耐）性；④通过信号物质诱导植物抗性的提高（Jana et al.，2010），并由根系延伸到对植物地上部病虫害的控制。蚯蚓对植物健康的影响与促进植物的次生代谢防御有关（Xiao et al.，

2018），或者通过改变植物体内的初级和次级代谢产物影响其对地上害虫的抗性，来提高植物的抗虫性（Blouin et al.，2013；Wurst，2010，2013）。

展望未来，把作物和土壤紧密联系起来，在生态系统水平上探查土壤动物和微生物互作及与作物的级联效应，是揭示和调控作物—土壤系统健康发展的方向。其中，加强地上部与地下部碳氮资源分配、次生代谢防御及信号物质产生机制研究，进而形成病虫害绿色防控的新技术，将是重要的突破口（图3-17）。

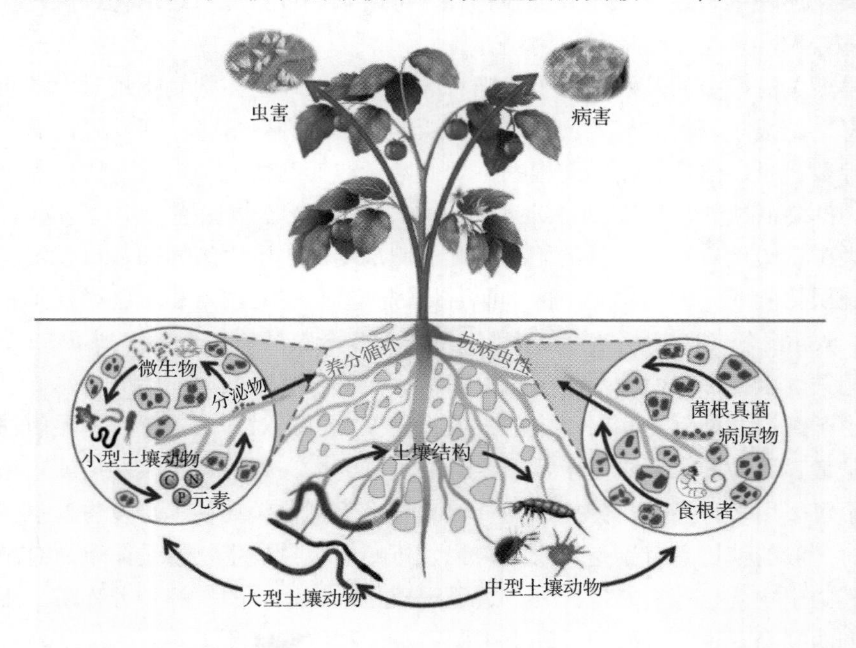

图3-17　土壤动物影响作物—土壤系统功能与健康的主要途径（刘满强制图）

3.2.2　土壤动物的指示作用

土壤动物分布广、类群多、数量大，对环境因子变化或干扰的响应一般比微生物更为灵敏，与土壤质量和土壤生态过程的联系紧密，而且调查方法相对简单，在指示土壤肥力及性状、土壤质量与土壤健康、土壤污染状况、土地利用变化和农业管理措施的影响、土壤生态系统演变与土壤生态服务功能等方面显示出较大的潜力和独特的优势，受到相关领域科学家、管理者乃至农户的重视（Romig et al.，1995；梁文举　等，2001；Coleman et al.，2018）。其中，蚯蚓和线虫的生物指示研究与应用最多。

1. 蚯蚓的指示作用

从生态系统结构和生态平衡理论角度上讲，各类土壤动物同等重要、不可替代，但蚯蚓与土壤的关系如此紧密、对土壤的影响如此深刻，是其他土壤动物不可比拟的。长期以来，蚯蚓是最受重视的指示者，具体原因是：①蚯蚓与土壤肥力这一本质属性密切相关，对土壤水、肥、气、热状况均有影响或响应；②可遍布整个土体，上至地表凋落物、下至深层土壤都有它们的踪影并产生复杂的作用；③对各种干扰及污染物反应敏感，同时又有一定的污染耐受性；④蚯蚓群落的形成和演化还与生态系统的演替进程有关，可用于评价生态系统退化或恢复状况；⑤个体较大，采集、测量和识别较容易。

早期关注最多的是蚯蚓与土壤肥力的关系，并逐步拓宽到蚯蚓对土壤质量的指示意义。很早以前人们就注意到，肥沃的土壤蚯蚓数量多、活性强，而贫瘠土壤蚯蚓数量少、活性弱，由此根据蚯蚓的数量或活动情况，可直观比较和判断土壤肥力的高低或熟化程度。Edwards 和 Lofty（1975）在英国洛桑实验站始于 1856 年的大田试验调查发现，长期施用厩肥的肥沃麦田小区中蚯蚓的数量和生物量远高于施用化肥或不施用化肥小区，而且蚯蚓种群与氮肥用量和土壤酸度呈负相关趋势。Romig 等（1995）在美国威斯康星州 100 个农场的调查中得到了 50 个土壤质量相关性状指标，而为数不多的生物指标中就有蚯蚓。

由于蚯蚓既能反映相对稳定的土壤理化性质，又对外部干扰具有灵敏性，被认为是最具潜力的土壤质量指示者（Suthar，2009）。蚯蚓对土壤肥力或土壤质量的指示可采用多种指标，如蚯蚓的个体数量、生物量、物种丰富度与群落多样性等。对一般的使用者特别是对农户来说，蚯蚓的数量或生物量是简单而有用的指标，其中生物量指标更好。此外，通过观察、采集地表的蚯蚓粪并称重，用单位面积上的蚓粪量也能较好地反映土壤肥力水平与质量状况。

研究表明，蚯蚓对农地利用方式及管理措施的影响也有较好的指示作用，并可用于评价农业生态系统的可持续性。例如，中国农业大学在湖北江汉平原的研究显示，蚯蚓的数量和多样性与农地利用和管理方式有较密切的关系，并分析了蚯蚓对农业景观变化和管理措施的指示潜力（Fang et al.，1999）。从意大利各类果园的调查和评价结果来看，蚯蚓可灵敏反映耕作方式、农业外部投入强度差异及农药等污染物的影响，可作为农业生态系统可持续性的指示者，而不同果园土壤微生物的数量指标则没有显著差异（Paoletti et al.，1998）。此外，在蚯蚓用于指示和评价土壤生态系统服务或多功能性方面也引起关注（Griffiths et al.，2018；Liu et al.，2019a）。Paoletti 等（2013）、Fusaro 等（2018）提出了“基于蚯蚓的土壤质量指数（QBS-e）”及计算方法[①]，可用于指示和定量评价不同农地利用方式

① QBS-e 指数的详细计算方法参见 Fusaro 等（2018）原文。为了快速计算 QBS-e 值，该团队还开发了配套的软件，可免费索取，联系方式：qbse.index.help@gmail.com。

及土壤质量差异、监测土壤健康状况或判别农业管理措施的生态合理性。

随着环境问题的加剧，蚯蚓对土壤污染的指示作用是广受重视的理论和实践问题（邱江平，1999a；周启星，2004）。蚯蚓能作为土壤污染的重要指示者，是因为其满足以下条件：①在维持土壤生态系统功能及土壤环境质量中起重要作用；②具有一定的耐受性，在低污染条件下不会迅速死亡；③具有可测的反应（如组织中污染物的浓度、对生长的抑制、遗传损伤等）；④具有可重复的反应，即在不同地点、在相同的污染浓度条件下能够产生类似的反应（郜红建 等，2006）；⑤对污染物的富集和沿食物链的传递，能影响更高级的动植物（Hinton and Veiga，2002）。

蚯蚓对污染物的响应有很高的灵敏度，即低浓度甚至微量污染物进入土壤环境后，蚯蚓能在检测或人类直接感受到以前迅速做出反应（朱新玉和胡云川，2011）。此外，蚯蚓体型较大、分布较广、容易饲养，便于进行研究和监测工作。因此，环境监测机构已开始将蚯蚓（主要是赤子爱胜蚓和安德爱胜蚓）用于土壤环境质量监测及化学品的生态毒理学测评。

目前，国内外重点关注蚯蚓生物标志物（biomarkers）的研究与开发，旨在发展生态毒理学研究方法，丰富和完善土壤污染与环境风险指示和评价指标体系（Calisi et al.，2013；Wang et al.，2020a）。与常规理化分析方法相比，蚯蚓生物标志物法更为灵敏，能提供更为综合而直接的土壤污染及生物毒害的信息，且测试成本相对较低（Shi et al.，2019）（图 3-18）。但由于蚯蚓生物标志物复杂多样[①]，只有进行筛选特别是野外条件下的评估验证，并形成标准化的检测操作流程和数据库支撑，才能更好地满足应用需求。

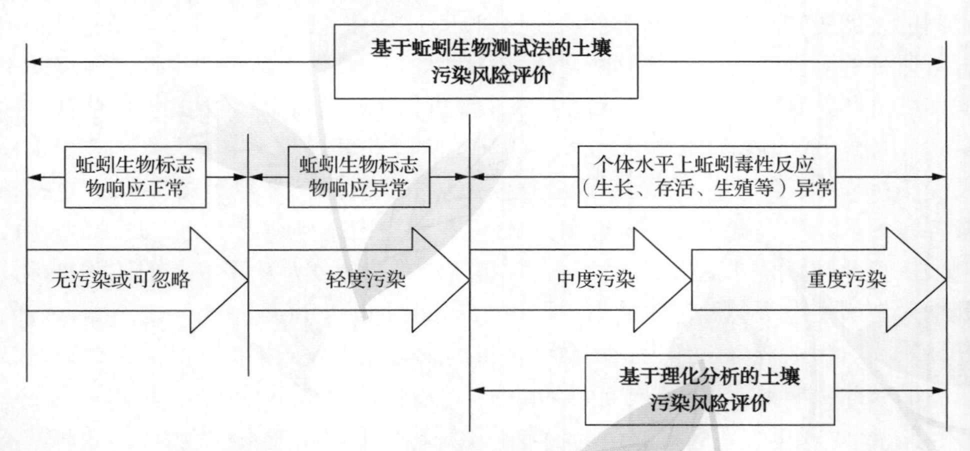

图 3-18 蚯蚓生物标志物在土壤污染风险评价中的作用（Shi et al.，2017）

① 蚯蚓生物标志物包括生理生化、行为学、病理学、分子遗传学、免疫学等指标。

2. 线虫的指示作用

线虫同样对土壤肥力有很好的指示作用，如线虫数量与土壤有机碳含量、全氮含量、微生物量、酶活性等指标一般呈显著正相关（李辉信 等，2002b），但它们在指示环境变化、土壤健康、生态系统演替和恢复过程等方面更有优势：①线虫群落数量丰富、种类多样，分布于所有类型的土壤生态系统中，而蚯蚓等大型土壤动物在某些严酷生境或退化土壤中不能存活；②线虫可快速响应土壤环境因子（如土壤水分、温度、养分、孔隙结构等）的变化（李玉娟 等，2005），其可渗透性体膜直接接触微域环境，能灵敏反映土壤环境的细微变化（邵元虎和傅声雷，2007）；③线虫的分离方法和形态学鉴定技术较为成熟，且因线虫身体透明、体内结构易辨，与其他土壤动物相比，其种属鉴定特征更为明显，尤其是近年来分子技术的应用显著提高了线虫鉴定的效率和准确度，为大尺度或大样本群落调查与监测提供了技术支撑（Chen et al.，2010b；张晓珂 等，2018）；④线虫的食性多样并跨越多个营养级，在土壤食物网中占据关键的生态位，而且不同食性类群之间，以及与微生物之间存在紧密的捕食者—猎物关系，因此，线虫群落能较好地代表并指示整个土壤食物网对生态系统扰动的响应（梁文举 等，2007）。在各类土壤动物中，线虫的生物指示作用研究最多、最为深入，已形成的指标（指数）近 50 个（陈云峰 等，2014）。除了采用生物多样性各类通用指数，近 30 年来建立了一系列定量化的线虫生态指数，主要有以下 3 类。

1）基于线虫生活史特征的指数。荷兰线虫学家 Bongers 于 1990 年开创性地提出了成熟度指数（maturity index，MI），其主要原理是：土壤中的各类线虫具有不同的生活史特征，而不同类群的线虫对环境压力的敏感度不同，可以通过线虫群落所处的不同演替阶段来判断环境干扰的大小。具体地，按照生活史策略的不同，把线虫群落划分为 cp1～cp5，共 5 个类群，并根据每个科线虫的 cp 值计算出 MI，MI 数值的高低能反映线虫群落的演替阶段并可指示土壤生态系统的稳定性及受干扰程度。此后，Bongers 和其他线虫学家又发展了多种形式的 MI，这些指数各有侧重，可根据实际需要选用。MI 已在欧美国家得到较广泛的关注和应用。例如，荷兰国家公共卫生及环境研究院将 MI 作为土壤污染及恢复的监测指标，并纳入土壤生态服务评价的最小数据集（Bongers and Ferris，1999；Griffiths et al.，2018）；美国则把 MI 作为土壤质量评价的生态环境效应指标，并用于评估区域尺度的农业土壤健康（Neher and Campbell，1996；Andrews et al.，2004）。

2）基于线虫营养类群的指数。为了拓展线虫的指示能力，Ferris 等（2001）基于线虫营养类群并结合其生活史特征，提出了若干新的生态指数，包括基础指数（basal index，BI，指示土壤食物网对外部干扰的抵抗力）、结构指数（structure index，SI，指示食物网连通性和食物链长度，可反映干扰或恢复过程中土壤食物网结构的变化)、富集指数（enrichment index，EI，主要用于评估食物网对可利用资源特别是对外部养分投入的响应）和通道指数（channel index，CI，可表征细菌和真菌能量通道在分解过程中的相对重要性），并建立了直观的图形解析法。这些指数可单独使用，但综合起来运用效果更好。例如，结合 SI 和 EI 指数的分析，能清晰地反映土壤生态系统的受干扰程度和外部资源投入对食物网的影响（Ferris et al.，2001），而 CI 与 EI 的联合使用，可评价土壤肥力水平、外部资源投入及其与分解作用的关系（陈云峰 等，2014）。上述线虫生态指数已用于评估或监测不同农业管理措施、土壤污染、退化土壤恢复等对食物网结构和功能的影响（Liang et al.，2007；Zhang et al.，2007；Shao et al.，2008），近年来还用于评价土壤生物群落的抑病功能（Steel and Ferris，2016）。Bongiorno（2020）通过欧洲 6 个国家 10 个长期田间试验验证，发现线虫 SI 和 EI 指数很好地区分了土壤不同管理措施对土壤的影响，是灵敏的土壤质量生物指标。

3）基于线虫代谢足迹的指数。以上两类指数尽管有许多用途和优势，但是这些指数在解读和评价生态系统功能方面还存在不足（Ferris and Bongers，2009）。为此，Ferris 等（2010a）提出了“线虫代谢足迹”（nematode metabolic footprints，NMF）的概念和量化指数。代谢足迹原本是指生物体在生长过程中一些胞外代谢物的“印记”，以反映环境变化后生物体的响应情况（陈云峰 等，2014）。对于线虫而言，其代谢足迹可用线虫的生物量碳（P）和呼吸碳（R）来衡量，即 NMF $=P+R$。这一生态指数看似简单，但包含的参数较多，计算起来较为复杂，好在有建成的信息系统可供参考（如 Ferris 团队所建的线虫—植物专家信息系统）。线虫代谢足迹指数也形成了一个系列，包括富集足迹、结构足迹、功能足迹、细菌足迹、真菌足迹、复合足迹等。田间研究案例显示，使用堆肥、绿肥或秸秆还田覆盖能提高线虫富集足迹、结构足迹和功能足迹等指标，这说明外源有机质对土壤食物网结构和功能有重要调节作用（Ferris et al.，2012；Zhang et al.，2012a）；模拟氮沉降试验表明，不同形态氮素不仅影响了森林土壤线虫的群落组成，而且其代谢足迹发生了显著变化（程云云 等，2018），该结果有助于揭示森林生态系统对氮沉降的响应机制。

3. 关于土壤动物指示研究与应用的几个问题

虽然土壤动物指示作用研究已取得了重要进展，一些指示指标也在一定范围内得到应用，但还存在以下 3 个方面的主要问题。

1）各类土壤动物的指示作用研究不够平衡。从大型土壤节肢动物来看，它们多处于食物网的最高营养级，紧密联系地下和地上系统，对外部干扰和土壤退化极为敏感，其对自然和农田生态系统的指示潜力和生态监测价值有待进一步研究和挖掘（Olfert et al.，2002；邵元虎 等，2019）。土壤微型节肢动物（跳虫和螨类）

的指示作用研究涉及面较广，但与线虫相比建立的指示指标偏少，在指示和评价土壤健康与农田生态服务功能等方面的应用需要加强。原生动物的数量和种类在各类土壤动物中最多，但其指示作用研究与应用恰恰是最薄弱的。原生动物世代短、广布种多，对土壤环境变化响应迅速，又有其他大中型动物一般不具备的适应恶劣环境条件的能力（Foissner，1999），在生态系统演变及土壤退化早期预警、大尺度土壤质量指示及极端环境生物指示等方面具有较大潜力，应加以重视。

2）土壤动物指示指标的验证和综合应用有待加强。应当说，任何一个指标或参数都不是放之四海而皆准的，需要结合特定的生态系统类型、土地利用方式及土壤差异加以验证和评估（Griffiths et al.，2018）。同时，仅靠某一个或某一类动物指标也无法指示和评价复杂对象与目标，需要建立综合性的指标体系或最小数据集。由于土壤动物的调查和鉴定等技术对多数用户来说有一定的难度，还应注意参数的适当简化、数据的易获得性和成本控制。对此，Yan 等（2012）进行了有益探索，提出了一种基于土壤动物物种丰度的指标（abundance-based fauna index，FAI）来评价土壤质量，其主要优点是：可纳入目标土壤系统中的所有动物类群，涉及的参数较少，且数据较容易获得。

3）土壤动物调查和测定方法的标准化及数据库建设滞后。迄今为止，国内外土壤动物的调查采样流程、室内测定方法及数据处理尚未做到标准化，在土壤动物基础数据库建设方面处于起步阶段，这是制约生物指示指标应用的重要因素（梁文举，2001；Griffiths et al.，2018；Bongiorno，2020）。

3.3 土壤动物的调控与利用

探查地下世界中土壤动物的奥秘，揭示其多样性和生态功能，根本目的是保护和利用这些看似卑微而非常珍贵的生物资源，服务于改善土壤生态系统管理、促进农业绿色发展。土壤动物资源可用于哪些领域？主要的调控措施和手段是什么？如何融入生态循环农业等综合利用模式？这是本节将回答的主要问题。

3.3.1 土壤动物与退化生态系统恢复

近年来，自然因素或人为因素造成的生态系统退化加剧，土壤动物群落在退化与重建生态系统中的演化及功能开始受到重视。一方面，森林火灾、农耕开垦和矿区开采等都会对土壤动物群落产生不利影响；另一方面，适当的土壤动物调控措施则能促进退化生态系统恢复（图 3-19）。

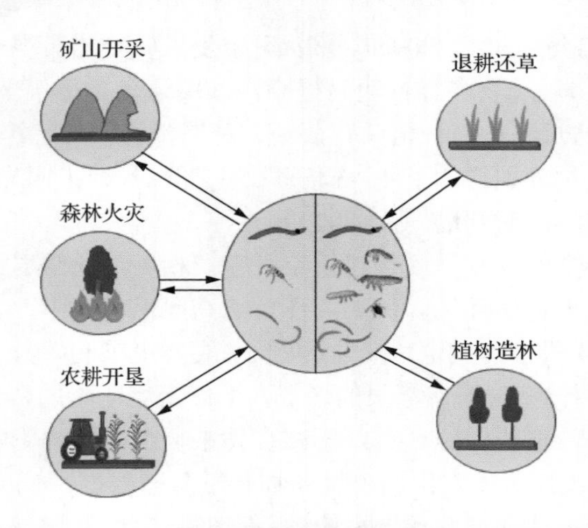

图 3-19　土壤动物群落与生态系统退化和恢复的关系

1. 林地和草地生态恢复

植被破坏造成的食物资源缺失和环境条件恶化，是林地和草地土壤动物群落退化的主要原因，通过植被恢复可有效提高土壤动物的数量、多样性及活性。例如，亚热带重度侵蚀退化红壤荒地中蚯蚓基本绝迹，种植 4 种人工林 10 年后蚯蚓、线虫和节肢动物的个体密度均显著提高，其中阔叶林对土壤动物的恢复效果最好（胡锋和刘满强，2008）。在东北松嫩草原的研究发现，围栏封育和种植碱茅均能明显改善重度退化草地土壤跳虫群落，其中种植碱茅 5 年后跳虫类群数、个体密度和生物多样性更高，更利于土壤动物群落的快速重建（吴东辉 等，2008）。在自然生态系统退化过程中，与微生物相比土壤动物具有退化快、恢复慢的特点。例如，森林火灾对土壤动物影响巨大，火烧迹地中有的土壤动物类群完全恢复需要 30 年以上的时间（马艳滟 等，2013）。

土壤动物对加快植被的恢复进程也起到较大作用。在法国诺曼底地区，退化草地中接种陆正蚓（接种量为 100 条/m^2），1 年后观测到植被的总生物量增加了 1 倍（Forey et al.，2018）。另一项在荷兰赫特洛地区开展的草地原位接种土壤动物群落（大型、中型和小型 3 类动物复配）试验发现，土壤动物能调控植物的次生演替过程、提高植物多样性，其在植物演替中期的作用最强，促进植被快速恢复的效果明显（de Deyn et al.，2003）。

2. 退耕农田生态恢复

相比自然因素，农耕开垦等人为干扰对土壤动物群落的不利影响更为广泛。退耕还林还草不仅是重要的生态保护和修复措施，对提高土壤动物多样性和功能也有重要作用。退耕后植物群落覆盖度和土壤环境条件明显改善，吸引更多的土壤动物类群栖居（Liu et al.，2009c）。例如，宁夏农牧交错带退耕还林还草工程实施 15 年后，土壤节肢动物多样性明显提高，其中还草效果优于还林（赵娟 等，2019）。在内蒙古通过退耕后种植紫花苜蓿、蒿属植物、菊芋等，6 年后大型和中小型土壤动物的数量分别增加了 4～5 倍和 2～3 倍，且效果明显优于土地撂荒（刘新民和门丽娜，2009；明凡渤 等，2013）。

土壤动物多样性的恢复程度与退耕年限密切相关，通常退耕年限越长，动物多样性的恢复越接近自然环境。例如，在黄土高原退耕地中，土壤动物的类群数从退耕 1 年时的 14 类增加到退耕 7 年时的 28 类（王国利 等，2010）。郝宝宝等（2020）的研究表明，随着退耕年限的增加，不仅土壤动物的数量增加，功能类群也发生变化。此外，退耕措施还有助于减少外来物种入侵的影响和有助于本土动物的恢复。新西兰长期耕作农田中土壤动物数量急剧减少，本地种蚯蚓几乎绝迹，来自欧洲的入侵种蚯蚓逐渐取代了本地种，而退耕还林 30 年后本地种蚯蚓种群占比恢复到约 80%（Boyer et al.，2016）。

由于我国粮食安全及保供压力，多数农田不能退耕，可在田间配置部分木本植物绿篱或草带，适当提高农田生态系统中半自然生境的比例，为土壤动物提供必要的栖息地和物种保护场所（Paoletti，1999；吴玉红 等，2009）。

3. 矿区生态恢复

矿石开采及产生的废弃物不仅占用了大量土地，还因污染等问题对土壤质量及土壤动物的生存造成严重影响。国内外对矿区废弃地及复垦过程中土壤动物群落的演变、恢复及潜在功能开展了较多学术研究（朱永恒 等，2011；Frouz，2015），但利用土壤动物修复矿区土壤的工程实践较少。

蚯蚓是最早也是最多应用到矿区生态修复的土壤动物，其中要解决的关键问题是如何保证蚯蚓的存活和有效定植。Butt（1999，2011）研发了一种“蚯蚓接种单元”（earthworm inoculation unit，EIU）技术，大大提高了蚯蚓的存活率，对结构不良的黏土尤为有效，且具有节本省工的特点，已在英国矿区成功应用 20 余年（图 3-20）。戈峰等（2001）对上述技术加以改进，用于亚洲最大的江西德兴铜矿废弃地改良，在改善土壤理化性质、降低和转化重金属污染物、减少土壤毒性、促进植物生长方面显示出良好成效。

蚯蚓与植物和微生物（如菌根）联合修复是近年来的热点研究领域，但在矿区等污染土壤修复中的实际应用案例不多。黄钰婷（2016）以广东大宝山矿区酸性重金属污染土壤为对象，开展“秸秆+蚯蚓+籽粒苋”联合修复试验，结果表明土壤中镉含量显著降低，土壤质量明显提高，其中赤子爱胜蚓对强化植物修复重金属污染土壤的效果好于壮尾远盲蚓。

步骤1：蚯蚓的培养及接种单元的建立。在2～4L容量的网袋中装填土壤和有机质，并保持含水量在25%～30%；然后接种蚯蚓，在18℃下避光培养约3个月，蚯蚓繁殖后形成成蚓、蚓卵和幼蚓并存的备用接种单元。

步骤2：蚯蚓接种单元的应用。将前述接种单元完整地埋在需要修复的矿区土壤中并将网袋去除。左侧照片为该技术研发者之一Frederickson早期工作现场，右侧照片为接种单元在英国矿区土壤中的实地投放情况。

图 3-20　蚯蚓接种单元技术及在矿区修复中的应用

3.3.2　土壤动物与耕作土壤改良和作物健康

耕作土壤特别是肥沃耕地的形成需要漫长的过程，我国古代主要通过精耕细作和用地养地结合保持“地力常新壮”，维系了传统农业与农耕文明的长盛不衰。在现代社会，由于长期高强度利用、不合理耕作及污染等因素的影响，耕地退化问题突出，设施农业土壤及作物健康状况恶化，需要采取综合措施加以改良，其中发挥土壤动物的改良作用可作为土壤质量与健康调控的新手段。

1. 大田土壤改良与耕地质量提升

大田条件下主要通过两种途径发挥土壤动物的改良作用：一是建立良好的生存环境，促进土壤动物恢复及功能提升；二是直接接种土壤动物进行土壤改良。

（1）土壤动物生境优化及功能提升技术

主要采取保护性耕作、秸秆还田、施用有机肥及绿肥、发展有机农业等方式，为土壤动物营造优良的生境，恢复和改善土壤动物的群落结构与整体功能，这是治本之策。

1）实施保护性耕作和秸秆还田。频繁耕翻扰动、地表缺乏有机物覆盖是严重制约土壤动物生存和发展的重要因素，因此可通过免少耕结合秸秆还田等手段为土壤动物繁衍提供良好的条件。美国佐治亚大学始于 1978 年的农田生态系统管理长期试验表明，免耕显著提高了土壤动物特别是蚯蚓和节肢动物的数量及生物量，并促进了土壤氮素养分的周转（Coleman et al.，2018）。中国科学院南京土壤研究所在黄淮海平原的田间试验，显示出免耕结合秸秆还田对提高土壤动物丰富度、土壤肥力和养分有效性的综合效应（朱强根 等，2010c）。此外，轮作休耕措施对土壤动物群落的恢复也极为有利。

2）发挥有机肥及绿肥的激活作用。土壤动物的本质特点是以取食作用保持自身生存发展，进而对土壤产生直接和间接影响。其中，有机肥是多数土壤动物的优质食物来源。大量的研究已证明施用有机肥对土壤动物数量、多样性及活性具有促进作用，在实践中可根据土壤改良的实际需要选择有机肥种类、用量和施用方法。例如，针对快速改良目的，一般选猪粪和牛粪肥等来源较广的优质有机肥；考虑到全田施肥用肥量过高，可采用条带式或点状施用以保证局部肥量，次年再轮换施肥点位，形成刺激土壤动物繁育的“营养岛”，当这些动物达到一定种群水平后会逐步扩散到全田。绿肥则具有覆盖保护和提供适口性好的丰富食物等多重功效，对促进土壤动物群落发展有很大应用潜力。南京农业大学在江苏省绿肥主推区的调查发现，在冬绿肥紫云英、苕子种植田块，蚯蚓等动物快速恢复；在南通试验基地的进一步研究表明，绿肥种类和翻压还田量是影响土壤有益线虫功能类群的主要因素（薛敬荣，2020）。

3）发展有机农业。有机农作方式不施用化肥、化学农药等，并重视植物残体的归还和有机肥的施用，对提高土壤动物的多样性和功能非常有利。瑞士有机农业研究所对始于 1978 年的农作模式进行长期试验表明，有机农作不仅提高了土壤微生物的生物量和多样性及菌根侵染率，而且显著增加蚯蚓和捕食者数量，进而促进了养分循环和害虫控制（Mäder et al.，2002；Birkhofer et al.，2008）。中国科学院植物研究所在山东平邑建立的弘毅生态农业模式证明，在停用化肥、农药和除草剂，实施有机农作的情况下，利用秸秆养牛、牛粪堆肥回田、害虫和杂草生态化防控等措施提高了农田土壤生物多样性及蚯蚓数量，并达到了地力提升、作物增产的目的（蒋高明 等，2017）。

（2）土壤动物直接接种改良技术

尽管几乎所有类群的土壤动物被认为具有改良土壤的潜在价值，但迄今应用较多、相对成熟的依然是蚯蚓接种技术。

20 世纪 60～70 年代，荷兰、加拿大、新西兰等国已将蚯蚓用于提高农地土壤质量和生产力。一个经典案例是：荷兰在围海造田低洼地排水降渍后接种蚯蚓，在加速新开垦耕地熟化、改善土壤生产性能方面取得成功（van Rhee，1969）。新西兰则主要通过接种蚯蚓改善土壤理化性状、促进有机物分解和养分释放，提高牧草地生产力（Martin，1977）。

由于我国多数耕地基础肥力偏低，长期高强度利用又加剧了土壤退化，田间蚯蚓数量很少乃至绝迹，接种蚯蚓并发挥其“生态系统工程师”的作用显得更为迫切。以下对蚯蚓品种选择、接种方法及调控措施进行简要介绍。

1）品种选择。基本原则是选用易于繁育或采集（购）、土壤环境适应性良好、

改土作用相对较大的蚯蚓品种。目前我国使用较多的是爱胜蚓属、远盲蚓属、腔蚓属、正蚓属等属的蚯蚓，其中爱胜蚓属的赤子爱胜蚓人工养殖量大、市场上周年供货，但因是喜粪品种需配合粪肥使用。远盲蚓属、腔蚓属、正蚓属的蚯蚓改土效果优良，但人工繁殖较困难，多需要从野外采集。

2）接种方法。根据蚯蚓品种及个体大小差异，基础接种量一般为 2～10 条/m^2，过高的接种量既不经济也无必要，或者说要考虑蚯蚓接种后的自然繁殖能力及其与所处生境的平衡。在接种时，对于结构较好、土质较松软的田块，可直接将蚯蚓投放到地表；对于结构不良、偏黏重的土壤，则须把表土疏松或通过打孔再进行接种，新开垦的生土可参照蚯蚓接种单元技术。在地块面积较大时，为节本省工可采用间隔式接种，即每隔数米定点集中投放。蚯蚓畏光，更怕直接暴晒，应在早晨、傍晚或阴天接种。此外，为发挥不同蚯蚓的复合功能，有条件时最好采用多蚓种接种法。

3）调控措施。①有机物管理。在田间进行秸秆覆盖对接种后蚯蚓的保护和有效定植非常重要；猪粪和牛粪等堆肥对蚯蚓有很好的促进作用，而鸡粪的养分乃至盐分过高且 pH 偏高，用量不宜过大，最好与秸秆配施。②水分管理。蚯蚓是湿生动物，对干旱和水分胁迫很敏感，而过湿（如长期渍水）也有害，故需要提供较好的土壤水分条件，接种时土壤湿度保持在田间持水量的 70%～90%为宜（雨季须注意排水防涝）。③保护性耕作。机械犁耕对蚯蚓有直接伤害，并影响其作穴等活动，接种后应尽可能采取免少耕等保护性耕作措施。④化学品管理。过量施用化肥和农药对蚯蚓的存活及功能的发挥有不利影响，在接种田块尽量少用这些化学品。施用石灰能提升酸性土壤中蚯蚓的接种效果，可作为南方红黄壤或其他地区酸化土壤接种的配套措施。

2. 设施栽培土壤改良与作物健康调控

在设施栽培条件下土壤退化和作物健康问题突出，主要表现在土壤板结、酸化和次生盐渍化，作物连作障碍和病害威胁加剧，以往多采取施用有机肥、调理剂矫正、高温闷棚、揭膜淋雨、灌水洗盐及轮作休耕等单项或综合措施进行改良，取得了良好效果，但土壤动物调控技术开发应用较为滞后。

针对设施蔬菜生产中存在的土壤退化等问题，助推都市现代绿色农业发展，上海市于 2018 年实施设施菜田土壤保育和改良专项，并在前期试验示范的基础上重点推广设施菜田蚯蚓养殖改良土壤技术，两年内大棚推广面积达 1300 多公顷，改良设施菜地土壤板结、老化、连作障碍效果显著，提高了土壤 pH 和养分利用率，化肥用量减少近 1/3，降低了盐分积累，并建立了蚯蚓—番茄、蚯蚓—黄瓜—绿叶菜、蚯蚓—绿叶菜等多套高效种养循环模式，蔬菜增产增收与综合经济效益明显（廖长贵，2019；王齐旭 等，2020）。该技术要点如下。①铺设蚯蚓养殖床。

标准大棚一般设置 1～2 条，将牛粪或猪粪及蔬菜废弃物堆制发酵 1 个月后作为蚯蚓饵料。②种苗投放和养殖。选用赤子爱胜蚓大平二号或北星二号，种苗用量每 667m^2 约 100kg，遮阳避光、保湿控温养殖 3 个月。③蚯蚓和蚓粪还田改良。将蚯蚓和蚓粪一并翻入土壤中进行改良，或将蚯蚓收获后只用蚓粪改良土壤（蚓粪量大时可移到其他大棚使用）。④后茬蔬菜种植。改良后土壤肥力显著提升，供肥能力稳长，适合种植番茄、黄瓜等长周期蔬菜或多茬短周期绿叶菜。

南京农业大学在江苏苏州设施菜地改良及作物健康调控中则走了另一条技术路线，即采用蚯蚓堆肥—促生菌剂联合调控技术（图 3-21），发挥土壤动物和微生物的多重功能与协同增效作用。蚯蚓堆肥与 PGPR 配施后，提高了土壤微生物量及对活性碳氮的利用能力，促进了 PGPR 在土壤中的定植，番茄和菠菜产量增加，品质明显改善。从品质指标来看，在蚯蚓堆肥两种用量下（30t/hm^2 和 15t/hm^2），番茄维生素 C 含量分别提高了 27.5%和 12.4%，菠菜可溶性蛋白含量提高了 27.0%和 24.5%，同时两种蔬菜的硝态氮含量显著降低，而单独施用 PGPR 的改土增产等效果并未显现（Song et al.，2015）。

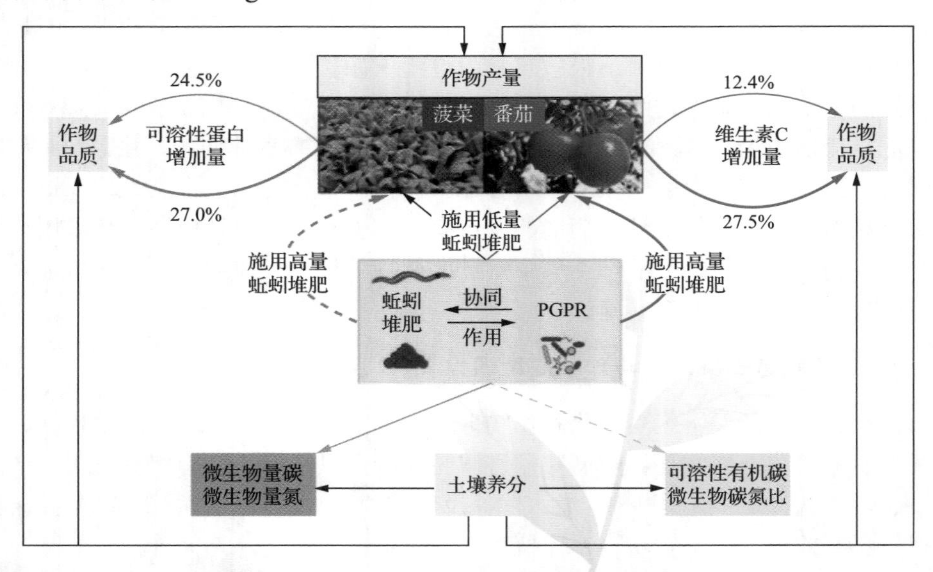

图 3-21　蚯蚓堆肥—促生菌剂联合调控技术

蚯蚓堆肥及蚓粪不但能提高土壤质量，还具有抑制地下部和地上部病虫害的作用，从而促进作物的健康与生长（Song et al.，2015；Xiao et al.，2016；Wang et al.，2017a）。Sinha 等（2011）的综述显示，蚯蚓堆肥及相关产品对主要大田和园艺作物的多数病虫害有防控效果，认为其作为生物农药有很大潜力。但蚯蚓堆肥对地下部病虫害特别是土壤—作物系统健康的调控作用研究和应用仍较薄弱，需要对土壤理化性质变化、养分和激素调节与作物抗性、有益有害生物互作与反馈等方面进行深入探索（图 3-22）。在此基础上根据作物栽培管理条件及病虫害发生规律差异，对相关调控技术及产品进行深度开发和集成应用，利用蚯蚓堆肥易于产业化、规模化的优势，更充分地发挥其在土壤改良培肥、作物健康管理及化肥农药减量中的生态经济价值。

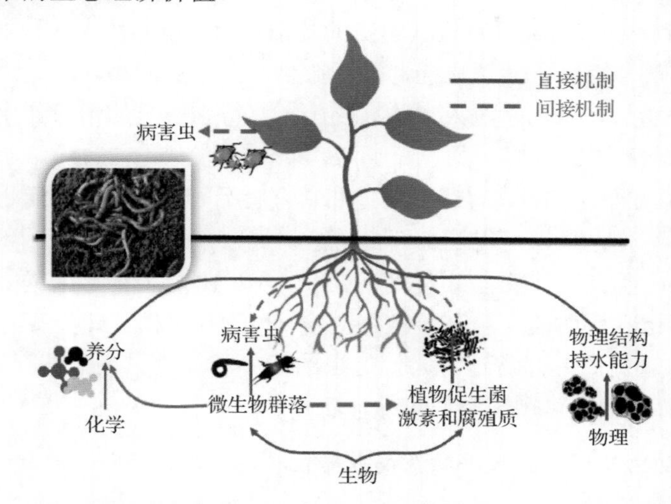

图 3-22　蚯蚓堆肥通过土壤理化和生物学过程控制地上部和地下部病虫害概念图示

3.3.3　土壤动物资源的高效综合利用

1. 土壤动物资源的多途径利用

除了生态修复与土壤改良等作用，很多土壤动物本身及其产物还可被人类多途径利用，产生较高的附加值和良好的经济社会效益。根据用途，土壤动物可分为饲用、药用、食用和观赏等类别。饲用土壤动物主要包括陆生蜗牛、蚯蚓等，可用来饲养畜禽；蝇类幼虫、金龟子幼虫、白蚁等土壤昆虫，也是优良的动物性饲料。药用土壤动物主要包括陆生螺类、蚯蚓、蚁类、蜘蛛、蝎类等，不同的土壤动物具有不同的药效，许多为传统中医药的瑰宝。食用土壤动物主要包括陆生螺类、蚯蚓、蝎类、蚁类、豆丹等，其粗蛋白质含量和营养价值很高（袁兴中和刘红，1995；王婷婷，2016）。观赏土壤动物主要因其形态和行为具有观赏和科普价值，如颜色鲜艳的蜈蚣及其有趣的捕食行为，水熊虫和原生动物独特的外形、运动和生命周期等。

以蚯蚓为例，其具有饲用、药用和食用等多重功效。

1）在饲用方面，蚯蚓可作为高营养的饲料资源。蚯蚓蛋白质中含有丰富的氨基酸，其中含量最高的是亮氨酸，其次是精氨酸和赖氨酸等，这些氨基酸是畜禽和鱼类生长发育所必需的，对其产量提高的效果明显。在畜禽养殖中，蚯蚓的蛋白质含量与进口鱼粉基本相当，可替代鱼粉作为优质蛋白质饲料（王德凤 等，2014）。蚯蚓还具有抗病保健和诱食功效，可用于治疗猪高热，牛、马慢性肺气肿等动物疾病；在水产养殖中，蚯蚓肉能散发出特殊气味，极易引诱和刺激鱼类和其他水产动物的食欲，从而改善鱼类等对饲料的适口性，提高摄食强度和饲料利用率。

2）在药用方面，蚯蚓具有极其珍贵的药用价值。蚯蚓体内含地龙素、多种氨基酸、维生素等，有助于溶解血栓，降低血黏，改善血液循环。蚯蚓入药以后最重要的功效是清热熄风，它对人类的高热癫狂有特别明显的治疗作用。蚯蚓还能够疏通经络，缓解经络不畅、血脉不通等症状（王东 等，2018）。

3）在食用方面，蚯蚓具有营养保健和新型食品开发价值。利用蚯蚓自身的酶系在一定条件下使之自溶，得到蚯蚓自溶液，提取率达75%以上，蛋白质占干重的56%～65%，游离氨基酸含量为50～70g/L，含10种人体必需的氨基酸。特别是蚯蚓体内不饱和脂肪酸含量高，具有抗癌、降血压、防止动脉硬化、养颜等作用的亚油酸含量更高，非常适合人们追求的营养和保健时尚需要（王文亮 等，2008）。此外，蚯蚓还可用于制作菜品佳肴及休闲食品。

2. 土壤动物处理有机废弃物及高效转化技术

蚯蚓作为一种腐食性大型土壤动物，其吞食量巨大。无论是腐烂的有机物还是新鲜的动植物废弃物，都可通过蚯蚓砂囊的物理作用和肠道内的生物化学作用加以分解（邱江平，1999b）。蚯蚓堆肥技术是利用蚯蚓特殊的生态学功能及其与微生物的协同作用，将动物粪便、植物残体、食品垃圾及污泥等有机废弃物进行降解与腐熟的生物处理工艺（张志剑 等，2013），由此获得腐熟度高、稳定性良好，比普通堆肥腐殖质含量、养分有效性和微生物活性更高的优质有机肥（杨巍 等，2015），并生产出数量可观且高附加值的蚯蚓蛋白等产品。大棚和露天场地蚯蚓养殖及蚯蚓堆肥现场如图3-23和图3-24所示。

图3-23 大棚和露天场地蚯蚓养殖及蚯蚓堆肥现场（胡锋拍摄）

田间养殖蚯蚓并对粪肥及秸秆进行堆制，就地还田直接改良土壤，形成特殊的
蚯蚓—作物种养结合模式，也可称为蚓作农业。

图 3-24 蚯蚓田间养殖及蚯蚓堆肥生产（胡锋拍摄）

蚯蚓堆肥技术简便易行、运行成本较低且无二次污染，可促进有机废弃物的良性循环和再生，从源头上实现有机废弃物减量、降低环境污染风险。更重要的是，以蚯蚓为纽带可构建养殖业—生物有机肥产业—种植业高效循环农业模式，促进种养结合、废弃物资源化利用和农业增产增效（图 3-25）。

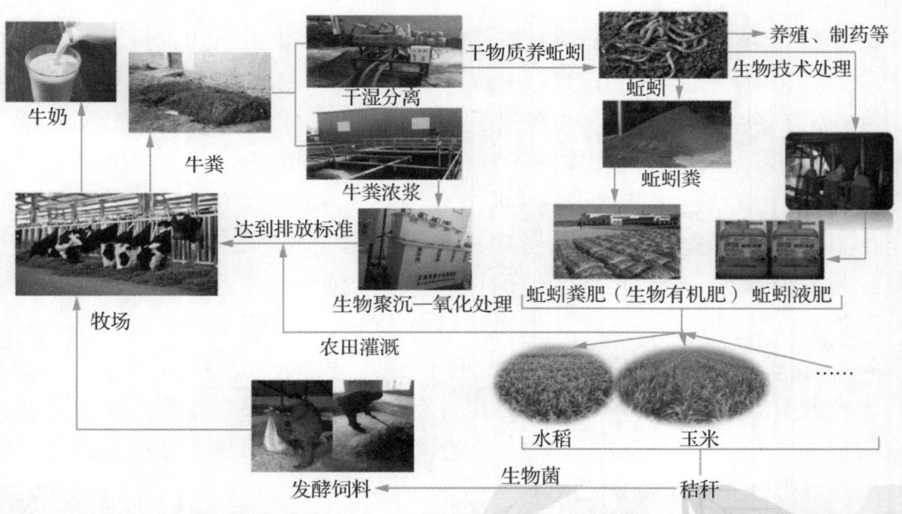

图 3-25 以蚯蚓为纽带的养殖业—生物有机肥产业—种植业高效循环农业模式
（四川师范大学绿环生物科技有限公司胡佩供图）

3.4 小结与展望

土壤动物生态研究的历史可追溯到 180 多年前，但在过去很长时期内对土壤动物的整体地位和作用认识不足，在基础研究和应用开发上也远比土壤微生物薄弱。进入 21 世纪，在如下方面取得了长足的进步：①土壤动物分类、生活史、时空分布及群落演变特征；②主要土壤动物类群的研究方法、生态功能及生物指示作用；③退化土壤生态系统恢复的土壤动物调控利用技术。国际上高度重视土壤生物多样性与土壤健康和人类可持续发展的关系，土壤动物在保障农田生态系统健康与促进农业绿色发展中的作用也引起更多关注。

在陆地生态系统功能机制的基础研究和土壤生态系统恢复的应用研究等方面，土壤动物是不可或缺的。但由于土壤动物丰富的多样性、高度的时空分布异质性及生物互作的复杂性，土壤动物生态学的研究仍存在许多亟待加强的领域。伴随着人类活动及气候变化和土地退化导致的全球性、区域性问题不断增多，土壤动物生态学研究的广度、深度和系统性也应不断拓展，未来可重点加强如下研究工作。

1）开展大中尺度土壤动物多样性普查和保护。例如，结合不同生态类型区和典型土地利用方式，调查分析生物多样性保护措施和高强度农田利用下土壤动物多样性的分布格局，揭示不同时空尺度下土壤动物多样性的形成机制和影响因子，构建我国土壤动物生物资源库，并推进土壤动物多样性保护相关行动计划。

2）推进全球变化下土壤动物多样性及其生态功能的驱动机制研究。例如，人类活动干扰、全球变暖和极端气候威胁着土壤生态系统功能的稳定性，而土壤动物在维持生态系统稳定及缓和气候变化影响中的作用仍不清楚，今后应重视多重全球变化因子下土壤动物生态功能的响应和贡献机制研究。

3）深化土壤动物和其他土壤生物互作复杂关系研究。例如，尽管已认识到土壤动物主要通过土壤食物网结构影响其生态功能，但是揭示并量化土壤生物互作的复杂关系依然是十分艰巨而紧迫的任务，今后须结合新的土壤生物群落分析技术及海量数据整合分析方法，从生物网络整体进行深入探索。

4）加强真实条件下植物和土壤食物网的联动机制及反馈关系研究。例如，以往的研究大都集中在室内和短期研究上，难以反映自然界以根系为纽带的植物与土壤动物长期互作后形成的密切联系，今后应结合干扰后生态系统的恢复和演替等情形开展野外长期定位研究。

5）发展土壤动物多样性分析技术和测试方法。例如，土壤动物的分子生态学技术只在部分土壤动物类群上取得阶段性进展，尚缺乏包括不同个体大小的土壤动物多样性的快速分析手段，有关传统形态鉴定分类与分子技术之间的结果仍缺乏比对，今后应在完善传统分类学方法及测试技术标准化的基础上着力加强土壤动物分子生物学技术开发。

6）重视农田生态系统土壤动物多样性和生态功能调控技术研究。例如，虽然蚯蚓在农田土壤肥力提升与健康保育、农业有机废弃物处理、退化土壤生态修复中的作用已得到证明，但对蚯蚓资源的实际利用依然有限，而其他多数类群土壤动物的调控利用及衍生产品的开发尚待起步，其中自由生活线虫、原生动物等的资源价值及开发潜力应引起重视，土壤动物与农作制度的匹配和综合管理有待建立和完善。此外，挖掘利用土壤动物功能，助力“减肥减药”、农业固碳减排和碳中和目标的实现，也是当前的重要任务。

第4章 土壤食物网研究与展望

土壤中包含数量巨大、种类繁多的土壤生物，这些不同种类的土壤生物之间通过取食关系构成了一张网状的结构，被称作土壤食物网(soil food web)(图4-1)。土壤食物网中主要包含了微生物（细菌、真菌等）、小型土壤动物（线虫、原生动物等）、中型土壤动物（主要为节肢动物，如捕食性螨、跳虫等）和大型土壤动物（蚯蚓、蚂蚁等）在内的所有土壤生物。土壤食物网是土壤生态功能的基础，紧密连接了地上和地下生态过程，影响着陆地生态系统的能量流动和物质循环（Bardgett and van der Putten，2014；Orgiazzi et al.，2016）。研究土壤食物网对提高农田土壤肥力、维持土壤健康、合理利用土壤资源及保护土壤生物多样性有着巨大的应用价值（李琪 等，2007；杜晓芳 等，2018；傅声雷 等，2019）。本章首先介绍土壤食物网的组成及表征，然后论述土壤食物网的调控作用，最后探讨土壤食物网介导的植物—土壤反馈作用。

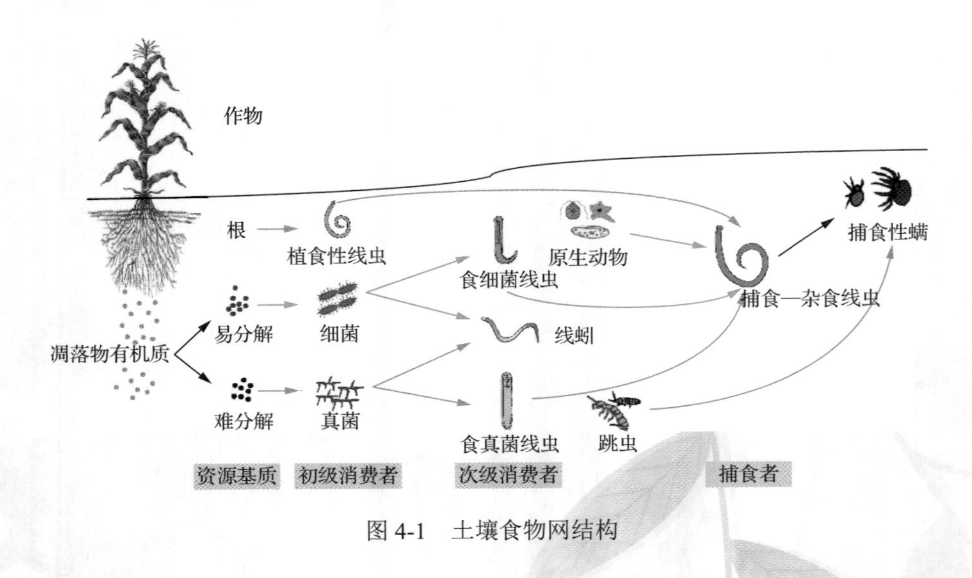

图4-1　土壤食物网结构

4.1　土壤食物网的组成及表征

土壤食物网中微生物和土壤动物占据着土壤食物网中的不同营养级，它们之间通过一系列取食与被取食作用直接或间接地调控土壤食物网的结构动态，从而调节土壤的能量流动和养分循环过程（Orgiazzi et al.，2016）。本节从土壤食物网的组成、能量通道及不同土壤生物互作形成的生态网络这 3 部分分别阐述土壤食物网的组成及其功能。

4.1.1　土壤食物网的组成

土壤食物网是由处于不同营养级的土壤生物功能群构成，主要包括资源基质、初级消费者、次级消费者及捕食者等组成部分。

1. 资源基质

凋落物、植物根系及其分泌物是土壤食物网的主要物质和能量来源。其中，地上碳源主要以凋落物的形式输入土壤食物网中，而根系分泌物是植物通过根系直接向地下分配的碳源。植物所吸收的 90%以上的氮、磷及 60%以上的其他矿质元素都来自地上凋落物、植物根系及其分泌物的归还（Chapin et al.，2011）。土壤食物网与凋落物的分解过程存在着紧密的关系。不同的资源基质决定了参与分解和矿化作用的生物类群及其在土壤中的分布状况。

2. 初级消费者

细菌、真菌、植食性土壤动物（如植食性线虫）是土壤食物网的初级消费者。细菌和腐生真菌生活在不同时空尺度下的土壤微生境中，它们利用底物的偏好和速度有所不同（Moore and de Ruiter，2012）。细菌生活在充满水的孔隙和水膜中，而真菌则生活在充满空气的孔隙中。据估算，每克土壤中含有超过 100 亿个微生物，分别属于数万个不同的物种（宋长青 等，2013）。这些土壤微生物通过分泌胞外酶直接参与有机质分解、养分矿化和腐殖质形成等生物化学过程，是土壤养分循环及转化的主要驱动者。植食性线虫通常以植物根系为食，是食物网中与地上植被联系最为密切的部分，对地上植物群落变化的响应最为迅速（杜晓芳 等，2018）。目前，已报道的植食性线虫超过 5000 种（Orgiazzi et al.，2016）。

3. 次级消费者

原生动物、食微线虫和部分节肢动物（跳虫、螨类）是中小型土壤动物中数量最多的微生物捕食者，属于土壤食物网中的次级消费者。其中，原生动物主要以细菌为食，通常生活在土壤或土壤表面覆盖的凋落物中，平均每克土壤中原生动物数量能达到 10 000～100 000 个；食微线虫包括食细菌线虫和食真菌线虫，分别以细菌和真菌为食（Orgiazzi et al.，2016；杜晓芳 等，2018）；跳虫和螨类的食物来源主要包括真菌菌丝、孢子、藻类、花粉、植物根等。目前，已经记录的原生动物超过 40 000 种。食细菌线虫和食真菌线虫是土壤线虫中相对优势的营养类群，约占土壤自由生活线虫的 80%。虽然这些微生物捕食者有相似的食物来源，但这些类群在生长速度、栖息地选择及捕食方式上存在很大的差异（Moore and de Ruiter，2012）；它们能够通过选择性捕食作用来调节微生物的群落组成、结构和代谢活性并释放固持在微生物中的养分，加快土壤有机质的分解和养分矿化速率，从而提高土壤养分的有效性（陈小云 等，2007；吴纪华 等，2007）。

4. 捕食者

捕食性线虫和捕食性螨都是土壤食物网中的捕食者，其中捕食性螨位于食物网的较高营养级。捕食性线虫主要以植食性线虫、食微线虫和原生动物为食。捕食性螨能够捕食部分节肢动物和各种线虫等无脊椎动物。捕食性线虫是资源基质从低营养级向高营养级传递的桥梁，主要通过取食食微动物来间接调控微生物群落结构，进而对土壤养分的矿化产生影响（Moore and de Ruiter，2012）。例如，捕食性线虫通过捕食降低了食微线虫的数量，削弱了食微线虫对微生物的捕食作用，从而间接地促进了微生物的生长。除了捕食作用的直接调控，捕食性螨等大中型土壤动物还通过分泌或排泄微生物能够利用的养分来影响土壤微生物的生长。

4.1.2 能量通道

位于不同营养级的各种土壤生物并不是简单的层级关系，而是一个有机联系的整体，表现出高度的联动及反馈关系。但是各种土壤生物之间的联系错综复杂，导致食物网内的营养关系界定不明确。对食物网能量通道的研究，则能够更好地研究土壤食物网参与的生态过程及其功能（张晓珂 等，2018）。能量通道是指能量或物质通量的集合，从资源基质开始，到食物网中的顶级捕食者结束，将基于有机体的群落生态学与基于物质的生态系统方法结合，为揭示食物网的生态功能提供了便捷途径（O’Neill et al.，1986）。根据能量在食物网不同功能群间周转速率的差异，食物网可被划分为“快速”的细菌能量通道、“中速”的植物能量通道和“慢速”的真菌能量通道（图 4-2）。3 种能量通道之间周转速率的差异归因于每个能量通道内物种的不同生理特性，其中真菌能量通道和细菌能量通道是主要的能量流通途径（杜晓芳　等，2018）。细菌能量通道主要包含细菌、原生动物及食细菌线虫，其世代时间较短，物质转化和养分周转较快（Moore et al.，2005；Neher，2010）。例如，一个细菌可以在 20min 内完成它的生命周期，并可以完成其生物量 2～3 倍的周转。原生动物（细菌的主要捕食者）可以在 4h 内完成其生命周期，并能周转其自身生物量的 10 倍以上。真菌能量通道主要包含真菌和食真菌线虫，其世代较长，物质转化较慢，参与的养分周转速率较小（Holtkamp et al.，2008）。在最佳条件下，真菌需要 4～8h 来完成其生命周期，并且只完成其生物量周转的 75%（Moore and de Ruiter，2012）。根系、植食性线虫，以及与植物根系共生的微生物共同构成了植物能量通道，其物质转化及养分周转速率介于细菌能量通道和真菌能量通道之间（Neher，2010）。

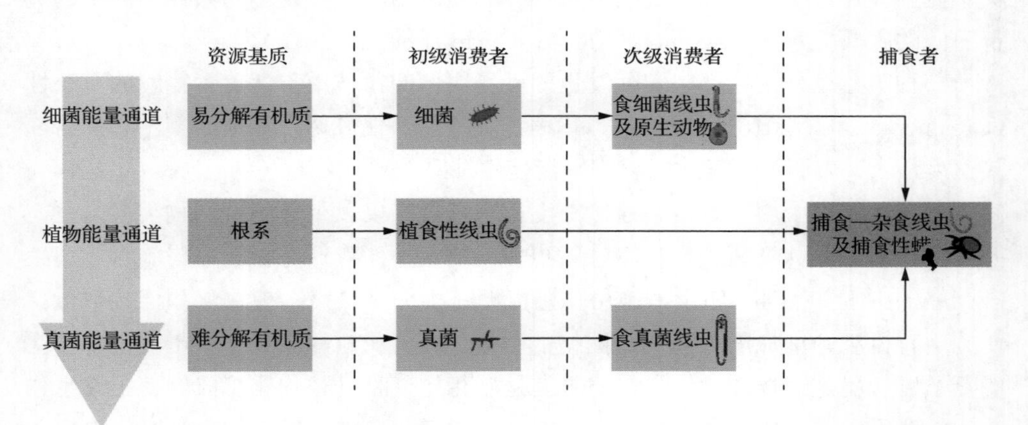

图 4-2　土壤食物网能量通道（改自杜晓芳　等，2018）

不同生态系统中 3 种能量通道的相对优势不同。一般来说，在细菌能量通道占优势的生态系统中，养分有效性较高而有机质含量较低，而在真菌能量通道占优势的生态系统中，有机质含量较高，但资源基质的可利用性和质量较低。在土壤受到扰动后，外界环境条件的改变能够使土壤食物网的能量传递过程发生变化。因此，研究土壤食物网能量通道能够指示土壤养分利用特征和对环境变化的响应。例如，农业管理措施能够改变不同类群在食物网中的分布，以及资源基质在细菌和真菌能量通道中的流通状况（Doles，2000；Orgiazzi et al.，2016；Cui et al.，2018）。通过对常规耕作和免耕比较研究发现，在常规耕作方式下，相对于真菌能量通道，细菌能量通道内生物群落多度和活性有所提高；而在农业措施的干扰下真菌能量通道通常比细菌能量通道更稳定，能够持续发挥其生态功能。

4.1.3 生态网络

随着土壤生物调查及测试方法的标准化，分子生物学鉴定技术的快速发展及与传统分类技术的融合，大数据归纳分析方法的进步，对土壤食物网的研究已经不再局限于简化的通道层面，而是向更复杂的生态网络（ecological network）层面发展，主要表现为生态网络分析方法的快速发展（Morriën et al.，2017；傅声雷，2018）。生态网络是有机体之间联系的关系网，网络中的连接可以由一系列不同的交互类型组成，从捕食者与被捕食者的互作到竞争和共存等（Coux et al.，2016）。通过计算网络的连接数量、接近中心性、模块性等属性，可以从大数据中分析分类单元内和跨分类单元间的生物关系，并利用网络分析确定不同条件下的生物类群之间的主要关系（Bascompte，2010；Creamer et al.，2016）。

物种丰富度、连通性、实际发生的互作比例通常被用于评价食物网的复杂性（Creamer et al.，2016）。对耕地、草地和林地的评估表明，林地土壤生态网络连接密度最大，表明高度发达的食物网能使生态系统更加稳定（Digel et al.，2014）。相比之下，农田土壤生态网络连接密度相对较低，仅以少数土壤生物类群为主，并且食物网是由 AM 真菌和植食性线虫驱动的。不同农业有机管理措施对土壤生态网络的影响如图 4-3 所示。施用化肥能够减少细菌网络、模块化和连接数量；而施用有机肥则增加了 AM 真菌网络的数量。在有机耕作条件下，土壤生态网络的复杂度和稳定性增加，例如，与单施化肥相比，秸秆替代化肥能够使土壤生物之间的联系更多，网络结构更复杂；而在牛粪替代条件下，土壤生物网络模块之间相对独立，模块之间相互影响小，网络结构趋于稳定（Liu et al.，2022）。

现有的土壤食物网模型已经能够成功地预测自然和农业生态系统碳氮通量，一旦明确关键节点和网络模块的功能，就可以确定与此功能相关的节点和中心，如养分矿化或植物病害防治。然而，生态网络研究仍面临许多挑战。例如，免耕或少耕生态系统支持活跃的分解者群落（Orgiazzi et al.，2016）；它们还通过减少土壤扰动，促进根际和非根际土壤生态网络之间的联系。因此，应用生态网络进行分析管理时必须考虑土壤环境的特殊性，并针对不同作物、土壤类型和气候条件进行调整。此外，在土壤生态网络中，生物类群之间的相互关系可以由多种互作类型决定。因此，另一个重要的挑战是确定生物类群或物种之间的互作类型，以及这些互作类型如何决定网络结构。

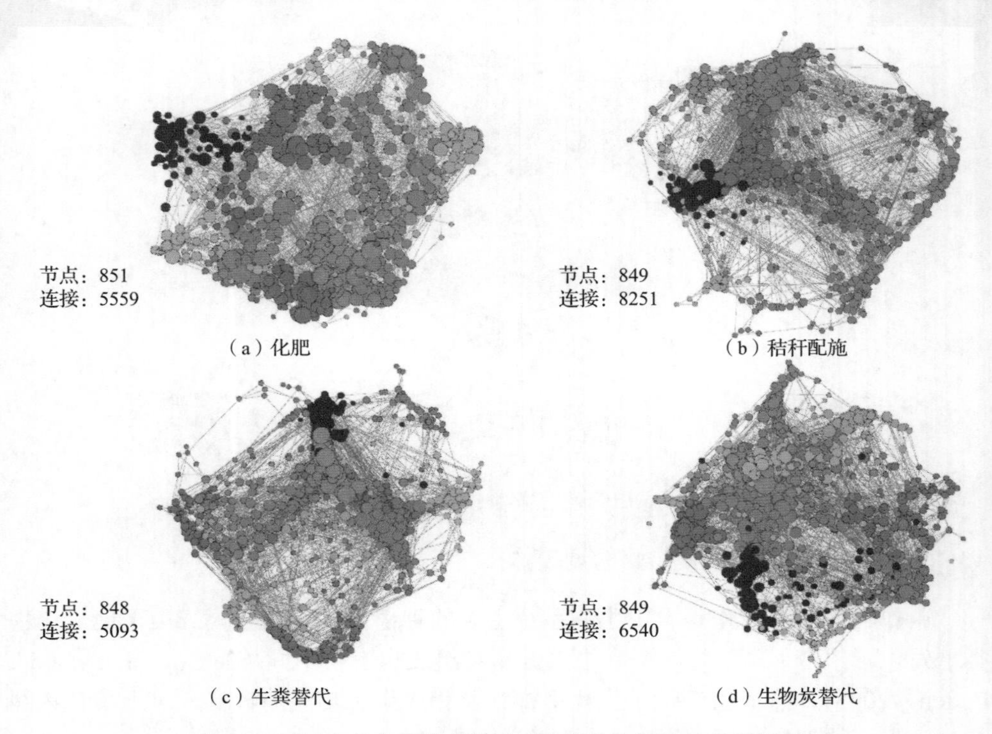

图 4-3　不同农业有机管理措施对土壤生态网络结构的影响
（Liu et al.，2022）

4.2　农业管理措施对土壤食物网的调控作用

种植模式、耕作方式及施肥方式等农业管理措施均能够改变土壤食物网中的生物群落组成，对土壤食物网实行外部调控，从而影响土壤食物网的多样性及生态功能（梁文举 等，2021；Orgiazzi et al.，2016）。例如，不同种植模式或空间配置通过对作物凋落物和根系分泌物的调节，影响土壤食物网的生物多样性及其生态功能。在农业管理措施的调控下，土壤食物网群落组成和多样性的改变，对土壤生态系统的抵抗力和恢复力产生了重要影响。同时，由于土壤食物网通过生物群落之间的互作，调节土壤结构、养分周转和物质循环，影响作物的养分供应和生产力，最终影响农田生态系统的服务功能（图 4-4）。

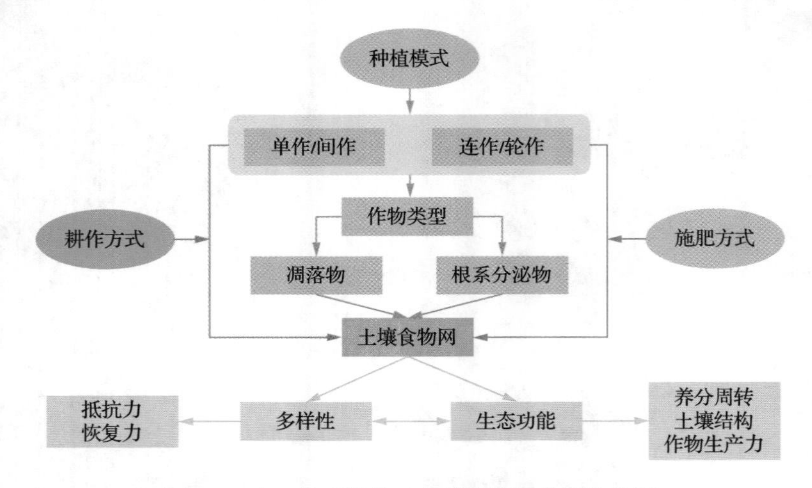

图 4-4　农田管理措施对土壤食物网的调控作用

4.2.1　种植模式对土壤食物网的调控作用

单作、间作和轮作是农田生态系统主要的种植模式，这些模式由于地上作物类型发生了改变，凋落物种类和根系分泌物组成也有所不同（de Deyn and van der Putten，2005），进而引起地下生物多样性及相应生态功能的改变，对土壤食物网产生了不同的调控作用（图 4-5）。

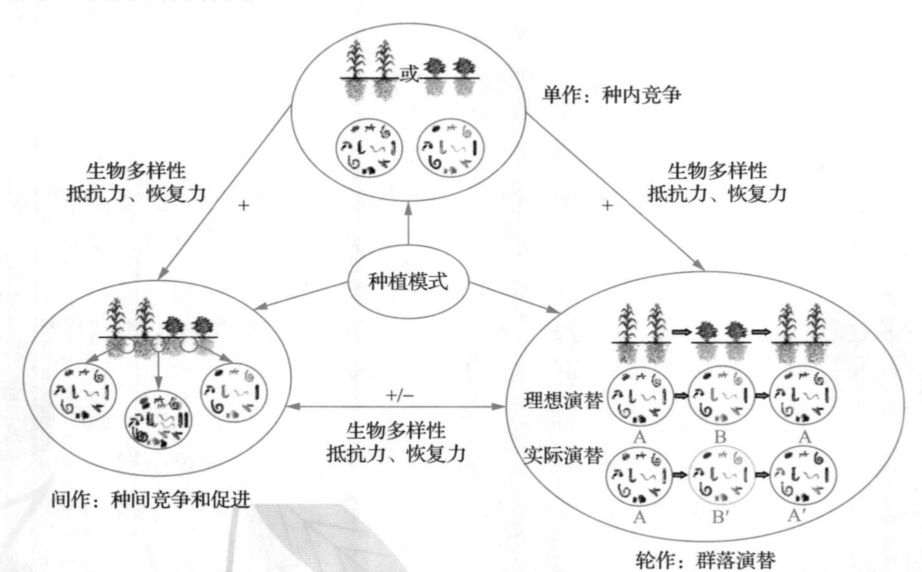

“+”和“−”分别表示生物多样性、抵抗力和恢复力的增加和减少；箭头表示种植模式之间的转换。

图 4-5　种植模式对土壤食物网的调控作用

单作系统在共同的生长空间内，作物共同竞争光、温度、水分和养分等。传统的单作模式以等行距为主，在作物生长中后期，植株生长到一定高度后开始封垄，冠层下部因上层叶片的遮挡，光照强弱成为限制传统单作产量的重要因素（Wang et al.，2015b）。通过行间距的调节，能有效改善作物叶片互相遮挡的状况，增强作物生长中后期冠层下部叶片的光合作用，促进地下根系释放分泌物，从而调节土壤食物网。根系分泌物刺激了细菌及其高营养级捕食者的增加，此时食物网以细菌能量通道为主（Moore et al.，2003）。高营养级土壤动物能够通过捕食作用释放细菌固持的养分（如氮、磷等）（Eisenhauer et al.，2012），从而为作物快速生长提供养分。然而，由于农田生态系统单作模式下地下碳输入的种类和数量有限，不足以维持更多高营养级生物类群的生长繁殖，单作体系下高营养级土壤动物对土壤食物网自上而下的调控作用非常有限。因此，单作模式有限的生物多样性及调控作用对病虫害的抵抗力和恢复力也非常有限。例如，单作大豆经常存在连作障碍，导致大量致病菌、孢囊线虫缺乏天敌和竞争对手（Cha et al.，2016；Hamid et al.，2017）。

与单作相比，禾本科作物（C4）与豆科作物（C3）间作不仅增加了地上植物的多样性，而且因为植株生长时期、功能性状（高秆、矮秆）及养分需求（禾本科耗氮、豆科固氮）的差异，形成生态位互补优势，能充分高效地利用地下资源，使地下土壤食物网更加多样化。以玉米/大豆间作为例，地上植被的不同导致地下生物群落的差异较大。间作系统下玉米和大豆的根系交织在一起，促进了两种不同作物土壤生物群落的融合，增加了生物多样性。此外，由于玉米对养分的竞争能力强于大豆，促进了玉米根系土壤生物群落的繁殖，进一步增强了玉米对养分的竞争能力。同时，玉米源源不断地带走养分，使土壤氮素浓度降低，激发强化了大豆根瘤与固氮菌的联合固氮能力，增加了玉米氮素的来源（Li et al.，2019c）。由于间作能够提高土壤生物多样性，间作系统中固氮微生物种类及固氮能力都强于单作系统，形成一个有利于养分竞争的“养分加工厂”，为间作作物持续提供养分。另外，由于地上及地下生物多样性的增加，提高了资源的利用率，更多的养分以生物固持的形式保存在土壤食物网中，而不是以淋溶、地表径流等形式流失，从而有利于提高农田生态系统的稳定性和可持续性（Bennett et al.，2020）。

豆科作物存在连作障碍，土传病害较为严重，导致豆科作物减产，因此豆科作物常与玉米等禾本科作物进行轮作（Seifert et al.，2017）。轮作体系对土壤食物网的调控主要是利用不同作物轮作，提高土壤生物多样性，增加有益生物类群与有害生物类群对养分、空间、水分等因子的直接竞争，降低有害生物的生存繁殖空间（Latz et al.，2012）。在轮作体系下，地上植被的改变能够导致轮作前后茬土壤食物网结构发生变化。在以玉米—大豆—玉米轮作为例，玉米的地下生物群落（A）会逐渐演替成适合大豆的地下生物群落（B），随后演替成适合玉米的生物群落（A），并且实际演替的生物群落会有别于单作模式下的生物群落，即并非理想的 A-B-A，而是 A-B′-A′。这主要是因为轮作引起土壤环境的差异。例如，玉米收获后部分凋落物和死亡根系会残留在土壤中，作为新的碳源供后茬作物的生物群落利用（Maarastawi et al.，2019），间接提高了土壤生物多样性，进而增强了生态系统的抵抗力和恢复力。因此，轮作与单作相比，对病虫害的抵抗力会随着生物多样性的增加而得到提高。同时，轮作前后茬作物的改变，还可以避免作物对某一种养分的偏好形成过度利用，保证资源的可持续循环（Wang et al.，2019a，2019b）。

4.2.2 耕作方式对土壤食物网的调控作用

耕作是农业生产中重要的农艺措施之一，受人为管理的影响最为强烈，能够直接或间接地影响土壤结构、孔隙度、持水能力和有机质水平，改变土壤食物网的稳定性，进而影响土壤生态系统的生态功能（图 4-6）。常规耕作方式通过翻耕等，对土壤原有结构产生较大的扰动。通常情况下真菌群落对土壤有机碳的固持能力显著高于细菌群落，而长期实行常规耕作的农田在一定程度上限制了真菌群落的生长（Zhang et al.，2019b），致使土壤食物网以细菌群落为主导（Fabian et al.，2017）。这不利于土壤有机碳的固持，最终也会造成土壤肥力低下和农作物减产等负效应。常规耕作还通过对土壤的翻耕，促进了细菌和原生动物的相互接触，有

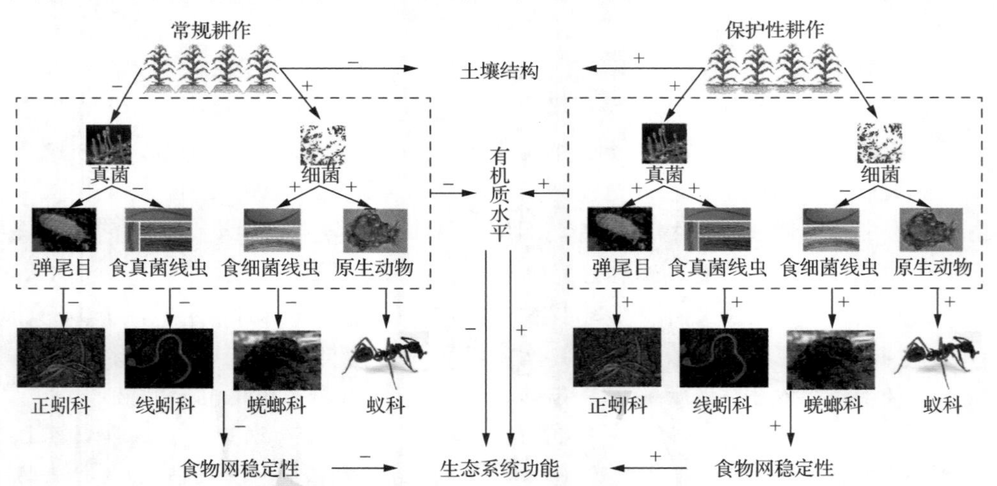

“+”和“-”分别表示耕作方式对土壤食物网影响的正效应和负效应。常规耕作改变了土壤的原有结构，不利于土壤真菌群落的生长，而能促进细菌群落的生长；保护性耕作能够保护土壤原有结构，有利于真菌群落的生长。微生物群落数量的变化直接通过上行效应影响其上一营养级食微动物及大中型土壤动物多度的增加或减少，提高或降低土壤食物网的稳定性，进而影响土壤的生态系统功能。

图 4-6 耕作方式对土壤食物网的调控作用（部分图片来自 Orgiazzi et al.，2016）

利于原生动物的生长（高云超 等，2000）。小型土壤动物（如线虫）对土壤的扰动较为敏感，常规耕作对其生存环境的破坏，导致了世代时间较短的食微线虫占优势，这类线虫具有较强的环境抵抗力，在资源富集条件下能够快速增长且代谢较快（Ferris et al.，2012）。常规耕作对大中型土壤动物（如跳虫、螨、线蚓和蚯蚓）也具有一定的调控作用：一方面通过翻耕影响了土壤动物的栖息地，另一方面翻耕机械（如犁片）也能对大中型土壤动物本身直接造成一定的伤害，在一定程度上降低其数量并限制其捕食能力，最终降低土壤食物网的整体代谢能力，进而影响农田生态系统的服务功能（Melman et al.，2019）。

与常规耕作相比，保护性耕作通过秸秆覆盖、减少翻耕等措施显著地改变土壤食物网的结构组成，使以细菌和植食性线虫为主的群落转变为以真菌和捕食线虫为主的群落，并通过下行效应/捕食效应有效提升了土壤食物网的生态功能（Zhang et al.，2015b）。实行免耕后，土壤养分层次分化明显，造成地表的养分富集程度增加，从而调控了土壤食物网中的弹尾目、蜱螨目、鞘翅目和双翅目昆虫在不同土层中的分布，使它们在土层间的分布存在显著的差异（Tsiafouli et al.，2015）。此外，保护性耕作由于减少了对土壤原有结构的干扰，真菌群落在微生物群落中所占的比例会得到一定的提升，有利于土壤有机碳的固持（Fu et al.，2019）。秸秆覆盖是保护性耕作的重要措施之一，秸秆为土壤生物提供大量碳源，其使用数量和质量会直接和间接地影响土壤食物网的结构组成及各营养级之间的互作。大多数研究表明，有机覆盖物主要通过影响食物网低营养级的生物功能群，将这种影响向上传递到较高营养级的生物功能群，这一过程同时又增强了下行效应，抑制了植食性线虫数量（Derpsch et al.，2010）。例如，秸秆还田通常能增加真菌和细菌的相对数量，而弹尾目昆虫可以取食真菌菌丝体，还能刺激真菌的生长，二者相互促进使弹尾目昆虫数量在秸秆还田模式下得到增加。此外，对于大型土壤动物而言，蚯蚓功能的充分发挥也是生态系统良性循环的有力保证，秸秆还田模式下蚯蚓数量要比常规耕作高出近 16 倍（Brussaard et al.，2007）。Zhang 等（2015b）通过对比常规耕作和保护性耕作对土壤生物群落的影响发现，常规耕作增加了土壤腐生真菌、革兰氏阳性菌、植食性线虫数量，而保护性耕作则提高了土壤菌根真菌、革兰氏阴性菌、食细菌线虫和捕食—杂食线虫数量。因此，从农田生态系统长期持续发展的角度看，适度的常规耕作与保护性耕作交替进行是对土壤食物网调控的有力措施。

4.2.3　施肥方式对土壤食物网的调控作用

施用肥料可以快速地补充土壤缺失的营养元素，肥料进入土壤后需要通过一系列生物化学过程转化为能够被作物或微生物直接利用的有效养分（Alam et al.，2006）。其中，化肥可以直接或经过简单的酶促作用转化为有效养分（如尿素的水解）。有机肥进入土壤后的转化过程则相对复杂，主要包括两个过程（图 4-7）：第一个过程是在微生物参与下，通过酶促作用将有机氮从复杂大分子逐步分解为小分子，然后转化为无机养分，这就是土壤有机氮的矿化过程；第二个过程是有一部分小分子可能会通过其他途径转化成大分子，成为土壤腐殖质，这被称为腐殖化过程。矿化产生的无机态氮（主要是铵态氮和硝态氮）的去向主要有作物吸收利用、微生物固持、氨挥发、硝酸盐淋失、反硝化及腐殖化，其中氨挥发、反硝化和硝酸盐淋失是氮素损失的 3 个主要途径。土壤微生物可以改善土壤微生态环境，加快矿质元素的循环过程，从而更有利于农作物对营养物质的吸收与利用，有助于土壤肥力的保持（Enwall et al.，2007）。土壤微生物将无机氮固持到体内，通过捕食与被捕食作用使氮素在土壤食物网中传递转化，减少氮素以无机氮的形态流失（Mooshammer et al.，2014）。土壤微生物参与土壤养分转化过程，再通过土壤食物网内的捕食和被捕食作用（Bardgett and Wardle，2010a，2010b），促进了物质的再循环和能量的再流动，有助于土壤发育、土壤团聚结构的形成及土壤肥力的提升（Filser，2002）。

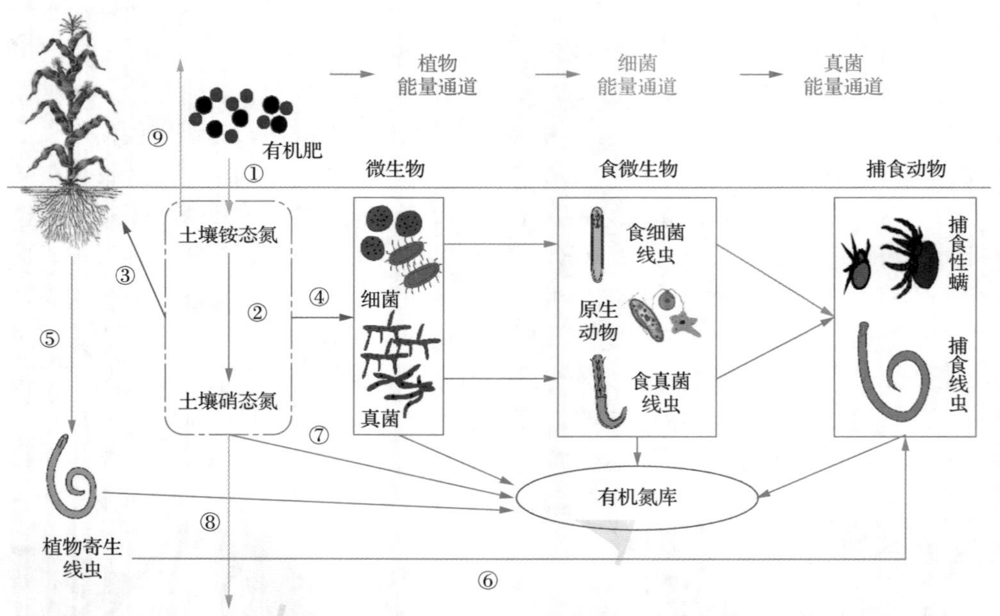

①微生物参与的酶促矿化作用；②微生物参与的硝化作用；③作物吸收矿质养分；④微生物吸收矿质养分；⑤植食性线虫取食植物；⑥捕食动物取食植食性线虫；⑦腐殖化过程；⑧硝酸盐淋失过程；⑨氨挥发过程。

图 4-7　施肥方式对土壤食物网的调控作用

土壤食物网在养分转化过程中起着重要的作用，而施肥措施对土壤食物网结构和功能也起到了关键性的调控作用。一方面，施肥通过改变土壤养分含量和理

化性质来调控土壤生物的群落结构；另一方面，施肥通过改变作物残茬及根系分泌物的质量和特性来影响土壤性质，进而改变土壤生物群落结构（Reeve et al.，2010；Pen-Mouratov et al.，2011）。研究表明，化肥和有机肥能够对土壤食物网产生不同的调控作用。Wang 等（2018）总结了以往相关研究发现，随着氮肥添加量的增加，微生物多样性降低，真菌和细菌均表现出相同的降低趋势。化肥的施用能降低土壤微生物的生物量（Treseder，2008；Zhong et al.，2015），进而影响土壤中更高营养级的生物种类和数量。同时，化肥的施用也能抑制部分土壤动物，从而降低土壤动物的多样性（李淑梅 等，2008；Lin et al.，2010）。与施用化肥相比，施用有机肥的土壤食物网结构更为复杂，趋于稳定状态，能够有效地提升土壤养分供应和保持能力（Kumar et al.，2017）。Liang 等（2009）发现，与不施肥处理和单施化肥处理相比，有机肥及有机无机肥配施显著增加了土壤食真菌线虫、食细菌线虫和捕食—杂食线虫数量，有机无机肥配施处理下土壤不仅养分状况较好，而且促进了土壤食物网结构的稳定。Cui 等（2018）利用同位素标记的方法，对长期施肥条件下秸秆对土壤食物网的调控作用开展了研究，发现有机肥施用能够显著提高土壤微生物和线虫体内的总碳含量，同时与单施尿素处理相比，有机肥的施用使有机质矿化速率加快，提高了土壤对养分的保持能力（Pan et al.，2018）。同时，有机肥对土壤动物数量及群落结构也有明显的促进作用，增加了线虫、蚯蚓、蜱螨类和弹尾目等土壤动物的数量（Leroy et al.，2009；Jiang et al.，2013；Li et al.，2013a；Wang et al.，2015b；朱新玉和朱波，2015；Pommeresche et al.，2017）。化肥与有机肥配施能更好地调控土壤食物网结构的复杂性，有利于维持农田土壤生态系统的稳定。综上所述，减施化肥配施有机肥的农业施肥措施，能够在保证农作物产量的前提下，通过对土壤食物网群落结构的调控，维持土壤食物网的稳定，增强土壤养分供应能力，从而实现农业可持续利用的目的。

4.3　土壤食物网介导的植物—土壤反馈作用

在自然和农业生态系统中，地上—地下生态系统的互作是植物生长的重要驱动因素（Veen et al.，2019）。这些互作可由生物群落中不同的生物组分介导，包括地上和地下食草动物和病原体、地上寄生虫和授粉者、地下互惠者和分解者等（Heinen et al.，2018）。合理利用上述地上—地下生物间的相互作用可以提高农业生态系统的可持续性，控制农业生态系统的演替进程（Mariotte et al.，2018）。本节将从植物—土壤反馈（plant-soil feedback）的概念框架、土壤食物网在植物—土壤反馈中的作用机理和利用植物—土壤反馈提高农业可持续性等方面进行阐述，最后举例说明全球变化如何通过影响植物—土壤反馈过程对农业生态系统产生潜在的影响，从而为积极应对全球变化和提高农业生态系统的可持续性提供科学依据。

4.3.1 植物—土壤反馈的概念框架

谈到植物—土壤反馈，我们很容易想到植物和土壤环境之间的互作，它泛指植物与土壤生物和非生物环境之间的关系（Png et al.，2019）。植物是土壤生物群落组成的主要驱动力（Risch et al.，2018）。植物引起的土壤环境的变化能导致不同的土壤生物群落组成（Bezemer et al.，2010）。同样，土壤生物群落的变化也会影响植物生长，这也是植物—土壤反馈的驱动力（Bennett et al.，2017）。如图 4-8 所示，植物可以改变与其相关的土壤环境状况，如土壤物理结构、土壤水分及温度，或者土壤有机质含量，进而影响土壤生物群落组成；而受植物影响的土壤环境的改变反过来也能够对植物生长产生影响。植物—土壤生物群落之间的互作在陆地生态系统植被演替过程中发挥着重要的作用（Wubs et al.，2019）。因此，可以有针对性地引入植物和土壤生物区系，建立可持续的农业生态系统。

图 4-8 植物—土壤反馈的概念框架

4.3.2 土壤食物网在植物—土壤反馈中的作用机理

通过分析植物—土壤反馈的概念，我们不难看出土壤生物在这个过程中扮演了非常重要的角色。因此，研究土壤食物网在植物—土壤反馈中的作用对调控农业生态系统过程具有重要的意义。下面将以大豆为例，简要地阐述土壤食物网中主要功能群在植物—土壤反馈中的作用机理。

大豆在生长过程中可以通过改变土壤水分、土壤孔隙等来影响土壤生物的生活环境，或者通过根系分泌物来改变土壤生物的食物质量。受到植物影响的土壤生物也可以影响植物的正常生长。如图 4-9 所示，土壤生物可以寄生在植物根系，阻碍根系吸收土壤养分，进而对植物生长产生负反馈作用。例如，土壤中的孢囊线虫可以侵害大豆根系，导致植株发育不良，限制大豆的生长（Arjoune et al.，

2022）。另外，土壤生物也可以与植物互利共生，促进植物生长，产生正反馈作用。例如，与大豆共生的固氮菌可以形成根瘤固定空气中的氮气，使空气中的氮气转变为大豆可以利用的铵态氮，从而促进豆科植物的生长（Nakei et al.，2022）。因此，土壤食物网在植物—土壤反馈中起到很好的连接作用，既可以改变土壤环境，又可以影响植物生长。由此可以看出，土壤食物网中生物的作用有好有坏，因此，我们可以利用对作物生长有利的土壤生物来提高农业生态系统的可持续性。

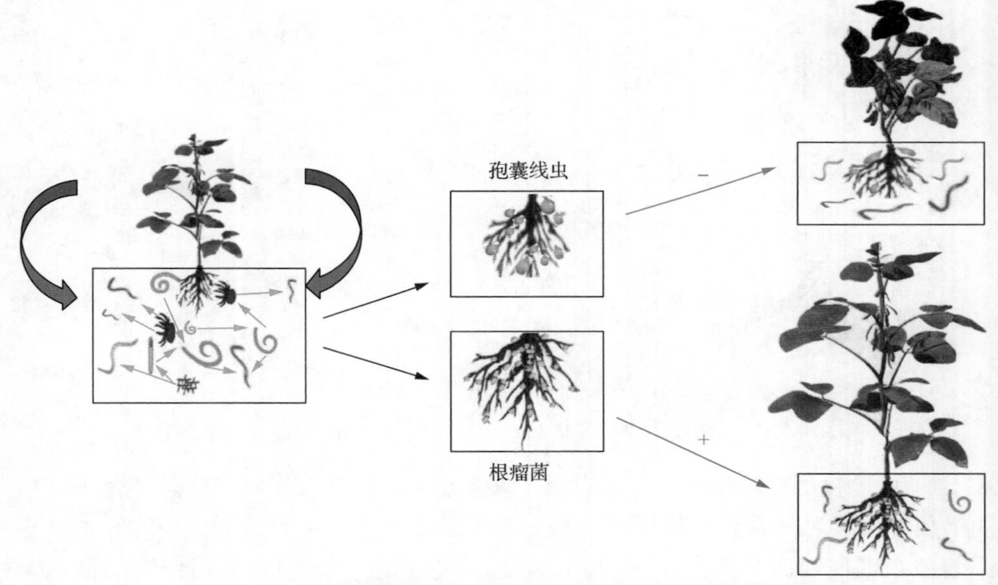

“+”和“−”分别表示土壤食物网在植物—土壤反馈中的正反馈和负反馈。

图 4-9　土壤食物网在植物—土壤反馈中的作用机理

4.3.3　利用植物—土壤反馈提高农业可持续性

在陆地生态系统中，可以通过接种不同的土壤生物来调节土壤群落，进而促进退化生态系统的恢复。在农业生态系统中，连作能够形成特殊的土壤环境，并导致特定植物病原体的产生，这种消极的植物—土壤反馈作用又被称为“土壤疲劳”（Wubs et al.，2016）。因此，可以利用植物—土壤反馈作用来提高农业可持续性。下面将以玉米和大豆间作为例，分析植物—土壤反馈作用在提高农业可持续性方面的作用（图 4-10）。

1）可以通过作物种间正反馈优化种植模式（Mehrabi and Tuck，2015）。无论生态系统是否施肥，物种的种植顺序都可以影响植物—土壤反馈过程（Wubs and Bezemer，2018），因此，可以通过改变作物种植方式间接影响土壤生物群落组成来调节反馈方向。例如，大豆根系分泌的脂肪酸可以为固氮菌提供能源，提高固氮菌活力（王明霞和周志峰，2012）；玉米相较大豆的根系分泌物可以增加更多的根际微生物，这些微生物可以将土壤中难溶性矿质元素分解成速效养分，供植物吸收利用（林雁冰和薛泉宏，2008）。因此，采用大豆和玉米间作的种植方式，增加固氮菌和微生物等分解者的数量，这样既可以让玉米利用大豆固氮菌固定多余氮肥，又可以使种植玉米产生的速效养分为大豆利用，进而可以提高作物产量，减少肥料施用量，保护农业生态环境。

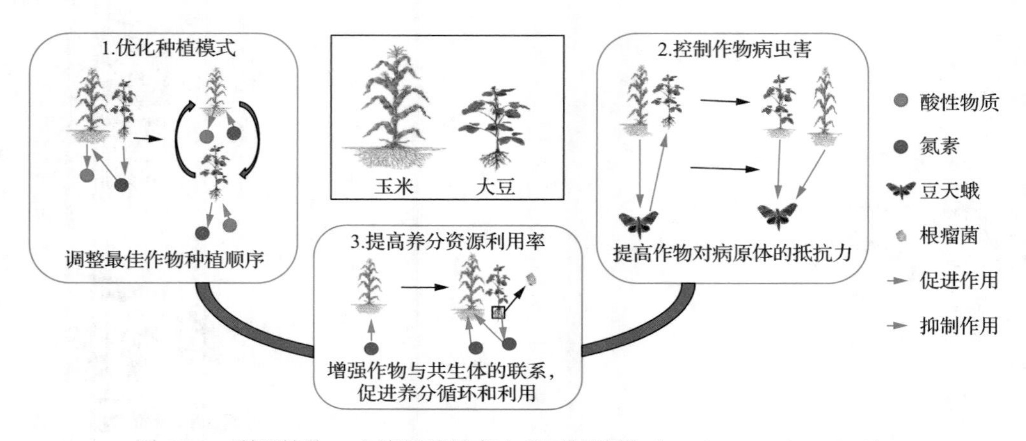

图 4-10　利用植物—土壤反馈提高农业可持续性（Mariotte et al.，2018）

2）可以控制作物病虫害。在农业生态系统中，降低农作物病害是一个关键性的挑战。虽然目前农药的使用较为普遍，但农药并不总是有效的，同时它也是重要的公众健康隐患。因此，可以通过人工培育或基因修饰来提高作物的抵抗力（Creissen et al.，2016）。例如，大豆在生长过程中很容易受到豆天蛾、菟丝子等的侵害，影响植株正常生长，导致大豆减产；而玉米的根系分泌物可以增加天敌的数量，对豆天蛾具有抑制作用。因此，可以通过人工培育的方式改变根系分泌物来增加天敌数量，避免大豆虫害的发生，进而达到增产的效果。

3）可以提高养分资源利用率。外部输入的过高氮素养分可以通过淋溶或者气态氮的形式排放，导致大量养分流失，降低了土壤养分利用率（Creissen et al.，2016）。因此，可以通过养分再循环来提高农业生态系统资源利用效率。如图 4-10 所示，玉米需要从土壤中获取氮素来支持生长，而大豆可以吸收共生的根瘤菌固定的铵态氮来支持生长，但这个过程中也存在氮素流失的现象。因此，可以通过大豆与玉米间作，提高土壤氮肥的利用率，来增强大豆与共生固氮菌的联系，加速固氮菌对空气中氮气的固定，促进土壤养分保留、循环和利用，从而既提高了作物的生产力，又提高了土壤中的碳储量（de Deyn et al.，2012）。

综上所述，土壤生物介导的植物—土壤反馈作用在提高农业生态系统可持续性方面发挥着重要的作用。

4.3.4　全球变化对农业生态系统植物—土壤反馈的影响

全球变化及由此产生的温室气体浓度变化与全球变暖、臭氧层破坏、大气氮沉降、生态系统退化和生物多样性丧失等一系列全球环境问题，已成为国际社会普遍关注的重大科学问题。近年来，大气二氧化碳和臭氧浓度升高导致的全球气候变化越来越明显，地上部分对全球变化的响应研究已经取得了很大进展，并得出了一些重要结论，但对地下生态系统的影响仍缺乏深入了解（Adair et al.，2019）。

在全球变化背景下，土壤生物群落会受到怎样的影响？这些影响将会对地上生态系统产生怎样的反馈作用？下面将以臭氧浓度升高为背景，进行简单阐述。

陆地生态系统地上与地下生态过程的关联主要是通过植物根系实现的，植株通过光合作用固定的同化物以凋落物和根系分泌物等形式输入土壤，而这些物质的组成和总量可因大气臭氧浓度的升高而发生变化，影响土壤生物的数量和活性，进而改变有机质的化学组成及碳在地下生态系统中的分配（Li et al.，2016d; Oliver et al.，2018）。下面以小麦作物为例分析臭氧浓度升高对耐受型和敏感型小麦生长过程中植物—土壤系统的影响。由图 4-11 可以看出，臭氧浓度升高能导致敏感型小麦土壤中溶解性有机碳含量和真菌与细菌比值的下降，从而降低了微生物功能多样性（Bao et al.，2015），导致土壤中植物可直接利用的碳源减少，进而使土壤生物和植物之间出现养分竞争，由此产生的负反馈作用会降低小麦的生长速率。种植臭氧耐受型小麦的土壤中微生物功能多样性增加，使土壤中的复杂碳源更多地被分解为简单碳源（Zhang et al.，2014），促进植株对养分的获取，因此对臭氧

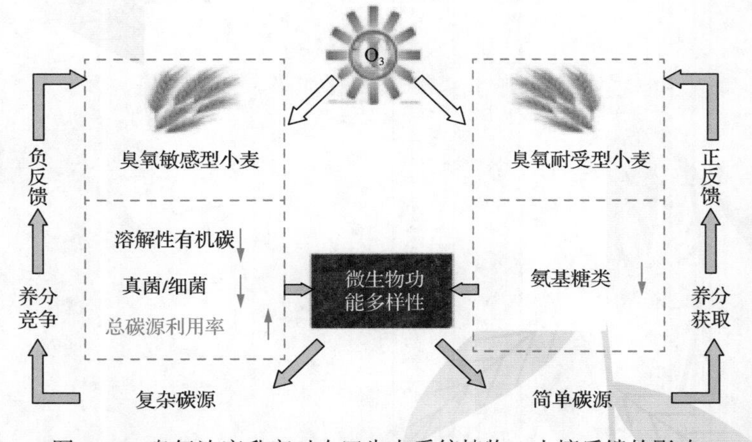

图 4-11　臭氧浓度升高对农田生态系统植物—土壤反馈的影响

耐受型小麦生长能够产生积极的反馈作用。总之，在臭氧浓度升高背景下，作物与土壤环境都会受到影响，彼此之间也有互作，但如何应对臭氧浓度升高等全球变化对农田生态系统的影响还须进一步研究。前期研究表明，臭氧浓度升高条件下应该选择种植臭氧耐受型小麦品种，它们能通过改变土壤的生物和非生物学特性对下一季的作物生长产生积极的反馈作用（Li et al.，2016d）。

4.4 小结与展望

土壤食物网在碳氮等营养元素循环及养分周转过程中发挥着重要的作用，是全球生物多样性研究的重要组成部分。近年来，随着高通量测序和稳定同位素示踪等方法的应用，以及大数据整合分析手段的快速发展，我们在认知农田管理方式对食物网结构和功能的影响方面取得了重要进展。

迄今为止，土壤食物网的研究多侧重主要生物功能群的生态功能方面，但对于特定生态系统中土壤食物网各功能群之间的互作仍缺乏深入系统的研究。因此，建立层级结构的食物网模型，加强上行/下行控制机制的研究可以使我们更有效地预测食物网的结构及其生态功能，促进其对地上植物生长反馈作用的认识。因此，今后对土壤食物网结构和功能的研究，应在现有食物网模型的基础上，结合高通量测序和稳定同位素示踪技术，定量研究食物网不同营养级之间的养分周转过程，从而更好地认知土壤生物提供的生态系统服务功能，深入揭示土壤食物网在地下生态过程中的作用机理及其对地上生态系统的反馈机制。

第5章

植物及根系互作研究与展望

对植物间竞争作用和促进作用的研究是认识群落种间关系的基础。其中，根作为植物最主要的水分和矿质营养吸收器官，在种间互作方向、种间互作强度和资源利用方面具有重要的作用。竞争作用是指不同物种根系争夺性地利用同一有限资源，或某一物种根系对邻体物种释放具有负作用的化学物质，而对另外一种植物的生长、存活和生产力产生抑制作用；促进作用指某一物种根系通过改善生存环境和资源状况对其他物种的存活、生长和生产力产生正的作用。种间根系互作可通过生理形态性状的塑性变化缓解种间资源竞争、改善生境、富集生长资源，实现对资源的高效利用，进而提高生态系统的生产力及其稳定性。因此，根系之间的互作成为研究植物个体与群体关系、生态系统功能的主要内容，同时对作物间套作模式和农林复合系统的构建优化具有重要的实践指导意义。

5.1 根系互作与生态系统功能

物种多样性种植能够提高生产力及其稳定性，已被大量的自然生态系统试验（Tilman et al.，2001，2006；Weigelt et al.，2008）证实。间套作（物种多样性）作为增加农田生态系统作物多样性的重要措施，在保证粮食安全和促进社会经济发展方面具有重要作用（卢良恕，1999），主要体现在提高作物生产力水平和增加作物生产力的稳定性两个方面。

5.1.1 间套作提高作物生产力水平

作物间套作作为重要的农田物种多样性种植模式，可以通过根系互作显著地提高土壤中的可利用性水分和养分含量，提高作物的资源利用效率，从而形成产量优势（Li et al.，2014；李隆，2016）。其中，间作是指同一块田地上在同一生长期内，分行或相间种植两种或两种以上作物的种植方式；套作是指在前茬作物的生长后期，于行内或行间播种或移栽后茬作物的种植方式（刘巽浩，1994）。在研究和生产实践中，常用土地当量比（land equivalent ratio，LER）来衡量间套作种植模式是否具有产量优势的指标。

$$\mathrm{LER}=\frac{Y_{\text{间作作物}a}}{Y_{\text{单作作物}a}}+\frac{Y_{\text{间作作物}b}}{Y_{\text{单作作物}b}} \tag{5-1}$$

式中，$Y_{\text{间作作物}a}$和$Y_{\text{间作作物}b}$分别为间作总面积上间作作物 a 和间作作物 b 的产量；$Y_{\text{单作作物}a}$和$Y_{\text{单作作物}b}$分别为单作作物 a 和单作作物 b 的产量。土地当量比是指在单位面积上间作两种或者两种以上作物时获得产量或者收获物，要在单作中生产相同产量或者收获物需要的单作的土地面积。因此，当 LER>1 时，表明间作有优势；当 LER<1 时，表明间作有劣势。

对万方数据库中已发表的间套作文献进行汇总和分析，总结出了我国不同地区不同间套作作物组合的 LER（表 5-1）（李隆 等，2013）。

表 5-1　我国不同地区不同间套作作物组合的 LER

地区	种植模式	LER
甘肃	小麦/玉米	0.80～1.53
	大麦/玉米	0.99～1.32
	蚕豆/玉米	1.06～1.44
	大豆/玉米	0.73～0.87
	豌豆/玉米	1.28～1.33
	小麦/蚕豆	1.08～1.43
	小麦/大豆	1.23～1.26
山东	春玉米/夏玉米	1.60～1.91
	旱稻/玉米	1.67
	玉米/花生	1.13～1.17
	小麦/花生/玉米	1.59～1.91
	小麦/甘薯	1.00
	小麦/苕子/玉米/甘薯	1.11
	小麦/花生	1.00
	小麦/苕子/玉米/花生	1.04
	小麦/大豆	1.00
	小麦/苕子/玉米/大豆	1.03
	小麦/花生/玉米	1.22～1.25

续表

地区	种植模式	LER
河南	玉米/玉米	1.00～1.13
	大豆/玉米	1.62
	油菜/小麦	1.14～1.26
	小麦/花生	1.89～2.39
	苏丹草/野生大豆	1.02～1.19
	玉米/花生	1.18～1.27
	苹果/生姜	1.64
云南	水稻/水稻	1.79～1.96
	玉米/魔芋	2.20
	辣椒/玉米	1.34
	小麦/蚕豆	1.06～1.34
浙江	黄花苜蓿/榨菜	1.21
	黄花苜蓿/花芥菜	1.21
	黄花苜蓿/油菜	1.63
	棉地蚕豆/榨菜	1.29
	黄花苜蓿/蚕豆	1.58
	甘薯/绿豆	1.71
	甘薯/豇豆	1.90
	甘薯/芝麻	1.77
	南瓜/甘薯	1.87
	番茄/草莓	1.28～1.32
江苏	花生/西瓜/萝卜	1.54
	水稻/花生	1.18～1.36
湖北	棉花/花生	1.57
	梨树/旱稻	1.44
贵州	玉米/大豆	1.25～1.58
江西	玉米/大豆	1.01～1.35
广西	大豆/玉米	2.54
海南	橡胶树/柱花草	0.72

续表

地区	种植模式	LER
河北	梨树/小麦	1.19
	豌豆/小麦	1.11～1.21
北京	萝卜/芹菜	0.71
	燕麦与豌豆	1.37～1.76
陕西	玉米/蒜苗	2.07～2.27
	玉米/线辣椒	1.05～1.32

田间微区分隔试验结果表明，玉米和蚕豆在根系不分隔处理下（根系完全互作）LER 可达 1.21，具有明显的间作优势。这些结果充分说明了种间根系互作在间作产量优势形成中具有重要作用。种间根系分隔试验中养分吸收量的结果进一步阐明了种间根系互作提高产量的原因。种间根系无互作时（塑料膜分隔），氮和磷的吸收量及地上部生物量均是最低的；当种间根系互作强烈时（无分隔），氮和磷养分的吸收量及地上部生物量在 3 个处理中是最高的。在尼龙网分隔处理时，由于不允许根系相互穿插而种间根系仍有部分互作，磷吸收量介于种间根系无互作和互作强烈之间，证明了种间根系互作是通过改善养分吸收以提高作物生产力水平的（Li et al.，1999）。

5.1.2 间套作增加作物的生产力稳定性

生物多样性能够增加自然生态系统生产力的时间稳定性（Tilman et al.，2006）和空间稳定性（Weigelt et al.，2008）。即使遭受水分胁迫，系统也会表现出较高的生产力稳定性（Isbell et al.，2015）。在农田生态系统中，作物间作体系也会通过降低病虫害发病率、抑制杂草、增强作物抵抗力等途径，提高体系的产量稳定性（Dapaah et al.，2003）。不同玉米种植方式试验结果表明，在 4 个不同海拔地区，玉米/多年生豆科作物间作和玉米/一年生豆科间作的轮作种植模式的产量变异系数最小（9%～16%），稳定性也最高（Snapp et al.，2010）。即使在长期水分胁迫条件下，高粱/木豆体系的生产力时间稳定性也高于单作体系（Rao and Willey，1980）。另外，长期连续间作种植不仅能保持产量优势的时间稳定性，还能维持土壤化学性状基本稳定，增强农田生态系统的可持续性（柳欣茹 等，2016）。

铆钉机制是物种多样性增加生态系统生产力稳定性的主要机制之一（Ehrlich and Ehrlich，1981），主要包括生态位互补效应、种间正相互作用和保险机制（图 5-1）。在物种丰富的植物群落，生态位互补效应中的根系生态位的互补（各物种由于根系形态生理特性的差异，会形成差异化的土壤资源生态位），在拓展群落的可利用资源以维持生产力稳定性方面扮演着更为重要的角色（Tilman et al.，1997）。

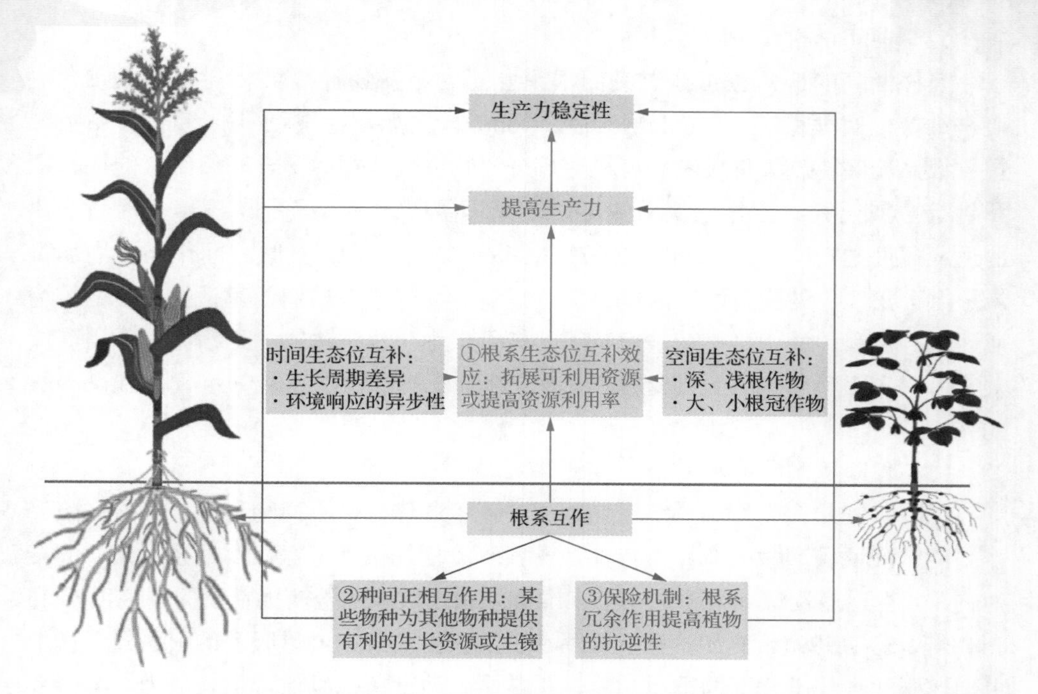

图 5-1　根系互作增加生态系统生产力稳定性的作用机制

（1）生态位互补效应

1）时间生态位互补，是指不同植物在生长周期或干扰响应上的差异，从而形成的植物利用资源的时间互补性（Tsay et al.，1988；Chai et al.，2014）。例如，在小麦/玉米间作体系的生长前期，小麦根系可以延伸进入土壤含水量较高的玉米（比小麦晚播 1 个月）种植区域，玉米则通过在土壤深层分布更多的根系来补充水分；在小麦收获后，玉米根系则表现出很强的横向生长能力，拓展到原来小麦根系的生长区域（Liu et al.，2015）。面对环境胁迫，一些物种在发生干扰后的 t 时间发生改变，而另一物种则在 t+1 时间内反应，也会产生时间生态位的分化，即环境响应的异步性。

2）空间生态位互补，表现为不同植物的根系空间分布存在明显差异，最常见的是深、浅根作物间作通过形成土壤垂直分层，实现对土壤资源的互补利用或避免水分和养分等资源的竞争（Wu et al.，2012）。在大麦/豌豆间作体系，间作促进了两种作物侧根的大量生长，并驱动深根性大麦的根系向深层土壤发展，从而提高大麦及体系的抗旱能力（Hauggaard-Nielsen et al.，2001a）。

通过根系生态位的时空互补，间作作物在拓展土壤资源和提高资源利用率的基础上，可进一步提高系统的生产力水平（超产效应），进而提高系统的抗干扰能力及增加系统的生产力稳定性（Tilman，1999）。

（2）种间正相互作用

多样性高的群落也可通过种间根系互惠为某些物种提供有利的资源或者生境来维持生产力稳定（Brooker et al.，2008）。例如，在蚕豆/玉米间作体系中，蚕豆根系能够释放大量质子和有机酸等分泌物，酸化根际螯合与磷结合的铁、铝和钙等金属元素，活化土壤中的难溶性无机磷，改善玉米的磷营养，提高群体的适应磷胁迫能力（Li et al.，2007；Mei et al.，2012）。同时，间作还会增加玉米根系分泌物中的染料木素浓度，促进豆科作物释放与根瘤菌对话的关键信号物质，诱导豆科植物中根瘤菌结瘤基因的转录，强化豆科作物的结瘤固氮作用，改善禾本科和豆科系统中的氮营养，缓解土壤氮素缺乏导致的生产力下降（Li et al.，2016a）。

（3）保险机制

保险机制是指当生态系统遭受剧烈的环境变化时，不同物种的“分摊风险”作用能够降低生产力的变异。特别是资源环境良好条件下存在“根系冗余”的某些物种，当遭遇资源环境胁迫时会在维持系统稳定性中扮演更重要的角色（Yachi and Loreau，1999）。例如，在凤眼莲和黑藻共生系统中，凤眼莲的根系冗余作用可通过强化环境干扰下的根系功能，正常供养地上植株以保持生长活力，维持系统生产力的稳定（任明迅和吴振斌，2001）。

5.1.3 资源高效利用

大量的研究结果表明，生物多样性影响了生态系统的初级生产力和多个生态系统功能（Tilman et al.，2012）。生物之间的互作一直被认为是自然生态系统结构和组成的主要驱动力（Tilman，1996）。其中，植物种间互作及其构成的植物多样性是维持植物群落稳定的重要基础，这种互作在高效利用光温水资源、保持水土、养分供给方面均有着重要的作用（Hauggaard-Nielsen et al.，2008）。在自然生态系统中，不同类型植物占据不同生境及物种间丰富的互作，促进了对环境资源的高效利用，同时增强了生态系统服务功能（Mcintire and Fajardo，2014）（图 5-2）。

随着生态学的发展，有越来越多的研究通过植物的性状特征来分析群落变化与生态系统变化的过程。除了地上部性状的变化，地下部根系性状及其之间的互作也是许多生态系统过程的重要驱动因素，包括养分利用与循环，以及土壤的形成和结构稳定性（Bardgett and van der Putten，2014）（图 5-3）。

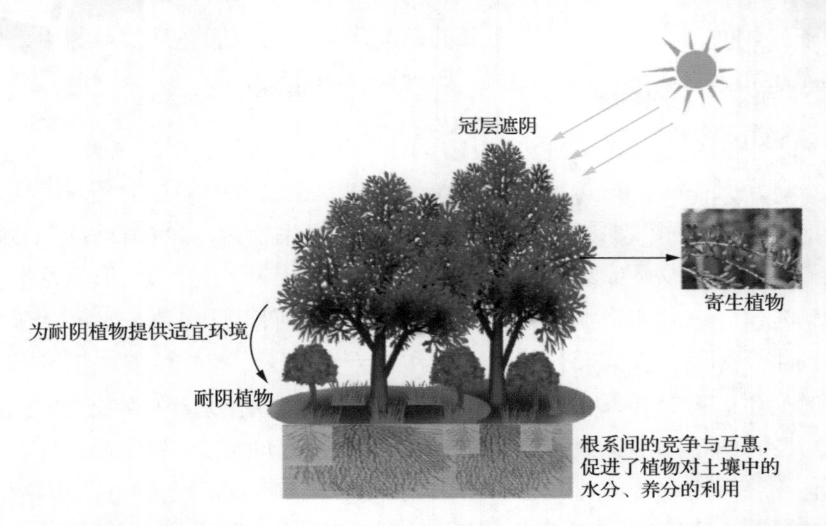

图 5-2　自然生态系统中植物间互作促进了对环境资源的利用和增强了生态系统服务功能

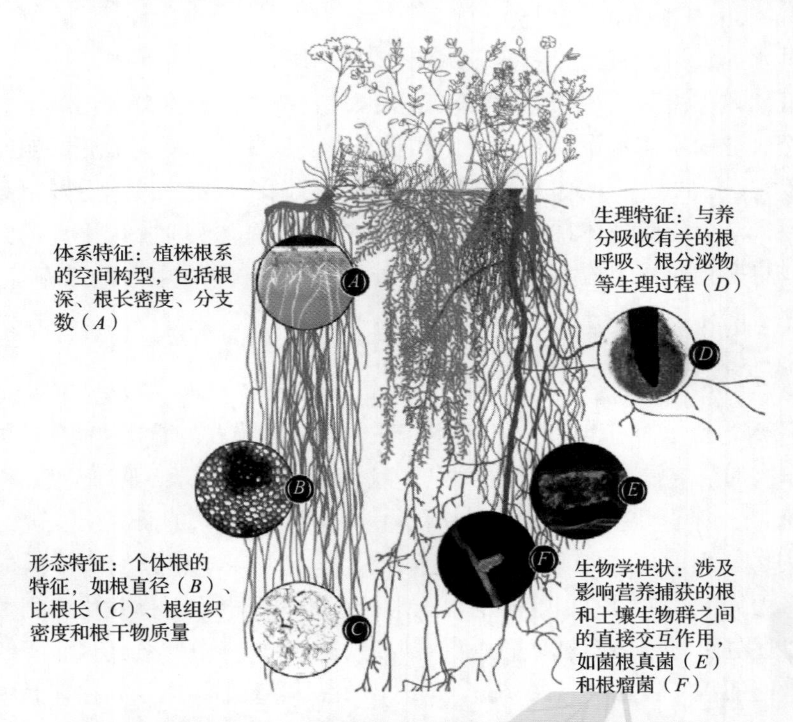

图 5-3　根系间互作促进植物对土壤空间及养分的高效利用

示意图（改自 Bardgett and van der Putten，2014）

与自然生态系统类似，农田生态系统中不同作物间的互作，也是促进农田生态系统生产力、保持农业可持续发展的重要驱动因素。作为增加农田生物多样性的重要措施，间套作不仅会形成明显的超产优势，而且能够高效地利用土地资源和水肥光热等资源（Li et al.，2014；Brooker et al.，2016）。

1. 水分高效利用

水分利用效率（water use efficiency，WUE）在农学中常常定义为消耗单位水所生产的作物产量，“产量”通常指籽粒产量或者生物量，“水消耗量”通常指水分输入量、水分蒸发量或蒸发总水量（van Loocke et al.，2012）。但无论水分利用效率如何定义，农业水资源日益稀缺和竞争迫使我们设计出更节水、水分利用效率更高的生产体系。在间套作体系中，作物需水特征的差异性促成整体系统水分需求的时间生态位分异，从而降低水分竞争，提高作物体系获取水分的能力（Mao et al.，2012）。不仅如此，间套作体系由于不同物种作物的根系特征差异，其产生的提水作用会促进水分的再分布，从而产生水分的补偿利用（Sekiya et al.，2011）。间套作中不同作物的搭配还可以提高作物的覆盖率，减少额外的土壤水分蒸发（Chapagain and Riseman，2015）。

在缺水的甘肃武威大面积推广豌豆/玉米间套作体系，在生长早期（4～5 月），间作豌豆比单作豌豆获得了更多的水分资源且具有更高的水分利用效率，间作玉米在这个时期由于需水量相对较低，其获取的水分并没有受到显著影响；而在生长后期（豌豆已收获），间作玉米相对单作玉米可以获得更多的水分及更高的水分利用效率，从而使间作体系水分获得量显著高于单作体系的加权平均值。豌豆和玉米间作将两种作物的最大需水期分异，并让水分的获得量和利用效率都最大化，从而优化了间作系统水分利用（Mao et al.，2012）。

2. 氮高效利用

豆科/禾本科作物间作模式是一种传统的种间促进模式，能够使间作中的豆科和禾本科作物都获得更高的养分利用率和产量。在对蚕豆/玉米、鹰嘴豆/玉米、大豆/玉米、豌豆/玉米、小麦/蚕豆等豆科/禾本科作物间作体系的研究中发现，豆科作物生物固氮能力的增强和氮养分的互补利用是豆科/禾本科作物间作保持养分吸收和生产力优势的主要原因。其中，玉米根系和蚕豆根系互作强化黄酮类物质分泌，可以促进豆科结瘤固氮，而豆科可以通过固定空气中的氮素从而降低其对土壤中氮素的依赖（Li et al.，2016a）。同时，在豆科/禾本科作物间作体系中，豆科作物体内的氮素可以向间作的非豆科作物转移（Xiao et al.，2004），虽然氮素转移并不是间作中氮高效利用的主要途径，但在低氮肥投入条件下，这种转移对非豆科作物的氮营养起着重要作用（Chu et al.，2004）。例如，白羽扇豆、豇豆和黑燕麦分别向间作莴苣转移 18%、17%和 7%的氮（Sakai et al.，2011）。通过利用 ^{15}N 茎

秆标记法，燕麦/绿豆间作系统的根际淀积氮转移结果显示，由绿豆根际淀积氮向燕麦的转移量从结荚期的 7.6%增加到成熟期的 9.7%（Zang et al.，2015）。

在豆科/禾本科作物间作体系中，通过根系分隔的试验结果表明，玉米根系分泌物促进了蚕豆/玉米间作系统中蚕豆的结瘤和固氮作用（图 5-4）。玉米根系分泌物诱导蚕豆根系中查尔酮异构酶基因（*CFI*）、根瘤菌结瘤基因（*NODL4*）、植物生长素原初反应基因（*GH3.1*）、早期结瘤素基因（*ENODL2*、*ENOD93*）、氮固定蛋白（FixI）表达显著上调，为根毛变形、结瘤和根瘤成熟提供了解释机制。*CFI* 表达的上调增强了染料木素的合成和分泌，进而促进根瘤菌的富集和结瘤因子的释放，最终提高了蚕豆的结瘤固氮（Li et al.，2016a）。

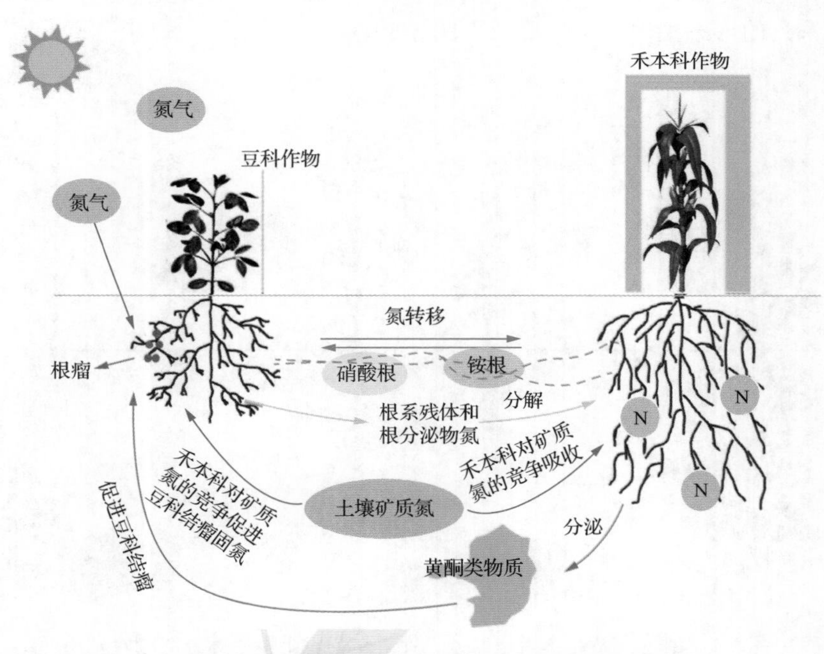

图 5-4　间作植物根系互作促进氮素高效利用

3. 磷高效利用

在禾本科/豆科作物间作体系中，根系间的互作直接或间接增加了作物根系对磷的吸收：①两种作物在时间生态位上具有一定的互补作用，互补作用可以源于不同的播种、生长及收获时期；②两种作物在养分利用方面具有一定的互补作用，它们吸收利用磷的形式不同；③两种作物在空间生态位上具有一定的互补作用；④豆科的根系分泌物可以促进禾本科对磷的吸收；⑤通过土壤中微生物的作用间接促进了其对磷的吸收。对蚕豆/玉米间作体系的研究发现，蚕豆根系吸收磷的能力明显强于玉米根系，蚕豆的比根长吸收率（单位根长的地上部吸磷量）大约是玉米的 2 倍；蚕豆获取土壤中难溶性磷的能力远远强于玉米，由此降低了其对土壤中可溶性磷的竞争。进一步研究证实，蚕豆利用难溶性磷能力强的原因是蚕豆相对于玉米具有更强的质子释放能力，酸化了根际，活化出来的磷可以被玉米根系吸收（Li et al., 2003）。同样，在鹰嘴豆/小麦间作体系中，在供应有机磷条件下，鹰嘴豆的根际效应可以改善小麦的磷营养，这种促进作用除了根际酸化机制，另外一个主要原因是鹰嘴豆根系能够分泌更多的酸性磷酸酶。在玉米/蚕豆间作体系中，随着施磷量的增加，玉米的根系生物量增加，并在一定施磷水平下达到最大值，随后不再发生显著变化，而蚕豆根系分泌的酸性磷酸酶随着施磷量的增加逐渐减少（Zhang et al., 2016a），这说明作物的根系会应对环境中养分的变化而产生一系列的形态生理可塑性反应（图 5-5）。

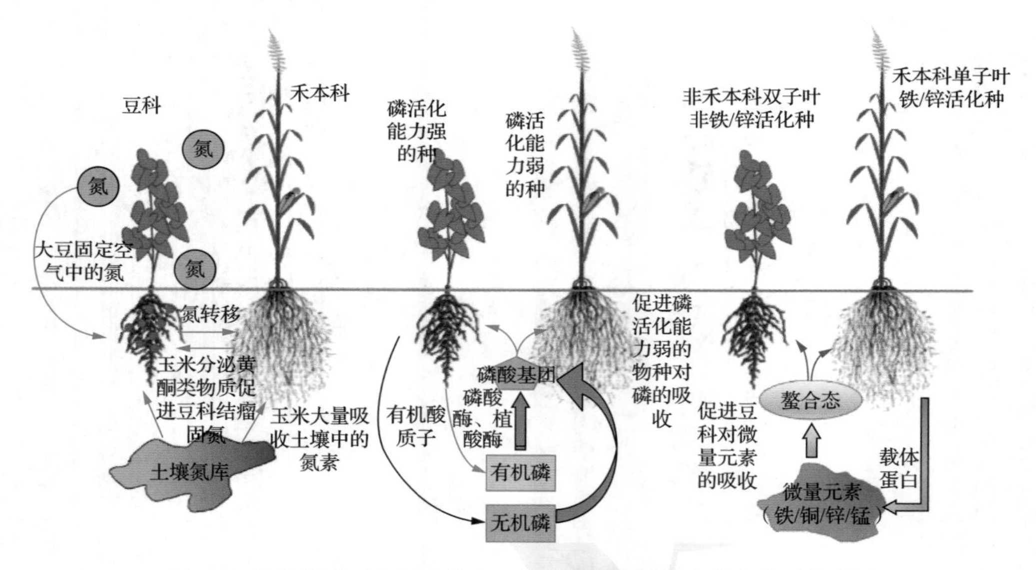

图 5-5　植物根系互作活化养分，促进作物对土壤中养分的吸收利用

4. 微量元素高效利用

铁、锌、铜等是作物必需的微量元素，参与植物体内的生理过程。例如，铁参与叶绿素的合成，铜直接参与光合作用水解过程，锌是多种酶的组成成分与活化剂。同时，这些元素也是人体必需的营养元素。

对于铁而言，在石灰性旱地土壤上主要以难溶的三价铁形态存在。双子叶植物根系主要吸收二价铁，通过植物细胞膜上的还原酶将三价铁还原为二价铁之后吸收进入植物体内。但是由于三价铁在土壤中的移动性较差，如果根系扩展不到土壤中铁化合物的附近，就难以获得所需要的铁营养。因此，生长在石灰性土壤上的双子叶植物很容易缺铁，出现新叶的缺铁黄化现象。在生产中可以通过双子叶植物和禾本科单子叶植物间作的种植方式，利用禾本科单子叶作物根系分泌的植物高铁载体螯合土壤中的三价铁，增加三价铁在土壤中的有效性，改善双子叶作物的铁营养。研究表明，当花生与玉米间作时，花生能够吸收植物铁载体螯合的铁，显著改善花生的缺铁黄化症，同时能够增加花生籽粒中的铁含量（Zuo et al.，2000；Xiong et al.，2013）。近年来的研究还发现，鹰嘴豆和大豆等豆科作物与禾本科作物间作也能够改善禾本科作物的铁、锌、铜营养（Zuo and Zhang，2009）。

5.2　根系互作的类型

生态系统中多个植物种的生长关键时期在同一时间和空间上同时存在，并通过根系对有限的共同土壤资源产生互作，主要是种间促进作用和种间竞争作用。根据生物学原理，种间促进作用和种间竞争作用在两个或两个以上物种的共生阶段是相伴存在的（Vandermeer，1989），而根系的生态位互补和可塑性在种间根系互作平衡和资源利用方面则扮演着重要角色。

5.2.1　促进作用

植物间促进作用指一个植物个体对相邻植物在存活、生长、发育和繁殖等方面的直接或者间接的正向作用。其中，直接作用包括改善微环境、增加限制性资源的有效性；间接作用包括潜在竞争者的消除、引入有益生物（如土壤菌根真菌）、吸引传粉者和保护植物不被啃食等（Callaway，1995；Callaway and Walker，1997；Brooker et al.，2008）。

1. 通过生境改善发生的促进作用

在非资源因子胁迫环境中，植物群落可以通过降低相邻植物对高温、极寒、强辐射等周围因子的胁迫，增加相邻个体的存活率、生长率或者改善植物对环境的适应度，从而发生促进作用（Bertness and Callaway，1994；Callaway，1995；Callaway and Walker，1997；Brooker et al.，2008）。荒漠中的植物因太阳辐射过强、高温和干旱而生长不良，在树冠下生长的幼小植物可以避免这些胁迫（Gómez-Aparicio et al.，2004；Noumi et al.，2016）。不同植物对光的需求量不同，喜阳性植物对光的需求量大，如果光照时间过短，就会导致植株光合作用产物减少，叶片变黄，植物矮小。同样，喜阴性植物长时间暴露在强光下，会导致植物光合作用速率下降，植物生理紊乱。不同植物种植在一起，尤其是高位作物与矮位作物间作，喜阳性植物会为喜阴性植物提供阴凉，促进喜阴性植物的光合有效辐射、净光合速率，进而促进植物生长。在胡椒和槟榔间作中，槟榔树冠高，胡椒树冠矮，槟榔适度遮阴可以促进胡椒叶片的光合作用（祖超 等，2015）。

2. 通过资源富集发生的促进作用

当植物生长受水分、光照、养分等资源因子限制时，植物之间可以通过增加对水分、光照、养分等资源的获取而发生生长促进作用。例如，在自然生态系统中，有些植物根系不发达、扎根浅，依靠自身获得的水分有限，而有些植物根系发达、扎根深，能够穿透土壤干层而进入水分含量较高的湿土层，在吸收水分后，顺水势梯度将水分从湿土层转移到干土层，并湿润周围的土壤，从而帮助浅根系植物获得更多水分。由于土壤水分分布的异质性，水分不仅是从下往上移动的，有时候也会向其他方向移动（Callaway et al.，1996；李隆，2016）。豌豆和大麦间作时，豌豆先出苗，根系生长时间长，前期在土壤中占据的空间大，迫使后种植的大麦根系向更深层土壤生长，大麦会利用更多来自深层土壤的水分，在生长季节后期不太容易受到水分胁迫（Hauggaard-Nielsen and Jensen，2005）。

5.2.2 生态位互补

生态位（niche）是生态学中的一个重要概念，指物种在生物群落或生态系统中的地位和角色，以及自然生态系统中一个种群在时间、空间上的位置及其与相关种群之间的功能关系。对于某一生物种群来说，其只能生活在一定环境条件范围内，并利用特定的资源。一个物种能够占据的生态位空间，受竞争和捕食强度的影响。一般来说，没有竞争和捕食的胁迫，物种就能够在更广的条件和资源范围内繁殖。这种潜在的生态位空间叫作基础生态位（basic niche），即物种所能栖息的、理论上的最大空间（Hutchinson，1958）。然而，很少有物种能全部占据基础生态位，随着有机体发育和种内、种间互作的影响，它们的生态位会发生改变，也就是会出现生态位分离（niche differentiation）。两物种的生态位靠近，重叠增加，种间竞争加剧。生态位越接近，重叠越多，种间竞争也就越激烈。种内竞争促使两物种生态位接近，种间竞争又促使两竞争物种的时间生态位分离（图 5-6）。

间套作系统中两物种间的基础生态位差异和竞争驱动的生态位分离，使原本的生态位发生分化，并形成生态位互补（niche complementarity）。生态位在时间、空间上的互补使间作作物在有限的条件内充分利用土地、养分、水分、光照等资源，是间套作种植模式增产的主要机理之一。

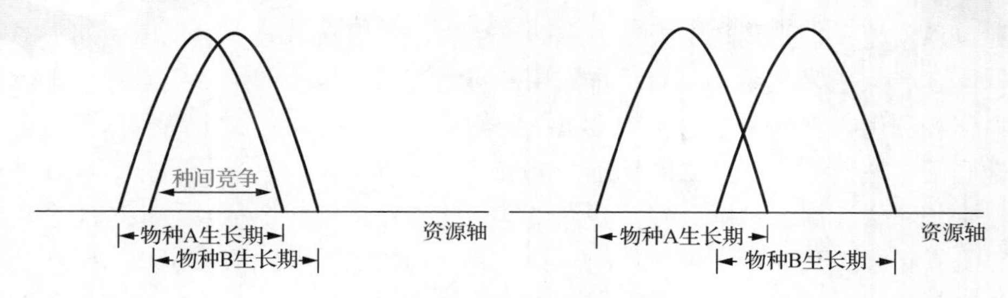

图 5-6　种间竞争促使时间生态位分离

在间套作体系中，由于两种作物出苗和生长收获时期的不同，在很长时期内系统相对于单作都具有较大的叶面积指数，时间生态位互补可使间套作体系截获更多的光资源。在豌豆/玉米间作系统中，两作物因最大需水期不同出现的时间生态位互补，能够增加体系的水分获得量和水分利用效率，从而优化间作系统的水分利用（Mao et al.，2012）。在玉米/小麦间作系统中，小麦和玉米对氮营养的需求时期存在一定程度的分化，小麦在生长中率先达到氮养分吸收速率的峰值，玉米在生长后期才开始大量吸收氮营养，即养分吸收的时间生态位互补，由于最大氮吸收速率出现时间不同，该种植模式可以满足小麦和玉米在不同时期对氮的需求（Zhang et al.，2017a）。同时，优势物种小麦在生长时期会抑制玉米的生长；而在小麦收获后，随着资源竞争压力的消失，玉米的生物量和养分吸收速率呈现上升趋势，出现了生长恢复期，这就是竞争—恢复理论（Li et al.，2001a；Liu et al.，2015）。这个理论也说明了两种作物生长时期的分离可以使体系中资源利用效率最大化，更充分地利用生长资源。间作系统两物种的生长期不完全重合，相比于单作有更长的土地覆盖时期，使间作系统获得更大的光截获量（Keating and Carberry，1993）。时间生态位的互补利用显著增加了间作的 LER（Yu et al.，2015），是间作具有显著增产效应的重要原因之一。

地上部空间互补利用主要体现在株高差距较大的作物组合模式中（图 5-7）。在玉米/大豆、玉米/花生种植模式中，较高大的玉米占据上层空间，较低矮的豆科植物占据下层空间。在这种较小的空间尺度上，间作作物比单一作物具有更大的单位面积光截获量，即使有遮阴导致的光截获损失，也可以通过增加种植密度或薄膜覆盖来弥补（Zhang et al.，2008）。枣/棉花复合系统的光能利用效率相较于单作显著提高（Wang et al.，2017a），并较好地改善冠层通风度。间作的空间结构可能使低矮作物受到遮阴影响，但在高温条件下，这种结构对小环境的改变（如降低湿度和土壤温度）会对一些土壤微生物大有裨益，从而会增加间作作物的产量（Singh et al.，1986）。

间作会影响作物的根系分布。在玉米/花生间作体系中，玉米根系强大的竞争力还可以使根系扩张到花生根系下方的土壤中，二者根系分布呈现出空间上的互补（图 5-7）。玉米根系还具有提水作用，可将深层土壤中的水分提至浅层土壤供豆科作物利用。玉米和豆科作物根系在空间上的互补分布使整个间作体系能更充分地利用土壤资源、水资源和养分（Li et al.，2006）。空间生态位的分离与互补对植物生长和资源高效利用具有重要意义，对间套作系统、农林复合系统的设计和优化具有指导意义。由于生态位的互补机制，间作比单一种植系统增加了产量，减少了外部化肥的投入（van Kessel and Hartley，2000），成为全世界历史悠久、应用广泛的种植模式之一。

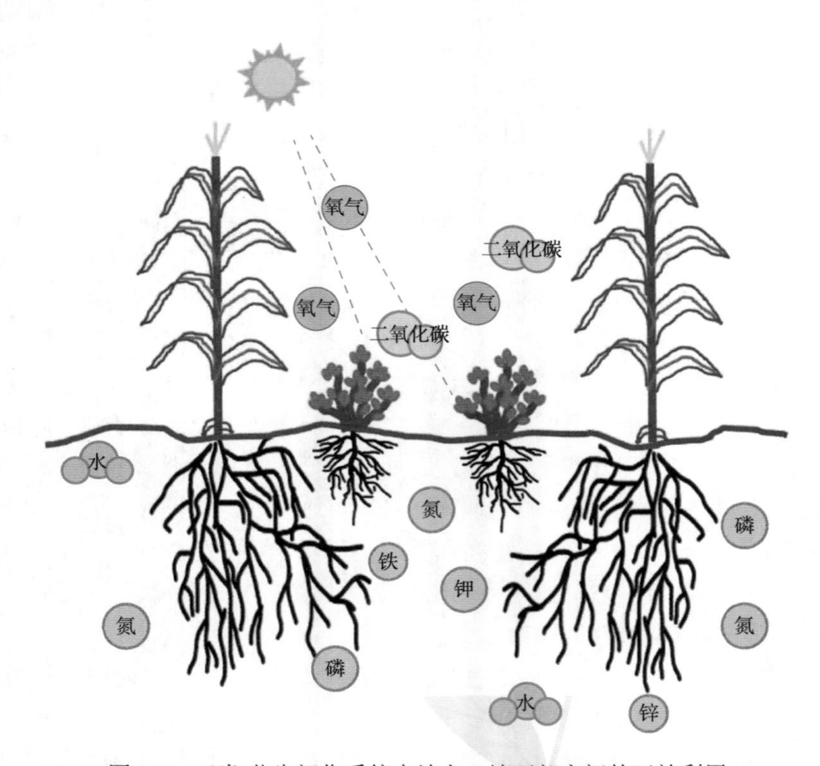

图 5-7　玉米/花生间作系统中地上、地下部空间的互补利用

5.2.3　根系间的竞争

植物间的竞争定义很多，其中较为经典的是：植物之间为了争夺有限资源而引起的个体生长率、存活率或者繁殖率下降的现象（Begon et al.，1996）。从竞争的性质和结果方面可将竞争分为资源竞争、分摊（利用）竞争、争夺及干扰竞争等不同类型（Grace and Tilman，1990）。按照竞争的表现形式，也可将竞争分为地上部竞争和地下部竞争、种间竞争和种内竞争（Grime，1979；Tilman，1982；

Tilman and Elhaddia，1992）。植物种间地下部竞争主要是根系间的竞争。根系间的竞争机制有两种，分别是通过间接影响养分或水分的消耗（掠夺式竞争）和通过直接的化感物质的干扰（干扰式竞争）来竞争土壤资源（de Kroon et al.，2003）。

1. 资源竞争

植物间的竞争是个体为了争夺资源而发生的一种普遍现象，主要分为种内竞争和种间竞争（李博 等，2000）。植物种内竞争是指同物种植物个体之间的竞争，能够影响植物进化及群落大小和基因结构（Kleunen et al.，2001）。植物种间竞争是指两种或两种以上的物种对资源的竞争，其对植物的生长速率、分布、群落大小及群落结构十分重要（Begon et al.，1996）。其中，植物根系的竞争能力受根系的生长率和根系组织的新陈代谢、植物的生长形式和根系空间结构等植物特性的影响（Comas et al.，2002；Fitter and Stickland，1991；Lynch and van Beem，1993；Casper and Jackson，1997）。

不同植物根系互作表现有 3 种形态模式，包括规避模式、侵入模式和无响应模式（Semchenko et al.，2007）（图 5-8）。在邻株植物根系的生长受到资源耗竭或者非特异性化学互作的抑制时，不同物种的根系分离及分布是可以被预测的，并且这种根系分离与其身份没有关系，不管它们是来自同一个个体，或不同的个体、基因型或物种（Schenk et al.，1999；de Kroon et al.，2003）。

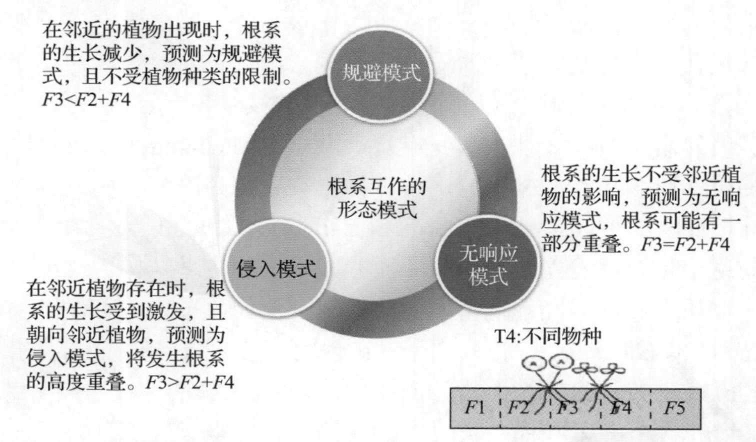

两株植物的根系被均分为 5 个部分（用 $F1$～$F5$ 表示），每个部分均包含相同的体积（8cm×2cm×50cm）。其中，$F3$ 包含生长在两株植物之间的空间的根系，而 $F2$ 和 $F4$ 则包含生长远离邻近植物的空间的根系。

图 5-8　根系互作的形态模式（改自 Semchenko et al.，2007）

如果在一个给定体积的两株植物之间区域（$F3$）的根干重比远离邻株植物的两个相同体积区域（$F2$ 和 $F4$）的根干重显著减少，即 $F3$ 的根干重$<F2+F4$ 的根干重，则我们称之为规避模式。这种形态模式是假设这两株植物的根系相距甚远，

且每株植物不延伸到 *F*3 的远端边界。如果某株植物在倾向于邻株植物方向，表现为根系的生长增加，那么可以预计其为高度混合的根系模式（侵入模式）。在这种形态模式下，在一个给定体积的根干重高于远离邻株植物的两个相同体积的根干重，即 *F*3 的根干重>*F*2+*F*4 的根干重。如果在任何方式下根对邻株的存在都没有响应，那么两株植物根系可能会混合，但低于侵入模式，也就是无响应模式。在这种预测模式下，植物在两株植物之间给定体积的根干重应该等于远离邻株植物的两个相同体积的基质上的根干重，即 *F*3 的根干重=*F*2 +*F*4 的根干重。

2. 干扰性竞争及根系分泌物的作用

"化感作用"（也称他感、相生相克及异株克生）由 Molisch 于 1937 年在其书中首次提出，英文是 allelopathy，该词中的"allelo"来自希腊语中的"allelon"（表示相互的），"pathy"来自希腊语中的"pathos"（表示有害或者有益）（Rice，1984）。他将化感作用定义为一种植物对另一种植物的影响，同时指出这种相互关系包括正负两个方面。随后 Rice 于 1984 年在《化感作用》（*Allelopathy*）第二版中将化感作用的定义改为：一种植物（包括微生物）通过释放化学物质到环境中，从而对另一种植物的生长产生影响。Rice 的这个定义中也同时包括了正的和负的相互作用，并且强调了植物释放的化学物质在化感作用中发挥作用，并强调这种化学物质是化感物质，这个定义现已被广泛接受。Whittaker 和 Feeny（1971）将这种化学物质定义为次级代谢产物，有时可作为化感物质，但是该定义不被认可，因为他们将次级代谢产物及化感物质看作同义词。随后 Reese（1979）在动物学领域将化感物质定义为由一个生物体释放的非营养物质对另一个生物体的生长健康、行为或者种群生物学产生影响的化学物质。Berenbaum（1995）认为营养物质与化感物质不应该是互相排斥的，一种物质被鉴定为养分物质或者化感物质应该取决于环境而非其生物来源。Inderjit 和 Callaway（2003）认为"化感物质"的定义应该与这个化合物发挥的作用相关而非其真正的化学结构。这种观点更加合理，即同一物质在不同情况下发挥不同的作用。例如，单宁酸可促进刺槐的生长（Bernays and Woodhead，1982），但是它也可能是抑制植物生长的化感物质（Whittaker and Feeny，1971）。化感物质由植物进入土壤的途径主要有叶面淋洗、根系分泌、残体腐解、茎叶挥发及碎片掺入等（孔垂华 等，2016）。

植物的化感作用在生态系统中可以影响植物的分布格局、群落演替、协同演化和生物入侵等。例如，Lodhi（1976，1977，1978）研究发现，在小无花果树、朴树、红橡树和白橡树等优势树种林下的植被生长不良或者出现裸地，而在榆树下生长良好。又如，豚草属植物在次生裸地演替中充当第一阶段的先锋种，而当紫菀入侵后豚草逐渐消失，这种演替现象是由豚草的自毒性和紫菀对豚草的化感作用导致的（Jackson and Willemsen，1976）。这一研究既说明了化感作用在群落

演替中的作用，又表明了生物入侵的一种可能机制。化感作用还可以影响森林动态与林业经营。Fisher（1980）研究发现，化感作用可导致树木重建失败。例如，糖枫、朴树、桉树、黑胡桃树、橡树等都是具有化感作用的乔木，这些树可影响黄桦和草本植物等。还有一些果树具有连作障碍。例如，桃树叶浸出液可抑制桃树幼苗地上和根系的生长（蒋高明，1995）。化感作用在混交林中的作用经常被忽略，在搭配混交树种时应充分考虑其化感作用。

化感作用除了在生态系统中影响各种过程，其在农业生产中也应用得十分广泛。由于化感作用，不少作物出现重茬与自毒现象。例如，种过紫花苜蓿的土地上的第二代紫花苜蓿，由于自毒作用使种子萌发受抑制，即使长出来紫花苜蓿也表现出生长不良。大豆的连作障碍现象十分严重，自毒作用造成的减产可达15%～25%（胡江春和王书锦，1996）。除了连作障碍，化感作用还可以在间作和混作中发挥作用。一些对杂草有化感作用的作物（如大麦、小麦、向日葵）与其他作物间作可控制杂草生长，减少除草剂的使用。另外，搭配间作作物组合时，应注意两种作物之间是否存在强烈的化感作用。例如，番茄根系分泌物可显著抑制黄瓜的生长，番茄和黄瓜就不适宜种在一起（周志红 等，1997）。种植覆盖作物也是控制杂草和作物的一种常见方法，其中的原理也包含化感作用。例如，应用较为广泛的冬小麦作为覆盖作物，杂草的抑制效果明显，而对作物幼苗抑制作用最小（Shilling et al.，1985）。上述所有的化感作用均离不开化感物质，因此，化感物质的鉴定和分离十分关键，也是研究热点。

根系分泌物中的化感物质对植物生长产生直接影响，从而影响植物种间的互作，这也是生态学研究热点。关于化感的经典例子是胡桃树干扰相邻植物的生长。胡桃树的毒性是与萘醌及胡桃醌息息相关的（Bertin et al.，2003）。Kim和Kil（1989）研究发现，番茄的根系能分泌出单宁等酚酸类化感物质，对邻近植物的生长发育产生抑制作用。小麦根系会分泌大量的糖苷羟基肟酸，这些水溶性的糖苷羟基肟酸可以在土壤中迅速水解成异羟肟酸。异羟肟酸类物质是禾本科作物产生的一类主要化感物质，主要包括丁布（2,4-dihydroxy-7-methoxy-1,4-benzoxazin-3-one，DIMBOA）、门布（6-methoxy-benzoxazolin-2-one，MBOA）、二异丁基正辛胺（2,4-dihydroxy-1,4-benzoxazin-3-one，DIBOA）。其中，丁布是影响最重要的一种（Wu et al.，2000；Huang et al.，2003；Stochmal et al.，2006），其能够参与植物的防御功能（Niemeyer，2009）；同时丁布很容易降解成为门布（Fomsgaard et al.，2004；Chen et al.，2010a）。门布相对于丁布而言更稳定，不易在土壤中降解，并且门布可以抑制更多的杂草生长。例如，门布可抑制三叶草和牵牛花种子的萌发及其根和胚轴的生长（Ma，2005）。除了化感抑制作用，植物间也存在化感促进作用。例如，苜蓿释放的三十烷醇能够对一些作物的生长起刺激作用，将三十烷醇水溶液喷施到水稻幼苗上或加到水培营养液中能增加水稻的干重和根对水分的吸收；另外，将三十烷醇加到土壤中也可以促进玉米、大麦、番茄和水稻的生长。

5.2.4 根系可塑性与资源竞争能力

物种间互作包括地上部互作和地下部互作，两者在植物根系资源竞争中都做出重要贡献。研究表明，间作中地下部种间互作对氮、磷、钾吸收的间作优势贡献可以达到50%以上（刘广才 等，2008），可见地下部种间根系互作对于作物间作优势的形成非常重要。在作物根系互作中，根系可塑性是影响物种资源竞争能力的重要因素。植物根系在受到多种环境及生物因子的影响时，会对不同环境变化做出相应的表型响应，称为植物根系的表型可塑性（Bradshaw，1965）。植物根系对于环境变化的可塑性主要包括根系形态可塑性、根系生理可塑性、生长动态可塑性和菌根可塑性 4 个方面（图 5-9）（Hodge，2004）。植物在生长过程中，其各方面的塑性并不是各自起单一作用的，而常常是几个可塑性产生共同效应（Derner and Briske，1999；Hodge，2004）。

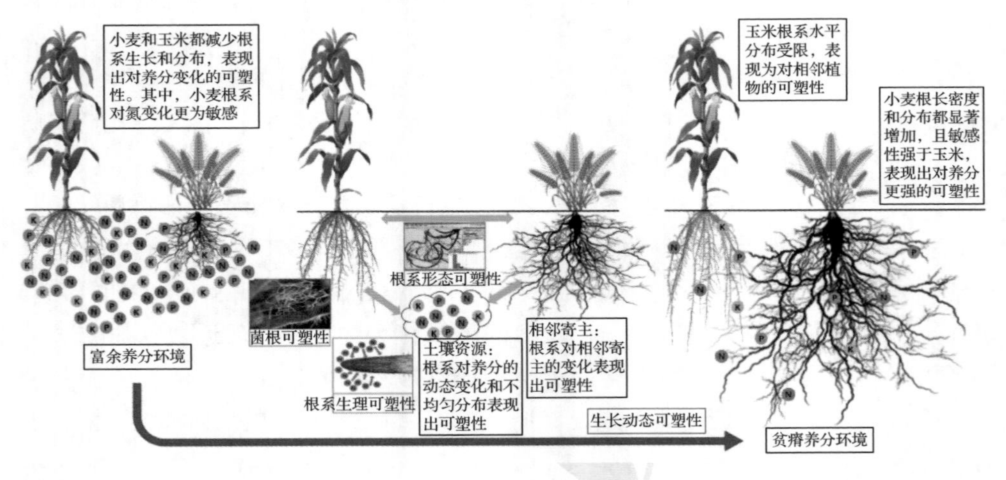

图 5-9　植物根系可塑性与资源竞争的关系

1. 根系形态可塑性

根际生物因素、非生物因素及植物自身生理状态三者之间的互作共同决定了植物的根系构型（McCully，1999；Rich and Watt，2013）。根系形态可塑性是植物应对环境变化而产生的优化生长需求的能力，有助于根系对养分和水分的吸收与高效利用（Croft et al.，2012；Gruber et al.，2013），但不同植物物种根系的形态可塑性并不一致（Campbell et al.，1991；Mou et al.，1995；Einsmann et al.，

1999)。一种观点认为，根系不同程度的形态可塑性与其演替阶段差异相关(Campbell et al.，1991；Grime，2007)；而另一种观点认为，两者之间并没有必然联系(Wijesinghe et al.，2001；Kembel and Cahill，2005；Kembel et al.，2008)。植物根系的形态可塑性还受到其他因素影响，例如，光照(Mou et al.，1997)和土壤中障碍物(McConnaughay and Bazzaz，1992)都能影响植物根系形态性状并使其发生变化。

大量研究表明，短暂系统性的缺氮能够刺激植物根系快速生长，并促使植物轴根长和侧根长显著增加(Eghball and Maranville，1993；Hermans et al.，2006；Gaudin et al.，2011)。同时，土壤中持续的氮胁迫会诱导玉米根系在深层土壤中分布和吸收养分(Gastal and Lemaire，2002；Dunbabin et al.，2004)。相反，氮供给过量会限制植物根系生长和分布，使其主要集中在土壤的浅层(Walch-Liu et al.，2006；Gaudin et al.，2011)。土壤养分异质性也会影响植物的根系分布，如局部养分富足区域中的植物侧根长度会显著长于其他区域分布的根系(Forde and Lorenzo，2001；Giehl et al.，2014)。玉米幼苗在富营养斑块中侧根长度显著增加，而成熟期玉米在富营养斑块中的侧根密度和侧根长度都显著增加(Peng et al.，2012；Yu et al.，2014)。这些结果都是植物根系应对不同养分条件或异质性土壤的一种根系形态可塑性，是植物针对养分吸收进行的系统碳分配策略(Mounier et al.，2014；Yu et al.，2014)。也有研究发现类似的形态可塑性存在于植物根系对土壤磷的吸收过程中(Lambers et al.，2006)。

2. 根系生理可塑性

植物根系面对环境条件的变化，不但能够通过调整其根系构型增加适应能力，同时还能通过改变根系生理活性增强胁迫抵御能力(Fransen et al.，1999)。通常将不同环境条件下植物单位根长养分吸收速率和根系分泌物的变化称为根系生理可塑性(Mou et al.，2013)。研究发现，局部高氮区域中单位根长的氮吸收能力比低氮区域高 75%(van Vuuren et al.，1996；Hodge，2004)。营养液培养试验中高磷区域根系具有比低磷区域更高的磷吸收速率(Drew and Saker，1978；Anghinoni and Barber，1980)。同时，不同植物面对环境变化表现出的生理可塑性也存在较大差异(Wang et al.，2006)。对于土壤中移动能力强的养分离子(如硝酸根)的吸收，根系生理可塑性更为重要；对于土壤中难以移动的养分离子(如磷酸根)的吸收，则是形态可塑性更为重要(Drew and Nye，1970；Robinson，1994)。面对养分异质性环境，高养分区域中根系的生理可塑性常出现在形态可塑性之前，因此，植物单位根系离子吸收速率的变化可能是诱导植物改变根系构型的信号(Burns，1991；van Vuuren et al.，1996)。

3. 生长动态可塑性

在多变环境中，植物会表现出新根发生、老根死亡的动态变化（Einsmann et al.，1999），而生长动态可塑性就是这一动态过程中某个时间点的根系生长和分布表现。例如，植物新生根具有较强的养分吸收能力，但其氮含量和呼吸速率也很高，当土壤中养分耗竭后，植物则会通过对新生根中的氮进行重吸收和降低呼吸作用，来应对新生根较大的资源和能量消耗（Volder et al.，2005）。

4. 菌根可塑性

菌根是指由菌根真菌与高等植物根系形成的一种共生体（Peterson et al.，2004），它相对植物根系具有低资源消耗和分布广等优点，能够直接吸收根系无法到达区域的养分，并转移给植物（Helgason and Fitter，2005；Harrison et al.，2007）。面对环境变化，菌根也会表现出与根系形态、生理可塑性类似的变化，称为菌根可塑性。例如，增加养分供给能够增加菌丝量（Bending and Read，1995）和单位长度菌丝的离子吸收速率（Ek，1997）。

5. 根系可塑性与种间互作

植物根系的可塑性能够对物种的地下部互作也就是根系竞争产生影响，更高的根系可塑性有助于物种在竞争中占据优势（Bazzaz，1996；Callaway et al.，2003）。Davidson 等（2011）通过 meta 分析，入侵物种的表型可塑性通常比非入侵物种的表型可塑性更强，进而在入侵中实现对本地物种的生长优势。在物种互作中，物种养分吸收能力的差异会导致土壤养分的动态变化和不均匀分布，而植物根系对土壤养分的表型可塑性则能帮助植物更好地适应这种土壤环境（Liu et al.，2015）。研究表明，植物根系对养分的形态可塑性能够使植物在养分异质性土壤中增加根系在养分富集区域的分布，从而加强养分吸收，这一特性对植物根系的养分竞争有直接影响（Hodge，2004；Robinson，1994）。养分富集区域中的根系能够优先增殖，因此有养分吸收优势的物种具备更强的竞争力（Rajaniemi，2007）。同时，根系竞争中根系捕获养分精度更高的物种比捕获养分精度低的物种具备更强的竞争能力（Bliss et al.，2002）。另外，根系构型对于那些对土壤养分变化更敏感的物种在养分竞争中具备竞争优势（Liu et al.，2015）。

根系生理可塑性更强的植物也可以通过造成非对称的根系竞争来获得更高的竞争力，因为单位根长养分吸收能力强的物种能在养分扩散出自身根际范围之前将养分大量耗竭，进而减少竞争植物的养分吸收（Schwinning and Weiner，1998）。Fransen 等（2001）对两个根系生理可塑性不同的物种（紫羊茅和黄花茅）进行研究发现，生理可塑性较高的黄花茅在养分异质环境中表现出更强的竞争能力，同时在两物种的长期竞争中起着非常重要的作用。

植物根系除了对土壤资源的动态变化表现出可塑性，还会对相邻植物物种表现出可塑性。与相应的单一种植作物相比，间作作物的根系分布随着相邻作物根系生理生态特征的不同而变化（Li et al.，2006）。例如，在小麦/玉米间作体系中，因小麦根系具有较高的形态可塑性，从而抑制了玉米根长对养分变化的可塑性，这是共生期玉米竞争能力弱于小麦的重要原因（Liu et al.，2015）；小麦收获后，玉米根长对养分的可塑性得到恢复，玉米也表现出快速的恢复性生长（Liu et al.，2022）。这种玉米根系生长和分布的变化是植物根系对相邻植物的形态可塑性和动态可塑性的综合表现（图 5-9）。

在作物多样性种植体系中，植物根系对土壤资源和相邻物种的变化会表现出形态可塑性、生理可塑性、动态可塑性和菌根可塑性，这些可塑性帮助植物更好地适应环境变化和恶劣条件，也是物种竞争中影响作物竞争能力的重要因素。

5.3　种间根系互作的成功案例

在农田生态系统中，间套作体系和农林复合系统是充分利用物种间根系互作最成功的作物种植案例（Brooker et al.，2016）。合理的作物搭配组合可以最大化农田多样性种植体系中根系间的促进作用，并降低竞争作用（Brooker et al.，2015）。根系互作的类型和强弱往往取决于所选择的作物属性及它们的搭配方式（Malézieux et al.，2009）。

5.3.1　间套作

豆科/非豆科作物间套作在我国乃至世界上分布广泛，受关注程度也较高，其中以禾本科/豆科作物间套作搭配组合方式最为常见。

1. 蚕豆/玉米间作系统

与单作相比，蚕豆/玉米间作系统具有较高的生产力和资源利用效率，因此被广泛应用于“两季不足，一季有余”的中国西北地区（Li et al.，1999，2007a）。应用根系分隔技术发现，蚕豆/玉米间作中玉米只有在根系不分隔（完全的种间根系互作）时才具有间作优势，而塑料膜分隔（无种间根系互作或根际效应）处理的玉米则无间作优势（Li et al.，1999，2007a，2016a；Zhang and Li，2003）。在田间条件下，当蚕豆与玉米种间无分隔时，LER 为 1.21，具有间作优势；当用尼龙网分隔（只有种间根际效应）时，LER 为 1.12，有一定的间作优势；当用塑料膜分隔消除种间根系互作时，LER 仅为 1.06，基本无间作产量优势（Li et al.，1999）。在宁夏贫瘠的新开垦土壤上，蚕豆/玉米间作接种根瘤菌，间作的玉米平均产量增幅达 30%～197%，间作的蚕豆平均产量增幅为 0～31%（Mei et al.，2012）。蚕豆/

玉米间作系统种间根系互作还体现在对养分资源的高效利用上。例如，蚕豆可通过分泌质子和有机酸，活化土壤中的难溶性磷供玉米吸收利用（Li et al.，2007a），玉米根系分泌物中的黄酮类物质——染料木素可促进蚕豆根瘤的发育并提高蚕豆的生物固氮量（图 5-10）（Li et al.，2009，2016a）。

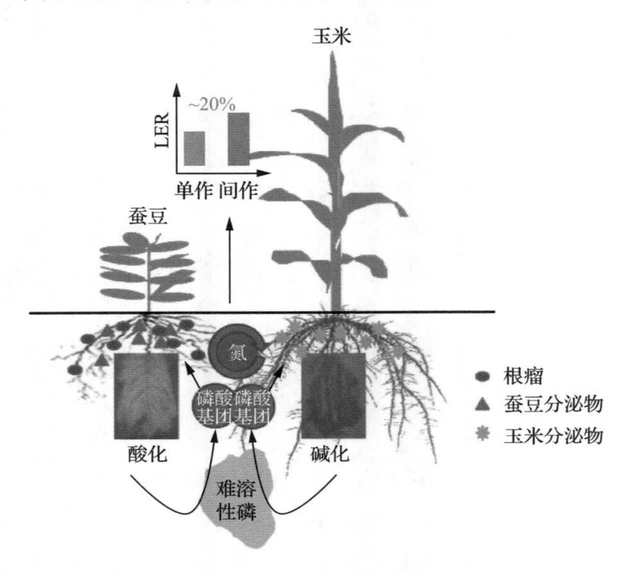

图 5-10　蚕豆/玉米间作系统种间根系互作提高生产力和资源利用效率

2. 小麦/玉米间作系统

小麦/玉米间作是西北河西走廊普遍的高产高效的禾本科/禾本科作物种植模式，也是宁夏引黄灌区和内蒙古河套地区的主要高效立体种植模式（Li et al.，2013b，2013c）。小麦/玉米间作利用种间根系互作提高生产力得到大量的研究证实（Li et al.，2001a，2001b；Ma et al.，2018）。间作优势的产生，是强竞争作物小麦在竞争中首先获得较多的养分等资源而增产，以及弱竞争作物玉米在后期对养分等资源的补偿吸收利用与恢复生长两个方面共同作用的结果。间作小麦产量比单作明显增加，这是由于间作小麦边行和内行积极作用的结果。小麦与玉米相比具有更高竞争养分的能力，进而形成了边行优势。在生长后期，劣势种玉米也会获得恢复或补偿作用，可以弥补其在生长前期受到的损失。最终，无论是优势种还是劣势种，两种作物均比其对应单作获得更高的产量，称为竞争—恢复生产原理（Li et al.，2001a，2001b）。小麦/玉米间作系统的种间根系空间分布对两种作物间的互作及最终生产力也有重要影响。与玉米相比，小麦对土壤养分资源的响应具有更大的根系可塑性，主要体现在间作小麦能根据土壤无机氮变化调整其根长密度和空间分布。在低氮条件下，间作小麦的根系可侧向扩展至距小麦行

45cm 的距离，为小麦行距的 3.75 倍；间作玉米根系在小麦区域横向生长受限制，最大横向扩展距离距玉米行 40cm，为玉米行距的 1 倍。此外，间作也可以提高小麦单位根长的氮吸收速率，比单作高 55%～375%，而间作玉米单位根长的氮吸收速率在共生期比单作玉米低 15%～58%（Liu et al.，2015）。相似的研究结果也表明，在雨养条件下，间作小麦根系可以横向扩展至距最近的小麦行 40～50cm，间作玉米根系横向扩展则受限制；在补充灌溉条件下，间作小麦横向扩展距离为 25～30cm；小麦收获后，间作玉米根系表现出了恢复生长的现象，根系的最大横向扩展距离为 50cm（Ma et al.，2018）。此外，小麦/玉米间作系统还可以降低 16% 的碳排放量，减少温室气体排放（Hu et al.，2016a）（图 5-11）。

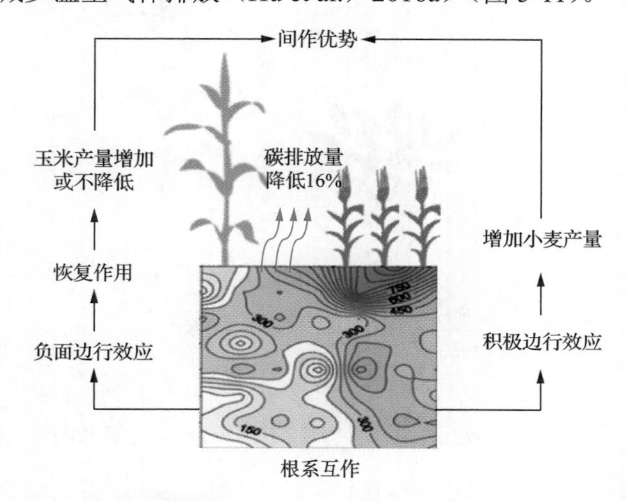

图 5-11　小麦/玉米间作系统种间根系互作增加生产力和减少碳排放

3. 花生/玉米间作系统

花生是中国的主要油料作物，其种植面积占全国油料作物种植面积的 30%，其产量占油料作物生产总量的 30%。然而，在中国北方石灰性土壤中花生缺铁黄化现象频繁发生。有趣的是，在这些土壤中，单作花生的缺铁黄化现象比间作花生更为严重。因此，制订切实可行的缺铁纠正或预防措施引起了人们很大的兴趣。研究结果表明，花生/玉米间作时，由于两种作物根系互作，能够明显改善花生的铁营养（Zuo et al.，2000）（图 5-12）。

在花生/玉米间作系统中，对花生开花期各处理植株测定发现，花生幼嫩叶片上出现严重的缺铁黄化现象与花生植株根系和玉米根系的距离密切相关。在不受任何限制的间作处理中，边行花生根系与玉米根系能够充分接触，从玉米植株种植处开始的 1～3 行花生的嫩叶无明显的缺铁症状，而在 5～10 行的植株幼叶出现了不同程度的黄化现象。在对花生和玉米根系进行了物理分隔处理的试验中发现，各行花生的幼叶都出现了黄化现象，而靠近玉米行的大部分花生叶片仅表现出了轻微的黄化现象（80%嫩叶是绿色的）。相反，用400目尼龙网（孔径为37μm）对两种作物根系进行分隔，可以阻止两种作物的根系直接接触，但允许通过质流和扩散途径在两种作物根系间进行物质交换。研究结果发现，在第1行和第2行的花生嫩叶仍然保持绿色，而在第3～10行的花生幼叶则出现了不同程度的黄化现象。单作时，约90%的花生幼叶出现严重的缺铁黄化现象（Zhang and Li，2003）。

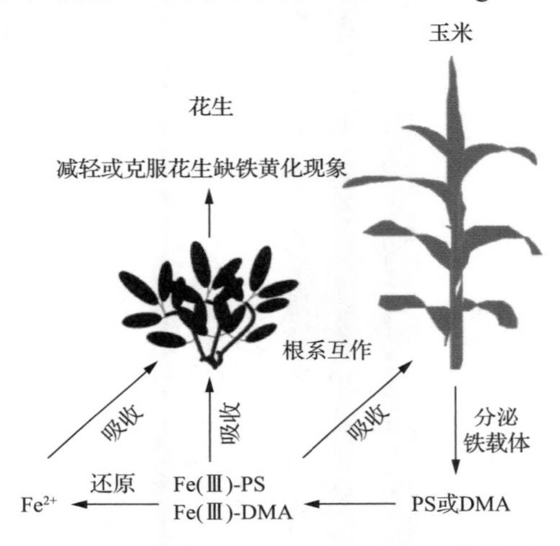

Fe(III)-PS 表示 Fe^{3+}载体；Fe(III)-DMA 表示 Fe^{3+}麦根酸。

图5-12　花生/玉米间作系统种间根系互作减轻或克服花生叶片的缺铁黄化现象

花生是铁吸收机理-Ⅰ植物，常在钙质土壤中出现缺铁黄化现象，而玉米是铁吸收机理-Ⅱ的铁高效吸收植物（Marschner，1995）。当花生/玉米间作时，玉米根系释放的麦根酸会活化三价铁，不仅满足自身生长对铁的需求，也有利于改善花生的铁营养，间作花生地上部和籽粒铁浓度分别为单作花生的1.47～2.28倍和1.43倍（Zuo and Zhang，2009）。

4. 豌豆/大麦间作系统

豌豆/大麦间作系统中两作物具有不同的氮素需求生态位，可以提高氮素的利用效率，因此在欧洲受到的关注程度较高（Jensen，1996；Hauggaard-Nielsen et al.，2001b）。豌豆根系能与根瘤菌形成共生固氮系统，固定空气中的氮气，满足自身氮素需求。与豌豆相比，大麦根系生长得更快、扎根更深，对土壤无机氮的吸收和竞争能力更强（Jensen，1996）。当豌豆和大麦间作种植时，大麦和豌豆共同竞争土壤无机氮，降低土壤氮素浓度，这就迫使豌豆更多地依赖生物固氮来满足自身对氮素的需求（Karpenstein-Machan and Stuelpnagel，2000）。大量田间试验研究表明，间作可以提高豌豆地上部的固氮比例，提高幅度为9%～17%（Hauggaard-Nielsen et al.，2009；Chapagain and Riseman，2014）。这就造成间作豌豆地上部氮累积量高于单作豌豆，如间作豌豆植株地上部氮累积量为 73kg N/hm^2，显著高于单作豌豆的 15kg N/hm^2（Hauggaard-Nielsen et al.，2009）。除豌豆和大麦氮素之间的补偿利用外，豌豆固定的氮素还可以直接或间接转移给相邻的大麦，其中大麦植物体内有 6%～16%的氮素来自豌豆生物固定的氮素（图 5-13）（Chapagain and Riseman，2014）。

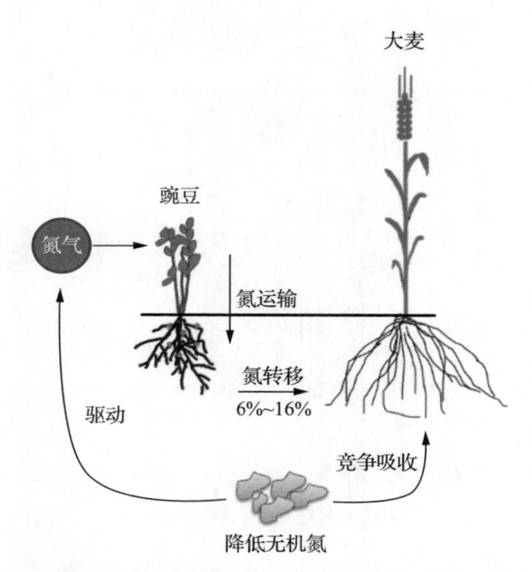

图 5-13　豌豆/大麦间作系统种间根系互作增加豌豆生物固氮及作物之间氮素转移

5. 墨西哥丁香/玉米间作系统

健康的土壤是作物赖以生长的物质基础。面对日益增长的世界人口，要保持粮食产量翻一番的目标，就必须维持健康的土壤肥力。间套作体系种间根系互作增加土壤肥力在农田生态系统中已得到众多学者的证实。由于豆科作物或灌木本身具有生物固氮功能，可以向土壤输入氮素，供下季作物或相邻植物吸收利用。据估计，每季豆科植物的生物固氮量最高可达 300kg N/hm^2，因此，有豆科作物参与的间套作系统可以提高土壤肥力（Gilbert，2012；Glover et al.，2012）。例如，在非洲的研究表明，墨西哥丁香与玉米间作时，与单作玉米相比，间作土壤的无机氮累积量提高了 38%～41%（Ikerra et al.，1999），有机质含量增加了 3.4g/kg（提高了 12%），颗粒有机质提高了 40%，颗粒有机质中的碳含量提高了 62%，氮含量提高了 86%（Beedy et al.，2010）。此外，Makumba 等（2006）通过 11 年连续的田间试验表明，与单作玉米相比，墨西哥丁香/玉米间作可以提高土壤含水量 20%，增加了 1.9 倍的玉米产量（图 5-14）。

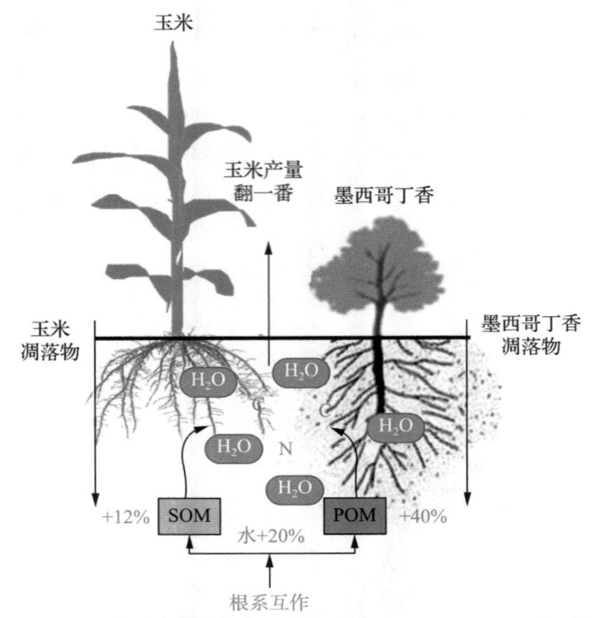

SOM（soil organic matter）表示土壤有机质；POM（particulate organic matter）表示颗粒有机质；
C 表示土壤碳；N 表示土壤氮。

图 5-14 墨西哥丁香/玉米间作系统种间根系互作通过增加土壤有机质含量和含水量提高玉米产量

5.3.2 农林复合系统

农林复合系统主要通过根系生态位分离（植物自身形成的根系性状差异、被动产生的根系性状塑性变化）和林木的提水作用与养分泵作用，提高资源利用效率和增强植物抗逆性，进而提高系统的生产力及增加其稳定性。

1. 根系生态位分离

在农林复合系统中，林木与作物会通过根系共同利用土壤资源，所以两者的根系生态位分离是缓解种间水肥竞争的重要设计原则，其实现途径主要有两种（图 5-15）。一种是基于根系性状多样性（深根性林木和浅根性作物）形成的根系生态位分离。例如，杨树的根系主要分布在 20cm 以下土层，而小麦根系密集分布在表层土壤（0～20cm），杨树和小麦根系密集区的分离，有效提高了杨树/小麦复合系统水分利用效率（马秀玲 等，1997）。另一种是根系互作导致的林木与作物根系生态位分离。在核桃/小麦复合系统中，54%的核桃细根和 75%的小麦根系均分布在 0～20cm 土层中，造成两者根系的交叉重叠，进而导致该土层激烈的水肥竞争（王来 等，2018）。这些林木和作物的根系生态位重叠造成的种间水肥竞争会进一步形成根系生态位分离。在核桃/大豆间作系统中，间作核桃的细根相对单作产生了下移，而间作大豆的根系分布重心则明显上移（Xu et al.，2013a）。王来等（2018）对核桃/小麦复合系统的研究发现，间作核桃细根根长的垂直分布重心比单作核桃下移了 6.6cm，水平分布重心比单作核桃向树干基部靠近了 22.1cm；而间作小麦根长的分布重心深度比单作小麦上移了 8.6cm，最终使复合系统的水分利用效率比单作提高了 38%。林木和农作物根系密集区的交错分布，显著地提高了复合系统的水肥利用效率。

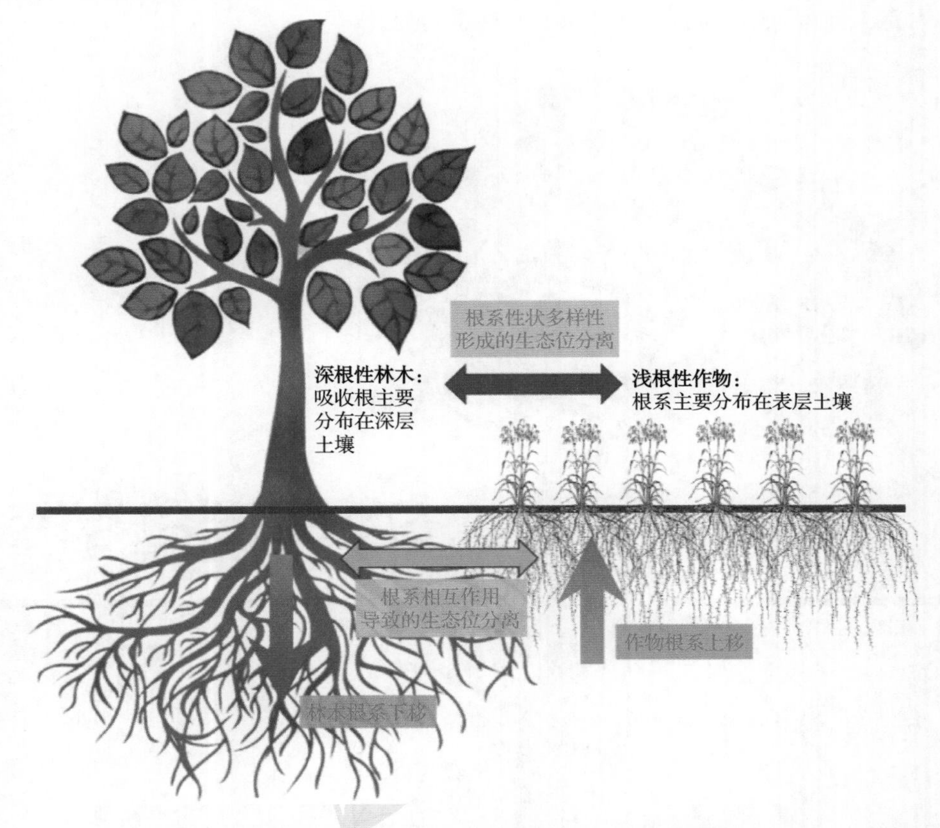

图 5-15 农林复合系统中的根系生态位分离

2. 提水作用与养分泵作用

在干旱地区或干旱季节，一些深根性林木可以通过根系从很深的土层中吸收水分，然后将水分释放到干旱的表层土壤。这些水分一方面被林木本身吸收利用来保持表层根系的活性，另一方面会为邻近的浅根性农作物提供水源、改善其生长状况（图 5-16）。例如，南酸枣/花生系统在旱季会加大利用深层土壤的水分，从而缓解干旱胁迫（赵英 等，2005，2006）。翟进升等（2005）在对南酸枣/花生复合系统的研究中，进一步从土壤水势角度验证了花生间接受益于南酸枣深层根系的提水作用。Fernández 等（2008）利用同位素分析方法对林草复合系统水分利用来源进行研究发现，干旱胁迫下松树吸收的水分有 80%来源于南深层土壤，而牧草吸收的水分有 80%来源于表层土壤。在旱季中的核桃/菘蓝复合系统中，深根性核桃利用 54%的深层根系在深层土壤中吸收了 67%以上的总吸水量，而间作作物体内仅有 5.7%的水分来源于深层土壤（陈平，2014）。孙守家等（2010）进一步证实，核桃/绿豆复合系统中，间作作物在无法利用深层土壤水分的情况下，其体内有 1.58%～5.39%的水分来源于核桃水力提升。

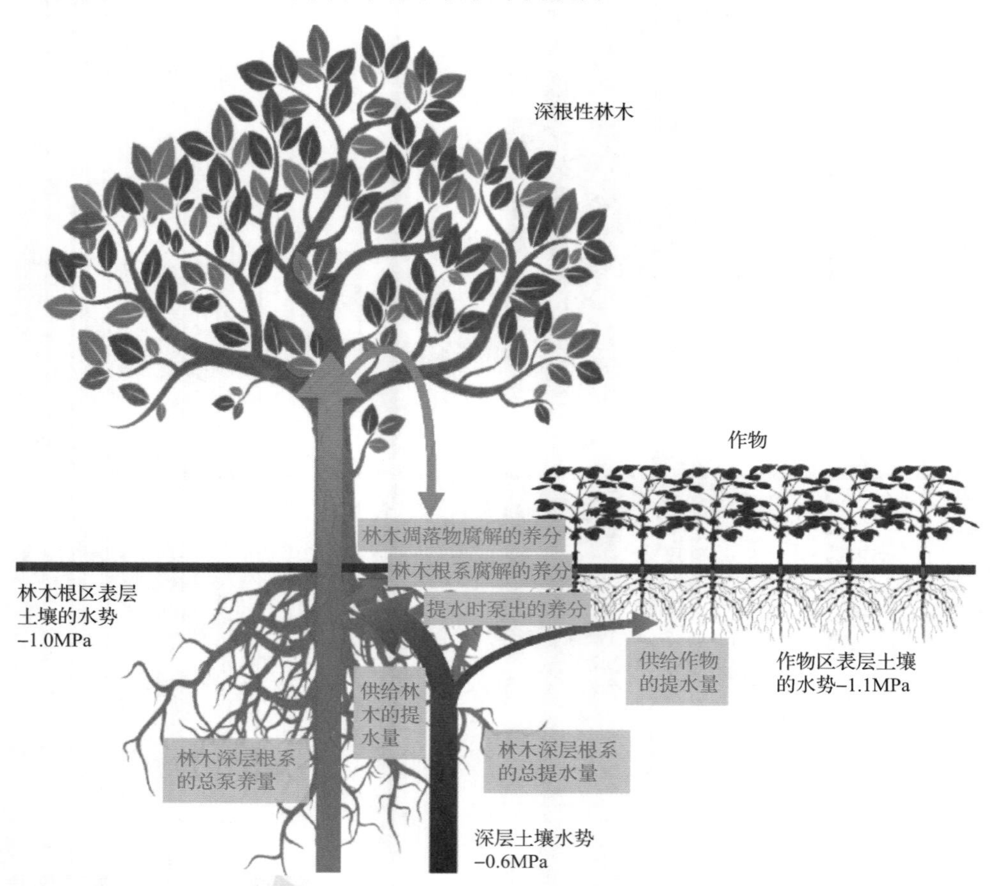

图 5-16　农林复合系统中的深根性林木的提水作用与养分泵作用

深根性林木还具有养分泵的作用，即先利用根系吸收利用深层土壤中的养分，然后通过根系和枝叶的腐解过程，改善林下表层土壤的养分状况（图 5-16）。在南酸枣/花生系统中，南酸枣能够利用淋失到 60cm 以下土层中的氮素，并明显提高

复合系统的氮利用效率。在银合欢/作物复合系统中，深根性银合欢通过提高其深层根系的养分吸收能力，使冠下表层土壤中的有机质、氮、磷、钾等含量明显高于作物单作系统（孙辉 等，2002）。

5.4　小结与展望

我国在国家层面对高效利用资源的间套作种植方式给予了高度重视。《国务院办公厅关于加快转变农业发展方式的意见》（国办发〔2015〕59 号）中特别强调，大力推广轮作和间套作。支持因地制宜开展生态型复合种植，科学合理利用耕地资源，促进种地养地结合。因此，间套作发展具有良好的政策支持。

5.4.1　充分利用豆科作物和粮食作物的互作，发展生态集约化农业

豆科作物与根瘤菌形成根瘤进行共生固氮是自然界将惰性氮转化为活性氮的重要途径。现代农业中由于大量施用氮肥，土壤中累积了较为丰富的矿质氮素，抑制了豆科作物的生物固氮。另外，由于我国耕地有限，主粮作物的需求压力导致豆科作物种植面积逐年下降（李隆，2016）。由于与粮食作物争地的矛盾，豆科作物单种的发展空间非常有限。应用豆科作物与禾本科作物间套作既能够种植主粮，又能够很好地协调种植主粮和豆科作物的矛盾，达到充分利用豆科作物共生固氮、发展生态集约化农业的目的。

豆科作物间套作，如河西走廊的玉米/豌豆、马铃薯/豌豆、玉米/蚕豆、小麦/大豆等间套作，东北和华北的玉米/花生间作，东北的谷子/花生间作，东北、华南地区的玉米/大豆间作，西南地区的小麦/玉米/大豆，云贵高原的小麦/蚕豆等，都是成功地将主粮和豆科作物融合在同一个生态系统中的成功范例。如何进一步优化和规范化这些模式，使其能够在实现高产高效的同时，充分利用作物多样性培肥土壤、控制病虫害，研发出相应配套的农事操作机械，从而实现大规模的生态集约化农业，是间套作的重要应用方向之一。

在一些地区主粮作物中套种短期绿肥作物，是一种非常好的种植模式。例如，在甘肃大面积推广的春小麦套种草木樨、毛苕子、箭筈豌豆等短期豆科作物，既能为农区发展畜牧业提供饲料，又能培肥土壤。

利用非豆科牧草和豆科作物混种提高饲料的品质。例如，禾本科植物一般产草量高，但是蛋白质含量比较低，如果与豆科植物混种，不仅可以提高饲草的蛋白质含量，还可以充分利用豆科植物的共生固氮能力，降低化学氮肥的施用量。

5.4.2 根系互作与有机农业

有机农业是指在生产中完全或基本不用人工合成的肥料、农药、生长调节剂和畜禽饲料添加剂，而采用有机肥满足作物营养需求的种植业，或采用有机饲料满足畜禽营养需求的养殖业。有机农业的重要特征是尽可能少地投入外部化学品。有机农业是充分利用生物循环，重视土壤健康，保护生物多样性的生态环境友好的农业生产体系。

间套作由于具有充分利用资源的特征，能够挖掘和活化土壤难以利用的磷素，充分发挥豆科植物生物固氮潜力，提高微量元素的利用能力，从而可以满足减少或者完全不施用化学肥料的要求。另外，利用间套作作物合理配置，控制作物病虫害，从而可以满足减少或者完全不施用化学农药的要求。因此，间套作在有机农业中将会发挥重要作用。

5.4.3 发挥根系互作潜力，提高作物对磷肥的利用率

磷肥施入土壤后很快被转变为土壤难溶性磷，因此，磷肥的利用率一般比较低。如果间套作作物搭配合理，就可以大幅度提高作物对磷肥的利用率。在新开垦贫瘠土壤上进行的试验表明，与单作相比，间作显著提高了磷肥的表观回收率。在相对较为肥沃的灌漠土上，对蚕豆/玉米、鹰嘴豆/玉米、大豆/玉米和油菜/玉米 4 种间作模式的磷肥表观回收率进行了为期 3 年的研究，结果表明，间作的磷肥表观回收率相对于相应单作平均提高了 10%。

5.4.4 发挥根系互作潜力，提高作物籽粒微量元素含量

由于双子叶植物和禾本科单子叶植物利用土壤中铁的途径不同，当两种作物间作时，可以改善双子叶植物的铁营养。作物铁营养的改善不仅有利于增产，而且由于铁是人体必需的微量元素，通过栽培措施提高作物可食部分的铁浓度，被认为是改善人体铁营养的重要途径之一。例如，在花生/玉米间作体系中，花生籽粒中的铁浓度比单作花生高 1.43 倍；在小麦/鹰嘴豆间作体系中，鹰嘴豆籽粒铁浓度比单作鹰嘴豆高 2.82 倍。在甘肃武威的田间试验证明，当与玉米间作时，鹰嘴豆籽粒中铁、锌、铜的浓度分别比单作高 26.3%、12.8%和 15.4%；同样，与玉米间作的蚕豆籽粒中锌、铜的浓度分别比单作高 10.6%和 7.5%（王艳，2015）。

5.4.5 发挥根系互作潜力与品种筛选和育种问题

间套作中作物合理组合和适当的品种选择是间套作成功的关键，但所受的关注比较少。合适的作物种或品种的组合可以强化作物之间正的种间互作，降低作

物之间的竞争作用，从而提高生产力。因此，通过育种使作物具有某些有利于种间促进、降低竞争的作物特性，是一个值得重视的问题。这些可以通过定向育种培育适宜的作物生育期、根系大小和深浅、作物地上部高度等来实现。

总之，间套作是我国传统农业的精髓之一，也是人类在长期实践中不断学习和认识过程中获得的经验知识的结晶。合理的间套作蕴含了丰富的生态学原理，如何将这些科学原理挖掘出来，在丰富生态学理论的同时，进一步对这一种植模式进行不断完善和改进并发扬光大，将是农业生态工作者的重要使命。相信这一传统模式将是发展集约化生态农业的重要措施，并在现代农业中发挥越来越重要的作用。

第6章 植物与微生物互作研究与展望

6.1 植物—根瘤菌互作

6.1.1 根瘤的类型、形成及固氮过程

固氮微生物是指能将大气中游离的氮素转变成含氮化合物的微生物。固氮微生物多种多样，从它们的固氮形式来分，有自生固氮、联合固氮和共生固氮。其中，共生固氮效率高，固氮量大，对于豆科农作物和牧草的氮营养和生长具有重要意义。据估计，根瘤菌—豆科植物共生固氮体系每年固定的纯氮量约为4000万t，约占农业体系生物固氮总量的65%（Herridge et al.，2008），是自然界效率较高的固氮体系。

根瘤菌是一类革兰氏阴性菌，在土壤中大部分时间营腐生生活。在条件适宜的情况下，根瘤菌附着到宿主植物根系表面，侵染豆科植物根毛后，在皮层细胞内大量繁殖。同时，植物根系因受根瘤菌分泌物的刺激而产生一系列生理生化反应，皮层细胞迅速分裂，产生大量新细胞，使皮层部分的体积膨大和凸起，从而形成根瘤。根据根瘤的形态结构及发育特点，可将其分为两种类型，即无限根瘤（或称非定型根瘤，如豌豆、蚕豆、三叶草等豆科作物形成的根瘤）和有限根瘤（或称定型根瘤，如大豆、豇豆、花生等豆科作物形成的根瘤）（Sprent and Embrapa，1980）。

根瘤共生固氮过程是在固氮酶的催化作用下进行的。固氮酶是一种能够将氮气还原成氨的酶，由两种蛋白质组成：一种含有铁，叫作铁蛋白；另一种含有铁和钼，叫作钼铁蛋白。铁蛋白和钼铁蛋白同时存在并形成复合体时就具有了还原氮气的能力（Bulen and Lecomte，1966）。

固氮过程可以用下面的反应式概括：

$$N_2 + 8H^+ + 8e^- + 16ATP \longrightarrow 2NH_3 + H_2 + 16ADP + 16Pi$$

在根瘤菌一豆科植物共生固氮体系中，宿主为根瘤菌提供良好的居住环境、碳源、能源及其他必需营养物质，而根瘤菌则为宿主提供氮素营养。根瘤菌与豆科植物形成的共生体系不仅能够通过固氮减少作物对化学氮肥的需求，还能改良土壤结构、提高作物产量（陈文新和汪恩涛，2011）。

6.1.2　根瘤菌剂及其在作物生产和生态恢复上的作用

菌剂类肥料通常指以菌种活体及其代谢物改善植物营养条件，对植物的生长、发育或有效成分有促进作用的一类特殊生物制品（干大木 等，2009）。根瘤菌剂是应用最广泛的菌剂类产品，在植物的生长发育、减少化肥施用量及提高豆科作物品质等方面具有重要作用。根瘤菌剂一般指含有根瘤菌的菌剂产品，可以接种于种子或者农田土壤（Brockwell and Bottomley，1995），有效地提高土壤中的根瘤菌数量。自 1895 年首次在德国出现了以“Nitragin”为商品名的根瘤菌接种剂以来，苏联、英国、美国和法国等相继实现了根瘤菌剂的工业化生产和大面积推广。在美国等发达国家和巴西等发展中国家，接种根瘤菌面积占播种面积的 30%～50%，有的甚至超过了 80%（Gan et al.，2010）。

根瘤菌剂根据形态和制备工艺的不同，主要分为琼脂平板菌剂、液体菌剂、固体菌剂、粉剂、颗粒菌剂和冻干菌剂。琼脂平板菌剂是最早应用的菌剂，其生产工艺简单，但不利于运输和保存。液体菌剂是国际上应用的主要菌剂类型，是根瘤菌液体发酵的直接产物，是所有菌剂类型中含活菌数最高的。使用液体菌剂时将其稀释到适当浓度，在播种时喷施到播种沟内或者进行种子表面喷洒（也叫根瘤菌包衣，阴干后播种），既适合大面积机械化液体喷施，也适合小面积人工包衣播种。因此，液体菌剂被认为是根瘤菌剂应用效果最好的类型。固体菌剂是由根瘤菌菌液和一些粉状基质混拌均匀而成，根瘤菌先在发酵罐中经过一段时间的大量发酵培养，再转入固体粉末载体（或称吸附剂）中，经过成熟期的增殖和细胞适应之后形成的菌剂（Roughley and Pulsford，1982）。在所应用的载体中，草炭最优。目前国内外商业固体菌剂生产多以价廉质轻的草炭、蛭石和珍珠岩 3 种材料为载体，因其使用方便、保藏期较长、生产工艺简单和成本低廉而被广泛推广应用（Singleton et al.，2002）。粉剂是将根瘤菌发酵液采用干燥设备变成的干粉菌剂，优点就是便于运输和保藏。然而，该生产工艺技术复杂、成本高，在干燥的过程中还会导致大量的根瘤菌死亡。颗粒菌剂是颗粒化的固体菌剂，其兼顾了固体菌剂和粉剂的优缺点。冻干菌剂是用冷冻干燥技术除去细胞水分制成的，国外已有商品出售（吴红慧和周俊初，2004）。

根瘤菌剂作为一种有效提高豆科植物产量的微生物菌剂，已经得到了较为全面的开发。巴西、阿根廷自20世纪60年代以来大规模扩种大豆，均不施氮肥，只用根瘤菌接种并辅以适量的磷、钾肥，产量均在3000kg/hm^{2}以上，最高产量可达4500kg/hm^2。20世纪中期，我国在南北方广泛开展大豆、花生、紫云英接种根瘤菌试验，取得了显著的效果。70年代以后，化肥的大量投入使豆科作物在生产上接种根瘤菌停滞不前。在我国根瘤菌剂使用面积仅占大豆种植面积的3%，种大豆主要依赖氮肥，单产仅1500kg/hm^2，在世界上排名第八（陈文新，2013）。近年来，农业农村部推动实施化肥使用量零增长行动方案，为根瘤菌剂在大豆、花生等豆科作物生产中的大量使用提供了新的机遇。

研究发现，豆科植物—根瘤菌共生固氮体系可以固定空气中氮气形成45～75kg/hm^{2}的氮肥，理论上能使大豆增产15%左右（赵念力 等，2014）。在石家庄的田间试验研究结果表明，花生接种根瘤菌剂增产12.25%，效益增收201.35元/亩（李艳宁，2019）。在河北、河南、山东的田间小区试验表明，大豆接种优质根瘤菌可以增产17.8%～35.6%，产量在4000kg/hm^{2}以上，接种根瘤菌比每亩追施10kg尿素增产10%（陈文新，2013）。长达8年的田间试验发现，接种根瘤菌后大豆平均增产4342kg/hm^2，每公顷平均效益增加484.5元，减少尿素投入达800t（管凤贞 等，2012）。还有研究表明，根瘤菌在作物根部大量生长繁殖，可以减小病原微生物的繁殖机会；同时，根瘤菌可诱导植物产生系统抗性，减轻作物发病的概率，提高抗病性（田丰 等，2014），施用根瘤菌剂还可以增强作物的抗旱能力（曾小红 等，2008）。

豆科作物接种根瘤菌剂后，土壤的氮素含量明显提高。这很有可能是根瘤向土壤中释放了氮素，也有人认为这与土壤中微生物的代谢有关（黄宝灵 等，2004）。在四川的田间试验表明，接种根瘤菌种植两年后，土壤全氮含量比未接种种植区高25.81%（虎彪，1997）。黑龙江草甸黑土上的田间试验采用根瘤菌剂拌种的方法对大豆进行接种，并分别测定了大豆苗期、花期、结荚期及成熟期的土壤理化性质，发现大豆各生育时期土壤全氮含量接菌处理均高于空白处理。另外，除了成熟期，土壤中的碱解氮含量也在接种后有显著增加的趋势（孟庆英，2012）。在酸性土壤上，接种耐酸根瘤菌促进了土壤无机氮的释放。120d时土壤铵态氮含量提高了17%～56%，硝态氮含量提高了145%～226%（任豫霜 等，2017）。付萍（2015）的研究发现，接种根瘤菌的土壤，其全氮含量和有机质含量比未接种根瘤菌的土壤分别提高了33%和17%。这表明了根瘤菌剂不仅可以替代化学氮肥给植物供氮，还可以提高土壤的氮素水平，改善土壤肥力。此外，在根瘤菌剂和氮肥配施的条件下，氮肥利用率也会提高（刘佳 等，2016）。然而，也有少数研究发现，使用根瘤菌剂后对于根际土壤全氮含量没有明显影响（张慧 等，2005），因此，在不同地区，针对不同的豆科植物及土壤，选择适合当地土壤条件、竞争力强的根瘤菌剂尤为重要。豆科作物接种根瘤菌剂，不但能够明显改善土壤的氮素营养状况，还能够提高土壤中磷的生物有效性。接种根瘤菌剂的植株根际和根瘤际会发生酸化，促进根际土壤中的难溶性磷活化为能被植物利用的有效磷，从而提高土壤中磷的生物有效性（Qin et al.，2011；Ding et al.，2012）。此外，根瘤菌分泌的铁载体、有机酸，以及生长调节剂等，除了提供磷营养，还有利于植物对难溶性铁和锰等营养元素的活化吸收。

豆科作物接种根瘤菌剂，除了对土壤氮、磷营养状况有影响，也影响土壤的微生态系统。有研究发现，与不接种的对照相比，使用根瘤菌剂后土壤氨化细菌、硝化细菌及自身固氮菌数量均显著地增加（孟庆英，2012）。接种根瘤菌还可以显著提高土壤中的可培养微生物数量，土壤中的可培养细菌、真菌和放线菌数量比未接种对照分别提高了 62%～348%、3%～442%和 19%～255%，同时，降低了根际土壤中的异构 PLFA（phospholipid fatty acid，磷脂脂肪酸）与反异构 PLFA 的比值，从而提高了根际土壤微生态的稳定性（任豫霜 等，2017）。也有研究发现，根瘤菌接种不但能够促进根际有益微生物的繁殖，而且改变了根际细菌群落的组成，以及根际细菌间的联系（Zhong et al.，2019）。

在重金属污染地区，利用根瘤菌—豆科植物共生体系，既可通过固氮作用加速污染地区营养元素的积累，又可富集重金属，修复生态环境（韦革宏和马占强，2010）。Younis（2007）研究了镉、锌、钴、铜等不同重金属对接种和未接种根瘤菌的扁豆生长的影响，发现根瘤中的重金属积累量明显高于植物根和茎，根瘤中重金属的积累提高了植物对重金属的抗性，促进了植物的生长，使植物从土壤中带走更多的重金属，从而使土壤得到修复。根瘤菌不仅具有抗重金属的能力，还能降解有机污染物，刺激其他降解菌的生存和行动能力，从而降低污染物的浓度，可修复盐渍、多氯联苯和 PAHs 等多种类型的污染土壤，对生态环境的修复起着重要作用（黄兴如 等，2016）。

综上所述，根瘤菌剂在农业生产中具有重要的作用。图 6-1 对根瘤菌剂在农田生态系统中的作用进行了总结。

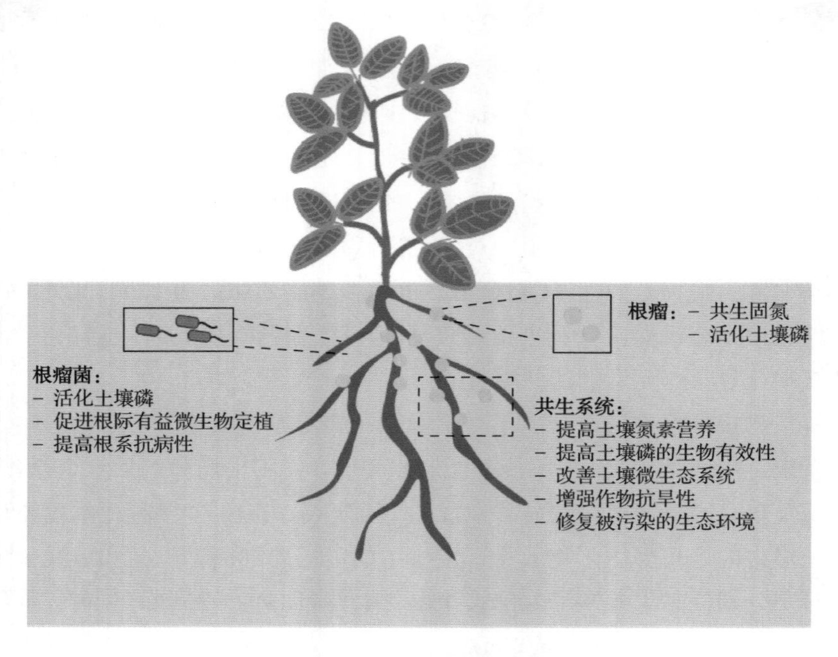

图 6-1　根瘤菌剂在农田生态系统中的作用

6.1.3　根瘤菌剂高效利用的调控途径

接种高效根瘤菌剂能够促进豆科作物结瘤固氮，减少氮肥的大量使用，因此，目前根瘤菌剂是全球范围内应用最广泛、效果最好的微生物菌肥。如图 6-2 所示，在农业生产中，可以从以下几个方面促进根瘤菌剂在田间的高效利用。

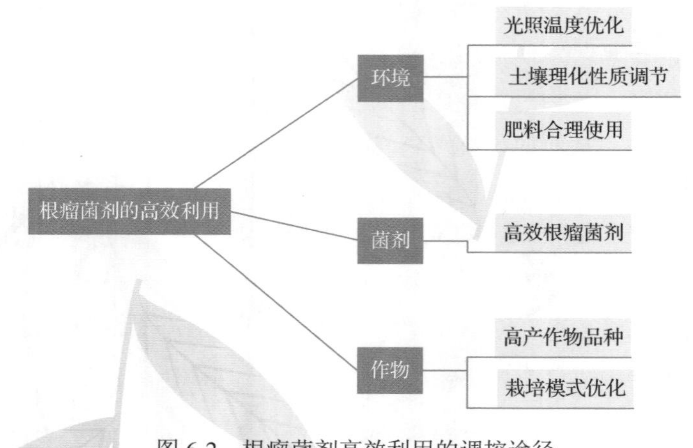

图 6-2　根瘤菌剂高效利用的调控途径

1. 根瘤菌剂的选择与使用

选择合适的根瘤菌剂是根瘤菌剂高效利用的前提。首先，不同豆科作物对根瘤菌具有选择性，只有保证作物接种到相匹配的根瘤菌菌种，根瘤菌共生固氮的作用才能够发挥出来。其次，较多地区由于常年种植大豆，其土壤中的土著根瘤菌较为丰富，但是大部分土著根瘤菌侵染豆科作物后发挥的固氮作用并不大，因此，选择比土著根瘤菌竞争能力强的根瘤菌菌种至关重要（张凤彬，2011）。在根瘤菌使用过程中，其数量会影响接种效果，因而影响根瘤菌剂的增产效果。朱铁霞等（2008）的研究发现，紫花苜蓿根瘤菌剂接种量越多，增产效果越明显，其中根瘤菌的接种量在 20g/hm^2 时接种效果最明显。所以使用根瘤菌剂时也应把握根瘤菌剂的使用量，达到根瘤菌剂的高效利用。

2. 光照、温度及土壤理化性质等影响根瘤菌剂高效利用

在根瘤菌剂存放及使用过程中，光照和温度严重影响着根瘤菌接种及使用效果。在根瘤菌剂使用前，要将其存放在阴凉处，不能暴晒于阳光下，以防根瘤菌被光照杀死。接种时，用种子质量 20% 的清水稀释根瘤菌剂，后将菌剂洒在种子表面，并充分搅拌，让根瘤菌剂粘在所有种子表面。根瘤菌剂与种子拌种后 24h 内要将种子播入湿土中，播完后立即盖土，切忌阳光暴晒。在保存、运输、搬运、拌种和播种后，都要尽量避开阳光直射。例如，拌种时要在阴暗的地方，搬去田间时用黑布覆盖，播种后立即盖土等（何永梅，2013；梅沛沛 等，2018）。大豆结瘤的最适温度为 20～28℃，过高或过低的土壤温度都不利于根瘤菌在土壤中定居和侵染根毛结瘤。因此，根瘤菌剂使用时要避免温度过高的天气，这样才能保证根瘤菌在土壤中的存活率，促进根瘤菌剂的高效利用。

根瘤菌只有在适宜生存的环境中，才能正常发挥作用。根瘤菌适于中性至微碱性的土壤条件，应用于酸性土壤时，要加石灰调节土壤酸度（刘崇彬 等，2002；贾小红 等，2007）。土壤水分状况也会影响根瘤菌的结瘤固氮效果，良好的土壤水分是保证根瘤菌使用效果的前提。根瘤菌接种进入土壤后，一般停留在种子周围或苗床上，只有通过水分作用，才能使根瘤菌接触根毛，进而侵染和结瘤。根瘤菌剂与大豆拌种播种后，土壤湿度要保持在田间持水量的 60%～80%（梅沛沛 等，2018）。因此，在进行根瘤菌接种时要进行合理灌溉，保持适宜水平的田间持水量，这样才有利于根瘤菌接种并充分发挥作用。地膜覆盖也是为根瘤菌提供湿润疏松环境的措施（马玉珠，1983；刘崇彬 等，2002）。

根瘤菌是喜温好气型的微生物，土壤通气性也影响根瘤菌在土壤中的存活。土壤板结、通气性差会使根瘤菌生长受阻，结瘤少且小（张凤彬，2011）。采取不同措施增加土壤通气性，能够促进根瘤菌的存活率，保证根瘤菌高效利用。例如，

增加中耕次数能够有效促进根瘤菌结瘤固氮。在豆科作物生长期间特别是早期，中耕松土、除草能够促进根瘤菌生长和繁殖，提高其固氮能力。从出苗至开花，中耕 2～3 次，开花后再中耕 1～2 次，不仅能促进植株生长，也能够促进根瘤菌生长发育，提高其固氮能力。

由此可见，在根瘤菌剂使用过程中，可以通过调节光照、温度、土壤理化性质等来促进根瘤菌剂的接种效果，促进根瘤菌剂的高效利用。

3. 合理施用无机有机肥料促进根瘤菌剂高效利用

根瘤的生长受氮素的影响。氮肥的大量施用，会促进光合产物向根系分配，降低其向根瘤的转运而影响根瘤的发育，进而显著降低根瘤数目和固氮酶活性（Fujikake et al.，2003）。相反，如果完全不施氮肥，则不能满足豆科作物的生长发育所需，尤其不能满足根瘤有效固氮前植物生长发育的需求，此时即使接种了根瘤菌，苗期根瘤数量也会很少，并且根瘤很小，植株不能或很少能利用根瘤菌共生固氮提供的氮素。因此，对缺氮的土壤，施少量的氮肥能够使豆科作物在苗期正常生长，而在生长后期则可采取叶面施肥，解决氮对豆科作物固氮的抑制（张凤彬，2011）。研究表明，接种根瘤菌时配施一定氮肥，更能促进根瘤生长，增强其固氮能力，同时产量增加也更为明显（关兴照 等，2000）。

根瘤的生长除了受氮素影响，也会受到磷钾及微量元素的影响。豆科作物整个生育周期都需要充足的磷钾肥，特别在生长中后期更加迫切。磷钾肥的施用能够增强根瘤菌固氮能力，延长其寿命，尤其是施用磷肥，能起到“以磷增氮”的作用。在种植豆科作物期间，为满足作物生长发育及根瘤菌对磷钾肥料的需要，一般每亩可施 15～20kg 磷酸二铵（或 40～50kg 过磷酸钙）、50～70kg 草木灰（或 10kg 硫酸钾）（刘崇彬 等，2002）。适量的铁、钼和锌等微量元素的使用也是保证根瘤正常发育及高效固氮的措施。钼和铁是固氮酶的组成成分，钼肥和铁肥的施用能促进大豆共生固氮作用。钼肥通常使用钼酸铵，采取拌种方式，拌种用量为 0.12～0.2kg/hm^2，可与根瘤菌剂混合拌种。生长在 pH 较高的石灰性土壤上的豆科作物容易缺铁，可以叶片喷施加以缓解，以免影响结瘤固氮。锌肥的施用能够促进豆科作物生长，增强结瘤固氮能力。锌肥一般使用硫酸锌，使用量为 7.5～15.0kg/hm^2（张凤彬，2011）。

根瘤菌数量随着土壤中有机质含量的增加而增加，增加有机肥料的施用也能够促进根瘤菌数量的提高。研究发现，豆科作物当年当季亩施有机肥 3000～4000kg 时，其根瘤菌数量能够增加 1.5～2 倍，同时产量也得到较大幅度的增加（刘崇彬 等，2002）。由此可见，将高效根瘤菌应用于田间生产实践，必须与合理的养分管理措施相结合，即人工接种高效根瘤菌的同时适量施用无机有机肥料，提高大豆生物固氮效率的同时达到减肥增产。

豆科作物与禾本科作物间作已经成为一种非常普遍的种植模式。研究发现，豆科作物和禾本科作物间作能排除根瘤菌“氮阻遏”的障碍，提高豆科作物的结瘤水平，促进豆科结瘤固氮，进而达到禾本科作物与豆科作物双增产的效果（胡举伟 等，2013；Banik and Sharma，2009；Li et al.，2009）。另外，菌根真菌作为土壤中另一类有益微生物，能够活化土壤中的养分，从而促进作物的吸收。研究表明，与单接种根瘤菌相比，双接种根瘤菌与菌根真菌后，植株氮磷含量及固氮酶活性均显著提高（窦新田 等，1989；Wang et al.，2011）。因此，禾本科作物与豆科作物间作，以及根瘤菌和菌根真菌混合接种也有利于根瘤菌的高效利用。

综上所述，在根瘤菌剂使用过程中，必须在根瘤菌剂的选择、外界和土壤环境及肥料施用等方面进行调控，促进根瘤菌的接种，从而达到高效利用根瘤菌剂的目的。

6.2　植物—自生固氮菌和联合固氮菌互作

6.2.1　根际自生固氮菌和联合固氮菌的特征

氮是所有生物生命活动必需的元素，植物不能利用大气中的氮气，而依赖根际微生物的固氮作用以提高氮营养水平。生物固氮在地球氮循环中和农业生产上具有重要地位，并在维持全球作物生产力水平方面起着重要作用。在没有人为养分投入的自然土壤中，微生物所固定的氮素可占土壤新鲜氮素来源的 97%以上（Reed et al.，2011）。根际固氮细菌可分为自生固氮菌、共生固氮菌和联合固氮菌 3 种。在土壤中接种生物固氮菌是未来农业生产上实现氮肥减施的一种途径。

自生固氮菌是指能够在土壤中独立进行固氮且未与植物建立共生关系的细菌，它普遍存在于地球各种陆地生态系统中，可利用多种底物进行固氮。自然界中的自生固氮菌种类繁多，广泛分布于土壤和水体中，主要分为光合细菌和非光合细菌两类（Barron et al.，2009；Benner and Vitousek，2012；Deluca et al.，2002；Matzek and Vitousek，2003；Roskoski，1980）。光合细菌主要包括红螺菌、红硫细菌和绿硫细菌等，其中一些微生物可与其他微生物联合而互惠互利。根据非光合细菌自生固氮对氧的需求，可以分为厌氧细菌（如梭状芽孢杆菌）、需氧细菌（如自生固氮菌、拜叶林克氏固氮菌、固氮螺菌等）、兼性细菌（如多粘芽孢杆菌、克雷伯氏杆菌、肠杆菌等）。自生固氮微生物固氮效率不高，而且只有在不含氮肥的低氮贫瘠土壤中才能固氮，这类固氮菌对环境氮浓度的响应十分敏感，土壤中的有效氮素会抑制它们的固氮能力。据估计，每消耗 1g 碳水化合物，自生固氮微生物固定 10mg 氮气，而共生固氮的根瘤菌则可以固定 27mg 氮气。但是自生固氮菌除了可以固定氮素，还可以溶解磷酸盐，活化有效磷钾，提高土壤供磷供钾能力。在缺乏大量共生固氮植物的热带雨林、温带草原、北极冻土带和北方生态环境中，自生固氮菌对满足植物的高氮需求和平衡氮素损失发挥着一定的作用（Reed et al.，2011）。

共生固氮菌与植物的关系最为密切，包括根瘤菌、弗兰克氏放线菌和蓝细菌。根瘤菌是能够与豆科植物共生、形成结瘤并固氮的一类细菌的总称，这类固氮细菌的共同特征是与植物建立互惠互利的共生关系，即细菌为植物提供有效氮而植物为细菌提供碳水化合物。植物与细菌之间建立了相互之间严格的协同机制，通过拒绝固氮或者调节细菌体内氧气浓度控制细菌生长等方式实现对作弊一方的惩罚，以此维持共生关系的稳定性（Kiers et al.，2003；West，2002）。弗兰克氏放线菌是放线菌科的固氮菌，可以定植在植物皮层组织中形成根瘤，生成豆血红蛋白将氮气还原成铵。但是弗兰克氏放线菌与植物之间的共生关系不像根瘤菌那样稳定（Vessey et al. 2005）。蓝细菌是一类能够与苔藓、地衣、蕨类等植物建立共生关系的固氮细菌，不形成根瘤。蓝细菌还能与真菌（如 AM 真菌）建立十分专一的共生关系，为真菌提供氮素，同时从真菌获得水分和矿质养分。

联合固氮菌是一类能够利用土壤中的有机质生存、并具有固氮能力的细菌。联合固氮菌与植物的关系比较松散，通常定植于根系表面，依赖根系分泌的碳水化合物生活；联合固氮菌也能侵入植物根皮层组织或微管中，但不与宿主形成类似根瘤那样的特异分化结构（图 6-3），它与植物的紧密程度介于自生固氮菌和共生固氮菌之间。联合固氮菌在自然界广泛存在，如在甘蔗、黑麦草（李凤汀 等，1992）及竹子（顾小平 等，2001）等草本植物、木本植物（康丽华，2002）的根际中都发现了联合固氮菌。联合固氮菌主要以宿主植物提供的光合产物为能源进行固氮，可为宿主植物提供高达 60%以上的氮源。根据生理生态特征，联合固氮菌可以分为 3 类：根际固氮菌、兼性内生固氮菌和专性内生固氮菌（张丽梅 等，2004）。根际固氮菌包括雀稗固氮菌和拜叶林克氏菌等。兼性内生固氮菌既能在根内也能在根表和土壤中定植，如产脂固氮螺菌、巴西固氮螺菌、亚马逊固氮螺菌、伊拉克固氮螺菌等。专性内生固氮菌在土壤中不能生存或者生存能力差，主要从植物根表细胞或次生根形成点的细胞间隙感染植物，经木质部扩散至植株上部。这一类群主要包括重氮醋酸固氮菌、固氮弧菌、织片草螺菌和红苍白草螺菌等（Boddey and Dobereiner，1995；Breda et al.，2019；Chubatsu et al.，2012；Pedraza，2008；Steenhoudt and Vanderleyden，2000）。联合固氮菌广泛存在于多种植物根际土壤中，是非豆科作物的主要氮素来源之一，能提高作物的氮营养水平，带来增产效应。除了生物固氮，联合固氮菌还具有溶磷、产生植物激素、促进养分吸收和增强植物抗逆性等功能，因此，联合固氮菌对植物生长有着良好的刺激作用。

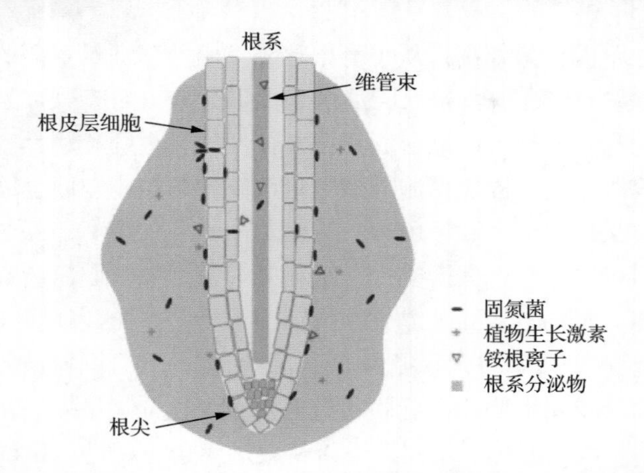

联合固氮菌存在于根际土壤或根系表面，利用根系分泌物作为碳源，部分固氮菌可以进入根皮层细胞内部，甚至进入维管束中。固氮菌通过固氮作用分泌出的铵根离子被根系吸收。此外，固氮菌还能分泌植物生长激素，促进根系的生长，增强根系对土壤矿质元素的吸收能力。

图 6-3　联合固氮菌在根系中的分布

6.2.2　根系分泌物对根际自生固氮菌和联合固氮菌功能的影响

土壤中大部分自生固氮菌和联合固氮菌具有趋化性和运动性，可以通过双组分系统感知周围环境变化并做出调控，植物根系分泌物中的碳水化合物（如糖）、氨基酸和有机酸可以被细菌感知，细菌通过反应调节器调动鞭毛或菌毛运动基因的表达，向根际方向移动。

根际联合固氮菌与植物建立联合固氮体系通常需要 4 个过程。①趋化。细菌通过鞭毛响应根系分泌物，通过不同的运动方式靠近根系。②结合。结合分为吸附和锚定两个过程：吸附是指单个细菌通过鞭毛、纤毛或胞外多糖吸附在根表，是一个可逆的微弱联结过程；锚定是指多个细菌聚集，产生大量纤维丝，锚定在根表，是一个不可逆的紧密联结过程。结合的位置与根表黏质、根表糖基分布和植物凝集素有关。③根际竞争。固氮菌在与植物形成联合固氮体系过程中需要经过根际竞争，使其在根际占据有利的生态位和较高的数量比例。与根际的其他细菌相比，固氮菌能够利用多种含碳化合物和不同形态的氮源，对环境的适应性较强。此外，固氮菌能够分泌细菌素，还能抑制其他细菌的生长。固氮菌还可以分泌高铁载体，与其他细菌竞争吸收铁离子。④侵入。有些联合固氮菌能够侵入植物根系内部，形成内生固氮体系，主要通过已退化的根毛、分生组织空隙、侧根初生空隙或果胶酶轻度水解及机械损伤等造成的通道侵入植物根组织内（林敏和尤崇杓，1992；Elmerich and Newton，2007）。

根际联合固氮体系建立过程中的趋化过程和结合过程可能存在特异性，C3 植物小麦分泌物中草酸含量较高，从小麦根际分离出的菌株对草酸的趋化性最强；C4 植物玉米分泌的苹果酸含量较高，从玉米根际分离出的菌株对 *L*-苹果酸的趋化性最强，这种菌株特异性反映联合固氮菌对宿主植物根际环境具有一定的选择和适应能力。植物凝集素和固氮菌胞外蛋白也可能参与植物与联合固氮菌之间的识别和结合过程（Del Gallo et al.，1989；Burdman et al.，2001）。联合固氮菌与宿主植物结合后会对植物产生一些影响：①植物氮含量增加，固氮菌通过生物固氮过程向植物传递氮，同时也可能促进植物根系氮转运蛋白的表达（Becker et al.，2002）；②根系吸收土壤矿质元素能力增强，这可能是联合固氮菌释放某些细菌信号物质，引起植物皮层细胞的细胞膜通透性发生变化，大量质子从皮层细胞释放出来，造成根际环境的酸化，从而促进磷和微量元素的活化（Spanswick，2003）；③植物根系形态发生变化，联合固氮菌分泌植物激素促进侧根生长和根毛数量增加。

陆地上大约 80%的植物可以与 AM 真菌共生，4%～20%的植物光合产物传递到 AM 真菌体内（Jakobsen and Rosendahl，1990），一部分用于 AM 真菌的生长代谢，另一部分以富含碳水化合物的菌丝分泌物形式从根外菌丝释放出来。AM 真菌可能通过与固氮菌互作促进生物固氮及其对宿主 AM 真菌植物氮营养产生贡献。Paula 等（1992）发现双接种 AM 真菌和固氮菌可以促进宿主植物生长，这种促进作用主要由于固氮菌提高了 AM 真菌侵染率，增强了 AM 真菌对土壤氮的吸收转运，从而促进了宿主植物的生长。Sood（2003）通过 AM 真菌和圆褐固氮菌的接种研究发现，AM 真菌可以通过影响植物根系分泌物成分和含量，并通过菌丝增强圆褐固氮菌在土壤中的移动性，从而增强固氮菌对宿主植物根系的趋化性。AM 真菌菌丝分泌物可以作为吸引固氮菌在菌丝际定植的碳源。菌丝际细菌 16S rRNA 基因测序的相关研究结果表明，菌丝际可能存在一些常见的固氮菌种类（Bonfante and Anca，2009），菌丝际的生物固氮过程可能会对宿主植物的氮吸收产生影响。

我国的生物肥料研究自 20 世纪 50 年代兴起，联合固氮菌剂的使用目前比较普遍，虽然有一定的增产效果，但是仍然存在一些问题（范丙全，2017），如接种单一菌剂往往会由于与土著菌的竞争导致细菌存活率低。自生固氮菌和联合固氮菌对土壤中的氮素水平比较敏感，农田生态系统中由于长期施用化肥，土壤氮含量普遍较高，这会抑制固氮菌固氮能力的发挥。此外，联合固氮菌固定的氮只有很少一部分或者在细菌死亡后释放出来供植物吸收利用（Rao et al.，1998）。因此，研制含有多种固氮菌株的混合生物菌剂及选育耐铵泌铵能力强的固氮菌株，是联合固氮类生物菌剂研发应当重点突破的技术性问题。

6.2.3　根际自生固氮菌和联合固氮菌对植物氮营养的贡献

根际自生固氮菌和联合固氮菌能够显著增加作物产量，但两者受不同土壤和环境影响表现出显著的差异性，且对植物氮营养吸收的贡献率也不相同。Cleveland 等（1999）评估了全球范围内自生固氮和联合固氮的贡献率，两种途径的相对贡献率随时空分布而变化，且因不同生态系统而异。Rao 等（1998）指出了在当季水稻中联合固氮菌的固氮量为 10～80kg N/（hm^2·a），且固氮量在不同耕作方式和水稻品种条件下差别很大。Chalk（1991）指出，热带缺氮土壤上非豆科作物甘蔗和牧草通过联合固氮所贡献的氮总量为 30～40kg N/（hm^2·a）。与联合固氮相比，土壤中自生固氮量相对较低，一般为 1～20kg N/（hm^2·a）。其中，热带雨林生态系统的自生固氮量为 0.1～60kg N/（hm^2·a），热带草原生态系统的自生固氮量为 3～30kg N/（hm^2·a），温带森林生态系统的自生固氮量为 0.01～12kg N/（hm^2·a），温带草地生态系统的自生固氮量为 0.1～21kg N/（hm^2·a）。

从固氮效果上看，联合固氮菌的固氮量总体上高于自生固氮菌的固氮量。然而由于两种固氮菌对环境因子的响应及与植物的互作不尽相同，在不同的生态系统和环境条件下，两者的贡献率显著不同。自生固氮菌和联合固氮菌的固氮效应受多种因素调控，如土壤类型、养分供应强度、通气性、生物学性质、管理措施和农药使用等。由于自生固氮菌并没有与植物建立密切的联合关系，其对环境因子变化也更为敏感，即使在很小的空间范围内，自生固氮菌的群落组成也差别很大，而联合固氮菌群落组成在一定空间内几乎相同。联合固氮菌的固氮量因植物基因型而异，不同基因型植物根系的联合固氮量往往相差很大。其中，主要经济作物的联合固氮量高，特别是单子叶植物能够通过根际的联合固氮作用在很大程度上供应氮需求。同一森林系统的林下植物固氮量有极大的差别，范围为 1.0～160.0kg N/（hm^2·a）。Boddey 和 Dobereiner（1995）发现，甘蔗的内生联合固氮菌，如固氮螺菌属、伯克霍尔德菌，固定的氮量可达 150kg N/（hm^2·a）。

在不同肥力的土壤上，联合固氮量和自生固氮量也不尽相同。Alferov 等（2018）通过春小麦田间试验发现，在黏质石灰壤中联合固氮量为 8～10kg N/（hm^2·a），而在黑钙土中联合固氮量为 12kg N/（hm^2·a）。Dynarski 和 Houlton（2018）研究了施用氮肥、磷肥和钼肥对自生固氮的影响程度，发现施钼能够极显著地促进热带森林土壤中的自生固氮，而施氮极显著地减少了自生固氮量，施磷没有产生显著影响。Oliveira 等（2003）在不同水平施肥处理的土壤上接种联合固氮菌，发现低氮水平处理的联合固氮量最高。可能因钼是固氮酶的组成成分，土壤钼含量的增加能够促进固氮作用，而铵根离子能在一定程度上抑制自生固氮菌的活性。

自生固氮和联合固氮的贡献率在不同地区和不同生态系统之间相差很大。联合固氮量在海拔高的低温生态系统中显著减少，而自生固氮菌则是冻土地带的主要固氮微生物，其固氮量为0.4～3kg N/（hm^2·a）（Cleveland et al.，1999）。Ladha和Reddy（2003）发现，自生固氮菌和联合固氮菌普遍存在于稻田土壤中，生物固氮和土壤有机氮量可满足低产或高产稻田50%以上的氮需求。其中，联合固氮菌在稻田生态系统中有较明显的固氮潜力，而自生固氮菌对水稻的氮供应只起很小幅度的作用。在缺乏联合固氮作用的生态系统中，自生固氮在生物固氮中起着主导作用。例如，在氮流失严重或在氮需求较高的热带雨林和温带草原生态系统中，自生固氮的强度往往较高，并对维持土壤氮平衡有着重要作用。Hedin等（2009）研究表明，自生固氮和大气氮沉降提供的氮就足以平衡热带雨林中的土壤氮素淋失，并且使土壤氮含量保持在较高水平。在农田生态系统中，异养型的自生固氮菌能够以作物残茬为碳源而固定相当数量的氮。Reed等（2011）发现，在亚马孙热带雨林中，大部分固氮微生物都为自生状态，并且它们对热带雨林生态系统贡献的固氮量为12.2～36.1kg N/（hm^2·a）。

除了空间因素，时间因素也调控联合固氮和自生固氮的比例。Chapin等（1991）发现，自生固氮菌的固氮量随着季节的变化而表现出明显的差异性，其可能受光照、温度及降水量等因素影响。Pérez等（2004）研究表明，含有落叶的表土层的非共生固氮量在温度较高的春季和夏季最大。Parton等（2007）发现，在陆地生态系统中，落叶分解过程中产生的氮为微生物活动提供了氮源。因此，自生固氮量在落叶覆盖的土壤表层往往较高，且随着季节而变化。联合固氮菌和自生固氮菌在植物氮营养上有着重要贡献。筛选一种能够进行高效固氮的土壤微生物作为接种剂，可提高植物的氮营养水平，促进植物健康，在实现作物优质高产上具有广阔的应用前景。

6.3 植物—菌根真菌互作

菌根是真菌与植物根系建立的互惠共生体，是生物界中最普遍、最重要的共生体之一。菌根真菌是在4亿年前伴随着第一批陆生植物的出现开始进化的（Remy et al.，1994），能够与90%以上的陆地植物的根系形成共生关系（Simon et al.，1993），包括树木、草和作物等。菌根的形态和结构构建了地下菌丝网络，具有丰富的生物多样性，在生态系统中发挥多种重要的功能。一方面，菌根真菌与其寄主植物互利共生，能够改善植物的营养状况，促进植物的生长发育。另一方面，地下菌丝网络在提高土壤肥力、改善土壤结构等方面发挥着重要的作用。

6.3.1　菌根的种类与特征

早期研究将菌根分为外生菌根、内生菌根及内外生菌根。外生菌根真菌只侵染植物根系的质外体空间；内生菌根真菌侵染到植物根系细胞内；内外生菌根真菌既能侵染根系的质外体空间，又能侵染到根系细胞内。随着研究的深入，人们将菌根进一步分成常见的 7 种类型：①AM，在根系内部形成典型的丛枝状结构，与植物交换养分；②外生菌根，由菌套、哈氏网、外延菌丝、菌索及菌核等几部分构成；③内外生菌根，结构和特点与外生菌根类似；④浆果鹃类菌根（ARM），具有菌丝套、哈氏网等结构，并且根内菌丝能够形成菌丝复合体；⑤水晶兰类菌根（MM），菌套多层且结构紧密，哈氏网仅存在于表皮组织；⑥杜鹃花科菌根（ERM），⑦局限于被子植物杜鹃花目中的几个科的特殊菌根，具有毛根结构（菌丝直径不足 100μm）；兰科菌根（OM），只存在于兰科植物上，能够在寄主根皮层细胞内形成结状或螺旋状的菌丝圈。以上的菌根较为典型，在自然界中也存在着一些非典型、结构特殊的菌根，如混合菌根、假菌根、外围菌根等。

AM 真菌是能与植物形成共生关系的最广泛的真菌，能与陆地 80%以上的植物形成共生体。研究发现，意大利玉米地里优势菌以球囊霉科为主，其次为巨孢囊霉科和隐类球囊霉科（Borriello et al.，2012）。在肯尼亚西部热带农田生态系统中，细凹无梗囊霉和疣壁盾巨孢囊霉是优势菌种（Mathimaran et al.，2007）。欧洲中部耕地土壤优势菌种为摩西球囊霉、地球囊霉和幼套球囊霉（Oehl et al.，2003）。

我国对 AM 真菌的研究始于 20 世纪 50 年代，刘润进和陈应龙（2007）统计，我国共报道了 7 个属 115 种 AM 真菌。其中，从我国北方农田土壤中分离出 AM 真菌 5 个属 22 个种，并鉴定了 20 个种。其中，优势种类为幼套球囊霉和摩西球囊霉（盖京苹，2003；盖京苹 等，2004）。王幼珊和刘润进（2017）在 AM 真菌系统发育分类重建的基础上，结合国际上 AM 真菌分类的权威学者的观点和官方网站上公布的 AM 真菌分类列表情况，将 Redecker 等（2013）对 AM 真菌的分类系统进行了完善和补充，将球囊菌门 AM 真菌补充至 1 纲 4 目 11 科 27 属。在农田生态系统中 AM 真菌种数为 25 种，优势属为球囊霉属，优势种为幼套球囊霉和摩西球囊霉。2003 年，北京市农林科学院植物营养与资源研究所建立了“丛枝菌根真菌种质资源库（Bank of Glomeromycota in China，BGC）”，旨在收集、保藏、共享及研究利用 AM 真菌菌种资源。菌种保藏量达到 40 种 190 株（王幼珊 等，2016），在推进中国 AM 的研究与应用等方面发挥了重要的作用。

6.3.2　AM 真菌的生态功能

AM 真菌功能上的多样性表现如图 6-4 所示：①帮助植物获取土壤中移动性

差的营养元素，如磷、锌、铜等；②提高植物对土传病原微生物（如病原真菌、根结线虫）的抵抗能力；③提高植物对干旱、盐渍、重金属毒害等非生物胁迫的抗性；④与根际微生物（如根瘤菌、解磷细菌、腐生微生物等）协同，促进植物固氮，加速土壤中有机态的氮磷化合物或有机污染物形态的转化；⑤AM 真菌通过自身合成的球囊霉素相关蛋白（glomalin-related protein）和提高生态系统净生产力等方式增强土壤碳固持；⑥AM 真菌的菌丝直接缠绕作用，以及菌丝分泌物的黏结作用促进土壤水稳性团聚体的形成，直接参与土壤结构的演变过程；⑦AM 真菌的群落与植物群落之间相互作用，强烈地影响植物群落的生物多样性、群落稳定性、生态系统净生产力及生态系统内部的养分资源的分配等重要的生态系统过程；⑧地下菌丝网络侵染不同的植物，将看上去相对独立的植物个体连接成一个完整的体系，并通过菌丝网络在植物个体之间传递营养元素，使养分资源在生态系统水平上能够更加均一化（冯固 等，2010）。

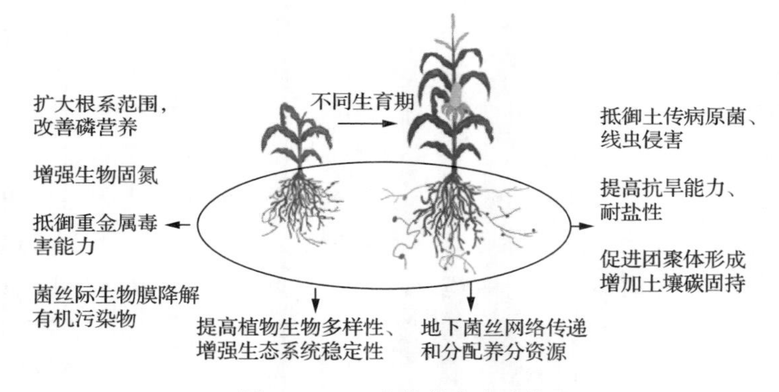

图 6-4　AM 真菌的生态功能

AM 真菌在植物的磷营养中占有非常重要的地位，它能活化土壤中无效态的磷，增加植物对磷的吸收，进而促进植物的生长（Olsson et al.，1999）。然而，过高的土壤有效磷含量抑制 AM 真菌对植物根系的侵染（Kahiluoto et al.，2001）。对植物生长不发挥促进作用（Ryan et al.，2014），甚至产生负效应（Graham and Eissenstat，1998）。除了磷素，关于 AM 真菌促进植物对土壤其他养分元素的吸收方面也有很多报道。例如，AM 真菌能促进植物对氮、钾、钙、镁、铜、铁、锌等营养元素的吸收（Smith and Read，1997）。

在自然生态系统中，AM 真菌不仅能增加植物对土壤中多种矿质养分的吸收，还能改善土壤质量（Smith and Read，1997）。AM 真菌可以通过根外菌丝将土壤中的小团聚体集合成大团聚体（Tisdall and Oades，1979），从而增加土壤的水稳性、力稳性和多孔性，改善土壤的物理性质。AM 真菌的根外菌丝分泌物能够为土壤中其他微生物提供碳源，间接地促进土壤团聚体的稳定。因此，菌丝的缠绕

作用及分泌物碳的供应对土壤结构的稳定产生了显著的影响（Bethlenfalvay and Schüepp，1999）。

AM 真菌能够提高植物的抗旱性（Smith and Read，1997），菌根的形成能够增加根系的水分传导率，并有改善气孔的作用等。在干旱胁迫下，被 AM 真菌侵染的植物通常比没有被侵染的植物能更好地吸收水分和养分（Srivastava et al.，2002）。AM 的抗旱性也存在着一定的局限性，在水分低度和中度胁迫时，AM 真菌能发挥作用，提高植物耐水分胁迫的能力。当缺水严重时，它对植物几乎起不到任何作用（Bryla and Duniway，2002）。

AM 真菌的根外菌丝可以通过分泌物影响周围土壤的理化性质。这种受菌丝分泌物影响，物理、化学和生物学性质发生明显变化的土壤微域称为菌丝际。在菌丝际中，AM 真菌与其他有益的根际微生物（如根瘤菌、自养固氮菌、溶磷细菌、PGPR 等）相互协同，共同促进植物的生长。豆科植物根系的根瘤菌受 AM 真菌的影响很大，被 AM 真菌侵染的豆类植物根瘤与没有被 AM 真菌侵染的存在差别，AM 真菌侵染可以增加植物根系的根瘤数量、固氮酶活性及对大气中氮的固定量。AM 真菌和病原微生物之间的关系比较复杂，一般认为 AM 真菌可以起到抑制某些病原菌的作用，同时一些病原菌也会影响 AM 真菌的孢子萌发和对植物的侵染（Linderman，1991；Pinochet et al.，1993）。在某些情况下，通过 AM 真菌改善植物营养能够在一定程度上抑制植物的病虫害。例如，接种 AM 真菌可以减轻香蕉根腐病的危害（Declerck et al.，2002）。此外，土壤中的一些细菌也能促进 AM 真菌的生长。Ames（1989）对 12 种放线菌和 2 种 AM 真菌的研究表明，7 种放线菌能促进 AM 真菌对洋葱的侵染，4 种放线菌能增加 AM 真菌菌丝中直径大于 5μm 的菌丝密度。

在农田土壤中，AM 真菌的种类和数量较与之相邻的、生长在自然植被中的要少得多（Helgason et al.，1998）。Oehl 等（2003）对瑞士长期定位试验的分析发现，长期施用有机肥的土壤中 AM 真菌种类高于长期施用化肥的土壤。Grigera 等（2007）发现，在美国内布拉斯加州高产玉米生长早期的根际土壤中，AM 真菌的 PLFA 含量很低，至生殖生长阶段其含量迅速增加，并且菌丝吸收显著降低了土壤有效磷含量。在我国华北地区，高投入的小麦—玉米轮作体系中，AM 真菌在群落随生长季节和作物茬口而不同；两季作物的菌根侵染率很高，尤其在玉米季，AM 真菌在玉米从土壤中获取磷方面发挥着明显的作用（程阳，2009；刘柯，2009）。从长期施用化肥的土壤中分离得到土著 AM 真菌（摩西球囊霉），在施磷量高达 480mg/kg 五氧化二磷时仍有较高的侵染率。尽管这未对玉米生长产生显著影响，但是依然显著提高了地上部的含磷量（王淼焱 等，2006）。这些结果均说明集约化农田中存在着种类繁多的 AM 真菌，土著 AM 真菌在高产作物生长后期活性高，在作物吸收磷方面发挥着显著的作用。张美庆等（1995）曾开展了耐高磷的 AM 真菌的筛选，并获得了在高磷土壤条件下依然能侵染植物的菌株，这对于菌根技术应用具有积极的意义。过去 30 年大量施用化肥使我国农田速效磷含量整体上得到了较大的提高（张福锁，2008）。今后有关 AM 真菌作用的研究，应该考虑土壤肥力变化的新情况，更多地关注在土壤速效磷含量逐渐升高的条件下 AM 真菌的作用及其响应机制。同时，农田土壤剖面的有效磷含量分布与 AM 真菌群落结构及其作用也是值得关注的问题。

速效磷含量在土壤剖面上的分布主要集中在表层 0～20cm，20cm 以下的土层含量很低，大多缺磷（吕家珑 等，2003；何文寿 等，2006）。大多数农作物的根系主要分布在 0～60cm 土层，也就是说，对植物根系而言，其上部处在速效磷含量较高甚至过量的环境中，而中下部则分布在磷缺乏的环境中。这是否意味着下部土层中的 AM 真菌在帮助植物吸收养分方面可能会发挥更大的作用？以往的研究发现，随着土壤剖面深度的增加，AM 真菌侵染率降低，根外菌丝密度减小，AM 真菌繁殖体的数量也减少（Kabir et al.，1998；An et al.，1990，1993）。基于这种认识，对于耕作层（0～20cm）以下的 AM 真菌的种类和作用关注得很少。近些年来 Oehl 等（2005）发现，尽管在多年单作玉米的土壤剖面 0～70cm 不同深度土层中，AM 真菌的物种丰富度和生物多样性指数均随着土壤深度的增加而下降，但是在 50～70cm 土层中，AM 真菌的种类仍然丰富，分布在表层和深层土壤的 AM 真菌群落均存在着各自特异性的种，并且群落组成存在明显差别。这意味着深层土壤中存在某些独特的 AM 真菌群落，可能在作物获取深层土壤的资源方面发挥着重要作用。

6.3.3 植物—AM 真菌共生关系的维持机制

1. AM 真菌与植物共生交换养分

AM 真菌是专性活体营养微生物，它们主要依赖宿主植物完成生活史。AM 真菌与植物形成共生体，双方都能从对方获得好处，植物从 AM 真菌获得氮、磷、钾、锌、硫、铜、铁等元素（Harley and Smith，1983；Smith and Read，1997），AM 真菌从宿主植物获得碳源进行生命活动。同时，AM 真菌帮助植物抵抗生物（病毒和食草动物）和非生物逆境（干旱、盐害和重金属毒害等）。氮磷互作也在一定程度上调控菌根的建立，当土壤中氮磷水平较低时，植物会增加独脚金内酯的表达，从而刺激 AM 真菌的分支和增加其在宿主植物中的定植（Kobae et al.，2016）。

AM 真菌侵染植物根系后在根外形成许多外延菌丝，AM 真菌菌丝能吸收距离根系表面几十厘米范围内的养分，并且能到达根系无法到达的土壤小孔隙，大大增加了菌根植物的吸收范围。另外，土壤中菌丝密度较大，且具有巨大的比表面积，这在较大程度上增加了 AM 真菌吸收养分的面积（Jakobsen and Rosendahl，1990；Schaffer and Peterson，1993；Smith and Read，1997）。

土壤中的磷以正磷酸根的形态经菌丝上的磷酸转运蛋白运载到根外菌丝体内，在菌丝体内形成多聚磷酸盐。土壤中的铵态氮和硝态氮大部分到达菌丝内先转化成精氨酸，多聚磷酸盐是带负电荷的阴离子，可以绑定带正电荷的精氨酸，共同从根外菌丝快速到达根内菌丝，在根内菌丝中多聚磷酸盐再转化成磷酸根，精氨酸分解为无机氮，无机氮和磷在菌丝体内运输速度特别快，大大提高了菌丝的磷吸收效率（Kiers et al.，2011）。近年来也有研究表明，AM 真菌可以促进宿主植物对有机氮的吸收和运输（Hodge et al.，2001；Etcheverria et al.，2009；Leigh et al.，2009）。此外，在菌丝网络中存在着显著的碳磷交换与碳氮交换等作用。陆地植物从环境中获取氮磷等营养并将碳源传递给菌根真菌。Kier 等（2011）通过 ^{14}C 和 ^{33}P 双标记对 Ri T-DNA 胡萝卜根进行离体培养时发现，当较多的碳转移给菌丝室的菌丝时，根室中的根会从真菌处获得较多的磷。据统计，每年约有 50 亿 t 的光合产物被 AM 真菌固定在土壤中（Bago et al.，2000）。这对维持生态系统的碳氮平衡发挥了重要作用。

2. AM 真菌与植物共生过程中植物生理和分子调控机制

AM 真菌与植物共生主要包括共生前相互识别、真菌侵入表皮细胞、菌丝在根表皮内生长、形成丛枝和共生体建立 5 个过程（Sanders and Croll，2010），这 5 个过程的分子调控主要来自植物（Jakobsen and Rosendahl，1990；Schaffer and Peterson，1993；Smith and Read，1997）。在共生前相互识别过程中，植物根系通过分泌物诱导 AM 真菌萌发，并促进菌丝分枝增加。已有报道的根系合成的信号物质是独脚金内酯和一些类黄酮物质，分泌到土壤中的独脚金内酯能促进菌丝分枝和调节菌丝内线粒活性，但这些信号物质仍然须在宿主存在的前提下使 AM 真菌完成生活史（Akiyama et al.，2005；Besserer et al.，2006）。在周围没有植物介导的信号时，AM 真菌菌丝程序化生长停止，然后通过资源再分配维持活力和侵染能力（Logi et al.，1998）。真菌释放的菌根因子在侵染苜蓿前和共生体建立过程中会调节植物受菌根侵染诱导的基因 *MtENOD11* 的表达（Journet et al.，2001），基因 *ENOD11* 在苜蓿中编码植物细胞壁再生和富含脯氨酸的蛋白（Kosuta et al.，2003）。在 AM 真菌侵染前植物会形成一个通道，引导 AM 真菌入侵（Genre et al.，2005，2008）。在苜蓿中发现了 2 个基因 *DMI2* 和 *DMI3* 参与该过程的调控。在豆科中有 5 个基因 *CASTOR*、*POLLUX*、*NUP85*、*NUP133* 和 *CYCLOPS* 参与根内菌丝和丛枝的形成（Parniske，2008）。

3. 维持植物—AM 真菌共生的生态理论

植物—AM 真菌共生体涉及多个伙伴的复杂的互作（Selosse et al.，2006）。同一植物可以被不同 AM 真菌侵染，同一 AM 真菌又能侵染不同植物，形成多对多的共生体系。所以植物和 AM 真菌都有选择最佳伙伴的能力。Kiers 等（2011）提出了市场理论来解释植物和 AM 真菌共生的维持机制。近年来的研究表明，在这种多对多的复杂体系中，植物和 AM 真菌都可以识别并选择最佳伙伴，惩罚自私行为者，从而保证合作关系稳定存在（Bever et al.，2009；Kiers et al.，2011）。相对于其他互惠机制，AM 互惠机制的稳定性有所不同。许多互利共生的总体特征是一方似乎通过惩罚或制裁机制控制（West and Herre，1994）和驯化对方（Poulsen et al.，2015）或执行合作（Jr Leigh et al.，2010）。在这些情况下，一方可优先奖励或惩罚另一方，如在豆科植物共生固氮（Kiers et al.，2003），以及无花果和授粉黄蜂的共生中（Jandér and Herre.，2010）。相反，在菌根共生中，双方都与多个伙伴互作，因此任何一方都不能"被奴役"。合作之所以稳定，是因为双方都能奖惩对方。

6.4 植物—病原生物互作

作物土传病害通常是因土壤中的植物病原性真菌、细菌、病毒和线虫侵染植物根、茎部而发生的病害（王德峰，2018）。常见的作物土传病害（如玉米纹枯病，马铃薯黄萎病，大豆根腐病，棉花立枯病、黄萎病，甘薯根腐病，烟草猝倒病等）在果树、蔬菜等经济作物上的发病率更高。

6.4.1 植物土传病原微生物的类型及作用方式

植物病原微生物包括能寄生于植物的病毒、细菌、真菌和原生动物等。在轻微的侵染条件下，它们能引起植物生长失调并降低植物的生长和竞争能力；严重时则会导致植物死亡、大幅度减产。病原微生物与植物的互作关系具有一定的专一性（毕凯，2017）。不同病原菌的寄主范围不同，有些病原菌只危害一种或少数几种植物，而另一些病原菌的专一性较低，它们常能寄生于多种不同的植物。有些病原菌在没有适合的寄主时，还能营腐生生活，它们属于兼性寄生的类群。在植物体内定植的病原菌通过各种途径干扰植物的正常功能并引起病害的典型症状。例如，植物叶组织坏死造成叶斑；果胶酶和纤维素酶可使植物组织和细胞解体，造成溃疡和腐烂；气孔或输导组织被病菌侵染后可导致萎蔫和枯萎；叶绿素合成代谢的破坏则造成植株缺绿；病原菌产生的吲哚乙酸等生长素类物质可使局部组织细胞过度增生而产生畸形、树瘿等特殊形态。植物一旦受到病原微生物的危害，就会给某些条件致病菌带来侵染的机会，两类微生物的双重侵染又进一步加重了对植物的损害（赵根 等，2018）。

1. 植物病原真菌和卵菌

真菌和卵菌是主要的植物病原微生物，许多真菌和卵菌都可以引起植物病害。例如，由真菌白粉菌引起的大麦、苹果和葡萄的白粉病，由锈菌引起的许多禾谷类作物的锈病及黑粉菌引起的小麦腥黑穗病、小麦散黑穗病和玉米黑粉病，由卵菌致病疫霉引起的马铃薯晚疫病等已成为世界性的严重作物病害。在大多数作物、果蔬和花卉上都能发现真菌或卵菌引发的病害。许多真菌或卵菌的无性孢子和有性孢子均能在植物上寄生。无性孢子的大量繁殖和生长是病害蔓延和流行的主要原因，有性孢子的形成和它们在种子及植物残枝落叶中休眠或越冬是翌年发病的主要原因。在许多病原真菌或卵菌的复杂生活史中，一个阶段在寄主植物，另一个阶段则在土壤或植物残留物中完成。病原真菌或卵菌的侵染与温度和湿度有密切的关系。温暖潮湿的气候和土壤条件尤其有利于病原真菌或卵菌的侵染和植物病害的蔓延，土壤 pH 也对真菌或卵菌的侵染和致病性有一定的影响。

植物病原真菌和卵菌的致病途径主要包括分泌降解酶、导管堵塞或产生毒素作用等。分泌的细胞降解酶可以降解寄主植物细胞壁和角质层，有利于病原真菌或卵菌侵入、定植与发育。病原真菌或者卵菌侵入植株维管束后，产生的大量菌丝和菌核会诱导植物体内形成胼胝质、侵填体和胶质等物质抵制病原菌侵染，但妨碍了水分的运输，引起植株萎蔫。同时，病原菌会通过分泌毒素干扰植株代谢活动，改变细胞膜透性，进而破坏水分平衡，导致植株萎蔫（王珊珊 等，2019；王莹莹，2017）。

2. 植物病原细菌

植物病原细菌通过伤口和自然孔口侵入，寄生于植物组织或导管中，常使植物产生斑点、白叶、顶死、萎蔫、软腐和过度生长等病症。能侵染植物并引起病害的细菌来自多个属，如假单胞菌属、黄单胞菌属、土壤杆菌属、棒状杆菌属、欧文氏菌属和支原体属等。它们大多能存活于植物组织和种子中，或进入土壤中营腐生生活。例如，引起水稻白叶枯病的水稻黄单胞菌除能在水稻秸秆上越冬外，还能寄存在种子颖壳、胚或胚乳表面，能在干燥条件下存活半年以上，因而还能随种子传播。引起蚕豆萎蔫病的栖菜豆假单胞菌能潜伏在蚕豆珠孔中随种子传播。引起棉花角斑病的锦葵黄单胞菌则寄存在子叶外缘而随种子扩散。根癌土壤杆菌可作为能在土壤中兼性腐生的代表，它在寄生时能使许多双子叶植物（如番茄、糖用甜菜和许多果树等）的根或茎部形成肿瘤。茄科雷尔氏菌被认为是最重要的植物病原细菌之一，由它导致的青枯病在世界范围内引起巨大的经济损失（Coburn et al.，2007）。

植物病原细菌中的分泌系统分为6类，依次为Ⅰ～Ⅵ型分泌系统（Hayes et al.，2010；Costa et al.，2015）。与细菌的致病性密切相关的是Ⅲ型分泌系统（type Ⅲ secretion system，T3SS），通过Ⅲ型分泌系统分泌到寄主中的无毒因子或致病因子被称为Ⅲ型效应子，Ⅲ型效应子能直接通过分泌系统从细菌的细胞质进入寄主细胞，从而发挥毒力作用。因此，病原细菌Ⅲ型效应子是引起植物发生病害的关键性因子（Zhou and Chai，2008；Buttner，2016；Oh et al.，2010）。

植物病原细菌入侵寄主的过程包括以下几步：首先病原细菌黏附在寄主表面，克服寄主表面恶劣环境（如干旱、紫外线、温度变化及其他破坏机制），通过信号传导，识别寄主（细菌虽然有很广泛的寄主范围，如假单胞菌属、黄单胞菌属，但致病变体或单个的种，往往有很严格的寄主选择性），形成生物膜；当环境适合侵染时，病原细菌调控合成鞭毛/菌毛，并利用鞭毛/菌毛在寄主表面迁徙（鞭毛的数量、迁徙的效率与方向都被严格调控，以避免被寄主识别而引起寄主的防卫反应），最终到达最佳入侵位点；病原细菌释放毒力因子，如酶、毒素、激素类和其他操控分子，破坏寄主的防御系统，进入寄主细胞外环境或细胞内，完成入侵（Pfeilmeier et al.，2016）。

3. 植物病毒

病毒是一种专性病原体，几乎能够感染所有生物体。已知能引起植物病害的病毒有300余种。烟草花叶病毒是最早被发现的病毒，流行时可使产区烤烟减产25%。它们的感染过程取决于宿主的机制，允许病毒在宿主中繁殖和传播。与动物病毒和噬菌体不同，植物病毒必须有活细胞上的微伤才能进入细胞质，然后可以经薄膜细胞和胞间连丝弥散或进入输导组织快速转移。病毒在植物体内的分布有局部性和全面性两种，进入寄主细胞的病毒在复制自身的同时，干扰和破坏了寄主细胞的正常生理代谢活动，引发发育异常、坏死和萎黄等症状（Varma and Malathi，2003）。Sipahioglu等（2009）也观察到受病毒感染的菌株植物的茎长、鲜重和干重及块茎重均有所下降，叶片叶绿素含量也略有下降。细胞间的胞间连丝运动是植物RNA病毒确定宿主范围的重要步骤。许多病毒包括番茄花叶病毒（tomato masaic virus，ToMV）编码一种或多种运动蛋白（movement protein，MP），这些蛋白对细胞间的运动是必不可少的。在运动过程中，MP被认为与许多植物蛋白直接相互作用，这些蛋白可能参与支持或抑制病毒的细胞间运动（Sasaki et al.，2019）。对于主要的农业作物，病毒性疾病会在产量和质量上造成巨大损失，对全球粮食安全构成严重威胁。

4. 线虫

线虫动物门是动物界中最大的门之一，根据生活方式分为自由方式、动物寄

生、植物寄生。其中，植物的寄生线虫的某些类型会使植物的生长受到严重的威胁。最常见的几个属有叶芽线虫、根结线虫、孢囊线虫、黄金线虫、根瘤线虫、根腐线虫、茎线虫、剑线虫、长针线虫、毛刺线虫等。

植物病原线虫也叫植物寄生线虫，简称植物线虫、根结线虫，其卵似蚕茧状，稍透明，外壳坚韧。卵在适宜的条件下，经胚胎发育成线状、无色、透明的幼虫；2 龄幼虫侵入寄主后，虫体逐渐变大，由线状变成豆荚状；3 龄幼虫开始雌雄分化；4 龄幼虫雌雄分化明显。雌成虫乳白色，成熟时为梨形；雄成虫线状，头端圆锥形，尾端钝圆呈指状。

根结线虫的传播主要依靠种苗、肥料、工具、水流及线虫本身的移动。它是一种专性活体营养寄生物。当外界条件适宜时，卵在卵囊内发育成 1 龄幼虫，经 1 次蜕皮后破卵而出，成为 2 龄侵染幼虫，活动于 10～30cm 土层中，等待机会侵染寄主植物的嫩根。2 龄幼虫是侵入态，可以在土壤中移动寻找寄主，通过口针刺穿寄主表皮进入木质部发育区（刘润强 等，2019），在寄主植物体内分泌含有各种酶、各种生长素的食道腺分泌物，通过研究发现这些分泌物对寄主植物的危害是最致命的。这些分泌物可导致寄主细胞变形、变异、巨大化等，这些病变的细胞导致皮层细胞过度生长，从而形成了典型的根瘤状，对作物产生巨大的危害。幼虫在根瘤内生长发育，再经几次蜕皮，发育成为成虫。雌雄成虫成熟后交尾产卵或孤雌生殖产卵。在适宜的条件下，根结线虫 1 年内可进行数次侵染。根结线虫生存的重要因素是土壤温度和湿度，在土壤温度为 25～30℃、土壤湿度为 40% 左右的条件下，最适宜该虫的生长发育（焦保武和张健龙，2019）。

6.4.2　植物土传病原微生物反馈互作原理

陆地植物与微生物的互作可以追溯到约 4 亿 8000 万年前（Heckman et al.，2001）。植物与微生物的长期共同作用使它们各自进化出一系列的互作机制，彼此间建立一种平衡共存（coexistence）的关系。

植物与病原菌互作被看作是由基因型控制的植物抗病性，是由来自植物的抗病 *R* 基因与相应的来自病原菌的无毒 *avr* 基因互作决定的，即“基因对基因”。这种识别机制被称作受体—配体模式。最早提出的是基因对基因假说（Flor，1971），接着是模式警戒假说（Jones and Dangl，2006），然后有学者提出 Zigzag 理论（Dangl and Jones，2001）及“诱饵”假说（Van Der Hoorn and Kamoun，2008），这里的“诱饵”即一个特异性识别效应分子且本身不具有病害发生或抗性功能的 R 蛋白，它模拟效应分子靶标，从而使病原菌进入一个被识别事件的陷阱中。Ma 等（2017）发现“诱饵”模式，而这里的“诱饵”指疫霉菌在进化过程中，获得了效应子的失活突变体，它以“诱饵”的方式与效应子协同攻击植物的抗病性。

植物病原物在侵染寄主过程中会分泌与寄主植物互作的蛋白质，这类蛋白质被称为效应蛋白（效应子）（Kamoun，2006），这些效应蛋白在植物细胞内发挥着重要作用，从而影响植物病原物与寄主的互作。正常情况下，植物对病原体感染会产生一系列的免疫反应，包括细胞膜上的离子通量增加或减少，细胞内钙离子浓度的增加、活性氧的积累、水杨酸的生物合成（Hogenhout et al.，2009）、细胞壁强化等。

在宿主与病原体的互作过程中，参与毒力和防御的蛋白质分别给予宿主蛋白质翻译后修饰（post-translational modifications，PTMs），以获得致病物种的优势。病原菌主要通过寄生在寄主细胞内或在胞内分泌诱导子（肽和小分子）或蛋白质使寄主致病。这些致病蛋白已经进化出一系列复杂的机制来操纵宿主的反应，包括耐药性（Doehlemann et al.，2011）。通过一系列的翻译从 PTMs 到寡聚，这些蛋白质能够增强毒性，抑制复杂的植物免疫系统。类似地，宿主蛋白所适应的PTMs常常导致一个强大防御反应的激活（Tahir et al.，2019）。

植物病原物在侵染寄主植物时，会引起植物的防卫反应，而植物对病原物的防卫反应有两种：第一种是病原体相关分子模式（pathogen-associated molecular patterns，PAMPs）激发的免疫反应（PAMPs-triggered immunity，PTI）（Delaunois et al.，2014），PTI 是由病原体相关分子模式引起的，它引发的细胞反应包括活性氧的产生、离子通量和防御相关基因的诱导，导致细胞壁钙质沉积、防御激素合成和气孔关闭（Saijo et al.，2018）；第二种是效应子激发的免疫反应（effector-triggered immunity，ETI），ETI 是由于效应子被寄主识别而引起的一类免疫反应，可引起侵染点附近的过敏反应（hypersensitive reaction，HR）（Zipfel，2014）。

植物与病原微生物之间互作并协同进化的过程可分为不同阶段。在第一阶段，病原微生物通过各种策略攻击植物，植物进化出表面的模式识别受体（pattern recognition receptors，PRRs），识别其中绝大多数病原微生物的 PAMPs，并通过胞质激酶域导致信号级联，从而触发 PTI（Doyle and Lambert，2003；Jones and Dangl，2006；Boller and He，2009），PTI 通过抑制病原体的进入和生长，激活足以产生广谱抗病性的基础防御反应。第二阶段，植物致病菌的主要毒力因子之一是Ⅲ型分泌系统，它可以将效应蛋白传递到宿主细胞中，调节宿主细胞的生理过程。大多数Ⅲ型效应器参与 PTI 抑制，而 PRRs 已被确定为多个Ⅲ型效应器生理的靶点，能够再次实现对植物的侵染，此时植物对病原微生物是感病的。第三阶段，植物进化出能够特异性识别相应效应子的 R 蛋白，触发 ETI（Takken and Tameling，2009），使植物体再次表现出更强的抗性，通常在侵染位点产生过敏性细胞死亡反应（hypersensitive cell death response），从而阻止病原微生物的进一步侵染。之后，在自然选择的作用下，病原微生物可能通过不同进化策略来避开 ETI，进而植物又共进化出新的 R 蛋白来再次触发 ETI。从长期的角度看，植物与病原微生物之间的互作呈现“Z”字形的“拉锯战”局面。

病原菌与寄主互作过程中建立了一些微型联络界面，根据互作发生的部位，可将其分为两种类型，即胞外互作界面和胞内互作界面（刘艳琴 等，2018）。植物激素是引起植物防御反应的主要信号分子，水杨酸信号转导途径的激活主要用于抵御病原菌的侵害。植物激素是自然产生的小的有机分子，在植物生长发育过程中具有重要的调控作用。植物激素通过复杂的网络互作，也就是激素的互作，导致植物发生生理变化，包括植物的免疫功能。水杨酸、茉莉酸和乙烯是参与植物免疫的关键激素。水杨酸是第一个被证明在植物防御病原体方面有作用的植物激素（White，1979）。它参与植物的局部防御反应，对抗生物营养性和半生物营养性病原体，引起植物的系统获得性抗性（Fu and Dong，2013）。致病相关蛋白 1（NPR1）及其 paralogs、NPR3、NPR4 的非表达因子被认为是水杨酸受体。NPR1 通过与 TGA 转录因子互作来调节基因表达。这些结合到致病相关（pathogenesis related，PR）蛋白基因的启动子上，从而在水杨酸存在下激活其表达。在编码 PR 蛋白的几个 *PR* 基因中，*PR-1*、*PR-2* 和 *PR-5* 都是由水杨酸诱导的，常用作水杨酸依赖的系统获得性耐药信号的分子标记（Frías et al.，2013）。

具有相似环境条件（如叶片湿度和宿主易受感染的温度）的病原体种类，通常被同时发现（Ngugi et al.，2001）。当两种或两种以上病原体同时出现在同一株植物上时，它们可能发生互作，产生不同于只有一种病原体时的结果（Madaraiga and Scharen，1986）。不同种类的真菌在叶面会发生不同类型的互作。这些互作的范围从竞争到互利（Davidson et al.，2017）。当一个物种使宿主更容易受到另一个物种感染时，真菌群落中的促进作用就会发生（Pan et al.，2008）。例如，玉米中禾本科镰刀菌感染可促进随后的黄萎病镰刀菌感染。禾本科镰刀菌 DNA 在混合接种中要么下降，要么不受后续接种的影响，这说明黄萎病菌相对禾本科镰刀菌具有竞争优势（Picot et al.，2012）。豆科枯萎病的两种病原菌——*Mycosphaerella pinodes* 和 *Phoma medicaginis* var. *pinodella* 共存，表现出两种类型的互作：在同一豌豆叶片上直接竞争产生拮抗作用，在不同叶片上间接竞争产生协同作用（Le et al.，2009）。

6.4.3 根际微生物的防治

研究病原体之间的互作对正确管理疾病至关重要。某些病原体只有与其他病原体结合时才具有破坏性。植物感染一种病原体后，其对另一种病原体的反应发生改变，这些改变对疾病的发展、涉及病原体的病因学及最终对疾病的控制产生重大影响。

目前常用的防控作物土传病害的方法有：一是土壤灭菌，在作物种植之前，将土传病原微生物数量降低到安全水平；二是在土壤中接种有益微生物，抑制土传病原微生物的活性，甚至杀灭土传病原微生物；三是大量施用有机肥或作物促生素，提高作物抵抗土传病原微生物侵染的能力；四是嫁接或选育抗病品种，抵御土传病原菌的侵害（宋益民 等，2018）。

土壤灭菌方法包括物理方法、化学方法和强还原方法。物理方法有高温闷棚、蒸汽灭菌和太阳辐射灭菌等。根结线虫不耐高温，40℃便可有效抑制南方根结线虫 2 龄幼虫的存活和卵囊中卵的孵化（陈立杰 等，2009）。蒸汽灭菌较彻底，但需要较高的成本。高温闷棚和太阳辐射灭菌的成本较低，但效果较差，处理的持续时间长。化学方法灭菌是目前广泛采用的方法：在作物种植之前，使用农药熏蒸土壤，杀灭土传病原微生物，包括病原真菌、细菌和线虫，灭菌效果因使用的农药而异。溴甲烷是高效的土壤熏蒸灭菌农药，但因其破坏大气臭氧层而被禁止使用。土壤消毒剂是一种防控效果较好的化学药剂，由线磷、益舒宁、力满库按一定比例混合配制，使用时将消毒剂进行施撒，再次对土壤进行翻耕，可有效杀死土壤中的根结线虫（耿伟 等，2017）。强还原方法灭菌是替代农药熏蒸灭菌而发展起来的方法。该方法不仅具有杀灭病原真菌、细菌和线虫的作用，而且能改善土壤理化性质、提高土壤肥力、抑制杂草生长等。此外，寻找化学杀菌剂的可持续替代品，以对抗由植物致病性卵菌引起的破坏性疾病（如晚疫病和葡萄霜霉病），是未来的研究重点。微生物生物控制剂已经在不同的病理系统中提供了一种有效的替代品，如溶菌杆菌属有望成为生物植物保护产品中新的活性成分的来源（Puopolo et al.，2014）。

针对土壤中特定的病原微生物，接种抑制该病原微生物活性，甚至杀灭该病原微生物的拮抗微生物，或使用从拮抗微生物中提取的抗生物质防控作物土传病害是目前研究最为广泛并寄予很大期望的生物学防控土传病害方法。解淀粉芽孢杆菌 B1619 对经济作物土传病害（根结线虫）有一定的拮抗作用，且对根结线虫有较好的田间防控作用。试验表明（马玉琴 等，2016），短小芽孢杆菌与交枝顶孢霉组合，短小芽孢杆菌与淡紫拟青霉组合，短小芽孢杆菌与钩状木霉组合 3 种生防菌肥对黄瓜根结线虫病有较好的防控效果，为进一步利用菌肥提供了安全高效的依据。在我国的市场上已经出现了大量以有机肥为基质，接种拮抗微生物的商品化生物有机肥。在实际应用中，生物抑菌或灭菌的最大挑战是拮抗微生物在土壤中的存活和繁殖，只有当拮抗微生物在土壤中的数量达到一定水平后，它们才有可能真正发挥抑制甚至杀灭土传病原微生物的作用。

大量使用有机肥、作物生长调节剂或能引起作物系统免疫的微生物，促进作物的生长，增强作物的抗病性，在一定程度上可以减少土传病害造成的损失。在土传病原微生物数量还不是很大时，这一方法往往能起到较好的防病作用，但在病原微生物严重侵染的土壤中，增施有机肥、作物生长调节剂或能引起作物系统免疫的微生物，不足以消除作物土传病害。因此，需要采用可持续发展和有效的方法来抑制病毒性疾病，包括发展抗病毒作物；采用作物管理的集成策略来减少病毒蔓延（Nicaise，2014），克隆抗性基因，如 NBS-LRR（nucleotide binding site-leucine-rich repeats，核苷酸结合位点-富亮氨酸重复序列），使用转基因植物表达病毒成分，能在 RNA 或蛋白质水平干扰病毒感染。但是，这些策略并不能立即应用于尚未鉴定的新出现的病毒病原体。此外，AM 真菌接种已被认为是一种经济、可持续的植物病毒控制方法。

短期内通过嫁接和培育抗病性强的作物品种可以很好地抵御土传病害，一个成功的案例是西瓜。以南瓜、葫芦等为砧木，嫁接后的西瓜可以大大提高抵抗土传病害的能力。当前防控香蕉枯萎病主要也依赖不断培育出的抗病性强的新品种。选择抗线虫的品种种植不仅可节省生产投入，减少农药污染，还可节省农时，利于蔬菜产量的提高。另外，利用抗线虫的砧木进行嫁接，也是防治根结线虫的理想方法。

综观上述 4 种方法，在思路上可以分成两类。一是土壤灭菌和接种拮抗微生物，降低土传病原菌数量或活性；二是作物保健和嫁接、培育抗病性强的品种，提高作物抵御土传病原微生物侵害的能力。前者在根本上防控作物土传病害，后者在短期内可以取得很好的效果，但存在极为严重的远期风险。病原微生物数量随着寄主作物生长，而增长是客观自然规律。仅依靠提高作物的抗病性而抵御土传病原微生物的侵害，当土传病原微生物数量增长到一定程度时，最终必然会出现最强抗病性的作物品种和嫁接作物均无法抵御土传病原微生物侵害，那时土传病害的危害将是毁灭性的。在长期种植西瓜的田块，已经出现了嫁接苗均无法抵御土传病害的现象。解决土传病害的关键在于将土壤中的病原微生物数量控制在对作物安全的范围内。对土传病原微生物和拮抗微生物赖以生长、繁殖的土壤环境认识不足是当前防控土传病原微生物效果不理想的主要原因。因此，充分认识土传病原微生物和拮抗微生物的生长、繁殖规律及其需要的环境条件尤为重要。

6.4.4　植物生长促生菌

PGPR 是能够在植物根际定植，并能够进行固氮（自生固氮、共生固氮、联合固氮等）作用，溶解有机磷和无机磷，分泌植物激素和抗生素，产生铁载体，从而促进植物生长、拮抗病原菌的一类微生物（Kleopper and Schroth，1978）。PGPR 广泛存在于多种植物，且属于 PGPR 的类群多样。其中，假单胞菌属种群最大，最具有应用前景；还有节杆菌属、土壤杆菌属、芽孢杆菌属、固氮弧菌属、固氮螺菌属、固氮菌属、伯克氏菌属、根瘤菌属等。

基于 PGPR 和寄主的基因组学、转录组学、蛋白质组学和代谢组学数据，从不同植物根际分离筛选的优良 PGPR 资源可以研制成具有促生、防病能力的微生物菌肥。与使用化肥、农药相比，PGPR 菌肥具有成本低、增产稳定、非再生能源消耗少、对生态环境及农产品安全、经济效益高等优点。微生物菌肥通过利用微生物的生命代谢活动，改善养分供应状况，为植物提供营养元素，增强抗逆性，达到提高产量、改善品质、减少化肥使用、培肥地力的目的。故推广应用微生物菌肥可以缓解我国资源短缺、环境污染、生物多样性破坏等问题。植物根际存在大量的促生菌，包括固氮菌、溶磷菌、产生长素菌、生防菌等有益微生物，其功能各不相同。目前国内外研究人员已对 PGPR 的作用机制进行了大量的研究，主要是研究其对植物的直接作用和间接作用（Yang et al.，2009）。直接作用是指 PGPR 菌株将氮、磷等元素转化为植物可吸收利用的营养元素，同时合成和分泌吲哚乙酸、赤霉素、细胞分裂素等，可直接促进植物生长。间接作用是指 PGPR 菌株通过产生抗菌物质、增强植物抗性、提高土壤肥力等途径改善植物生境，间接促进植物的生长，从而增加产量。

Castro-Sowinski 等（2007）发现，与高水平引入的外源活跃 PGPR 相比，根际促生菌群落受植物、基因、环境压力和农业措施的影响更大。Strigul 和 Kravchenko（2006）认为，当引入有益微生物到植物根际时，重要问题之一是 PGPR 不能存活或不履行特定功能，其研究结果表明，引入的群落和土著微生物对有限资源的竞争能力，是决定 PGPR 生存的最重要因素。当土著微生物的发展受到抑制时，最有效的 PGPR 接种剂预期存在于有机物和矿物贫瘠的土壤或胁迫土壤中。影响 PGPR 生存的其他重要因素包括宿主植物根系分泌物种类，以及 PGPR 利用这些分泌物的能力。另外，不同植物品种对 PGPR 的响应存在差异。Remans 等（2008）研究发现，接种巴西固氮螺菌 Sp245 变异菌株后的菜豆品种，其生长素的合成显著下降，而植物生长基质的外源生长素浓度显著上升；缺磷引起了菜豆品种之间对根瘤菌属接种剂的不同反应。因此，大力开展 PGPR 菌株资源调查及特性研究，探究其与植物的交互作用，筛选和培育高效优良 PGPR 菌株等工作成为 PGPR 研究的重点，PGPR 的深入研究将为今后实现 PGPR 产业化应用提供有力的理论依据。所以不同 PGPR 的促生机理存在多样性，即使是同一种促生菌在不同植物上也会产生不同的作用效果。因此，需要针对不同的寄主和环境选择最适宜的促生菌，更好地促进植物生长和达到更好的生防效果，这符合农牧业可持续发展的要求，具有良好的研发应用前景。

6.5　小结与展望

植物病原物在侵染寄主植物时，植物的防卫反应会被激活，从而抑制病原物的侵染。然而病原物也会分泌效应子来抑制寄主的防卫反应，以保证病原物的寄生和繁殖。在这个过程中效应子是植物病原物和寄主植物互作系统中的关键物质，研究效应子对了解植物抗病分子机制具有重大意义。同时，随着对细菌、真菌和线虫研究技术的不断完善和发展，今后关于各病原物效应子功能的研究将会更加全面，而且随着测序技术的发展，重要病原物的全基因组测序工作将会逐渐完成，对病原物与寄主互作的了解将更加透彻，将为植物病害的有效防治开辟新途径。

第7章 植物与土壤动物互作研究与展望

土壤生物不仅有很高的多样性，而且形成复杂的食物网络关系并发生着活跃的互作，决定了植物—土壤系统生态过程的运行（Wardle，2006；Bender et al.，2016），由此也产生了后果不同的生态效应。

一般把影响植物生长的土壤生物归为3个类群，即分解者（参与分解和养分循环的生物）、共生者（菌根真菌、内生菌、固氮微生物等）和拮抗者（病原菌、植食性线虫和昆虫幼虫等）（Wardle，2002）。它们对植物的影响表现为促进或抑制等，如分解者加速有机物的分解和养分释放，促进植物生长或通过改变土壤结构、pH等条件间接影响植物生长，共生者与植物的互利作用、拮抗者对植物的危害作用也较为普遍（Ehrenfeld et al.，2005；Berendsen et al.，2012；van der Putten et al.，2013）。同时，植物、植物根系代谢产物等对土壤生物产生多方面的影响乃至决定性的作用。可以说土壤生物和植物是密不可分的，彼此之间构成“伙伴”或者“对手”关系，其互作可对生态系统的整体功能和适应性带来积极或者消极的影响（Lemanceau et al.，2017）。因此，开展土壤动物和微生物与植物互作的整合性研究，对于深入了解陆地及农田生态系统的生态功能及其调控机制具有重要的理论和实践意义。

土壤动物的多样性虽低于微生物，但其功能远超出基于多样性所预测的比例（Grandy et al.，2016；邵元虎 等，2015；胡锋 等，2016）。近10年来，土壤动物—植物互作及生态效应与机理研究得到重视，并注重从地上和地下生态系统整体视角切入（Wardle，2002；Porazinska et al.，2003；Bardgett and Wardle，2010a）。植物与土壤动物互作的直接和间接影响途径如图7-1所示：①根系植食者（简称食根者，如植食性线虫、咀嚼式地下害虫等）、寄生者（寄生线虫等）、共生者（菌根真菌、根瘤菌等）及病原菌直接作用于根系而影响植物的生长［图7-1（a）］；②碎屑食物网中的各类土壤动物及其与微生物的互作促进碳氮等的周转和循环，提高养分有效性，增加激素类物质含量，降解有毒物质并抑制土传病害发生（Bais et al.，2006；Bertrand et al.，2015；Liu et al.，2019c），进而间接影响植物生长［图7-1（b）］；③土壤动物对植物的影响可改变植物初级和次级代谢产物的合成与分配，进一步对植物地上部的植食者产生影响［图7-1（c）］；④植物对地上部植食者或病原菌的响应过程中向根际释放防御及信号物质，对土壤生物产生抑制或促进作用（Bezemer and van Dam，2005；Berendsen et al.，2018；常海娜 等，2020）[图 7-1（d）]。

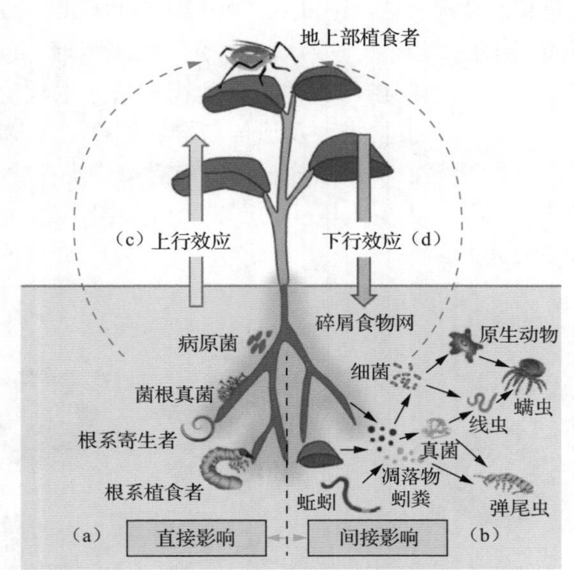

红色虚线箭头表示植物—土壤互作对地上部植食者的间接影响；“上行效应”和“下行效应”分别指资源的自下而上和捕食者自上而下产生的影响。

图 7-1　植物与土壤动物互作的直接和间接影响途径（Wardle et al.，2004）

需要强调的是，地上—地下生态关系主要以植物根系为纽带，并通过各种互作影响生态系统功能（Wardle et al.，2004；Bardgett and Wardle，2010b；Tsunoda and van Dam，2017）。深入探究植物与土壤动物互作，阐明其正、负效应和反馈机制，不仅有助于加深对陆地及农田生态系统过程的全面认识，而且有助于推动土壤生态功能调控措施和手段的建立。

本章将分别从大型、中型和小型土壤动物入手，联系地上—地下生态关系并结合自然与农田生态系统相关研究资料及实际案例，阐述植物与有益和有害土壤动物的互作效应与机理、调控策略与技术，旨在为优化土壤生态管理、促进农业绿色发展提供借鉴。

7.1　植物—大型土壤动物互作

7.1.1　概述

大型土壤动物（常见如蚯蚓、蚂蚁、白蚁、土居甲虫等）在土壤生态过程中起着至关重要的作用（张卫信 等，2007；Bardgett and van der Putten，2014；Cunha et al.，2016）。对植物生长而言，它们既有有益的影响，也有有害的影响。蚯蚓等分解者动物常被称为“土壤生态系统工程师”，可加速分解过程、改善土壤物理结构和养分状况并促进植物生长（Zheng et al.，2018；Liu et al.，2019c）；地下植食性土壤动物（如金龟子幼虫蛴螬）多为食根害虫，且能影响植物群落的多样性或植物之间的竞争，进而影响植物对其他植食动物和病原生物的敏感性（Huang et al.，2015a，2015b）。此外，植物物种及遗传多样性导致的茎叶和根系性状的差异，也会产生不同组分的凋落物及根系分泌物，或者植物受植食动物侵害胁迫后可能形成防御信号物质，又对大型土壤动物产生影响（图 7-2）（严珺和吴纪华，2018；Wang et al.，2019b）。

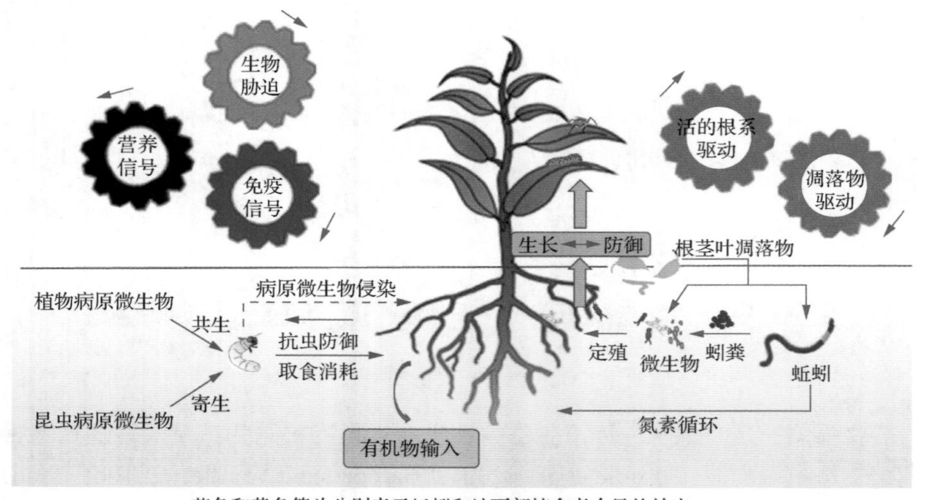

蓝色和黄色箭头分别表示蚯蚓和地下部植食者介导的效应。

图 7-2　大型土壤动物与植物互作模式（以蚯蚓和蛴螬为例）

7.1.2　大型土壤动物对植物的影响

大型土壤动物对植物生长的影响主要包括两个方面（邵元虎　等，2015；Lang and Russell，2019）：一方面，有益大型土壤动物能够促进有机质的矿化和植物对养分的吸收，同时通过掘穴等活动提高土壤的通气透水性，利于植物的生长（Bertrand et al.，2015；Agapit et al.，2018）；另一方面，食根昆虫通过粪便、改变根系分泌物和凋落物的数量及质量等来改变养分循环，从而影响植物生长（Dentona et al.，1999）。

蚯蚓对植物生长的影响长期受到关注并对其开展了大量研究工作。蚯蚓不仅能够通过排泄蚓粪直接增加土壤养分含量，影响植物生长等性能（Song et al.，2015；毕艳孟和孙振钧，2018；周星　等，2020），还能通过改善土壤物理结构、改变微生物群落组成、加速有机质的分解和矿化，促进植物养分吸收（李欢 等，2016；王笑 等，2017； Lang and Russell，2019）。此外，腐烂的蚯蚓尸体组织经分解释放的氮素，可在短短几天内完成向微生物和植物组织的迁移（Christensen，1988）。

食根昆虫对植物根系的取食作用是另一种普遍存在的生态过程（Andersen，1987），它们往往取食那些幼嫩的、活性较强的细根，对根系直接造成伤害，进而影响植物吸收养分、水分及存储碳水化合物的能力（Blossey and Hunt-Joshi，2003）。这种取食作用可能增加被攻击的植物碳和氮的“损失”，实际上增加了根际中有机碳的输入量及氮素养分的归还（Johnson and Murray，2008）。值得注意的是，食根昆虫为病原微生物侵染植物提供便利，它们在取食植物根系后，病原微生物能够通过根系伤口侵入组织，反过来使植物更容易被取食（Gilbertson et al.，2015）。栖居在土壤环境中的昆虫会受到各种病原体（真菌、线虫、细菌和病毒）的感染，这些病原体会通过入侵宿主机体、释放毒素、产生酶和其他物质对宿主起控制作用（Arora et al.，2000），发展昆虫病原微生物作为控制地下害虫的生物工具，对于植物保护具有重要的实际意义。

通过对植物性状的影响，大型土壤动物的作用可以上升到更高的营养级（如取食植物茎叶的昆虫及其天敌），进而影响地上部的生态功能，包括植物冠层的光合产物积累和植物对有害生物的抗性（Wurst，2013；张宇 等，2018）。涉及的主要机制是：①土壤动物通过与根际微生物互作产生的植物外源激素等物质对植物生长产生刺激作用并改变植物的其他性状；②土壤动物影响土壤微生物，而有趣的是地上食叶昆虫的肠道微生物源于土壤（Hannula et al.，2019），由此形成复杂的土壤动物—微生物与植物地上部—昆虫的链条关系；③蚯蚓和蚓粪可通过影响土壤和植物的化学性质、促进植物防御基因的表达，增强对地上和地下害虫的抑制作用，减少对植物生长与健康的危害（Xiao et al.，2016，2018，2019），至于昆虫诱导的植物地上部和地下部防御作用早有报道（Erb et al.，2008）。此外，由于大型土壤动物对土壤理化和生物学性质的影响具有持久性，即使它们不再活跃，这些遗留效应也可能在之后的植物—昆虫互作中发挥作用（Wurst and Ohgushi，2015；Bennett and Klironomos，2019）。

7.1.3　植物对大型土壤动物的影响

植物主要通过凋落物、根系及其代谢产物影响大型土壤动物。凋落物的数量和质量是决定大型土壤动物种类、数量的重要因素，其中凋落物质量受到植物物种及多样性的影响。一般来说，低养分需求的生长缓慢的植物物种会产生低质量的凋落物，而生长较快的植物会产生高质量的凋落物，但各种凋落物通过微生物和小型节肢动物的适度分解，其适口性及养分有效性提高（Kulmatiski et al.，2017），有利于大型动物的摄食和营养吸收。大多数土壤动物高度依赖根系的资源输入（Filser et al.，2016），但活体植物和土壤动物群落之间的联系远比凋落物和动物之间的联系复杂。例如，植物的根系不仅能形成对害虫的防御能力保护自身，还会主动吸引有益的土壤动物“为我所用”（Bonkowski et al.，2009；van Loon，2016）。植物根系释放到根际中的分泌物对大型土壤动物也有影响，分泌物除了有机碳和其他营养物质，还包含许多次生代谢产物（如酚类、葡糖糖苷类及植物激素）（van Dam and Bouwmeester，2016；Massalha et al.，2017；Hu et al.，2018），有的物质对动物有吸引和促进作用，有的物质则能产生抑制或毒害作用（Chomel et al.，2016），成为植物调节土壤动物的重要途径。

由于大型土壤动物不仅会影响植物生产力，还会影响植物对害虫的抗性，未来应站在地上、地下生态关系的高度，综合考虑它们的功能调控与利用。一方面，发挥大型土壤动物对土壤理化性质的改善和对地下生物群落的调节作用，在减少肥料投入情况下维持植物的生长及产量；另一方面，深入研究大型土壤动物对地上害虫的影响和互作机制，结合其他措施形成植物虫害生物防控的新策略、新技术（Meyer-Wolfarth et al.，2017），从而达到减肥减药和促进土壤与植物健康的目的。

7.2 植物—中型土壤动物互作

7.2.1 概述

中型土壤动物（常见如跳虫、螨类）对维持生态系统结构和功能具有重要的调节作用（董炜华 等，2016），其功能主要通过取食（营养）作用和非取食作用（如土壤环境改良和激素产生的刺激效应）来实现。例如，这类动物的活动能力较强，可促进土壤微团聚体和表层土壤小孔隙形成，有助于改善土壤的物理结构和根系的生长环境（Neher and Barbercheck，2019）；它们与微生物共同构成碎屑食物网参与凋落物的分解和物质循环，为植物生长提供养分；通过捕食病原生物，降低植物病害的发生率（图 7-3）。尽管跳虫和螨类在自然土壤中的种类、数量和功能更为突出，但它们在农田土壤中的作用也不容忽视，特别是螨类对耕作环境的适应性及耐旱性强，更值得加以重视，而跳虫的数量虽少，但其生防潜在价值很高。

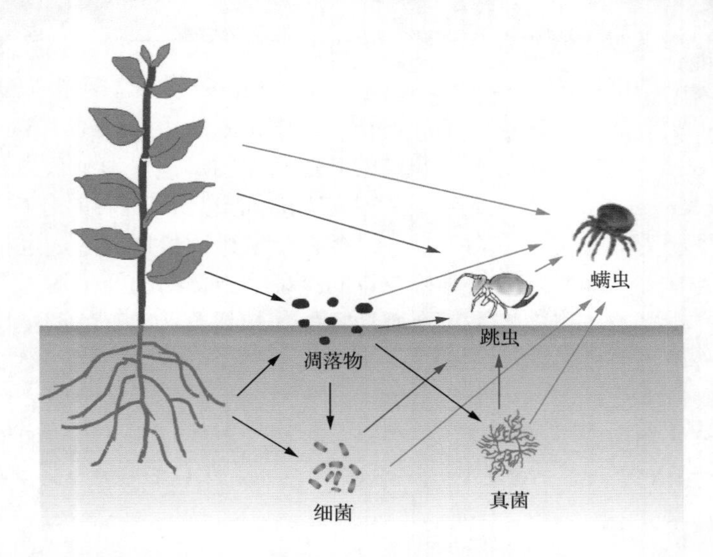

蓝色箭头表示跳虫直接参与的生物互作过程；黄色箭头表示螨虫直接参与的食物网过程；
黑色箭头表示中型土壤动物间接参与的食物网过程。

图 7-3　中型土壤动物影响的碎屑食物网结构和生态过程

7.2.2　中型土壤动物对植物的影响

首先，跳虫是参与落叶分解的重要土壤动物类群之一（陈建秀 等，2007），可通过破碎凋落物加速有机质的分解，提高土壤中植物营养元素的可利用率（柯欣 等，2002；Bourne et al.，2008），促进土壤生态系统的养分循环（Potapov et al.，2016）。同时，跳虫的肠道还为许多与有机质分解相关的微生物提供了理想生境，而跳虫的取食、排泄和迁移可以提高这些功能微生物的扩散效率（Crotty et al.，2011）。其次，跳虫以真菌、腐殖质、动植物残骸、细菌等为主要食物来源（Potapov et al.，2016），部分种类取食嫩芽、幼根等植物活体组织，还有极少的捕食性种类（Lavelle and Spain，2001）。跳虫的食性使其在控制植物病虫害方面显示出较大的潜力：一方面，某些跳虫能通过取食植物根际有害真菌，限制有害菌的分布（Hopkin，2002），进而抑制植物真菌病害的发生；另一方面，部分捕食性或杂食性跳虫是土壤害虫的天敌（如有的跳虫可通过捕食作用抑制植物根结线虫）。跳虫对致病菌及害虫的调控作用能在一定程度上改善植物的生长环境，有利于植物的生长发育。除上述有益功能外，一部分种类的跳虫也会为害农作物。例如，食叶类跳虫以啃食活植物组织为主，繁殖力强，尤其在温度高、湿度大的温室和大棚内繁殖极为迅速，会对作物幼苗和菌类作物造成严重的危害，进而对农业生产构成威胁（陈建秀 等，2007）。

螨类的食性范围很广，营捕食或体表寄生生活，在土壤中主要取食真菌和凋落物，有些种类取食细菌、藻类等，可以影响微生物的扩散，调控土壤微生物群落，从而影响凋落物的分解（Lussenhop，1992）。通过食物网模型研究发现，捕食性螨与甲螨对碳矿化的影响接近，在自然生态系统中贡献了15%～30%的氮矿化（Berg et al.，2001）。另外，螨类的肠道微生物群落也为复杂化合物的分解提供了条件（Gong et al.，2018a）。这些生态功能促进了有机质的分解和养分释放，提高了土壤肥力，有利于植物生长。螨类在土壤微团聚体的形成过程中有重要作用（陈建秀 等，2007），通过直接或者间接影响土壤结构及土壤通气透水性，对植物生长产生影响。许多螨类对土壤动物群落起到自上而下的调控作用，具有很高的生防应用价值（洪晓月，2012）。例如，中气门螨中的一些种类能寄生或捕食蝇蛆、夜蛾、谷盗、根际寄生线虫等；前气门螨中的一些种类则能捕食地表、苔藓、枯枝落叶和植物上的害螨、介壳虫、蚜虫、虫卵等，是重要的农业益螨（殷绥公 等，2013）。

7.2.3 植物对中型土壤动物的影响

中型土壤动物的活动及其与微生物的互作，可以改变植物根际土壤特性，而植物也会通过自身的理化及生理特性直接或间接影响这些动物。不同功能群的植物具有功能特性上的差异，对于多物种组合的植物群落，可能会因包含更多不同的植物功能群而影响中型土壤动物群落，原因在于植物的多样性影响资源的多样性和生境异质性，从而影响中型土壤动物的生存与发展（严珺和吴纪华，2018）。相比群落水平，个体水平的植物不仅在凋落物结构和质量上存在差异，而且其根构型、根际沉积物及根系分泌物的种类、数量也对根际土壤动物和微生物群落的分布和结构产生影响。此外，对于有害的中型土壤动物，植物也会通过自身的系统防御反应释放特异性化合物来抵御其危害（Bonkowski et al.，2009），并且植物能通过根系募集有益微生物而间接抑制有害土壤动物。

在农业生态系统中，较为单一的作物种植模式及高强度的人为干扰活动使中型土壤动物多样性较低。作物长期单作使输入土壤的资源质量趋于单一、土壤孔隙结构简单、养分元素失衡，在一定程度上导致土壤生境异质性下降，从而降低中型土壤动物群落的多样性。秸秆还田是当前农业广泛使用的管理措施，是农业系统中植物影响中型土壤动物的一种重要途径。通过农作物秸秆还田向土壤中施入大量有机物料，不仅影响土壤理化性质，也在一定程度上影响中型土壤动物的群落结构。尽管秸秆分解过程中产生的某些次生代谢物可能抑制中型土壤动物的繁殖，但适当的秸秆还田方式有利于增加土壤有机质，提高土壤微生物的数量和活性，不仅为土壤生物提供了食源，还调控了土壤动物的生存环境，如降低土壤容重、改善土壤水分状况和透气性等，总体上对中型土壤动物有明显的促进作用（Kautz et al.，2006；杨旭 等，2017）。

7.3　植物—小型土壤动物互作

7.3.1　概述

小型土壤动物绝大多数是只有在显微镜下才能看到的微小动物，主要包括线虫和原生动物。土壤线虫的生态类群分为食微线虫（包括食细菌线虫和食真菌线虫）、植食性线虫（以根系为主要食源）、捕食性线虫和杂食性线虫（后两类也统称为捕杂食线虫）。土壤中自由生活型的原生动物更为丰富，其数量级与细菌相当（Pawlowski et al.，2012）。按照传统的形态学分类法，原生动物分为鞭毛虫、变形虫和纤毛虫 3 类（Lousier and Bamforth，1990）。土壤线虫和原生动物在有机物分解、养分矿化、有机碳稳定、微生物多样性维持及植物生长等方面具有重要的作用（Chen et al.，2007；Coleman and Wall，2015）。此外，小型土壤动物数量庞大、种类繁多，且广泛分布于各种土壤生态系统中，一般占据土壤食物网多个营养级水平，能够快速反映土壤食物网结构的综合状况（Yeates，2003）。以植物根系为主的小型土壤动物和微生物主导的食物网结构如图 7-4 所示。

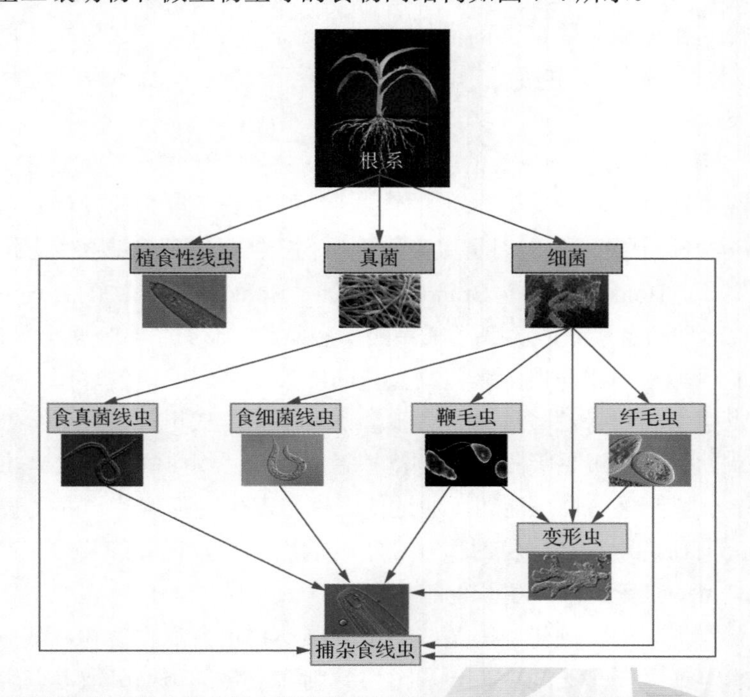

图 7-4　以植物根系为主的小型土壤动物和微生物主导的食物网结构（Moore et al.，1990）

7.3.2 小型土壤动物对植物的影响

植物生长受小型土壤动物的直接和间接影响。现有研究证明，线虫和原生动物对植物生长具有促进作用（Bonkowski，2004；Mao et al.，2006；Wardle，2012），其中涉及多种复杂机制，可概括为养分效应和非养分效应两个方面。

1）小型土壤动物促进植物生长的养分效应。大量研究表明，食微线虫和原生动物通过捕食细菌和真菌促进养分的矿化。以食细菌线虫为例，由于细菌的碳氮比约为 5∶1，而线虫的碳氮比约为 10∶1，线虫捕食细菌后将多余的氮代谢出来，主要以铵态氮的形式释放到土壤中。矿化作用提高了土壤养分的供应能力及养分的生物有效性，进而促进了植物的生长（Ingham et al.，1985；de Ruiter et al.，1993；胡锋 等，1999）。根据 Ferris 等（1997）的研究，食细菌线虫同化的氮素，大约 70%会被排出体外，供给微生物或者植物生长的需要。小型土壤动物对微生物的捕食作用往往表现出对微生物生长及活性的刺激作用，主要是因为动物能分泌或排泄出微生物所需要的营养物质，而且部分微生物经过捕食者肠道后能自然筛选出更具活力的物种，使微生物保持快速增长或稳定繁殖，从而提高整个微生物群落的活性（Chen et al.，2007）。这种捕食调节作用非常独特，对土壤微生物群落结构及其主导的养分转化和循环等过程具有重要的生态学意义。

2）小型土壤动物对植物生长的非养分效应。主要是土壤动物的激素效应，即原生动物和线虫通过释放激素类物质，促进植物的生长及根系的发育。Tapilskaja（1967）在培养实验中最早发现肉足虫类原生动物产生了吲哚乙酸类物质，并显著促进了豆苗生长。Bonkowski 和 Brandt（2002）、Bonkowski（2004）进一步的研究发现，原生动物的激素效应改变了根系的形态结构，形成了有更多分枝的根系，而激素物质的增加是动物与根际微生物互作的结果。后来的研究表明，食细菌线虫也能增加土壤中的吲哚乙酸等激素含量，诱导植物生成更长、更多分枝的根系系统，从而有助于提高根系吸收水分、养分等生长所需物质的能力（Mao et al.，2006）。此外，小型土壤动物还能间接通过体表携带微生物影响植物的生长。例如，Mao 等（2006）研究食细菌线虫对番茄和小麦的影响，发现食细菌线虫能够协助对植物生长有益的细菌到达新生长的根尖。

除了对植物生长的促进作用，某些小型土壤动物也会危害植物，其中植食性寄生线虫的影响最大。这类线虫主要通过口针刺穿植物细胞壁吸取其营养物质来维持自身的生命活动，由此导致植物发病。根结线虫和孢囊线虫是严重危害农林经济作物的典型害虫。除了获取寄主的营养，更主要的是它们可诱发寄主组织发生各种病理变化。一般根结线虫侵染根系后，诱导根瘿的产生，从而阻碍植物的正常生长，也使植物更易感染致病菌发生病害（Williamson，1998）。近年来，连作蔬菜地的根结线虫危害日趋严重。根结线虫的产卵能够在土壤中越冬，存活时间可以达到 1 年左右；当土壤条件适宜时，孵化成 2 龄幼虫，再次侵染并危害作物，其根结本身所包含的大量氮素使作物地上部含氮量大幅下降，降低作物地上部养分利用效率，加剧作物的危害程度。孢囊线虫主要是侵入作物的根部取食，吸取养分并迅速繁殖，抑制作物生长。在农业生态系统中，对上述病原线虫的有效防治措施主要包括轮作、休耕、种植抗病品种、施用有机肥料等。例如，Xiao 等（2016）通过番茄盆栽试验，发现蚯蚓堆肥能够通过调控微生物和线虫的群落结构，提高番茄根系对根结线虫的抗性。

7.3.3　植物对小型土壤动物的影响

植物对土壤生物的影响主要受制于以植物根系为桥梁的资源输入（Nguyen，2003）。相对于植物群落和种群水平对土壤生物的影响研究，植物个体水平对土壤生物的影响研究已发展成为当前的热点研究之一。研究表明，根际土壤中的线虫和原生动物的数量明显高于非根际土壤，这主要因为植物根系能够通过根际沉积和分泌物来调控土壤生物。目前的研究发现，根际沉积能够刺激微生物的生长，一方面，直接为食微动物提供食物来源，提高其生长和繁殖能力；另一方面，通过改变微生物群落结构（如根际土壤真菌、细菌比例），进一步影响食微动物群落组成和结构（Marschner et al.，2012；Turner et al.，2013）。植物根系分泌化感物质的梯度变化也是通过影响食微动物的食物来源或生理防控物质的分布，进而影响其群落组成的。此外，植物群落还可以通过其物种多样性的变化来影响小型土壤动物的多样性（Viketoft，2013；Hu et al.，2017），伴随着植物物种丰富度的增加，土壤线虫的丰度和多样性一般呈现增加的趋势（Porazinska et al.，2003；De Deyn et al.，2004）。对于具有一定取食偏好的植食性线虫而言，受植物类型的影响可能更大。例如，Viketoft（2013）研究发现，尽管草地生态系统中的植食性线虫总体上受植物的影响不大，但如果优势植食性线虫是某些食性专一的植物线虫，植物群落则能明显影响线虫群落发生变化。此外，由于不同植物类群所形成的土壤微环境有所差异，植物群落对土壤食微动物的影响也与土壤类型及性质有关。

7.4 小结与展望

总的来说，植物作为初级生产者为土壤动物提供了重要的食物来源，影响土壤动物的群落组成和多样性。土壤动物通过取食作用和非取食作用对凋落物进行破碎分解，调控微生物群落的结构和活性，改善土壤的理化性质，影响植物生长发育。因此，地上部的植物多样性与地下部的土壤动物多样性有着紧密的联系，土壤动物对维持生态系统的物质循环和能量流动起着重要作用（Wardle et al.，2004）。植物和土壤动物之间的互作关系，以及这种互作如何影响植物生产力和健康，特别是对农作物产品质量的影响，既是土壤生态学要进一步阐释的重要科学问题，也将是今后绿色农业发展值得关注的重要实践问题。

大型土壤动物分解者可以通过改造土壤生境、改变土壤食物网结构等，影响植物生长及地上部植食者的发展，而地下部植食性昆虫除了取食植物根系，对植物的生长产生不利影响外，还增加了根际碳流的输入，改变了土壤微生物多样性和活性，进而改变土壤的生态功能；中小型土壤动物在调节土壤碳氮周转方面发挥作用，其中，线虫还可以通过降低植物韧皮部资源的数量及质量而抑制地上部刺吸式害虫，而土壤节肢动物对地上部植食者的影响目前还没有发现较一致的效应（Heinen et al.，2018）。了解土壤、植物和动物在养分循环中的相互关系是今后深入认知土壤提供的各种生态系统服务功能的关键，也能为土壤健康评估提供科学依据。

目前国内外关于农业生态系统植物—土壤动物互作关系的系统研究明显不足，基于自然的解决方案，借鉴自然生态系统中土壤动物与植物的协同互作关系，将对优化土壤—作物综合管理、促进农业生态系统健康具有重要意义（Mariotte et al.，2018）。只有进一步研究、发掘和利用这些关系中的互作机制，才能更精准地协同调控土壤生物群落和地上生物群落，进而在较低外部资源投入条件下保持和提高土壤肥力与植物生产力（图 7-5）（Chaparro et al.，2012；Pineda et al.，2017）。未来的着力点或突破口将是，探明土壤动物介导的食物网调控作物生长的生理生态效应，结合多组学技术揭示植物对病虫害防御能力的分子驱动机制，为深入揭示和有效利用这些互作关系、提高作物的质量和产量开辟新的途径（Berendsen et al.，2012）。

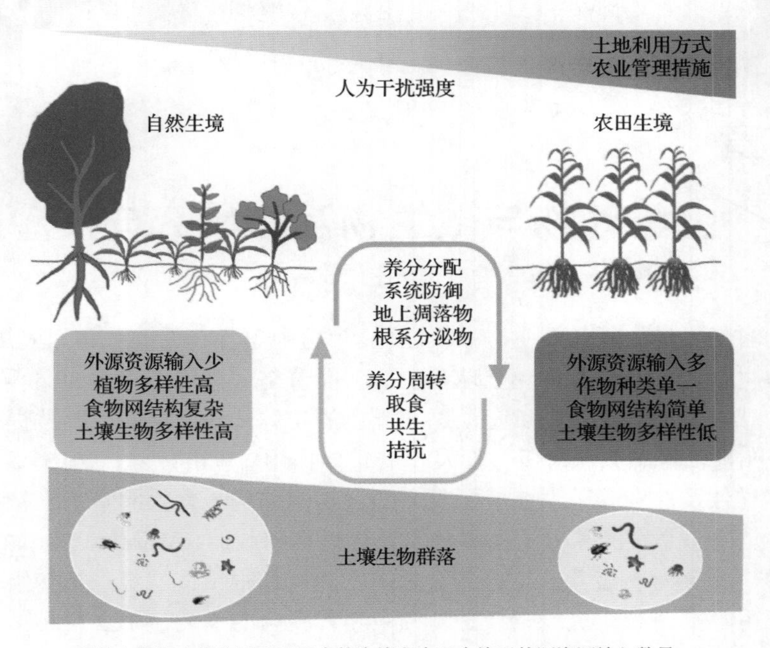

图的左侧和右侧分别列示了自然生境和农田生境下外源资源输入数量、组成、食物网结构复杂性和土壤生物多样性方面的特点。

图 7-5　自然和农业生态系统植物群落与土壤动物群落的互作关系

第 8 章

土壤动物与微生物互作研究与展望

作为自然界最为复杂的生态系统之一，土壤中蕴含着无数种鲜为人知的生物，这些土壤生物通过互作，推动全球在物质、能量与信息等多方面的循环和转换，是维持地球生命的基础。土壤是动态和异质的实体，为广泛的生物群提供多样的栖息地，在提供生态系统服务方面发挥着重要作用（Wall et al.，2015）。土壤生物的取食多样性及非营养关系造就了复杂的食物网结构。食物网紧密连接地上和地下生物，是生态系统的养分流动和物质循环过程的载体（Wardle，2002）。土壤食物网可以简单分为 5 级营养位：一级是植物碎屑和根系；二级包括初级分解者及植食性细菌、真菌和线虫；三级是食细菌和食真菌的螨类、线虫、跳虫、鞭毛虫等；四级是原生动物、捕食性线虫和食线虫螨类等中间捕食者；五级是一些顶级捕食者，如捕食性弹尾目和捕食性螨类等（Moore et al.，1990）。

土壤动物与微生物作为土壤中的两大重要角色，有着千丝万缕的联系，它们数量庞大，且十分活跃。许多动物食性复杂，在食物网中占据多个营养级，导致土壤食物网结构复杂。土壤食物网的结构变化和连通性对能量通量、食物网稳定性和实际生态系统中的生态系统过程产生影响。土壤动物对微生物的捕食作用或者生物扰动能够调节土壤生物多样性，土壤生物多样性与温室气体（二氧化碳、甲烷和一氧化氮）的产生有一定相关性，且受到许多动物与微生物互作条件的控制，如不稳定碳、矿物氮和氧的可用性，土壤的 pH、湿度、温度和扩散率等关键的因素，而土壤中气体的产生与土壤碳氮磷等元素循环有着必然的联系（Nauer et al.，2018）。

土壤动物和微生物的互作不仅影响着土壤生态过程，对其本身也造成影响。土壤微生物附着在土壤动物体表或者肠道内部形成共生或者寄生，不同的互作对二者造成不同的正面或者负面结果。

了解了动物与微生物的互作过程与机制，有利于我们更好地了解生态系统能量流动与物质循环的规律。在实际应用方面，利用二者的互作来改善土壤条件，控制病虫害，是时下的研究热点。通过各种调控机制，防治病原微生物及农田害虫，提升作物品质，增加产量，提升经济效益；增强植株胁迫条件下的生存能力，增强整个生态系统的抵抗力。

8.1　土壤动物—微生物互作的主要类型

土壤动物与微生物具有极大的生物多样性，特别是肉眼看不见的微生物不计其数，甚至有许多微生物仍然未知。土壤生物通过互作完成了能量流动、物质循环与信息传递的过程。本节简单介绍土壤动物与微生物几种基本互作的类型：捕食关系、竞争关系、寄生关系及共生关系。图 8-1 简要展示了土壤热点动物秀丽隐杆线虫在复杂的土壤环境中与其他土壤生物之间的联系。

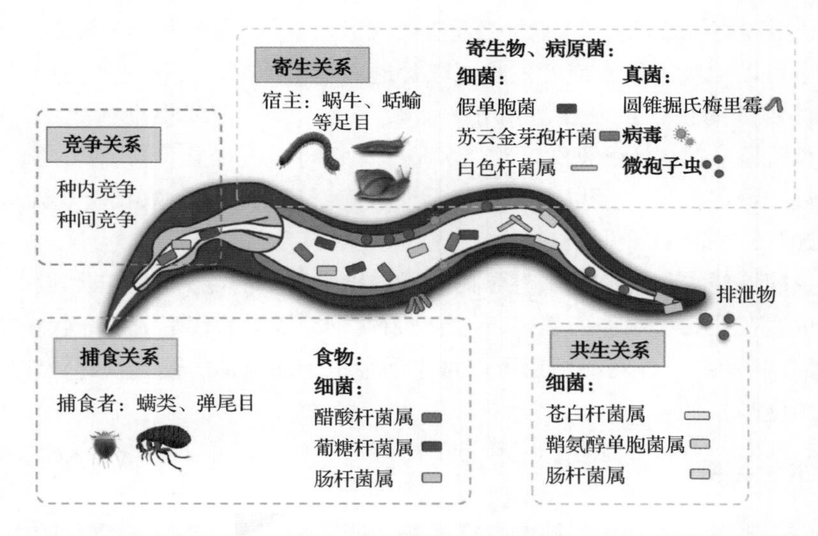

图 8-1　秀丽隐杆线虫在复杂的土壤环境中与其他土壤生物之间的联系（Schulenburg and Félix，2017）

8.1.1　捕食关系

捕食被认为是影响群落结构和生态系统功能的重要进化和生态力量（Pasternak et al.，2013）。捕食者—猎物通道是土壤食物网构架的主要途径之一，而碳和能量通过土壤食物网的流动主要是由土壤生物群落之间的取食关系驱动的（Hu et al.，2016a）。捕食是土壤食物网级联效应中的下行效应，主要是通过某一营养级对下一营养级的捕食作用来实现对下一营养级的生物数量的控制的，然而上行效应就是资源控制，没有足够的能量来源，种群无法扩增，二者合称营养级联效应。例如，变形虫取食草履虫导致草履虫种群密度下降，是下行效应；而草履虫因其他原因死亡而对变形虫种群生长造成负面影响，是上行效应。大量土壤原生生物、线虫和微型节肢动物是土壤微生物群落的直接捕食者，而腐生土壤动物，如蚯蚓和一些节肢动物，则通过取食土壤和土壤有机质间接摄取细菌和真菌。通过实验验证，土壤中的真菌和细菌显著影响食细菌和食真菌生物，而后者显著影响更高一营养级别的线虫和其他杂食性天敌，体现了上行效应在能量流动过程中的重要作用（Hu et al.，2016b）。此外，土壤线虫也是土壤微生物的捕食者之一，食性广泛，在食物网中占据多个营养级别。

8.1.2 寄生关系

寄生是一种重要的互作关系。在土壤生态系统中的寄生物主要有原生动物、细菌、真菌和线虫。微生物容易从寄主的口器、昆虫节间膜、肛门、气孔入侵其体内。线虫内寄生真菌主要通过成囊孢子、黏性孢子、吞食孢子对线虫进行侵染；这些孢子可以从线虫体表或者被线虫取食进入线虫体内，在宿主体内产生大量菌丝，分泌胞外酶使线虫表皮消化分解，获取宿主养分，线虫逐渐死亡。线虫的各个生长阶段（如虫卵、孢囊、幼虫和成虫）都可以被侵染（刘子卿 等，2019）。白僵菌属、绿僵菌属等昆虫内寄生菌已经被广泛应用于防治农田害虫蛴螬（Gao et al.，2011；Xiao et al.，2012）。

昆虫病原线虫的侵染幼虫有寻找并入侵昆虫寄主的能力，线虫和其共生细菌杀死昆虫后在死亡昆虫体内繁殖，当养分耗尽时，线虫后代形成下一代侵染幼虫。例如，斯氏科和异小杆科的线虫可以寄生于金龟子幼虫体内使之快速死亡（Murfin et al.，2015）。

8.1.3 共生关系

共生关系在土壤动物、植物、微生物之间普遍存在，对不同物种的生长发育和进化十分重要。这种互惠关系由共生体之间的共同进化（互惠进化）和协同适应（性状的协同互变）长期维持，只有特定的潜在合作伙伴才能满足共生的需要，导致了宿主和共生体之间具有特异性（Murfin et al.，2015）。

土壤动物的共生微生物丰度多样，体表、外骨骼、肠腔和细胞内部均是这些微生物可生存的位点。昆虫共生菌主要分为两种：外共生菌和内共生菌。外共生菌是指生活在昆虫细胞外的微生物，包括附着于昆虫肠壁细胞和游离在肠腔的细菌；内共生菌是指生活在昆虫组织细胞内的微生物，其中沃尔巴克氏体是迄今为止自然界中已知存在最为广泛的革兰氏阴性胞内共生菌，约65%的昆虫天然携带这种细菌。外共生菌主要以肠道菌群的形式聚集于消化道内。肠道菌群是一个复杂的生态系统，包括细菌、真菌、病毒和原生动物，其中细菌的种类最为丰富，也是昆虫肠道微生物中数量最多的。昆虫肠道结构因种类不同存在较大差异，可能是昆虫为适应各种特殊生态位和食性而长期进化的结果，这种协同进化逐渐演化为昆虫特定肠道部位定居特定肠道微生物的现象（Jiggins et al.，2001）。昆虫病原线虫共生菌嗜线虫致病杆菌和发光杆菌属于革兰氏阴性变形菌门，线虫穿透至昆虫血腔时将肠道中的发光杆菌吐出，导致昆虫死亡并释放支持线虫繁殖的营养物质。在昆虫体内，细菌呈指数增长并分泌有效毒素。共生体还产生具有线虫繁殖所需的高水平必需氨基酸的晶体蛋白，以及保护昆虫尸体免受微生物竞争对手侵害的抗菌剂，帮助线虫侵染和分解寄主昆虫，利用昆虫来源的营养物质向线虫提供营养。线虫为细菌提供保护，使其免受捕食者的侵害，获得营养物质，并帮助其扩散（Forst et al.，1997）。

8.1.4　竞争关系

竞争普遍存在于各个物种间。研究证明（高梅香 等，2018），蚂蚁、蚯蚓、地表步甲、跳虫和螨类及陆地软体动物物种共同出现的实测值显著低于模拟值，种间竞争是这些土壤动物群落维持的重要调控过程。在生态位中，具有相同资源需求的微生物之间存在着对养分或空间和感染点的竞争，特别是在碳等资源可能有限的地方。动物与微生物也存在竞争。例如，土壤中的 AM 真菌可以促进植物对于氮磷等养分的吸收，提高植物的抗逆性；当 AM 真菌与广谱性害虫根结线虫处在同一个环境下时，可以降低线虫对植物的伤害。因为二者均需要从植物那里获取碳源，据统计从宿主植物到 AM 真菌的碳转移量占总同化碳的 4%～20%（Hammer et al.，2011），碳竞争假设是一种合理的营养竞争解释。同时，定居性内寄生线虫与 AM 真菌在皮层细胞内存在空间竞争，因为丛枝结构占用皮层细胞空间而导致线虫取食困难。研究发现，被根结线虫侵染的桃根和根上形成的虫瘿中均含有 AM 真菌，虫瘿中 AM 真菌多样性不如根中多，且被侵染的植物根中 AM 真菌多样性不如未被侵染的植物根系。这说明 AM 真菌和线虫存在相互竞争的关系（Alguacil et al.，2011）。

8.2　土壤动物—微生物互作过程与机制

土壤大中小型动物与微生物通过捕食、寄生、共生或者竞争而存在联系。土壤环境中的捕食过程十分复杂，能量在人们印象中似乎总是从微生物流向动物，如线虫这种神奇动物的食物来源多样化，研究表明也有微生物可以捕食线虫。寄生关系宿主的变异和进化，在一定程度上依赖有益共生菌。众所周知，有益微生物在宿主生活史中扮演重要角色，其主要功能是改善昆虫饮食，帮助降解食物中难降解的物质，保护宿主免受捕食者、寄生虫和病原体的侵害，促进宿主种间和种内的交流，影响宿主交配行为和生殖系统的发育。所有高等生物并非单一个体，而是多种生物相结合的复杂共生体，特别是微生物群落在决定宿主表型和生活方式上的作用尤为突出（Gilbert and Tauber，2012；Philipp and Nancy，2013）。本节以白蚁、切叶蚁、蚯蚓及线虫 4 种与微生物紧密联系的土壤动物为例，详细介绍它们与微生物互作的过程与机制。

8.2.1 白蚁与微生物互作

白蚁是一种典型的大型土壤动物之一，是自然环境中存在的能够高效降解木质纤维素的昆虫之一，对农林植物、房屋建筑及江河堤坝有极大的破坏性。对于人类来说，白蚁啃食造成了巨大的经济损失；对于生态系统来说，正因为这种高效降解木质素的能力，使白蚁在生态系统中有着不可替代的重要作用。例如，在朽木的分解方面，对比微生物分解的缓慢途径，白蚁的啃食可以直接粉碎木材，这种高效率的粉碎能力大大促进了生态系统的物质循环与能量流动。白蚁的食性多样，一些白蚁专门摄取食草动物的粪便，加速了土壤有机质的积累，对土壤理化性质及土壤微生物多样性具有促进作用（Freymann et al.，2008）。这些都与白蚁惊人的繁殖能力、扩散能力及消化能力密不可分。

1. 白蚁肠道的共生微生物及功能

白蚁消化道包括唾液腺（salivary gland）、前肠（foregut）、中肠（midgut）和彭大的后肠（hindgut），如图 8-2 所示。白蚁肠道微生物群落较为复杂，Su 等（2016）通过高通量测序，不同食性的高、低等白蚁肠道的菌群主要有螺旋菌门、厚壁菌门、拟杆菌门和变形菌门。此外，从白蚁肠道中检索到的大多数序列都区别于其摄入的食物中的细菌的序列，这表明这些微生物是白蚁肠道所特有的（Hongoh et al.，2006；Ohkuma and Brune，2010）。

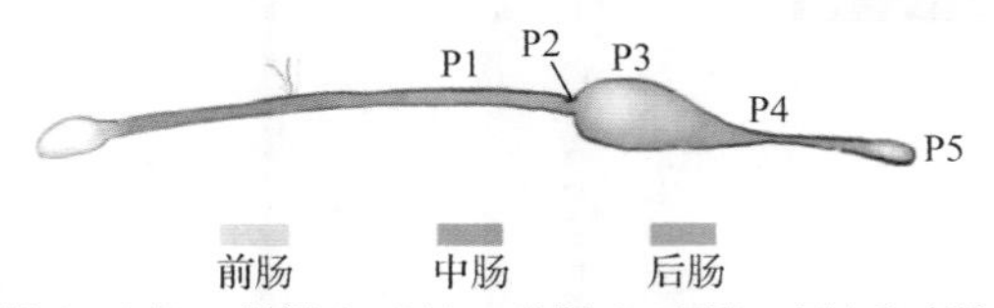

后肠又分为回肠（P1区）、肠阀（P2区）、结肠（P3区和P4区）和直肠（P5区），
不同区域的酸碱度不同，微生物分布情况不同。

图 8-2 白蚁肠道图示（Philipp and Nancy，2013）

如图 8-3 所示，低等白蚁与高等白蚁的区分主要根据白蚁后肠是否含有共生原生动物，低等白蚁肠道内含有共生原生动物且低等白蚁食物来源主要是不同形式的植物（如干草、树皮、树干、朽木等），而高等白蚁食性更为复杂，食物来源包括木材、草、凋落物、腐殖质、土壤、真菌等。

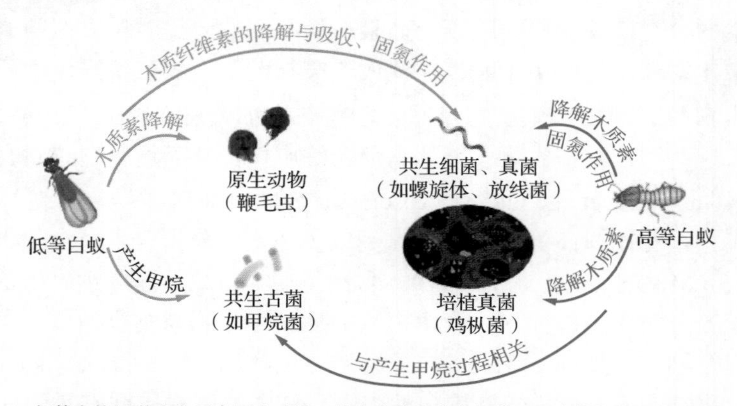

低等白蚁肠道内主要有原生动物、共生古菌及共生细菌；而高等白蚁肠道内没有原生动物，培菌白蚁可以通过巢内培植真菌的方式来帮助降解木质素。

图 8-3 高、低等白蚁肠道微生物的区别与作用

肠道微生物有助于白蚁消化食物中难降解的物质，特殊的培菌白蚁还会通过在巢内培植真菌来帮助群体消化木质素。

白蚁肠道微生物组成与其食性和系统发育有很强的相关性。一般来说，高等白蚁的肠道微生物多样性多于低等白蚁，但是食性是决定肠道微生物组成的一个主要因素，食性相同的白蚁，它们的肠道菌群结构往往相似。食真菌白蚁肠道内的两类共生菌（拟杆菌门和厚壁菌门）可以产生溶菌酶以降解真菌细胞壁（Liu et al.，2013；Poulsen et al.，2014）。食木白蚁肠道内的共生螺旋体（*spirochetes*）可以产生较多的几丁质酶，这说明腐烂木材中含有的真菌也可以被白蚁或者其肠道内的细菌利用（Hu et al.，2019）。

低等白蚁的肠道共生体对于其生理功能、健康和生存有重要影响（Peterson and Scharf，2016）。螺旋体是低等白蚁肠道中最明显的细菌群落，能够进行多种代谢过程，包括产乙酰、固氮和木质素酚的降解。低等白蚁共生原生生物（鞭毛虫）在木质纤维素降解中发挥重要的作用，这些鞭毛虫可以产生大量丰富的纤维素酶，与白蚁自身的纤维素酶系统相互合作，维持白蚁的营养，这些酶在氢循环中也产生重要作用。一些白蚁将细菌作为含氮化合物来源，其后肠原生动物可通过产生蛋白酶来促进白蚁对氮的吸收。另外，一些原核生物作为原生动物的细胞内生菌在白蚁肠道内发挥作用，主要是迷踪菌门、拟杆菌门、变形菌门和放线菌门，它们的功能主要是发酵葡萄糖，合成氨基酸，产生辅助因子，固定氮元素和回收含氮废物。还有一类与原生动物密切联系的古菌，后肠细菌和古菌主要存在于肠道内鞭毛虫的细胞质和外表面（Hongoh，2011），也有许多较小的细菌和古菌结合在后肠表面或后肠细胞壁（Bignell et al.，2011）。原生生物和细菌不仅可

以促进寄主白蚁对营养物质的吸收，而且在低等白蚁中提供抗真菌防御。白蚁巢外的粪便基质有利于放线菌生长，这些放线菌有助于白蚁抵抗土壤中的绿僵菌；定居于食木白蚁后肠的原生动物及原生动物共生细菌可以产生多功能性的β-1,3-葡聚糖酶，这些酶已被证实可以分解真菌的细胞壁，从而增强白蚁对真菌源病原菌的防御（Chouvenc et al.，2013；Rosengaus et al.，2014）。

与低等白蚁相比，高等白蚁的食性呈现多样化，分为食木、食土、食腐殖质和培菌白蚁（Mikaelyan et al.，2017）。食性是高等白蚁后肠微生物群落的主要决定因素。无论分类学地位如何，食木白蚁的后肠微生物与食腐殖质、食土白蚁显著不同，但是同一食性同一亚科的白蚁肠道微生物相似度更高（Mikaelyan et al.，2015）。由于不含鞭毛虫，食木高等白蚁中含有许多降解木质纤维素的细菌（Brune and Dietrich，2015）。在食木高等白蚁中，优势微生物为螺旋菌门、纤维杆菌门和TG3 菌门，这 3 类微生物在其他食性的白蚁中较少（Mikaelyan et al.，2017）。食土高等白蚁肠道在 P1 区以厚壁菌门为主，随肠道向后，厚壁菌门逐渐减少，优势菌群变为放线菌门（Köhler et al.，2008）。食土白蚁后肠含有许多耐碱性的梭菌，因为食土性白蚁的食物含氮量高且木质素少，所以对其肠道的固氮作用及木质素分解作用要求不高（He et al.，2013）。

白蚁是为数不多的产甲烷节肢动物，一些产甲烷的古菌利用大量存在于肠腔中的氢作为纤维素代谢产物，向肠道环境贡献甲烷（Hongoh，2011），世界上有1%～3%的甲烷是白蚁产生的（Nauer et al.，2018）。

2. 自然界的养菌能手——培菌白蚁

早在 2500 万年前，一些白蚁在进化过程中肠道内丢失了原生动物，由于缺少了分解木质素的好帮手，它们走上了培植真菌的道路。真菌可以帮助白蚁分解木质素，也是白蚁一部分食物来源，这类白蚁又称为培菌白蚁。例如，鸡枞菌就是由大白蚁亚科的白蚁培养，鸡枞菌的子实体可以随季节向地面生长（Donovan et al.，2001）。

培菌白蚁肠道内共生菌主要有厚壁菌门、拟杆菌门、螺旋菌门、变形菌门和互养菌门，群落结构组成相对均一，与杂食性白蚁的菌落组成更相似（Otani et al.，2014）。培菌白蚁肠道内的放线菌和芽孢杆菌可以帮助白蚁抵抗其他病原物（Visser et al.，2012）。

白蚁培植真菌的过程有严格的分工：高龄工蚁收集木质屑并将其带回巢内，低龄工蚁取食这些收集入巢的碎屑，初步消化并迅速排便，但是这些粪便中仍含有大量木质素、纤维素，是一种十分适合真菌繁殖的基质，被称为真菌菌圃（fungus garden 或 fungus comb），也被某些低龄工蚁作为主要食物来源，由无性孢子组成。高龄工蚁则主要取食菌圃较老的部分，是真菌降解木质素的产物（Poulsen，2015）。

如此往复，不断有新的粪便覆盖在已经老的菌圃上，构成了木质素—真菌—白蚁—粪便这样一个物质循环通道。

白蚁通过铸造土堆来搭建自己的巢穴，巢穴外壁厚实，巢穴内部适宜的温度使幼蚁更好地发育，略高的湿度适合真菌孢子萌发，且白蚁初级消化的粪便基质呈弱酸性，白蚁产生的甲烷可以使巢穴内温度升高，不利于其他菌群生长。

8.2.2　切叶蚁与微生物互作

除了白蚁可以培植真菌，切叶蚁也凭借出色的培植真菌技术，成为热带森林与草原上独具竞争力的节肢动物之一。但是切叶蚁与白蚁是两种不同的昆虫，它们以不同方式获取真菌，且培植毫不相关的担子菌菌种，其菌圃结构也大不相同（Sapountzis et al.，2019）。如图 8-4 所示，切叶蚁的巢穴在地下，而白蚁的巢穴可以高出地面几米，可以称为地下和地上的宫殿。

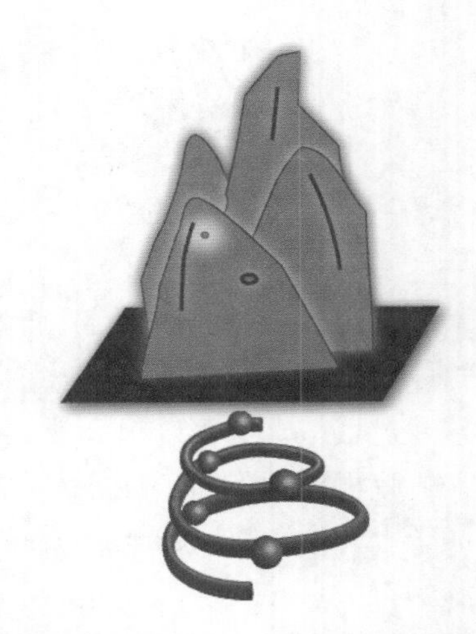

图 8-4　白蚁巢穴（地上）与切叶蚁巢穴（地下）对比

真正能切叶的切叶蚁含有已被描述的 50 个物种，分别属于芭切叶蚁属和顶切叶蚁属两个属。与其他蚂蚁一样，切叶蚁种群内分为蚁后、工蚁和兵蚁。新生蚁后在土壤中挖掘洞穴，排出它们从出生巢穴中带来的真菌颗粒，并开始培育自己的花园，这些真菌园是由蚁后提供的粪便材料逐步扩建起来的。图 8-5 展示了切叶蚁的生活状态。工蚁寻找合适的树木，并且沿路做好气味标记，以便同伴前来一起搬运树叶，它们使用锋利的大颚将树叶剪切成小块，并搬运回巢穴。迷你工蚁站在叶片上是为了防止大工蚁在搬运时受到寄生蝇的攻击，寄生蝇将卵产在工蚁体内，卵孵化后工蚁就被蚕食。回到巢穴内后，工蚁将切下来的叶片裁得更小，并且将其按压在蚁巢白色的真菌上，共生真菌便有了新的生长基质。真菌成熟后长出的菌丝结，也就是蚁巢上的白色小球，才是切叶蚁真正的食物。蚁巢内有大量幼蚁，呈白色透明卵状，它们没有进食能力，全靠专门喂食的工蚁养活。除了这些工作，蚁巢内的清洁工作也由专门的工蚁承担，它们每天不间断地将巢穴中坏死的真菌及粪便等垃圾搬出去，扔到固定的地方。在热带雨林里，这些“垃圾”很快就被降解，化为营养被植物吸收。兵蚁体型较大，主要负责保卫巢穴，防止被其他生物入侵。

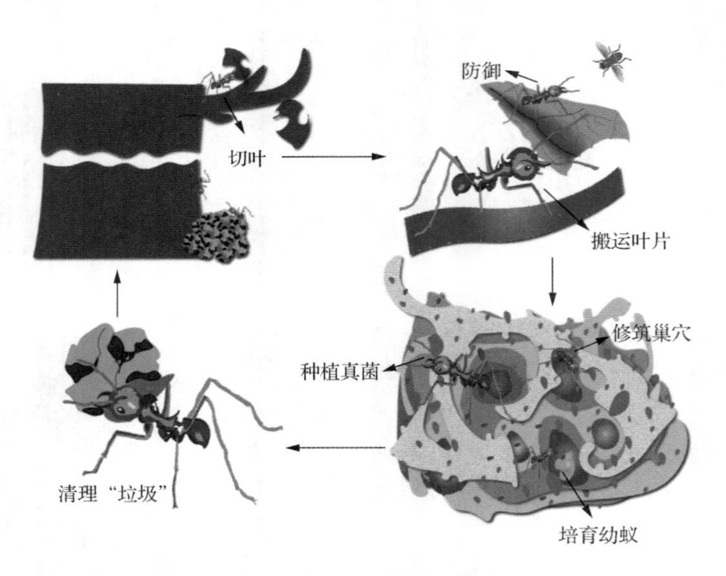

图 8-5 切叶蚁的生活状态

通过培植真菌可以极高效地将叶片中的有毒物质转化为对自身无毒的营养物质，蚂蚁再根据不同工种分配营养物质（Licht et al.，2013），真菌作为食物养活了成千上万的工蚁（Currie et al.，1999a）。观察结果表明，年轻工蚁后胸膜腺的细胞中有大量 rRNA，且分泌细胞的细胞核较大，说明其分泌活动十分活跃，因为在蚁巢中，年轻工蚁负责真菌园的维护、培育幼仔、清洁巢穴及照顾蚁后；而大龄工蚁的工作主要是切割与收集基质及菌落防御，不需要用到大量的分泌物（Vieira et al.，2011）。蚂蚁建筑巢穴及收集食物的过程是外源微生物进入蚁巢中的主要途径，很有可能带入一些病原菌。对许多早期蚂蚁物种进行检测时发现，其后胸膜腺能够分泌对细菌、真菌和酵母菌有效的抗菌化合物。后胸膜腺是一种蚂蚁特有的外分泌腺体，可以调节其社会性组织，大大提高了这种群居性动物的竞争力。蚂蚁的后胸膜腺目前被证实有清洁与化学防御功能；识别气味和领土识别功能有待进一步研究。人们起初认为蚂蚁的后胸膜腺可以分泌气味以供同物种相互识别，但是实验发现，切除后胸膜腺的蚂蚁不仅没有被同种个体攻击，反而被异种蚂蚁攻击。后胸膜腺分泌物中含有对大多数无脊椎动物有毒的酚类物质，同时含有大量羟酸，培菌蚂蚁的真菌园的 pH 也因此会降低，而大部分病原菌在这种环境下无法生存，这体现了该腺体的防御功能（Yek and Mueller，2011）。尽管现代有些蚂蚁失去了后胸膜腺，但进化出其他腺体来产生抗菌物质，如毒腺（Penick et al.，2018）。

切叶蚁的后胸膜腺分为分泌部分和储存部分。分泌细胞的胞浆主要是由多糖、脂质和蛋白质组成的酸性混合物。分泌细胞也可通过产生抗生素来支持脂质和蛋白质的产生。后胸膜腺分泌物中的抗菌剂是非极性的，与磷脂双层相互作用，破坏脂质体的结构完整性，阻碍羧基荧光素的释放，主要通过破坏病原菌细胞膜磷脂双层的结构和功能发挥作用（Mackintosh et al.，1995）。尽管大多数被测化合物具有很强的抗菌活性，但柠檬醛、香叶醇、4-甲基-3-庚醇、己酸和辛酸是最有效的，尤其是对白色念珠菌最有效（de Lima Mendonça A et al.，2009）。

颊下囊是由蚂蚁口腔下咽部的内壁内陷形成的一个袋状结构，位于前咽的右前方。在食物进入食道前，固体食物和其他的颗粒材料被过滤进入颊下囊中，稍后从口前腔排出成小球，放置于菌圃附近。颊下囊中专门产生抗生素的链霉菌，可以杀死霉菌 *Escovopsis* 属的孢子，是防止蚂蚁的菌圃被专门的有害寄生物感染及传播的一种防御机制（Little et al.，2006）。颊下囊中的细菌隶属于厚壁菌门、放线菌门、变形菌门，且颊下囊中的细菌多样性高于巢穴中的细菌多样性，这说明颊下囊可以富集食物中的细菌，以阻止病原菌进入消化道（张君 等，2016）。同时，颊下囊连接特殊的腺体，其分泌物具有促进口腔内营养物质消化及促进颊下囊中物质分解的功能。对于非培菌蚂蚁，颊下囊中的特殊微生物类群在其营养物质消化、群体清洁及其他方面发挥着重要的作用（Eelen et al.，2004）。

培菌白蚁与真菌相互依赖，所以对于蚂蚁来说，维持菌圃的清洁以防病原菌污染是十分必要的。培菌白蚁体表有肉眼可见的粉状、灰白色的物质覆盖在角质层上，经化学分析得知，它是一种链霉菌，该链霉菌可以选择性地抑制病原菌 *Escovopsis* 属的生长，且可以垂直传播，培菌白蚁与链霉菌是一种起源古老且高度进化的共生关系。*Escovopsis* 属是培菌蚂蚁的专性寄生真菌，在菌落间水平传播，且具有很强的毒力，有可能迅速摧毁蚂蚁园，导致蚁群死亡（Currie et al.，1999b）。

8.2.3　蚯蚓与微生物互作

蚯蚓是陆地生态系统中最常见的大型土壤动物，蚯蚓的生态功能如图 8-6 所示。蚯蚓通过改善微生境（排粪、挖穴、搅动）、提高有机物的表面积、直接取食、携带传播微生物等方式使复杂有机质转变为微生物可利用的形式。蚯蚓活动形成的洞穴、排泄物可以增加土壤孔隙度和通气性，增加土壤微生物与有机质的接触面积，促进微生物对土壤中碳、氮、磷养分的矿化作用，促进土壤物质循环和能量周转速率，提高土壤生产力（Tian et al.，2000；Bossuyt et al.，2006；Bernard et al.，2012）。土壤结构和土壤团聚体孔隙网络内的微生物群落能够调节土壤有机碳动态（Fraser et al.，2016）。研究发现，蚯蚓可使土壤二氧化碳产量增加 33%，这表明蚯蚓可促进微生物活性，并可能改变土壤微生物群落的结构（Lubbers et al.，2013）。细菌群落多样性与碳氮比呈负相关，蚯蚓的活动可以提高土壤碳氮比，从而对细菌群落产生抑制作用（Gong et al.，2018a）。

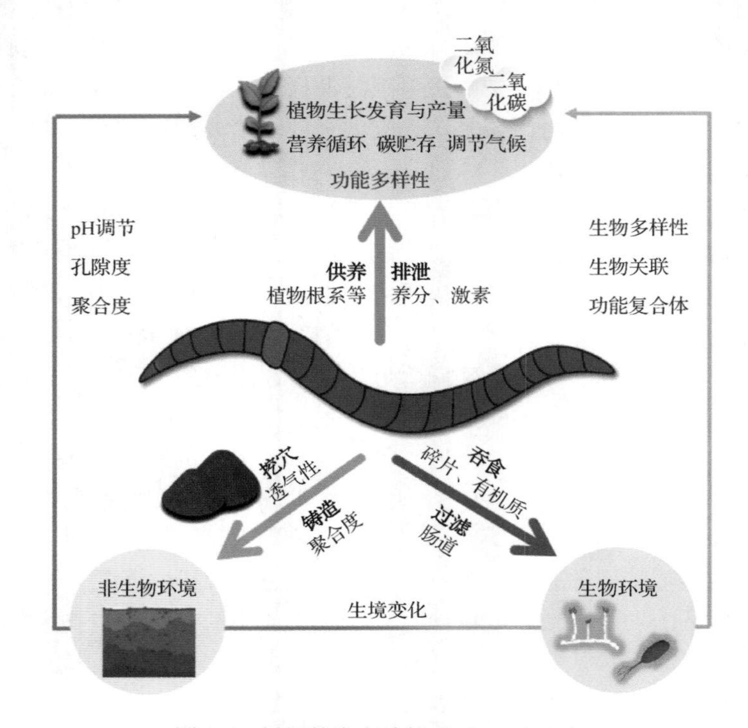

图 8-6 蚯蚓的生态功能（Liu，2019a）

蚯蚓对土壤微生物群落的影响分为直接作用和间接作用。直接作用是通过蚯蚓的肠道相关过程来完成的：蚯蚓摄取的食物经过嗉囊和砂囊研磨后进入肠道，食物中的外源性微生物与肠道内源性微生物产生交互作用（Sampedro and Dominguez，2008）。间接作用是指蚯蚓粪相关过程。蚯蚓过腹处理后的土壤中微生物群落与周围土壤差异显著，且对周围的微生物群落产生影响（Aira and Dominguez，2011）。蚯蚓的肠道和蚓粪中的优势细菌群落由不同数量的变形菌门、厚壁菌门、拟杆菌门和放线菌门的成员组成，不同种类的蚯蚓肠道微生物类别相似，一般是变形杆菌门丰富度最高，其他门类丰富度取决于蚯蚓的饮食与活动（Šrut et al.，2019）。

一项长达 13 年的蚯蚓长期田间试验研究了土壤团聚体中细菌和真菌群落组成的变化。蚯蚓可显著提高秸秆覆盖和秸秆掺入土壤处理后土壤团聚体的稳定性，且后者稳定性显著高于前者。秸秆掺入可以提高蚯蚓对秸秆残体和土壤团聚体的混合，给真菌与细菌提供多样化的生境，从而增加了它们的多样性和密度（Gong et al.，2019）。细菌更容易受蚯蚓介导的土壤结构变化的影响，而真菌多样性更容易受蚯蚓取食和生物扰动的影响（Butenschoen et al.，2007；Jouquet et al.，2013）。

土壤中的真菌和放线菌大多为好气性，受土壤通气条件影响较大。在稻田生态系统中，底栖动物水丝蚓的活动改善了稻田土壤的氧化还原条件，降低了还原性物质浓度，有利于硝化细菌的增殖，抑制反硝化细菌的生长，有利于土壤氮素循环（孙刚 等，2014）。从土食性蚯蚓的肠道中分离到 20 株细菌，其增溶性硅酸盐细菌多样性较高，实验发现，蚯蚓肠道内的增溶性硅酸盐细菌明显多于周围土壤中的增溶性硅酸盐细菌。这些细菌可显著提高土壤可溶性硅含量，促进玉米植株对硅的吸收和积累，促进幼苗生长（Lin et al.，2018）。

蚯蚓肠道内的微生物在蚯蚓免疫功能方面也有一定的功劳。蚯蚓的免疫防御体系由防止异物侵入的外部屏障和防止侵入后进一步蔓延的内部免疫机制组成。外部屏障有体壁和消化道；内部免疫机制有细胞免疫和体液免疫。细胞免疫包括噬菌作用和胞吞作用；体液免疫物质有凝集素、蚯蚓抗菌蛋白、抗原结合蛋白、溶菌酶等（Martin et al.，2010）。当蚯蚓处在镉污染的土壤中时，其肠道内的放线菌门、变形菌门和拟杆菌门中的耐重金属和富集重金属的微生物数量增加。肠道是蚯蚓抵抗重金属污染的第一道物理防线。重金属进入肠道后，微生物通过还原、水解、琥珀酸基团的去除、去羟基化、乙酰化、脱乙酰化、氮氧化物裂解、蛋白水解、去糖基化和去甲基化等方式将污染物代谢掉（Šrut et al.，2019）。

8.2.4 线虫与微生物互作

线虫是土壤中最丰富的无脊椎动物类群之一，其种类丰富，数量繁多，分布广泛。线虫占据着食物网中大部分的营养位，在土壤中有着不可替代的重要位置。

1. 线虫与微生物互作对土壤生态过程的影响

线虫的选择性捕食特性对土壤微生物的群落动态变化至关重要。食细菌线虫是土壤中最丰富的线虫类群，主要或完全以细菌为食，对细菌丰度和群落组成起到自上而下的调控作用，与土壤碳、氮、磷的循环过程最为密切（Rønn et al.，2012）。在不同的养分资源供应水平下，线虫选择性捕食对微生物的数量、群落结构和功能表现出正负不同的反馈效应（图 8-7）。传统观点认为，线虫捕食微生物后可以直接降低微生物的数量与功能。但是线虫捕食也具有选择性，可以刺激土壤中某些细菌的生长，使其保持在高活性水平上，从而加速土壤碳、氮、磷等营养物质的循环过程。土壤团聚体为线虫与微生物提供了生活空间和互作的场所，大团聚体的空隙大，水分和氧气充足；而小团聚体有机质的密度更高，为土壤生物提供躲避捕食的场所。由于土壤结构的空间异质性，在复杂的土壤环境中揭示线虫的捕食机制及其对元素循环的影响非常困难。

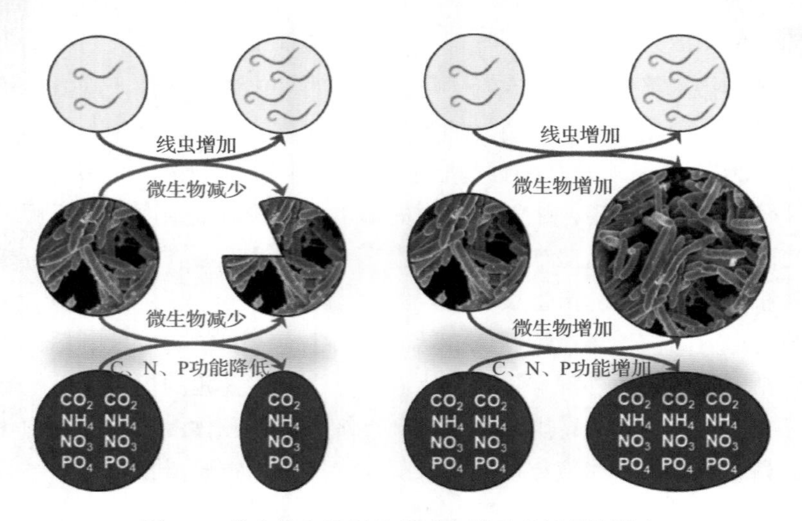

图 8-7　线虫捕食机制及其对土壤元素循环的影响

食细菌线虫选择性捕食显著改变了土壤微生物群落组成，其原因主要取决于线虫取食器官的物理限制和对细菌化学信号的反应。不同的细菌应对线虫捕食会形成不同的物理保护（如细菌形状、菌丝和生物膜）（Bjørnlund et al.，2012）和化学保护（如色素、多糖分泌）（Jousset et al.，2009）。研究表明，食细菌线虫通常偏好捕食革兰氏阴性菌（如假单胞菌）而非革兰氏阳性菌，因为革兰氏阴性菌较薄的细胞壁更容易被线虫消化，头叶线虫属显示出对革兰氏阴性菌的特殊偏好性（Rønn et al.，2002）。在农田土壤中，不同的培肥措施通过改变土壤孔隙结构、有机质和养分含量，影响了线虫对微生物捕食作用的强度与效应，从而调控微生物对土壤养分转化功能和农田养分利用效率。

（1）线虫—微生物互作对碳转化的负反馈效应

基于长期有机培肥（猪粪）试验，研究结果表明，随着有机肥施用，表层土壤的有机碳含量急剧增加，直到第七年达到稳定水平。在高肥处理下，大团聚体的比例显著增加了 39.6%，而小团聚体的比例显著降低了 34.2%。易分解底物的添加显著改善了土壤结构并影响团聚体比例（de Gryze et al.，2005）。在施肥处理下，土壤有机碳输入量增加，SOM 在团聚体中的作用得到提升（Peng et al.，2015）。施肥显著增加了土壤活性，慢性和惰性土壤有机碳库（C_a、C_s和 C_r）的库容（Jiang et al.，2018）。小团聚体中的 C_a、C_s和 C_r比大团聚体和中团聚体中的更高，施肥处理下活性和慢性土壤有机碳库的周转速率（K_a和 K_s）显著增加，K_a和 K_s随着团聚体粒径的增大而增加，小团聚体中的土壤有机碳受到更多的物理保护，且生物对其的分解活性较低（John et al.，2005），新输入的土壤有机碳优先进入大团聚体中，大团聚体中的土壤有机碳比小团聚体中的土壤有机碳周转更快。

微生物群落组成会影响土壤有机碳分解和周转过程，微生物生物量、群落结构和功能活性等决定了土壤有机碳的矿化过程（Schimel and Schaeffer，2012）。随着施肥量增加，细菌和真菌比值（*B*/*F*）显著增加，但革兰氏阳性菌和革兰氏阴性菌比值（GP/GN）显著下降。*B*/*F* 和 GP/GN 均在小团聚体中最高，中团聚体和大团聚体依次降低。*B*/*F* 显著增加提示小团聚体中微生物群落向细菌优势的转变，*B*/*F* 对小团聚体中土壤有机碳库容和周转速率的影响更强。微生物通过自身死亡残体直接增加和稳定土壤有机碳库，促进土壤有机碳积累（Liang et al.，2017）。小团聚体中的细菌生物量较高，导致微生物来源的碳通过生物量周转与死亡残体的积累进入土壤有机碳库中（Benner，2011）。革兰氏阳性菌和放线菌具有调控土壤有机碳库容和周转速率的生态功能，而革兰氏阳性菌更偏好利用难分解的土壤有机碳（Kramer et al.，2006）。与革兰氏阴性菌相比，革兰氏阳性菌通常具有更慢的生长速率，但土壤有机碳利用效率较高（Beardmore et al.，2011），革兰氏阳性菌可以在低营养水平下维持自身的生长，导致土壤有机碳库大量被积累（Elfstrand et al.，2008）。因此，小团聚体中的革兰氏阳性菌可能维持了高土壤有机碳固存。

食细菌线虫改变微生物群落的能力可以反馈于微生物活性，并影响土壤有机碳库容和周转速率。在长期施肥处理下，线虫总数显著增加。食细菌线虫（46.6%）是线虫群落中最丰富的营养类群（Jiang et al.，2013）。食细菌线虫中以原杆属（31.5%）和小杆属（5.6%）为优势种群。大团聚体中食细菌线虫的优势类群原杆属数量显著高于中团聚体和小团聚体。施肥增加了土壤大团聚体的比例，其内部的孔隙空间更有利于食细菌线虫生存和对微生物的捕食作用。线虫依赖土壤孔隙中的水膜生存，其身体直径为 30～90μm，可在适宜的土壤孔径中自由移动（Quénéhervé and Chotte，1996）。大团聚体中高丰度的食细菌线虫促进形成了高度复杂的线虫—细菌网络结构，以及对土壤养分转化的调控功能。在中团聚体和大团聚体中，食细菌线虫捕食通过改变微生物群落结构（*B*/*F*）刺激土壤有机碳库容和周转速率。食细菌线虫对细菌的选择性捕食会降低土壤代谢熵，促进大团聚体中的土壤有机碳积累（Jiang et al.，2013）。大团聚体中食细菌线虫—微生物之间的协作关系可能会被促进，二者互作对土壤有机碳库容和周转速率产生更大的影响（Jiang et al.，2018）。食细菌线虫和细菌之间的联系构成了土壤中的细菌降解途径，确保能量通过细菌能量通道流向更高的营养级（Bonkowski et al.，2009）。

（2）线虫—微生物互作对氮转化的正反馈效应

在土壤硝化过程中，AOB 和 AOA 扮演着重要角色。在施肥处理下，土壤具有较高的养分水平，维持较高的 AOA 和 AOB 丰度。随着有机肥施用量的增加，AOA/AOB 呈现了明显的下降趋势，提示酸性土壤中 AOA 丰度更高，但 AOB 是硝化过程的主导者（Jiang et al.，2014）。AOA/AOB 随着土壤 pH 的降低而增加，这反映了 AOA 和细菌对利用氨浓度的偏好性，以及其他与 pH 相关的生理和代谢差异（De Boer and Kowalchuk，2001）。AOB 群落的优势类群属于亚硝化螺菌属，AOA 群落的优势类群以亚硝化球菌属和亚硝化细杆菌为主。与 AOB 群落不同，AOA 群落结构主要受 pH 影响（27.1%）。通过培养特异的嗜酸性氨氧化微生物——阿伯丁土壤亚硝化细杆菌的实验，证明了其适应在低 pH 下生长（Lehtovirta-Morley et al.，2011），同时这种古菌已进化出能够在极低氨浓度的酸性条件下生长的能力（Zhalnina et al.，2012）。

食细菌线虫捕食作用促进了 AOB 丰度和土壤硝化潜势，表现为正反馈效应。通过添加线虫的土壤微域试验证明了线虫捕食改变了 AOB 的群落组成（Xiao et al.，2010）。食细菌线虫对特定细菌类群的选择性捕食，直接或间接影响了细菌种群之间的竞争平衡，导致整个细菌群落结构发生显著变化（Rønn et al.，2012）。为了明确线虫对氨氧化微生物的捕食机制，通过对网络模型分析研究了酸性红壤不同粒级团聚体中线虫—氨氧化微生物间复杂的互作关系。大团聚体内部的网络结构最为复杂（West，2001）。具有不同取食习性和体型大小的线虫在土壤中的分布不仅取决于团聚体的粒径大小，还取决于土壤结构中养分资源的可用性（Neher，2001）。大团聚体中食细菌线虫的丰度高于中团聚体和小团聚体，大团聚体内部的孔隙结构空间更适合线虫存活。

不同团聚体中都存在的微生物被称为共有微生物。生物网络的模块枢纽和连接枢纽被认为是微生物网络中的关键物种，其中 AOB 中亚硝化螺菌属既是食物网络模块的重要元件，也是驱动土壤硝化作用的关键微生物，它们都调节土壤氮素的转化功能。线虫可以通过捕食作用调控这类重要的功能微生物，以此来提高土壤氮素的转化与供应能力（Jiang et al.，2015）。当特定的关键物种从生态系统中去除或消失后，通常整个网络结构和功能会产生显著变化（Ikegami，2005）。然而，生物物种损失的影响还取决于物种在网络中的特定位置及与其他物种间的互作（Eiler et al.，2012）。目前，我们仍缺乏直接证据验证线虫捕食对氮素转化的影响机制，需要加强生态生理学的研究，以加深对酸性土壤中线虫—氨氧化微生物互作影响生态功能的理解。

（3）线虫—微生物互作对磷转化的正反馈效应

ALP 细菌在土壤有机磷循环中起着关键的作用，其丰度、群落结构及多样性受施肥处理和团聚体结构的综合影响。随着猪粪施用量增加，ALP 解磷细菌的丰度和多样性随之提高，在高肥处理下含有更高 ALP 解磷细菌丰度和多样性。ALP 解磷细菌群落结构中优势菌群主要为α变形菌纲（45.4%）、放线菌门（8.5%）β变形菌纲（7.5%）和γ变形菌纲（5.0%）。ALP 解磷细菌群落结构在 3 种团聚体中明显分异（78.8%），α变形菌纲和γ变形菌纲的丰度在团聚体中存在显著差异（$P<0.05$）。

在施肥处理和团聚体的交互作用下，食细菌线虫捕食显著提高了玉米根际解磷细菌的丰度和多样性，增加了 ALP 的活性。线虫捕食在驱动 ALP 解磷细菌的群落动态变化中具有重要作用，食细菌线虫捕食可以促使细菌进化出应对捕食的新策略或获取无捕食压力的空间，产生新的生存机会，来促进细菌多样化形成（Nosil and Crespi，2006；Meyer and Kassen，2007）。通过添加和不添加线虫的微域实验验证了线虫捕食对 ALP 解磷细菌的丰度和活性的正反馈效应。食细菌线虫、ALP 解磷细菌丰度和 ALP 磷酸酶活性均随着培养时间的增加而显著增加（$P<0.001$），当添加食细菌线虫培养 14d 后，在高肥处理下 ALP 解磷细菌丰度和 ALP 磷酸酶活性分别提高了 23.1%～30.3%和 12.3%～14.1%，大团聚体中原杆属线虫捕食的正向效应提高了 2～3 倍，食细菌线虫增强了 ALP 解磷细菌的丰度和 ALP 活性。Meta 分析显示，食细菌线虫的捕食作用导致土壤微生物生物量和细菌丰度降低了 16%和 17%（Trap et al.，2016）。微域试验研究发现，食微生物线虫对微生物区系的适度捕食可以刺激微生物的生长繁殖（Fu et al.，2005），其原因可能是某些特定的食细菌线虫以衰老的细菌为食，通过增加细菌群落的整体活性，从而刺激土壤养分的转化过程（Ingham et al.，1985）。

基于网络模型分析揭示了玉米根际食细菌线虫-ALP 解磷细菌的共发生网络，线虫-ALP 解磷细菌网络结构在不同团聚体中明显分异。施加有机肥促进大团聚体形成，更高密度的食细菌线虫建立了更复杂的食细菌线虫-ALP 解磷细菌网络关系。特别是，大团聚体网络中食细菌线虫优势类群原杆属显示出与 ALP 解磷细菌更强的正相关性（Jiang et al.，2017a）。根据网络节点属性，α变形菌纲的中慢生根瘤菌属是网络中的关键解磷菌，大团聚体中的食细菌线虫对中慢生根瘤菌属的强烈正向作用可能对 ALP 解磷细菌和 ALP 活性影响更高。这些关键物种充当了整个微生物群落生态功能的“把关者”，对生物地球化学循环有重要贡献（Lynch and Neufeld，2015）。ALP 解磷细菌群落与 AOB 和古菌群落不同，后者占据了 3 种团聚体中的两个不同的关键物种，即模块枢纽和连接枢纽（Montoya et al.，2006；Jiang et al.，2015），推测 ALP 解磷细菌群落比氨氧化微生物更容易受线虫捕食。

2. 线虫与微生物互作机制

食线虫真菌存在于土壤表层及根际，目前已被发现的食线虫真菌超过 200 种，广泛存在于热带及极地地区。当与线虫产生追截接触后，该真菌会产生捕食性器官捕获并杀死线虫，将线虫消化，对于多数真菌来说整个过程不超过 24h，所以食线虫真菌可以作为控制农业生态系统中的植物寄生线虫的生防资源，了解二者的互作机制至关重要，随后通过基因工程来提高其存活率及致病性。图 8-8 显示了捕食性真菌捕获线虫的过程。研究表明，被线虫捕食的细菌释放尿素以刺激食线虫真菌从腐生状态转变为捕食状态，形成菌环等捕食结构，从而形成土壤细菌对食细菌线虫的间接防御机制。土壤捕食性细菌在土壤食物网中也扮演了重要角色。粘球菌是土壤中普遍存在的捕食性细菌，以多种土壤微生物为食。捕食性细菌通过产生水解酶和次级代谢产物来裂解猎物细胞，包括蛋白酶、溶菌酶、酰胺酶、氨基葡萄糖苷酶、肽段内切酶和一些特殊裂解因子（Wang et al.，2020b）。

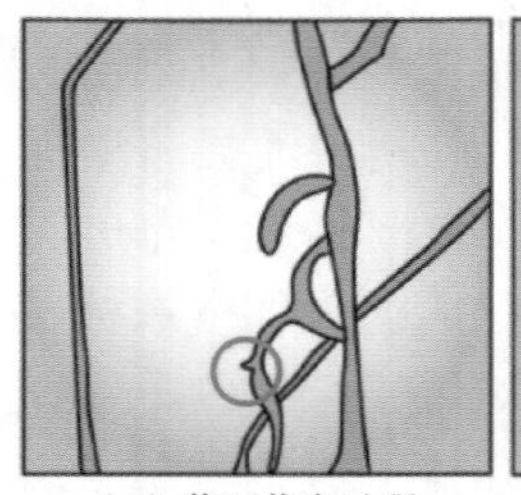
（a）菌环萌发过程

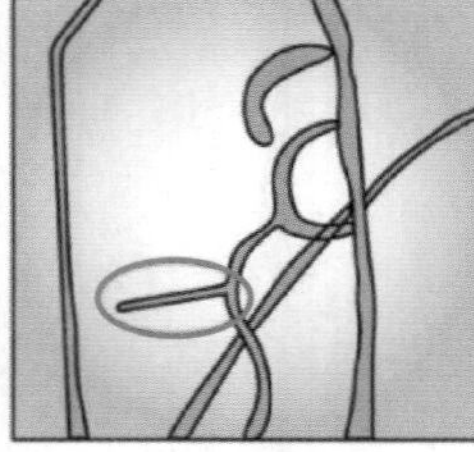
（b）菌环上长出分枝

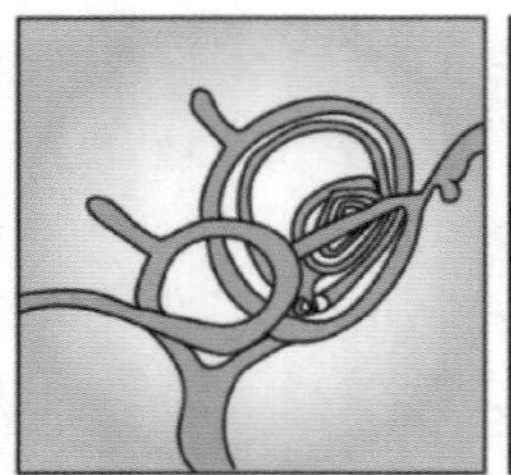
（c）多个菌环形成菌网过程

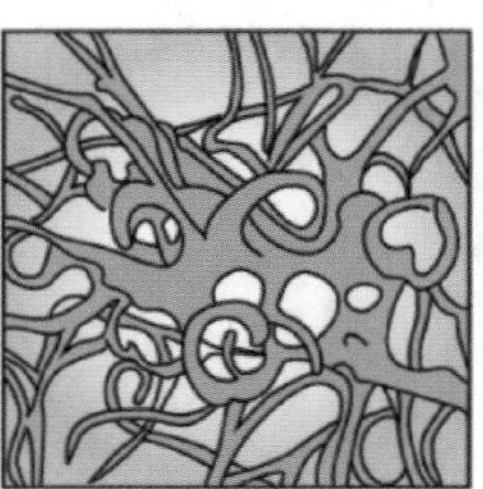
（d）大面积菌网

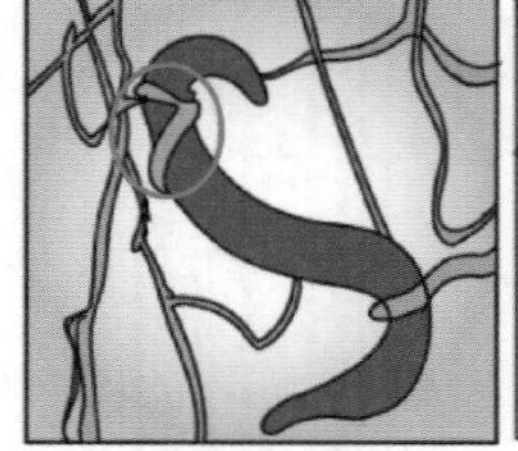
（e）菌环作用的线虫部位

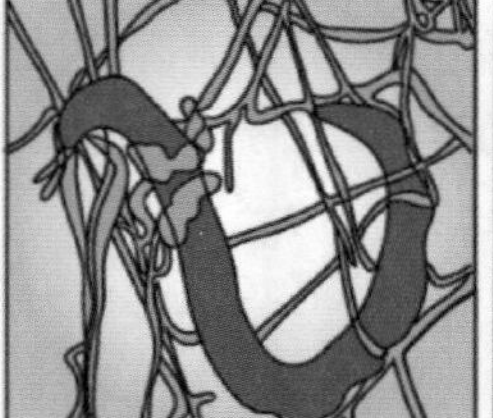
（f）死亡线虫的体壁皱缩

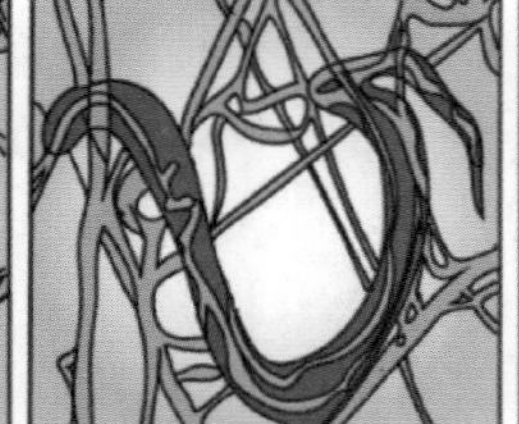
（g）充满菌丝的线虫体

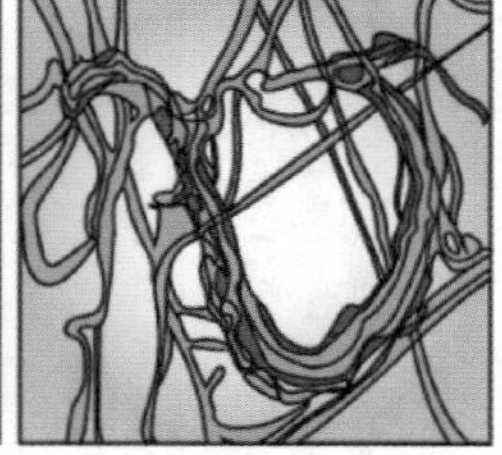
（h）被完全消解的线虫

真菌感受到线虫活动后，菌环开始萌发［图 8-8（a）］，逐渐生长呈半环状，最后闭合为一个完整的环形，近似圆形或椭圆形。开始时，菌环数量产生较少，以后随着时间的延长，逐渐增多。从 1 个菌环上左右可长出 2 个粗壮的小分枝［图 8-8（b）］。这些分枝向不同的方向弯曲生长，重新闭合于原来的菌环或菌丝，从而形成多个菌环［图 8-8（c）］。多个菌环继续分枝，再与原菌环或其他菌环相接，最后形成菌网［图 8-8（d）］。线虫被捕获后［图 8-8（e）］，虫体体壁开始逐渐皱缩［图 8-8（f）］，菌丝充满线虫体内，吸收线虫体内的营养物质［图 8-8（g）］，直至虫体被完全消解［图 8-8（h）］。

图 8-8　捕食性真菌捕获线虫过程（李军燕　等，2018）

捕食与被捕食关系通常伴随着适应性进化。捕食性真菌一般能捕食到与菌环直径相当的线虫。在菌环的产生与闭合之间有一段延迟，线虫可以在这段时间内逃离陷阱，避免被捕食的厄运。线虫通过头部的探索运动来感知外部，当其触碰到菌环时，会停止头部运动，及时撤离。实验也观察到无法抑制头部探索运动的线虫更容易被真菌菌环索住。线虫的这种抑制头部运动的行为是一种适应性进化（Maguire et al.，2011）。

链霉菌是食细菌线虫的食物来源之一，是一种革兰氏阳性菌，它们进化出强大的防御能力以抵抗线虫捕食，如分泌可以抗虫或杀虫的物质，目前市场上的阿维菌素和米尔贝霉素是由链霉菌产生的有效控制线虫感染的药物。这些药物与线虫细胞上的各种配体门控离子通道结合，引起线虫咽部和体壁组织的持久性麻痹，

从而达到降低线虫危害的效果（Holden-Dye L and Walker，2005）。例如，谷氨酸-氯离子通道可以控制线虫向前运动，伊维菌素（ivermectin，IVM）是阿维菌素的衍生物，是由阿维链霉菌发酵产生的半合成大环内酯类多组分抗生素。IVM 与谷氨酸-氯离子通道结合后，细胞膜对于氯离子的通透性增加，神经冲动无法正常传导，且 IVM 与该通道内的 α 亚基的结合过程是不可逆的，从而引发线虫麻痹性死亡（Frazier et al.，2013）。面对微生物代谢产物的胁迫，线虫自身也进化出各种防御机制。P-糖蛋白（P-glyco protein，PGP）是一类研究最深入的三磷酸腺苷结合盒转运体（ATP-binding cassette transporters，ABC）蛋白，也称多药物膜转运体蛋白，可以降低细胞内的药物浓度，与生物体的健康与疾病息息相关。以秀丽隐杆线虫和 IVM 为实验材料，PGP 突变体的 IVM 敏感性大于野生型，PGP 高表达的部位在线虫的肠道、咽部及神经元中。说明 PGP 起到保护线虫免受 IVM 毒性的作用，PGP 的抑制增加了线虫对 IVM 的敏感性（Ardelli and Prichard，2013）。谷氨酸门控氯离子通道相关基因突变与线虫耐药性有很大关系。耐药性强的秀丽隐杆线虫必然存在谷氨酸-氯离子通道亚基的多重突变（McCavera et al.，2007）。线虫的耐药性机制体现在很多方面，不只是基因的功能性变异，还包括靶标与非靶标基因的表达水平的调节，以及各种转录或转录后机制的改变（Devaney et al.，2010）。miRNA 在秀丽隐杆线虫抑制烟碱型乙酰胆碱受体（nAChR）的两个亚基（UNC-29 和 UNC-63）的表达（Simon et al.，2008）。

8.3　土壤动物—微生物互作调控与应用

一个健康的自然生态系统时常处于动态平衡中，生物多样性丰富且稳定性强。但是由于人类对粮食的高需求，农田生态系统往往处于单一种植的状态，加之缺少天敌，且资源丰富，容易暴发病虫害。人们研究动物与微生物之间的互作关系，意义不仅在于如何更好地维持生物多样性，也为了减少病虫害的发生。目前化学防治剂仍然高频使用，这对环境及食品安全构成极大威胁。故利用土壤动物与微生物互作的关系，调节农田生态系统中的能量流动方向，使食物网中的能量尽可能地流向对人类有利的方面，是本领域的研究热点。研究土壤动物与微生物的互作必然离不开植物，因为植物是生态系统中的第一营养级。图 8-9 体现了植物—动物—微生物三者互作关系。三者相互联系，不可分割。生物防控与人们关心的两大重点问题相关：生态环境保护与可持续发展。相比传统的化学防治方法，使用生态学的原理与方法，可以减轻环境压力，减少化肥与农药的使用，可以减少农业污染，保障粮食安全，维持生物多样性，提升农业生态系统稳定性。不同生物制剂的使用方法不同，且受各种因素（如浓度、温度、施用时间等）影响。本节主要介绍目前市场上的生防制剂，以及有防治潜力的动物、微生物，用以提高作物产量及改善农作物产品质量。

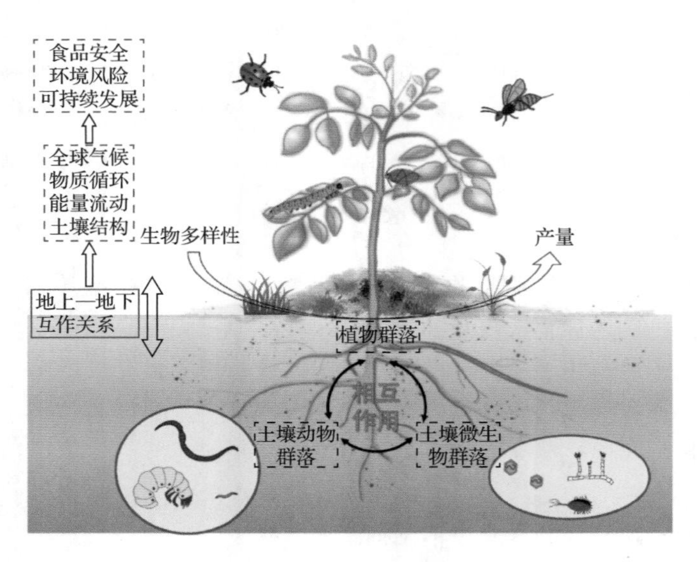

图 8-9　植物—微生物—动物互作关系

8.3.1　利用土壤动物调控微生物

土壤动物主要通过取食与生物扰动来调节土壤微生物群落，从而对土壤生态过程产生影响。

众所周知，蚯蚓主要通过促进土壤团聚体形成、提高土壤有益微生物比例、降解土壤有毒物质等途径来改善土壤环境，对植物生长起到促进作用。在实际生产中，连作导致作物根际有毒物质积累，极大地降低了作物产量，影响了经济效益。酚酸是一种植物次生代谢物质，会抑制植株生长及促进病原菌生长，在病土中投入蚯蚓有助于酚酸降解，抑制病原菌生长。蚯蚓肠道内有大量共生细菌，如变形菌门、拟杆菌门、厚壁菌门和放线菌门细菌。肠道微生物具有广泛的代谢环境化学物质的能力，根据微生物的功能可以将其分泌的酶分为 5 个核心酶家族（偶氮还原酶、硝基还原酶、β-葡萄糖醛酸酶、硫酸酯酶和β-裂解酶）。潘凤兵等（2019）发现在连作土壤中加入蚯蚓，可以明显增加土壤中细菌和放线菌的数量，降低尖孢镰刀菌等真菌的数量。尖孢镰刀菌、立枯丝核菌、大丽轮枝菌、腐霉、疫霉等是集约化种植体系下常见的病原菌（李世东　等，2011）。假单胞菌和鞘氨醇单胞菌是对重金属有富集作用、降解作用的微生物，被广泛应用于土壤重金属污染修复方面（Chen et al.，2012；Claus et al.，2016）。植物通过根际分泌物影响根际微生物，从而对土壤食物网产生影响，这一过程还会受到外来蚯蚓影响，外来蚯蚓可能通过改变根际微生物群落组成来改变根沉积物碳的动态，从而将能量输送到土壤食物网的其他部分（Huang et al.，2015a）。外源蚯蚓的加入也可能抵消植物诱导的向线虫输出能量的效应，原因有三：一是蚯蚓可以通过取食改变微生物群落结构；二是蚯蚓活动提供了更复杂的生境；三是蚯蚓过腹作用可以改变微生物结构（Shao et al.，2019）。

蚯蚓粪具有很好的通气性、排水性和高持水性。作为土壤有机肥可以有效提升土壤品质、作物产量与品质，主要体现在土壤酶活性增强，根际土壤细菌、真菌、放线菌数量增加，微生物量碳增加等方面。番茄连作土壤中的番茄尖孢镰刀菌（FOL）数量逐年增加。对于连作 20 年的病土，使用蚓粪堆肥，蚓粪中富集的类诺卡氏菌、微酸菌属和 *Gaiella* 属的微生物在土壤中大量繁殖，使病土的理化性质发生改变（Zhao et al.，2019）。蚯蚓粪作为肥料加入土壤中可以显著提高蓝莓的株高、大小、质量、坐果率、产量及可溶性糖（郭良川，2019）。蚓粪处理可以降低番茄幼苗根结线虫的感染率（Hemmati and Saeedizadeh，2019）。城市生活污泥中加入蚯蚓，蚯蚓过腹后能够显著提升污泥中脱氢酶的活性和放线菌、细菌与根瘤菌的丰度，加速有机物的降解，促进蚯蚓粪的腐殖质化，同时显著降低污泥中四环素和氟喹诺酮的含量（吴玉凤 等，2019）。

8.3.2　利用微生物调控土壤动物

微生物对土壤动物的调控体现在土壤微生物对土壤害虫防治的应用十分广泛，主要分为昆虫病原真菌和昆虫病原细菌，通过寄生、捕食降低害虫活力及密度，以提高农业生产质量。

线虫内寄生真菌是一类能通过产生各种特殊孢子寄生游离线虫的食线虫真菌，对维持自然界线虫种群及其数量起到了关键作用，是线虫的重要天敌。在线虫内寄生真菌中研究较多的是串胞壶菌属、钩丝孢属、掘氏梅里霉属、毒虫霉属、被毛孢属的一些真菌种类及淡紫拟青霉（刘子卿 等，2019）。由于该类真菌种类繁多，孢子形态多样，难以对其进行准确的分类鉴定。另外，因孢子不同，其侵染方式呈现多样性。线虫内寄生真菌可寄生植物寄生线虫的卵、幼虫及成虫，同时也能寄生动物寄生线虫和其他类寄主线虫。线虫内寄生真菌可侵染线虫的不同生长阶段，主要依赖产生胞外酶作为毒力因子去侵染和消化线虫的表皮。白僵菌与绿僵菌是两种常见的虫生真菌，可以寄生于多种昆虫体内，主要防治蛴螬、象甲、金针虫等农田害虫，且对人畜无害。室内生物测定表明，绿僵菌在高孢子浓度（约 10^7 个/mL）下可导致不同龄期蛴螬死亡率达 68%～100%，致死中时间为 6～8d（申剑飞 等，2012；Nong，et al.，2011）。

真菌产生的 VOC 不仅可以促进种内种间交流，还可以引起植物与动物的防御反应（Werner et al.，2016）。研究发现，尖孢镰刀菌产生的挥发性次生代谢物质石竹烯和 4-甲基-2,6-二叔丁基苯酚可以引发根结线虫幼体死亡（Freire et al.，2012）。土壤动物对于不同的真菌代谢物质有不同的敏感性，VOC 在它们觅食过程中扮演着重要角色，毛霉属、黄曲霉和白地霉等土壤真菌是蚯蚓（赤子爱胜蚓）的重要食物来源，它们产生的戊酸乙酯和乙酸乙酯对蚯蚓有极大的吸引力（Werner et al.，2016）。

昆虫病原细菌通常在进入宿主体内后产生几丁质酶和蛋白酶分解其肠道表皮，或者产生一些毒素，与其他病原微生物协同使宿主逐渐死亡。乳状菌是最早应用于蛴螬防治的昆虫病原细菌，但是由于需要用金龟子幼体活体接种进行生产，手续烦琐，成本高，不能迅速地大量生产；嗜虫沙雷氏菌和变形斑沙雷氏菌可以引起蛴螬的琥珀病；苏云金芽孢杆菌（Bt）菌株中的亚种 *Bacillus thuringiensis*，Subsp. *Japonensis* 和 Subsp. *galleria* 对多种蛴螬具有特异杀虫活性（Kergunteuil et al.，2016）。芽孢杆菌是一种植物内生菌，可以促进植物生长，并且通过生态位竞争降低线虫根部侵染率（Hu et al.，2017a，2017b），同时芽孢杆菌定植的植株会产生趋避根结线虫的根际分泌物（Li et al.，2019c）。苏云金芽孢杆菌的营养期杀虫蛋白（vegetative insecticidal proteins，VIPs）具有广谱的杀虫活性，通过产生 Bt 毒蛋白破坏昆虫肠道的细胞结构，从而杀死昆虫。苏云金芽孢杆菌分离出新菌种对多种金龟子幼虫均具有高致死性。影响昆虫病原细菌防治蛴螬的主要环境因子有温度、土壤湿度和土壤酸碱度（张中润 等，2004）。罗华东（2013）从马铃薯甲虫上分离鉴定了 2 种 6 株（苏云金杆菌 4 株、萎缩芽孢杆菌 2 株）对马铃薯甲虫有强致病活性的芽孢杆菌菌株，通过室内和田间测试筛选出 3 个菌株作为马铃薯甲虫的生防菌，并且生防细菌与虫生真菌协同作用能显著提高对马铃薯甲虫的杀虫控制效果，它们在马铃薯甲虫生防制剂的研发中将具有重要的应用潜力。在室内条件下，以喷雾的方式，对比球孢白僵菌、金龟子绿僵菌及苏云金芽孢杆菌混合施用对草地贪夜蛾进行防控的效果，发现混合施用的致死效果比单独施用的致死效果提高了 30%左右（彭国雄 等，2019）。

昆虫病原线虫在防治过程中的一个非常理想的特性是能使宿主迅速死亡，可以有效地降低害虫对作物的破坏程度。昆虫病原线虫具有强致病能力，其体内共生菌有很大的功劳，目前分离出来的共生菌为致病杆菌和发光杆菌，分别来自斯氏科和异小杆科。昆虫病原线虫可以使用传统的喷洒系统和灌溉系统。然而，施

用后存活率低（环境因素、施用过程）是扩大这些制剂作为生物农药使用的主要障碍。例如，液滴形成过程、喷嘴的大小和类型、喷雾压力和泵送系统，会降低这些生物的生存能力（Nilsson and Gripwall，1999）。分离培养得到的昆虫病原发光杆菌属细菌所产生的胞内晶体蛋白（crystalline inclusion protein，CIP）对昆虫有毒杀作用，同时可以促进线虫的生长，昆虫病原线虫协同土壤修复剂对黄瓜根结线虫的防治有增益效果（付俊瑞 等，2018）。

链霉菌属是一类产生抗植物寄生线虫代谢产物的放线菌。阿维菌素链霉菌能产生阿维菌素 B1a（大于 80%）和阿维菌素 B1b（小于 20%）的混合物，这些生物活性物质对根结线虫有显著的抑制作用，目前阿维菌素已经作为生物防治剂销售于市场（Sharma et al.，2019）。用 5%阿维菌素 B2 水分散粒剂 30kg/hm^2 拌细沙土 225～300kg/hm^2，撒施入沟，培土浇水，防治效果最为理想，对大姜根结线虫病的防治效果达 91.21%，对土壤中根结线虫的防治效果达 83.48%（张国锋 等，2018）。

科学家们将纳米材料应用于杀虫剂的载体，在实验室条件下，杀虫效率提高了 30%。然而，由于白蚁的复杂行为、季节性天气模式、群落的密度和年龄，以及巢内不同等级白蚁（如蚁后、兵蚁、工蚁）对杀虫剂的敏感性不同，消除田里的白蚁害虫仍然具有挑战性（Peters et al.，2019）。

在施用菌肥对中性土壤动物的作用的研究中发现，施用菌肥后可使土壤动物个体数目增加，而种类不会增加。生物菌肥使土壤酶活性和土壤微生物数量增加，从而使食微生物的棘跳科（如跳虫）动物数量增多，但对双翅目动物（蝇蚊类）个体数目产生明显抑制（张淑花 等，2019）。

8.3.3　植物—土壤动物—微生物综合调控

无论是自然生态系统，还是农田生态系统，地上植物都作用于与根际紧密联系的生物有机体（病原菌、有益共生体及分解者），同时地下生物有机体也会对植物的生长状况产生积极或消极的作用，这个过程叫作植物—土壤反馈。各种正面和负面效应综合起来就是植物—土壤反馈的强度（Mariotte et al.，2018）。植物通过根系分泌物、凋落物输入，以及土壤温度、水分和生物地球化学性质的变化影响土壤微生物群落，特别是通过根际沉积影响土壤微生物群落。在农业生态系统中，长期种植改变了土壤微生物群落结构。地上植物对地下微生物群落的影响很大，不同植被类型、植物多样性和生产力对地下微生物群落的影响也不同（Dini-Andreote and Elsas，2013）。Blouin 等（2005）证明蚯蚓可以弥补植物因线虫侵染而减少的生物量。

研究表明，植物是亚热带生态系统中蚯蚓影响土壤微生物的关键调节因子之一，地上植株的改变会导致蚯蚓对微生物的影响发生改变（Lv et al.，2016）。根际沉积（数量和质量）的差异对土壤食物网的形成产生一定影响。植物诱导的资源供应变化可以改变基础资源能量流输出的多少。因为不同植物根系自下而上的效应导致细菌和线虫群落的位置及优势度有所不同，种植灌木会增加线虫总能量通量（Shao et al.，2019）。

在水稻田中，有两种水稻品种：粳稻和籼稻。这两种水稻对于氮的利用效率有一定的差异，籼稻的利用效率更高。研究发现，籼稻根系的微生物多样性大于粳稻。水稻的氮转运和受体 *NRT1.1B* 基因与大部分籼稻富集菌有关，分离培养粳稻根系富集菌可以有效促进植株生长，说明植物的根系是可以为自己招募更适宜自己生长的菌群的，但是不同植物的招募能力有所不同（Zhang et al.，2019c）。

8.4 小结与展望

目前，土壤动物与微生物的生活环境大多在地下，纷繁复杂的生态系统与物种多样性使物种鉴定与收集十分具有挑战性，由于实验室条件及分离鉴定方法的不健全，人们对土壤动物及土壤微生物的认识还不够深入，许多能量流动及互作关系认识得还不是十分透彻。生态系统是以一个整体来运作的，不同物种间存在直接或者间接的联系。模型模拟是研究生态系统过程的常见方法，在研究能量流动与物质循环时，目前的实验条件还无法完全模拟出与自然完全一致的环境，这是今后努力的目标。

在全球气候变化的背景下，土壤动物与微生物的互作过程对于碳氮循环有极大的影响，各种环境因子的共同作用影响着土壤生物多样性。植物根际可以分泌出各种有机酸，招募共生真菌、PGPR 等微生物，这些微生物及蚯蚓等土壤动物进一步改变土壤环境，而土壤 pH、温度、氧气等环境因子的改变也会反馈于植物生长。动物体内的微生物在动物的食物消化、免疫、有毒物质降解方面起到重要作用。

在生物防治方面，利用生态学原理去调控病虫害，减少了农药的施用，降低了农业面源污染，有利于农业可持续发展，但是生物防治一般见效慢，在我国基本国情下，作物需求量高，所以目前的病虫害防治主要还是以化学防治为主，以物理、生物防治为辅，而且实验室中得到的生防效率在实际应用中难以保证。许多生防制剂仍然以生物活体为主要成分，这使生防制剂的使用受到极大限制，即

使能大批量繁殖，在运输途中也难以保持活性，在田间应用时会受到气候条件、土壤类型、土壤抑菌等因子影响，使防治效果具有不一致性和不稳定性。今后的研究可能需要更进一步地筛选更优质的细菌或者真菌，探索生防微生物体内的有效因子，绝大多数是一些次生代谢物质。如果能有效分离这些有效因子，则会大幅提升保存与使用效果。另外，很多生防细菌难以分离，且容易变异，进一步研究生防细菌的作用机理及机制，有助于形成更好的生防体系。通过各种基因分析方法，筛选可能的功能基因，通过基因工程的方法，可实现大批量生产。

第9章 植物次生物质介导的土壤生物化学作用

植物能够改变土壤的物理、化学和生物学性质，所引起土壤性质的改变反过来又影响自身或其他同种和异种共存植物的生长及其种群变化（Bever，2003）。这一植物—土壤反馈机制控制着陆地生态系统地上部和地下部的相互作用，并积极地影响土壤生态过程和功能（Morgan，2002；Wardle et al.，2004）。植物主要通过凋落物和根系分泌物两种途径将大量光合作用产物释放到土壤中，从而改变土壤理化性质、养分状态和微生物群落结构，最终导致土壤正或负的反馈效应。植物凋落物分解和根系分泌物释放是植物与土壤相互作用最重要的媒介，也是土壤碳库和物质循环的一个必不可少的环节（Farrar，2003；van der Putten，2017）。然而，目前大多数研究都关注植物向土壤释放的有机碳的作用，较少考虑植物释放的小分子次生物质对土壤生物化学作用的贡献。其实，植物凋落物分解和根系分泌物释放的有机碳源物质均包含大分子初级代谢物质和小分子次生物质，只有两者协同作用，才能构建土壤生物群落和结构，进而影响土壤过程和功能。

9.1 植物次生物质与土壤作用途径和过程

9.1.1 植物次生物质及其生态功能

植物是生态系统的生产者，通过光合作用将光能转化为化学能，从而产生大量的有机物质满足自身生存和植食性动物及微生物生长发育的需要。植物通过初级代谢过程合成核酸、蛋白质、糖（碳水化合物）和脂类等初级代谢物质，同时经由莽草酸或乙酰辅酶A代谢途径将蛋白质、糖和脂类等初级代谢物质转化成一系列小分子有机产物，即次生代谢产物或称次生物质（图9-1）。初级代谢物质为植物生长发育提供了所需要的物质和能量，而次生物质原先一直被认为不是生长发育所必需的。其实，任何生物在生长发育的同时都必须与其他生物体及环境发生相互作用，而正是次生代谢产物将生物和生物、生物和环境有机地联系了起来。因此，次生物质是生物间及生物与环境间相互作用的媒介，次生物质与初级代谢物质相辅相成，也是生物活动的重要组成部分。因此，以次生物质介导的生物及其环境的相互作用关系越来越受到重视。

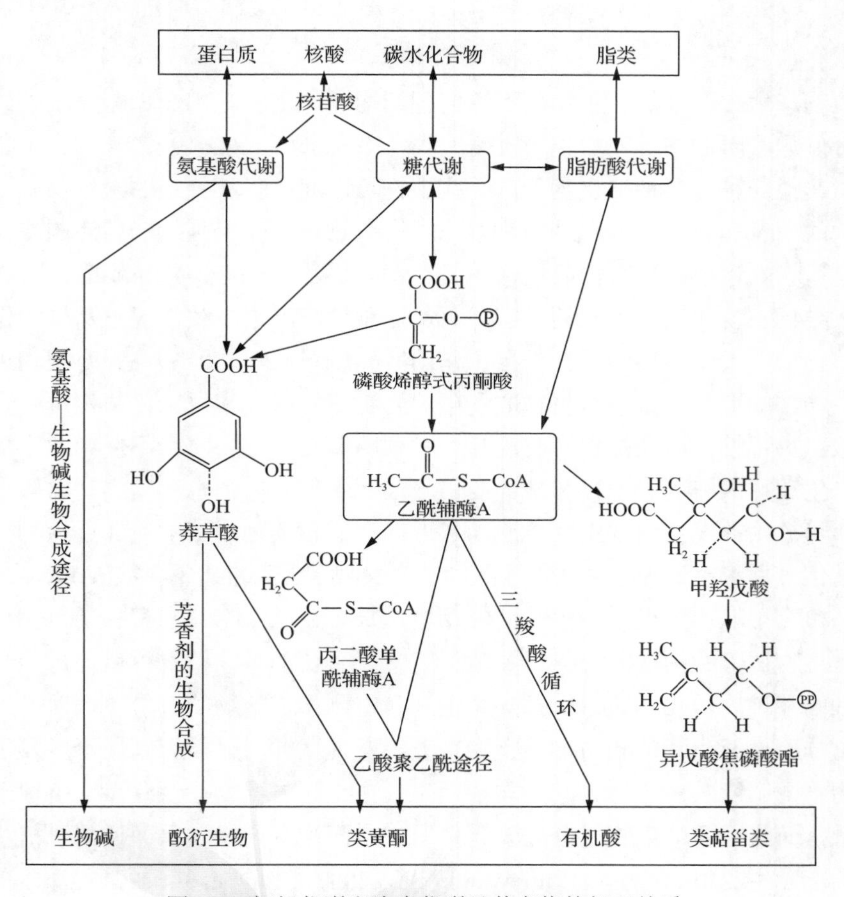

图 9-1　初级代谢和次生代谢及其产物的相互关系

核酸、蛋白质、糖和脂类等初级代谢物质在每个生命体中都存在，而且种类差异非常小。完全不同于初级代谢物质，次生物质种类繁多、结构多样，而且具有物种特异性，尤其是它们的生物合成和释放受环境影响。由于植物的定植（居群）特性，面对生物和非生物环境不能回避。这样，植物为了应对环境尤其是逆境，主动或被动地建立了各种物理、化学和生物的防御对策，其中以次生物质为基础的化学防御是最普遍和最有效的策略（Böttger et al.，2018）。因此，植物是次生物质的主要来源（自然界 80%以上的次生物质来源于植物），目前至少有 10 万个植物次生物质的结构被确证，而且每年还能从植物中鉴定得到新的次生物质。值得一提的是，植物产生的次生物质涉及有机化合物的各个类型和种类，而且许多次生物质的分子结构往往包含多种有机官能团且性质各异，难以用有机物的官能团进行分类和命名。因此，植物次生物质主要按照它们的性质、来源和生物合成途径被分成酚类（包括简单酚类和黄酮等）、萜类、生物碱和其他含氮物质等基本类型。

植物产生和释放的次生物质不论何种结构类型，按它们在生态系统中的作用主要可以分成防御物质和信号物质两大类（Kong et al.，2019）。植物在生长过程中要与其他同种和异种植物竞争，一些植物可以通过释放特定的次生物质影响相邻植物的萌发和生长，即所谓的化感作用。植物化感作用是指一种活的或死的植物通过适当的途径向环境释放化感物质，从而直接或间接影响相邻或下茬（后续）同种或异种植物萌发和生长的效应，而且这种效应绝大多数情况下是抑制作用，同种植物种内发生的抑制常称作自毒作用（孔垂华 等，2016）。同时植物也面临植食性动物的取食和致病微生物的侵染，为了应对取食和侵染，植物可以合成动物和微生物毒性，以及拒食和驱避等一系列防御性次生物质。不仅如此，植物还可以产生和释放有利于生存和种群的信号性次生物质。当植物受到动物取食时，会立即释放出挥发性的次生物质通知邻近同种或相关种的植物，邻近植物接收这些化学信号后也会迅速在体内产生抗取食的化学物质以抵抗侵袭（Farmer，2001）。同样，植物可以通过根系分泌的信号物质诱导有益微生物建立有利于自己生长的根际微生物群落结构（Hu et al.，2018）。最为重要的是，植物可以通过信号物质进行种间和种内的化学通信，尤其是识别和检测相邻植物的身份，进而产生调整生物量分配、避免竞争和防御等行为。近年发现这样的化学识别还可以发生在同种植物不同亲缘关系个体之间，与亲属生长在一起的植物往往减少竞争性器官的生物量，而将更多的生物量分配于繁殖器官，而没有亲缘关系即使同一植物种的个体也不发生类似的行为（Dudley and File，2007；Yang et al.，2018），即植物亲缘识别（kin recognition）。总之，通过这些次生物质的合成和释放，植物与植物、植物与微生物、植物与动物及植物与环境之间建立了化学作用关系，进而影响和调节着生态系统。

9.1.2　植物向土壤释放次生物质的途径和作用过程

植物在生长发育过程中能合成各种次生物质，这些次生物质可以存在于植物的根、叶、茎、花、种子或果实等各个器官中，也可以通过自然挥发、雨雾淋溶、凋落物分解和根系分泌等途径释放到环境中。自然挥发和雨雾淋溶是经常发生的自然过程，许多植物可以向环境释放挥发性次生物质，尤其是在干旱和半干旱地区的植物。所有植物都可以通过雨雾等自然水分因子从茎叶和枝干等器官表面将

次生物质淋溶出来，尤其是亲水性的次生物质很容易被淋溶到环境中。一些疏水性的次生物质虽然在水中的溶解度很小，但在与一些其他物质共溶的情况下，也可以被雨雾淋溶到环境中。雨雾淋溶释放次生物质与植物茎叶及枝干的形态和成熟度有关联。一般而言，老的茎叶及死亡的组织表面产生裂缝，因而较新的茎叶更容易被雨雾淋溶出次生物质。植物在整个生长过程中都要通过根系将大量的光合作用产物释放到土壤中，依据植物种属差异，5%～30%的光合作用固定碳能通过根系进入土壤（Farrar，2003），这些根系分泌物包含各种与土壤动物、微生物及其他植物根系发生化学作用的次生物质（Bais et al.，2006）。

植物释放到环境中的次生物质只能通过大气、水和土壤 3 种载体迁移转化，虽然通过空气载体的自然挥发和通过水载体的雨雾淋溶的次生物质有时可以直接与地上环境作用，但事实上陆生植物不论何种途径产生释放的次生物质最终都将进入土壤中，因此，土壤是植物释放到环境中的次生物质最主要的载体。相对于自然挥发和雨雾淋溶，凋落物分解和根系分泌是植物向土壤释放次生物质的主要途径。凋落物分解和根系分泌不仅将次生物质，也同时将木质素、蛋白质及含糖的次生苷类物质等大中型分子有机物释放到土壤中，这些大中型有机分子本身往往没有生物活性，但一旦释放，土壤因子尤其是土壤微生物就会迅速打断这些有机大分子的化学键而形成活性小分子，这些小分子次生物质在一定的土壤理化条件下还可以与土壤中存在的物质聚合产生新的有机分子。因此，植物通过凋落物分解和根系分泌途径释放到土壤中的活性次生物质通常呈现 3 种形式：①直接从植株释放出活性物质；②从植株释放的非活性次生物质经微生物作用而转化成活性物质；③植株释放的次生物质与土壤中原有化学物质相互作用而生成的活性物质。尤其重要的是，植物通过凋落物分解和根系分泌途径释放到土壤中的次生物质都是动态的，与植物种属特性、时间和环境显著相关（Bonanomi et al.，2006）。例如，作物秸秆还田可以出现降低和增加后茬作物生产力这两种完全不同的情况，降低作物生产力主要是作物残株向土壤中释放了大量的化感物质，对后茬作物的萌发生长产生抑制作用。增加作物生产力则主要依靠植物残体为土壤提供有机物质，并改善土壤的物理结构，从而促进后茬作物的生长。因此，降低和增加后茬作物生产力这两种效应都与作物秸秆释放化感物质的动态差异有关。对大多数植物残体或凋落物分解而言，一般随着时间的推移次生物质释放不断减少，并伴随着土壤有机质含量增加和养分的释放。化感物质释放对植物生长的抑制与土壤有机质改善和养分增加对植物生长的促进，这两者是一个矛盾体，如何利用有利的一面，降低有害的一面，这需要充分认识作物秸秆在环境因子作用下的动态过程。因此，作物秸秆还田不仅可以控制杂草，还能促进后茬作物的生长。

植物释放的次生物质一旦进入土壤将不可避免地与土壤生物和非生物因子发生作用，次生物质和土壤因子的作用非常复杂，但进入土壤的次生物质可以简化成滞留（retention）、迁移（transport）和转化（transformation）3 个基本过程（图 9-2）。滞留是指次生物质从一处向另一处的运动由于吸附或其他原因被土壤阻止的过程，而迁移则是指次生物质在土壤中从一处运动到另一处的过程，滞留和迁移主要是物理过程。转化是指次生物质在土壤生物和非生物因子的作用下进行一系列的生物化学变化，分子结构部分或全部改变，导致性质改变或形成新的分子的过程，这一过程涉及物理、化学和生物各个方面。这里必须强调的是，一说到次生物质在土壤中的转化，我们往往想到的是它们在土壤中的降解，降解仅指次生物质原来分子结构中的化学键被打断而分解成更小的分子，而事实上次生物质在土壤中不仅被降解成小分子，也可以聚合形成更大的分子。另外，许多结构稳定的次生物质也不一定非得化学键断裂，而仅是立体结构甚至构象的变化就改变了活性。因此，降解仅是次生物质在土壤中转化的一种形式，转化更具有丰富的科学内涵。

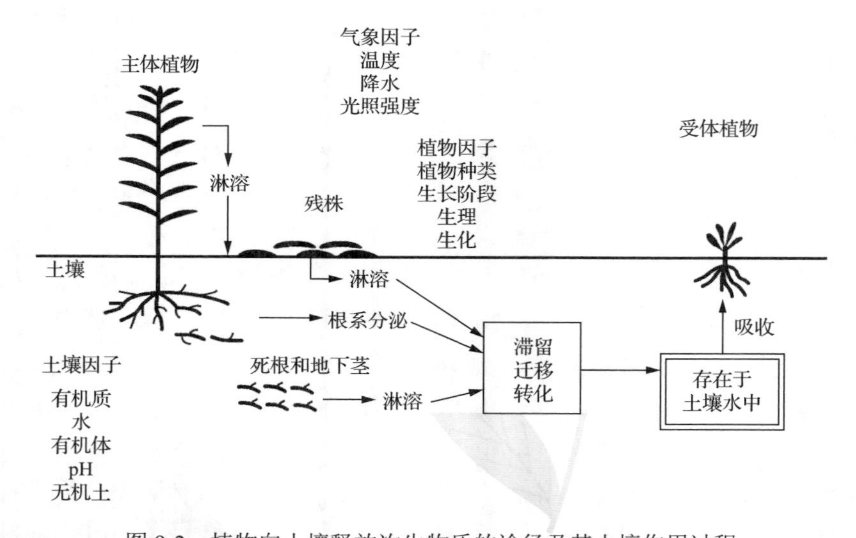

图 9-2　植物向土壤释放次生物质的途径及其土壤作用过程

植物能够产生众多的次生物质，这些次生物质通过凋落物分解和根系分泌到土壤中并对土壤生物发挥着重要的作用。例如，化感物质抑制根系生长，抗菌物质控制土传病害，防御物质抵御地下动物取食（孔垂华 等，2016）。这些对土壤生物有直接毒性的植物次生物质大多具有种属特异性，也很少在土壤中普遍存在，它们对土壤生物的毒性效应及其导致的结果一直是地下化学生态学研究的中心问题（Metlen et al.，2009；van Dam and Bouwmeester，2016）。除了这类毒性物质，植物也向土壤释放非毒性次生物质，如根系识别信号物质和微生物群体感应拟态物质等，这些非毒性次生物质在土壤中量少但植物“智慧”地在合适的时间和地点位置向土壤释放这类关键的分子，从而有效地调节着土壤生物化学过程（Kong et al.，2019）。目前植物凋落物和根系分泌物包含调控土壤生物化学作用功能的非毒性次生物质已经没有疑问，但直到目前很少有凋落物和根系分泌物中这类次生物质对土壤生物化学的作用及其机制的研究。与对土壤生物有直接毒性的次生物质不同，非毒性次生物质对土壤生物的效应一般难以直接显现，而且对一些次生物质而言，并不存在严格意义上的毒性和非毒性，“低促高抑”或“低益高害”效应经常发生（Calabrese and Baldwin，2003）。因此，只能依据剂量效应和主要功能划分毒性次生物质和非毒性次生物质，即在合理浓度下不对土壤生物产生直接毒性或毒害而是间接导致有益作用的就是非毒性次生物质。植物具有这些不同功能和结构各异的众多次生物质虽然增加了研究的复杂性和挑战性，但开启了通过次生物质认识植物和土壤相互作用的新思路。

9.2　地下化学生态作用

9.2.1　根系化学识别和行为模式

植物根系的主要功能是从土壤中获取养分和水分资源，但根系不会被动消极地等待这些地下资源，而是通过根系生长和分布积极主动地寻找资源丰富的区域。绝大多数植物能够将它们的根系集中在资源丰富的地方，同时减少根系在资源匮乏之处的增殖，这表明植物的根系生长和分布是由土壤养分和水分驱动的。然而，植物根系在土壤中的生长行为模式远比想象中的复杂。近年越来越多的研究发现，许多植物的根系生长和分布并不完全是受土壤养分和水分驱动的，而是对邻近同种或异种自身和非自身根系甚至土壤环境生物和非生物因子识别后的响应（Hodge，2009）。这种根系识别响应直接导致根系生长不受邻近根系和土壤环境因子的影响（中性，无响应）、根系生长朝向邻近根系和土壤环境因子方向（侵入或接近）及根系生长远离邻近根系和土壤环境因子（躲避或排斥）3 类根系行为模式（图 9-3）。虽然植物的这种根系识别后的行为模式可能涉及多重因素，但植物根分泌的次生物质是关键的因子，尤其是根系的侵入（接近）和躲避（排斥）行为大多与根系化学识别密切相关（Semchenko et al.，2007，2014）。

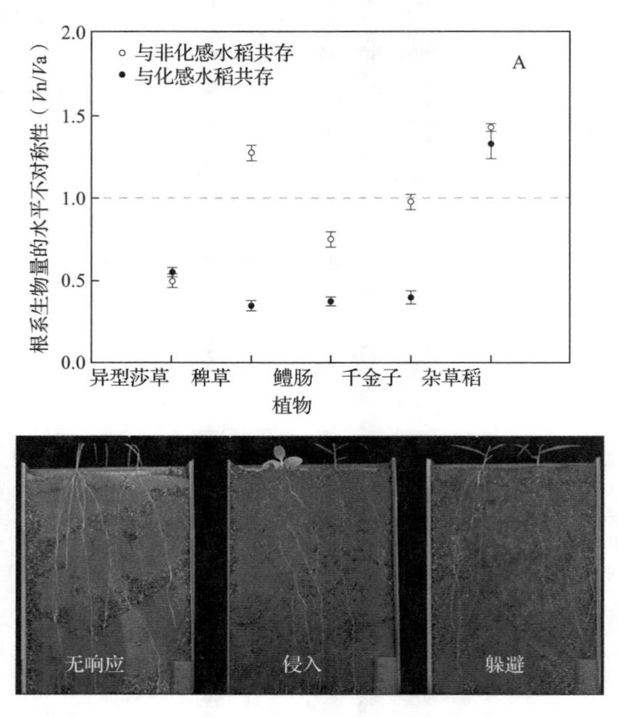

图 9-3 水稻与杂草共存体系的根系识别后的 3 种根系行为模式（无响应、侵入及躲避）

*V*n 是指杂草在接近水稻一侧的生物量，*V*a 是指杂草在远离水稻一侧的生物量。若 $Vn/Va>1$，表明杂草偏向于水稻一侧生长，属于侵入模式；若 $Vn/Va<1$，杂草根系远离水稻生长，属于躲避模式；若 $Vn/Va=1$，表明水稻与该杂草根系为无响应模式。

植物通过根系分泌各种次生物质，而且不同植物甚至同种植物的不同基因型合成和释放的根系分泌物有所不同，这些根系分泌的化学物质能够改变自身及其他共存植物的根系生长、分布和结构。共存的植物根系存在着自然接近或排斥等相互识别的现象很早就被发现。例如，在养分和水分资源匮乏的沙漠和海滩，草本和灌木共存，这两类植物种群常常相互抑制，但这一相互抑制现象并不是资源限制所致。研究发现，草本和灌木种内根系避免相互向同一区域生长，当一个植物个体遇到另一个体时，同种个体植物根系相互避让或减少根系生长，但草本和灌木不同根系接近则释放化感物质抑制对方的生长（Mahall and Callaway，1991）。在同一生境中生长着野草莓和常青藤，野草莓根系在接近常青藤一侧，其根系生长被常青藤根系促进，而常青藤的根系则被野草莓抑制，这样常青藤的根系生长则尽量避开野草莓的根系，造成这一根系识别和根系间相互作用现象的关键因子就是根系分泌的化学识别物质和化感物质（Semchenko et al.，2007）。事实上，这种植物次生物质介导的根系行为模式在农林生态系统中非常普遍。例如，常见

的胡桃楸和落叶松混交林根系间交叠的行为就是由根系分泌的化感物质导致的（Yang et al.，2010），玉米和蚕豆间作地下根系接近也是由于蚕豆根系分泌物中的黄酮类信号物质的作用（Li et al.，2016a）。这类由次生物质介导的根系化学识别和行为模式在作物化感品种和杂草的化学作用中最为明显。例如，水稻和杂草共存时，杂草可以通过其根系在生长区域的不对称分布行为来响应水稻的存在，但这一根系响应策略与水稻的化感特性及杂草的种属特性相关。与水稻非化感品种共存，侵入、躲避及无响应 3 种根系行为模式在受试杂草中均有呈现（图 9-3）。具体表现为杂草稻、稗草及除草剂抗性稗草的根系倾向于靠近水稻根系生长的侵入模式，异型莎草的根系远离水稻根系生长的躲避模式，而千金子和鳢肠的根系并没有因为水稻的存在而发生偏向或躲避生长（无响应模式）。可是，当杂草与水稻化感品种共存时，除杂草稻以外，其余杂草的根系均躲避水稻化感品种根系，尤其是稗草及其除草剂抗性生物型显著降低了邻近水稻化感品种根系一侧的根长度和生物量（Yang and Kong，2017）。其实，植物释放化感物质抑制其他植物根生长本身就是一种排斥根的行为，这样植物根系在具有化感特性的植物存在时，大多采用躲避模式生长，即使不主动躲避，生长的根系也会被化感物质抑制或终止。

在生态系统中，一个植物往往面临异种、同种、亲属和自我 4 种根系类型，而植物的根系不仅可以感受土壤环境微小的改变，也可以通过根系分泌的信号物质探测附近植物的存在并识别根系类型，然后根据种类不同，做出不同的形态或生物化学响应。对于邻近的异种植物，植物释放化感物质抑制侵入的根系或增加自身根系生长量以强化对资源和空间的竞争能力。相反，当遇到同种根系尤其是自身或亲属根系时，植物将停止或减少化感物质释放，同时减少自身根系生长而将生物量更多地分配到繁殖部分，以避免资源和空间竞争，促进自身和同一种群的发展。这样的植物自我识别和亲缘识别近年来得到广泛关注和研究，越来越多的研究显示植物根系响应行为主要取决于它们对邻近植物遗传或生理一致性的识别，而且这类根系间的相互作用至少包含个体和种群两个水平（Semchenko et al.，2007；Hodge，2009）。在自身和非自身个体水平，同一植物个体的根系间不会发生相互抑制，而遗传上一致但生理上相对独立的个体之间的根系则会发生抑制现象。在种群水平，来自同一种群个体的根系间不会发生相互抑制，而来自不同种群的个体根系间则会产生抑制。不仅如此，一些植物还能通过根系分泌的次生物质识别非根系的物理障碍物，然后采用躲避或停止根系向障碍物方向生长。植物根系对物理障碍物的躲避或终止生长是其对土壤资源分布的判断，避免根系进入资源匮乏之处。植物根系避让障碍物的行为与根部分泌的次生物质有关，而且根系分泌这类物质的浓度梯度可能就是植物根系避让物理障碍的信号（Grime and Mackey，2002；Falik et al.，2005），但到目前为止尚未从次生物质中鉴定出明确的根系识别信号物质。

9.2.2 根系与土壤微生物间的化学作用

土壤不仅是植物生长的载体，也是微生物生活的主要介质，土壤中的根系和微生物代谢及种群动态变化非常活跃。微生物是土壤中数量最多的生物类群，土壤微生物在土壤物质转化和循环中具有多种重要的功能。因此，植物根系和土壤微生物间的化学作用是土壤生态系统中最重要的关系。根系释放到土壤中的有机物质都能被异养微生物作为碳源，但与普通的碳源有所不同的是，次生物质在作为微生物碳源的同时也能调节土壤微生物种群生长，进而改变土壤微生物群落结构。次生物质与土壤微生物的相互作用主要体现在次生物质调节改变土壤微生物种群和群落结构及土壤微生物降解次生物质两个方面。

根系分泌的化感物质抑制根系生长，其实，化感物质也能够抑制土壤微生物的生长，最终对土壤微生物与群落产生重要的影响。例如，水稻化感品种根系分泌的化感物质麦黄酮［图 9-4（a）］及其降解产物苯甲酸影响土壤微生物群落组成和结构，苯甲酸增加革兰氏阳性菌、革兰氏阴性菌及真菌 PLFA 相对含量，而麦黄酮则对这些特征 PLFA 显示抑制作用（Kong et al.，2008）。同样，小麦和玉米等的化感物质异羟肟酸［图 9-4（d）］及其降解产物导致土壤微生物特定种群变化，从而改变土壤微生物群落结构（Chen et al.，2010a，2010b）。大豆根释放的异黄酮大豆苷元［图 9-4（e）］和染料木素［图 9-4（f）］影响土壤细菌、真菌和放线菌，从而改变土壤微生物群落组成和结构（Guo et al.，2011）。土壤普遍存在的三萜化感物质木栓酮［图 9-4（c）］对土壤总微生物量及细菌（含放线菌）和真菌均有重要影响。木栓酮促进土壤细菌生长，导致土壤革兰氏阳性菌和革兰氏阴性菌增加，尤其是木栓酮对土壤真菌的促进作用大于细菌，而对土壤放线菌

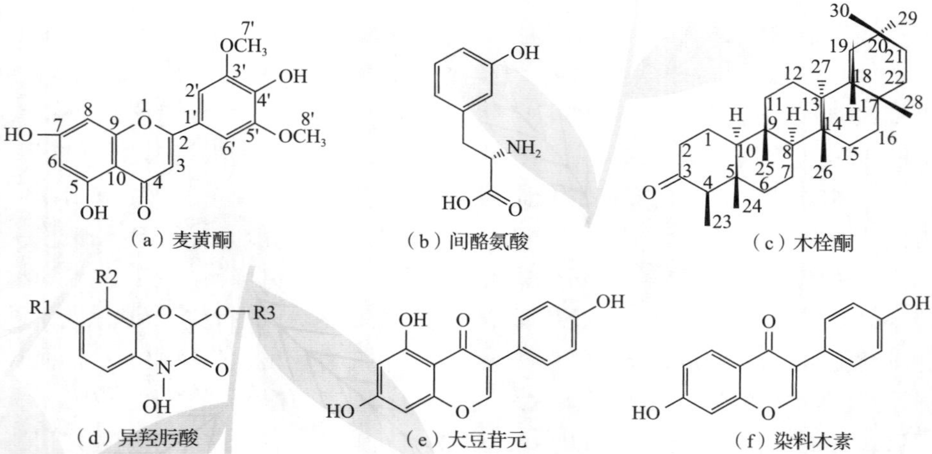

（a）麦黄酮　（b）间酪氨酸　（c）木栓酮

（d）异羟肟酸　（e）大豆苷元　（f）染料木素

图 9-4　植物释放到土壤的代表性次生物质

没有影响（Dong et al.，2014）。这些结果充分显示，根系分泌的不同类型次生物质对土壤微生物类群都能产生影响，从而导致土壤微生物群落结构发生变化。

植物释放的次生物质种类对土壤微生物群落的影响模式也有很大的差异，这种差异取决于各种次生物质的元素组成和结构特征。从酚酸、黄酮、萜和含氮次生物质（非蛋白氨基酸及异羟肟酸）中选择 10 种代表性的化感物质进行比较研究发现，不同类型化感物质对土壤微生物总 PLFA 含量及细菌 PLFA 含量、真菌 PLFA 含量的影响均有显著性差异（Li et al.，2013d）。酚酸类化感物质导致土壤微生物总 PLFA 含量、细菌 PLFA 含量均表现下降趋势，大豆苷元增加总 PLFA 含量但增量不显著，细菌 PLFA 含量总体上升，但真菌 PLFA 含量和细菌中的放线菌 PLFA 含量都呈现下降趋势。萜氧化物减少总 PLFA 含量但对细菌 PLFA 含量影响不明显，真菌和放线菌 PLFA 含量都表现明显的下降趋势。异羟肟酸和间酪氨酸［图 9-4（b）］导致的 PLFA 含量变化最明显，其中异羟肟酸减少总 PLFA 含量及细菌 PLFA 含量，但真菌 PLFA 含量增加，间酪氨酸则显著减少细菌、PLFA 含量、真菌 PLFA 含量及总 PLFA 含量。进一步主成分分析显示，这 10 种化感物质虽然都对土壤微生物群落结构产生影响，但可以分成明显的 3 个类群，异羟肟酸和间酪氨酸各为一个完全独立的微生物群落结构而其他 8 种化感物质导致类似的土壤微生物群落结构（Li et al.，2013d）。造成这一根本差异的主要原因是 8 种酚和萜类化感物质均是由碳、氢和氧 3 种元素组成的，而异羟肟酸和间酪氨酸都是含有氮元素的化感物质，含氮化感物质可以向土壤微生物提供有机氮，从而对土壤微生物群落产生更大的影响（Wang et al.，2010）。

植物凋落物和根系分泌物对土壤生物和非生物因子的调控大多集中于微生物和养分，确实，土壤微生物生物量与地上植物生物量相当，这些土壤微生物对养分循环、土壤肥力和土壤碳固定的维持具有重要的作用，无疑是土壤生态系统中的关键组成部分。可是，土壤具有包含不同微生物组的生境，不同土壤生境中的微生物群落组成和结构有巨大差异。其中，凋落物层和根际及其组合的表层土壤是微生物最重要和活跃的生境，而凋落物分解和根系分泌释放的次生物质正是调控土壤表层和根土界面的微生物群落。尤其是根系分泌物中的化感物质和信号物质介导着根系识别和行为模式，进而影响着根系在土壤中的时空分布格局。事实上，土壤中许多微生物处于休眠状态（某个时间点处于不活跃状态的微生物数量占据了总微生物生物量库的 95%以上）（Fierer，2017），这些在土壤中休眠的微生物可以被根系的到达而释放的有机物质激活。这样，根系分布及行为模式在一定程度上控制着土壤微生物生态系统的过程和功能。尽管大多数研究关注表层土壤中的微生物，尤其是根际或根土界面的微生物，较少考虑根系行为模式与土壤微生物的关系，但根的分布行为模式可以驱动土壤微生物组成和结构，因此，植物凋落物分布和根系行为模式共同影响土壤微生物群落的分布和空间结构。

土壤微生物通过对根系分泌物的化学趋向响应在植物根际聚集定植，从而影响土壤微生物种群的变化，而微生物在植物根际聚集并对植物生长和健康的作用常受控于群体感应（quorum sensing，QS）。群体感应是一种微生物群体行为调控机制，即微生物分泌一种或多种信号物质，并通过感应这些信号物质来调整菌群密度以适应周围环境变化，当菌群数达到一定的阈值后随即启动相应的基因表达调节菌体的群体行为（阚金红 等，2017）。有害微生物能够感知其菌群密度，调控致病因子的表达，进而影响植物的健康。除植物致病菌外，许多有益微生物，如根瘤菌的固氮作用、荧光假单胞菌的生防作用，以及与多种生理生化过程相关的生物膜形成等都被证实存在以信号物质为媒介的微生物群体感应调控机制。目前细菌的群体感应信号分子主要为N-酰基高丝氨酸内酯（Elasri et al.，2001），而真菌的群体感应信号物质则显示结构和种类的多样化，如金合欢醇、酪氨醇、二甲氧基香豆酸和三孢酸等被陆续发现为真菌的群体感应信号物质（Chen et al.，2004；Hogan，2006），可以推测还有更多的真菌群体感应信号物质尚未被发现。更重要的是，在与微生物长期协同进化中，植物也演化出利用次生物质调控微生物群体感应的策略，即产生特定的次生物质干扰微生物聚集成群等机制降低致病菌的毒害作用。目前已发现一些对微生物群体感应有淬灭作用的植物次生物质（Rudrappa and Bais，2008；Truchado et al.，2012）。不仅如此，一些植物还能产生群体感应拟态物质来模拟微生物自身产生的群体感应信号分子，以达到干扰或调节微生物行为的目的（Teplitski et al.，2004；Degrassi et al.，2007）。不论是微生物群体感应淬灭物质还是拟态物质，均表明植物能够合成释放特定的次生物质调节微生物种群，从而建立有利于自身生长的微生物群落结构。

根系和微生物跨界互作与植物健康研究近年取得重要进展（Duran et al.，2018；Li et al.，2019d）。研究显示，水杨酸等芳香有机酸可以作为跨界信号在植物与根际微生物互作中发挥作用（Lebeis et al.，2015；Zhalnina et al.，2018），但破译跨界交流的化学语言依然是植物与根际微生物互作研究的突破点（阚金红 等，2017；Duran et al.，2018）。这些化学语言介导的土壤生物化学作用机制尚未被认知，但这些机制在生态系统中无疑是客观存在的。揭示并充分利用这些植物非毒性次生物质介导的农林土壤生物化学作用机制，不仅能拓宽对土壤过程认知的视野，而且可以开拓改良农林土壤和可持续提高生态系统生产力的新途径。

9.2.3 根系与土壤动物间的化学作用

大多数动物生活在地上，这样植物与动物的化学作用大多发生于地上部并在空气载体中进行，但植物根系与动物的化学作用也可以发生在地下土壤中，尤其是许多植物地上部与动物的化学作用是通过植物根际化学信号传递而实现的

（Bezemer et al.，2005）。昆虫是自然界最大的生物类群，植物与地下昆虫的化学作用得到广泛研究。植物根和根系分泌物中都包含对土壤昆虫等动物有拒食活性的成分，如万寿菊等植物根部产生的多炔类物质防御蚜虫的取食。值得注意的是，植物地上部与地下部相互关联，植物在昆虫侵食后根系分泌的化学信号物质也可以通过根系在土壤载体中传递和交换。例如，蚜虫取食豆科植物时，豆科植物就从根系中分泌黄酮和黄嘌呤等分子，其他未被蚜虫取食的豆科植物通过根系识别这些化学信号分子，从而产生抵御蚜虫取食的抗体或释放挥发性物质吸引蚜虫天敌（Chamberlain et al.，2001）。同样，植物与动物的根际化学作用也影响植物地上部，当植物根系被昆虫取食后，植物地上部会产生相应的化学响应。例如，棉花地下部根系被根结线虫侵害时，棉花地上部释放大量的挥发性有机物，特别是当棉花地上叶片和地下部根系同时被谷实夜蛾和根结线虫侵害时，棉花释放有机挥发物质的数量剧增，抗性也增加（Olson et al.，2008）。

线虫是土壤中数量最多的动物，土壤线虫大部分以取食细菌、真菌和其他线虫为生，但也有一些能够寄生在植物根部对植物造成危害，尤其是根结线虫严重危害植物的生长发育。许多植物在遭受线虫侵害时，可以通过根系分泌杀灭线虫的次生物质以防御土壤线虫，但线虫可以在土壤中迁移流动，它们可以选择未被伤害的植物根系以避开根系分泌的防御次生物质。一些线虫能克服植物根系分泌的防御物质，反而利用根系分泌的特定化合物产生植物寄生，这是线虫危害严重和难以防治的根本原因。为了解决这一难题，对根系和线虫化学作用的研究越来越受到重视并取得重要进展。现已探明，土壤中的线虫感知周边环境是通过化学信号实现的，根结线虫危害植物根部需要先后完成确定危害位点、穿透根皮、移动进入微管束、确定永久的取食位点等几个必要的步骤，而这些线虫对植物的根寄生步骤或多或少都涉及化学信号的联系。例如，一些线虫在移动进入微管束的阶段需要分泌特定蛋白才能实现（Bird，2004；Williamson and Gleason，2003）。虽然线虫和寄主种类很多，但一些线虫只对特定的寄主植物根释放的信号物质产生响应。大豆线虫是世界性分布的寄生线虫，其寄生于大豆和其他豆科植物根部，严重影响被寄生植株的生长发育。大豆雌线虫释放性信息素香草酸吸引雄线虫前来交尾，交尾后的雌线虫逐渐成为包囊，在土中越冬，次春孵化后的土壤幼虫通过感受大豆根系分泌的信号物质迁移到大豆根部定居。大豆根系分泌的这一引诱大豆线虫的信号物质 glycinoeclepin A 很早就被分离鉴定（Masamune et al.，1982），后来 glycinoeclepin A 的类似物也被人工合成（Giroux and Corey，2008）。天然分离的 glycinoeclepin A 及其人工合成的 glycinoeclepin A 类似物（图 9-5）均能在低浓度下诱导土壤中大豆线虫的迁移。

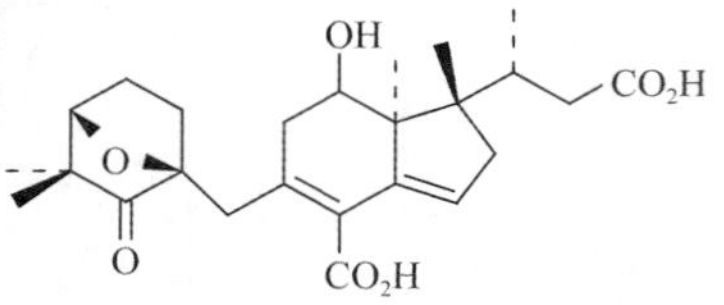

（a）glycinoeclepin A 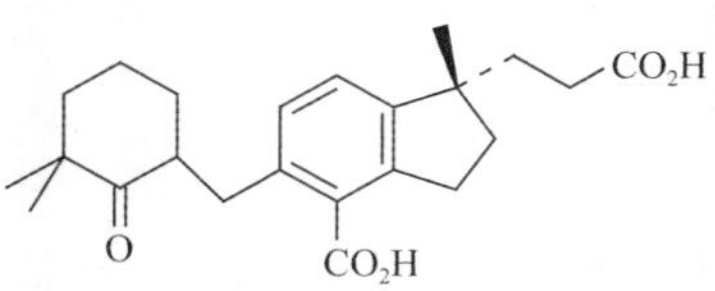　　（b）glycinoeclepin A类似物

图 9-5　大豆根系分泌的线虫信号物质 glycinoeclepin A 及其人工合成类似物

非常有意义的是，植物根系—线虫—微生物三者之间存在着化学作用关系（Bais et al.，2006），而且微生物的存在有利于植物应对线虫的危害。例如，秀丽隐杆线虫是土壤中一类以各种细菌和有机体的降解物为食的线虫，该线虫可以通过识别根系释放的化合物将根瘤菌转移到豆科植物苜蓿的根际（Horiuchi et al.，2005），这表明豆科植物根系分泌物—土壤线虫—根瘤菌三者之间存在着有益的化学作用关系。有益内生菌根（如木霉菌）能够减少寄生线虫对根系的侵染。研究发现，木霉菌能够通过水杨酸和茉莉酸两个信号物质激发番茄对根结线虫的防御，木霉菌首先激发水杨酸调控的防御，从而限制根结线虫对番茄的侵入，然后木霉菌强化茉莉酸调控的防御，从而解除线虫免疫，最终损伤其繁殖力（Martinez-Medina et al.，2017）。这样的植物、土壤线虫和土壤微生物通过根系分泌物在根际的三营养链的化学作用中有着重要的意义，植物从根系释放大量的有机物，微生物以这些有机物为碳源而聚集在根际，而以微生物为食料的捕食性线虫则到根际取食微生物。如果植物能通过根系分泌物诱导捕食性线虫取食根际病原微生物，实现植物—捕食线虫—病原微生物三营养链以根系分泌物为媒介的化学作用，这不仅有助于人们理解复杂多变的根际作用，而且可以开拓土壤根寄生线虫控制的新途径。只是由于根系和土壤生物因子相互作用的复杂性，阐明这方面的机制还需要开展更广泛和深入的研究工作。

9.2.4　次生物质介导的地下化学生态作用和植物—土壤反馈

植物通过根系分泌物和凋落物两种途径向土壤释放次生物质，影响根系、土壤微生物和地下动物及三者的相互作用。此外，植物释放的次生物质也对土壤中的非生物因子尤其是营养元素产生影响。例如，酚类能和土壤中的铝、铁和锰等金属离子结合而释放出磷酸根等负离子，萜类能改变土壤中的硝态氮和铵态氮水平。在玉米和蚕豆间作中，由蚕豆根系释放的有机酸造成的根际土壤酸化，增强了土壤磷的有效性，从而使与其间作的玉米从中受益，出现增产现象（Li et al.，2007）。事实上，植物向土壤释放的次生物质可以对土壤中的任何一个因子产生影响，只是影响程度不同而已。虽然在某些特定的情况下单一因子的影响可能起到决定性的作用，但没有一个土壤因子是能够独立存在的。因此，植物向土壤释放

的次生物质对土壤生物化学作用的影响是多种土壤因子共同作用所致的。这样，植物次生物质介导的地下化学生态作用越来越受到重视。

除了土壤物理、化学和养分等非生物因子，次生物质介导的地下化学生态作用（图 9-6）主要涉及根系间的化感作用和化学识别（包括同种根系的自毒作用和化学通信与识别）、根系对动物取食和微生物侵染的化学防御，以及对土壤有益微生物的调节利用等。这些地下化学生态作用对土壤健康和植物自身生长具有正或负效应，正效应因子涉及根—根识别（自我或亲属回避）、固氮作用、菌根真菌共生、线虫对病原菌捕食，以及释放的抗菌物质、植保素（phytoalexin）和微生物群体感应拟态物质等，而负效应因子涉及根系抑制、病原菌、有害线虫、有害微生物群落结构、化感或自毒物质等。土壤健康和植物自身生长最终取决于这些地下正和负效应因子化学生态作用的净效益。如常见的连作障碍就是植物根系分泌物和凋落物产生次生物质，导致土壤养分钝化、病原微生物和线虫种群增生、毒性物质累积及根系识别紊乱等负的地下化学生态作用净效益，最终产生负的植物—土壤反馈作用。

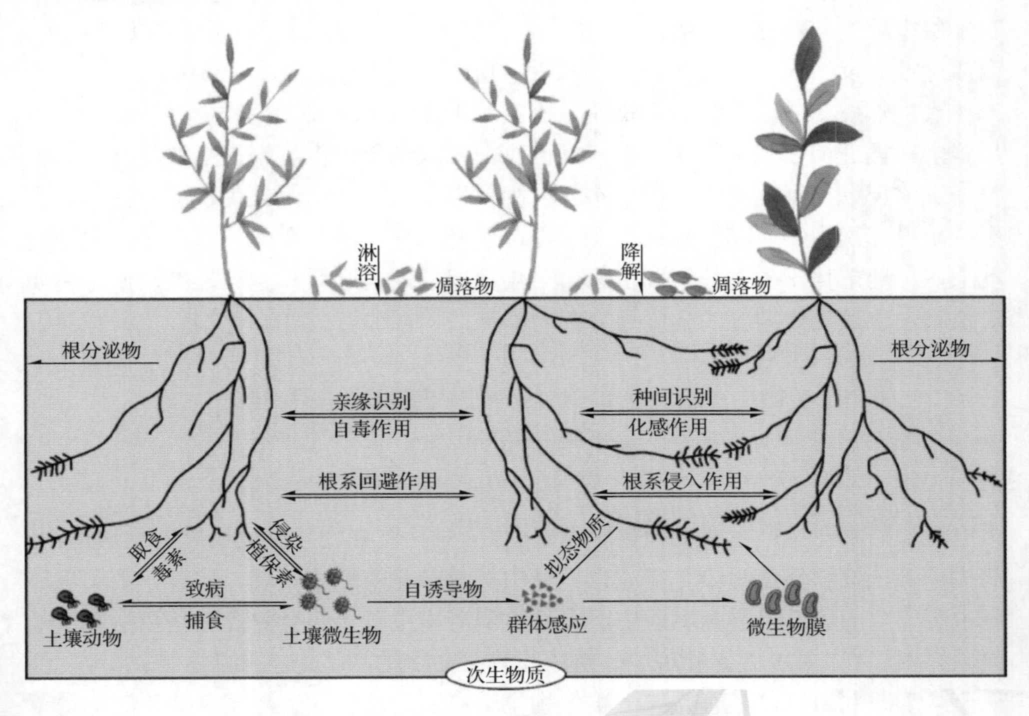

图 9-6 次生物质介导的地下化学生态作用

次生物质介导着地下化学生态作用进而形成土壤正或负的反馈，因此，植物释放的次生物质是导致植物—土壤反馈作用最重要的因子。许多植物通过根系分泌的次生物质抑制土壤病原菌，从而产生有利于自己生长的正反馈作用，相反，一些外来植物释放的次生物质可以促进入侵地土壤病原菌累积而对本地植物生长产生负反馈作用（Mangla et al.，2008）。越来越多的研究显示，一些植物在与其他植物共存竞争时可以通过根系分泌的次生物质建立有利于自身或不利于竞争植物生长的土壤微生物群落结构，以及建立抑制其他植物、获取更多养分且有利于自身生长的正反馈（Kardol et al.，2006；Niu et al.，2007）。事实上，不少植物在与其他植物共存时都可以通过生物量分配及繁殖等方面的变化使个体自身及种群获益，虽然这类植物间作用导致的生物量或产量增加涉及多重因子，但植物根系分泌的特定化学物质介导的植物—土壤反馈扮演着重要的角色。如水稻化感品种通过根系分泌化感物质建立有利于自身生长的土壤微生物群落结构，同时竞争获取了稗草活化的土壤养分，导致正土壤反馈。相反，稗草生长被水稻化感品种抑制导致其活化的土壤养分难以被自身利用，产生土壤负反馈。不仅如此，水稻化感品种对稗草的植物—土壤反馈效应随生长期而变化，苗期显示负反馈而成熟期显示正反馈，正负反馈效应的变化主要取决于水稻化感品种化感物质的释放时期和土壤微生物及营养状态的改变。苗期负反馈效应与化感物质和土壤微生物相关，而成熟期正反馈与土壤营养相关，与化感物质无关（Sun et al.，2014）。

次生物质介导的植物—土壤反馈不仅发生在植物种间，也发生在植物种内，尽管内在机理尚未完全阐明，但依据已有的研究结果可以肯定次生物质介导的植物—土壤反馈作用在植物群落中不容忽视。事实上，从个体、种群到群落和生态系统尺度，次生物质和植物—土壤反馈都紧密结合在一起。未来要在生态系统尺度上探讨地下化学生态作用和植物—土壤反馈的内在联系，尤其要关注次生物质对植物—土壤反馈效应的幅度和方向的影响。

9.3 功能次生物质对土壤生态过程的调节与改良利用

目前的农业生产主要依赖化肥和农药，大量化肥和农药施用引起的土壤退化、病虫草害抗性和环境污染等问题也日益困扰着农业的持续发展，如何在土壤健康和生态安全的条件下提高农业生产力并达到对病虫草害的有效控制是亟待解决的问题。由 9.1 节和 9.2 节可知，植物释放的次生物质可以介导土壤生物化学作用，充分认识并利用这些具有介导土壤生物化学作用的功能次生物质及其相应的地下化学作用机制，不仅可以拓宽对土壤生态过程和功能的理解，而且可以开拓维护土壤健康、自然调控有害生物，从而提高农林生态系统的生产力的新途径。目前功能次生物质对土壤生态过程的调节与改良利用已取得积极进展。

9.3.1　土传病害调控和抑病型土壤的形成

植物在生长过程中常常遭受病原微生物尤其是土传病原真菌的危害，大量研究显示，具有化感特性的农作物释放的化感物质可以抑制土壤病原微生物，从而减少病害的发生。在实践中常常采用化感作物植株覆盖或轮作和间作的方法控制土传病害。大蒜是人们熟知的能够抗菌的作物，大蒜释放的化感物质烯烃硫化物在低浓度下就完全抑制真菌游动孢子的萌发，从而有效地抑制各种镰刀菌属类病原真菌，这样经过大蒜间作和轮作的土壤很少发生由疫霉属类病菌引起的枯萎病。例如，印度木豆的茎叶枯萎病在田间是难以控制的，通过大蒜和木豆的轮作和间作，基本得到控制（Singh et al.，1992）。小麦释放的化感物质异羟肟酸及其土壤降解产物在抗病原菌方面具有重要作用，如异羟肟酸能够抑制小麦赤霉病菌和玉米小斑病菌的孢子萌发。同样，这些异羟肟酸类化感物质可以控制严重影响谷物生长的赤霉病和头孢霉属菌引起的条锈病。国内外许多地区尤其是欧盟有机农场常采用小麦秸秆还田覆盖控制病害（Martyniuk et al.，2006；Søltoft et al.，2008）。水稻根腐病是由尖孢镰刀菌和立枯丝核菌等土壤真菌引起的，水稻根腐病导致的烂秧严重影响早稻的播种，而且一般的商业杀菌剂难以有效控制。可是，水稻化感品种在早春低温等不良条件下很少发生烂秧现象，这是因为水稻化感品种根系分泌的化感物质可以抑制尖孢镰刀菌和立枯丝核菌等土壤病原真菌，从而有效地控制烂秧病。研究发现，水稻根系分泌的化感物质（麦黄酮及其橙酮异构体）对尖孢镰刀菌和立枯丝核菌的生长均表现为抑制效应，这显示水稻化感品种能通过其根系分泌黄酮类化感物质抑制土壤病原真菌以保证自身幼苗生长发育（Kong et al.，2004a）。利用这一机制，采用水稻化感品种稻壳覆盖秧床可以有效地防治水稻烂秧病，保证秧苗健康。通过不同基因型的 12 个水稻品种在 3 个不同地域的田间试验发现，不同品种水稻壳对水稻根腐病的控制取决于它们向土壤释放化感物质（麦黄酮）的浓度，高浓度的麦黄酮能够有效地抑制土壤中尖孢镰刀菌和立枯丝核菌等致病真菌，从而减少秧田中烂种、烂芽和死苗的发生（Kong et al.，2010）。

植物通过产生和释放抗菌物质对病原微生物进行化学防御只是根系与土壤微生物化学作用中的一个侧影，植物与微生物尤其是豆科植物与根瘤菌，以及植物与菌根真菌间的互利共生关系也都是由根系分泌的次生物质介导（Bais et al.，2006）。众所周知，根瘤细菌与豆科植物共生将空气中的氮固定至豆科植物根部形成根瘤，促进植物生长，而菌根真菌增强植物捕获养分的能力和自然适应性。豆科植物根系通过分泌三羟基异黄酮［图 9-7（a）］吸引根瘤菌并启动根瘤菌结瘤基因（*nodD*）的表达（Peters et al.，1986），从而促进根瘤菌在根部定植并形成根瘤

（Brechenmacher et al.，2010）。菌根真菌主要的化学识别物质是植物产生的倍半萜内酯 5-脱氧独角金醇［图 9-7（b）］，5-脱氧独角金醇不仅促进菌根菌丝分枝、孢子萌发和菌根形成，还能被识别，进而诱导菌丝分枝和改变真菌的生理状况，并激活真菌的线粒体，引导 AM 真菌找到植物根系，从而成功定植（Akiyama et al.，2005；Parniske，2008）。在陆生植物和菌根真菌的共生系统中，植物菌根共生的觅养功能主要是通过胞外菌丝体所形成的公共菌根菌丝网络（common mycorrhizal networks，CMNs）完成的，CMNs 通过向寄主、相邻植物或者其他异质资源斑块觅取养分来促进植物生长（Booth and Hoeksema，2010；Barto et al.，2012）。另外，植物还可以通过 CMNs 运输化学物质而扩大作用区域或直接作用于受体植物（Achatz et al.，2014）。不仅如此，一些对植物有益的 PGPR 能够通过对植物根系释放的信号物质的识别，以及对根系分泌物中糖和氨基酸的化学趋向性而在植物根系表面定植，进而通过产生固氮螺菌等植物激素促生菌和抑制病原菌感染的假单胞菌等生防菌的手段对植物生长产生促进作用（Gray and Smith，2005）。因此，可以利用植物根系和微生物间的化学信号物质改善土壤微生物群落，从而建立健康的抑病型土壤。

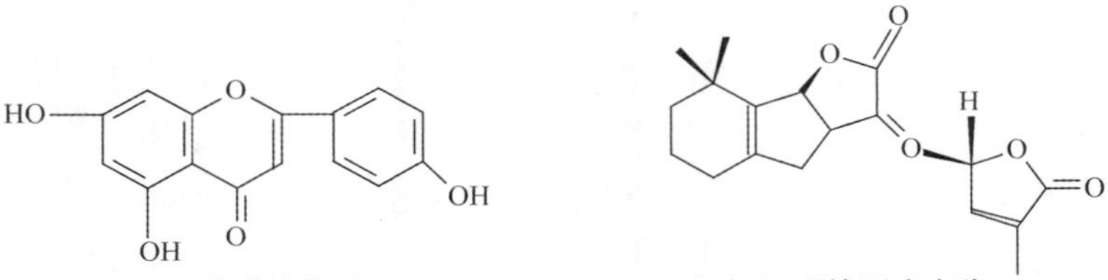

（a）三羟基异黄酮　　（b）5-脱氧独角金醇

图 9-7　植物与根瘤菌及与菌根真菌间的化学信号物质

植物可以主动合成抗菌物质，也可以在微生物侵染时诱导合成植保素，通过这两种化学防御机制的共同作用，植物通常能抵御大部分病原微生物，从而正常生长和发育。这就是在自然条件下植物虽然处于大量病原菌的威胁之下，却很少致病的根本原因。可是，在农林生态系统中由于连作（栽）等干扰了土壤微生物群落的组成和结构，常常引起“不健康”的导病型土壤（conducive soil）或易感病的土壤，严重制约着农林业的可持续发展。相对于导病型土壤，也有一些病原菌难以定植或能定植但难以持久发病的土壤，即所谓的抑病型土壤（disease suppressive soil）。抑病型土壤对农林生态系统生产力的维持和持续生产具有重要的意义（张瑞福和沈其荣，2012）。目前对抑病型土壤的研究大多集中于根际微生物区系特征及其与土壤抑病性之间的关系，结果显示，植物在受到土传病原菌侵染时，可以利用根际微生物群落保护或抵抗病原菌（Weller et al.，2002；Mendes

et al.，2011）。然而，植物通过调控根际微生物区系来诱导抑病型土壤的形成机制还有待阐明。植物根系释放直接抑制土壤病原菌的次生物质是一个原因，但多样性高和动态平衡的土壤微生物区系组成是土壤抑病的真正原因，而多样性高和动态平衡的土壤微生物区系很大程度上是由植物根系产生释放的信号或淬灭物质及拟态物质所致的。很多实验观察到抑病型土壤的形成与农业管理措施密不可分，间套轮作、免耕和有机肥施用甚至长期连作等都可以诱导形成抑病型土壤（Hiddink et al.，2005；Janvier et al.，2007），但也往往获得不一致的结果。造成这一结果的原因主要是研究的经验性和局限性，没有从合适的角度阐明抑病型土壤形成的机制并发现关键的因子。其实，不论何种措施，都是通过调节土壤有机碳分配改善微生物群落组成和结构，以利于抑病型土壤的形成（Kinkel et al.，2011）。因此，在有机物释放和分解过程中的特定次生物质，尤其是微生物群体感应淬灭物质或拟态物质和对根际微生物种群结构及与抑病相关功能具有调控作用的次生物质，才是抑病型土壤形成和维持的关键所在。

在植物与微生物的协同进化过程中，植物和微生物分别形成了广谱性或特异性的次生物质来执行植物—微生物间的防御、侵染致毒及通信识别功能。这些次生物质介导的植物与微生物间的相互有害或有益的作用普遍存在于各种生态系统中，自然调控生态系统中也存在植物与土壤微生物之间的生物化学关系。尽管这一自然调控规律涉及的诸多机理还远没有被阐明，但植物与土壤微生物的自然调控确实可以在人工生态系统中获得应用。未来应在注重机理性研究的同时，加强野外原位试验的研究。毕竟，任何自然规律的发现和认识，最终都必须经过实践的检验并能够指导人类的实践活动。

9.3.2　作物化感品种和化感物质通过地下化学作用调控杂草

利用植株覆盖和轮间作等方法不仅可以控制土传病害，也可以达到对杂草的控制。许多作物（如高粱、向日葵、小麦和玉米等）秸秆对杂草都有明显的抑制效应。这类具有化感特性的作物秸秆对杂草的控制作用，主要是通过植株被降水淋溶和土壤降解途径释放的化感物质来实现的。在作物植株覆盖的农田中，大量的化感物质不断地进入土壤，有效地抑制杂草的萌发和生长。无论是小区试验，还是大面积的实际生产操作，利用具有化感特性的作物秸秆覆盖土壤，相应区域的杂草都能得到有效的控制。例如，用小麦和大麦秸秆覆盖草莓地，在草莓的整个生长过程中，杂草都能显著地得到控制，尤其在初春刚种草莓时，杂草控制率达到 95%，在仲夏季节也能达到 85%，而草莓的产量并不受影响（Smeda and Putnam，1988）。因此，利用小麦、高粱和玉米等作物秸秆覆盖的方法来控制杂草早已成为世界许多地区的农业生产实践。

利用作物秸秆产生的化感物质控制杂草，不仅可以减少除草剂的使用，还可以改善土壤，该方法正在得到越来越多的应用，但这一方法的控草效应与作物植株的不同部位有很大的关系。例如，高粱的根在土壤中可以有效地抑制许多杂草生长发育，但高粱的苗在土壤中一般不能抑制杂草的生长。另一个重要的问题是，作物秸秆能够释放化感物质控制杂草的萌发和生长，但是作物秸秆在土壤中腐烂降解也可以增加土壤的有机质和肥力，促进作物和杂草生长。因此，作物秸秆具有抑制杂草和下茬作物的化感作用与增加土壤有机质及养分和改良土壤环境的双重作用。在许多情况下，这样的双重作用是一对矛盾体，尤其是在化感作物的单作和连作生产模式下，化感作物对下茬作物的抑制作用，往往导致秸秆还田产生有害的负效应。然而，只要充分认识和掌握作物化感物质释放的时空动态规律，在具体的生产实践中就可以克服作物秸秆还田对下茬作物的化感作用负效应，达到利用化感物质控制杂草、增加土壤肥力和改善土壤性质的正效应。事实上，作物秸秆抑制杂草和促进下茬作物生长的双重性质与植株向土壤释放化感物质的时效性显著相关。秸秆还田初期，作物植株在降水淋溶和土壤微生物作用下释放毒性的化感物质，随着时间延长，化感物质逐渐分解或被土壤组分吸附固定，而不再显示毒性。后期秸秆腐解主要增加有机质和改良土壤性质，因而能够促进后茬作物生长。然而，在现代密集型的农业生产中，用时间等待作物秸秆失去不利的化感抑制负效应，再进行下茬作物的种植往往是不现实的。因此，最好的方法是利用作物化感品种内在的抑草机制。一些作物的特定品种能合成并释放化感物质抑制杂草，这意味着这些作物化感品种自身也能产生“除草剂”调控杂草，从而减少对化学除草剂的依赖。作物化感品种直接种植是利用自身内在的抑草机制，即作物化感品种能够“智慧”地在正确的时机释放适量浓度的化感物质，从而有效地调控杂草（孔垂华，2018）。因此，直接种植作物化感品种才是可持续的杂草调控策略，尤其是结合必要的栽培和生态管理措施，作物化感品种就可以有效地控制农田杂草，大幅减少除草剂的用量。

作物化感品种产生的化感物质在体内大多以无活性的糖苷形式存在，但它们通过根系释放到土壤中很快转化变成具有活性的苷元，从而对杂草种子的萌发和生长产生抑制作用。例如，小麦、玉米和燕麦等作物的主要化感物质异羟肟酸很难被水从茎叶中淋溶出来，主要通过根系分泌的途径进入土壤，而且大多数根系分泌释放的异羟肟酸是以多糖配基苷的形式出现（Niemeyer，2009）。同样，水稻黄酮类化感物质在水稻化感品种体内也是以无活性的糖苷形式存在的，但通过根系释放到土壤中的各种糖苷黄酮很快转化变成同一黄酮苷元（5,7,4′-trihydroxy-3′,5′-dimethoxyflavone）（图 9-8），这一黄酮苷元在土壤中能持续较长的时间，从而对杂草种子的萌发和生长产生抑制作用（Kong et al.，2007）。

不仅如此，作物化感品种通过根系释放的化感物质必然要与土壤生物和非生物因子发生一系列作用，并以有效浓度迁移，到达杂草根系发生抑制作用（Li et al.，2013b）。因此，作物化感品种和杂草的地下化学作用是影响作物化感品种调控杂草的关键因子。

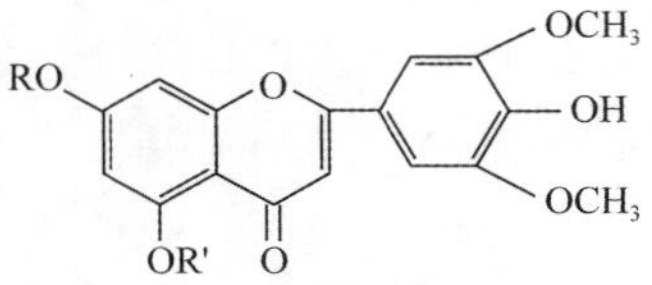

（a）黄酮苷 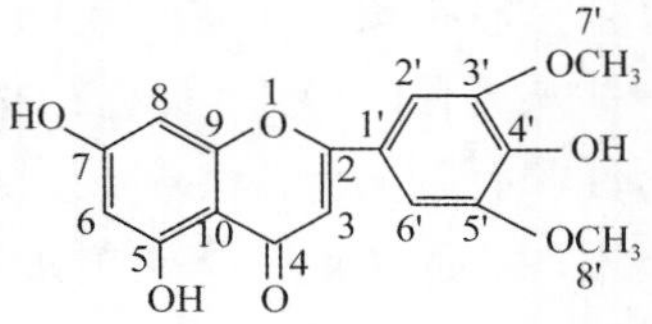　　（b）黄酮苷元

图 9-8　水稻根系分泌黄酮苷类化感物质在土壤中转化成同一黄酮苷元

化感物质介导的作物化感品种和杂草的地下化学作用主要表现为化感物质对土壤养分、微生物和根系行为的调控。水稻和小麦化感品种在与杂草共存竞争时，能够通过根系分泌的化感物质调控建立有利于自身或不利于杂草生长的土壤微生物群落结构，并可调节杂草根系行为，最终实现对杂草的调控。可是，面对作物化感品种根系释放的化感物质，一些杂草也可以采取相应的应对策略。例如，稻田杂草可以通过其根系在生长区域的不对称分布行为来响应水稻化感物质的存在（Yang and Kong，2017），这表明杂草可以识别作物化感品种并采取相应的根系行为躲避化感物质的抑制。作物化感品种也可以依据亲缘关系调整竞争根系的生长和分布，例如，由 PI312777 选育的常规水稻化感品种化感稻 3 号与其近亲化感稻 8 号（由 PI312777 选育的亲属）共生长时根系没有变化，但与其远亲或没有亲缘关系的品种华粳籼和亚种辽粳 9 号共生长时根系则显著增加（Yang et al.，2018）。更有意义的是，具有亲缘识别的水稻化感品种在减少地下根系竞争的同时会减少化感物质的合成释放，从而导致更多的能量分配到种子繁殖以提高产量。同时，杂草胁迫导致的化感品种亲属间的合作行为也可以增强水稻化感品种对杂草的抑制效应。随着亲缘关系由近及远，水稻化感品种对稗草的抑制能力也逐渐降低，尤其这种变化在稗草靠近水稻化感品种时更为强烈，而此时水稻化感品种产生的化感物质浓度也表现出相反的趋势。这就说明水稻种内的亲属合作行为提高了水稻化感品种对杂草的竞争优势，面对稻田杂草的竞争胁迫，水稻化感品种可以通过识别亲缘和非亲缘关系的杂草来调整生长和防御对策。

化感物质的合成释放是作物化感品种面临杂草胁迫时的一种化学响应，这种化学响应必然建立在作物化感品种能对杂草胁迫感应的基础上。因此，作物化感品种对杂草的调控至少涉及化学识别和化感物质合成释放两个密不可分的过程，即作物化感品种首先是通过对杂草的化学识别，然后是合成释放相应的化感物质抑制杂草，如小麦化感品种就是通过对杂草根系分泌的茉莉酸和黑麦草内酯信号物质识别邻近的杂草而合成释放化感物质抑制杂草（Kong et al.，2018）。目前的农田杂草控制，大量的除草剂施入田间，事实上只有很小的剂量起作用，多余的剂量不仅造成浪费，也污染环境。这一现状产生的主要原因是不能准确地掌握在合理的防除杂草时机投入多少剂量的除草剂，但当杂草出现时，作物化感品种能够及时识别并知道何时产生释放多少相应的化感物质，也许这些物质的量很少，但却是高活性和有效的。因此，利用这一作物化感品种抑草机制可以建立农田杂草控制新技术，从而实现生态安全条件下的杂草可持续治理。

9.3.3 地下化学作用在农林生态系统持续经营和管理中的应用

杂草可以通过竞争和化感作用对农作物生长产生负效应，在充分认识植物种间化学作用的基础上，可以合理利用杂草的化感作用实现以草治草的目的。胜红蓟是中国南方和东南亚地区严重危害作物的杂草，侵入耕作地的胜红蓟产生释放的化感物质对作物生长产生负效应，但胜红蓟向土壤释放化感物质的这一特性在一些农业生态系统中得到了合理的利用。例如，在柑橘园中引种胜红蓟就能控制病虫草害并影响土壤生物化学过程。引种到柑橘园中的胜红蓟能通过向土壤中释放胜红蓟素和黄酮等化感物质而将其他杂草排出，形成胜红蓟群落，这些化感物质还能有效地抑制柑橘园中的病原微生物（Kong et al.，2004a）。长期实践显示，柑橘园主要病原菌（疮痂病菌、白粉病菌和烟煤病菌）危害在引种胜红蓟后很少发生。这是因为胜红蓟释放的化感物质胜红蓟素能够在土壤中转化成两个无活性的二聚体，但这两个胜红蓟素二聚体可以动态解聚成活性的胜红蓟素，这样，化感物质胜红蓟素在土壤中存在着可逆的二聚化过程（图 9-9）。正是这一聚合和解聚过程的存在，使胜红蓟素能在土壤中维持有效的作用浓度，从而能持续地抑制杂草和病原菌（Kong et al.，2004b）。不仅如此，胜红蓟还能通过茎叶和花向柑橘园中释放挥发性的萜类物质。这些挥发物能吸引和稳定钝绥螨属捕食螨，而这些捕食螨正是柑橘重要害虫红蜘蛛的天敌，最终导致柑橘园红蜘蛛的种群密度下降到非危害水平（Kong et al.，2005）。这些结果显示，在引种胜红蓟的柑橘园中，胜红蓟—柑橘树—害虫—天敌—杂草—病原菌种间存在自然的化学作用关系，正是这些自然的化学作用，使引种胜红蓟的柑橘园自身能够防御病虫草害。这一农业措施很早就在中国南方柑橘园中大面积推广应用（Liang and Huang，1994）。目前许多果园管理已不再是完全根除杂草，而是保留具有化感特性的杂草或混种一些有益的地面植物，以达到改善土壤和防控有害生物的目的。这不仅提高了果园的生物多样性，还利用次生物质介导的生物化学作用构建了健康的人工生态系统。

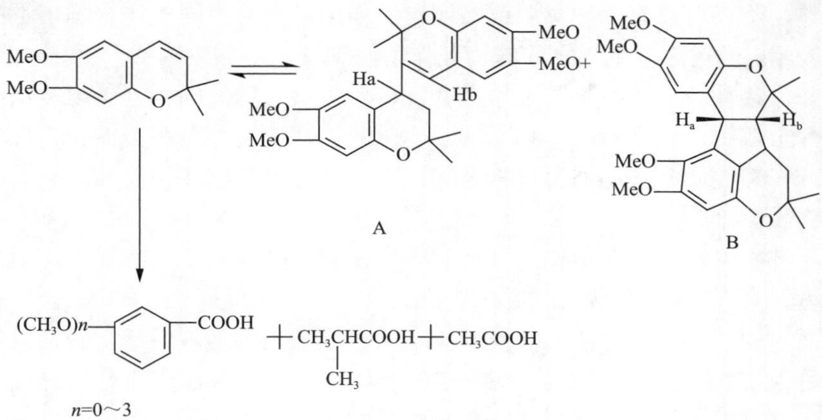

A 表示连-二聚胜红蓟素；B 表示并-二聚胜红蓟素。

图 9-9　胜红蓟素在土壤中的转化

目前农林生态系统中的连续单作往往导致连作（栽）障碍，连作（栽）障碍涉及多重因素，但主要原因是土壤生物化学作用失衡导致土壤“生病”，俗称土壤病。许多作物和林木在连作条件下可以产生种内化感作用，即通过凋落物和根系分泌物向土壤释放抑制自身萌发和生长的化感物质，从而导致自毒效应。虽然作物或林木释放的自毒性物质经过一段时间会分解失去活性，但就目前的农林生产方式而言，通过时间来休耕土地消除自毒效应是不切实际的。针对连作（栽）障碍难题，往往采用一些治标不治本的方法来减缓自毒作用。例如，增加灌溉排去水溶性的自毒物质，以及利用有机质增加土壤腐殖酸吸附化感物质并使它们聚合而失活，甚至向土壤中投放一些化学物质中和或反应掉部分化感物质，如用石灰水可以中和酸类化感物质，尤其是小分子的酚酸和脂肪酸类化感物质。然而，真正有效的方法应当是在明确次生物质介导的土壤生物化学作用及机制的基础上，利用符合自然规律的耕作方法构建健康的农林生态系统。

农作物连作和林木连栽障碍主要是由土壤养分的不均衡耗竭、土壤病害的严重发生和自毒物质等多种因素综合作用而导致的植物生长受到抑制和生产力下降，即植物—土壤负反馈作用（Huang et al.，2013）。这样的植物—土壤负反馈表现在两个方面：一方面，植物释放到土壤中的自毒物质直接影响自身细胞分裂，抑制水分和矿质离子吸收，影响 ATP 合成和氧化还原平衡，以及干扰基因表达；另一方面，植物释放的自毒物质还能通过改变土壤微生物群落结构来增强土壤病害，从而间接影响植物的生长。例如，连作大豆根系分泌物不仅改变土壤微生物群落，而且使土壤中病原真菌种群增加（Guo et al.，2011），而后者导致土壤病害的严重发生是连作障碍发生的最主要原因。一般来说，利用两种或多种作物的轮作和间作，不仅可以有效地克服或减缓自毒作用，而且不同植物招募来不同类型的微生物组，通过土壤生物之间的相互作用控制土传病原生物的危害。也就是说，轮作和间作往往改变了植物与土壤生物，以及土壤生物间的相互作用，从而打破了植物—土壤负反馈。对于作物而言，化感或自毒物质大多在苗期和秸秆还田初期释放，合理控制时间动态可以将植物—土壤负反馈转化成正反馈，从而减缓和克服连作障碍难题。

人工林木同样产生自毒作用及连栽障碍，导致森林更新失败和生产力衰退。中国是世界上人工林面积最大的国家（约占世界人工林面积的 1/3），人工林占全国森林面积的 33.1%，而且正以每年 450 万公顷左右的速度递增。长期以来，中国营造的人工林绝大部分为单一树种的纯林，但人工纯林经营带来的弊端也愈发显现，尤其是人工纯林生产力下降是制约其发展的主要问题。造成人工纯林生产力下降的一个重要原因就是单一树种能向林地释放毒性的化学物质，从而对自身生长发育产生了抑制作用。和作物不同，林木生长周期长，难以采用轮栽方式减缓和克服连栽障碍，往往采用人工混交林模式克服这一难题（陈楚莹和汪思龙，2004）。经过多年的研究和实践发现，合理选择一些树种与人工纯林混交可以有效地克服或缓解人工纯林的自毒作用，从而提高生产力。例如，东北三大硬木阔叶树种之一的胡桃楸的自毒作用导致自身种子难以萌发，即使幼苗萌发也不能存活。然而，落叶松与胡桃楸混交，胡桃楸的树高、胸径和单株材积分别为纯林的 133%、187%和 471%，单位面积蓄积量达纯林的 1.69 倍，这主要在于落叶松凋落物和根系分泌物均能促进胡桃楸幼苗的生长（Yang et al.，2007）。另外，胡桃楸的自毒作用源于胡桃楸根系分泌的化感物质胡桃醌，胡桃醌在胡桃楸林地土壤中的浓度高达 6.2μg/g，但是胡桃楸与落叶松混交林林地土壤中的胡桃醌浓度为 2.9μg/g，仅为胡桃楸纯林土壤中的 46.8%，尤其是胡桃醌在落叶松土壤中的降解速度显著快于胡桃楸土壤。因此，落叶松能够降低胡桃楸释放的毒性化感物质胡桃醌，这是两者混交提高人工林生产力的重要原因之一（Yang et al.，2010）。

虽然营造人工混交林被认为是解决人工林自毒作用和提高生产力的有效途径，但树种间发生的化学作用对人工混交林营造成功有着决定性的影响。排除固氮树种，选好非固氮树种是人工林混交林成功的前提。中国南方杉木和火力楠的混交林不仅能减缓杉木的自毒效应，还能显著提高生产力，是目前人工混交林成功的典型（陈楚莹和汪思龙，2004）。杉木混交林长期定位研究发现，火力楠和红栲枯枝落叶和根系水浸液能够显著促进杉木幼树细根的生长，而青冈和刺楸枯枝落叶和根系水浸液能够抑制杉木幼树细根的生长。可见只有少数树种可以与杉木混交减缓自毒作用，而这些树种主要是通过次生物质介导的地下生物化学作用机制达到克服或减缓人工林自毒作用及连栽障碍的。在杉木与火力楠人工混交林生态系统中，杉木根系分泌的化感物质环二肽不仅抑制自身幼苗的生长，也抑制土

壤菌根真菌（如 *Glomus cunnighamia* 和 *Gigaspora alboaurantiaca*）的孢子萌发，从而导致更新失败和生产力衰退（Chen et al.，2014）。可是当与火力楠混种时，杉木的根生物量、根长密度和根表面积 3 个表征根系生长的特征参数均显著增加，尤其是在深层土壤中增加得更为显著。相比自身土壤，杉木幼苗在火力楠及混交林土壤中生长能够累积更多的生物量。虽然杉木林只是混种低密度的火力楠（杉木：火力楠=4：1），但混交林的土壤微生物群落更接近火力楠而不是杉木。更为有意义的是，杉木人工林及其火力楠混交林土壤化感物质环二肽浓度及其释放速率存在显著的差异，连栽的杉木人工林释放的自毒性环二肽浓度加剧，但在火力楠存在时，杉木释放的环二肽浓度显著降低，尤其是环二肽在火力楠土壤中的降解速度比在杉木土壤中的大幅增加。非常有趣的是，杉木根系分泌的化感物质能够抑制自身幼苗的生长，但这一抑制作用随杉木根系分泌物浓度的降低而消失甚至显示促进作用。这些结果显示，火力楠的存在可以改善杉木幼苗和根系生长及土壤微生物群落结构，尤其是火力楠可以导致杉木减少自毒性的化感物质合成释放，同时释放的自毒物质也可以被快速降解，混种的火力楠促进自毒的杉木生长是通过地下的化学作用而实现的，这是杉木与火力楠混交导致生产力提高的重要机制（Xia et al.，2016）。这一次生物质介导的地下生物化学作用机制对解决人工林生产力衰退和连栽障碍具有重要的理论和实践意义。

9.4　小结与展望

综上所述，地下生态系统存在着植物次生物质介导的根系、土壤微生物和土壤养分三者的相互作用机制，正是这些机制调控着土壤生物化学过程和功能，并积极地影响植物—土壤反馈和生态系统生产力。目前，对于植物能通过凋落物和根系分泌物两种途径向土壤中释放调控地下生物化学作用的次生物质已没有争议，然而，这些功能次生物质的化学结构和释放动态大多没有确定。不同于人为向土壤输入有机物，植物根系向土壤释放的次生物质是时空动态的，这一时空动态特性是植物对所处土壤和环境感受响应的重要策略之一。传统的观点认为植物释放到土壤中的次生物质浓度低而难以发挥关键作用，其实植物面对土壤和环境的生物因子和非生物因子能够采取连续或脉冲等方式释放次生物质，这些次生物质在局部或瞬间浓度可以足够有效地发挥作用，问题和难点是如何在土壤中及时捕获、鉴定和检测这些功能物质。国内外一直都在努力研发和建立土壤中微量和高效次生物质的原位动态检测的实验方法和装置，一旦突破，无疑能将土壤生物化学作用和植物与土壤的地上、地下互作关系的研究推进到更精准的层次。

植物次生物质介导地下生物化学作用和植物—土壤反馈，但它们对土壤生物化学作用的贡献，以及如何精准调控植物—土壤反馈的机制还没有阐明。今后需要加强土壤科学、生态学、微生物学和农业资源与环境科学等学科的合作研究，尤其要突破人工控制实验的框架，依托长期定位生态系统，以点带面全面评价和验证次生物质对根系行为、根际微生物和土壤养分三者相互作用与生态系统生产力的关系，并确定特定次生物质在响应环境变化和生态系统资源优化构建中的作用。

次生物质介导的土壤生物化学作用机制在维持农林生态系统土壤健康和可持续运行中发挥重要的作用。无论是对传统农林生态系统的改良，还是构建新型人工生态系统，次生物质介导的土壤生物化学作用都不容忽视。事实上，生态系统中并没有严格意义上的健康土壤，所谓健康土壤其实是指土壤各种正和负的、生物因子和非生物因子相互作用的净效应。如何预知和设计一个健康土壤生态系统目前在理论和技术上都还难以实现，但针对目前实践证实检验的典型健康农林生态系统，将植物次生物质和土壤有机体及土壤过程结合起来揭示自然的化学相互作用规律，在此基础上理解土壤健康，进而充分利用这些规律促进农林业的持续发展和达到对自然资源的保护无疑是积极的策略。

第10章 土壤生态系统服务功能与利用

生态系统及其过程是维持人类赖以生存和发展的自然环境条件和提供多种产品的基础。自 Ehrlich 和 Ehrlich（1981）第一次提出“生态系统服务”以来，生态系统服务概念和内涵的发展已有几十年的历史，形成了完整的理论体系。Daily（1997）对以往的生态系统服务研究成果进行了整理和总结，于1997年出版了《生态系统服务：人类社会对自然生态系统的依赖性》（*Nature's services：Societal dependence on natural ecosystems*）一书，对生态系统服务的定义、内涵和分类进行了详细介绍。同年，Costanza 等（1997）在《自然》（*Nature*）上发文阐述了生态系统服务价值评估方法，并对全球生态系统服务的经济价值进行了估算，使生态系统服务经济价值的评估研究成为生态学的研究热点和前沿。联合国秘书长安南于2000年世界环境日正式宣布启动“千年生态系统评估”（millennium ecosystem assessment，MEA）计划。经过95个国家1300多名科学家历时4年的研究，于2005年出版了《生态系统与人类福祉》评估报告，结果发现全球生态系统有60%的功能正在退化，而且影响了人类的生存发展和区域的生态安全，这种评估为加强生态系统保护和可持续利用，提高生态系统对人类福祉的贡献奠定了科学基础（MEA，2005）。这一计划的实施把生态系统服务的研究和应用推向新的高潮（Leemans and de Groot，2003；Sukhdev et al.，2010）。

“千年生态系统评估”将生态系统服务定义为人类可以从生态系统中获取的益处，并将生态系统服务分为4类，分别是供给服务（provisioning services）、调节服务（regulating services）、支持服务（supporting services）和文化服务（cultural services）（图10-1）。其中，供给服务是指生态系统向人类提供产品的服务，调节服务是指从生态系统管理中获取的益处，支持服务是指其他生态服务实现的必要条件，文化服务是指人类从生态系统中可获取的非物质性的益处。本章将从土壤生态系统服务功能概述、指标与评价和利用3个方面阐述该领域的研究状况，包括最前沿的土壤生态服务评价方法，并指出存在的主要问题和发展方向，以期为未来土壤生态系统服务功能的研究和利用提供参考。

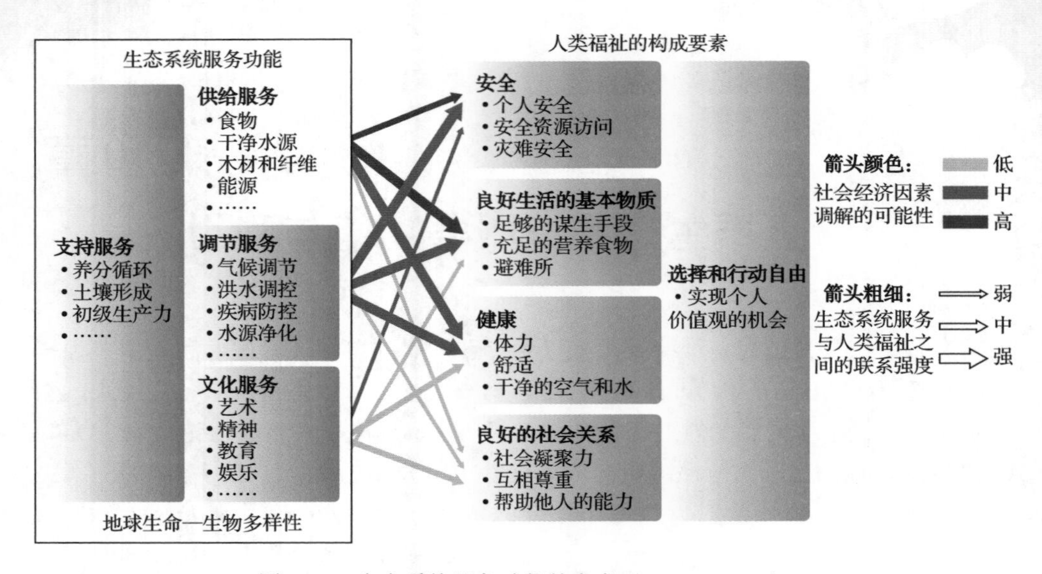

图 10-1 生态系统服务功能的定义（MEA，2005）

10.1 土壤生态系统服务功能概述

生态系统服务研究已在森林、草地、水域等生态系统中广泛开展，但是国内外关于生态系统服务的重要基础性、支撑性组成部分——土壤生态系统服务的研究较为薄弱。土壤生态系统服务之所以可从生态系统服务中独立出来加以研究，是基于对土壤的物质组成、结构及物质、能量、信息流动等构成了独特自然资产的认识。土壤的特殊自然资本是提供生态系统服务的基础，支撑人类社会的生产生活，为人类提供各项生态服务。随着土壤生态功能研究的深入，越来越多的学者认识到建立完整的土壤生态系统服务框架的重要性。

10.1.1 土壤生态系统服务功能的概念

土壤生态系统服务的研究始于对土壤自然资产和土壤生态功能的研究（Robinson et al.，2013）。Daily 将土壤生态系统服务主要总结为 6 个方面：①缓冲和调节水文循环；②植物的物理支持；③植物养分的供应和保持；④废弃物和有机残体的处理；⑤土壤肥力的恢复；⑥调控主要的养分循环。此后，很多学者对 Daily 的土壤生态服务功能的界定进行了补充和修正（Wall，2004；Weber，2007；Zhang et al.，2007）。早在 2006 年，欧盟就将土壤生态系统服务列为优先研究领域（Commission，2006），此后欧盟资助的很多项目都将土壤生态系统服务涵盖进来，如 SoilTrEC 项目、SOIL SERVICE 项目，以及欧洲土壤生态功能与生物多样性指标 EcoFINDERS 项目（Banwart et al.，2011；Robinson et al.，2012）。在更广义的范围内，生态系统服务的概念目前还没有一个统一的定义。例如 Daily（1997）将生态系统的状态和过程及生命支持功能都包含在生态系统服务内；Costanza 等（1997）认为生态系统服务是生态系统功能所产生的可被人类利用的产品和服务；MEA 认为服务就是福利（Leemans and de Groot，2003）。土壤生态系统服务也面临相同的挑战，到目前为止还没有普遍认可的理论框架。朱永官等（2015）认为土壤生态系统服务是指满足人们日常生活中文化与追求的基本必需品，包括支持、供给、调节和文化服务。吴绍华等（2015）利用 MEA 框架对土壤自然资产提供的生态系统服务分类进行归纳（图 10-2）。其中，供给服务是指土壤为人类提供粮食生产，以及木材、纤维等初级材料，土壤矿物等资源和产品。调节服务是指土壤生态系统在水文调节、大气调节、污染净化等方面的调节性效益。支持服务是指土壤生态系统产生和支撑其他服务的基础功能，包括支撑植物生长、提供生物栖息地、维持土壤生物地球化学过程等。文化服务是指土壤在历史载体、土壤景观和游憩教育等方面的功效。

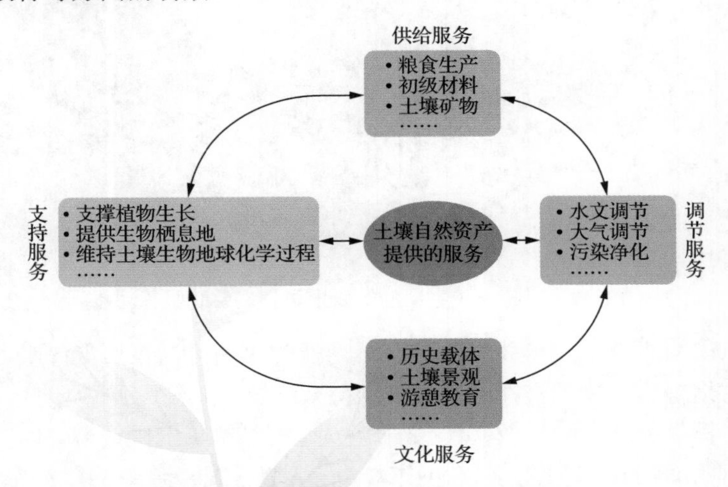

图 10-2　土壤生态系统服务分类框架

10.1.2　土壤生态系统服务功能的内涵

土壤是大气圈、水圈、生物圈和岩石圈综合作用的产物，是一种独特的、相对稳定的但又容易受人类活动影响的圈层。作为一个相对固定的原位历史自然体，土壤可以在不同的时间尺度上反映和记录气候、人类和其他生物活动所引起的环境变化。故通过对土壤生态系统变化的观测能够很好地对环境变化做出评估。尽管土壤学家和生态学家提出了不同的土壤生态系统服务的分类建议，但是他们基于土壤生态系统服务的重要性，根据土壤与其他系统共同提供服务的贡献来划分土壤生态系统服务类型的观点是一致的。联合国粮食及农业组织（Food and Agriculture Organization of the United Nations，FAO）将土壤提供的生态系统服务功能细分为 11 项（图 10-3）。

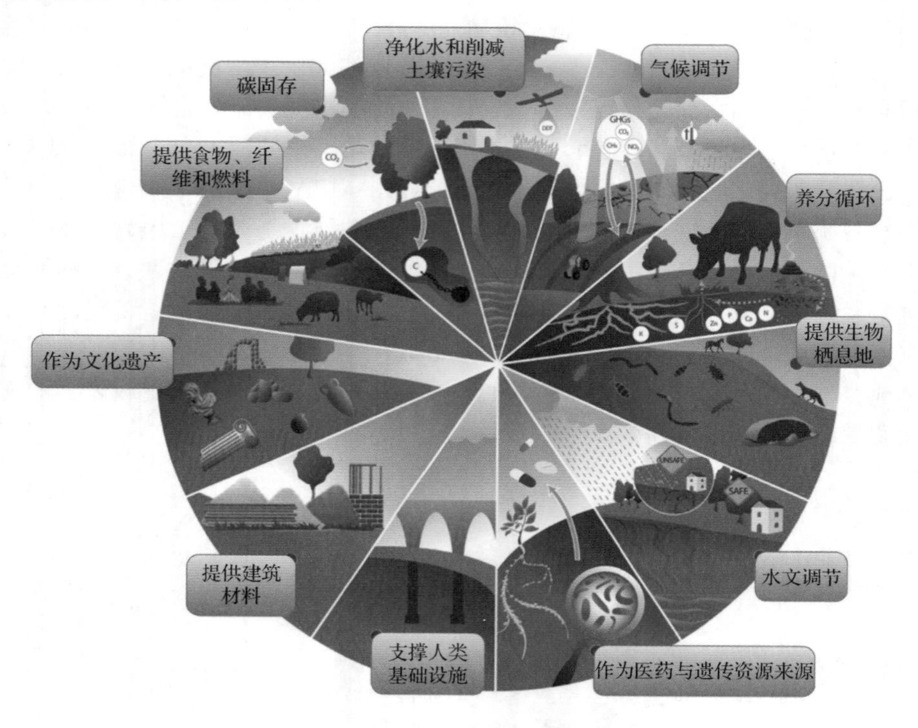

图 10-3　维持地球生命的主要土壤生态系统服务功能

根据 MEA 框架，土壤生态系统服务功能的内涵可以包括支持服务（土壤肥力的更新与维持、生物多样性的产生与维持）、供给服务（有机质的合成与生产、生物资源的提供和种子的扩散）、调节服务（水文调节、气候调节、环境净化与有毒有害物质的降解）、文化服务（历史载体、土壤景观和游憩教育）等方面。

1. 支持服务

土壤是陆地生态系统的支撑系统，为土壤动物和微生物提供栖息地，也为植物生长发育提供养分和空间。土壤生态系统的支持服务至少可以归纳为如下 5 个方面。①为植物的生长发育提供场所。植物种子在土壤中发芽、扎根、生长、开花、结果，在土壤的支撑下完成其生命周期。②为植物保存并提供养分。土壤中带负电荷的微粒可吸附、交换营养物质以供植物吸收，如果没有土壤微粒，营养物将会很快淋失。同时，土壤还作为人工施肥的缓冲介质，将营养物离子吸附在土壤中并在植物需要时释放。③在有机质的还原中起着关键作用，并且在还原过程中将许多人类潜在的病原物无害化。人类每年产生的废弃物约为 1300 亿 t，其中约 30%源于人类活动，包括生活垃圾、工业固体废弃物、农作物残留物及人与各种家畜的有机废弃物（Vitousek et al.，1986）。有幸的是，自然界拥有一系列的还原者，从秃鹰到细菌，它们能从各种废弃物的复杂有机大分子中摄取能量。不同种类的微生物像流水线上的工人，各自分解某种特定的化合物并合成新的化合物，再由其他微生物利用，直到还原成最简单的无机化合物。许多工业废弃物也能被土壤生态系统中的微生物无害化与降解。④由有机质还原形成简单无机物，最终作为营养物返回植物。有机质的降解与营养物质的循环是同一过程的两个方面。土壤肥力，即土壤为植物提供营养物的能力，在很大程度上取决于土壤中的细菌、真菌、藻类、原生动物、线虫和蚯蚓等各种生物的活性。细菌可以从大气中摄取氮并将其转换成植物可以利用的化学形态。在 1hm^2 土地中的蚯蚓每年可以转化 10 余吨有机物，从而可以大大改善土壤肥力及其理化性质（Lee，1985）。⑤土壤在碳、氮、硫等大量营养元素的循环中起着关键作用。例如，土壤中碳的储量远高于植物光合作用的固碳量。据估算，全球土壤碳的储量是全部植物中碳储量的 1.8 倍，而土壤中氮的储量更是植物中总氮量的 19 倍（Schlesinger and Bernhardt，2013）。

2．供给服务

土壤生态系统的主要功能之一就是提供各项生物资源，其供给服务至少可以归纳为如下 4 个方面。①提供粮食和农作物。土壤是农业的基础，并且几乎是所有粮食作物赖以生长的介质，它提供了粮食作物蓬勃生长所需的必要养分、水、氧气和根部支持。据估计，地球上 95%的粮食由土壤直接或间接生产。健康的土壤是食物系统的基础，土壤质量与粮食数量及质量直接相关，只有健康的土壤才能生产出健康的农作物。②提供工业原料（如木材、纤维、燃料、医药资源和建筑基础等）。土壤生态系统是现代医药的重要来源。研究表明，在美国用途最广泛的 150 种医药中，74%源于植物、18%来源于真菌、5%来源于细菌、3%来源于脊椎动物（欧阳志云 等，1999）。③维持和保存生物多样性。土壤生态系统不仅为各类土壤生物提供繁衍生息的场所，还为生物进化及生物多样性的产生与形成提供条件。此外，它为不同种群的生存提供了场所，从而可以避免某一环境因子的变动而导致物种的灭绝，并保存了丰富的遗传基因信息。④为农作物品种的改良提供基因库。土壤生态系统在维持与保存生物多样性的同时，还为农作物品种的改良提供了基因库。据研究，已知约有 8 万种植物可以食用，而人类历史上仅利用了 7000 种植物，只有 150 种粮食植物被人类广泛种植与利用，其中 82 种作物提供了人类 90%的食物（Precott-Allen and Prescott-Allen，1990）。那些尚未被人类驯化的物种都由土壤生态系统维持，它们既是人类潜在食物的来源，也是农作物品种改良与新的抗逆品种的基因来源。

3. 调节服务

土壤生态系统的调节服务至少可以归纳为如下 4 个方面。①水文调节。土壤生态系统参与调蓄地表径流、涵养水源、调节洪涝灾害、净化水体等过程，是水文调节过程的重要组成部分。地球上每年总降水量约为 11.9 万亿 m^3，雨水大多首先由土壤吸收然后由植物利用或转入地下水（Hillel，1992）。如果没有土壤生态系统的作用，雨水将直接降到裸露的地面，不仅大大减少土壤对水分的吸收量，使地表径流增加，还将导致土壤与营养物流失。研究表明，喜马拉雅山大范围的森林砍伐加剧了孟加拉国的洪涝灾害（Ives and Messerli，2003）。在非洲，大范围的干旱可能也与大规模的森林砍伐有关。我国 1998 年长江全流域洪涝灾害的形成与中上游植被及中游湖泊减少、水源涵养能力下降、水土流失加剧存在密切关系。湿地调蓄洪水的作用已为人们所熟知，泛洪区的森林不仅能减缓洪水速度，还能加速泥沙的沉积，减少泥沙进入河道、湖泊与海洋。例如，美国密西西比河流域保留的小面积湿地为预防密西西比河的洪水起了重要的作用。②气候调节。自人类诞生以来，地球气候变化比较剧烈，在 2 万年前的冰期，地球上大多数陆地仍覆盖着厚厚的冰盖。尽管近 1 万年来全球气候比较稳定，但其周期性的变化仍极大地影响人类活动与人口分布。气候对地球上的生命进化与生物分布起着主要的作用，尽管一般认为地球气候的变化主要受太阳黑子及地球自转轨道变化的影响，但生物本身在全球气候的调节中也起着重要的作用。例如，土壤生态系统通过固定大气中的二氧化碳而减缓地球的温室效应（Alexander et al.，1997）。生态系统还对区域性的气候具有直接的调节作用。植物通过发达的根系从地下吸收水分，再通过叶片蒸腾将水分返回大气。大面积的森林蒸腾可以引发雷雨天气，从而减少该区域水分的损失、降低气温。例如，在亚马孙流域，50%的年降水量来自森林的蒸腾（Salati，1987）。③环境净化。土壤生态系统的生物净化作用包括植物对大气污染的净化作用和土壤—植物系统对土壤污染的净化作用。植物净化大气主要是通过叶片的作用实现的，主要包括吸收二氧化碳和释放氧气等，从而维持大气环境化学组成的平衡；再者，植物为大气的天然净化器，它们能通过吸收来减少空气中硫化物、氮化物、卤素等有害物质的含量。粉尘是大气污染的重要污染物之一，植物枝叶茂盛，具有降低风速的作用，可使大粒灰尘因风速减小而沉降于地面；再者，其叶表面因粗糙不平、多绒毛、有油脂和黏性物质，能够吸附、滞留黏着一部分粉尘而使含尘量相对减少。④有毒有害物质的降解。土壤拥有自我净化这种特殊的功能，即进入土壤的污染物（如有机污染物和重金属）能够在

土壤矿物质、有机质、土壤微生物和土壤动物的作用下，经过一系列的物理、化学及生物化学反应，最终降低其浓度或者改变其形态，从而消除或降低污染物毒性。例如，有机污染物在微生物和酶的作用下，能够被分解为简单的无机物而消散；重金属离子能够被土壤黏粒和有机质吸附、配位和沉淀，改变其离子形态从而降低其生物有效性。

4. 文化服务

文化服务是土壤生态系统服务不可忽视的组成部分。Robinson 等（2012）提出土壤生态系统具有提供游憩场所、保存历史遗存、塑造土壤景观、传承文化知识、作为墓园等文化服务的功能。Tengberg 等（2012）介绍了瑞士西南部 Glommen（格洛门）地区文化功能变化的案例研究，利用文化价值模型模拟该地区文化遗产的变化过程，发现该地区文化功能价值出现增长。Bateman 等（2013）在不同的土地利用政策选择下预测英国生态系统服务变化趋势，发现娱乐功能价值发生增长。中国是历史悠久的农业文明古国，土地面积广袤、土壤类型多样，拥有极为丰富的土壤文化和自然遗产，在文化服务方面大有潜力可挖，需要加以重视。总体而言，文化服务由于其存在概念界定模糊、研究边界不清晰、学科交叉性强、研究框架和方法饱受争议等一系列的问题，使之很难像支持服务、供给服务和调节服务一样备受关注，因此生态系统文化服务的研究成果并不丰富。国内外大部分研究均将一种或几种较易进行量化的文化服务代替所有的土壤文化服务进行计算，其结果存在一定的偏差。

10.2　土壤生态系统服务功能指标与评价

人类对土壤资源的不合理开发和高强度利用，加之工业化、城镇化快速发展带来的大量废物排放，引发了水土流失与荒漠化、农田地力下降、土壤重金属和农药污染、土传病害暴发等一系列土壤生态问题，从而对土壤生态系统服务功能造成明显的破坏。随着对可持续发展的关注，人们发现维持和提升土壤生态系统服务功能是实现绿色发展的基础，因此，分析和评价土壤生态系统服务功能迫在眉睫。然而，专门针对土壤生态系统功能的评价少有报道，这意味着土壤生态系统服务功能的评价研究有望成为土壤生态学研究的重要课题。

10.2.1　土壤生态系统服务功能的表征指标

土壤生态系统服务功能的表征指标较为多样化。不同研究的侧重点不一样，选择的指标可能存在差别。有些研究侧重选择与土壤养分循环相关的指标（如土壤有机质、土壤速效氮、土壤速效磷），有些研究选择与农作物生产力相关的指标（如作物产量、地上部生物量、地下部生物量），有些研究选择与温室气体排放相关的指标（如一氧化二氮、二氧化碳释放量）。不管选择什么指标，只要这些指标与土壤主要功能相关，都可以作为土壤生态系统服务功能的表征指标。

程琨等（2015）将碳足迹、氮足迹和水足迹作为土壤生态系统服务功能的表征指标（表 10-1）。他们认为在全球气候变化下，高强度的土地利用将通过影响土壤碳、氮和水循环，以及对资源的消耗，对各种生态系统服务造成影响。例如，高强度的土壤扰动和过度的土地利用将加剧土壤矿化过程，甚至通过大量排放二氧化碳使土壤成为碳源（Stockmann et al.，2013）；在稻田淹水厌氧条件下，还将通过产甲烷过程造成甲烷的排放，而甲烷的全球增温趋势是二氧化碳的 21 倍（Stocker，2014）。由于氮素能够显著增加作物产量，且氮肥价格较低，农民通常过量施用氮肥以保证作物的生长需求（Cameron et al.，2013）。我国氮肥利用率较低，氮肥过量施用使氮素在土壤中大量积累，造成了水体污染、土壤酸化、温室气体排放等严重的环境问题（Guo et al.，2010）。土壤水分可通过蒸散过程排放到大气中，甚至会通过地表径流和土体渗透将养分和污染物排放到水体中。在当前气候变化和水资源分配不均的背景下，农田水分高效利用对于保障生态系统服务至关重要，因而以土壤碳、氮和水循环为核心的土壤功能及其生态系统服务计量研究愈来愈成为关注的热点。目前对农业生产氮足迹、水足迹的研究主要集中于大尺度的计量，小尺度特别是田块尺度的研究还非常有限，且适用于田块尺度研究的计量方法学还有待进一步的发展。

表 10-1　农业生产碳足迹、氮足迹、水足迹的定义与目标（程琨 等，2015）

足迹	定义	目标
碳足迹	在农业生产过程中由人为投入的生产资料或者器械使用所带来的直接或间接的温室气体排放量，并以二氧化碳当量表示	评价农业生产的温室效应
氮足迹	在农业生产过程中向环境中释放的活性氮的数量，以氮当量表示	评价氮素损失与利用效率
水足迹	在农业生产过程中的用水量之和，包括蓝水足迹、绿水足迹和灰水足迹	评价水分损失与利用效率

Ratcliffe 等（2017）选择了 26 个功能参数作为森林土壤生态系统服务功能的表征指标，主要涵盖了养分与碳循环驱动力、养分循环过程、植物生产力、再生能力和抵抗能力 5 个方面（表 10-2）。

表 10-2　森林土壤生态系统服务功能分类和描述（Ratcliffe et al.，2017）

生态系统功能参数		描述	单位
养分与碳循环驱动力	蚯蚓生物量	所有蚯蚓的生物量	g/m^2
	细木屑量	高度低于 1.3m、直径低于 5cm 的枯树，所有的树墩和其他地面上的枯木碎片	
	微生物生物量	0～5cm 土层的微生物生物量碳	
	土壤碳储量	地面和 0～10cm 土层总的土壤碳储量	mg/hm^2
养分循环过程	凋落物分解	用凋落物袋方法搜集的叶片凋落物的分解速率	
	氮吸收效率	青叶与衰老叶片间的氮含量除以绿叶含氮量	%
	土壤碳氮比	地面和 0～10cm 土层总的碳氮比	
	木材分解	地面枯木分解速率	
植物生产力	细根生物量	地面和 0～10cm 土层总的活细根生物量	g/m^2
	光合速率	叶绿素荧光法（ChlF）	
	叶片质量	叶面积指数（leaf area index，LAI）	
	凋落物量	落叶干物质年产量	G
	木材生物量	所有树木地上部生物量	$mg\ C/hm^2$
	植物生产力	地上部树木年产量	$mg\ C/（hm^2·a）$
	林下生物量	每个采样象限内所有林下植被干重	g
再生能力	幼树生长	高达 1.60m 的树苗生长	cm
	幼树再生	高达 1.60m 的树苗数量	
	幼苗再生	一年以下树苗数	
抵抗能力	抗旱能力	干湿年木芯碳同位素组成差异	
	抗虫性	未被昆虫破坏的叶子	%
	哺乳动物干扰抵抗力	未被哺乳动物破坏的细枝	%
	病原体抵抗力	未被病原体破坏的叶子	%
	树木生长恢复力	干旱后的生长和干旱期间的生长比值	
	树木生长弹性	旱灾前后生长比值	
	树木生长抗性	干旱期树木生长与前 5 年高增长期生长比值	
	树木生长稳定性	年平均树木生长量除以 1992～2011 年林木年生长量的标准差	

Liu 等（2019b）选择了 21 个功能参数作为农田土壤生态系统服务功能的表征指标，主要涵盖了 4 个方面，包括作物生产力、作物养分、养分与碳循环过程和养分与碳循环驱动力（表 10-3）。

表 10-3 农田土壤生态系统服务功能分类和描述（Liu et al.，2019b）

	生态系统功能参数	描述	单位
作物生产力	作物产量	农作物收获后籽粒干重	kg/hm^2
	地上部生物量	农作物收获后茎叶干重	g/m^2
	地下部生物量	农作物收获后 0～40cm 土层根系干重	g/m^2
作物养分	地上部碳含量	重铬酸盐氧化法测定茎叶中的有机质含量	g/kg
	地上部氮含量	流动分析仪测定茎叶中的氮含量	g/kg
	地上部磷含量	碳酸氢钠浸提法测定茎叶中的磷含量	g/kg
	地下部碳含量	重铬酸盐氧化法测定根系中的有机质含量	g/kg
	地下部氮含量	流动分析仪测定根系中的氮含量	g/kg
	地下部磷含量	碳酸氢钠浸提法测定根系中的磷含量	g/kg
养分与碳循环过程	土壤有机质	重铬酸盐氧化法测定 0～20cm 土层的有机质含量	g/kg
	土壤速效氮	流动分析仪测定 0～20cm 土层的速效氮含量	mg/kg
	土壤速效磷	碳酸氢钠浸提法测定 0～20cm 土层的速效磷含量	mg/kg
	一氧化二氮释放量	气相色谱检测一氧化二氮含量	mg/m^2
	二氧化碳释放量	气相色谱检测二氧化碳含量	$mg\ C/m^2$
养分与碳循环驱动力	微生物活性	新鲜土壤测定基础呼吸	μg C/（g·h）
	微生物生物量碳	氯仿熏蒸提取法测定 0～20cm 土壤	mg/kg
	微生物生物量氮	氯仿熏蒸提取法测定 0～20cm 土壤	mg/kg
	微生物生物量磷	氯仿熏蒸提取法测定 0～20cm 土壤	mg/kg
	碳循环酶	蔗糖酶、纤维素酶、葡萄糖苷酶	μg/（g·h）
	氮循环酶	脲酶、蛋白水解酶	μg/（g·h）
	磷循环酶	碱性磷酸酶	μg/（g·h）

10.2.2 土壤生态系统服务功能的综合评价

土壤生态系统服务功能的评价方法多种多样，并且随着时间的推移一直在创新。赵景柱等（2000）总结、归纳、比较了生态系统服务功能的定量评价的两种方法，即物质量评价法和价值量评价法。物质量评价法主要从物质量的角度对生态系统提供的服务进行整体评价，而价值量评价法主要从价值量的角度对生态系统提供的服务进行评价。他们对物质量评价和价值量评价这两种评价方法进行比

较，分析了这两种评价方法的优点和缺点。结果表明，采用物质量和价值量两种不同的方法对同一个生态系统进行服务评价，往往会得出不同甚至相反的结论，对于不同的评价目的和不同的评价空间尺度，这两种评价方法的作用有较大区别，同时这两种评价方法在一定意义上又是互相促进和互为补充的。

1. 物质量评价法

物质量实际上是指生态系统或其中物种提供的产品和服务中所包括的净光合作用生产量或者经济产量。从物质量角度对生态系统服务进行评价时，如果该生态系统提供服务的物质量不随时间推移而减少，那么通常认为该生态系统处于较理想状态。

2. 价值量评价法

从价值量角度对生态系统服务进行评价时，如果该生态系统提供服务的价值量不随时间推移而减少，则该生态系统处于较理想状态。

张宁（2016）利用上述两种方法评估了河南省典型土壤生态系统物质生产功能、水源涵养功能、养分循环功能、土壤保持功能和土壤固碳功能的服务价值（图 10-4）。结果得出，养分循环价值和物质生产价值要高于水源涵养价值、土壤保持价值和土壤固碳价值。因而提倡在今后的研究中要加大对水源涵养功能、土壤保持功能和土壤固碳功能的研究力度，以提高土壤这 3 种功能的价值，并且继续挖掘养分循环功能与物质生产功能的潜力。

将生态指标与社会经济计量方法相结合进行生态系统服务综合评价也是近年来的研究热点。例如，Goldstein 等（2012）通过对不同土地利用规划情景下各种生态系统服务和社会经济效益抵消情况进行比较分析，探讨了实现生态效益和经济效益双赢的可能途径；Watanabe 和 Ortega（2014）将生态系统服务对区域经济的贡献量化为宏观经济价值，采用数量、能值、货币 3 种方式评价了巴西 Taquarizinho 河流域土地利用变化对生态系统服务的影响及生态、经济综合效益。

另外，一些指标也可能帮助探讨人类活动对土地利用及生态系统服务功能的影响。例如，生态系统人类干扰综合指数（ecosystem comprehensive anthropogenic disturbance index，ECADI）可以反映人类活动对当地生态系统的影响程度（Zhao et al.，2015）。景观分析也可以通过空间变异结构变化，探讨农业或其他干扰对土壤景观和生态交错带结构的影响。Mancinelli 等（2015）发展了景观多样性分析方法用于探讨土地利用可持续性。结果表明，私有用地景观异质性较高，促进了生态交错带的形成和土地覆被的多样性。因此，一个有良好结构的私有用地有助于提高景观可持续性。还有研究采用模糊认知图（fuzzy cognitive map）方法来分析影响土地利用和生态系统服务功能的不同利益相关者对于生态系统服务功能及其保护的认知度、参与度和重要性（Christen et al.，2015）。

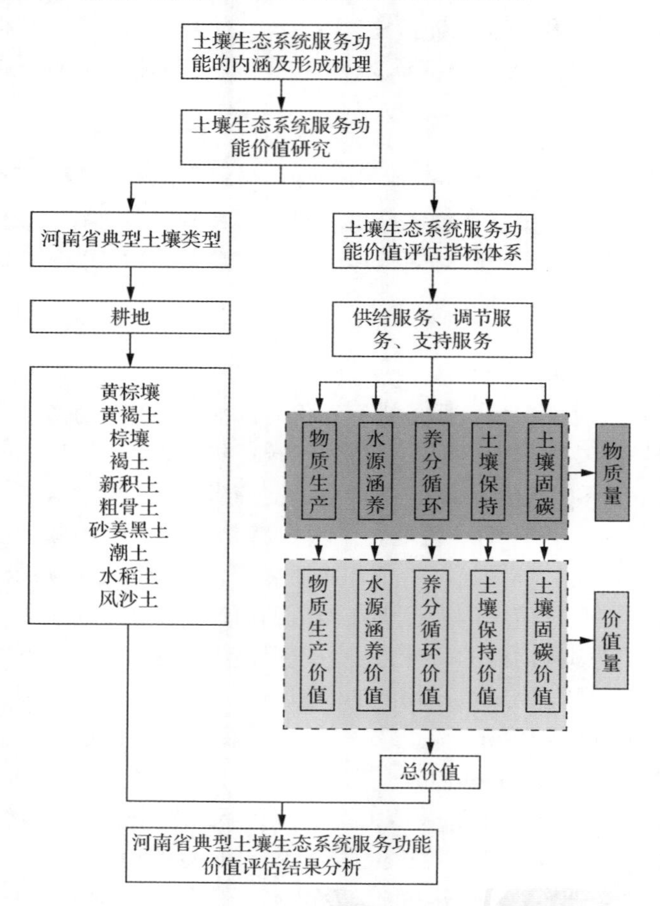

图 10-4　河南省典型土壤生态系统服务功能价值评估（张宁，2016）

3. 生态系统多功能（ecosystem multiple functions）或多功能性评价

由于不同研究的侧重点不一样且反映土壤功能可选择的指标太多，在实际操作过程中，人们往往只追求某一种或某几种生态系统服务类型而忽略了其他生态功能，从而引起了生态系统服务的权衡与协同问题。近年来，在生态系统服务研究中常采用多指标评价体系。例如，Macfadyen 等（2009）通过病虫害控制的多个指标分析了有机农业与常规农业的生态系统服务差异。Schipanski 等（2014）采用与粮食供给、一氧化二氮减排、土壤固碳等有关的 11 个指标，评价农田生态系统服务年际变化，并探讨不同生态系统服务项的协同增效或抵消情况。Ratcliffe 等（2017）选择了 26 个与养分与碳循环驱动力、养分循环过程、植物生产力、再生能力和抵抗能力有关的土壤生态系统功能指标，评价多样性对欧洲森林生态系统功能的重要程度。Liu 等（2019b）选取了 21 个与作物生产力、作物养分、养分与碳循环过程和养分与碳循环驱动力相关的土壤生态系统功能指标，探析蚯蚓对农田土壤生态系统的贡献能力。

生态系统多功能的计算方法有多种，目前应用最普遍的是均值法（average approach）和阈值法（threshold approach）（Byrnes et al.，2014）。均值法即将所有选取的生态系统功能指标进行标准化转换之后取均值，得到的均值即为多功能数值。阈值法即将所有选取的生态系统功能指标在各处理中逐一进行从大到小排序，设置某一阈值（假设 60%，表示该功能在所有处理中排前 40%），计算排在前 40% 的所有功能的数量之和（Ratcliffe et al.，2017）。Liu 等（2019b）在探究蚯蚓对土壤生态系统服务功能的影响时，采用了均值法和 3 个阈值法（30%、50%和 70%）来计算生态系统多功能数值。通过对比几种方法发现，均值法比 3 个阈值法能更好地表征蚯蚓对土壤生态系统服务功能的贡献（图 10-5）。Manning 等（2018）对生态系统多功能重新定义，并提出了新的计算方法，即生态系统多功能的计算需要针对不同参与者而制定不同的计算方案（图 10-6）。例如，粮食生产对于农民来说更为重要，因而权重定为 0.8；对于旅游业来说，粮食生产并不重要，因而权重定为 0.0。脊椎动物的数量对于旅游业来说很重要，因而权重定为 0.7；对于农民来说，脊椎动物的数量并不重要，因而权重定为 0.0。这种计算方法充分考虑了每个功能指标的重要程度，并依据每个指标的重要程度而赋予一定的权重，这比均值法和阈值法更为严谨，但每个功能指标权重的赋值需要慎重考量。

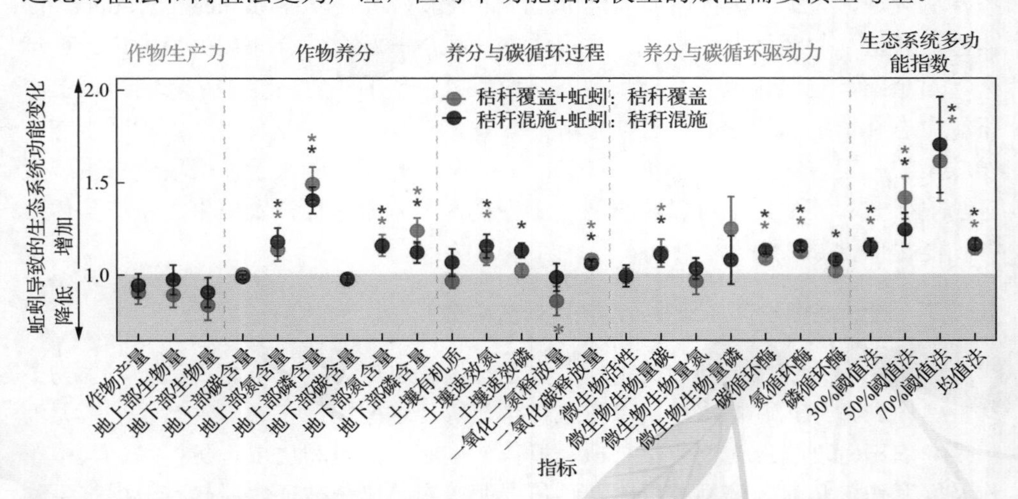

图 10-5 蚯蚓对稻麦轮作农田的生态系统服务功能及多功能指标的影响（Liu et al.，2019b）

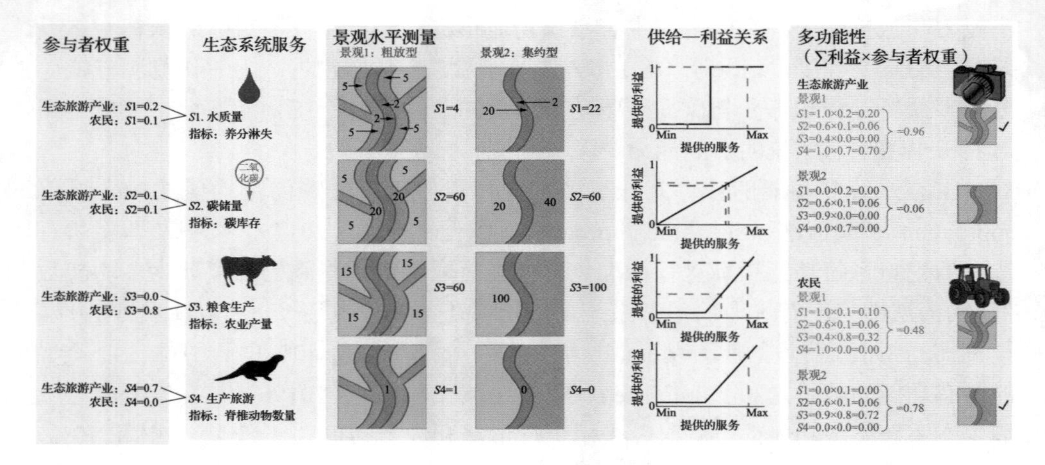

图 10-6 景观水平土壤生态系统多功能的计算案例（Manning et al.，2018）

10.3 土壤生态系统服务功能利用

土壤生态系统的服务功能研究，包括通过定量化方法表征、监测和预测土壤功能及其动态变化，主要目的是系统性地诠释土壤过程与功能，探明土壤对整个生态系统服务功能的影响，为生态资产核算提供理论与数据支持，并应用于区域可持续发展评价、功能区划、重大生态工程建设、农业综合开发和农业环境综合整治等领域，遏制以牺牲环境为代价、片面追求 GDP（gross domestic product，国内生产总值）的经济发展模式，实现生态—经济—社会综合效益的最大化。近年来，对全国、省区、地方及专项生态系统服务价值的测算，促进了我国流域上中下游生态补偿机制的建立、自然资源的开发、森林生态效益及自然保护区生态补偿政策的制定与实施（李文华 等，2009）。从中微观层面来看，土壤生态系统服务功能研究和评估结果可以从农艺、工程技术等方面为提升农田生态系统整体服务功能提供指导。

10.3.1 提升土壤生态系统服务功能的技术措施

土壤生态系统服务功能的指标主要包括植物生产力、土壤肥力状况、生物多样性、团聚体结构、持水性、温室气体排放等，这些指标在农田生态系统中尤为重要。农田管理措施主要包括种植、耕作、施肥、灌溉和病虫害防控等，其中轮作及间套作、免耕、施用有机肥及种植绿肥等农艺措施被证明能够有效提高生物多样性、植物抗病性，改善土壤肥力状况，促进作物的高产稳产。下面通过案例介绍间套作种植和免耕两项农艺措施如何提升农田土壤生态系统服务功能。

1. 间套作提升农田土壤生态系统服务功能

苏本营等（2013）从生态系统服务的角度论述了间套作提升农田土壤生态系统服务功能的潜力和意义，并从物质产品产出、土壤肥力维持、病虫草害控制、有害污染物控制、水土保持、生物多样性保护等方面开展了间套作提升农田土壤生态系统服务功能的研究与实践，并构建了农田土壤生态系统服务功能评价的间套作理论框架（图 10-7）。

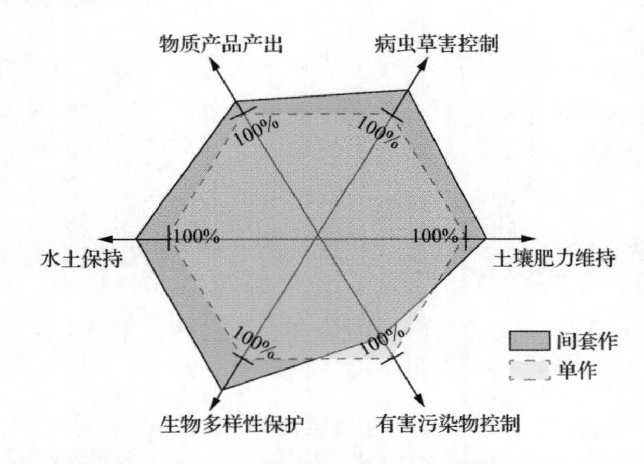

图 10-7　农田土壤生态系统服务功能评价的间套作理论框架（苏本营　等，2013）

1）提高农田土壤生态系统的物质产品产出。间套作种植模式的增产作用可通过种内和种间关系进行解释，作物在生长空间及时间上的差异和互补，使作物更充分地利用和吸收光照、水分和养分等生长所必需的资源，并转化成自身的光合物质。间套作种植因作物对光照的竞争而形成适宜其光截获的冠层结构；由于对地下水分和营养的竞争，两作物根系的分布呈明显的“偏态”不均衡分布，共生物种根系的差异性分布形成了适宜吸收营养元素和水分的独特根系分布群。

2）维持土壤肥力，提高养分利用率。间套作种植提高养分吸收利用率主要表现在：改善农田土壤物理性状，促进植物根系发育；改善土壤化学性质，提高微生物活性和土壤有效氮含量；间套作农田土壤氮素的淋溶和挥发等损失有所降低，能够使土壤系统内更多的氮素被有效利用；豆科植物与固氮微生物形成根瘤共生体进行固氮作用以有效提高系统内的氮素含量。

3）控制病虫草害。间套作对害虫的控制机制主要表现在两个方面：首先，间套作改变了寄主植物的邻居和小气候环境，如间套作系统内部温度降低、湿度增大、光照下降将直接影响害虫的生长发育；再者，间套作增加了害虫的天敌数量，如大豆、豌豆和豇豆等豆类与玉米间套作能够显著降低花蓟马、黑蚜、白蚁等害虫的密度及其对豆类与玉米的危害。

4）控制有害污染物。间套作种植能够促进农田生态系统有机污染物的降解，如玉米、三叶草、黑麦草混作栽培能够显著提高菲和芘的降解，其中玉米与黑麦草混作效果最好。这可能是由于间套作系统能改变根际微环境的理化性质和生物学特性，特别是能通过根系分泌物和其他根际过程，改变根际微生物的种类和数量，改变根际土壤酶的活性和植物生长的营养条件，最终影响有机污染物的根际降解和植物吸收。

5）水土保持服务功能。间套作提升农田水土保持服务功能的机制在于扩大了农田地表的植被覆盖和土壤根系在土壤中的分布范围，地表植被覆盖的增加可有效削弱风雨对土壤的冲击力，从而减少土壤和养分的流失；根系分布范围的扩大能够提升根系对土壤的固持作用，还会减轻坡地土壤的水土流失。

6）生物多样性保护作用。间套作保护生物多样性的机制在于作物多样性的提高为地上昆虫和土壤生物的繁衍营造了更多适宜的生境，直接促进了生物多样性的提升。另外，土壤肥力自调节能力的增强、养分流失的降低及杀虫剂和除草剂使用量的降低，间接地提高了农田生物多样性。

2. 免耕稻—鸭生态种养提升农田土壤生态系统服务功能

祖智波和黄璜（2009）比较了免耕稻—鸭生态种养模式、免耕稻—不养鸭种植模式、翻耕稻—不养鸭种植模式，并从生态系统物质生产功能、调节大气功能、节水功能、涵养水源功能、营养物质保持功能等方面对三种模式进行了定量评价。结果发现，免耕稻—鸭生态种养模式生态系统服务总价值比免耕稻—不养鸭种植模式高 54.8%，比翻耕稻—不养鸭种植模式高 73.9%。其中，免耕稻—鸭生态种养模式生态系统各项服务功能价值的大小依次为物质生产功能价值、调节大气功能价值、节水功能价值、保持营养物质功能价值、涵养水源功能价值。

1）提高物质生产功能。通过计算粮食和鸭带来的总收入和成本之差，得出免耕稻—鸭生态种养模式农副产品服务价值比免耕稻—不养鸭种植模式净增 124%，比翻耕稻—不养鸭种植模式净增 290%。

2）提高调节大气及温室气体减排功能。在释放氧气的功能价值上，免耕稻—鸭生态种养模式释放氧气服务价值比免耕稻—不养鸭种植模式净增 1028 元/hm^2，比翻耕稻—不养鸭种植模式净增 103 元/hm^2；在固定二氧化碳的功能价值上，免耕稻—鸭生态种养模式比免耕稻—不养鸭种植模式净增 739 元/hm^2，比翻耕稻—不养鸭种植模式净增 74 元/hm^2；在减排甲烷功能价值上，免耕稻—鸭生态种养模式在晚稻整个生育期的甲烷排放量和环境成本均最低。

3）提高节水功能。免耕稻—鸭生态种养模式比其他两种模式节约用水量 1000～1300m^3/hm^2，节约水资源费用 200～1500 元/hm^2。

4）保持营养物质功能。对农田生态系统中的秸秆产量和氮、磷、钾含量的价值估算结果发现，免耕稻—鸭生态种养模式中的水稻氮、磷、钾总量，以及带来的总价值均高于其他两种模式。

由此可见，免耕稻—鸭生态种养模式具有良好的经济—生态综合效益，是一种值得推广的生态农业模式。

10.3.2　土壤生态系统服务功能预测模型及应用

生态系统服务功能价值评估不仅要考虑生态系统的现状和构成，还要评价其时空变化及对外来压力的敏感性，需要运用动态模拟模型预测服务价值的变化，计量人类对生态系统服务功能影响的成本、效益和损失。具体而言，野外点位的试验和观测可为生态系统服务功能研究提供翔实的基础数据以用于支撑单一到多个评价指标的研究，但这些观测资料需要进行尺度放大，即从短时间尺度到较长的时间尺度，从田块和小流域尺度到特定的地理区域乃至全球尺度，在此方面数学模拟具有优势，并在生态系统服务评价和预测中得到越来越多的应用（Balbi et al.，2015）。

近 20 年来，各国科学家开发出一系列的计算机模型来模拟从田块尺度到区域尺度和全球尺度的生态系统过程。例如，通过全球植被动态模型（ORganizing Carbon and Hydrology in Dynamic EcosystEms，ORCHIDEE）和基于过程的作物模型（Simulateur mulTIdiscplinaire pour les Cultures Standard，STICS）组成的 ORCHIDEE-STICS 模型，可以模拟不同植被类型下地表二氧化碳和水热交换，以及各种土壤过程（Gervois et al.，2008）；由英国洛桑实验站的科学家们基于 150 多年长期试验数据统计分析发展而来的 RothC 模型（rothamsted carbon model），是世界上第一个土壤碳循环模型，它可以模拟全球多个区域的农田、草地和森林的碳循环（Coleman and Jenkinson，1996）；DAYCENT 模型（Daily time-step version of the CENTURY biogeochemical model）可以模拟与植物—土壤系统中碳、氮循环相关的主要过程，包括作物生长、水分运移、热量流动、有机碳分解、氮素矿化和固定作用、硝化作用和反硝化作用、甲烷氧化作用和甲烷产生（Del Grosso et al.，2001）；而 SPA 模型（soil-plant-atmosphere model）是一个多层次生态系统模型，可以用来模拟总初级生产力、冠层水分利用、气孔导度、叶面光合作用、各种土壤过程等（Williams et al.，1998）。目前已有一些研究将模型模拟运用到土壤生态系统服务评价中。例如，Schipanski 等（2014）采用 Cycles 和 RUSLE（Revised Universal Soil Loss Equation）模型模拟农田过程，通过 11 个指标数据评价了美国宾夕法尼亚州农田多种生态系统服务的年际变化及不同服务间的协同情况，并识别了各服务间最小抵消作用的关键时间点；Watanabe 和 Ortega（2014）采用改进的水碳模型（hydro-carbon model）模拟了巴西 Taquarizinho 河流域热带草原、农林复合系统、农田、牧草地等土地利用方式转变对生态系统服务价值的影响，结果显示，天然热带草原的生态系统服务价值最高，其次是农林复合系统和改良的牧草地，再次为免耕农田和退化的牧草地，而常规耕作农田最低（图 10-8）。

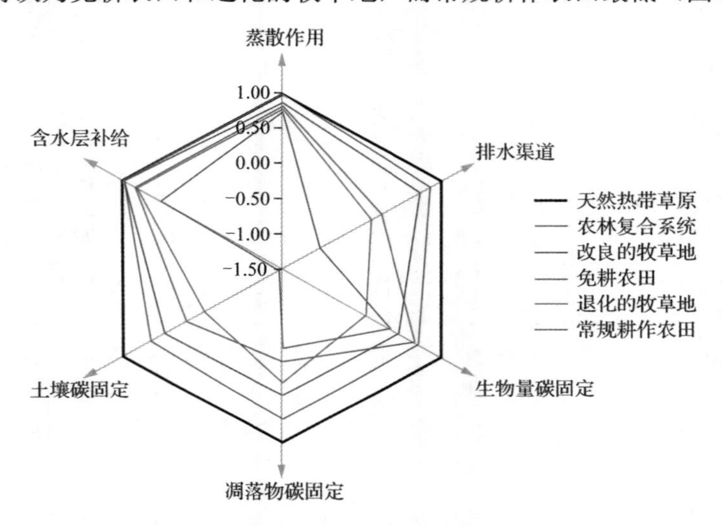

图 10-8 水碳模型模拟不同土地利用方式对生态系统服务价值的影响

（Watanabe and Ortega，2014）

此外，生态风险控制对生态系统服务功能的实现极为关键，因此，生态风险评价和预警也是生态系统服务研究的重要组成部分。由于农业生态系统人为干扰强度大，面临的生态风险高，更需要通过生态系统模型模拟各种生态过程，分析和预测不同农业管理情景下的生态风险与效益（Galic et al.，2012），进而为农业综合管理措施的优化、各项服务功能的提升提供决策支持。

10.4 小结与展望

当前，土壤生态系统服务功能评价缺乏可靠的数据、统一的评价方法及对结果的充分验证。对于大多数研究区域来说，生态系统服务评价过程中的最大障碍是数据缺乏，这使许多生态系统服务评价工作产生于较为粗放的数据基础之上。在小尺度区域，通过实地观测与调查手段得到的数据往往就能满足其生态系统服务评价的需要；但是在大尺度区域，如果还是用观测与调查获取数据，不仅费时费力，数据获取成本昂贵，而且大尺度的模型由于数据的缺乏往往简化了许多指标，使最终评价结果的精度常常较差（Eigenbrod et al.，2010）。Martínez-Harms

和 Balvanera（2012）通过对相关文献进行综述分析后指出，生态系统服务在区域尺度或国家尺度上的研究最多，且调节服务是最受关注的服务类型；未通过实际调查验证的次级数据，如遥感解译数据和社会经济数据，比来自实际调查与实验观测得到的原始数据使用的频率要高。

因而，在空间尺度方面，大尺度的土壤生态系统多重视调节服务，而较小尺度的土壤生态系统多重视供给服务。例如，防洪减灾、农产品的供给主要服务于当地尺度，而生物多样性保护与气候调节功能多在国家尺度或全球尺度上体现（Fu et al.，2011）。Hein 等（2006）指出，湿地生态系统芦苇与渔业资源的供给服务应在市、县尺度上加以重视，娱乐消遣则多与省、市尺度相关联，而在国家尺度上应重视湿地的自然保护功能。

另外，亟须完善或提出更可靠的生态系统服务理论框架，明确评价的通用方法与指标体系，使评价结果具有广泛的一致性和可比性（Lamarque et al.，2011）。在实际评价过程中，应充分平衡评价精度与评价目标之间的关系，合理选择可靠的数据源及评价指标，并对最终的评价结果与实际调查观测数据进行对比验证，这样既能节省成本，又能确保评价过程的准确性，使生态系统服务评价能真正辅助决策（张立伟和傅伯杰，2014）。

中国农业承载着保障食物安全、生态环境安全乃至国家安全的重任和多重目标，但长期以来农田生态系统及土壤健康面临着气候变化及气象灾害、单一种植及连作障碍、肥料和农药过量施用、重金属和持久性有机物污染、水土流失等各种威胁。可喜的是，很多环境友好的新技术、新手段和新产品已运用到农业生产及土壤管理中，各种生态循环农业模式正在各地蓬勃兴起。构建和完善土壤生态功能与生态服务的理论体系，分析制约服务功能维持与提升的关键因子，筛选核心评价指标及其阈值，综合评估环境变化和人为干扰下土壤各种生态服务功能之间的协同与抵消作用，建立生态风险管控及预警机制，从而为农业的绿色发展和土壤的可持续管理提供方法学基础，是今后土壤生态学研究的重点任务和努力方向。

第 11 章 土壤健康与调控

11.1 土壤与土壤健康

土壤是人类赖以生存的物质基础和不可缺少的自然资源。土壤作为保障地球生态系统结构和功能的核心，不仅为人类提供了食物和纤维，而且在确保环境安全和能源安全，记录地球与人类的演化历史，以及保护生物多样性等方面都发挥了不可替代的作用（朱永官 等，2015）。现在人们已经普遍认识到，土壤不仅可以提供食物，还可以为社会提供广泛的生态系统服务，土壤健康与人类健康和可持续发展息息相关，是以人类健康为中心的全球整体健康体系中的重要组成部分。

随着人口的迅猛增长和人们生活水平的提升，人们对农作物产量和质量的要求不断提高，农业生产资料的大量投入及不合理的土壤资源管理和利用，导致在集约化农业体系中土壤严重退化，土壤威胁成为全球性生态环境问题，并产生一系列生态环境问题，包括土壤养分失衡、土壤板结、土壤酸化、有害物质积累、生物多样性下降等土壤退化问题（张桃林 等，2006），水体富营养化、土壤重金属和农药污染，以及温室气体排放等环境问题。在全球范围内粮食安全、生态安全和资源环境的矛盾日益凸显。同时，城市化及城市扩张也对土壤质量产生显著影响。据统计，全球范围内人类过度开发和不当利用导致约 33%的土壤处于退化状态。农业农村部发布《2019 年全国耕地质量等级情况公报》显示，中国现有耕地中，中低产田面积占耕地总面积的 70%，耕地退化面积占耕地总面积的 40%以上，南方土壤酸化，华北平原耕层变浅，西北地区耕地盐渍化、沙化问题也很突出；南方地表水富营养化和北方地下水硝酸盐污染，西北等地土壤农膜残留较多。2014 年《全国土壤污染状况调查公报》结果显示，我国土壤污染总超标率达到 16.1%，以轻微程度的污染为主，约占 11.2%。以无机污染为主，约占总污染的 80%以上；有机污染次之；复合污染较少。土壤污染物的不断积累导致粮食安全受到威胁，全国粮食调查发现重金属镉、汞、铅、砷超标率占 10%（陆泗进 等，2014）。由上可以看出，在农业现代化进程中，粮食安全、土壤问题和环境问题已成为全球和我国农业绿色可持续发展面临的重大挑战。联合国于 2015 年通过了《2030 年可持续发展议程》，确立的 17 项全球经济、社会和环境的可持续发展目标，其中有 13 项目标直接或间接与土壤有关，土壤生态系统服务功能的发挥将对可持续发展目标的实现产生重大的影响。

11.1.1　土壤健康的内涵

“土壤健康”一词最早是由植物保护学界针对影响植物健康的土壤状况而提出的。土壤学意义上的土壤健康概念，始于 1990 年代中期美国土壤学界对土壤肥力与环境状况及其功能术语的讨论。当时人们分别提出了“土壤质量”和“土壤健康”两个概念，最终根据多数人的意见，美国土壤学会采用了“土壤质量”这一概念，并被全球土壤学界接受。我国土壤学界（曹志洪和周健民，2008）认为土壤质量的定义是，土壤提供食物、纤维和能源等生物物质的肥力质量，保持周边水体和空气洁净的环境质量；消纳有机和无机有毒物质、提供生物必需元素、维护人畜健康和确保生态安全的健康质量的综合量度。土壤学界主流偏爱土壤质量概念，认为其更具学术性，内涵更丰富。公众和决策者则对土壤健康这一提法更感兴趣，因为土壤健康的称呼很容易就让人们将其与人体健康和环境健康产生联系和联想，易于产生共鸣。土壤健康的出发点是从生态环境与人体健康之间关系的角度认识土壤，扩充了研究和认知的范围，而土壤质量更注重土壤的功能性。周启星（2005）认为土壤健康最为基本的判断标准，首先是能生产出对人体具有健康效益的动植物产品，其次是应该具有改善水和大气质量的能力，以及有一定程度抵抗污染物的能力，还应该能够直接或间接地促进植物、动物、微生物及人体的健康。Kibblewhite 等（2008）指出一个健康的农业土壤既在质量和数量上支撑满足人类对食物和纤维生产的需求，又发挥维持人类的生活质量和保护生物多样性的生态服务功能。Sims 等（1997）很早从环境生态角度强调土壤的多功能性，认为土壤具备以下的能力：促进植物生长，调节渗滤和降雨以保护水体，防止水体和大气污染，能消除潜在污染物（包括农业化学品、有机废弃物、工业化学品）的负面效应。Doran 和 Parkin（1994）重点提到了土壤生物的作用，认为土壤健康是指在生态系统和土地利用边界内，土壤能可持续地维持生物生产力，保持和提升大气和水的质量、提升植物和动物（包括人类）健康的能力。Pankhurst 等（1997）进一步提出土壤的生态属性和生物属性，这些属性主要有土壤生物多样性、食物网结构、土壤生物活性及其行使的功能等。美国农业部自然资源保护局（U.S Department of Agriculture，Natural Resources Conservation Service，USDA-NRCS）在此基础上将土壤健康目标设定为：健康土壤蕴含丰富的生物，能帮助植物抗病虫草害，能与植物形成有益的共生体，循环植物必需营养元素，改善土壤结构，有利于保水保肥，最终提高作物产量。健康土壤同时包含土壤抵抗力和恢复力，具体体现在土壤生物对全球气候变化的调节作用上。土壤抵抗力是指土壤在受到各种压力和胁迫时抵抗变化的能力；土壤恢复力是指土壤受到胁迫和压力时功能或者组分发生改变，其恢复到初始或者某一状态的能力。Brady 和 Weil（2008）在

《土壤学与生活》一书中从生态系统角度明确提到，土壤健康描述了土壤群落的生物完整性，即土壤生物体之间，以及生物与环境的平衡。土壤健康还包括土壤的自动调节性、稳定性和恢复力等。

总之，土壤质量倾向于土壤静态（内在）属性，强调人类对土壤的需求；土壤健康倾向于土壤是有生命的，强调其动态属性和功能的可持续性，以及其在生态系统中的作用。尽管提法不同，人们逐渐将两者统一使用。特别是近年来随着科学技术的进步，土壤生物多样性的重要性得到全世界的广泛关注，其在保护土壤功能和维持生态系统服务功能方面的作用日益凸显。作为陆地生态系统的一个重要组成部分，不仅土壤自身物理—化学—生物组分之间存在复杂的多样化、多元的相互作用（图 11-1），而且地上生态系统和地下土壤系统，以及不同的生态系统之间紧密相连，土壤健康的尺度涉及田块、区域、全国及全球的发展和健康。因此，提升土壤健康，保证农产品质量和生态安全，是改善人体健康的重要内容，也是当前我国生态文明建设、山水林田湖草共同体和农业绿色发展中需要重点关注的一个核心方向。

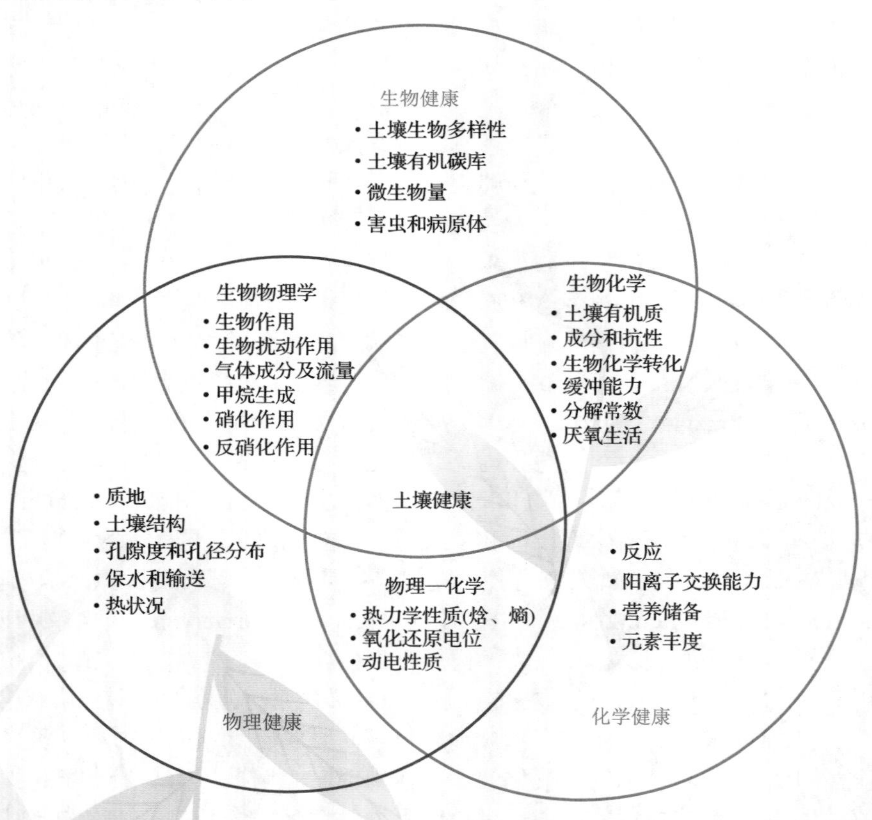

图 11-1　土壤健康与土壤三相间紧密关系

11.1.2　土壤健康与生态系统服务

土壤健康状况作为全球生态系统的非常重要的组成部分，关系生态系统功能的发挥、人体健康和人类社会的可持续发展。其中，生态系统的功能就是生态系统服务。生态系统服务是指人类从自然界获得的益处。生态系统服务包括供给服务、调节服务、支持服务及文化服务（吴绍华 等，2015）。从表 11-1 中可以看出，土壤功能与土壤生态系统服务紧密相关。

表 11-1　土壤功能和土壤生态系统服务

土壤生态系统服务		土壤功能
供给服务	食物供给	为动物和人类生长繁殖提供水分、养分及所需物质 支撑植物的生长
	水分供给	水分的保蓄及净化
	纤维和燃料供给	支持生物能源和纤维植物的生长（提供水分、养分等）
	原料的供给	表土、团聚体、泥炭等的供给
调节服务	水分调节	土壤水中物质的过滤和缓冲
		土壤污染物的过程与转化
	水分供给能力的调节	水分渗透的调节及土壤水分的迁移
		土壤水与地下水和地表水的调节
	气候调节	调节温室气体排放
	侵蚀调节	地表土壤的保持
	病虫害、疾病调节	控制植物、动物病虫害及人类疾病
支持服务	土壤形成	矿物风化及养分释放
		有机质积累和转化
		为气体、水的流动及根系生长提供所需的土壤结构
		养分固持和释放
	主要的生产功能	种子萌发及根系生长
		为植物供给养分及水分
	养分循环	土壤生物影响土壤有机物料的转化
		养分固持和释放
文化服务	栖息地	为土壤动物、鸟类提供栖息地
	遗传资源	独特的生物材料资源
	审美及精神	自然及文化栖息地多样性保护
		染料和颜料、墓地、景观旅游
	自然遗产保护	考古记录保存

自从20世纪60年代起，科学家们就已经认识到生态系统服务功能的重要性（Su et al.，2018）。然而土壤生态功能作为生态系统的重要组成部分，并未得到足够的重视，人们常常把土壤功能视为"免费"的礼物（Costanza et al.，1997）。对于土壤健康不仅应该关注其生态系统服务的供给服务，同时还应该关注并且权衡土壤的多种功能。在对土壤生态系统服务的研究中，只有少数研究考虑了两种以上的土壤功能。近年来，由于气候变化及人类活动的影响，土壤功能急剧下降，如生产力下降、养分失衡、病虫害频发、传粉能力下降等，已严重威胁人类的生存和发展，科学家们也逐渐认识到土壤生态系统服务与土壤健康的重要性。然而由于土壤各个组分的性质，以及各组分之间复杂的作用，加之土壤生态过程存在多元性和多级性，给衡量和评价土壤生态系统服务带来了严峻的挑战（Su et al.，2018）。土壤多功能发挥依赖各功能间的协同与权衡，其原则是尽可能在满足粮食安全和生态安全的前提下，保证土壤能良好运行各种功能。

11.2 土壤健康指标与评价

11.2.1 土壤健康的指标筛选

土壤健康作为生态系统环境质量的重要组分，与水体及大气质量同等重要。然而，与水体和大气相比，土壤的多相性、多维度和多功能性决定了土壤健康评价的复杂性。长期以来，人们一直致力于制定土壤健康（质量）评价指标和完善方法。对土壤功能的认识，从早期单纯对作物产量的关注，到不同土地利用方式对土壤质量的需求（与管理目标相关的土壤质量），发展到注重土壤的多重生态系统服务，并提出了功能土地管理的概念，即通过评估土壤多重功能，对其进行综合权衡，加以合理利用。与此同时，一些先进的研究方法和技术应运而生，土壤测试和土地评估从破坏性取样，逐渐发展到遥感、可视化、数字化无损检测的现代化技术等，一些针对土壤管理和土地利用的应用平台也应运而生。

土壤健康是一个综合量度，评价的指标包括土壤固有性质（自然属性）和土壤（管理）状况指标。土壤固有性质（自然属性）受成土过程的控制，其受管理影响后的变化幅度较小；土壤（管理）状况对管理和土地利用敏感。土壤健康与否在于土壤是否充分发挥了自身作用，如果发挥了作用，就认为土壤是高质量的；如果存在障碍因素或者土壤质量低，就认为土壤不健康。中间则被认为是亚健康或者不良的土壤，需要加以改良。

土壤健康评价指标涉及物理、化学和生物3个方面，目前许多评价体系主要应用的是物理指标和化学指标，涉及的生物指标不多，这是因为土壤中的生物种类繁多、数量巨大。表 11-2 中列出了土壤健康评估方法中的常用指标。其中物理指标包括土壤储水量、土壤容重、土壤结构、土壤结构稳定性、土壤深度、穿透阻力、渗透系数、孔隙率、团聚体和渗透率等。化学指标包括有机质（碳）、pH、有效磷、有效钾、全氮、电导率、阳离子交换量、有效氮、重金属、其他营养元素（镁、硫、钙）、盐碱度、微量元素、活性炭和活性氮（Bünemann et al.，2018）。生物指标常用的包括微生物碳、氮、磷，可矿化氮，蚯蚓，微生物（真菌、细菌）多样性，土壤动物多样性，功能基因的表达量，线虫等。各个指标的选择均对应相应的土壤功能，也就是说，同一土壤功能与许多参数有关。长期以来，受测试技术和成本的限制，人们对土壤微生物的多样性和生态功能缺乏足够的了解，导致生物指标的应用受到极大的限制。一些专家认为单一微生物参数并不能提供完整和真实的土壤微生物学信息，评价时应选择相对值，这样可以避免在使用绝对量或对不同土壤进行比较时出现的一些问题（赵吉，2006）。随着分子生物学技术的发展，对土壤健康评价生物指标的研究正在不断深入。例如，以 PLFA 方法为代表的生物标记物法可快速、可靠地了解微生物活细胞生物量和土壤微生物群落结构，但 PLFA 方法仅能得到微生物群落结构的概图，不能给出实际的微生物种类和组成。土壤中的蚯蚓和线虫也被认为是较好的衡量土壤健康状况的指标。蚯蚓通过取食、消化、排泄、分泌（黏液）和掘穴等活动，在土壤有机质分解和养分（氮和磷）循环等关键过程中起重要的作用。线虫作为土壤健康指示生物在农业、森林和草地生态系统中得到广泛的应用。李玉娟等（2005）归纳总结了线虫作为土壤健康指示生物的原因：线虫是土壤生物的一个优势类群，数量巨大，每平方米土壤中可达数百万条；将线虫从土壤中分离出来较容易，其定量分离方法已十分成熟；科、属鉴定相对其他土壤动物来讲较为简单；线虫生活在土壤间隙水中，与环境直接接触，移动速度缓慢，可反映小尺度土壤微生境的变化；世代周期较短，一般为数天或几个月，可在短时间内对环境变化做出响应；线虫食性多样，在土壤食物网中扮演重要角色。

表 11-2 土壤健康评估方法中的常用指标（Bünemann et al.，2018）

指标类型	指标名称
物理指标	土壤储水量
	土壤容重
	土壤结构
	土壤结构稳定性
	土壤深度

续表

指标类型	指标名称
物理指标	穿透阻力
	渗透系数
	孔隙率
	团聚体
	渗透率
化学指标	有机质（碳）
	pH
	有效磷
	有效钾
	全氮
	电导率
	阳离子交换量
	有效氮
	重金属
	其他营养元素（镁、硫、钙）
	盐碱度
	微量元素
	活性炭和活性氮
生物指标	土壤呼吸
	微生物量碳、氮、磷
	可矿化氮
	蚯蚓 微生物（真菌、细菌）多样性 土壤动物多样性 功能基因的表达量 线虫

注：指标名称按使用频率排序（生物指标除外）。

除普遍采用的土壤测定指标外，一些潜在的土壤健康评价指标正在被开发。目前一些组学、基因芯片和酶学的研究方法正在不断改进，但由于价格仍然昂贵，其在实际应用中存在很多的限制。一些原位测定方法（如近红外漫反射光谱）与传统土壤管理评价框架相结合也得到发展。

目前人们正在尝试用简单直观、便捷且费用较低的方法开展土壤健康，如茶包法、球囊霉素测定法等。茶包法用来探究土壤碳库的循环周转过程。目前研究土壤碳库周转特征的方法有很多，通常采用的是塑料袋法、尼龙网袋法和砂滤管法等。但是这些方法受限于实验材料及方法上的差异，无法进行大尺度上的评价。Keuskamp 等（2013）提出茶包法。该方法将茶包作为标准化的材料，采用两种不同的茶包（绿茶包和红茶包）作为标准化的物料（图 11-2）。以绿茶代表土壤中易降解的有机物料，以红茶代表土壤中难降解的有机物料，通过测定有机物数量和质量的变化反映土壤的功能，并以此作为土壤健康的标准。球囊霉素测定法的原理是基于土壤中有益的微生物菌根真菌。菌根真菌的根外菌丝能分泌球囊霉素，这种蛋白对土壤结构和碳固持有重要的作用，因此可以用来指示土壤健康情况。

图 11-2　红茶包和绿茶包

在实际生产中，农户也会依据经验对土壤的健康情况进行初步判定，如可以根据挖土时土层的颜色和有无犁底层、土壤干湿程度、植物叶片颜色、植株健康情况、土壤硬度、蚯蚓的数量等进行初步判定。这些初步的表观现象还须进行定量化的实验室测定，并结合农户的管理情况，才能提出土壤健康的系统方案。

人们一直希望用尽可能少的指标系统描述和评价土壤的整体健康状况，由于土壤和管理的复杂性，在实际操作中要做到这点并不容易，同时土壤健康指标并非越少越好。通常所选指标应能考虑土壤固有属性、生态区域及土地功能，并具有一定代表性和适用性（刘世梁 等，2006）。因此，在具体选择指标时要考虑以下几点。一要考虑土壤的具体功能。例如，作为供给人畜生命需求的耕地与用于生态保护的林地相比，其评价指标的数量应多一些，且标准高一些。二要考虑评价目标。例如，基于农产品产量的评价应更侧重肥力指标，而基于农产品品质的评价应更侧重土壤污染指标。三要考虑所选土壤评价指标能否准确、敏感、稳定地反映土壤状况，且测定操作简便（林卡 等，2017）。此外，还需要考虑土壤固有的属性能提供的生态功能。例如，结构良好的土壤具有较好的保水和保肥能力，而土壤质地较差的土壤则不能以此作为依据。

11.2.2 土壤健康的评价方法

对不同土壤类型，土壤管理措施不同，且各个指标的度量也不同，因此，需要建立一个综合评价体系，将许多指标放到一起进行系统整合，计算一个土壤健康（质量）的综合指标。鉴于目前土壤学界已普遍接受土壤健康可以与土壤质量术语相互替代，因此可以借鉴土壤学家建立的土壤质量指数（soil quality index，SQI）法（Doran and Parkin，1994），提出土壤健康指数（soil health index，SHI）法。该方法的基础是将数据放到得分曲线中进行分析，给每个测定指标一个从 0 分（无功能）到 10 分（最佳功能）的无量纲的值。最后将这些得分进行不加权或者加权平均。具体计算公式为

$$\mathrm{SHI}=\sum_{i=1}^{n}(W_i \times S_i)$$

式中，W_i 为每个指标的权重；S_i 为指标归一化后的分值；n 为指标个数。

土壤健康的其他评价方法有因子分析法、模糊评判法等。各种方法的侧重点不同，各有利弊。

通常在土壤数据采集之后，依据专家系统或土壤功能通过最小数据集（minimum data set，MDS）方法筛选土壤数据，对土壤健康状况进行综合评估（Andrews et al.，2002）。利用 MDS 方法，土壤健康评价指标应具有以下特征：敏感性、主导性、独立性、实用性和可重复性等。目前可视化和快速诊断正成为发展趋势。目前应用较为广泛的土壤管理评价框架主要包括 3 个步骤：①指标选择，选择对关键的土壤功能敏感的评价指标；②指标转换，采用适当的模型（如最优、越多越好、越少越好等）量化各指标；③指数整合，采用一定的数学模型对各指标的值进行综合，获得可以综合反映土壤质量的土壤质量指数（Andrews et al.，2004）。康奈尔土壤健康评价方法则是发展较早且较完善的土壤健康综合评价体系。该方法从 39 个备选指标中筛选物理、化学和生物共 12 个指标，采用 SQI 法评价农田土壤健康状况。该方法通过评分函数，将 MDS 法指标通过评分函数归一化，计算土壤健康指数，最后将土壤的综合健康状况反馈到农民（盛丰，2014）。

11.3 可持续健康土壤调控途径

长期以来，土壤都被视为“黑箱”，随着科技的进步，人们对土壤各组分的认识逐渐深入，尤其是近年来土壤生物的多样性和功能逐渐被揭示，各种提升土壤健康的管理和调控措施应运而生。可持续健康土壤的调控需要注意以下几点。

1）发展生态绿色的理念。土壤是一个复杂的生态系统，其中生物—非生物组

分、土壤和地上部分存在多样性的互作关系，因此，提升土壤健康需要发展生态绿色的理念，需要综合考虑投入品—生产过程—产品加工—废物循环等，发展智慧农业，实现全链条的绿色和生态发展。

2）多学科交叉。土壤科学需要增进与其他学科的交叉合作。土壤和大气及水体的界面过程相互关联，土壤健康关乎大气和水体的质量，须进行综合考虑；土壤中的生物和地上部的生物存在紧密的互作关系，需要理解两者的信号调控和协同机制，促进地上—地下的正反馈效应，强化土壤健康。

3）科学技术革新。随着现代科技的不断进步，改良土壤还需要新的绿色的产品和新技术，同时需要建立相对完善的预警和评价体系，科技创新是一个重要的内容。

4）全员参与，加强科普宣传。健康土壤调控是一个系统工程，需要全社会及全球的努力，需要不同领域的科学家、政府、企业、农户、公众及其他机构的共同参与，是一种多元化互助推动的模式。另外，还需要发展用户使用便捷、实用、友好的应用界面和平台。

5）政策保障和激励措施。提升土壤健康的目的是全方位提升土壤生态服务和功能，各个服务功能如何权衡和协同是一个非常具有挑战性的命题。一些政策保障和激励措施有助于激发健康土壤先行者的积极性和兴趣，并提高公众的意识，成为土壤健康的践行者和推动者。

11.3.1　土壤健康调控思路

健康土壤培育主要分为 3 个关键阶段：①消除土壤障碍因子，构建理想土壤耕层；②强化土壤生物过程，构建健康土壤食物网，提高土壤免疫力、抵抗力和增加生物多样性；③提高土壤生态系统多功能性，维持土壤高生产力，增加土壤碳库和养分循环，减少温室气体排放（图 11-3）。通过多重综合管理，达到用养结合，以系统提升土壤的多功能性为目标，实现提质增效，提高土壤的抵抗力和恢复力。土壤的障碍因子可以分为物理、化学和生物学 3 种，常见的物理障碍因子包括土壤耕性差、团聚体稳定性差、通气性差等；化学障碍因子主要有酸化、盐渍化、土壤养分含量低、重金属污染等；生物学障碍因子包括生物多样性低、土传病原菌增多、抗生素污染等。通过大田土壤调研分析，明确不同区域、不同土壤类型、不同种植体系限制作物产量和品质的限制因子。采用土壤改良剂、合理养分管理、种植覆盖作物等措施，消除障碍因子，构建良好的根层土壤环境，促进作物生长；采用免耕、保护性耕作、种植覆盖作物等措施可以有效地提升耕层土壤有机碳的固持，同时可以维持土壤食物网多样性；通过多样化种植、种植功能作物、添加功能生物肥料等强化生物过程，增加土壤生物多样性，实现地下与地上的协同。

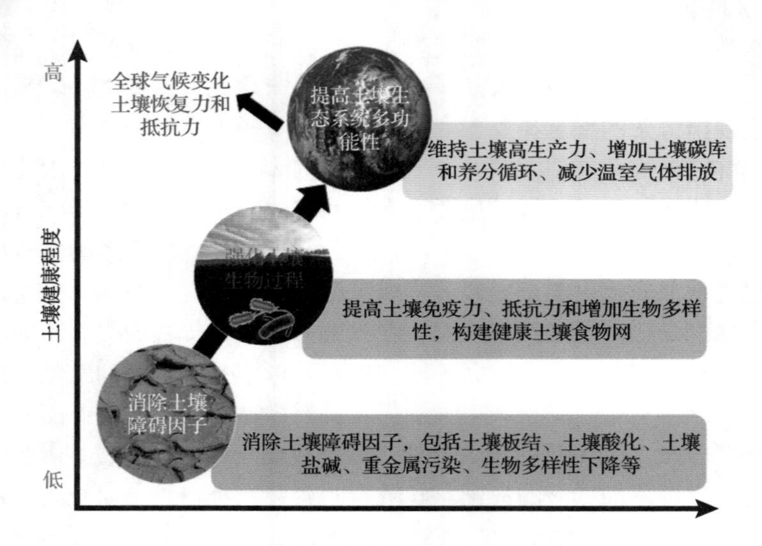

图 11-3　健康土壤培育的思路（张俊伶　等，2020）

11.3.2　土壤有机质与土壤健康

土壤有机质是土壤中的有机组分（Powlson et al.，2015），也是土壤健康的核心要素，对土壤物理、化学和生物学性质具有决定性影响。土壤有机质通常由植物残体、活的微生物量、活性土壤有机质及稳定土壤有机质组成。不同土壤中土壤有机质的组分比例存在较大差异（图 11-4）。土壤有机质的数量、质量和动态对土壤健康有着重要意义（Lal，2014）。土壤有机质的作用表现在以下几个方面：①提高土壤团聚体的量并改良土壤结构（Six et al.，2002），从而促进植物根系的伸长，根系伸长可以提高植物获取土壤中养分的能力；②提高土壤的保水性和水分利用效率，从而提高土壤对干旱、高温及气候变化的耐受性（Rattan，2016）；③提高土壤养分的保存能力和利用效率（Vallis et al.，1991；Aggarwal et al.，1997），缓解水体污染和水富营养化；④促进根际间养分的转化及提高土壤抗病的能力（Six et al.，2002）；⑤缓解气候变化等。土壤有机质的增加对农业土壤健康的提升有着积极作用。但近年来大规模且高强度的农业生产导致农田中大量土壤有机质分解，严重威胁了土壤健康。农田土壤有机质损失带来的土壤退化和养分流失问题最终影响粮食产量的升高。我国仍然有 0.87 亿 hm^2 中低产田，这些中低产田土壤障碍因子多，有机质含量低，且容易发生土壤退化。目前的农艺措施可以通过增加碳投入和减少土壤有机质分解的方式增加农田土壤有机质的量。免耕措施和合理的轮作制度可以有效促进碳投入并减少农田土壤有机质的分解，继而提高农田有机质含量，保证土壤健康。

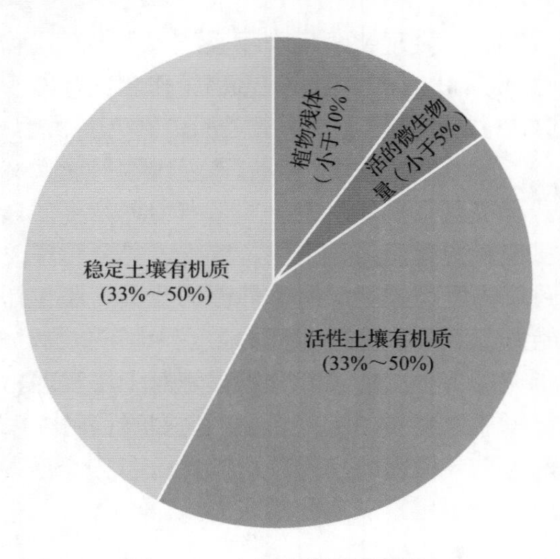

图 11-4　土壤有机质的组分

1. 免耕措施

传统耕作措施增加了土壤的通气性，以及土壤和作物残茬的直接接触，从而加速了土壤有机质的分解（Beare et al.，1994）。免耕是保护性耕作的一种，即不翻动表土，并全年在土壤表面留下作物残茬以保护土壤的耕作方式。免耕的类型包括不耕、条耕、根茬覆盖及其他不翻动表土的耕作措施。免耕措施可以增加土壤中农田土壤有机质，并可以恢复耕作导致的土壤有机质损失（Kern and Johnson，1993）。Doran 和 Smith（1987）发现免耕土壤中的微生物量、土壤有机质及矿质化氮的含量均高于传统耕作土壤。这主要是因为免耕土壤促进了土层中微生物量及大团聚体的量。Kushwaha 等（2001）发现将传统耕作转为免耕结合秸秆施用耕作后可以显著提高土壤中大团聚体的数量。Alvarez and Alvarez（2000）发现 0～5cm 免耕土壤中微生物的量显著高于传统耕作土壤。

2. 合理的轮作体系

合理的轮作体系可以提高土壤结构的稳定性，以及养分和水的利用效率，从而提高土壤有机碳的含量（Liu et al.，2006）。与单作体系相比，轮作体系可以减少产量变异，提高土壤碳和氮的含量，并提高土壤生产力（Varvel，2000）。豆科作物的种植也可以提高土壤有机质含量。Blair and Crocker（2000）调查了不同轮作体系对土壤结构和不同碳组分的影响，他们发现豆科作物的引入可以显著提高土壤易分解碳库中有机碳的量。此外，将旱旱轮作改为水旱轮作可以显著提高土壤有机质含量。水田系统淹水状态下可以减缓土壤有机质的分解，且水田土壤的质地一般比较黏重，所以水田可以固持较多土壤有机质。与小麦—玉米轮作和两季稻相比，Witt 等（2000）发现将水稻作物系统改为玉米作物系统时，土壤碳和氮的矿质量增加了 33%～41%。与玉米—水稻轮作相比，双季稻土壤可以多固定 11%～12%的碳和 5%～12%的氮。

11.3.3 养分管理对土壤健康的影响

养分管理对土壤健康的提升至关重要。首先，养分管理改善土壤肥力。这里的土壤肥力远远超过了当季作物生长所需养分的范围，还包括了养分的长期供应能力、养分的循环能力、土壤耕性的改善、地上和地下生物功能的保持等。其次，养分管理也不仅限于使用各种肥料。养分管理是对土壤物理、化学和生物学过程的综合管理的方法。覆盖作物（cover crops）和保护性耕作（conservation tillage）是提高养分管理的两大重要措施。

1. 覆盖作物

覆盖作物可以为土壤提供植物覆被，可作为地表覆盖物或者绿肥翻入土壤（图 11-5）。覆盖作物可以为野生生物和有益昆虫提供栖息地，豆科作物作为覆盖作物可以提高土壤中有效氮的含量。

图 11-5 苹果园种植行间生草作为覆盖作物（中国农业大学资源与环境学院段志平提供）

覆盖作物可以有效减少地表径流，从而减少土壤养分和沉积物的损失。首先，植物进入土壤，可以防止土壤板结，保持土壤的渗透率，从而减弱地表径流。其次，当地表径流发生时，覆盖作物可以减缓径流流速，减少养分和沉积物的流失。

覆盖作物主要可以用于减少氮素的淋洗损失。Brady 和 Weil（2008）发现在许多温带地区，农田中硝酸盐的淋洗主要发生在秋冬季。在这一时期，覆盖作物可以减少水分渗透，并且将氮素结合在植物组织中，从而减少硝酸盐的淋洗。覆盖作物根系生长旺盛，在主作物停止生长后能迅速生长，从而吸收残留的土壤氮素。

2. 保护性耕作

保护性耕作是指通过少耕、免耕、地表微地形改造技术及地表覆盖、合理种植等综合配套措施，减少农田土壤侵蚀的农艺措施。Brady 和 Weil（2008）指出，覆盖作物可以降低径流养分和沉积物的淋洗量，与常规耕作相比，保护性耕作地表径流养分的损失更少。

由于保护性耕作土壤的渗透性更好，所以保护性耕作土壤中养分淋溶相对较多。但随着时间推移，在免耕土壤表面会形成露出土面的大孔隙（如蚯蚓洞），雨水和灌溉水可以通过这些空隙迅速向地下移动。但是保存土壤基质的细小空隙中的养分是被大孔隙绕过的，所以不会随雨水和灌溉向下移动。因此，保护性耕作可以减少养分淋洗。

11.3.4 酸性土壤健康的调控措施（以种植香蕉土壤为例）

世界上 40%以上的耕地属于酸性土壤，其中热带和亚热带区域的土壤占主导地位（von Uexküll and Mutert，1995）。我国酸性土壤面积为 21.8 亿 hm^2，主要分布在热带、亚热带区域及云贵川等 14 个省（自治区、直辖市），占全国土地面积的 22.7%，pH 为 4.5～5.5（赵其国，2002；沈仁芳，2018）。酸性土壤致酸主要是由脱硅富铝化作用引起的。在高温多湿的热带和亚热带地区，土壤中钙、镁、钾等盐基离子大量淋失，氢离子取代盐基离子被土壤吸附，同时铝离子从土壤黏土矿物中被水解。酸性土壤中交换性铝含量高，盐基饱和度低，交换性阳离子主要以氢离子和铝离子为主（Norrström，1995；赵其国和黄国勤，2014）。因此，酸性土壤的主要障碍因子是土壤溶液中氢离子和铝离子浓度高，钙离子、镁离子、钾离子等阳离子浓度低，从而使作物出现铝毒和重金属毒害，抑制作物根系生长和对养分的吸收。

香蕉是热带和亚热带最重要的水果之一，是一种多年生草本植物。我国香蕉主要分布在广东、广西、海南和云南等热带、亚热带区域，这些区域主要以砖红壤和赤红壤为主。砖红壤和赤红壤是酸性土壤的典型代表，酸性土壤严重影响了香蕉生长、产量和品质的提升（图 11-6）。因此，培育健康的土壤对于提升香蕉的产量和品质至关重要。香蕉没有主根，根系主要集中分布在球茎周围的表层 0～20cm 土壤，所以蕉园酸性土壤调控应以 0～20cm 耕层土壤为主。通过根层调控，不仅可以提高根系对土层养分的吸收能力，还可以改变根层土壤微生物过程，促进香蕉生长。在蕉园中根层施用石灰可以提高土壤 pH，改善土壤物理、化学和生物特性。但施用石灰会存在复酸的现象，需要随时跟踪土壤 pH 变化，定期增施石灰。蕉园施用有机改良剂是调控酸性土壤的最佳措施，施用有机肥改良剂不仅可以改善土壤物理结构，提高土壤 pH 和有机质含量，还可以活化土壤养分，增加土壤中酶、微生物活性，增强土壤对酸的缓冲性，在维持土壤健康和促进香蕉生长等方面发挥重要的作用。健康土壤调控不仅能提升蕉园土壤肥力、香蕉产量和品质，还可以提高蕉园生态系统服务功能价值。

图 11-6　酸性土壤（pH<4）抑制香蕉生长

香蕉生长周期较长，一般为 10～14 个月。蕉园健康土壤调控不是局限在某个生育期，而是需要建立周年健康土壤调控措施（图 11-7）。对新植蕉园（以广西 9 月种植为例）而言，香蕉种植前须在根层施用有机肥，通过增施有机肥改善根层土壤物理结构，为香蕉生长创造良好的根层土壤环境。宿根蕉在秋季或冬初采收完后需要进行清园工作，同时在香蕉生长的半径（20～30cm）增施有机肥，为下一季香蕉生长创造良好的土壤环境。根层土壤调控是基础，健康蕉园管理需要结合香蕉养分综合管理技术、测土配方施肥技术、水肥一体化技术、花果期管控技术、无伤化采收技术等，才能生产出优质高产的香蕉。蕉园周年土壤健康调控措施的应用构建了香蕉生长的最佳根层环境，提高了蕉园土壤养分有效性，降低了香蕉枯萎病和根结线虫的发生率，提升了香蕉的产量和品质，增强了香蕉的市场竞争力，对促进香蕉产业绿色可持续发展具有重要的现实意义。

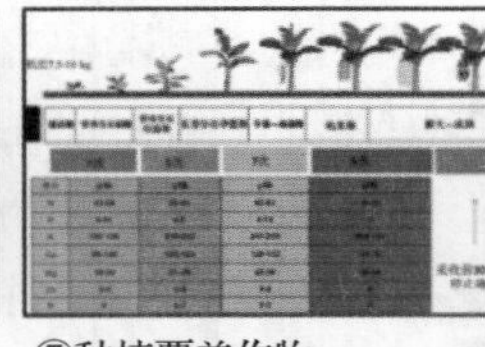

图 11-7　周年健康土壤调控措施

11.3.5　生物调控提升土壤健康

土壤为生物提供了一个神奇的生境，每平方米中所含的生物物种数量可能过万。例如，在温带草原中的细菌生物量，每公顷可达 1～2t。根瘤菌—豆科植物共生体每年从大气中固定的氮素达 1.3 亿 t。土壤生物既包括肉眼可见的生物区系，又包括只有靠显微镜和生物技术才能观察和测定的生物。与植物多样性相比，人们对土壤生物多样性知之甚少，而土壤生物多样性为生态系统的正常运行提供了多种功能支持。近年来，城市化、不合理的土壤管理及土地利用方式的改变造成生物多样性下降，群落结构发生变化，食物链简单化。例如，人为干预较少、物种丰富的草原生态系统的食物网以真菌为主，而高度集约化草地的食物网以细菌为主；随着集约化程度的提高，土壤动物的多样性下降，功能群发生变化，同时导致病虫害危害加剧。土壤生物多样性的变化导致土壤功能和生态系统服务功能的缺失和降低，土壤生态系统对极端气候和干扰的抗性和恢复力下降。以下从覆盖作物和微生物肥料两个方面加以简单阐述。

1. *覆盖作物*

在农业生产中，利用间套作等提升土壤健康已得到广泛的关注。除间套作外，增加覆盖作物也得到广泛的关注。

覆盖作物种类很多，有豆科和非豆科、多年生和一年生植物等。一些常见的覆盖作物包括苜蓿、三叶草、豌豆、黑麦草、高丹草、羽扇豆、菜豆、毛苕子等。不同覆盖作物的功能不同，因此依据种植目的的不同，覆盖作物可以单播，也可以多物种混合种植。多物种混合的覆盖作物，所吸引的天敌多样性更高，防控农田害虫的效果较好，已成为病虫害综合治理的有效措施之一。覆盖作物的种植时间可以灵活选择，可结合在主栽作物的种植体系中。例如，覆盖作物可以在休闲期（冬、春季）播种，和主栽作物轮作；也可以间套作；可以是一年的设计，也可以是多年的轮作设计。根据种植目的不同，在美国已发展出了选择覆盖作物的工具。例如，在美国中西部玉米带，提高土壤氮素含量的覆盖作物主要为三叶草，改良土壤则选用黑麦、大麦和高丹草等，防止侵蚀则种植三叶草、黑麦、大麦等，病虫害防治则以种植黑麦、高丹草和油菜为主。在我国，覆盖作物也得到广泛的应用，尤其是在果园和经济作物种植园，生草提高土壤质量，显著提高了生态系统功能。图 11-8 为葡萄园中种植覆盖作物后，可以明显观察到土壤裂缝明显减少，土壤湿度增加，地表水分蒸发量减少；同时根系在土壤中的穿插，形成一个致密的地下网络，对土壤碳、土壤生物多样性都有重要的影响。

图 11-8　葡萄园不种植覆盖作物（左）和种植覆盖作物（右）对比
（中国农业大学资源与环境学院张江周提供）

2. 微生物肥料

利用微生物肥料提升土壤健康有久远的历史。世界上最早的微生物肥料是根瘤菌接种剂，之后固氮菌、解磷（钾）菌等相继研发应用。美国和巴西等大豆种植国家对根瘤菌的应用达 95%以上。我国微生物菌种资源丰富，建立了农业微生物菌种保藏管理中心等。随着微生物培养技术的进步，微生物菌种资源的开发将快速发展。除人们熟知的根瘤菌外，菌根真菌在污染区和矿区及低肥力土壤中也得到广泛的应用。根际促生菌可以通过多种途径影响植物的生长。根际促生菌通过产生植物激素，如生长素、细胞分裂素、赤霉素及挥发性物质等促进植物生长；同时根际促生菌还通过拮抗作用、竞争作用及诱导植物产生系统抗性等机制防控土传病；根际促生菌能提高植物根际养分的有效性（Lugtenberg and Kamilova，2009；Doornbos et al.，2012）。例如，解磷菌通过改变 pH，分泌植酸酶提高有效磷的含量。一些促生菌产生铁载体，提高铁的有效性。近年来，随着农作物微生物组技术的迅猛发展，微生物组在改善农作物养分吸收功能、提高植物先天免疫反应和抵抗多种环境胁迫等方面取得了突破性的研究进展，被认为是解决现代农业问题的突破口。

连作障碍在世界农业生产中经常发生，危害严重。连作障碍是指在同一块地里连续两茬以上种植同种或同科作物，即使在正常的栽培管理措施下，也会出现植株长势变弱、产量降低和品质变劣的现象。连作障碍包括化学物理因子及生物因子，其中有害生物增加、土传病害蔓延是主要的因子。我国存在着大面积的连作区，大田作物（如大豆、水稻、设施蔬菜）及一些经济作物（如果树、花卉、中草药）上都存在不同程度的连作障碍。一些常见的病害包括立枯病、枯萎病、黄萎病、青枯病、根结线虫病等。例如，花生连作后根结线虫的数量急剧增加。马铃薯孢囊线虫的数量与马铃薯轮作次数相关，并且不健康土壤细菌和真菌的连接明显区别于健康土壤。大豆连作土壤镰刀菌大量繁殖。连作障碍的发生是根系分泌物、残体等与微生物互作的结果，因此，合理轮作、增加多样性等是克服连作障碍的方法。生物防治的原理是增加有益拮抗菌的数量和活性，通过在根际形成生物屏障，或者与病原菌竞争空间和营养等抑制病原菌的数量和活性，以减轻病害的发生。针对连作病原微生物，有针对性地定性引入拮抗菌，也可以达到抑制病害的目的（Ling et al.，2016；Xiong et al.，2017）。

微生物调控包括外源添加高效菌或者激发土著菌两种方式。外源添加高效菌可通过接种目标菌的方式进行，这种方式对目标菌的活性、数量及其基质有一定的要求。例如，利用生物有机肥中的功能微生物激发土著功能假单胞菌与芽孢杆菌合作，成功抵御病原菌在香蕉根际定植（图 11-9）（Xiong et al.，2017）。这种方式的缺点是作用效果可能受土壤类型、作物和土著菌的影响。激发土著菌则通过改善土著菌的生长环境，激发土著菌的作用。这种方式需要结合作物管理、施肥等多种措施，这样效果会更好。近年来，一些研究者通过微生物组进行土壤微生物的合理装配，即将高效的菌种进行装配，达到抑病、促生、高效等多重作用。由于土壤环境的复杂性，以及微生物之间及微生物—植物间的互作还存在许多未知之处，定向调控微生物、提升土壤质量还存在很多挑战。

图 11-9　生物有机肥在连作香蕉园的施用效果（南京农业大学资源与环境科学学院李荣提供）

11.4　小结与展望

健康土壤是提高农业及其他生态系统服务功能的基础，能为健康食物的生产提供支撑，直接影响人类健康。土壤生态系统功能则被认为是大自然赋予的免费资本。近年来，随着科学技术的进步，人们对土壤物理、化学和生物学尤其是对土壤生物多样性和功能的理解和认识不断深入，土壤健康的研究已经成为国内外研究的前沿和热点。当前全球正掀起土壤健康理论和实践的热潮，各国政府也在采用各种激励机制积极推动可持续土壤管理行动。未来须以绿色发展理念为指导，提高全社会对土壤健康重要性的认识。建议重点从以下几个方面展开工作。

第一，提高土壤自身免疫和生物学过程，强化地上和地下生物协同互作，实现土壤结构、代谢和功能的耦合是健康土壤培育的核心科学问题。重视土壤对胁迫的记忆，充分发挥有益微生物的作用，保证植物健康。此外，土壤抵抗力和恢复力，以及土壤对全球变化响应机制和过程等值得深入研究。

第二，土壤健康的研究尺度不同，评价标准不同，选择的评价指标也有区别。对于田块尺度而言，更多关注土壤物理、化学、生物学特性，管理信息和农产品品质，构建最小数据集，结合隶属函数法、层次分析法等，明确田块尺度土壤健康状况。县域尺度土壤健康评价要在田块尺度的基础上开展，结合不同作物类型、土地利用方式等信息，借助地理信息系统获得土壤健康评价分布图，依据不同土地利用方式，协同实现景观尺度土壤多功能的耦合。在更大尺度上（如区域和国家尺度）进行土壤健康评价需要增加气候、地理、地形、社会经济发展、区域发展优势等因素，选择合适的评价指标，结合遥感、土壤普查数据库、数学评价模型和土地资源管理学科的相关知识，在土壤健康管理区域和全国目标的框架下，结合土壤管理政策，形成土壤可持续管理的模式，建立多目标协同的土壤健康评价方法。

第三，建立土壤健康检测大数据管理平台，探讨土壤健康演变过程及人为活动对土壤演变的影响及反馈机理，形成能兼顾预警、检测并实时反馈的土壤健康系统评价体系。同时，利用信息技术和智慧农业的优势，实现全链条的精准管理。可持续土壤的管理还要坚持发展生态绿色的理念，需要对投入品—生产过程—产品加工—废物循环等全产业链进行系统综合考虑，对水—土—气进行一体化综合生态管理，实现全链条的绿色发展。

第四，土壤健康是一个系统工程，需要从国家层面开展研究，形成“政产学研用”共同参与多主体互助推动的模式。企业、种植户和农民是土壤的主要经营者，还须广泛传播健康土壤的知识，培育保护土壤的意识。同时还需要继续强化政策保障和激励措施，激发健康土壤先行者的积极性和兴趣，并提高公众的意识，在实施科技创新的同时，使全社会大众成为土壤健康的践行者和推动者。

第 12 章 土壤生态工程

12.1 土壤生态工程概述

12.1.1 定义

土壤生态系统是陆地生态系统的一个子系统，同时又是一个独立的生态系统。土壤生态系统可以定义为植物根系、土壤藻类、土壤动物和微生物与它们所处的土壤环境一起构成的统一整体（Coleman，1987）。

土壤生态系统有别于一般生态系统，两者有着不同的边界。一般生态系统是生物与生物、生物与环境之间长期相互作用而形成的统一整体，它着重研究生产者、消费者和环境三者之间的相互关系。土壤生态系统则把生物、土壤和环境作为一个有机功能整体，研究其组成、结构和功能特点，探讨系统内的物流、能流和信息流的过程及作用机制，探讨系统的经济效益和生态效益。土壤生态系统的生物组分中，不仅有高等植物的根系，还有许多自养生物、消费者和还原者的群落；环境组分中，有气候、地形、水文、母质等因素的影响，还有各种人类活动（如耕作、灌溉、施肥、病虫害防治等）的影响（邓宏海，1986）。

土壤生态系统是多种因素构成的网络模式，各种因素之间既相互联系又相互制约，研究土壤生态系统的目的不只是认识系统，还要建设一个良好的土壤生态系统，以便提高土壤生产力，发展农业生产。所以，土壤生态系统的研究应以土壤肥力为中心，研究土壤肥力形成的环境条件，以及土壤肥力与植物生长的关系。只有充分了解生态系统的各个环节，才能建立良好的生态系统，获得高额而稳定的生物产品（熊毅，1978）。

生态工程概念始于 20 世纪 60 年代，在其后的几十年里逐渐对其内涵、原理和方法给以进一步归纳、总结和优化（Odum，1962；马世骏，1978）。其中，代表性的成果有马世骏和李松华（1987）总结提出的在社会-经济-自然复合生态系统中研究和实践“整体、协调、循环、再生”的生态工程原理，该理论的提出为生态工程学的发展奠定了基础。在由 Mitsch 和 Jorgensen（1989）联合中国、美国、丹麦、日本等国学者合著的 *Ecological engineering：An introduction to ecotechnolog* 一书中进一步明确了生态工程的方法、原理及应用，提出生态工程具有以下 5 个方面的基本特点：①基于系统的自我设计能力；②生态理论的实际应用；③依靠系统的方法；④能节约不可再生资源；⑤能支持生态系统和生态保育。自此，生态工程作为一门学科逐渐被国内外学者认可。

土壤生态工程作为生态工程的一个分支，是生态工程原理在土壤管理这一特定领域的应用，目标是重建和优化土壤生态系统的结构和功能。因此，土壤生态工程就是应用生态学、生态经济学与系统科学的基本原理，采用生态工程方法，吸收现代科学技术成就与传统农业中的精华，建成的以土壤管理为中心的生产工艺体系，以实现防治土壤侵蚀和改良各种低产田，建设高效、稳定、持续发展的土壤生态系统的目的（李维炯 等，2004；李季和许艇，2008）。

12.1.2　主要领域介绍

1. 土壤肥力保育工程

当前农业生产存在的突出问题是对人类赖以生存的土壤保育不够，特别是土壤有机质的投入不足，导致不同程度的土壤退化。广大农民对土壤培肥缺乏主动性，历史上长期延续的有机肥积制习惯已不复存在，代之以单一和过量的施用化学肥料，这极易引发土壤板结、酸化、盐渍化等问题。国内外大量研究和实践表明，只有有机肥和化肥科学配施，才能使土壤稳产高产，才能充分发挥农业生产的经济效益、社会效益、生态效益。

土壤肥力保育的实质就是恢复和提高土壤肥力，提高土壤的有机质含量和土壤系统的缓冲性能，当前的主要途径是秸秆还田、绿肥还田和增施有机肥。近年来，随着大规模的秸秆还田等保护性耕作技术推广应用，我国农田土壤有机质含量有所上升，土壤肥力水平有所提高。

2. 土壤退化恢复工程

土壤退化在我国的发生面积很广，并且在不同地区有不同的表现形式：①江南农林区土壤退化的类型主要是土壤侵蚀、养分亏缺和土壤潜育化等；②华北平原农业区有较大面积的盐碱化土壤、风沙土、低产贫瘠的变性土和漂白土壤；③内蒙古农牧区主要是荒漠化和盐碱化；④黄土高原主要是土壤侵蚀；⑤西北牧区主要是干旱、荒漠化和盐碱化；⑥青藏高原则是冷冻和土壤贫瘠化（吕贻忠和李保国，2006）。

据《2021 中国生态环境状况公报》可知，我国土壤侵蚀总面积为 269.27 万 km^2，占国土面积的 28.05%（中华人民共和国生态环境部，2021）。全国土壤酸化面积占国土面积的 40%以上，不同利用程度的盐碱地共 7.67 亿亩（赵其国和骆永明，

2015)。土壤退化恢复工程，即土壤生态系统的恢复，应当根据当地自然条件，针对土壤退化的主要成因，因地制宜地定向加速土壤系统良性替代过程，宏观上配置合理的土地利用模式，微观上创造与土地生产力相适宜的生态条件，使退化土壤实现恢复。

3. 土壤污染修复工程

土壤污染是指人类活动产生的污染物通过不同途径进入土壤生态系统，其数量和速度超过了土壤的自净能力，使污染物累积并破坏土壤生态系统的平衡，导致土壤生态系统的结构和功能失调，从而影响作物的正常生长，并产生一定的环境效应。土壤资源一旦因污染或人为干扰而遭到破坏，就很难恢复。土壤污染已成为我国土壤退化的重要问题，不仅直接导致粮食减产，而且通过食物链影响人体健康，对人类危害极大。此外，土壤中的污染物还可以通过地下水及污染物的转移对人类多个层面的生存环境产生不良胁迫和危害。

土壤污染修复是指根据生态学原理，通过一定的生物、生态和工程的技术与方法，人为地改变和切断污染土壤的主导因子或过程，实现土壤中有毒有害污染物的转移或转化，消除或减弱污染物毒性，恢复或部分恢复土壤的生态服务功能。

12.1.3 展望

土壤肥力是农业生产的重要物质基础。我国耕地土壤肥力水平较低，耕层土壤有机质含量仅为世界平均值的一半左右。提高土壤有机质含量是我国土壤培育的中心目标，要在保持土壤原有有机质的基础上，提高作物产量以增加根系生物量，推进农作物秸秆全量还田，以及增加各类城乡有机废弃物的安全循环利用。

土壤退化是一个非常综合和复杂的、具有时间上的动态性和空间上的差异性及高度非线性特征的过程。我国国土面积大，土壤种类繁杂，土壤退化原因复杂，土壤退化涉及很多研究领域，不仅涉及土壤学、农学、生态学和环境科学，也与社会科学和经济学及相关政策密切相关。我国土壤退化研究虽然在某些方面取得了一定的、有特色的进展，但整体上还处于起步阶段。我国的地理条件、土壤性质与国外的不尽相同，部分发达国家研发的土壤恢复技术并不完全适用于我国土壤，难以在我国进行规模化推广。以目前土壤退化的发展趋势看，在未来 15～20 年我国将面临更为严峻的挑战。因此，必须以新发展理念统筹人与自然和谐发展为指导，坚持防治结合、以防为主的原则；以区域性土壤综合防治为重点，以污染土壤的监测、风险评估、控制与恢复为核心内容，建立适宜的土壤恢复工程。

改革开放以来，我国经济快速发展，城市化进程不断推进，环境问题接踵而至。化肥与农药的过度使用，工业排放的废水、废气及固体废弃物进入土壤，使土壤污染问题日益严重。土壤质量的持续恶化严重影响了我国农业的可持续发展，因此，土壤污染的防治问题已经迫在眉睫。目前，采用物理和化学方法修复重金属污染土壤，具有一定的局限性，难以大规模处理污染土壤，并且会导致土壤结构破坏、生物活性下降和土壤肥力退化。农业措施又存在周期长、效果不显著的特点。相比之下，生物修复是一项新兴的高效修复技术，具有良好的社会、生态综合效益，并且易被大众接受，因此具有广阔的应用前景。全面改善土壤生态环境是一项艰巨而庞大的系统工程，必须依靠科技创新推进。我国在土壤修复及其设备方面与发达国家有很大的差距，主要的设施和修复药剂都是国外进口的，从某种程度上讲，这种依赖性限制了我国土壤修复技术的商业化发展。在技术开发中，部分关键设备缺乏，严重影响了土壤修复技术的研发。土壤污染防治与修复技术是一项复杂的系统工程，要加紧开发土壤污染治理实用技术，有效组织各方力量开展土壤污染防治工程建设。需要组织科研机构、科技企业等各方力量，选择有代表性的土壤污染区域，开展不同治理模式的试验工作，加强治理技术机理研究，探索不同技术模式的原理、适用区域、适用作物和适用方法。

生态工程正从自发的发展走向自觉的发展。在政府引导、科技支撑、社会兴办、群众参与的广泛影响下，包括土壤生态工程在内的很多不同类型生态工程已经或正在兴建（王如松，1999）。20世纪90年代，国家科技部等27个部委共同发起的国家社会发展综合实验区发展至31个，农业部发起的生态农业示范县（区）超过100个，国家环保局发起的生态示范区也逾100个。截至2014年3月，中国已经建立国家可持续发展实验区189个，遍及全国90%以上的省、市和自治区。农业农村部印发《推进生态农场建设的指导意见》，计划到2025年，在全国建设1000家国家级生态农场，带动各省建设10 000家地方生态农场，持续增加绿色农产品供给。这些示范工作基本上是自下而上兴起的，又得到国家有关部门的支持和科研部门的参与，在不同程度上都应用了生态工程的方法和技术。土壤生态工程不仅能提供显著的生态效益和经济效益，也能对社会和生态服务功能做出系统的反应。因此，以退化土壤、污染土壤的生产力恢复和提高为核心的土壤生态工程将成为农业土壤生产力研究的新前沿与热点领域（沈仁芳，2018）。

12.2 土壤肥力保育工程

12.2.1 土壤肥力及保育途径

1. 土壤肥力与土壤培育

土壤肥力是指土壤支持植物生长的能力，包括供应和调节植物生长所需要的养分、水分、热量和空气等条件的综合能力，是土壤本身固有的特性（侯光炯和高惠民，1982）。土壤肥力是土壤物理肥力、化学肥力、生物肥力的综合体现（Abbott and Murphy，2007）。土壤肥力与土壤生产力是不同的概念，土壤生产力是由土壤本身的肥力属性和发挥肥力作用的外界条件决定的，土壤肥力是生产力的基础，但不是生产力的全部（白由路，2015）。

土壤肥力可以分为自然肥力和人为肥力。自然肥力是指在气候、生物、母质、地形和年龄五大成土因素的影响下形成的肥力，是土壤生产力的基础。在自然肥力基础上，采用合理的发挥肥力的管理措施（如耕作、灌溉、施肥等），可以进一步改良、培肥土壤，这部分肥力即人为肥力。

针对不同土壤的特性及所处生态条件，根据人类对该区域土壤农产品生产的需求，通过人为措施干预使土壤属性向人类预期方向发展，即为土壤肥力培育。例如，对于耕作强度大、有机质分解迅速的土壤，可通过有机培肥措施提高土壤肥力水平；对于废弃物消解压力较大的土壤，则可强化土壤生物和微生物活性，促进农田物质循环。需要说明的是，在现代农业生产中，人为干预土壤肥力的因素数量和力度在不断增多、增强，如速缓结合的肥料及施肥技术，可解决所谓“不良”土壤的养分持续供应问题。土壤水分管理亦是如此，如滴灌技术，可维持土壤水分的持续供应，而对土壤的保水性要求则越来越低（白由路，2015）。国际上公认创造了世界农业奇迹的以色列，其南部现代农业园区中，农民更偏好使用沙子作为“土壤”，因为这样的“土壤”更易于通过水肥调控控制作物生长。

土壤培肥的理论源自长期定位试验和土壤肥力演变与培育的研究。土壤肥力演变与培育是一个比较缓慢的过程，需要进行长期定位试验才能揭示其演变规律。长期定位试验站是野外监测、试验和研究土壤生态系统的重要平台。目前国际上100年以上的长期试验站有25个，10～100年的长期试验站有600个，其中以英国洛桑实验站最为著名（始于1843年）。我国长期肥料试验站有68个，长期轮作试验站有21个，长期耕作试验站有12个。因此，结合长期定位试验等农业实践手段，对于不同气候条件下的不同类型土壤，人们获得了一些普遍使用的土壤肥力培育措施，包括种—养一体化耕地培肥模式、测土推荐施肥模式、保护性耕作模式、轮作休耕模式和环境约束下的耕地培育模式，简述如下。

1）种—养一体化耕地培肥模式。种植业为养殖业提供饲料，养殖业所产生的废弃物经过处理后，作为肥料用于农田，这既避免了养殖业的污染，也增加了土壤有机质含量和土壤生物活性，还大大减少了化学肥料的施用。

2）测土推荐施肥模式。从 20 世纪 70 年代起，美国等国家投资建设了一批测土推荐施肥系统，形成了众多农业技术推广和服务的社会化组织，这些组织通过土壤养分的测试，为农场主提供推荐施肥的服务工作，肥料的供应也由该组织负责，通过无机肥料的散装掺混，形成适合特定农场的配方肥料。

3）保护性耕作模式。保护性耕作始于 20 世纪 40 年代，西方国家长期采用一年一熟或轮作休耕的方式种植农作物，其间有一段较长的无作物覆盖时间，造成了土壤的侵蚀；为了减少地表风蚀和水蚀，可采用免耕、少耕、地表覆盖等保护性耕作方法，对改良土壤物理结构、增加土壤生物和微生物数量和活性、增加水分入渗数量，进而提升土壤肥力起到积极作用。

4）轮作休耕模式。在西方发达国家，由于耕地数量与粮食需求关系不紧张，大部分农场采用不同作物轮作加休耕的方式；在美国玉米产区，一般采用 2～3 年玉米轮作 1 茬大豆，利用大豆的自身固氮作用，提高土壤氮含量；苏联从 20 世纪初开始实行草田轮作制度。近年来，由于耕地资源紧张，很多国家把休耕改为了轮作。例如，澳大利亚采用了谷物和豆科作物轮作，北美则间作葡萄等代替休耕（白由路，2015）。

5）环境约束下的耕地培育模式。20 世纪 70 年代以后，西方发达国家开始重视环境问题，由耕地引发的环境问题，特别是农作物种植带来的地表水富营养化问题开始显现；许多国家从耕地管理入手，把耕地划分为不同的功能区，如欧洲的硝酸盐脆弱区（nitrate vulnerable zones，NVZs），要求耕地的功能必须服从环境保护的要求，而不是获取最高产量或最大经济效益。

2. 现阶段我国土壤肥力培育遇到的问题

FAO 数据表明，我国耕地土壤肥力水平较低，居世界中下游水平（图 12-1）。我国耕层土壤有机质含量平均为 18.6 g/kg，仅为世界范围平均值的 57%（胡莹洁等，2018）。因此，提高土壤有机质含量是我国土壤培育的中心目标（白由路，2015）。提高土壤有机质含量，除了尽可能保持土壤原有的有机质（如东北黑土地），最主要的措施包括：①提高作物产量，增加根系生物量；②增加作物秸秆归还到农田土壤的数量；③增加其他有机物料，包括有机肥、符合标准的城镇和生活废弃物及其他有机物资源。

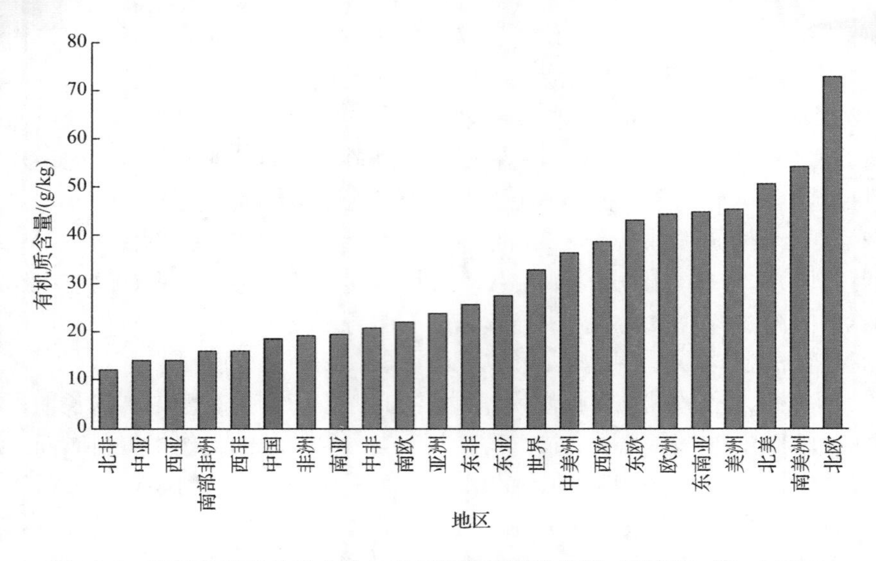

图 12-1 我国耕地有机质含量与世界其他地区的比较（胡莹洁 等，2018）

20 世纪中叶以后，化肥施用逐渐成为提高农作物产量的主要措施，在粮食、水果和蔬菜增产中发挥了举足轻重的作用。作物增产直接增加了根系生物量，进而对土壤有机质提升有重要意义，但这些根系生物量增加对土壤有机质的贡献，会被化肥（特别是氮肥）使用对原有土壤有机碳分解的激发效应抵消（Alvarez，2005）。随着我国经济的发展、城市化进程的加快，农村劳动力结构发生了重大的变化。在这样的背景下，近年来我国出现了重视化肥、轻视有机肥的现象，有机肥施用量在作物生产中的养分供应比例仅为 35%（白由路，2015）。我国具有丰富的有机肥资源，每年有机废弃物产量达 40 多亿 t，其中 8 亿多 t 秸秆，还田率仅为 34%，远低于美国（68%）和日本（85%）；年畜禽粪便排泄量为（鲜重）37 亿 t 以上，用于土壤培肥的不到 20%（周健民，2013）。

在农田秸秆不还田、不补充其他有机物料的情况下，长期单施化肥会造成土壤有机质含量下降、土壤酸化及其他土壤肥力下降等问题。东北黑土有机质含量与第二次土壤普查相比，下降了 35%（张淑香 等，2015）。华南、华东地区 pH 小于 5.5 的耕地面积由 20%增加到 40%（徐明岗 等，2015；Guo et al.，2010）。此外，在实际农业生产中，还出现了仅考虑当季作物养分需求、忽视土壤肥力长期培育，以及养分投入过量而产生的氮磷流失、重金属积累等问题。因此，我国目前阶段土壤培育的核心目标是提高土壤有机质含量，进而重视土壤长期肥力的培育。此外，在保障产出充足、农产品质量安全的基础上，应维持良好的土壤生产力。

我国传统农业受“天人合一”等哲学思想的影响，形成了具有鲜明特色的

“天、地、人”三才传统农学思想（李根蟠，2006），以精耕细作的技术体系、物质循环利用、间套作、用养结合等为代表的农学思想深入人心、久经实践，保证了土壤“地力常新壮”，实现了中华农业文明几千年的延续。从生态农业的角度来看，古人朴素的农学思想与土壤生态工程的原理殊途同归。土壤培育应采取因地制宜的农业管理措施（Bindraban et al.，2012），重视农业生态系统中物质循环体系的建设和对土壤有机组分的维护（骆世明，2013）。在原本独立、分散的农业生产各个环节和组分之间，建立物质和能量的流动通道。例如，将农田作物秸秆、畜禽粪便、城乡有机垃圾等废弃物重新纳入农业生态系统的物质能量循环中，让这一环节的废弃物成为下一个环节的宝贵资源，在避免资源浪费、减小环境风险的同时维持土壤肥力。同时采取合理的耕作措施，改变耕层土壤的机械阻力、团粒结构和孔隙度等，改善水、气、热和养分在土壤中的移动；增加不同作物种类的轮作、间套作以提高农田生态系统的物种多样性和遗传多样性，充分提高太阳能、水和养分等资源的利用率；综合平衡影响土壤生产力的各种因子，以维持长期的土壤肥力水平。

3. 我国土壤肥力培育途径

（1）打通物质和能量流动通道，将有机质归还土壤

1）田块尺度的循环——秸秆还田。作为有机肥资源，我国秸秆资源极其丰富，占有机肥资源总量的 12%～19%。其中，玉米秸、麦秸和稻草产量较大，还田应用较广。“十二五”期间，我国每年约产生 30 亿 t 畜禽粪便、8 亿 t 农作物秸秆、1.42 亿 t 农产品加工废弃物、2 亿 t 林业木材剩余物、3.51 亿 t 生活垃圾及污泥（袁振宏 等，2017）。其中，2015 年仅作物秸秆带走的氮、磷（五氧化二磷）、钾（氧化钾）养分量就分别达到 941 万 t、302 万 t、1629 万 t，加上 40%以上的碳，如果能够归还农田，则对土壤肥力的贡献将十分显著。

秸秆施入土壤后，不易分解的木质素等大分子可增加土壤腐殖质、有机胶体含量，促进土壤团聚体的形成，提高土壤蓄水保墒的能力，改善土壤物理结构和性状（Zhang et al.，2014），提高氮素利用率（Yao et al.，2017）和土壤酶活性，促进营养物质循环，最终使土壤肥力得到补充和更新，使作物增产。Liu 等（2014a）研究发现，秸秆还田可平均提高土壤有机碳含量 13%～57%，促进作物增产 12%（图 12-2）。Han 等（2018）的文献整合研究发现，我国从 1980 年以来的 30 多年间，施行秸秆还田后，平均每年每公顷土壤可补充 35kg 氮、13kg 五氧化二磷和 78kg 氧化钾，耕地有机碳每公顷平均提高 0.35t，粮食作物增产达 13.4%。

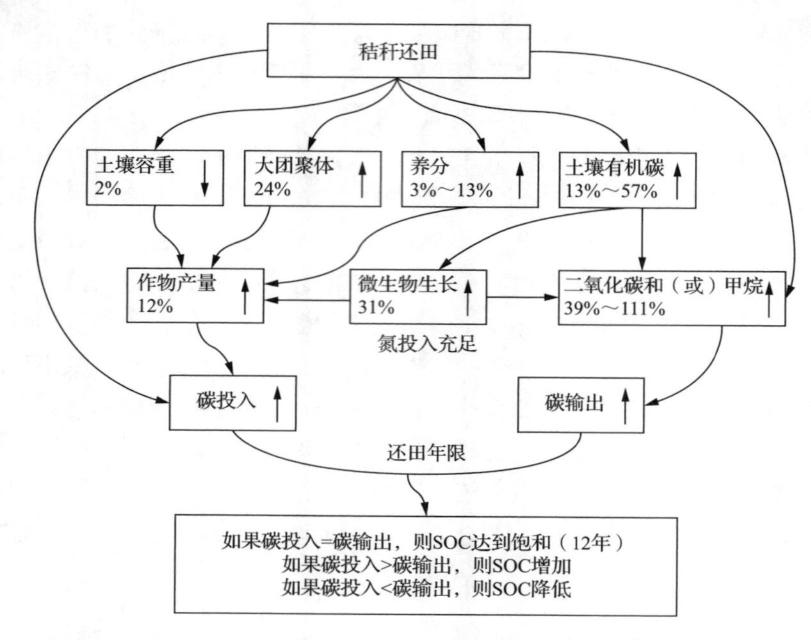

图 12-2 秸秆还田对农田土壤肥力、作物产量和碳平衡的影响（Liu et al.，2014a）

山东省桓台县是推行秸秆还田的典范，当地农民从 20 世纪 80 年代开始采用秸秆还田措施，到 2008 年当地 90%的小麦和玉米秸秆完成还田，比我国其他地区提前 10 年实现全部还田。桓台县每年因秸秆还田直接投入土壤中的氮素达 106kg/hm^2（Zhang et al.，2017b），耕层土壤（0～20cm）有机碳含量从 1982 年的 7.8g/kg 增加到 2011 年的 11g/kg（图 12-3），在包括秸秆还田的集约化生产方式下，自 1990 年开始冬小麦—夏玉米每年每亩产量始终维持在 1t 以上（Liao et al.，2015）。

2）农业生态系统尺度的循环——合理利用畜禽粪便，减少面源污染。将循环尺度从种植系统的田间地头扩大到畜牧养殖系统，畜禽养殖产生的粪便（粪+尿）含有丰富的营养元素和大量的有机质，作为农用肥料则有利于培肥土壤，作为废弃物排放则会造成严重的环境污染问题。目前，我国畜禽粪便每年产量为 38 亿 t，由于没有有效处理利用和归还农田，对生态环境造成了重大污染，是我国地表水化学需氧量（chemical oxygen demand，COD）和氮的重要贡献者。畜禽粪便的有效处理和综合利用可以降低污染、生产可再生能源，对归还养分和提高土壤肥力特别重要。因此，农业部于 2017 年发布《开展果菜茶有机肥替代化肥行动方案》，提出了到 2020 年我国果菜茶优势产区化肥用量减少 20%以上、核心产区和知名品牌生产基地化肥用量减少 50%以上的具体目标。近年来，我国畜禽养殖业规模化迅速提高，大部分规模化的养殖场没有配套农业种植，导致种养严重脱节。从全

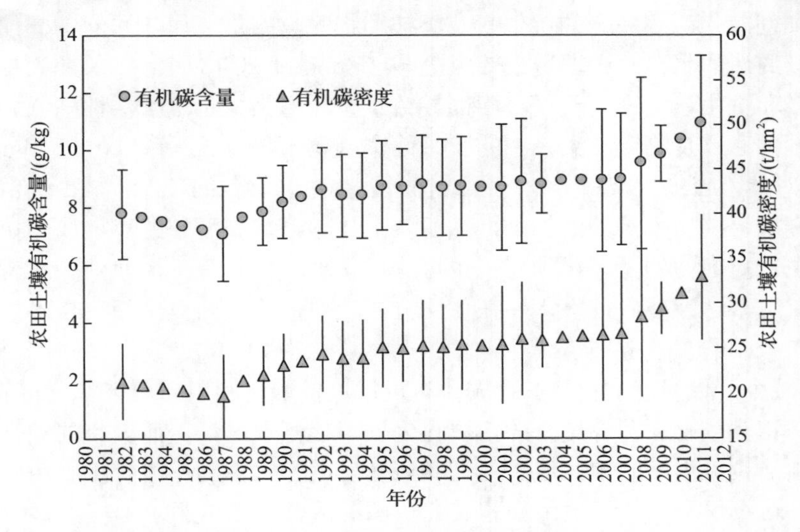

图 12-3　桓台县 1982～2011 年农田土壤有机碳含量变化（Liao et al.，2015）

国来看，畜禽粪便空间分布差异显著，养殖大省没有足够的农田土壤消纳畜禽粪便，畜禽粪便在农业生态系统中的循环利用被阻断。例如，北京的单位耕地载畜量最高，为 32.7 头猪当量/hm^2；云南最低，为 4.2 头猪当量/hm^2（吴根义 等，2014）。从种植基地角度来讲，应提倡大力推广猪—沼—稻（蔗）、猪—沼—菜、猪—沼—果、林—草—禽等种养结合模式，这样不仅可以增加土壤肥力，通过复合经营助推农民增收、农业增效，还可以有效控制农业面源污染。从区域空间尺度来看，对于畜禽粪便产量大、超出自身消纳量的省份，应将畜禽粪便生产为商品有机肥，向有机肥资源缺乏的省份输出，以实现资源互补。

施用有机肥或有机肥与化肥配施，可以增加土壤养分供应，降低土壤容重，提高土壤团聚体稳定性，改善土壤物理性状，保证作物高产稳产。研究表明，经过 19 年长期施用粪肥，耕层土壤全氮量增加了 92.1%（Liang et al.，2013）。印度 3 年的田间试验表明，适宜比例的粪肥配施化肥可显著降低土壤容重 9.3%，土壤有机碳含量显著提升 45.2%（Bandyopadhyay et al.，2010）。温延臣等（2015）通过 26 年的长期定位试验研究发现，单施有机肥或有机无机肥配施与单施化肥相比，土壤容重降低 5%～11%，土壤有机碳含量、全氮含量增加 95%～136%、69%～137%，速效磷含量增加 5 倍，速效钾含量增加 81%～103%，土壤微生物碳含量、氮含量增加 50%～112%、34%～79%。

我国是畜禽养殖大国，也是兽用抗生素的使用大国。据统计，2013 年，我国抗生素生产总量为 24.8 万 t，其中 52%用于动物（Zhang et al.，2015c）。重金属（如铜、锌、砷）在畜禽养殖中有提高饲料转化率、促进动物生长等作用，是重要的饲料添加剂。代谢不完全的抗生素及不被动物吸收的重金属随尿液、粪便排泄，对养殖场周边的水体、土壤造成较大影响（Zhou et al.，2013）。长期大量施用含有重金属和抗生素的畜禽粪便，可能导致重金属污染、土壤酶活性降低、土壤质量降低，并通过食物链产生较大的公共健康风险（张俊亚 等，2015；Wu et al.，2019）。对此，应优化畜禽养殖产业结构，借鉴生态农业的理念，减少甚至避免使用含重金属、抗生素等的添加剂，从源头上杜绝畜禽粪便中的重金属和抗生素污染，实现畜禽粪便的无害化利用；也可通过物理、化学等手段，消除或者降低重金属、抗生素含量或者危害，并在使用方式和数量等方面提出相应技术规范，避免进入农产品的食物链环节。

3）城乡区域尺度的循环——城乡有机垃圾资源化利用。城市和农村的结构、功能应是相互依存、互补结合的，农村为城市提供农产品，而城市的人畜粪便和厨余等生活垃圾用于肥田。城市的人粪尿和生活污水被制作成有机肥由附近的农田消纳，这不仅避免了环境污染和农业资源的浪费，还培肥了土壤。

在经历了经济的迅猛腾飞、城市化的快速发展进程后，我国城乡之间的物质循环受到严重阻碍，城乡垃圾问题日益突出。据 2014 年我国的城市垃圾调查数据显示，鲜生活垃圾总量已达 70 亿 t，并且以 8.98%的速度持续递增；农村生活垃圾总量高达 1.48 亿 t/a（图 12-4）（韩智勇 等，2017）。在数量庞大的垃圾中，有很大的比例是可作为有机肥资源利用的，如城市垃圾中占比较大的厨余垃圾，村镇生

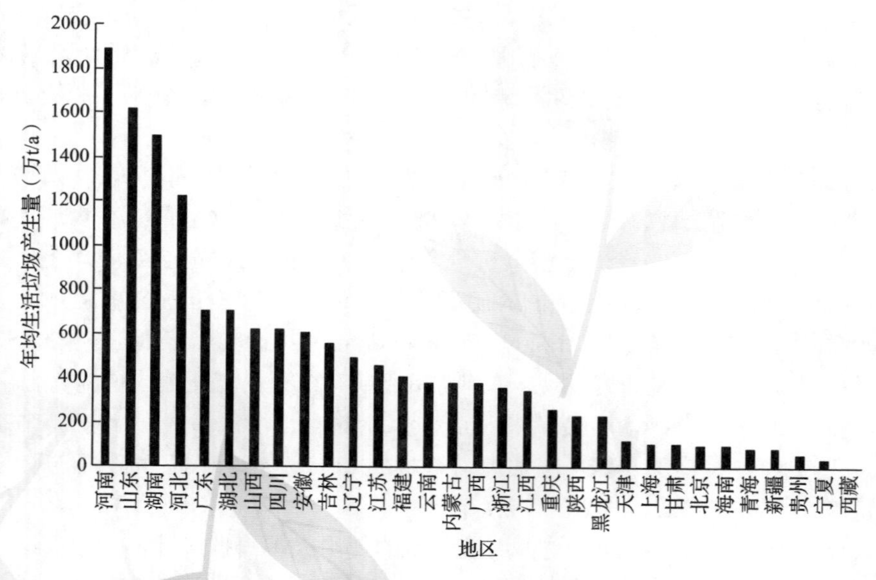

图 12-4 2014 年我国各省份农村生活垃圾产生量（韩智勇 等，2017）

活垃圾中的瓜果、菜帮、菜叶等餐厨类垃圾。对此，可将相关单位和学校的食堂、饭店等地方的厨余垃圾，农贸市场等产生的蔬果垃圾、动物产品废弃物等，由专人清理、统一收集；鼓励居民将干垃圾和湿垃圾分类收集、投放，避免混入香烟头、废餐具等杂质，便于后续处理。有必要借鉴国外餐厨垃圾处理的先进经验，加快研究开发适用于我国厨余垃圾的处理技术，实现其资源化和无害化利用。

（2）轮作和间套作，提高农田生物多样性

轮作和间套作是我国农业传统的增产和土壤培肥技术，其总体思想是利用不同科属作物的养分需求特征、根系发育空间、病虫草害寄主特点，合理配置作物，充分利用空间，增加作物的叶面积指数；充分利用边行优势，用地与养地结合；充分利用生长季节，延长作物生育期，提高丰产性能。

将秸秆生物量较大的禾本科作物和固氮能力强的豆科作物进行间套作或者轮作，可以维持甚至提高土壤有机质水平，显著增加作物产量，提高土壤的经济肥力。将根系分布空间不同、养分需求特征不同的作物轮作，可防止作物对土壤养分偏耗而造成的肥力枯竭。增加根系可分泌有机酸的叶菜类、十字花科作物的轮作或者豆科作物的间作，有利于土壤难溶性磷转化为可溶性磷。例如，蚕豆/玉米间作可通过蚕豆的生物固氮和根系分泌物活化土壤磷，从而促进玉米的生长（图 12-5）。选择合理的轮作或间套作，不仅能充分利用资源，还有利于提高农田的生物多样性，拥有更多的害虫捕食者和寄生者，为天敌提供生境，增强农业生态系统稳定性，有利于提高土壤质量。对于连作导致的病虫草害，通过增加轮作，一方面可改变原有的食物链，阻断病虫草害的生育周期，减轻病虫草害；另一方面，利用植物的化感作用抑制杂草或病原体的繁殖。例如，洋葱、胡萝卜、甜菜等根系分泌物可以抑制马铃薯晚疫病的发生，小麦根系分泌物可以抑制茅草的生长。

图 12-5　相比小麦套种玉米，蚕豆套种玉米可改善玉米磷营养（Li et al.，2007）

在广大南方冬闲田地区可推广粮—经—饲（绿肥/饲料油菜）轮作。绿肥在生长过程中，通过与共生固氮菌的相互作用，可提高土壤氮含量、富集矿质养分；将绿肥翻压到土壤中，可为后茬作物生长提供大量新鲜有机物质和速效矿质养分（如碱解氮、有效磷等的含量），有利于土壤腐殖质的更新和积累（曹卫东和徐昌旭，2010）。此外，增加绿肥轮作的环节，还可显著提高土壤酶活性，如土壤脲酶、过氧化氢酶与酸性磷酸酶，改善土壤物理结构（张明发 等，2017）。在目前我国劳动力向城市转移及老龄化、农业生产效益低导致农民生产积极性差等综合问题的影响下，部分地区出现了农田在冬季闲置的现象。针对这类情况，农业部在 2015 年发布《到 2020 年化肥使用量零增长行动方案》，提出了稻区发展冬闲田绿肥的建议。像紫云英、苜蓿等绿肥的轮作既避免了对光热资源的浪费，又有利于提高土壤肥力和质量。研究表明，在将化肥用量降低 40%同时种植并翻压 37.5t/hm^2 紫云英进入土壤的条件下，相比单施 100%用量化肥，土壤碱解氮和有机质含量分别增加了 13.25%～26.5%和 4.2%～8.2%，后茬作物水稻产量增加了 15.3%（吕玉虎 等，2017）。

（3）因地制宜，精耕细作

耕作是人为提高土壤肥力的一个重要途径，对土壤的培育其实就是对耕作层的培育。耕作层的厚度、结构直接影响作物根系生长的水、肥、气、热环境，通过耕作，可改善土壤的物理、化学、生物性状，使耕作层更适宜作物生长，从而提高土壤生产力。

经过长期的耕作，农田土壤剖面的结构在生产实践中一般可形成 4 个结构：表土层、稳定层、犁底层和心土层。适宜的耕作应该使耕层土壤（一般指表层 0～20cm 或 0～30cm 的土层）深厚疏松，适宜种子萌发、根系生长，并满足根系对养分、水分、空气的需求；心土层紧实则能够蓄水保肥，从而实现高产。在长期耕作下，受犁等农机具的挤压和黏粒随降水沉积的影响，耕层土壤会形成土壤容重大、孔隙度少的犁底层，阻断耕层的水、肥、气、热等因子的交换，不利于作物根系的扩展，应采取耕作措施打破或消灭犁底层（韩晓增 等，2015）。

适宜的深耕，可以打破犁底层，减小土壤容重，增加土壤孔隙度和耕层厚度，创造理想的耕层结构。对于降水分布不均、波动剧烈的地区，采用免耕或少耕等保护性耕作措施，减少耕作次数和强度、覆盖作物秸秆于土壤表面，可减少风力、降雨对耕层土壤的侵蚀，提高土壤蓄水保墒能力（Li et al.，2016b），增加土壤碳库贮存（Lal，2014），提高土壤质量。研究表明，相比耕作+秸秆移除，免耕+秸秆还田的耕作模式可显著提高 4.6%的作物产量，土壤有机碳含量增加 10.2%，速效氮含量、速效磷含量和土壤持水率分别提高 9.4%、10.5%和 9.3%（Zhao et al.，2017）。南亚地区 10 年的长期定位试验表明，保护性耕作配合秸秆还田的耕作模式，可提高土壤水资源利用效率，增加作物产量和农民收入［225～1028 美元/（hm^2·a)］

（Parihar et al.，2018）。在地下水漏斗区、重金属污染区、生态功能退化严重的地区，可重点实行轮作休耕制度。

休耕可使土壤得以休养生息，减少土壤水分、养分消耗，积蓄雨水，消灭杂草，促进土壤养分转化，为后期作物生长创造良好的土壤条件。我国目前有较多成熟的休耕模式。例如，台湾对稻谷生产过剩的稻田实行休耕，促进了台湾农业的永续发展；对京津冀地区为缓解巨大水土资源压力进行分区分类科学休耕，对地下水超采、水土流失严重区域实行永久性/长期休耕，对情况相对一般的区域实行环境修复型休耕，而对水土资源条件较好的优质农田实行市场调节性/保护性休耕（赵其国 等，2017）。在农业生产中，应根据土壤地力特征和生产需求，充分利用秸秆、畜禽粪便、绿肥等有机肥资源，采用作物间套作、轮作丰富种植结构，确定相应的耕作措施、强度和频率，综合制定适宜的土壤培育技术模式。

12.2.2　秸秆还田与土壤保育工程

秸秆还田在土壤肥力改善、土壤保育、面源污染防控等方面有重要作用。2015 年，农业部印发了《农业部关于打好农业面源污染防治攻坚战的实施意见》（农科教发〔2015〕1 号），要求深入开展秸秆资源化利用。2016 年，国家发展和改革委员会将农作物秸秆综合利用率纳入《绿色发展指标体系》，作为生态文明建设评价考核的依据。2017 年，中共中央办公厅、国务院办公厅联合印发《关于创新体制机制推进农业绿色发展的意见》，提出要完善秸秆资源化利用制度，加强产地环境保护与治理。这可以看出秸秆综合利用工作得到国家和社会的高度关注。

为了更好地利用秸秆资源，应根据农业生产的实际情况，因地制宜，采取不同的还田技术和模式。综合考虑不同区域的作物品种、种养业结构、地理气候、生产生活用能等，因地制宜确定秸秆综合利用的主攻方向。总体来看，东北玉米单作区应以秸秆还田为主，以能源燃料化和饲料化为辅；西北农区应以秸秆肥料化、饲料化同步推进为主；黄淮海玉米—小麦轮作区、长江中下游水稻（油菜）—小麦轮作区应以秸秆还田肥料化利用为主，以饲料化利用为辅；华南水稻—水稻轮作农区则应主推秸秆还田利用（王久臣 等，2017）。

各地区的秸秆还田方式也应有所不同。东北玉米单作区可重点推广秸秆粉碎深翻还田技术，即玉米机收、秸秆粉碎（10cm 以内）—机撒腐熟剂、氮肥—大马力深翻（2～3 年一次，耕层 30cm 以上）—旋耕整地。针对长期浅耕造成的土壤亚表层缺乏有机质和过于紧实，以及目前秸秆还田成本高、效果差的问题，窦森（2019）提出了秸秆富集深埋还田技术（图 12-6）。该技术研制了秸秆深还筒式犁新机具，通过机械化手段将秸秆富集、粉碎、埋入土壤，将秸秆粉碎、风力注入指定条带土壤 20～40cm，实现秸秆还田与条带少免耕结合，实现玉米秸秆连年、机械化全量还田，且不打乱土层顺序、不影响第二年种植。《关于加快推广秸秆覆盖还田保护性耕作技术推进耕地质量耕作生态耕作效益“绿色增长”的实施意见》（吉农机发〔2018〕22号）决定2019～2025年在全省推广秸秆覆盖还田保护性耕作技术。对于秸秆覆盖还田免耕播种，要求出苗后地表秸秆平均覆盖率不低于30%；高留根茬秸秆覆盖还田免耕播种，出苗后田间留置根茬平均高度不低于40cm。黑龙江省通过试验推广和示范，截至2017年底归纳总结出3种秸秆还田耕作模式：秸秆翻埋耕种模式、秸秆覆盖耕种模式和秸秆松耙碎混耕种模式；《2019年全省农机化技术推广工作要点》（黑农机推字〔2019〕5号），拓展“一翻两免”（“一翻”是指秋季玉米收获后，秸秆粉碎长度不超过10cm，均匀抛撒田间，用大型拖拉机带翻转犁进行全量秸秆翻埋还田，耙后起垄，春季垄上精量播种作业；“两免”是在前茬玉米秸秆全量还田基础上，采取连续两年免耕原垄卡种）耕作模式，出台了玉米、大豆和水稻的秸秆还田种植农机标准化技术及机具配套模式标准，继续验证玉米免耕播种、玉米平作、水稻埋茬整地机插秧等机械化模式。辽宁省针对因气温、种植习惯等因素导致的水稻秸秆还田困难的问题，由沈阳农业大学进行了水稻秋季秸秆湿耙还田技术集成示范，该技术通过机械化收割、秸秆粉碎均匀抛撒、秋季带水湿耙、半钵毯基质育苗、春季机械耙平和全程机械化，改春季还田为秋季还田，改“干还”为“湿还”，做到了秸秆100%还田，克服了秸秆腐熟不彻底、影响第二年春季插秧等问题，适宜北方稻区生产现状。

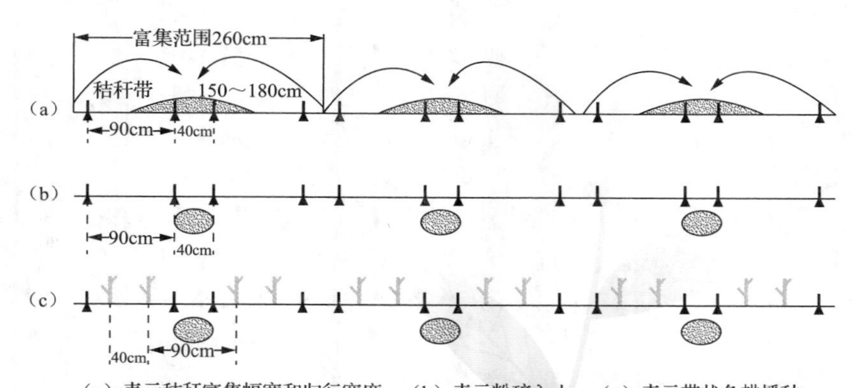

（a）表示秸秆富集幅宽和归行宽度；（b）表示粉碎入土；（c）表示带状免耕播种。

图12-6　东北地区玉米秸秆富集深埋还田技术（以四垄一带为例）

黄淮海地区在推广小麦联合收割机以前，麦秸还田率很低。以我国北方地区种粮县代表桓台县为例，通过推广应用玉米套种，使用小麦联合收割机，小麦秸秆喷洒到玉米行间，通过秸秆覆盖既能减少土壤水分蒸发，又能抑制杂草，还能增加土壤养分（图12-7）。在玉米联合收割机推广使用后的前几年，同时配套推广使用了玉米秸秆还田机，由于还田机的还田效果不过关，秸秆不能完全被打碎，有些农民还田后依然继续焚烧。2008年以后，县市和相关技术部门集中研发相关机械，采用 3 种技术路线：一是机械还田—机械旋耕—小麦免耕播种机播种；二是机械还田—机械旋耕两遍—用圆盘式播种机播种；三是机械还田—机械深耕—旋耕—用普通播种机播种。根据不同地区土地和生产情况，采用相应的技术。经济方面，通过政府补贴，鼓励农民进行秸秆还田，加上该地区氮肥施用水平较高，秸秆还田和作物播种以后，能够及时灌溉和及时喷洒杀虫除草剂，从而保障了秸秆还田后的作物出苗和生长，避免了出苗率低、与作物争肥、养分供应不足及病虫害等问题。同时，在秸秆还田后，根据土壤情况对小麦进行浅播压水和播后浇分蘖水，这样在地面覆盖抗旱增温保墒的基础上进行耧划，提高了土壤涵养水分的能力，从而提高了作物抗旱抗冻能力。在地下水资源相对匮乏的地区，无疑对提高土壤生产力有重要意义。黄淮海平原属于全国较早推广秸秆粉碎还田的地区，以山东省为例，除了典型范例淄博市桓台县，有全国粮食生产先进县之称的山东省济宁市兖州区也在 2008 年实现了小麦和玉米秸秆 100%还田。河北省在积极推广联合收割机配备秸秆粉碎机的作业模式并配合秸秆还田机械设备作为农机补贴重点的政策下，在 2013 年全省小麦秸秆还田率达 90%以上，2014 年夏季直接还田率达 95%以上。

图 12-7 山东省桓台县冬小麦—夏玉米秸秆还田

在我国南方的稻麦、稻油两熟制地区的秸秆还田，水稻收获及秸秆还田后，要尽快进行耕地整平和灭茬；而小麦和油菜收获及秸秆还田后，则要尽快耕作、上水和泡田，为下茬作物施肥、播种一体化作业创造条件。稻麦和稻油两熟制地区秸秆还田技术路线如图 12-8 所示。在实际生产中，应注意以下问题的处理。①调整碳氮比。秸秆本身碳氮比为（65～85）∶1，而适宜微生物活动的碳氮比为 25∶1。秸秆还田后土壤中氮素不足，使微生物与作物争夺氮素，麦（秧）苗因缺氮而出现黄化、苗弱、生长不良现象。秸秆还田后，应尽快增施一定量氮肥。②防止土壤过松。水稻秸秆还田后，土壤过于疏松，大孔隙多，小麦种子不能与土壤紧密接触，影响发芽生长，扎根不牢，甚至出现“吊根”现象。要配套实施适度镇压措施，旱茬播种后需要进行播后镇压。③排放有害气体。实施水田秸秆还田的，将产生甲烷等有害气体并聚集在土壤中，会产生不利影响。在作业前一般采取灌 3～5cm 的浅层水，作业后利用泥浆沉降的时间使灌溉水自然落干，土壤露出水面。④开展病虫害综合治理。实施种子包衣和药剂拌种，有效抑制冬前病害高发。

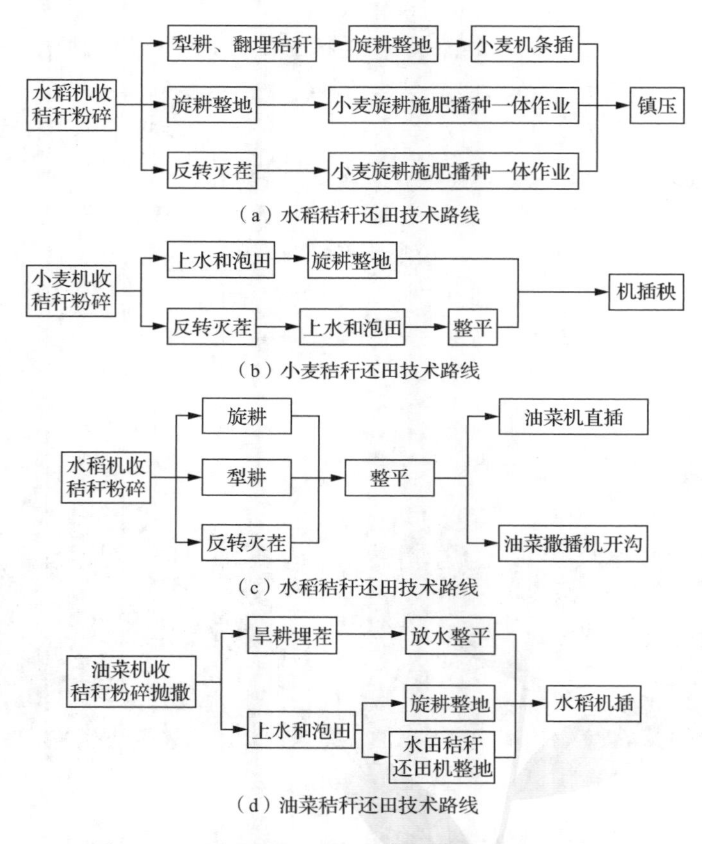

图 12-8　稻麦和稻油两熟制地区秸秆还田技术路线

除了秸秆直接还田，近年来种养结合不断被推广使用，鼓励通过养殖业将秸秆进行过腹还田，这样更能实现养分回收，节约饲料，营养、能量循环利用的目的。在秸秆直接还田过程中，通过安装卫星导航农业机械车载信息终端，实时采集、处理秸秆还田作业中的定位和状态数据，获取还田现场的高清影像和相关数据，可以更好地提高秸秆还田质量。随着科技的发展，秸秆还田还可以进一步与其他农业精准技术相结合，进一步实现肥料、灌溉、播种等农田管理措施的结合，促进农业节能、循环、高产。

12.2.3　有机肥施用与土壤保育工程

1. 有机肥生产及施用现状

2016年我国产生各类城乡有机废弃物约55亿t，折干重20亿t，其中秸秆7.9亿t，畜禽粪便8.8亿t，有机垃圾2.03亿t。有机废弃物产生于各类生产生活场所，却均来源于土壤。据估算，我国有机废弃物蕴含氮磷钾养分量高达7000万t，超过全年化肥养分总量（约6000万t）。目前有机废弃物的实际利用率不足60%，这既造成了严重的资源浪费和环境污染，又制约了土壤质量的提升和农业的可持续发展，有机废弃物回流土壤势在必行。

据估计，全国目前商品有机肥企业有4000家左右，年产量约4000万t。根据2017年中国农业大学组织的全国400余家有机肥企业的调研报告，400余家企业中80%为年产5万t以下的企业，年产5000t以下的企业占45%；年产10万t以上规模的有机肥厂仅占5%，实际产能900万t/a，平均约3万t/a。根据调研结果进行估算，全国约4000家有机肥企业每年可生产约9000万t有机肥产品，处理约2亿t原料。

有机肥生产主要采用条垛、槽式和反应器发酵工艺，其中54%的企业采用条垛式发酵工艺，38%的企业采用槽式发酵工艺，只有6%和2%的企业分别采用传统堆沤发酵工艺和反应器发酵工艺。

有机肥企业使用原料的种类非常丰富，基本涵盖了能够资源化利用的所有农业废弃物类型。主要原料包括畜禽粪便（鸡粪、猪粪和牛粪等）、作物秸秆（小麦、玉米和水稻等）、加工副产品下脚料（锯末、菌渣等）及其他原料（腐殖酸和沼渣等）4种主要类型。辅料主要包括作物秸秆（小麦、玉米和水稻等）、加工副产品下脚料（锯末、菌渣和蘑菇渣等）及其他原料（氨基酸添加物等）。有机肥产品的类型包括堆肥、商品有机肥、生物有机肥、复混肥和叶面肥等。

我国历史上一直有利用有机肥的传统。早在春秋时期，即有使用各类粪肥的记录。到了汉代，众多陶猪图的出现反映出有机肥使用已很普遍。南宋《陈旉农书》云："若能时加新沃之土壤，以粪治之，则益精熟肥美，其力当常新壮矣。"这种地力常新的理论，指导着我国农民在几千年的农耕中，不断开拓有机肥源和大量使用有机肥料，这一方面维持了土壤肥力，做到了地力长盛不衰；另一方面，形成了无废物排放的农业循环经济，保护了农村环境的安全。据全国农业技术推广服务中心的数据，有机肥施用量在肥料总投入量中的比例为：1949年99.9%，1957年91.0%，1965年80.7%，1975年66.4%，1980年47.1%，1985年43.7%，1990年37.4%。据研究，这一比例在1995年降至32.1%，2000年继续降至30.6%（尚来贵 等，2013）。据《2004年中国环境状况公报》公布的数据，2003年全国有机肥施用量仅占肥料施用总量的25%。由此看出，我国有机肥的施用比例已经降到了非常低的程度。

近年来，随着国家对生态文明、绿色发展理念的不断强化和实践，我国农业开始步入重视质量和效益的新型发展阶段。自2017年以来，农业部相继启动了《开展果菜茶有机肥替代化肥行动方案》《畜禽粪污资源化利用行动方案（2017—2020）》《东北地区秸秆处理行动方案》等一系列农业绿色发展行动方案，这不仅促进了有机肥行业的迅速发展，而且推进了生态农业的建设。然而实际情形并不乐观，目前国内有机肥料行业尚存在如下突出问题。一是设施简陋、高温发酵的比例低。许多企业技术落后、工艺缺乏、设施简陋，相当一部分企业采用的技术普遍落后，跟不上行业发展，导致产品质量低。二是偷工减料，掺杂现象严重。有机肥企业采用原料复杂，除了常用的秸秆、稻壳、畜禽粪便，还有大量的食品、酒精、味精、制药等工业下脚料，一些企业还使用生活污泥、药渣等，甚至使用工业废渣，提高了有机肥料的施用风险。三是低价竞标，开始打价格战。一些企业为了获得政府补贴项目，恶意降低有机肥价格，实行低价竞标，催生出一系列质量不合格产品。

发达国家的经验表明，未来有机肥利用将回归到合理的水平（如50%）。随着国家对生态环境保护及高质量农业的重视，有机肥生产和使用将进入一个科学规范的阶段。传统社会中“家家沤肥、村村堆肥”的面貌已不复存在，随之而来的将是一种废物循环利用的全新格局，更多的有机肥中小企业将以环保的面貌出现在乡村的每个角落。

2. 有机肥施用及培肥土壤效果

大量长期研究表明，施用有机肥是土壤肥力保育的一种有效措施，它影响土壤的物理、化学和生物性质，并且影响土壤的总体肥力状况。中国农业大学在河北曲周的有机肥长期定位试验表明，有机肥的施用能够降低土壤容重，增加土壤孔隙度及土壤团聚体含量，从而促进土壤养分的转化；同时施用有机肥可以显著提高土壤全氮、速效磷、速效钾和有机质含量，直接提升土壤肥力；施用有机肥可以增加土壤中微生物、动物丰度，提高土壤酶活，改变土壤微生物群落结构，最终提高土壤生物肥力。具体介绍如下。

（1）有机肥施用对土壤物理性质的影响

长期定位试验显示，连续施用有机肥能够有效提高土壤孔隙度、降低土壤容重，从而更好地满足作物对空气、热量、水分的要求，有利于养分的吸收和运输，以及植物根系的伸展，最终促进土壤养分的转化（张阿克 等，2013；李丽君，2017）。

土壤团聚体作为土壤的基本结构单元，是养分循环的重要场所。研究表明，施用有机肥能够有效提高土壤大团聚体的含量。例如，郑春燕（2016）对中国农业大学曲周实验站的温室蔬菜及小麦—玉米长期定位试验的研究表明，温室蔬菜在连续施用有机肥11年后，水稳性团聚体的平均重量直径和平均几何直径分别比化肥对照提高了41.1%和77.8%，水稳性大团聚体含量提高了226%；小麦—玉米在连续施用有机肥20年后，土壤微团聚体数量比化肥处理提高了33.3%。团聚体中及周围空隙内部的有机物、水分、空气及微生物能够直接或间接地影响有机碳的固定和分解（Yazdanpanah et al.，2016）。因此，施用有机肥下土壤团聚体含量的增加对土壤保水性和肥力的提高有着重要的意义。

（2）有机肥施用对土壤化学性质的影响

土壤养分是作物生长的物质基础，其含量是土壤肥力的重要指标之一。在土壤养分中，有机质是土壤的重要组成部分和土壤健康的核心，它不仅能增强土壤的保肥和供肥能力，提高土壤养分的有效性，而且可以促进团粒结构的形成，改善土壤的透水性、蓄水能力及通气性，增强土壤的缓冲性。欧洲多个长期定位试验结果表明，长期施用有机肥能够使土壤的有机碳含量增加9%～33.4%（Zavattaro et al.，2017）；吉林公主岭30年的土壤肥力和肥料效应长期定位试验和中国农业大学曲周实验站20年小麦—玉米长期定位试验结果均显示，施用有机肥有提高有机质含量、增强土壤固碳效应等作用（柳影 等，2011；郑春燕，2016）。

除对土壤有机质有提升作用外，长期施用有机肥对土壤氮素的增加也不容忽视。土壤全氮是评价土壤肥力和衡量土壤氮素供应的重要指标，与土壤有机质积累和分解作用的相对强度有密切关系。欧洲80个长期定位试验表明，长期施用有机肥能够使土壤的全氮含量增加20.6%～22.4%（Zavattaro et al.，2017）；陕西杨陵20年的长期定位试验表明，与施用化肥的处理相比，施用有机肥能够将土壤全氮含量提高46%～55%（Yang et al.，2012）。经过12年的种植，曲周实验站有机蔬菜长期定位试验中有机处理的土壤全氮含量比常规处理增加了1倍左右（Ding et al.，2019）；20年小麦—玉米长期定位试验同样得出类似的结果，与常规处理相比，有机肥处理的土壤全氮含量增加了50%（郑春燕，2016）。

作物吸收的磷几乎全部来源于土壤，其中速效磷是土壤有效磷储库中对作物最为有效的部分，也是评价土壤供磷水平的重要指标。研究表明，增施有机肥可以促进土壤有机磷向无机磷的转化，并通过腐殖质对钙、铝和铁等氧化物进行包裹来降低它们对磷的吸附，最终提高土壤磷素的有效性（杨丽娟 等，2008）。12年的有机蔬菜生产长期定位试验表明，与常规处理相比，有机处理的土壤速效磷含量能够增加138%（Ding et al.，2019）；20年的小麦—玉米长期定位试验结果也表明，有机处理的土壤速效磷含量比常规处理增加了137%（郑春燕，2016）。

作物所需钾素主要来源于土壤。土壤中的钾素可分为速效钾和缓效钾，其中速效钾能够被作物直接吸收利用，是土壤钾素供应状况的重要指标之一。12年的有机蔬菜生产长期定位试验表明，与常规处理相比，有机处理的土壤速效钾含量增加了 20%左右（Ding et al.，2019）；20 年小麦—玉米长期定位试验结果表明，有机肥处理的土壤速效钾含量比常规处理增加了 152%（郑春燕，2016）。

（3）有机肥施用对土壤生物性质的影响

蚯蚓属于变温和喜湿性动物，是土壤动物最大的常见类群之一，它们对改善土壤肥力、参与土壤物质的良性循环都具有重要的作用。研究表明，长期施用有机肥可以显著提高蚯蚓丰度和物种丰富度（Birkhofer et al.，2008；解永利，2008）。这是因为施用有机肥改善了土壤的通气性，提高了土壤中氮磷钾和有机质的含量，有利于蚯蚓的生存。同时，蚯蚓的钻洞习性可以进一步提高土壤的孔隙度，改善土壤的通气和结构，为其他土壤动物进入较深土层提供大量通道，最终大幅增加土壤动物的活动量和活动范围，加速有机质的分解。另外，蚯蚓体内富含的各种酶使其具有转化有机质的能力，特别是能将土壤复杂有机质分解为植物易于利用的氨、碳酸、尿素、尿嘌呤及速效磷钾等可给态化合物，从而直接提高土壤肥力。

除影响土壤动物外，有机肥施用还能对土壤微生物产生巨大的影响。微生物是土壤生态系统中非常重要和活跃的生物部分，在土壤养分转化、腐殖质的形成和分解等方面起着不可替代的作用，其能分解土壤有机物作为碳源，使有机物被转化成有效养分，并对土壤无机营养元素起到固定和保蓄作用，增强土壤的保肥作用。国内外的研究表明，长期施用有机肥能够显著提高细菌和真菌的数量，并改变其群落结构，形成更有利于养分循环的功能群，如富集了分解难降解有机物的微生物群（Hallin et al.，2009；Li et al.，2015a；Tautges et al.，2016；Schmid et al.，2017；Ding et al.，2019）。这是因为有机肥能够大幅提高土壤的养分水平，从而促进微生物的生长。此外，施用有机肥提高了食细菌线虫的数量，而土壤细菌数量与食细菌线虫的丰富度呈正相关关系（Jiang et al.，2013；Li et al.，2016c），这一方面可能是线虫对细菌的取食促进了细菌的生长，另一方面可能是线虫的排泄分泌物为细菌生长提供了营养或刺激细菌生长的物质（Fu et al.，2005；Moens et al.，2005）。

土壤酶是指累积在土壤中的具有催化各种生化反应活性的蛋白质，通常来源于作物残体、动物遗体和土壤微生物等，是反映土壤养分转化能力强弱、评价土壤肥力的重要指标之一。大多长期定位试验证实，施用有机肥可以明显促进土壤磷酸酶、蛋白酶、脱氢酶、过氧化氢酶、蔗糖酶、脲酶和β-葡萄糖苷酶等活性提高（梁丽娜，2009；魏猛 等，2012；Tautges et al.，2016）。这是因为有机物料的施入既能直接带入丰富的微生物与酶，又能激活土壤原有的生物活性，因此，可显著提高土壤中与碳、氮、磷等营养元素循环有关的各种酶的活性，从而促进土壤有机质分解和养分形成与转化，最终提高土壤的整体肥力水平。

12.3　退化土壤恢复工程

12.3.1　退化土壤类型及恢复途径

受人口数量增长、食物需求增加及不合理的土地利用影响，全球土地资源不断退化，已威胁到粮食安全和社会经济可持续发展。20 世纪 70 年代，FAO 提出土地退化概念。随着土地退化空间的不断扩大和强度的日益增加，土地退化逐渐成为学界关注的重点领域。土壤退化是土地退化最本质的表征与映射，也常用来代指土地退化，主要包括土壤侵蚀、沙漠化、土壤盐碱化等类型（赵其国，1991）。

土壤退化是指在各种自然因素及人为因素影响下，土壤质量及其可持续性下降（包括暂时性的和永久性的），甚至完全丧失物理、化学和生物学特征的过程，包括过去的、现在的和将来的退化过程（张桃林和王兴祥，2000）。土壤退化的核心是多个要素共同作用导致土壤生产潜力和使用价值降低（Johnson and Lewis，1995）。自然因素主要指区域本身的气候条件，以及全球气候变化导致的自然条件的变化（蔡运龙和蒙吉军，1999）；人为因素往往起主导作用，如森林砍伐、过度放牧、耕地开垦和不合理的农业管理等（刘良梧和龚子同，1995）。

国际上关于退化土壤类型的划分有诸多不同的方法和体系，FAO 依据土壤退化原因将退化土壤分为侵蚀、盐碱、有机废料、传染性生物、工业无机废料、农药、放射性废料、重金属、肥料和洗涤剂引起的十大类（Johnson and Lewis，1995）。国际土壤情报中心（International Soil Reference and Information Centre，ISRIC）根据内外因的差异将退化土壤分为受风力和水力等外力侵蚀所造成的土壤物质迁移，以及由于土壤本身的物理化学作用所产生的土地退化（景可，1999）；国内学者主要基于物理或化学性质的变化、内力或外力的驱动、数量或质量的变化等视角（刘良梧和龚子同，1995），将退化土壤划分为水土流失、沙化、盐碱化、污损化、贫瘠化、酸化和损毁等类型（蔡运龙和蒙吉军，1999；刘慧，1995；沈渭寿 等，2006）。

针对我国严峻的土壤退化形势，我国相继出台并实施了一系列重大政策与整治工程，在退化土地修复及生态环境改善等方面发挥了重要作用。结合我国当前主要的土壤退化类型，本节对土壤侵蚀、沙漠化、盐碱化及工矿与城乡建设废弃土壤类型及其恢复途径进行探讨。

土壤侵蚀是全球性的主要环境问题之一，也是土壤退化的主要形式之一。我国土壤侵蚀最严重的地区主要分布在黄土高原，其次是长江中下游地区和赣江流域上游地区。按侵蚀营力的不同，土壤侵蚀主要可分为水力侵蚀、风力侵蚀、重力侵蚀、冻融侵蚀和人为侵蚀（李锐 等，2009）。土壤侵蚀的调控措施主要分为两类：一类是通过对土壤侵蚀的过程和机制进行研究与模拟，预测土壤侵蚀的发生范围与强度，从而采取管理、行政等措施进行预防；另一类是针对土壤侵蚀严重区域，利用理（理论）、工（工程）、管（管理）结合的手段，以小流域为单元进行综合治理（刘彦随，2015；朱显谟，1991）。我国于 1999 年开始实施退耕还林工程，将大量耕地复垦为林地、灌木地及草地，以改善包括黄土高原在内的生态脆弱地区的水土流失问题，取得显著成效。然而，退耕还林工程的实施导致当地耕地大量减少，粮食生产压力增大，农民的收入也没有显著提高，人地关系仍较为紧张。为解决这一区域问题，刘彦随等（2017）提出和建立了黄土丘陵沟壑区沟道土地整治工程原理与技术体系，利用地理学的综合视角与空间认知，结合工程技术手段，创建了干—支—毛分层防控、渠—堤—坝系统配套、乔—灌—草科学搭配的增强型沟道整治工程技术体系，以治沟造地解决水土保持、林业建设、现代农业发展的问题，推动流域生态文明建设。为解决当地土地利用效率低、人地矛盾突出的现实问题，刘彦随和李裕瑞（2017）进一步对治沟造地新增耕地开展了土体营造与种植模式调整试验，利用不同类型黄土的分层结构及其特性组合（新老黄土），营造稳定、可持续的沟道耕地，并引种油菜，探索粮+饲、饲+饲、经+饲的不同种植模式，形成“一季改两季、一业变三业”的农业经营模式，实现土地的高效利用，改善人地关系。

沙漠化是当今世界最为严重的土地问题，全球 1/4 的陆地、2/3 的国家或地区受到沙漠化的影响（王涛和朱震达，2001）。受土壤沙化的影响，区域耕地面积减少、农村生产力下降、农村贫困问题加剧，导致农村人口大量流失与土地撂荒，土壤沙化的风险进一步增大，形成恶性循环（Liu et al.，2003）。恢复与治理沙化土壤的主要措施包括生态恢复和土地综合治理。生态恢复在沙漠化土壤预防和轻度沙漠化恢复方面应用较多。土地综合治理主要是利用技术、规划与管理等手段，对沙化区域的土壤、植被与土地利用结构等进行调整，从而达到提高土地质量的目的；另外，利用现代土地工程技术手段，对沙化土壤结构进行恢复与治理，改善土体的物理化学性状，提高土地质量，优化土地利用结构（Han and Zhang，2014）。毛乌素沙地区域的土地整治工程试验，即利用砂粒与粉粒、砂粒与黏粒的物理互补性，在毛乌素沙地周围选取富含粉粒的黄土和富含黏粒的红黏土作为沙地颗粒重组的原材料（图 12-9），通过翻耕使砂粒和黏粒或粉粒充分混合，使沙化土壤的物理性状得到改善（王永生 等，2019）。土地整治工程为农牧交错区的作物生长提供最优的土壤配比，在不同土壤中选择种植最优、最适宜的作物，并根据不同土壤配比选育适宜的作物品种，为农牧交错区退化土地品质提升及适生作物土壤优配提供技术支撑，通过复配工程实践提高复配土体的保水、保肥能力，降低农业生产的资源环境压力（李玉恒 等，2019）。

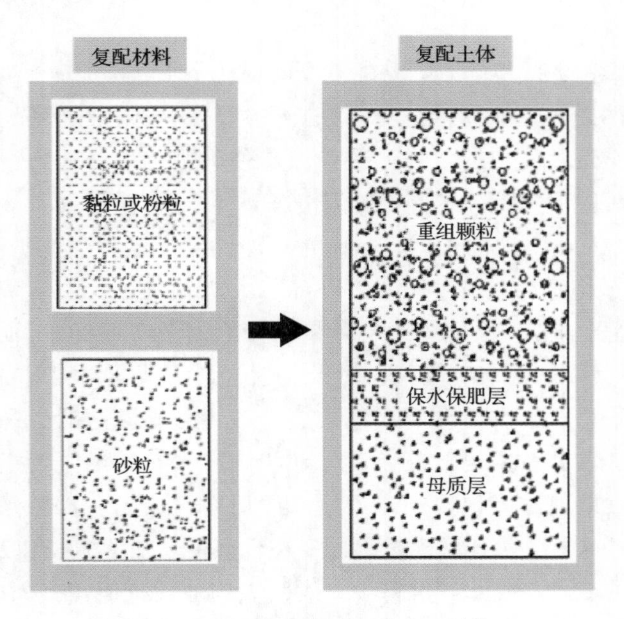

图 12-9　毛乌素沙地土体优配结构

土壤盐碱化是指影响作物生长的盐分在植物根系深度内土层过量聚集的现象（柯夫达和沙波尔斯，1986；谷洪彪和姜纪沂，2013）。我国盐碱土主要分布在黄淮海平原、黄河河套平原和西北内陆地区，按照土壤类型和气候条件可以分为四大类型：滨海盐渍区、黄淮海平原盐渍区、荒漠及荒漠草原盐渍区、草原盐渍区。土壤盐碱化不仅破坏土地资源，对植物的生长也产生不利影响，对区域生态环境和生态安全构成威胁，并且给农牧业的生产造成巨大损失，进一步威胁当地居民的生产生活。在盐碱地修复过程中应针对其产生的危害精确施策。盐碱化土地的治理主要包括生物措施、农业措施、化学措施和水利措施（孙兆军，2017）。①生物措施。盐碱地的生物改良通过引种、筛选和种植耐盐植物来改善土壤物理、化学性质和土壤小气候，从而达到减少土壤水分蒸发和抑制土壤返盐的目的，包括聚盐性植物、泌盐性植物、不透盐植物，如蒿属、盐爪爪等。②农业措施。主要通过平整土地、改良耕作、施客土、地表覆膜等方式改善土壤结构、增强土壤渗透性、减少蒸发以提高土壤盐分淋洗效率。③化学措施。施用土壤改良物质（如石膏、磷石膏、亚硫酸钙等），吸收并固定盐碱地中的盐离子，可改善土壤理化性质，促进土壤颗粒凝聚，改善土壤结构，增强土壤渗透性。④水利措施。依据“盐随水来，盐随水去”的基本原理，通过在农田中修建排水管，把多余的水分排走，扩大地下水距离地表的距离，减少盐分在土壤表层累积，以达到改良盐碱地的目的。

工矿与城乡建设的废弃土壤也是重要的退化土壤类型，其土壤复垦对我国具有重要的现实意义。土地复垦是对因采掘、建材工业发展和其他工矿废弃物堆积等而被占用或破坏的土地，通过整治改造使失去的生产能力得到再利用。它是国土整治和环境保护工作的重要组成部分，也是解决采掘、建材等工矿企业与农、林、牧、渔业争地的矛盾，是防止环境污染、恢复生态平衡的有效途径。随着经济的高度发展，为获得更多矿产品，人类赖以生存的环境和最宝贵的土地资源日益遭受严重破坏。国外土地复垦率一般为70%～80%，而在我国的一些地区土地复垦率还不到1%。因此，对于我国这个土地资源相对贫乏的国家，加强土地复垦工作，对于有效缓解人地矛盾、改善被破坏区的生态环境、促进社会安定团结具有十分重要的意义。此外，我国广大农村地区“空心村”问题加剧，农村居民点用地却呈现“不减反增”的局面，成为乡村振兴与城乡融合发展的主要障碍，亟须深入开展“空心村”综合整治（刘彦随 等，2009）。农村空心化本质上是在城乡转型发展进程中，农村人口非农化引起“人走屋空”，以及宅基地普遍“建新不拆旧”，导致村庄用地规模扩大、闲置废弃加剧的一种“外扩内空”的不良演化过程。因此，需要对“空心村”土地进行整合与复垦，其主要模式包括城镇化引领型、中心村整合型和村内集约型。其中，“空心村”压损污染土地整治修复技术是实现“空心村”综合整治无害化、资源化的关键（陈玉福 等，2010）。山东省禹城市进行了平原农区“空心村”压损污染土地整治技术集成示范，针对传统土地复垦方法忽视不同类型土体特性差异而导致新增耕地肥力低、结构不完整、沉降不均匀等问题，研究空废土体压损、污染程度分级标准，设计不同养分水平、压损程度和污染程度土体的资源化利用方案，构建了“三位一体”（土体营造、土层复配、土质改良）的健康土体营造工程技术方案和措施。

12.3.2　坡地土壤水土保持工程

坡地是指具有一定坡度的土地（主要包括耕地、林地、草地和未利用地等），它是由岩石和风化碎屑物在重力、流水和地质构造等作用下发生崩塌、滑坡等作用形成的。我国坡地主要分为岩石坡地、土质坡地、碎屑坡地和土石坡地。岩石坡地主要分布在我国西部干旱地区的阿尔泰山、天山、唐古拉山、祁连山、喜马拉雅山、青藏高原海拔4500～4700m及以上的山地、西南石灰岩山地；土质坡地主要分布在秦岭以北、太行山以西的广大黄土堆积区，在黑龙江、吉林、辽宁、内蒙古、山东、河北、新疆、四川等省（自治区）也分布广泛；碎屑坡地零星地分布在全国各地的山前地带，比较集中的有太行山前带、燕山前带、大别山前带、秦岭北麓、天山南麓、昆仑山北麓和祁连山北麓；土石坡地主要分布在我国南方的东南丘陵区、西南的喀斯特丘陵区、红色岩系构成的丘陵区、辽东半岛和山东半岛（景可，1982）。关于坡地的开发问题历来就存在着巨大的争议。有人认为15°以上的坡地（尤其是大于25°）只能以造林为主进行生态环境保护。一般而言，坡地是宜草宜灌木的，不宜大规模耕作，而耕作比例越大，水土流失越严重，生态环境也就越恶劣。我国森林植被几乎全部分布在不同类型的坡地上，一些经济作物和野生药材也被种植在坡地上。

坡耕地是指分布在山坡上、地面平整度差、跑水跑肥跑土突出、作物产量低的旱地。一般是指6°～25°的地貌类型（开垦后多称为坡耕地）。我国2/3耕地分布在山区，其中70%属于坡耕地。在我国耕地资源中，耕地坡度等级一般划分为≤2°、2°～6°、6°～15°、15°～25°、≥25°5个等级。其中，坡度≤6°的缓坡地耕作条件较好；6°～15°的坡耕地资源需要适当进行土地平整、田块归并，培肥土壤、加强水源管理，不断提高耕作条件；15°～25°的坡耕地通常要进行坡改梯工程，通过石砌梯坎、土坎、生物块的办法减少水土流失，同时培肥土壤，改善土壤条件与结构，以解决跑水、跑土、跑肥的问题；坡度≥25°的陡坡地禁止开垦种植农作物，需要退耕还林、还草，营造坡面水土保持林。坡地又极易发生水土流失而导致其生态环境恶化，因此对坡地的资源保护和水土保持十分重要。我国坡耕地是自然地理和人文历史因素综合作用形成的，其物质和能量循环主要依赖人类活动的介入。坡耕地生态系统具有缓解人口压力、保障粮食供应的基础作用，也具有一定的生态景观和历史文化遗产价值，是山区乡村建设的基础和载体，具有一定的社会稳定作用。

我国坡耕地生态系统具有以下特点：①分布广，面积大；②地形复杂，土壤类型多，土壤肥力差异大；③生态问题比较严重，是我国主要的水土流失区域，土壤退化比较严重。

为了防治坡地土壤退化、生态失衡，需要对坡地进行综合治理。通过改善坡地土壤的水土流失状况、提高耕地质量、实施坡地水土保持工程，包括优化排水沟道，对坡地进行科学规划、开垦、整理和恢复利用，修复和新建拦洪坝、淤地坝，同时配套生产道路、四旁林地建设等工程措施，可有效增加耕地面积，优化土地利用结构，改善农业生产条件和生态环境，提升经济效益、社会效益和生态效益（张晖，2012）。

比较典型的坡地治理措施和技术如下。①坡改梯工程技术。坡改梯工程是目前生态效益与经济效益兼顾、社会效益也较为良好的坡耕地治理措施手段。坡改梯是水土保持生态环境建设的主体工程，也是农村经济发展的基础工程。合理的坡改梯，能有效地控制水土流失，从而为较大幅度提高土地生产力和粮食增产提供可能。②植物篱技术措施。植物篱是在坡地上相隔一定距离密集种植双行乔木或灌木（一般为固氮植物）带，并把农作物种植在植物篱之间，其基本功能是改善该系统的水热条件，抑制杂草生长，控制坡耕地水土流失。坡耕地植物篱种植是一种坡耕地可持续利用技术，在改善土壤物理性质、提高土壤养分含量、减小坡耕地水土流失、防止土壤退化、促进农作物生长、增加作物产量、提供饲料薪柴等方面具有良好的作用和效果，植物篱在坡耕地资源可持续利用中具有显著的生态效益和经济效益。③退耕还林措施。对≥25°的坡耕地必须实施退耕还林，在保证基本农田建设和粮食需求的基础上，退耕还林计划的实施对恢复我国流域生态、促进流域水土保持、改善区域生态方面可产生良好的生态效益和社会效益。

我国不同区域的坡地自然环境、地理条件和开发状况有很大的差别，因此，对不同地区的坡地治理有不同的要求和特色。东北地区超过60%的坡耕地，是坡度在6°～8°的缓坡地，有很多是肥沃的黑土地，是我国粮食主产区，也是我国优质的耕地资源，但要防止顺坡耕作造成的水蚀问题，防止黑土层变薄或消失，应该大力推广保护性耕作技术；华中、华南以红壤丘陵坡耕地为主，要重复利用其水热条件，根据地形采取立体经营，提高土壤植被覆盖度，减少土壤侵蚀；在广西、云南、四川等地的坡耕地石质化比较严重，应将防止土壤流失放在首位，增加土层厚度，提高土壤肥力；北方的黄土高原侵蚀强烈，形成很多陡坡地，水土流失严重，地表高度破碎，治理难度大。

北方黄土高原坡地水土流失极为严重，严重影响了当地农业经济发展和人民生活水平的提高，为此研究人员在过去几十年开展了大量研究工作（孟庆华和傅伯杰，2000），许多学者针对黄土高原坡地的利用与治理提出了宝贵的经验。例如，调整农林牧用地结构，分区建立优化土地利用结构模式；造林种草，增加植被，改善生态环境；建设基本农田，培肥地力，实现粮食自给；进行小流域综合治理，打坝淤地，坡沟兼治，以治坡为主，控制水土流失；加强土地管理（傅伯杰，1989；李玉山，1999；刘彦随 等，2006；蒋定生和高可兴，2000；刘国彬 等，2008）。

黄土高原坡地治理应该蓄沙蓄水，合理利用水资源，使黄土高原的农业生产得以持续（朱显谟，1998；山仑，1999）。

有关坡地土壤水土保持工程的典型案例介绍如下。

1. 陕西延安治沟造地土地整治项目

陕西延安治沟造地土地整治项目建设总规模为 3.37 万 hm^2，建设期为 2013～2017 年。沟道土地整治重大工程的项目模式体系设计（图 12-10）采用了坝系建设、切坡护沟（全方位植物保护）、沟道排涝和沟头治理（布设谷坊和沟头防护工程）、坡面防护（布设截水沟和排水沟）及农田灌溉等工程技术措施，确保了边坡稳定和沟道防洪安全。在工程规划与设计环节，该项目研究提出了沟道土地整治分区、分类标准及技术要点，划分出修复整治型、配套完善型、开发补充型、综合治理型 4 种工程建设类型，创建了干—支—毛分层防控、渠—堤—坝系统配套、乔—灌—草科学搭配的增强型沟道整治工程技术体系，项目建设取得显著的实践应用成效（图 12-11）。该项目坚持田、坝、渠、路、林建设相结合的准则，开创了山川一体、三生（生产、生活、生态）耦合、转型发展的土地整治新模式；“油菜+”种植模式、种植+养殖+观光模式、“一季变两季、一业改三业”显著提升了耕地的经济效益和社会效益，增加了农民收入（刘彦随 等，2017）。

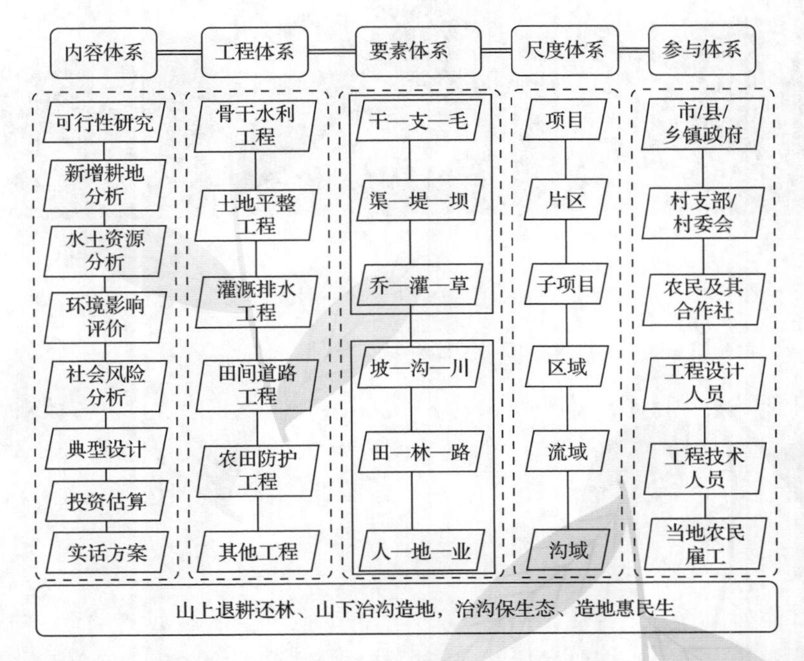

图 12-10 沟道土地整治重大工程的项目模式体系设计（刘彦随 等，2017）

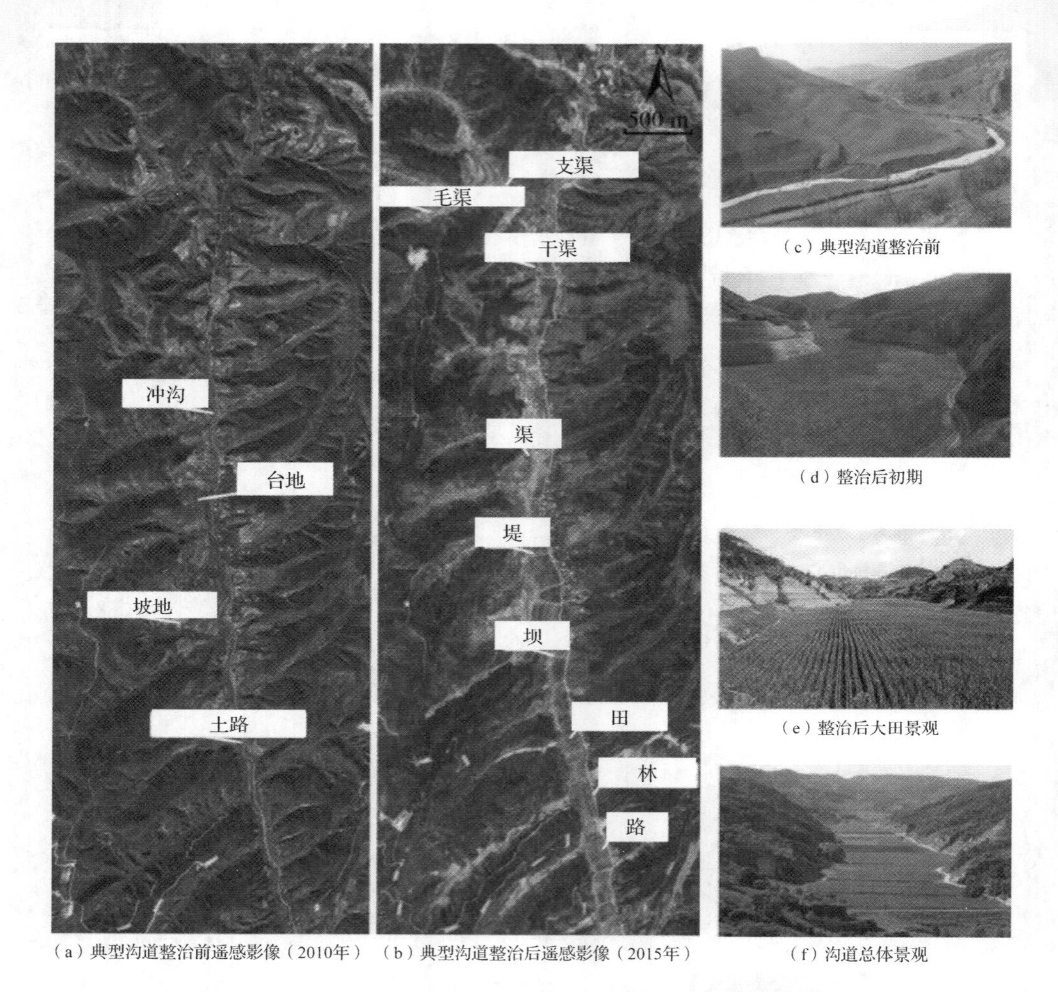

（a）典型沟道整治前遥感影像（2010年）（b）典型沟道整治后遥感影像（2015年）（c）典型沟道整治前（d）整治后初期（e）整治后大田景观（f）沟道总体景观

图 12-11 延安沟道土地整治工程建设前后对照（刘彦随 等，2017）

2. 长江流域某地区的水土保持生态修复工程

长江流域某地区水土流失面积为 17.03km^2，占总面积的 30.35%，以水蚀为主，年水土流失量为 10.77 万 t，年土壤侵蚀模数为 1919 t/km^2，设置了保土耕作、建设沼气池、采用穴状整地等一系列措施。水土保持林树种的选择主要有湿地松、刺槐和紫穗槐等；采用穴状整地，穴面与原坡面持平或稍向内倾斜，穴径 0.4～0.5m，深 25cm 以上，呈品字形。关于塘堰设计一般布设在坡面汇流处，增加蓄水、提水能力，并形成灌溉网络，解决灌溉的死角问题；坝址一般选择在有一定来水、地形肚大口小、地质良好的地方，靠近用水区，坝高小于 5.0m，土坝体面宽采用 3.0m，内外边坡比例均采用 1∶2，内坡块石护坡，外坡草皮护坡，外坡脚干砌堆石固脚。兴修小型水利水土保持工程可防止沟头前进、沟面扩张、沟底下切，从而保护地面不被沟壑切割破坏。坡面沟渠工程的目的是拦截坡面径流，引水灌溉，排除多余来水，防止冲刷，减少泥沙下泄，保护坡脚农田，巩固和保护治坡成果。通过采取各项措施，有效控制了水土流失，拦蓄了地表径流，年减少泥沙流失量 16.88 万 t，年增加蓄水量 141.86 万 m^3，保护了水土资源，提高了植被覆盖率，改善了生态环境。

3. 枣庄富川小流域水土保持工程

枣庄富川小流域坡式梯田水土流失最为严重，是水土流失重点治理区域。当地属于丘陵地区，地形区内形成了东西向的断裂，断裂面向南倾斜。整体坡度大约为 15°，因为流域闭合，降水沉积后，会自然形成多条沟渠。由于田地的外侧有大量砂砾，这会加快水土流失，为此进行了为期 9 个月的水土保持工程建设。通过修坡式梯田、种植水土保持林、修田地排水渠等措施来涵养水源，抑制水土流失，调节当地的生态平衡，构架农业生态经济单元与系统。梯田设计主要是在梯田内部设置排水沟，沟渠的设置共有 3 种：一是底部与高度均为 0.2m，上口的宽度 0.3m；二是底宽 0.3m，深度 0.5m，上口宽 0.8m；三是宽度 0.45m，深度 0.3m。第一个沟渠的位置是梯田内侧，第二个是纵向的排水沟，第三个是斜坡的陡槽。田面排水沟设计如图 12-12 所示。水土保持林主要选择种植核桃和桃树，种植密度大小为 4m×5m。整地方法的设计要求是可抵御 10 年每天 6h 的雨水冲刷，所以其设计是在坡田内设计排水系统，修筑地堰。通过该水土保持工程，增加了粮食与林木、果实的产量，粮食产量在以往收成的基础上，每亩增加了 20kg，资金收益增加了 40 元/亩，果林的收益增加了 17.98 万元/a，总治理程度为 95%，林草覆盖率上升到 43.36%（万玲玲，2018）。

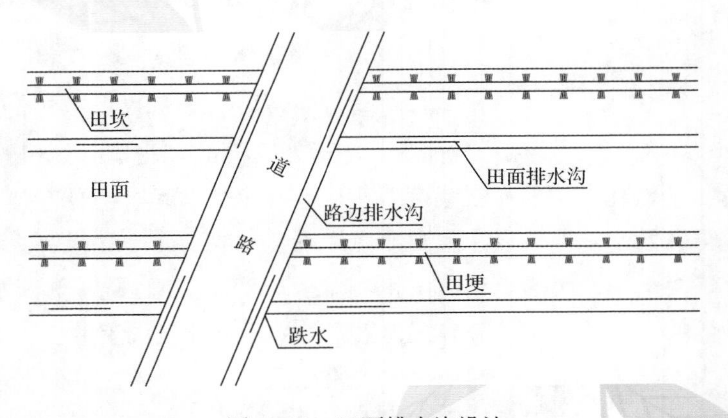

图 12-12　田面排水沟设计

综上所述，通过坡地土壤水土保持工程能够有效地改善坡地土壤的排水情况、农业条件，挖掘土地生产力，提高农作物产量。

12.3.3 沙化土壤恢复工程

1. 土壤沙化的成因

土壤沙化一般是指干旱半干旱和半湿润地区，在各种因素的影响下，在土壤的表面所出现的以沙（砾）状物质为主要特征的土地退化过程。土壤沙化过程包括土壤的风蚀过程及较远距离的风沙堆积过程，土壤沙化会使土壤贫瘠化、粗粒化，相应的土地演变成荒地。它的产生与发展，除气候干旱、多风和土壤结持力弱、持水量低等自然因素，耕地过度农垦、用养失调、草场超载过牧、滥垦滥挖等不合理的人类经济活动也起到了决定性的作用。据统计，人为因素引起的土壤沙化面积占总沙化面积的 94.5%，其中农耕不当占 25.4%，过度放牧占 28.3%，森林破坏占 31.8%，水资源利用不合理占 8.3%，开发建设占 0.7%（黄昌永和徐建明，2012）。

2. 土壤沙化的危害

我国土壤沙化退化现象十分严重，给农业生产和人们正常的经济生活带来了极大的危害。首先，沙化土壤由于有机质含量低，加之当地干旱或半干旱的气候条件，加剧了植物根系周围的养分亏缺，从而使植物较难定植，土地生产力下降，导致大面积土壤失去农、牧生产能力，使有限的土壤资源面临更为严重的挑战。其次，土壤沙化使大气环境恶化。由于土壤大面积沙化，风挟带大量沙尘在近地面大气中运移，极易形成沙尘暴甚至黑风暴。土壤沙化的发展，造成土地贫瘠，环境恶劣，威胁人类的生存。

3. 我国沙化土壤的分布

截至 2019 年，我国沙化土地面积为 168.78 万 km^2，占国土面积的 17.58%，其中 90%以上的沙化土地分布在我国西北地区，而且呈逐年扩展趋势。根据土壤沙化区域差异和发生发展特点，我国沙漠化土壤（地）大致可分为干旱荒漠地区的土壤沙化、半干旱地区的土壤沙化和半湿润地区的土壤沙化 3 种类型。其中，干旱荒漠地区的土壤沙化主要分布在内蒙古的狼山—宁夏的贺兰山—甘肃的乌鞘岭以西的广大干旱荒漠地区，沙漠化发展快，面积大；该地区气候极端干旱，土壤沙化后恢复难度大。半干旱地区的土壤沙化主要分布在内蒙古中西部和东部、河北北部、陕北及宁夏东南部；该地区属农牧交错的生态脆弱带，由于过度放牧、农垦，沙化呈大面积区域化发展，这一沙化类型区人为因素很大，土壤沙化有逆转可能。半湿润地区的土壤沙化主要分布在黑龙江、嫩江下游，其次是松花江下游、东辽河中游以北地区，呈狭带状断续分布在河流沿岸，沙化面积较小，发展程度较轻，并与土壤盐渍化交错分布，属林—牧—农交错的地区，对这一类型的土壤沙化进行控制和修复是完全可能的。

4. 沙化土壤的恢复

沙化土壤的恢复重建是防止生态环境进一步恶化，保护农业生产，实现农业可持续发展的必然要求。目前对于沙化土壤的恢复技术主要有生物修复和化学修复。

（1）生物修复技术

保护性耕作是原始又有效地防止土壤沙化的生物修复技术，可以通过减少对土壤的耕作次数，增加地表秸秆残茬覆盖，增加土壤有机质含量，改善土壤结构，控制水土流失，减少风蚀、水蚀，缓解沙尘危害。同时，保护性耕作保持和改善了土壤结构和物理化学性质，提高了土壤持水能力，为土壤微生物的生存和加速繁殖提供了有利条件。各类土壤微生物相对均衡的生长，反过来加速了土壤有机残体的分解，进一步提高了土壤有机质含量，促进了土壤团粒结构的形成和土壤养分的转化。甘肃省农业科学院土壤肥料与节水农业研究所近年来在民勤和金昌地区围绕沙化土壤改良开展了大量试验研究，集成了沙化土壤秸秆立地过冬覆盖还田技术（图12-13）。该技术通过秋季玉米高留茬或秸秆立地过冬来增加地面覆盖，可以减少土壤风蚀量50%以上，提高土壤有机质含量7.1%～9.6%，翌年增加玉米产量2.6%～6.7%。

图12-13 沙化土壤秸秆立地过冬覆盖还田技术应用（甘肃民勤地区）

（2）化学修复技术

化学修复技术通过添加土壤结构改良剂、保水剂、保肥剂和固沙剂等方法来改良沙化土壤结构，该技术能够有效提高土壤的保水保肥效果。以甘肃省农业科学院土壤肥料与节水农业研究所研究集成的缓释肥配施保水剂沙化土壤修复技术为例（图 12-14），它通过施用缓释肥来达到沙化土壤肥料长效的效果，利用保水剂达到沙化土壤保水的效果。该技术在民勤风沙地区推广使用的效果显示，土壤有机质含量可以提高 16.8%，土壤容重下降 3.1%，玉米产量增加 11.5%。

图 12-14 甘肃民勤地区缓释肥配施保水剂沙化土壤修复

（3）其他修复技术

虽然生物修复技术和化学修复技术在防止与恢复耕地土壤退化方面作用显著，但是对于水土流失严重、沙化、盐碱化、石漠化严重而生态地位重要、粮食产量低而不稳的耕地，以及不适于再做农田的耕地，则要通过轮作休耕、退耕还林、退耕还草等措施加以恢复，培肥地力。甘肃省农业科学院土壤肥料与节水农业研究所在民勤地区沙化土壤改良过程中集成了沙化土壤冬春季绿色覆盖草田轮作土壤培肥技术（图 12-15）。该技术通过冬春季冬油菜和绿肥等绿色植被覆盖来减少土壤风蚀，播种前进行冬油菜和绿肥等绿色植被翻压来培肥土壤，在河西走廊民勤土壤沙化区，可使玉米平均亩产增加 145kg。另外，针对绿洲荒漠边缘沙漠移动快、生态环境极度脆弱、土壤沙化严重、沙区难以开发等问题，在沙化土壤上种植梭梭，然后嫁接肉苁蓉（图 12-16），利用梭梭与肉苁蓉的共生关系来达到防风固沙、防止土壤沙化的目的，同时可以提高农民经济效益。

因为我国沙化退化土地分布范围广，各地降水量、土质、灌溉等条件均不同，所以修复沙化退化土壤要依据各地的不同特点，设计适用于不同沙化退化类型区的修复技术体系，以及建立以可持续农业为目标的土壤和环境综合整治系统与优化模式，宜农则农，宜林则林，宜草则草。同时也应完善法制，在沙化土壤区域，合理规划利用水资源，控制农垦，限制载畜量。

图 12-15　甘肃民勤地区沙化土壤冬春季绿色覆盖草田轮作土壤培肥

图 12-16　甘肃民勤地区沙化土壤梭梭嫁接肉苁蓉

12.3.4　盐碱土壤恢复工程

1. 盐碱土壤类型与特征

盐碱土壤是指土壤中存在较高浓度易溶性盐分离子，对土壤的物理、化学、生物特性和植物生长造成不利影响的各种类型土壤的统称，包括盐化土壤、碱化土壤、盐土和碱土等（王遵亲　等，1993）。盐碱土壤分布区域一般具有地面蒸发量强烈和降水量较低、地形地貌低洼平坦、成土母质含盐或受海水浸渍影响、地下水埋深浅和地下水矿化度高等特点。我国盐碱土壤广泛分布在滨海、西北内陆、黄淮海平原、东北松嫩平原等地区。人类生产活动也可造成土壤次生盐渍化，引起土壤退化。不当生产活动可能影响水盐运动规律，改变原有土壤水盐平衡，造成土壤易溶盐的积累，形成次生盐碱土壤，严重影响土壤质量、生态功能和土地生产能力。在干旱和半干旱地区，以下生产活动常容易引起土壤次生盐渍化，造成土壤退化：灌溉过程中设施不配套和管理不合理，采用咸水和碱性水等劣质水进行灌溉，修建大中型水利工程（如平原水库）而缺乏盐渍化防控措施，发展规模化土地设施栽培、大水面养殖等。盐碱土壤中可溶性盐分含量高，或土壤 pH 高，大量盐分物质常聚集在土壤表层。盐碱土壤的孔隙特性、渗透性等物理特性差，土壤板结，结构受到破坏，土壤肥力低，供肥和保肥性能差。土壤中存在的大量电解质造成了植物的生理干旱，降低了土壤水分利用效率；土壤中的盐分还造成植物养分吸收障碍，严重抑制植物生长；特定的盐分还会造成离子毒害，直接危害植物根系，造成植物死亡。

2. 盐碱土壤治理改良原理

根据不同的盐碱土壤类型和盐碱障碍程度、土壤盐碱发生与演变的环境要素和人为要素特征，可以对盐碱土壤进行治理与改良。同时，不但要做好现实的盐碱土壤的治理改良，还要做好土壤次生盐碱化的防控。盐碱土壤的治理与改良既要做好土壤盐碱障碍的消减工作，也要同步做好土壤质量的改善和土地地力的提升工作。治理盐碱土壤和防控土壤盐碱退化的核心，是根据土壤盐碱状况的动态变化特征，实现土壤水盐的优化调控，消除或消减土壤盐分，阻止盐分的积累，提升土壤肥力质量（杨劲松和姚荣江，2015）。盐碱土壤治理与改良的基本原理如下：一是脱除表层土壤中过量的盐分离子，或调控土壤酸碱平衡；二是阻控底层土壤或者地下水中的盐分上移积累；三是排除地下水携带的过量盐分；四是改良盐碱带来的土壤结构和耕作方面的障碍；五是提升土壤肥力、抑制盐碱对植物的危害。我们可以通过以下方法与手段，实现盐碱土壤治理与改良：一是通过不同覆盖手段抑制或者减轻土表蒸发；二是通过工程或生态排水手段降低地下水位；三是通过土壤结构改善和隔层手段控制土壤毛管水分运动；四是通过土壤调理与特色耕作措施结合优化水分管理促进盐分淋洗和碱性危害消减；五是通过培肥地力和耐盐植物种植手段抑制盐碱危害和提升土壤质量。

3. 盐碱土壤治理与恢复技术

我们可以根据土壤盐碱类型和程度、自然条件特点和治理利用需求，有选择地或者综合利用以下技术，进行盐碱土壤的治理与恢复。在实践过程中，我们还可以利用这些技术优化构建集成应用模式，实现盐碱土壤的规模化、工程化治理与恢复。

（1）盐碱土壤长效阻盐技术

盐碱土壤长效阻盐技术以创建淡化的土壤表层（耕作层）为核心，通过植株或地膜覆盖降低土面蒸发控制积盐，在耕作层底部建立物理或生物隔离层，抑制

毛管活动，阻控盐分表聚与防止土壤返盐。旱作盐碱土壤"上覆下改"控盐培肥技术和次生障碍盐碱土壤"上膜下秸"控抑盐技术，均可有效实现耕层土壤盐碱障碍的阻控（赵永敢 等，2013）。

（2）盐碱土壤增强脱盐技术

盐碱土壤增强脱盐技术施用土壤质地调节类、土壤良性结构促生类、土壤黏闭障碍消除类、土壤生物活性激发类改良调理制剂与生物材料，改善土壤结构和通透性，有效提高灌溉季节和降水季节土壤盐分淋洗效率，加速土壤盐分脱除。作物秸秆材料、生物质材料、微生物制剂材料、复合有机肥、明砂、部分生态友好型有机聚合物和矿质材料等，都有改善盐碱土壤特性、促进土壤盐分脱除的功效。

（3）盐碱土壤高效排水排盐技术

盐碱土壤高效排水排盐技术主要采用合理的田间排水设施和优化的排水排盐技术参数的手段，有效降低地下水位，实现土壤盐碱的高效排除。暗管排水排盐设施在地下水位浅、土壤质地适宜、具备一定灌溉条件的盐碱区域的排盐效果明显。优化暗管铺设埋深和暗管间距设计，暗管排水技术与明沟排水技术的结合可以提高排水排盐效率（Yao et al.，2014.）。对由平原水库和大水面养殖引起的次生土壤盐碱的区域，可采取周边截渗措施配合排水技术治理和防控土壤盐碱危害。

（4）盐碱土壤水分管理调盐技术

盐碱土壤水分管理调盐技术采用膜下滴灌节水控盐、根区水分优化调控、高效雨水利用、灌溉水质改良、沟灌抑盐、咸水结冰冻融灌溉等方法，实现土壤根区局部的盐分脱除和水盐平衡（刘小京，2018），在实现多水源高效利用和非常规水资源安全利用的基础上，为植物生长创造淡化的根区环境，实现盐碱土壤的治理、恢复和利用（张越 等，2016）。

（5）盐碱土壤耕作栽培控盐技术

盐碱土壤耕作栽培控盐技术采用粘板层破除技术和深松技术，消除盐碱障碍层对土壤降盐、耕作和作物生长的不利影响。对具有板结不透水层、阻碍盐分淋洗的盐碱土壤，采用机械破粘板层技术可以促进水分快速下渗和盐分淋洗以达到土壤脱盐控盐效果。土壤深松技术的松翻深度目前可达到 50～60cm，对深层和连续分布的盐碱土壤粘板障碍层有良好的改良效果。高垄深松技术在耕作层和犁底层土壤结构改善及控盐方面具有较大潜力。盐碱土壤运用高垄、垄作、平作等种植手段和垄作平栽、垄膜沟灌、覆膜穴播等栽培方法，结合轮、间、套作种植方式，可以实现作物生育期控盐种植与增产增效。

（6）盐碱土壤调理改碱技术

盐碱土壤调理改碱技术通过施用化学类和生物类改良调理制剂，运用离子代换、水解中和与酸碱平衡等原理，实现碱化土壤的治理改良。改碱类的土壤改良调理制剂主要包括石膏类、有机酸类、硫酸铝、有机物料等。石膏类和硫酸铝改良调理制剂施用于碱性土壤后，利用二价和三价阳离子置换土壤胶体上的钠离子，加速钠离子的淋洗脱除，降低土壤胶体钠离子水解造成的碱化程度。其中，利用有机物料含有的羟基、羧基等官能团中和土壤碳酸根、重碳酸根，降低实现土壤残余碱度和 pH，以此治理和改良碱性土壤。

（7）盐碱土壤生物改土与利用技术

盐碱土壤生物改土与利用技术筛选和驯化耐盐碱作物或盐生经济植物品种，实现中、重度盐碱土壤的直接利用，在种植利用过程中，实现土壤盐碱障碍的消减和土壤肥力的提升（赵振勇 等，2013）。目前已有水稻、小麦、大麦、油菜等大田耐盐作物品种，以及甜高粱、菊芋、盐地碱蓬、海蓬子等耐盐或盐生经济植物品种可以应用。此外，通过抗盐微生物的筛选和生物制剂的应用，改善盐碱土壤的生物活性和养分供应能力，提升植物抗逆性能，实现盐碱土壤高效利用。部分盐生植物还具有吸收土壤盐分、促进土壤盐碱程度减轻的潜力。

（8）盐碱土壤养分管理培肥抑盐技术

盐碱土壤养分管理培肥抑盐技术通过加大有机补偿、土壤增碳培育、农用废弃物资源化利用、根际养分调控等手段，实现盐碱土壤的生物有机农艺培肥与抑制盐害。盐碱土壤绿肥翻压增碳熟化增肥、盐碱土壤根际营养调控、盐碱土壤秸秆快速腐解改土培肥、农牧结合改良农田碱斑等技术对盐碱土壤具有良好的培肥抑盐效果（朱海 等，2019）。

（9）土壤盐碱障碍评估和利用规划技术

土壤盐碱障碍评估和利用规划技术进行点、田间和区域尺度土壤盐碱动态的调查与监测，开展土壤盐碱的分类与分级和利用适宜性评估，根据土壤盐碱特性、自然条件特点和修复、利用需求，筛选适宜的盐碱土壤治理改良技术并形成若干优化适用的集成技术模式，优化盐碱地治理改良和利用规划，进行工程化实施。

4. 盐碱土壤的生态治理与利用

基于我国盐碱土壤与人为利用和灌溉并存、局部盐碱化减缓和长期性的盐碱反复与加剧并存的现状，可运用生态学理论进行综合治理改良，实现盐碱地可持续利用。开展盐碱土壤的生态治理，应着重注意如下几个方面：一是注重利用生物适应性开展治理恢复；二是充分利用自然条件开展治理，减少人为扰动；三是兼顾土壤的生产功能和生态功能；四是保证盐碱土壤治理恢复的持续性；五是注意治理过程中各类农业资源的节约和高效利用；六是避免治理恢复过程中对环境造成污染或压力；七是应对现有盐碱土壤治理恢复技术进行生态化改造（杨劲松等，2016）。

盐碱土壤的生态治理与恢复应强化以下几个方面的研究与技术研发工作。

（1）明晰盐碱障碍生态调控机制

分析盐碱土壤形成及其驱动特征，研究盐碱障碍的生态调控机制，分析外源秸秆、覆盖、绿肥、有机肥等生态化措施对盐碱地土壤水盐运移过程的调节和盐碱阻控的效果，阐明其在促进土壤脱盐、植物生长及耕层土壤熟化等方面的作用机制，研究不同调控措施下盐碱障碍土壤的生态反馈机理。

（2）建立生态导向型盐碱地长效治理与修复关键技术体系

研究盐碱地微生物治理与修复技术，筛选出具有耐盐、抗逆、促生等功能的微生物菌株与生物制剂，开发盐碱土壤改良生物专用肥并建立配套的优化施用技术。收集和筛选生态型特色耐盐碱林果、饲草、农作物种质资源，并有针对性地研发耐盐植物的配套种植技术，建立耐盐植物品种抗盐种植生态修复技术体系。研究次生盐碱地节水控盐与生态工程治理技术，研发高效节水灌溉、植物适宜生境快速构建、高成活率微区生境营造、高效干排盐生态工程等盐碱土壤治理技术。

（3）研制控盐排盐型工程装备与改良制剂产品

研发新型高效排盐暗管铺装机、新型控盐滴灌装备与自走式深松破土机等控盐排盐型盐碱土壤治理装备，开发集成控制、过滤、注肥、土壤墒情监测等关键系统的低压管道式节水控盐灌溉装备。开发生态友好型、节本高效型复合改良调理制剂，研制以石膏为主料、添加高价阳离子等材料的复合高效土壤调理剂，研发土壤盐基离子敏感高分子材料与石膏耦合的高分子吸附型土壤调理剂，研发优化热裂解与工艺流程、生物质炭定向修饰的生物质炭基盐碱地调理剂。

（4）建立盐碱土壤综合治理技术体系与生态产业发展技术模式

根据当地盐碱障碍和自然条件特点、地方的社会和产业发展需求，构建因地制宜的盐碱土壤生态治理与产业发展集成技术模式。运用生态学理念，集成运用盐碱土壤生态治理技术，构建基于盐碱地生态治理的粮食经济作物生态产业、林业与果蔬生态产业、草业与畜牧业生态产业发展技术模式，实现盐碱土壤的工程化和规模化生态治理与高效利用。

河套平原地处内陆，是我国西北最主要的农区与生态脆弱区，河套灌区排水不畅，导致原生与次生盐碱化并存，盐碱地面积大、程度重，严重影响该区生态、农业和经济社会发展。2016 年以来，依托“十三五”国家重点研发计划项目“河套平原盐碱地生态治理关键技术研究与集成示范”，中国科学院南京土壤研究所、中国科学院遗传与发育生物学研究所农业资源研究中心、中国科学院地理科学与资源研究所、中国农业科学院农业资源与农业区划研究所、内蒙古农业大学、宁夏大学、清华大学、中国林业科学研究院、中国农业机械化科学研究院集团有限公司等20家项目承担单位，在内蒙古和宁夏河套平原，较为系统地研究了河套平原土壤盐碱障碍的生态调控理论，研发了盐碱地生态治理关键技术和装备及产品，集成构建了盐碱地生态治理与利用的产业技术模式，为生态治理和利用河套平原盐碱地提供技术支撑和储备（杨劲松 等，2016）。通过研究，明晰了盐碱化空间格局的多尺度驱动要素及其驱动机制，地下水埋深、地势、距排渠距离、人为利用强度是驱动河套平原灌区尺度盐碱化空间格局变化的主控因子，据此提出河套平原盐碱障碍生态调控思路。在技术研发层面，研发了盐碱地滴灌水盐调控抑盐控盐技术与盐碱地干排盐等生态治理技术，确定了耕荒地比例等干排盐系统技术参数。优选了一批耐盐碱植物种质资源，开发出多种专用特色生物有机肥、菌剂等微生物肥料产品。在装备与产品层面，开发北斗导航与高程控制、深松作业在线监控等关键系统，完成无沟排盐暗管铺设、深松破土一体机的整机设计和样机制造，开发盐碱地动态低压小流量精准滴灌、耐腐蚀抗堵塞滴灌设备和专用机械化起垄整地装置，筛选和工厂化试制脱硫石膏型、离子交换树脂型和生物炭基型复合生态调理剂。在剖析多年河套灌区土壤水盐平衡基础上建立的暗管排水间距、埋深、滤料和施工期等技术参数，在有效地提高了盐碱地暗管工程的排盐效率的同时，也提升了灌区的水资源利用效率。以沙柳生物质炭为主料，添加脱硫石膏悬浮液、有机废弃物、枯草芽孢杆菌等组分研制的盐碱地生物炭基型调理制剂，具有显著的盐碱地排盐除碱效果，同时还有利于提升耕地地力。基于干排水条件下水盐运动动力学模型的建立，确定荒地占耕地比例为20%～30%，优化构建干排盐系统盐荒地植被，对缺少骨干排水设施区域起到良好的盐碱地改良利用效果。通过确定盐碱耕地控盐与水肥一体化安全灌溉及肥料运筹等技术参数，在提高盐碱地粮食产能的前提下，有效提升了灌溉水和化肥的利用效率。从总体上看，盐碱地生态治理技术的集成应用，可以使土壤盐分降低一个等级，地力提升一个等级，肥料减投20%～30%，水分利用效率提高10%～20%，亩增效100～200 元。在产业模式层面，研发出次生盐渍土酿酒葡萄枝条粉碎基质化生态循环利用技术、盐碱地粮饲作物提质—增量生态产业技术、盐碱地控盐水肥一体化节水减肥增效技术等生态产业技术，集成盐碱地综合治理与生态产业技术，初步构建了河套平原盐碱地葡萄、枸杞、苜蓿、食用向日葵、玉米等林草农生态产业可持续发展模式。这些技术和集成模式已在内蒙古和宁夏河套平原得到了规模化应用，取得了良好的生态效益和经济效益。

12.4　污染土壤修复工程

12.4.1　土壤污染类型及修复途径

1. 土壤污染类型

（1）重金属污染

土壤的重金属污染主要指土壤被汞、铅、镉等重金属元素及类金属元素砷等污染，具有显著生物毒性（孙沛，2019），其特点是隐匿性强、移动性差、持续时间长、无法被生物降解，并可以经过水体、植物等介质最终通过食物链进入人体，影响人类健康。重金属进入土壤的一个重要途径是使用含重金属的废水进行灌溉，其他途径有大气沉降、施用肥料等。对全国约 140 万 hm^2 的污灌区调查显示，受重金属污染的土壤面积占据了 64.8%，造成粮食减产和重大的经济损失（杨伯杰和林创发，2015）。

（2）有机物污染

有机物是影响土壤环境的主要污染物，按照污染来源，可以将土壤有机物污染分为总石油烃（total petroleum hydrocarbon，TPH）污染、农药污染如 DDT（dichloro diphenyl trichloroethane）、PAHs 污染等多种类型。这类污染大多可致癌、致畸、致突变并有内分泌干扰性。有机物可由地表径流进入地表水，而挥发性污染物还会通过大气沉降或土气交换进入大气和土壤，最终危害人类和牲畜健康。土壤中的主要有机污染物是化学农药，包括有机磷农药、有机氯农药、苯氧羟酸类、苯酚、胺类等（岳秀娟，2010）。目前，我国有 1300 万～1600 万亩农田土壤不同程度地受到了农药的污染。

（3）放射性元素污染

放射性元素主要来源于大气层核试验的沉降物及原子能和平利用过程中排放的废气、废水和废渣（王建军，2014）。这些放射性污染物在自然沉降、雨水冲刷和废弃物堆放的作用下进入土壤，且难以自行消除，只能自然衰变为稳定元素而消除放射性。放射性污染物除了可以直接对人体产生危害，还可以由食物链进入人体，产生内照射，损伤人体的组织细胞，引起白血病、肿瘤和遗传障碍等疾病。研究表明，在人体所受的全部辐射危害中，氡子体的辐射危害占 55%以上，我国大约有 5 万例因氡而致癌的病例（姚庆宋 等，2017）。

（4）病原微生物污染

土壤中的病原微生物主要包括病原菌和病毒等。污染源主要是人畜粪便、未经处理或处理不达标的医疗废水、未经处理的生活污水，以及一些就地掩埋的病死牲畜等。病原微生物浸入土壤会大量繁殖，容易引起土壤生物污染，并且扩大疾病的传播。若直接接触被污染的土壤，则可能会影响人体健康；若食用污染土壤中种植的蔬菜、水果等，则可间接受到污染伤害（韩素清和迟翔，2007）。例如，2011 年欧洲爆发的“毒黄瓜事件”便是由于农田灌溉水和蔬菜中有肠出血性大肠杆菌大量扩散，引起数千人感染，也为欧洲种植业带来经济损失。

2. 土壤污染修复途径

土壤污染的修复不同于空气和水污染，具有耗时长、耗资大和处理过程复杂的特点，并且较容易产生二次污染，故土壤污染修复工作就变得更为复杂和重要。目前，对于土壤污染，主要的修复途径有生物修复、物理—化学修复、工程修复及联合修复等（赵金艳 等，2013）。关于一些生物修复、化学修复和物理修复技术的主要优缺点及主要适用污染类型如表 12-1 所示（张峰 等，2015）。

表 12-1 生物修复、化学修复与物理修复比较

类型	修复技术	主要优点	主要缺点	主要适用污染类型
生物修复	植物修复	成本低、不改变土壤性质、没有二次污染	耗时长、污染程度不能超过修复植物的正常生长范围	重金属、有机物污染等
	原位生物修复	快速、安全、费用低	条件严格、不宜用于治理重金属污染	有机物污染
	异位生物修复	快速、安全、费用低	条件严格、不宜用于治理重金属污染	有机物污染
化学修复	原位化学淋洗	长效性、易操作、费用合理	治理深度受限，可能会造成二次污染	重金属、苯系物、石油、卤代烃、多氯联苯等
	异位化学淋洗	长效性、易操作、治理深度不受限	费用较高、会存在淋洗液处理问题、可能会造成二次污染	重金属、苯系物、石油、卤代烃、多氯联苯等
	溶剂浸提	效果好、长效性、易操作、治理深度不受限	费用高、须解决溶剂污染问题	多氯联苯等
	原位化学氧化	效果好、易操作、治理深度不受限	使用范围较窄、费用较高、可能存在氧化剂污染	多氯联苯等
	原位化学还原与还原脱氯	效果好、易操作、治理深度不受限	使用范围较窄、费用较高、可能存在氧化剂污染	有机物
物理修复	土壤性能改良	成本低、效果好	使用范围窄、稳定性差	重金属
	蒸汽浸提	效率较高	成本高、时间长	VOC
	固化修复	效果较好、时间短	成本高、处理后不能再农用	重金属等
	物理分离修复	设备简单、费用低、可持续处理	筛子可能被堵、扬尘污染、突然颗粒组成被破坏	重金属等
	玻璃化修复	效果较好	成本高、处理后不能再农用	有机物、重金属等
	热力学修复	效果较好	成本高、处理后不能再农用	有机物、重金属等
	热解吸修复	效果较好	成本高	有机物、重金属等
	电动力学修复	效果较好	成本高	有机物、重金属等，低渗透性土壤
	换土法	效果较好	成本高、污染土还须处理	有机物、重金属等

（1）生物修复途径

土壤的生物修复技术是利用天然或人工改造的生物体或其组分来处理被污染土壤的方法（秦樊鑫 等，2015），包括微生物修复、植物修复和生物联合修复等技术，近年来得到迅猛发展，成为一种绿色环境修复技术（许杰龙，2017）。

微生物修复是利用微生物的代谢过程将土壤中的污染物转化为二氧化碳、水和生物体等无毒物的过程（李光超，2015）。该技术主要用于有机物污染土壤（如地下储油罐污染地、原油污染海湾、石油泄漏污染地及其废弃物堆置场等）的修复。另外，该技术在对重金属污染中也具有明显的修复作用。例如，研究表明，假单胞菌和无色杆菌等微生物可以使亚砷酸盐氧化为砷酸盐，从而降低砷污染（李广云 等，2011）。

植物修复技术将在 12.4.2 小节中做重点介绍，此处不过多赘述。

生物联合修复技术是借助土壤中动物、植物和微生物之间的协同作用，有效改善土壤条件，从而促进植物生长，以提高重金属的生物有效性，提高生物吸收效率和修复效率，最终达到修复土壤污染效果的技术（朱玉红，2015）。

（2）物理—化学修复途径

物理—化学修复是利用污染物或污染介质的物理、化学特性来破坏、分离或固化污染物的途径，主要包括热处理技术、土壤淋洗技术、氧化还原技术、土壤固化—稳定化技术、电动力学修复技术和土壤性能改良技术等（周东美 等，2004）。

这种修复途径具有实施周期短、应用范围广等优点，这些土壤物理—化学修复技术虽各自都有较好的修复效果，但都具有一定的限制性，并且各技术间缺乏交融性，难以融合构成一个完整体系来发挥优势、摒弃缺点。

（3）工程修复途径

土壤的工程修复技术主要包括客土、排土、换土和翻土等措施。客土是通过加入大量干净土壤至污染土壤内，覆盖在表层或混匀而降低污染物浓度或减少其与植物根系的接触。排土就是将地表数厘米或耕作层受污染的土壤挖去以改良土壤的方法，多用于重金属污染的土壤。换土即用干净的新土壤换走被污染的土壤。翻土就是将土壤深翻，令在表层聚集的污染物分散到土壤深层实现稀释和自处理。翻土常用于轻度污染的土壤，而客土和换土则在重污染区常用。

工程修复是较经典的土壤污染修复措施，较稳定且彻底，但会破坏土体结构，使土壤肥力下降，并且工程量大、投资费用高（崔德杰和张玉龙，2004）。例如，日本自 1980 年起就对痛痛病发源地——神通川流域的镉污染土壤进行治理，土壤治理费用高达 250 万元/hm^2。

（4）联合修复途径

土壤污染由于其复杂性，往往不能依赖单一的修复技术来实现高效率的修复效果，故土壤修复技术的研究重点开始转向探索联合修复途径。协同两种或两种以上的修复方法，即形成联合修复技术，这样不仅可以提高单一污染土壤的修复速率与效率，还可以克服单项修复技术的局限性，实现对多重污染物质的复合—混合污染土壤的修复。联合修复技术主要有微生物/动物—植物联合修复技术、化学/物化—生物联合修复技术、物理—化学联合修复技术等（许杰龙，2017）。

12.4.2 土壤重金属污染植物修复

Chaney（1983）提出土壤重金属污染可以通过超富集植物清除的思想，这是植物修复（phytoremediation）概念首次被提出。近年来，植物修复作为一种低成本的、环境友好型的、不产生二次污染的、易于管理与操作的且不会破坏土壤性质的原位生物修复技术，得到了越来越多的应用。

植物修复技术是一种利用某些特定的自然生长或遗传培育植物，通过吸收、转移、转化等作用，降低土壤中的重金属含量，从而修复重金属污染土壤的技术。根据其作用过程和机理，植物对重金属污染位点的修复可分为 4 种方式：植物萃取、植物挥发、植物固定和植物根际过滤（王海慧 等，2009）。

1. 植物萃取

植物萃取是利用能耐受并能积累金属的植物，通过根部的吸收作用将土壤中的一种或几种重金属转移并贮存到茎、叶等地上部分，然后收割植物的地上部分进行集中处理，经过反复种植、收割的方式来达到修复污染土壤的目的（Baker et al.，1994）。目前，植物萃取是研究最多的一种植物修复方法，作为一种绿色环保的土壤重金属污染修复手段，该技术不仅不会破坏土壤原本的质量和肥力，还能提取回收植物收获物中的重金属，从而实现资源化利用。

植物萃取的关键是筛选出超富集植物，即能超量将重金属元素吸收并转运到地上部进行累积的植物。筛选超富集植物的标准一般有以下几点：第一，植物应该具备高效的吸收能力，在地上部富集的重金属含量应达到一定值；第二，植物应该具备将根系吸收的重金属高效地向地上部转运的能力，也就是地上部的重金属含量与根部重金属含量的比值应该大于 1；第三，植物应该具备地上部的高效解毒能力，也就是当地上部重金属含量达到较高水平时，植物仍然能够保持正常生长不受影响。目前使用比较多的筛选超富集植物的标准值是 Baker 等（1994）提出的。例如，镉超富集植物地上部（干重）中镉含量不小于 100mg/kg；重金属钴、铜、镍、铅的超富集植物地上部（干重）中重金属含量不小于 1000mg/kg；锰、锌超富集植物的地上部（干重）中重金属含量不小于 10 000mg/kg。目前世界上共发现有 500 多种超富集植物，其中镍的超富集植物大于 277 种（表 12-2）（Baker et al.，1994）。锌的超富集植物有 18 种，主要集中在菥蓂属（11 种）和拟南芥属（1 种）属（Baker and Brooks.，1989）。关于镉的超富集植物的报道只有超累积植物遏蓝菜和欧洲拟南芥（Brown et al.，1995）。表 12-3 列出了一些典型的超富集植物体中最大重金属含量。

表 12-2　已发现的超富集植物（Baker et al.，1994）

金属	种数	科数
砷	1	1
镉	1	1
钴	26	12
铜	24	11
铅	5	3
锰	8	5
镍	277	36
锌	18	5

表 12-3　一些典型的超富集植物体中最大重金属含量

金属元素	植物种	地上部浓度/（mg/kg）	参考文献
镉	爱遏蓝菜 *Thlaspi carulescens*	12 000	Vázquez et al.，1992
锌	欧洲拟南芥 *Arabidopsis helleri*	13 600	Ernst，1968
	爱遏蓝菜	17 300	Reeves et al.，1995
	爱遏蓝菜属短瓣遏蓝菜 *Thlaspi brachypetalum*	15 300	Reeves et al.，1995
	巴丽芥菜 *Cardaminossis balleri*	13 600	Reeves et al.，1995
	芦苇堇菜 *Viola calaminaria*	10 000	Reeves et al.，1995
	东南景天 *Sedum alfredii*	19 674	Long et al.，2002
镍	套哇九节 *Psychotria doarrei*	47 500	Cunningham et al.，1995
	叶下珠属匍匐叶下珠 *Phyllanthus serpentines*	38 100	Kersten et al.，1979
	Berkheya codii	31 200	Reeves et al.，1995
	庭花菜 *Bornmuellera tymphacea*	13 400	Reeves et al.，1995
	庭芥属贝托庭芥 *Alyssum bertolonii*	7 880	Robinson et al.，1997
铝	*Miconia lutescens*	6 800	Bech et al.，1997
	印度野牡丹 *Melastoma malabathricum*	10 000	Watanabe et al.，1998
铜	黄花牵牛 *Ipomoea alpine*	12 300	Cunningham et al.，1995
	异叶柔花 *Aeollanthus biformifolius*	13 700	Brooks and Radford，1978
	星香草 *Haumaniastrum robertii*	2 070	Reeves et al.，1995
钴	星香草	10 200	Cunningham et al.，1995
	异叶柔花	2 820	Reeves et al.，1995

续表

金属元素	植物种	地上部浓度/（mg/kg）	参考文献
铅	春山漆姑 *Minuartia verna*	114 000	Reeves et al.，1995
	圆叶遏蓝菜 *Thlaspi rotundifolium*	8 500	Reeves et al.，1995
	Ameica martitima var.*balleri*	1 600	Reeves et al.，1995
锰	脉叶坚果 *Macadamia neurophylla*	51 800	Cunningham et al.，1995
	串珠藤属红茎串珠藤 *Alyxia rubricaulis*	11 500	Brooks et al.，1981
硒	黄氏属总状黄氏 *Astragalus racemosus*	14 900	Beath et al.，1997
铼	铁芒萁 *Dicranopteris linearis*	3 000	Wang，et al.，1997
砷	蜈蚣凤尾蕨 *Pteris vittata*	5 000	Chen et al.，2002
	凤尾蕨科大叶井口边草 *Pteris cretica*	694	Wei et al.，2002
铬	线蓬 *Sutera fodina*	2 400	Reeves et al.，1995
	尼科菊 *Dicoma niccolifera*	1 500	Reeves et al.，1995

注：表中数据参照参考文献（Cunningham et al.，1995；Reeves et al.，1995；Reeves and Baker，1984；Robinson et al.，1997；刘小梅 等，2003）整理而成。

在我国镉污染农田修复中用的镉超富集植物主要有东南景天和伴矿景天。东南景天和伴矿景天均属景天科景天属，多年生草本植物，分布于我国的广西、广东、贵州、四川、湖北、湖南、江西等省（自治区），均对土壤中高含量的镉具有很强的耐性、吸收和富集能力，无性繁殖的速度很快，株高 10～40cm，一年内植物地上部可收割 2～4 茬，野外单季干生物量为 1.8t/hm^2。此外，东南景天对于锌、铅也具有较强的忍耐和富集能力，具有较大的修复镉、铅和锌等污染土壤的潜力。

目前镉超富集植物技术在国内农田的超富集植物修复案例中较为常见。2012～2015 年，在湖南湘潭利用镉超富集植物伴矿景天修复技术，经过两季修复，耕作层（0～15cm）土壤镉含量从 0.64mg/kg 降低到 0.22mg/kg，降低了 65.6%。虽然植物修复技术在一些地区提取效率很高，但是不同土壤中 pH 等土壤特性差异很大，土壤中重金属的生物有效性差异很大，因此，在不同镉污染土壤上的修复效果差异很大。另外，在农田土壤重金属污染植物修复过程中，收获的超累积植物的后续处置也是植物修复中需要解决的问题。

2. 植物挥发

植物挥发是通过植物根部将土壤中的重金属吸收进植物体内，经过一系列新陈代谢过程将重金属转化为可挥发的气态物质，最终经过植物叶片的气孔释放到大气中，从而达到去除土壤中重金属的目的（韦朝阳和陈同斌，2002）。对于这方面研究更多地集中在类金属元素汞和非金属元素硒。利用植物挥发可以去除土壤中的汞，将细菌体内的汞还原酶基因转入拟南芥中，使其在植物体内表达，将土壤中吸收的汞还原为挥发性的单质汞，而且所得到的转基因植物耐汞毒的能力大幅提高（Rugh et al.，1996）。这一修复方法只适用于某些低气化点的可挥发的污染物，应用范围很小，而且重金属元素只是从土壤中迁移到大气中，并未在根本上从环境中去除，释放到大气中的重金属可与雨水结合或吸附在固体颗粒的表面，通过降雨或大气沉降重新回到土壤中。另外，大气中的重金属也可直接对人体和生物产生危害。所以此方法在实际应用中还需要进一步的考量。

3. 植物固定

植物固定是利用植物本身的金属耐性及一些添加物质，使受污染土壤的重金属通过吸收、螯合和氧化还原等一系列复杂过程将土壤中的重金属固定或者钝化，使其浓度、流动性和生物有效性降低，并且通过降低植物对重金属的吸收而减少重金属向食物链的迁移，从而降低重金属污染的风险。Cunningham 等（1995）研究了植物对土壤中铅的固定，发现一些植物可降低铅的生物可利用性，缓解铅对环境中生物的毒害作用。目前该技术主要应用于矿区污染土壤的修复，并且这种方法并没有清除土壤中的重金属，并没有彻底解决污染问题，重金属依然存在于土壤中。当环境条件发生变化时，重金属的生物有效性可能会发生改变，被固定的重金属可能再次污染土壤。但是对于中度或轻度污染的土壤，可以通过作物品种的选择保障重金属污染的土壤食物链的安全。

4. 植物根际过滤

植物根际过滤是利用对重金属有一定耐性的植物的根系特性，改变其根系环境，如 pH、氧化还原电位等，使重金属的形态发生改变，然后通过根部的吸收作用使重金属在植物根部积累和沉淀，以减少土壤中重金属的含量达到修复目的。根际过滤对被重金属污染的水体修复效果较好，目前土壤中常用的植物是印度芥菜、向日葵、宽叶香蒲及烟草等（郑茂波，2005）。

植物修复技术作为一种新兴的修复技术，与传统方法相比具有不可替代的优势，但该技术也具有一定的局限性。就超富集植物来说，目前自然界中超富集植物种数稀少，从野外筛选到的植物普遍生物量较低、生长缓慢，并且受土壤、气候等条件的限制，修复周期过长，修复范围较小，对重金属具有一定的选择性，用一种植物难以将土壤中所有的污染物全面清除，因而难以进行大规模的应用而满足商业的要求。目前利用植物修复技术修复重金属污染土壤的研究尚处于田间试验和示范阶段，也没有系统评价所产生的信息，想要得到更长远的研究发展还需要更多的田间试验结果来支撑。

12.4.3 土壤农药污染微生物修复

1. 土壤农药污染微生物修复技术的优势

我国既是农药生产大国，也是农药使用大国，农药使用量居世界第一位，每年农药（原药）使用量在 30 万 t 以上。农药在农业丰收中发挥了不可替代的作用，然而农药的不合理或过量使用也导致了一系列问题。据报道，我国农药利用率只有 20%～30%，其余残留则进入生态系统，导致严重的环境污染、农产品质量安全不达标、后茬作物药害等问题（邵振润和赵清，2004）。因此，农田土壤中农药残留的去除与修复是迫切需要解决的国家重大需求。

土壤农药污染的修复方式包括物理修复、化学修复和生物修复。土壤农药污染的生物修复是指利用土壤环境中具有农药降解功能的土著微生物或者人工投加具有降解功能的微生物将土壤中的农药转化成低毒、无毒物质，或者矿化为二氧化碳和水的修复方法。微生物降解土壤中农药的本质是微生物分泌具有降解功能的酶来分解代谢农药。与物理、化学修复技术相比，微生物修复技术具有易操作、成本低、效果好、无二次污染等特点，具有非常广阔的应用前景。农药污染土壤的微生物修复分为原位生物修复和异位生物修复。原位生物修复技术通过添加营养元素等外在条件来刺激土壤中土著微生物的新陈代谢或通过接种外源性降解微生物进行生物修复，常用的方法有微生物强化法（投菌法）、生物刺激法、生物通气法和生物翻耕法等。异位生物修复技术是对污染土壤进行挖掘和运输后在异地进行处理的技术，包括土地耕作法、堆肥法、土壤通气生物堆层法等。由于农田土壤农药污染是面源污染，具有分布广、浓度低等特点，因此，基于原位修复的微生物强化法更具有应用潜力。

2. 土壤农药污染微生物修复技术探索

环境微生物学研究者针对我国土壤农药污染状况，从农药污染样品中分离筛选到高效降解有机磷、有机氯、有机氮类杀虫剂、除草剂、杀菌剂的菌株 200 余株，并建立了农药微生物降解微生物菌种资源库，其中包括有机磷杀虫剂降解菌株假单胞菌 DLL-1、有机氯杀虫剂六六六降解菌株鞘氨醇单胞菌 BHC-A、除草剂阿特拉津降解菌株节杆菌 AT-5、杀菌剂百菌清降解菌株假单胞菌 CNT-3 等系列高效降解菌株，系统研究了降解菌株的生物学特性和农药代谢途径，阐明了农药的微生物降解分子机制，并开展了农药污染土壤的微生物修复盆钵试验和田间小区试验。

农药污染土壤的微生物修复效果受多种因素制约，进行农药微生物降解的盆钵试验是验证农药污染修复效果的有效办法，也是农药残留微生物降解技术进行大田应用的前提与基础。以有机磷杀虫剂降解菌株假单胞菌 DLL-1 为材料，科研工作者通过盆钵试验研究了菌株 DLL-1 对有机磷农药污染土壤的修复效果。结果表明，在 1.5d 对照土壤中甲基对硫磷只降解了 24.4%，而在接种菌株 DLL-1 的土壤中甲基对硫磷降解了 91.1%；第 2 天时，接种菌株 DLL-1 的土壤中已经检测不到甲基对硫磷残留，而在对照土壤中甲基对硫磷完全降解需要 12d。在有机磷农药污染土壤的微生物修复过程中，化学降解率约为 11.0%，土著微生物的降解率约为 22.0%，而接种的降解菌株 DLL-1 的贡献率为 67.0%。这一研究结果充分表明在农药污染土壤中接种外源降解菌株可以显著促进土壤中有机磷农药的降解。

将降解菌株应用到田间修复农药污染土壤时，还要考虑田间环境条件等因素。在农药降解盆钵试验的基础上，还需要开展田间小区修复试验，研究降解菌株投加时间与投加量、降解菌株在田间小区的降解效果等，为降解菌株的大面积应用奠定基础。科研工作者开展了六六六降解菌株 BHC-A 修复土壤中六六六残留的田间小区试验。结果表明，通过对土壤投加降解菌株 BHC-A，7d 内土壤中的六六六残留量从 2.24mg/kg 降至 0.31mg/kg，降解率为 86.2%；第 15 天六六六残留量降至 0.22mg/kg，降解率达 90.2%。相同时间，对照区土壤中六六六的残留量几乎不变。在六六六农药残留污染土壤修复的田间小区试验中还发现，土壤类型、土壤温度、土壤含水率、接种量和菌剂载体均会影响六六六的修复效果，发现最佳降解条件为：砾质壤土+30℃+接种 20%菌液+淹水条件+木薯渣载体。土壤中六六六残留被降解后，降解菌株 BHC-A 能利用的碳源减少，投加的降解菌株的数量随之下降，不会破坏田间的微生物生态系统。

3. *土壤农药微生物修复技术在全国各地的应用*

根据我国目前的国情，完全杜绝使用农药是不现实的，但将农药残留控制在安全标准之下是可行的。环境微生物学科研工作者根据我国的国情，将高效农药降解菌剂应用于安全农产品的生产，取得了一系列的进展，开发了系列农药微生物降解菌剂产品（国家级重点新产品），菌剂产品中每毫升降解菌菌数达 10 亿～100 亿及以上，可以在低温（4℃）下保存 3 个月以上，并建立了降解菌剂的田间应用体系。土壤农药污染微生物修复的工作流程包括：污染场地信息收集，包括土壤理化性质、生物状况及污染物信息的收集；开展可行性分析，包括技术可行性分析和经济可行性分析；微生物修复技术的设计和实施，设计合理的修复方案，然后在合适的条件下运行；修复效果的评价，在修复方案运行结束后，计算农药污染物的去除率、次生污染物的增加率及污染物毒性下降等，以便综合评估生物修复效果。

随着对各种农药残留微生物降解研究的不断完善，土壤农药残留的微生物修复工作也取得显著成效。河北沧州金丝小枣在生长过程中，施用农药是防治枣树病虫害的主要手段，多年来农药在土壤中不断累积，危害农产品质量安全。科研工作者根据枣树病虫害发生的时间和规律，科学地对土壤中的农药残留进行清除和控制。在每次的病虫害发生前喷洒符合绿色食品规定的农药进行控制，4d 后喷洒针对农药的降解菌剂，在接近收获的时候对农药残留进行检测，发现农药残留量已经达到了国家规定的标准。在综合防控和生物修复过程中，农药的使用次数减少了 57.1%，农药使用成本减少了 62.3%，农药残留降解率达到 85.1%。江苏宜兴部分水稻田土壤存在六六六、DDT、毒死蜱和噻嗪酮等农药残留，科研工作者在水稻插秧前和孕穗期分别进行微生物修复。修复后土壤中 DDT 和噻嗪酮的残留降解率达到 97.0%以上，毒死蜱和六六六修复后残留量低于 0.01mg/kg。在修复过程中，还发现微生物菌剂的使用对水稻有一定的增产效果，水稻每穗粒数提高 4.6%，千粒重和亩产分别提高了 5.8%和 5.4%，稻米的总氨基酸含量提高了 0.6%。山东齐河杂粮基地的部分土壤存在 DDT、氯氰菊酯和敌敌畏农药残留。进行土壤微生物修复 1 个月后，敌敌畏残留降解率达 100%，DDT 残留降解率达 93.2%，氯氰菊酯残留降解率达 91.3%，这表明使用微生物修复技术可有效去除土壤中的农药残留。山东惠民部分洋葱和小麦地出现有机磷农药残留问题，使用有机磷降解菌剂进行微生物修复后，发现喷施降解菌剂后虫口密度与对照相比没有显著差异。在洋葱、小麦成熟后采集植株鲜样，检测有机磷农药在植株鲜样中的残留，结果表明菌株对小麦和洋葱中的辛硫磷残留降解率达到 100%。我国科研工作者在江苏、山东、河北、浙江等地建立了 20 余个农药污染微生物修复试验示范基地，推广应用 300 万亩次，土壤和农作物中农药残留降解率在 80%以上，获得了 6 个无公害、绿色农产品品牌，创造了显著的经济效益、社会效益和生态效益。

12.4.4 土壤有机污染物生物修复

1. 土壤有机污染物生物修复原理及特点

土壤有机污染物生物修复是指利用微生物吸收、降解和转化土壤中的有机污染物，将其转化为无害物质或将浓度降低到可接受水平，从而使污染土壤部分或完全恢复到原始状态的受控或自发过程（周际海 等，2015）。微生物降解有机污染物的方式主要为好氧作用和厌氧作用，好氧作用可使有机污染物最终转化为二氧化碳和水，厌氧作用则主要生成有机酸和其他产物。此外，有机污染物的微生物降解方式还包括基团转移作用、水解作用、共代谢、氨化、酯化等（陈保冬 等，2015）。

生物修复技术的主要特点有：处理效果好，处理面积大；修复成本低，一般仅占传统化学和物理修复费用的 50%以下；操作简单，可就地处理；对周围环境的干扰较小，无二次污染（刘志培和刘双江，2015）。该技术可以处理大部分有毒有害且难降解的有机污染物，包括石油烃、氯代烃、PAHs、杂酚油、苯系物等。

2. 土壤有机污染物生物修复技术类型

土壤有机污染物生物修复技术通常根据实施方法分为两类：原位生物修复和异位生物修复（滕应 等，2007）。在实际修复过程中，可根据土壤特性、环境条件、污染物浓度和预算等因素选择合适的修复技术。

（1）原位生物修复技术

原位生物修复技术是指在原位污染地直接进行的生物修复过程，其对土壤基本结构和特性的影响小，是一种主要依靠土壤中土著微生物的自然降解能力或人工创造的适宜降解条件下的微生物修复技术（李发生和颜增光，2009）。该技术的修复效果取决于土壤特性（如渗透性）、污染物性质、pH、养分可用性、氧化还原条件和功能微生物活性等因素。当污染区域过大、土壤难以挖掘或异位处理成本过高时，宜使用该修复技术。常用方法包括投加微生物法、生物培养法、生物通风法和土地耕作法等。

1）投加微生物法。将人工筛选或驯化的外源污染物降解菌直接投加到污染土壤中，同时添加微生物生长所需的营养物质，通过微生物的降解和代谢作用实现污染物的去除。投加微生物法也称生物强化法（Xu et al.，2013b），其核心是引入具有某些特殊功能的外源微生物，通常在土著微生物无法降解污染物或降解能力弱时使用此法。

2）生物培养法。当土著微生物具有一定降解能力或潜力时，可定期向土壤中添加微生物生长及代谢所需的营养物质，以及电子受体或供体，以促进土著微生物的降解活性，加速污染物分解。生物培养法也称生物刺激法（Xu et al.，2013b）。与使用外源微生物相比，增加土著微生物活力对提高生物修复效果更为有效。

3）生物通风法。用鼓风机将空气通过垂直井注入污染土壤中，之后用真空泵抽取气体，土壤中多数易挥发的轻质有机污染物可随气体同时排出，而重质污染物则被微生物在有氧条件下加速降解（沈铁孟 等，2002）。此外，还可同步注入氮、磷等营养物质，以刺激土著微生物生长，提高降解效率。

4）土地耕作法。以 10～30cm 耕层深度定期耕作污染土壤，并施加水分、养分、增溶剂或降解菌，从而为好氧微生物提供适宜的生长及代谢条件，提高有机污染物的生物降解效率。该方法主要适用于农田土壤有机污染物的修复治理。

（2）异位生物修复技术

异位生物修复技术是将污染土壤集中在场外或原地的专门场所，并使用工程措施对有机污染物进行生物降解。异位生物修复具有修复时间短、处理过程和修复效果易控等优点，但对污染土壤扰动大且费用昂贵，适用于土壤污染严重或污染面积小的情况（陈曦，2018）。常用方法包括堆肥法、生物堆法、预制床法和生物反应器法。

1）堆肥法。将有机污染土壤与干草、树叶、锯末或肥料等填料按比例堆置，并在合适的条件下依靠天然微生物将土壤中包括有机污染物在内的有机物质发酵成稳定的腐殖质，处理后的达标土壤可用于农肥或原位回填（余佩瑶 等，2019）。堆肥类型可分为好氧堆肥和厌氧堆肥，堆置方式包括静态、封闭和容器堆放等。

2）生物堆法。将有机污染土壤与蛭石、砂土、木屑等填充剂混合后，堆叠成设有渗滤液收集和通风系统的条垛，并向堆体中通风、补充水分和添加营养物质，以提高微生物好氧降解有机污染物的能力（Feeney et al.，1998）。生物堆法设计和安装简单，与堆肥法相比修复时间短，适用于处理生物降解速率较慢的有机污染物。

3）预制床法。将有机污染土壤集中堆放在低渗透预制床上，土层厚度为15～30cm，加入水分和养分并定期翻动土壤增氧，以创造污染物生物降解的适宜条件，必要时还可加入降解菌和表面活性剂，以提高处理效率（滕应 等，2007）。处理过程产生的渗滤液可回灌于预制床中进行二次处理，并可防止污染物向外部环境迁移。

4）生物反应器法。在专门的反应器内加水使有机污染土壤呈泥浆状，同时添加营养物质、电子受体或者表面活性剂和驯化的降解菌，并通过搅拌和通气，使微生物与污染物及氧气充分接触，以加速污染物的去除（Zappi et al.，1996）。处理后的泥浆经过滤脱水后，固相土壤可回填，液体可直接排放或进行后续处理。反应器运行条件易于控制，处理速度快，但仅限于处理小面积污染土壤。

3. 土壤有机污染物生物修复影响因素

影响土壤有机污染物生物修复成功的因素很多，只有将相关因子调整至合适范围，才能达到理想的生物修复效果。

1）营养物质。氮、磷等营养元素是影响微生物活性的主要因子。在生物修复过程中，适当添加营养物质能显著提高污染物的降解效果。常用的营养物质包括铵盐、磷酸盐等无机营养盐和酵母废液、尿素等有机类物质。

2）电子受体。最终电子受体在微生物降解有机污染物过程中同样起着非常重要的作用。电子受体一般为好氧降解时的溶解氧和厌氧降解时的无机酸根，并且电子受体浓度应适宜，过高的浓度反而会抑制污染物的生物降解速率。

3）碳源和能源。当微生物无法将特定有机污染物作为碳源或能源进行分解时，则须添加其他能被微生物有效利用的有机化合物，从而使污染物通过共代谢作用被微生物降解。常用的碳源和能源类物质包括小分子有机酸（乙酸、乳酸等）、糖类（葡萄糖、可溶性淀粉等）、油类及固态有机质（木屑、稻壳等）。

4）污染物的性质。土壤中有机污染物的生物降解还与其自身的结构和特性密切相关。较为重要的污染性质包括污染物的生物可利用性、挥发性、分子结构、分子量、浓度和毒性等。例如，短链石油烃等分子结构简单、分子量低、亲水性强，或者浓度和毒性较低的有机污染物更易被微生物代谢和降解。

5）微生物种类。土著微生物是有机污染物生物修复中最常用的微生物来源，这是由于它们经过长期自然驯化且环境适应性强。当土著微生物降解能力不足或污染物浓度较高时，可考虑使用人工驯化的降解菌株或基因工程菌，但外源菌会引起土壤环境生态风险，须综合评估后谨慎使用。

6）环境因素。微生物只有在适宜的环境条件下才能正常生长，并产生最佳的污染物降解活性。影响生物修复的环境因素包括土壤水分、有机质含量、阳离子交换量、pH 和温度等。一般生物修复的适宜环境温度为 15～45℃，最适 pH 为 5.5～8.5，最佳土壤持水容量为 25%～85%（周启星 等，2004）。

4. 土壤有机污染物生物修复强化方法

当土壤理化性质、营养物质、污染程度或环境条件等因子不利于生物修复时，可以应用各种强化措施提高污染物的生物降解效果。常用的强化措施包括添加表面活性剂，投加适当的电子受体，施加生物炭等绿色吸附材料，使用缓释营养材料，优化营养剂配比，接种固定化菌剂，调节土壤温度、湿度、含氧量和 pH 等。实施工艺包括异位土壤翻耕、土壤通气、原位注入、表面喷淋等（Zhao et al.，2018；刘亮，2015）。

5. 土壤有机污染物生物修复发展方向

目前，土壤有机污染物生物修复的研究主要集中在筛选和驯化高效降解菌，研究微生物对污染物和土壤环境的适应机制，研发提高微生物降解能力的强化措施，优化修复工艺参数等方面。今后生物修复的发展方向包括：开发与其他修复方法联合的应用技术，如化学氧化/还原—生物、热脱附—生物、吸附固定—生物、电动—生物联合修复等；研制针对性强、操作便捷的修复装备；研发高效、绿色、低成本的强化生物修复材料；构建有机污染物生物修复过程的相关数学模型；建立生物修复技术的生态安全评价标准与体系等。

6. 有机污染土壤生物修复技术（生物堆）应用实例

（1）污染土壤概况

待修复土壤来自上海某废弃造船厂厂区 1.5～5.5m 深土层，土壤基本性质如下：pH 为 8.01，含水率为 29.40%，有机质含量为 1.74%，总氮含量为 0.068%，总磷含量为 0.073%，阳离子交换量为 0.109mol（+）/kg。经测定，土壤中主要污染物为 PAHs，其总浓度平均值为 33.57mg/kg。经技术筛选分析，决定使用生物堆法对污染土壤进行修复治理。

（2）土壤预处理

挖掘后的土壤需要进行预处理，以满足生物堆运行条件，提高修复效率。首先，对污染土壤进行破碎筛分，以去除大块非土壤物质。之后，向土壤中添加 3.5% 绿肥、0.2%营养剂和 14%疏松剂并搅拌混匀，以优化调节土壤中的养分含量和孔隙度。此外，控制 pH 为 7.2～8.9，维持含水率约 16%（*w*/*w*）。

（3）生物堆系统设计

在设立的修复场地中建立一个处理规模（堆体体积）为 440m^3 的生物堆处理系统，堆体尺寸为 20m×11m×2m（长×宽×高），呈梯形台状。该生物堆主要由防渗系统、通风系统和排液系统组成。首先，对平整后的场地造坡（人字坡，坡度约为 2°），并铺设基础防渗层，防渗层自下而上分别为 1 层土工布、1 层高密度聚乙烯膜、1 层土工布。之后，在防渗层之上，铺设单长为 12.5m 的 6 根高密度聚乙烯双壁波纹管和 1 根多孔聚氯乙烯管分别作为通风管和排水管道，通风管与鼓风机相连。最后，按堆体尺寸用挖掘机将预处理后的土壤由远至近堆填成堆体，并在表面覆盖 1 层高密度聚乙烯防渗膜。生物堆处理系统示意图如图 12-17 所示。

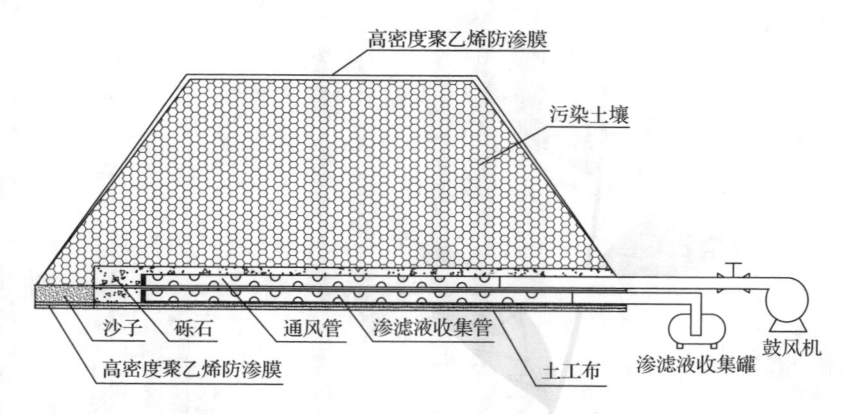

图 12-17　生物堆处理系统示意图

（4）系统运行与取样检测

系统运行时，定期打开鼓风机对生物堆进行通气，以维持堆体内的氧气含量。计算表明，鼓风机出风量为 95m^3/h，每天运行 2h 可使堆体换气一次。该生物堆系统从 2011 年 12 月开始运行至 2012 年 2 月结束，周期为 2.5 个月（图 12-18）。在生物堆运行过程中，定期用土钻从堆体顶部按梅花布点法采集表层（0.5m）和深层（1.5m）土样各 5 个，并将相同深度土样混合后测定其中 PAHs 总残留浓度，并计算降解率。

图 12-18　生物堆处理系统现场施工和运行

（5）修复效果分析

根据定期采样测定结果（表 12-4），分析生物堆土壤中 PAHs 的降解情况，以此对修复效果进行评估。结果表明，生物堆系统运行结束时，堆体土壤中 PAHs 的总残留浓度下降明显，表层和深层土壤 PAHs 的总降解率分别达到 73.85%和 85.27%，并且各 PAHs 残留浓度均低于既定的修复目标值，达到了预期效果。这表明生物堆技术能有效修复 PAHs 污染土壤。

表 12-4　生物堆运行过程中不同深度土壤 PAHs 总残留浓度和总降解率

时间/d	PAHs 总残留浓度/（mg/kg）		PAHs 总降解率/%	
	表层土壤（0.5m）	深层土壤（1.5m）	表层土壤（0.5m）	深层土壤（1.5m）
0	33.57	33.57	0	0
20	19.34	17.61	42.38	47.53
35	15.73	14.09	53.15	58.02
55	9.39	6.41	72.04	80.91
75	8.78	4.94	73.85	85.27

由表 12-4 中数据可知，0～55d 生物堆土壤中 PAHs 总残留浓度明显降低，这说明该时间段内生物堆的处理能力较强，堆内微生物数量增加，活性增强，生物降解作用较为明显。55～75d 内 PAHs 总残留浓度则下降缓慢，这说明运行后期生物堆处理能力有所减弱，这主要是残留的高环 PAHs 较难被微生物降解所致，这也说明生物堆技术更适合处理中低环 PAHs 污染土壤。此外，深层土壤中 PAHs 总残留浓度基本低于表层土壤，这说明通风更能促进深层微生物的降解能力，这是通风系统设置于生物堆底部所致（注：本实例部分素材由上海市环境科学研究院提供）。

12.5 小结与展望

全球范围土地利用强度在不断增加，对土壤生态系统产生了一系列不利影响，约四分之一的土壤正面临退化（Lal and Stavi，2015）。土壤生态工程作为一个重要的应用领域，其目标就是要恢复和重建退化土壤生态系统的结构和功能，包括土壤肥力的保持与培育、退化土壤的恢复与治理、以及污染土壤的消除或减弱等，从而最大限度地改善和提高土壤的生产能力，服务于食物安全，同时减少对环境的负面影响（Bender et al.，2016）。

土壤肥力是农业生产的重要物质基础，提高土壤有机质含量是我国土壤质量培育的主要目标。通过土壤肥力保育工程，能够把作物秸秆、畜禽粪污、园林废弃物等重新纳入农业生态系统的物质和能量循环过程中，使有机质归还于土壤，减小环境风险的同时保持和不断提升土壤肥力。

退化土壤恢复工程在退化土地治理及生态环境条件改善等方面发挥着重要作用。坡地土壤水土保持工程能够改善坡地土壤的立地条件，有效控制水土流失，挖掘土地生产力，提高农作物产量；沙化土壤恢复工程因地制宜地设计适用于不同沙化类型区的生物修复和化学修复技术体系，突出秸秆残茬覆盖和绿肥种植等，建立以可持续生产为目标的土壤和环境综合整治系统与优化模式；盐碱土壤恢复工程有选择地综合利用生物措施、农业措施、化学措施和水利措施等技术，构建因地制宜的盐碱土壤生态治理与产业发展集成技术模式，实现盐碱土壤的工程化和规模化生态治理与高效利用。

污染土壤修复工程通过人为地改变和切断污染土壤的主导因子或过程，实现土壤中有毒有害污染物的转移或转化，消除或减弱污染物毒性，恢复或部分恢复土壤的生态服务功能。污染土壤由于其复杂性，不能依赖单一的修复技术来实现高效率的修复效果，土壤修复技术的研究重点开始转向探索联合修复途径，在提高单一污染土壤修复效果的同时，实现对多重污染物质的复合—混合污染土壤的修复。

总体上，应用生态工程技术与模式全面改善我国土壤质量是一项艰巨而庞大的系统工程，必须依靠科技的不断创新和发展。目前我国在土壤治理修复领域与发达国家尚存在较大差距，跨学科开展相关研究的机制有待完善，重要领域的治理核心技术及模式有限，也普遍缺乏长效政策及运行机制。需要从国家层面组织优势科研机构、骨干企业等，选择有代表性的土壤退化和污染区域，开展不同治理模式的试验示范工作，逐步扩大治理成效；同时构建和完善土壤生态工程的理论体系，加强治理技术机理研究，探索不同技术模式的原理、适用区域、适用作物和适用方法；要加强国际合作，建立国际性研究开发机构，并形成面向全球的土壤退化、污染的监测和预警机制。

参考文献

白洋，钱景美，周俭民，等，2017．农作物微生物组：跨越转化临界点的现代生物技术[J]．中国科学院院刊，32（3）260-265.

白由路，2015．国内外耕地培育的差异与思考[J]．植物营养与肥料学报（6）：1381-1388.

毕凯，2017．多组学研究揭示根肿菌生长发育与致病的分子机理[D]．武汉：华中农业大学.

毕艳孟，孙振钧，2018．蚯蚓调控土壤微生态缓解连作障碍的作用机制[J]．生物多样性，26（10）：1103-1115.

蔡运龙，蒙吉军，1999．退化土地的生态重建：社会工程途径[J]．地理科学，19（3）：198-204.

曹卫东，徐昌旭，2010．中国主要农区绿肥作物生产与利用技术规程[M]．北京：中国农业科学技术出版社.

曹志洪，周健民，2008．中国土壤质量[M]．北京：科学出版社.

曹志平，2007．土壤生态学[M]．北京：化学工业出版社.

常海娜，王春兰，朱晨，等，2020．不同连作年限番茄根系淀积物的变化及其与根结线虫的关系[J]．土壤学报，57（3）：750-759.

常欣，程序，何英彬，等，2004．黄土高原水土保持与农业可持续发展工程技术措施及应用[J]．世界科技研究与发展，26（6）：69-76.

陈保冬，于萌，郝志鹏，等，2019．丛枝菌根真菌应用技术研究进展[J]．应用生态学报，30（3）：1035-1046.

陈保冬，赵方杰，张莘，等，2015．土壤生物与土壤污染研究前沿与展望[J]．生态学报，35（20）：6604-6613.

陈楚莹，汪思龙，2004．人工混交林生态学[M]．北京：科学出版社.

陈建秀，麻智春，严海娟，等，2007．跳虫在土壤生态系统中的作用[J]．生物多样性，15（2）：154-161.

陈杰，檀满枝，陈晶中，等，2002．严重威胁可持续发展的土壤退化问题[J]．地球科学进展，17（5）：720-728.

陈立杰，魏峰，段玉玺，等，2009．温湿度对南方根结线虫卵孵化和二龄幼虫的影响[J]．植物保护，35（2）：48-52.

陈平，2014．核桃—菘蓝/决明子复合系统种间水分关系研究[D]．北京：中国林业科学研究院.

陈莎莎，孙敏，王文超，等，2018．溶磷真菌固体发酵菌肥对玉米生长及根际细菌群落结构的影响[J]．农业环境科学学报，37（9）：1910-1917.

陈素芳，徐润林，2003．土壤原生动物的研究进展[J]．中山大学学报（自然科学版），42（21）：187-194.

陈同斌，韦朝阳，黄泽春，等，2002．砷超富集植物蜈蚣草及其对砷的富集特征[J]．科学通报，47（3）：207-210.

陈文新，2013．发展新型无废弃物农业 减少面源污染源[J]．中国科技奖励（11）：6-8.

陈文新，汪恩涛，2011．中国根瘤菌[M]．北京：科学出版社.

陈曦，2018．多环芳烃降解菌包埋固定化及其降解特性研究[D]．重庆：重庆大学.

陈娴，王晓蓉，季荣，2015．蚯蚓（*Eisenia foetida*）对水稻土中 Cd 的富集及其氧化应激[J]．农业环境科学学报，34（8）：1464-1469.

陈小云，刘满强，胡锋，等，2007．根际微型土壤动物：原生动物和线虫的生态功能[J]．生态学报，27（8）：3132-3143.

陈玉福，孙虎，刘彦随，2010．中国典型农区空心村综合整治模式[J]．地理学报，65（6）：727-735.

陈云峰，韩雪梅，李钰飞，等，2014．线虫区系分析指示土壤食物网结构和功能研究进展[J]．生态学报，34（5）：1072-1084.

陈云峰，胡诚，李双来，等，2010．农田土壤食物网管理的原理与方法[J]．生态学报，31（1）：286-292.

程冬兵，蔡崇法，左长清，2006．土壤侵蚀退化研究[J]．水土保持研究，13（5）：252-258.

程琨，岳骞，徐向瑞，等，2015．土壤生态系统服务功能表征与计量[J]．中国农业科学，48（23）：4621-4629.

程阳，2009．集约化农田土著 AM 真菌对玉米生长的影响[D]．北京：中国农业大学．

程云云，孙涛，王清奎，等，2018．模拟氮沉降对温带森林土壤线虫群落组成和代谢足迹的影响[J]．生态学报，38（2）：475-484．

崔德杰，张玉龙，2004．土壤重金属污染现状与修复技术研究进展[J]．土壤通报，35（3）：366-370．

崔振东，庞延斌，张作人，1989．土壤原生动物[J]．动物学杂志，24（2）：43-47．

邓宏海，1986．第五讲 土壤生态工程[J]．农村生态环境（3）：59-62．

邓启明，2007．基于循环经济的浙江现代农业研究：高效生态农业的机理、模式选择与政府管理[D]．杭州：浙江大学．

董炜华，李晓强，宋扬，2016．土壤动物在土壤有机质形成中的作用[J]．土壤，48（2）：211-218．

窦森，2019．秸秆“富集深还”新模式及工程技术[J]．土壤学报，56（3）：553-560．

窦新田，李树藩，李晓鸣，等，1989．大豆根瘤菌（*Bradyrhizobium japonicuum*）在黑龙江省接种效果与接种有效性的研究[J]．中国农业科学，22（5）：62-70．

杜晓芳，李英滨，刘芳，等，2018．土壤微食物网结构与生态功能[J]．应用生态学报，29（2）：403-411．

范丙全，2017．我国生物肥料研究与应用进展[J]．植物营养与肥料学报，23（6）：1602-1613．

范如芹，张晓平，梁爱珍，等，2012．不同蚯蚓采样方法对比研究[J]．生态学报，32（13）：4154-4159．

冯固，张福锁，李晓林，等，2010．丛枝菌根真菌在农业生产中的作用与调控[J]．土壤学报，47（5）：995-1004．

付俊瑞，刘奇志，李星月，2018．昆虫病原线虫异小杆属新种 *Heterorhabditis beicherriana* 共生菌的分离及致病性[J]．中国生物防治学报，34（1）：133-140．

付萍，2015．接种根瘤菌及施磷肥对春箭筈豌豆牧草生长的影响[D]．兰州：兰州大学．

傅伯杰，1989．陕北黄土地区土地合理利用的途径与措施[J]．水土保持学报（3）：33-39．

傅声雷，2007．土壤生物多样性的研究概况与发展趋势[J]．生物多样性，15（2）：109-115．

傅声雷，2018．利用新方法和野外实验平台加强土壤动物多样性及其生态功能的研究[J]．生物多样性，26（10）：1031-1033．

傅声雷，张卫信，邵元虎，等，2019．土壤生态学：土壤食物网及其生态功能[M]．北京：科学出版社．

干大木，赵小琴，周义，等，2009．BGB 草莓专用微生物菌剂在草莓生产上的应用试验[J]．南方农业，3（4）：8-9．

高梅香，林琳，常亮，等，2018．土壤动物群落空间格局和构建机制研究进展[J]．生物多样性，26（10）：1034-1050．

高云超，朱文珊，陈文新，2000．土壤原生动物群落及其生态功能[J]．生态学杂志，19（1）：59-65．

郜红建，蒋新，魏俊岭，等，2006．蚯蚓对污染物的生物富集与环境指示作用[J]．中国农学通报，22（11）：360-363．

戈峰，刘向辉，潘卫东，等，2001．蚯蚓在德兴铜矿废弃地生态恢复中的作用[J]．生态学报，21（11）：1790-1795．

盖京苹，2003．我国北方部分地区丛枝菌根真菌的多样性及其生长效应研究[D]．北京：中国农业大学．

盖京苹，冯固，李晓林，2004．我国北方农田土壤中 AM 真菌的多样性[J]．生物多样性，12（4）：435-440．

耿伟，李彦军，许世霖，等，2017．黄瓜根结线虫的防治方法[J]．中国果菜，37（9）：33-35．

谷洪彪，姜纪沂，2013．土壤盐碱化的灾害学定义及其风险评价体系[J]．灾害学，28（1）：23-27．

顾小平，吴晓丽，汪阳东，2001．几种丛生根际联合固氮研究[J]．林业科学研究，14（1）：28-34．

关兴照，李成泰，张朝清，等，2000．大豆施氮肥接种根瘤菌效果研究[J]．黑龙江农业科学，2000（4）：20-21．

管凤贞，邱宏端，陈济琛，等，2012．根瘤菌菌剂的研究与开发现状[J]．生态学杂志，31（3）：755-759．

郭非凡，史雅娟，孟凡乔，等，2006．典型 POPs 物质对土壤原生动物丰度的影响[J]．生态学报，26（1）：70-74．

郭建辉，陈炳坤，郑良，1994．糖水离心漂浮法对土壤植物线虫分离效果初步研究[J]．福建农业科技（5）：7-8．

郭良川，2019．蚯蚓粪对蓝果忍冬果实品质及根际微生物影响的研究[D]．哈尔滨：东北农业大学．

郭文超，邓春生，李国清，等，2011．我国马铃薯甲虫生物防治技术研究进展[J]．新疆农业科学，48（12）：2217-2222．

郭彦蓉，刘阳生，2014．功能微生物对污染农田土壤中铅锌的溶出实验[J]．环境工程学报，8（3）：1191-1196．

韩霁昌，解建仓，成生权，等，2009．以蓄为主盐碱地综合治理工程设计的合理性研究[J]．水利学报，40（12）：106-110．

韩素清，迟翔，2007．土壤污染的类型及影响和危害[J]．化工之友（5）：32-34．

韩晓增，邹文秀，陆欣春，等，2015．旱作土壤耕层及其肥力培育途径[J]．土壤与作物，4（4）：145-150．

韩智勇，费勇强，刘丹，等，2017．中国农村生活垃圾的产生量与物理特性分析及处理建议[J]．农业工程学报，33（15）：1-14．

郝宝宝，曹四平，李阳，等，2020．吴起县不同年限退耕还林地大中型土壤动物时空变化[J]．干旱区资源与环境，34：130-136．

何文寿，何进勤，解楠，等，2006．宁夏不同地区农田土壤磷素养分的空间变异特征[J]．土壤通报，37（3）：460-464．

何永梅，2013．大豆怎样进行根瘤菌接种[J]．农家顾问（4）：40．

洪晓月，2012．农业螨类学[M]．北京：中国农业出版社．

侯光炯，高惠民，1982．中国农业土壤概论[M]．北京：中国农业出版社．

侯继华，周道玮，姜世成，2002．吉林西部草原地区蚂蚁种类及分布[J]．生态学报，22（10）：211-217．

胡锋，李辉信，史玉英，等，1998b．两种基因型小麦根际土壤生物动态及根际效应[J]．土壤通报，29（3）：133-135．

胡锋，李辉信，武心齐，等，1998a．接种线虫对土壤-作物系统中肥料 ^{15}N 去向的影响[J]．南京农业大学学报，21（4）：125-127．

胡锋，李辉信，谢涟琪，等，1999．土壤食细菌线虫与细菌的相互作用及其对小麦生长和 N、P 矿化及生物固定的影响及机理[J]．生态学报，19（6）：914-920．

胡锋，刘满强，2008．土壤动物在红壤生态恢复中的作用与机理[M]．北京：科学出版社．

胡锋，刘满强，陈小云，等，2015．土壤动物及其生态功能[M]．北京：科学出版社．

胡锋，刘满强，陈小云，等，2016a．土壤生物网络与生态服务功能[M]．北京：科学出版社．

胡锋，刘满强，陈小云，等，2016b．土壤生物学发展战略报告：土壤生物网络与生态服务功能[M]．北京：科学出版社．

胡锋，刘满强，李辉信，等，2011．土壤生态学发展现状与展望[M]．北京：中国科学技术出版社．

胡江春，王书锦，1996．大豆连作障碍研究 I．大豆连作土壤紫青霉菌的毒素作用研究[J]．应用生态学报，7（4）：396-400．

胡靖，何贵勇，尹鑫，等，2016．放牧管理对青藏高原东缘高寒草甸土壤线虫的影响[J]．土壤学报，53（6）：1506-1516．

胡举伟，朱文旭，张会慧，等，2013．桑树/大豆间作对植物生长及根际土壤微生物数量和酶活性的影响[J]．应用生态学报，24（5）：1423-1427．

胡莹洁，孔祥斌，张玉臻，2018．中国耕地土壤肥力提升战略研究[J]．中国工程科学，201（5）：84-89．

虎彪，1997．紫花苜蓿和红三叶接种根瘤菌试验研究[J]．西南民族大学学报（自然科学版）（2）：47-49．

黄宝灵，吕成群，韦原莲，等，2004．不同根瘤菌对马占相思苗木的影响：苗木的结瘤状况、生物量、叶片和土壤中营养元素含量及其相关分析[J]．中南林学院学报，24（2）：33-36．

黄昌永，徐建明，2012．土壤学[M]．3 版．北京：中国农业出版社．

黄福珍，1982．蚯蚓[M]．北京：中国农业出版社．
黄健，徐芹，孙振钧，等，2006．中国蚯蚓资源研究：I．名录及分布[J]．中国农业大学学报，11（3）：9-20．
黄兴如，张彩文，张晓霞，2016．根瘤菌在污染土壤修复中的地位和作用[J]．中国土壤与肥料，5：5-10．
黄玉梅，杨万勤，张健，2010．川西亚高山针叶林土壤动物群落对模拟林下植物丧失的响应[J]．生态学报，30：2015-2018．
黄钰婷，2016．有机质—蚯蚓联合使用对籽粒苋累积重金属的影响[D]．广州：华南农业大学．
贾洪雷，郑健，赵佳乐，等，2018．仿蚯蚓运动多功能开沟器设计及参数优化[J]．农业工程学报，34（12）：62-71．
贾小红，周顺桂，李旭军，等，2007．北京地区紫花苜蓿根瘤菌接种剂的研制[J]．应用基础与工程科学学报，15（1）：17-22．
姜瑛，吴越，徐莉，等，2016．悉生培养微缩体系食细菌线虫提高土壤激素含量的机制[J]．生态学报，36（9）：2528-2536．
蒋定生，高可兴，2000．黄土丘陵第Ⅱ副区坝地资源潜力与坝系建造模式[J]．水土保持通报，20（5）：35-38．
蒋高明，1995．全球大气二氧化碳浓度升高对植物的影响[J]．植物学通报，12（4）：1-7．
蒋高明，郑延海，吴光磊，等，2017．产量与经济效益共赢的高效生态农业模式：以弘毅生态农场为例[J]．科学通报，62（4）：289-297．
蒋海东，杨青，吕宪国，2006．土壤动物在农业生态系统中的研究进展[J]．土壤通报，37（4）：805-808．
蒋际宝，2016．中国巨蚓科蚯蚓分类与分子系统发育研究[D]．上海：上海交通大学．
焦保武，张建龙，2019．根结线虫病的发生与防治[J]．现代农村科技（3）：28．
景可，1982．我国坡地的主要类型及其改造利用方向[J]．中国水土保持，1：10-12．
景可，1999．土地退化、荒漠化及土壤侵蚀的辨识与关系[J]．中国水土保持（2）：29-30．
阚金红，方荣祥，贾燕涛，2017．植物与微生物之间的跨界信号调控[J]．中国科学：生命科学，47（9）：903-916．
康丽华，2002．桉树与联合固氮菌相互作用的研究[J]．微生物学通报，29（4）：14-18．
康贻军，程洁，梅丽娟，等，2010．植物根际促生菌的筛选及鉴定[J]．微生物学报，50（7）：853-861．
柯夫达，沙波尔斯，1986．土壤盐化和碱化过程的模拟[M]．中国科学院土壤研究所，盐渍地球化学研究室，译．北京：科学出版社．
柯欣，岳巧云，傅荣恕，等，2002．浦东滩涂中型土壤动物群落结构及土质酸碱度生物评价分析[J]．动物学研究，23（2）：129-135．
柯欣，赵立军，尹文英，2001．青冈林土壤跳虫群落结构在落叶分解过程中的变化[J]．生态学报，21（6）：982-987．
孔垂华，2018．作物化感品种对农田杂草的调控[J]．植物保护学报，45（5）：961-970．
孔垂华，胡飞，王朋，2016．植物化感（相生相克）作用[M]．北京：高等教育出版社．
冷疏影，李新荣，李彦，等，2009．我国生物地理学研究进展[J]．地理学报，64（9）：1039-1047．
李博，杨持，林鹏，2000．生态学[M]．北京：高等教育出版社．
李典友，2008．蚯蚓的生物学特性及其对土壤环境质量的指示和改造作用[J]．现代农业科学，15（5）：36-37．
李典友，潘根兴，向昌国，等，2005．土壤中蚯蚓资源的开发应用研究及展望[J]．中国农学通报，21（10）：340-347．
李发生，颜增光，2009．污染场地术语手册[M]．北京：科学出版社．
李锋瑞，刘继亮，刘长安，2012．土地覆被变化与管理对土壤动物群落演变的耦合效应[J]．中国沙漠，32（2）：340-350．
李凤汀，刘荣昌，汪文燕，等，1992．玉米根系联合固氮菌分离鉴定与应用效果[J]．微生物学报，32（4）：285-388．

李根蟠，2006. 中国传统农业的可持续发展思想和实践[C]//第六届东亚农业史国际学术研讨会论文集. 韩国：1-11.
李光超，2015. 我国土壤污染现状与修复技术综述[J]. 农业与技术，35（18）：3-10.
李广云，曹永富，赵书民，等，2011. 土壤重金属危害及修复措施[J]. 山东林业科技，41（6）：96-101.
李欢，杜志勇，刘庆，等，2016. 蚯蚓菌根互作对土壤酶活、甘薯根系生长及养分吸收的影响[J]. 植物营养与肥料学报，22（1）：209-215.
李辉信，胡锋，沈其荣，等，2002a. 接种蚯蚓对秸秆还田土壤碳、氮动态和作物产量的影响[J]. 应用生态学报，13（12）：1637-1641.
李辉信，刘满强，胡锋，等，2002b. 不同植被恢复方式下红壤线虫数量特征[J]. 生态学报，22（11）：1882-1889.
李季，许艇，2008. 生态工程[M]. 北京：化学工业出版社.
李京，2016. 植物根际促生菌对植物生长的有益作用[J]. 产业与科技论坛，15（18）：50-51.
李军燕，罗宏亮，王瑞，等，2018. 捕食性真菌 *Duddingtonia flagrans* 捕食马圆线虫幼虫动态观察[J]. 动物医学进展，39（10）：122-125.
李丽君，2017. 长期施用堆肥对曲周农田土壤健康影响[D]. 北京：中国农业大学.
李隆，2016. 间套作强化农田生态系统服务功能的研究进展与应用展望[J]. 中国生态农业学报，24（4）：403-415.
李隆，等，2013. 间套作体系豆科作物固氮生态学原理与应用[M]. 北京：中国农业大学出版社.
李琪，梁文举，姜勇，2007. 农田土壤线虫多样性研究现状及展望[J]. 生物多样性，15（2）：134-141.
李锐，上官周平，刘宝元，等，2009. 近 60 年我国土壤侵蚀科学研究进展[J]. 中国水土保持科学，7（5）：1-6.
李世东，缪作清，高卫东，2011. 我国农林园艺作物土传病害发生和防治现状及对策分析[J]. 中国生物防治学报，27（4）：433-440.
李淑梅，史留功，李青芝，2008. 不同施肥条件下农田土壤动物群落组成及多样性变化[J]. 安徽农业科学，7：2830-2831.
李维炯，李季，许艇，2004. 农业生态工程基础[M]. 北京：中国环境科学出版社.
李文华，张彪，谢高地，2009. 中国生态系统服务研究的回顾与展望[J]. 自然资源学报，24（1）：1-10.
李孝刚，丁昌峰，王兴祥，2014. 重金属污染对红壤旱地小节肢动物类土壤动物群落结构的影响[J]. 生态学报，34（21）：6198-6204.
李彦霈，邵明安，王娇，2018. 蚯蚓粪覆盖对土壤水分蒸发过程的影响[J]. 土壤学报，55（3）：633-640.
李艳宁，2019. 花生施用根瘤菌剂效果试验[J]. 现代农村科技，570（2）：62.
李玉恒，王永生，阎佳玉，等，2019. 土地工程与乡村可持续发展典型案例分析与研究[J]. 中国工程科学，21（2）：48-55.
李玉娟，吴纪华，陈慧丽，等，2005. 线虫作为土壤健康指示生物的方法及应用[J]. 应用生态学报（8）：1541-1546.
李玉山，1999. 黄土高原治理开发之基本经验[J]. 土壤侵蚀与水土保持学报（2）：51-57.
梁丽娜，2009. 有机、无公害和常规温室蔬菜生产土壤硝态氮累积和微生物学特性的季节变化[D]. 北京：中国农业大学.
梁文举，董元华，李英滨，等，2021. 土壤健康的生物学表征与调控[J]. 应用生态学报，32（2）：719-728.
梁文举，葛亭魁，段玉玺，2001. 土壤健康及土壤动物生物指示的研究与应用[J]. 沈阳农业大学学报，32（1）：70-72.
梁文举，姜勇，李琪，2007. 农田土壤线虫多样性研究现状及展望[J]. 生物多样性，15（2）：134-141.
廖长贵，2019. 设施菜田蚯蚓养殖土壤改良技术[J]. 长江蔬菜（9）：70-72.

林卡，李德成，张甘霖，2017．土壤质量评价中文文献分析[J]．土壤通讯，48（3）：736-744．
林敏，尤崇杓，1992．根际联合固氮作用的研究进展[J]．植物生理学通讯，28（5）：323-329．
林先贵，冯有智，陈瑞蕊，2017．农田潮土养分耦合循环的微生物学机理研究进展[J]．植物营养与肥料学报，23（6）：1575-1589．
林雁冰，薛泉宏，2008．不同栽培模式下玉米根系对土壤微生物区系的影响[J]．西北农林科技大学学报（自然科学版），36（12）：101-107，114．
林英华，黄庆海，刘骅，等，2010．长期耕作与长期定位施肥对农田土壤动物群落多样性的影响[J]．中国农业科学，43（11）：2261-2269．
刘崇彬，张天伦，王敏强，2002．提高豆科作物根瘤固氮能力的措施[J]．河南农业科学，31（5）：39．
刘广才，杨祁峰，李隆，等，2008．小麦/玉米间作优势及地上部与地下部因素的相对贡献[J]．植物生态学报，32（2）：477-484．
刘国彬，李敏，上官周平，等，2008．西北黄土区水土流失现状与综合治理对策[J]．中国水土保持科学，6（1）：16-21．
刘慧，1995．我国土地退化类型与特点及防治对策[J]．资源科学，17（4）：26-32．
刘佳，张杰，秦文婧，等，2016．施氮和接种根瘤菌对红壤旱地花生产量、氮素吸收利用及经济效益的影响[J]．中国油料作物学报，38(4)：473-480．
刘珂，2009．不同养分投入模式下小麦玉米轮作体系中AM真菌种群和功能特征[D]．北京：中国农业大学．
刘良梧，龚子同，1995．全球土壤退化评价[J]．资源科学（1）：10-15．
刘亮，2015．生物炭对土壤微生物及其强化修复多环芳烃污染的影响与机理研究[D]．上海：上海交通大学．
刘满强，陈小云，郭菊花，等，2007．土壤生物对土壤有机碳稳定性的影响[J]．地球科学进展，22（2）：152-158．
刘满强，胡锋，李辉信，等，2002．退化红壤不同人工林恢复下土壤节肢动物群落特征[J]．生态学报，22（1）：54-61．
刘任涛，赵哈林，赵学勇，2010．放牧后自然恢复沙质草地土壤节肢动物群落结构与多样性[J]．应用生态学报，21（11）：2849-2855．
刘润进，陈应龙，2007．菌根学[M]．北京：科学出版社．
刘润进，李敏，孟祥霞，等，2000．丛枝菌根真菌对玉米和棉花内源激素的影响[J]．菌物系统，19（1）：91-96．
刘润强，李丹宁，肖兵，等，2019．华北地区大棚蔬菜根结线虫防控研究进展[J]．黑龙江农业科学（1）：143-146．
刘世梁，傅伯杰，刘国华，等，2006．我国土壤质量及其评价研究的进展[J]．土壤通报，37（1）：137-143．
刘婷，叶成龙，陈小云，等，2013．不同有机肥源及其与化肥配施对稻田土壤线虫群落结构的影响[J]．应用生态学报，24（12）：3508-3516．
刘小京，2018．环渤海缺水区盐碱地改良利用技术研究[J]．中国生态农业学报，26（10）：1521-1527．
刘小梅，吴启堂，李秉滔，2003．超富集植物治理重金属污染土壤研究进展[J]．农业环境科学学报（5）：636-640．
刘新民，门丽娜，2009．内蒙古武川县农田退耕还草对大型土壤动物群落的影响[J]．应用生态学报，20（8）：1965-1972．
刘巽浩，1994．耕作学[M]．北京：中国农业出版社．
刘彦随，2015．土地综合研究与土地资源工程[J]．资源科学，37（1）：1-8．
刘彦随，陈宗峰，李裕瑞，等，2017．黄土丘陵沟壑区饲料油菜种植试验及其产业化前景：以延安治沟造地典型项目区为例[J]．自然资源学报，32（12）：2065-2074．

刘彦随，靳晓燕，胡业翠，2006．黄土丘陵沟壑区农村特色生态经济模式探讨：以陕西绥德县为例[J]．自然资源学报，21（5）：738-745．

刘彦随，李裕瑞，2017．黄土丘陵沟壑区沟道土地整治工程原理与设计技术[J]．农业工程学报，33（10）：1-9．

刘彦随，刘玉，翟荣新，2009．中国农村空心化的地理学研究与整治实践[J]．地理学报，64（10）：1193-1202．

刘艳琴，刘立娜，陈燕，等，2018．植物病原真菌效应蛋白与植物互作动态分析[J]．分子植物育种，16（20）：6678-6687．

刘志培，刘双江，2015．我国污染土壤生物修复技术的发展及现状[J]．生物工程学报，31（6）：901-916．

刘子卿，万宜乐，郝玉娥，2019．线虫内寄生真菌资源及生防应用研究进展[J]．应用生态学报，30（6）：2129-2136．

柳欣茹，包兴国，王志刚，等，2016．灌漠土上连续间作对作物生产力和土壤化学肥力的影响[J]．土壤学报，53（4）：951-962．

柳影，彭畅，张会民，等，2011．长期不同施肥条件下黑土的有机质含量变化特征[J]．中国土壤与肥料（5）：7-11．

卢良恕，1999．中国立体农业概论[M]．成都：四川科学技术出版社．

卢明珠，吕宪国，管强，等，2015．蚯蚓对土壤温室气体排放的影响及机制研究进展[J]．土壤学报，52（6）：13-29．

卢萍，徐演鹏，谭飞，等，2013．黑土区农田土壤节肢动物群落与土壤理化性质的关系[J]．中国农业科学，46（9）：1848-1856．

陆泗进，王业耀，何立环，2014．中国土壤环境调查、评价与监测[J]．中国环境监测，30（6）：19-26．

罗华东，2013．马铃薯甲虫生防细菌的筛选与鉴定[D]．重庆：西南大学．

罗天相，胡锋，李辉信，2013．施加秸秆和蚯蚓活动对麦田 N2O 排放的影响[J]．生态学报，33（23）：7545-7552．

骆世明，2013．农业生态学的国外发展及其启示[J]．中国生态农业学报，21（1）：14-22．

吕家珑，张一平，陶国树，等，2003．23 年肥料定位试验 0～100cm 土壤剖面中各形态磷之间的关系研究[J]．水土保持学报，17（3）：48-50．

吕贻忠，李保国，2006．土壤学[M]．北京：中国农业出版社．

吕玉虎，郭晓彦，李本银，等，2017．翻压不同量紫云英配施减量化肥对土壤肥力和水稻产量的影响[J]．中国土壤与肥料（5）：94-98．

马辰，2019．长白山地森林土壤跳虫的分布格局及其对环境变化的响应[D]．长春：东北师范大学．

马世骏，1978．环境保护与生态系统[J]．环境保护（2）：9-11．

马世骏，李松华，1987．中国的农业生态工程[M]．北京：科学出版社．

马秀玲，陆光明，徐祝龄，等，1997．农林复合系统中林带和作物的根系分布特征[J]．中国农业大学学报，2（1）：109-116．

马艳滟，李巧，冯萍，等，2013．云南苍山火烧迹地不同恢复期地表蜘蛛群落多样性[J]．生态学报，33（3）：964-974．

马玉琴，魏偲，茆振川，等，2016．生防型菌肥对黄瓜生长及根结线虫病的影响[J]．中国农业科学，49（15）：2945-2954．

马玉珠，1983．怎样使用根瘤菌剂[J]．新农业（2）：7．

毛妙，王磊，席运官，等，2016．有机种植业土壤线虫群落特征的调查研究[J]．土壤，48（3）：492-502．

毛小芳，李辉信，陈小云，等，2004．土壤线虫三种分离方法效率比较[J]．生态学杂志，23（3）：149-151．

梅沛沛，王平，李隆，等，2018．新开垦土壤上构建玉米/蚕豆-根瘤菌高效固氮模式[J]．中国生态农业学报，26（1）：62-74．

孟庆华，傅伯杰，2000．景观格局与土壤养分流动[J]．水土保持学报，14（3）：116-121．

孟庆英，2012．施用根瘤菌对土壤微生物氮素类群数量及土壤氮素的影响[J]．黑龙江农业科学（4）：55-57．

明凡渤，门丽娜，刘新民，2013．内蒙古武川县农田退耕还草对中小型土壤动物群落的影响[J]．生态学杂志，32（7）：1838-1843

尼尔·布雷迪，雷·韦尔，2019．土壤学与生活[M]．李保国，徐建明，等译．北京：科学出版社．
宁应之，沈韫芬，1998．中国典型地带土壤原生动物[J]．动物学报，44（3）：271-276．
欧阳志云，王如松，赵景柱，1999．生态系统服务功能及其生态经济价值评价[J]．应用生态学报，10（5）：635-640．
潘风兵，王海燕，王晓芳，等，2019．蚓粪减轻苹果砧木平邑甜茶幼苗连作障碍的土壤生物学机制[J]．植物营养与肥料学报，25（6）：925-932．
潘红平，苏以鹏，蒋顺萍，2009．蚯蚓高效养殖技术[M]．北京：化学工业出版社．
彭国雄，张淑玲，张维，等，2019．杀虫真菌与苏云金芽孢杆菌对草地贪夜蛾的联合室内杀虫活性研究[J]．中国生物防治学报，35（5）：735-740．
秦樊鑫，魏朝富，李红梅，2015．重金属污染土壤修复技术综述与展望[J]．环境科学与技术，38（S2）：199-208．
邱江平，1999a．蚯蚓与环境保护[J]．贵州科学，18：116-133．
邱江平，1999b．蚯蚓及其在环境保护上的应用[J]．上海农学院学报，17（3）：227-232．
邱军，傅荣恕，2004．土壤温湿度对甲螨和跳虫数量的影响[J]．山东师范大学学报（自然科学版），19（4）：72-74．
任明迅，吴振斌，2001．植物的冗余及其生态学意义 I．大型水生植物生长冗余研究[J]．生态学报，21（7）：1072-1078．
任豫霜，朱丹，姜伟等，2017．酸性土壤中接种耐酸根瘤菌对豆科植物根际微生态的影响[J]．植物营养与肥料学报，23（4）：1077-1088．
山仑，1999，我国著名水土保持专家工程院山仑院士论黄土高原治理与黄河断流问题[J]．水土保持通报，19（2）．
单颖，赵凤亮，林艳，等，2017．蚯蚓粪对土壤环境质量和作物生长影响的研究现状与展望[J]．热带农业科学，37（6）：11-17．
商都西井子公社科研小组，1983．内蒙乌盟商都县旱作农田防护林效益初步调查[J]．中国沙漠，3（1）：45-47．
尚来贵，张岩竹，2013．长期施用有机肥土壤磷素的演变规律研究[J]．农业开发与装备（8）：46．
邵城，滕燕，2019．环纵肌复合的气动仿蠕虫机器人研究[J]．机械设计与制造工程，45（5）：40-45．
邵元虎，傅声雷，2007．试论土壤线虫多样性在生态系统中的作用[J]．生物多样性，15（2）：116-123．
邵元虎，张卫信，刘胜杰，等，2015．土壤动物多样性及其生态功能[J]．生态学报，35（20）：6614-6625．
邵元虎，张卫信，张晓，等，2019．土壤生态学：土壤食物网及其生态功能[M]．北京：科学出版社．
邵振润，赵清，2004．更新药械改进技术努力提高农药利用率[J]．中国植保导刊（1）：37-39．
申剑飞，王中康，张建伟，等，2012．两株绿僵菌菌株的分离鉴定及其对花生蛴螬的致病力[J]．中国生物防治学报，28（3）：334-340．
沈仁芳，2008．铝在土壤—植物中的行为及植物的适应机制[M]．北京：科学出版社．
沈仁芳，2018．土壤学发展历程、研究现状与展望[J]．农学学报，8（1）：53-58．
沈铁孟，黄国强，李凌，等，2002．石油污染土壤的原位修复技术[J]．环境科学动态（3）：13-15．
沈渭寿，曹学章，沈发云，2006．中国土地退化的分类与分级[J]．生态与农村环境学报，22（4）：88-93．
沈韫芬，1999．原生动物学[M]．北京：科学出版社．
盛丰，2014．康奈尔土壤健康评价系统及其应用[J]．土壤通报，45（6）：1289-1296．
宋理洪，武海涛，吴东辉，2011．我国农田生态系统土壤动物生态学研究进展[J]．生态学杂志，30（12）：2898-2906．
宋修超，2015．蚯蚓堆肥性质的变化及其对土壤性质与作物生长的影响[D]．南京：南京农业大学．
宋益民，姜永平，邱海荣，等，2018．蔬菜根结线虫病发生与防治[J]．蔬菜（1）：53-55．
宋长青，吴金水，陆雅海，等，2013．中国土壤微生物学研究 10 年回顾[J]．地球科学进展，28（10）：1087-1105．
苏本营，陈圣宾，李永庚，等，2013．间套作种植提升农田生态系统服务功能[J]．生态学报，33（14）：4505-4514．

孙刚，房岩，毕雨涵，2014. 水丝蚓对稻田土壤微生物的影响[J]. 广东农业科学，41（22）：53-56.
孙辉，唐亚，何永华，等，2002. 等高固氮植物篱模式对坡耕地土壤养分的影响[J]. 中国生态农业学报，10（2）：79-82.
孙沛，2019. 不同类型土壤污染状况及其修复技术综述[J]. 农业开发与装备（8）：81-82.
孙守家，孟平，张劲松，等，2010. 华北石质山区核桃-绿豆复合系统氘同位素变化及其水分利用[J]. 生态学报，30（14）：3717-3726.
孙焱鑫，林启美，赵小蓉，等，2003. 玉米根际与非根际土壤中 4 种原生动物分布特征[J]. 中国农业科学，36（11）：1399-1402.
孙兆军，2017. 中国北方典型盐碱地生态修复[M]. 北京：科学出版社.
孙震，刘满强，桂娟，等，2014. 减施氮肥和控制灌溉对稻田土壤线虫群落的影响[J]. 生态学杂志，33（3）：659-665.
滕应，骆永明，李振高，2007. 污染土壤的微生物修复原理与技术进展[J]. 土壤，（39）4：497-502.
田丰，陈立杰，王媛媛，等，2014. 根瘤菌 Sneb183 对大豆孢囊线虫二龄幼虫的作用方式研究[J]. 中国生物防治学报（4）：540-545.
田晔，滕应，赵静，等，2012. 木霉制剂对海州香薷生长和铜吸收的影响[J]. 中国环境科学，32（6）：1098-1103.
土壤动物研究方法手册编写组，1998. 土壤动物研究方法手册[M]. 北京：中国林业出版社.
万玲玲，2018. 对富川小流域水土保持工程设计的相关分析[J]. 中国水运（下半月），18（4）：170-171.
汪品先，闵秋宝，1987. 有壳变形虫在我国第四纪古环境研究中的意义[J]. 微体古生物学报，4（4）：345-349.
王德峰，2018. 浅析土传病害的主要危害及致病原因[J]. 农民致富之友（22）：31.
王德凤，吴仙，李莉娜，等，2014. 蚯蚓蛋白饲料饲养生长肥育猪的饲用价值评定研究[J]. 饲料工业，35（11）：31-35.
王东，杨欢，王瑞辉，2018. 蚯蚓的药用价值研究进展[J]. 生物资源，40（5）：471-475.
王笃超，吴景贵，李建明，2018. 不同有机物料对连作大豆根际土壤线虫的影响[J]. 土壤学报，55（2）：490-502.
王国利，陈应武，刘长仲，等，2010. 黄土高原退耕地恢复对土壤无脊椎动物多样性的影响[J]. 中国沙漠，30（1）：140-145.
王海慧，郇恒福，罗瑛，等，2009. 土壤重金属污染及植物修复技术[J]. 中国农学通报，25（11）：210-214.
王建军，2014. 浅议土壤污染的类型及特点[J]. 科学大众（科学教育）（9）：173.
王久臣，张国良，王飞，等，2017. 秸秆农用十大模式[M]. 北京：中国农业出版社.
王来，高鹏翔，仲崇高，等，2018. 核桃-小麦复合系统中细根生长动态及竞争策略[J]. 生态学报，38（21）：7762-7771.
王淼焱，刘树堂，刘润进，等，2006. 长期定位施肥土壤中 AM 真菌耐磷性的比较[J]. 土壤学报，43（6）：1056-1059.
王明霞，周志峰，2012. 植物根系分泌物在植物中的作用[J]. 安徽农业科学，40（11）：6357-6359.
王齐旭，李建勇，张瑞明，2020. 设施番茄-蚯蚓种养循环绿色生产技术模式[J]. 南方园艺，31（5）：47-48
王如松，1999. 可持续发展生态学思考[A]//赵景柱，欧阳志云，吴刚. 社会经济自然复合生态系统可持续发展研究. 北京：中国环境科学出版社.
王珊珊，乜兰春，李潘，等，2019. 植物病原真菌毒素的分类、致病机制及应用前景[J]. 江苏农业科学，47（3）：94-97.
王涛，朱震达，2001. 中国沙漠化研究[J]. 中国生态农业学报，9（2）：7-12.
王婷婷，2016. 豆丹真空冷冻干燥工艺及品质实验研究[D]. 南京：南京农业大学.
王文亮，刘学锋，邬元娟，2008. 可食用型蚯蚓研发现状及发展前景[J]. 保鲜与加工，8（5）：8-10.

王笑，王帅，滕明姣，等，2017. 两种代表性蚯蚓对设施菜地土壤微生物群落结构及理化性质的影响[J]. 生态学报，37（15）：5146-5156.
王艳，2015. 不同施磷水平下种间配置对间作体系生产力和微量元素吸收利用的影响[D]. 北京：中国农业大学.
王莹莹，2017. 寒冬将去，植物病原细菌猖獗的套路是什么?[J]. 营销界（农资与市场）（3）：82-83.
王永生，李玉恒，刘彦随，2019. 现代农业双优工程试验原理与方法：以毛乌素沙地为例[J]. 中国工程科学，21（2）：48-54.
王幼珊，刘润进，2017. 球囊菌门丛枝菌根真菌最新分类系统菌种名录[J]. 菌物学报，36（7）：820-850.
王幼珊，张淑彬，殷晓芳，等，2016. 中国大陆地区丛枝菌根真菌菌种资源的分离鉴定与形态学特征[J]. 微生物学通报，43（10）：2154-2165.
王宗英，孙庆业，路有成，2000. 铜陵市铜尾矿生物群落的恢复与重建[J]. 生态学杂志，19（3）：7-11.
王遵亲，祝寿泉，俞仁培，1993. 中国盐渍土[M]. 北京：科学出版社.
韦朝阳，陈同斌，2002. 重金属污染植物修复技术的研究与应用现状[J]. 地球科学进展（6）：833-839.
韦革宏，马占强，2010. 根瘤菌-豆科植物共生体系在重金属污染环境修复中的地位、应用及潜力[J]. 微生物学报，50（11）：1421-1430.
韦莉莉，卢昌熠，丁晶，等，2016. 丛枝菌根真菌参与下植物—土壤系统的养分交流及调控[J]. 生态学报，36（14）：4233-4243.
魏猛，张爱君，唐忠厚，等，2012. 长期定位施肥对黄潮土土壤酶活性的影响[J]. 西北农业学报，21（12）：163-167.
温延臣，李燕青，袁亮，等，2015. 长期不同施肥制度土壤肥力特征综合评价方法[J]. 农业工程学报（7）：91-99.
吴迪，2015. 有机物料施用下接种蚯蚓对菜地土壤、作物及环境的影响[D]. 南京：南京农业大学.
吴迪，刘满强，焦加国，等，2018. 有机物料接种蚯蚓对设施菠菜产量及品质的影响[J]. 江苏农业学报，34（2）：411-417.
吴迪，刘满强，焦加国，等，2019. 不同有机物料接种蚯蚓对设施菜地土壤培肥及作物生长的影响[J]. 土壤，51（3）：470-476.
吴东辉，尹文英，李月芬，2008. 刈割和封育对松嫩草原碱化羊草草地土壤跳虫群落的影响[J]. 草业学报，17（5）：117-123.
吴根义，廖新俤，贺德春，等，2014. 我国畜禽养殖污染防治现状及对策[J]. 农业环境科学学报（7）：1261-1264.
吴翰林，刘茂炎，刘峰，2016. 1株耐镉木霉菌株的筛选鉴定[J]. 贵州农业科学，44（6）：94-98.
吴红慧，周俊初，2004. 根瘤菌培养基的优化和剂型的比较研究[J]. 微生物学通报，31（2）：14-19.
吴纪华，宋慈玉，陈家宽，2007. 食微线虫对植物生长及土壤养分循环的影响[J]. 生物多样性，15：124-133.
吴珊眉，1991. 土壤生态学研究趋势[J]. 生态学杂志，10（4）：42-47.
吴绍华，虞燕娜，朱江，等，2015. 土壤生态系统服务的概念、量化及其对城市化的响应[J]. 土壤学报，52（5）：970-978.
吴玉凤，居静，宓文海，等，2019. 蚯蚓过腹处理对污泥中四环素降解及大量营养元素赋存的影响[J]. 环境工程学报，13（12）：2990-2997.
吴玉红，蔡青年，林超文，等，2009. 地埂植物篱对大型土壤动物多样性的影响[J]. 生态学报，29（10）：5320-5329.
武海涛，吕宪国，杨青，等，2006. 土壤动物主要生态特征与生态功能研究进展[J]. 土壤学报，43（2）：314-323.
向昌国，张平究，潘根兴，等，2006. 长期不同施肥下太湖地区黄泥土蚯蚓的多样性及蛋白质含量与氨基酸组成的变化[J]. 生态学报，26（6）：1667-1674.

解永利，2008．有机、无公害与常规日光温室蔬菜生产定位试验比较研究[D]．北京：中国农业大学．

熊毅，1978．土壤生态系统研究的意义与展望[J]．土壤（6）：209-211．

徐明岗，张文菊，黄绍敏，等，2015．中国土壤肥力演变[M]．2 版．北京：中国农业科学技术出版社．

徐芹，肖能文，2011．中国陆栖蚯蚓[M]．北京：中国农业出版社．

许杰龙，2017．浅析土壤污染修复技术及发展趋势[J]．厦门科技（1）：18-20．

许智芳，王峰松，陈昭伟，1986．蚯蚓的结构与功能[M]．南京：江苏科学技术出版社

薛敬荣，2020．利用功能性状途径研究绿肥种类与数量对土壤线虫群落的影响[D]．南京：南京农业大学．

薛祖源，2014．国内土壤污染现状、特点和一些修复浅见[J]．现代化工，34（10）：1-6．

严珺，吴纪华，2018．植物多样性对土壤动物影响的研究进展[J]．土壤，50（2）：231-238．

杨伯杰，林创发，2015．土壤重金属污染现状及其修复技术方法概述[J]．能源与环境（1）：60-61．

杨劲松，姚荣江，2015．我国盐碱地的治理与农业高效利用[J]．中国科学院院刊，30（Z1）：162-170．

杨劲松，姚荣江，王相平，等，2016．河套平原盐碱地生态治理和生态产业发展模式[J]．生态学报，36（22）：7059-7063．

杨丽娟，李天来，曲慧，等，2008．长期施肥条件下设施栽培土壤无机磷组分及其剖面分布特点[J]．土壤通报，39（4）：797-800．

杨林章，徐琪，2005．土壤生态系统[M]．北京：科学出版社．

杨巍，王东升，刘满强，2015．不同物料的蚯蚓堆肥及三维荧光光谱特征的动态变化[J]．应用生态学报，36：3181-3188．

杨旭，高梅香，张雪萍，等，2017．秸秆还田对耕作黑土中小型土壤动物群落的影响[J]．生态学报，37(7)：2206-2216．

杨卓，王占利，李博文，等，2009．微生物对植物修复重金属污染土壤的促进效果[J]．应用生态学报，20（8）：2025-2031．

姚波，孙静，蒋际宝，等，2018．远盲蚓属蚯蚓在中国的地理分布及其对水热条件的响应[J]．动物学杂志，53（4）：554-571．

姚庆宋，黄慧，张加琪，2017．土壤污染现状及修复对策研究[J]．绿色环保建材（7）：225．

殷绥公，贝纳新，陈万鹏，2013．中国东北土壤革螨[M]．北京：中国农业出版社．

殷秀琴，宋博，董炜华等，2010．我国土壤动物生态地理研究进展[J]．地理学报，65（1）：91-102．

尹文英，1992．中国亚热带土壤动物[M]．北京：科学出版社．

尹文英，2001．土壤动物学研究的回顾与展望[J]．生物学通报，36（8）：1-3．

尹文英，胡圣豪，沈韫芬，等，2000．中国土壤动物[M]．北京：科学出版社．

尹文英，杨逢春 王振中，等，1992．中国亚热带土壤动物[M]．北京：科学出版社．

余广彬，杨效东，2007．不同演替阶段热带森林地表凋落物和土壤节肢动物群落特征[J]．生物多样性，15（2）：188-198．

余佩瑶，刘寒冰，邓艳玲，等，2019．畜禽粪便中抗生素污染特征及堆肥化去除研究进展[J]．环境化学，38（2）：334-343．

袁新田，焦加国，朱玲，等，2011．不同秸秆施用方式下接种蚯蚓对土壤团聚体及其中碳分布的影响[J]．土壤，43（6）：968-974．

袁兴中，刘红，1995．资源土壤动物的开发[J]．世界农业，5：43．

袁振宏，雷廷宙，庄新姝，等，2017．我国生物质能研究现状及未来发展趋势分析[J]．太阳能（2）：12-19，28．

岳秀娟，2010．浅析土壤污染的类型及危害[J]．河北农业（10）：13-15.
曾小红，伍建榕，马焕成，2008．接种根瘤菌的台湾相思对干旱胁迫的生化响应[J]．浙江林学院学报，25（2）：181-185.
翟进升，周静，王明珠，等，2005．低丘红壤南酸枣与花生复合系统种间水肥光竞争的研究：Ⅲ南酸枣与花生利用水分状况分析[J]．中国生态农业学报，13（4）：91-94.
张阿克，韩卉，杨合法，等，2013．常规、无公害和有机蔬菜生产模式对土壤性状的影响[J]．江苏农业学报，29（6）：1345-1351.
张爱林，赵建宁，刘红梅，2018．氮添加对贝加尔针茅草原土壤线虫群落特征的影响[J]．生态学报，38（10）：3616-3627.
张峰，崔潇，马烈，等，2015．城市土地利用中的土壤污染问题及修复技术探讨[J]．广州化工，43（7）：126-128.
张凤彬，2011．提高大豆根瘤菌剂使用效果的技术措施[J]．大豆科技（6）：53-55.
张福锁，2008．协调作物高产与环境保护的养分资源综合管理技术研究与应用[M]．北京：中国农业大学出版社.
张福锁，李春俭，王敬国，1995．根际生态学—研究植物—土壤相互关系的新兴学科[M]//土壤与植物营养研究动态．3卷．张福锁，龚元石，李晓林．北京：中国农业出版社，98-110.
张福锁，申建波，2007．从根际过程到根际调控：土壤科学的研究前沿[M]//马溶之与中国土壤科学：纪念马溶之诞辰一百周年．南京：江苏科学技术出版社，460-467.
张福锁，申建波，冯固，等，2009．根际生态学：过程与调控[M]．北京：中国农业大学出版社.
张福锁，张朝春，等，2017．高产高效养分管理技术创新与应用（上册）[M]．北京：中国农业大学出版社.
张国锋，暴连群，刘亚，等，2018．5%阿维菌素 B_2 防治大姜根结线虫药效研究[J]．现代农业科技（3）：126-127.
张海欧，韩霁昌，王欢元，等，2016．污染土地修复工程技术及发展趋势[J]．中国农学通报，32（26）：103-108.
张晖，2012．陕西黄土高原沟道土地整治潜力及途径探析[J]．新西部：下旬、理论（6）：10，16.
张慧，余永昌，黄宝灵，2005．接种根瘤菌对直杆型大叶相思幼苗生长及土壤营养元素含量的影响[J]．东北林业大学学报，33（5）：47-48.
张君，南小宇，魏琮，等，2016．日本弓背蚁颊下囊内含物中细菌的组成研究[J]．应用昆虫学报，53（1）：164-173.
张俊伶，张江周，申建波，等，2020．土壤健康与农业绿色发展：机遇与对策[J]．土壤学报，54（4）：783-796.
张俊亚，魏源送，陈梅雪，等，2015．畜禽粪便生物处理与土地利用全过程中抗生素和重金属抗性基因的赋存与转归特征研究进展[J]．环境科学学报（4）：935-946.
张立伟，傅伯杰，2014．生态系统服务制图研究进展[J]．生态学报，34（2）：316-325.
张丽梅，方萍，朱日清，2004．禾本科植物联合固氮研究及其应用现状展望[J]．应用生态学报，15（9）：1650-1654.
张美庆，李慧荃，王幼珊，等，1995．VA 真菌耐高磷营养菌株筛选[J]．华北农学报，10（3）：76-79.
张明发，田峰，王兴祥，等，2017．翻压不同绿肥品种对植烟土壤肥力及酶活性的影响[J]．土壤（5）：903-908.
张宁，2016．河南省典型土壤生态系统服务功能及其价值评价研究[D]．郑州：河南农业大学.
张宁，廖燕，孙振钧，等，2011．蚯蚓种群特征及其对土壤肥力指示作用研究[J]．土壤通报，42（6）：1434-1438.
张瑞福，沈其荣，2012．抑病型土壤的微生物区系特征及调控[J]．南京农业大学学报，35（5）：125-132.
张淑花，周利军，贾森，2019．生物菌肥对中型土壤动物群落结构的影响[J]．河南农业科学，48（8）：68-73.
张淑香，张文菊，沈仁芳，等，2015．我国典型农田长期施肥土壤肥力变化与研究展望[J]．植物营养与肥料学报，21（6）：1389-1393.
张桃林，李忠佩，王兴祥，2006．高度集约农业利用导致的土壤退化及其生态环境效应[J]．土壤学报，43（5）：843-850.

张桃林，王兴祥，2000．土壤退化研究的进展与趋向[J]．自然资源学报，15（3）：280-284．

张卫信，陈迪马，赵灿灿，2007．蚯蚓在生态系统中的作用[J]．生物多样性，15（2）：142-153．

张武，杨琳，王紫娟，2015．生物固氮的研究进展及发展趋势[J]．云南农业大学学报（自然科学），30（5）：810-821．

张晓珂，梁文举，李琪，2018．我国土壤线虫生态学研究进展和展望[J]．生物多样性，26（10）：1060-1073．

张雪萍，张淑花，李景科，2006．大兴安岭火烧迹地土壤动物生态地理分析[J]．地理研究，25（2）：327-334．

张义丰，王又丰，刘录祥，等，2002．中国北方旱地农业研究进展与思考[J]．地理研究，21（3）：305-312．

张宇，肖正高，蒋林惠，等，2018．施氮水平影响蚯蚓介导的番茄生长及抗虫性[J]．生物多样性，26（12）：1296-1307．

张越，杨劲松，姚荣江，2016．咸水冻融灌溉对重度盐渍土壤水盐分布的影响[J]．土壤学报，53（2）：388-400．

张志剑，刘萌，朱军，2013．蚯蚓堆肥及蝇蛆生物转化技术在有机废弃物处理应用中的研究进展[J]．环境科学，34（5）：1679-1686．

张中润，韩日畴，许再福，2004．草坪地下害虫蛴螬的生物防治研究进展[J]．昆虫知识（5）：388-391．

赵根，郭璐，叶建仁，等，2018．细菌毒素在植物细菌侵染性病害中的致病作用[J]．黑龙江农业科学，291（9）：151-155．

赵吉，2006．土壤健康的生物学监测与评价[J]．土壤，38（2）：136-142．

赵金艳，李莹，李珊珊，等，2013．我国污染土壤修复技术及产业现状[J]．中国环保产业（3）：53-57．

赵景柱，肖寒，吴刚，2000．生态系统服务的物质量与价值量评价方法的比较分析[J]．应用生态学报，11（2）：290-292．

赵娟，刘任涛，刘佳楠，等，2019．北方农牧交错带退耕还林与还草对地面节肢动物群落结构的影响[J]．生态学报，39：1653-1663．

赵念力，谷维，张俐俐，等，2014．俄罗斯高效大豆根瘤菌肥对大豆主要性状及产量的影响[J]．江苏农业科学，42（1）：72-73．

赵其国，1991．土壤退化及其防治[J]．土壤，23（2）：57-61．

赵其国，2002．中国东部红壤地区土壤退化的时空变化、机理及调控[M]．北京：科学出版社．

赵其国，黄国勤，2014．广西红壤[M]．北京：中国环境出版社．

赵其国，骆永明，2015．论我国土壤保护宏观战略[J]．中国科学院院刊，30（4）：452-458．

赵其国，滕应，黄国勤，2017．中国探索实行耕地轮作休耕制度试点问题的战略思考[J]．生态环境学报，26（1）：1-5．

赵英，张斌，王明珠，2006．农林复合系统中物种间水肥光竞争机理分析与评价[J]．生态学报，26（6）：1792-1801．

赵英，张斌，赵华春，等，2005．农林复合系统中南酸枣蒸腾特征及影响因子[J]．应用生态学报，16（11）：2035-2040．

赵永敢，王婧，李玉义，等，2013．秸秆隔层与地覆膜盖有效抑制潜水蒸发和土壤返盐[J]．农业工程学报，29（23）：109-117．

赵振勇，张科，王雷，等，2013．盐生植物对重盐渍土脱盐效果[J]．中国沙漠（5）：1420-1425．

郑春燕，2016．长期施肥对不同作物生产体系土壤团聚体中微生物群落的影响[D]．北京：中国农业大学．

郑茂波，2005．钙离子对烟草富集镉量的影响研究[J]．黑龙江水专学报，35（2）：86-88．

中华人民共和国农业农村部，2017．农业部：确保果菜茶有机肥替代化肥取得实效[EB/OL]．http://www.moa.gov.cn/xw/tpxw/201703/t20170330_5545107.htm．

钟爽，何应对，韩丽娜，等，2012．连作年限对香蕉园土壤线虫群落结构及多样性的影响[J]．中国生态农业学报，20（5）：604-211．

周昌涵，2003．兴国县治理红壤获得环境与经济双赢[J]．中国水土保持（12）：36-37.

周东美，郝秀珍，薛艳，等，2004．污染土壤的修复技术研究进展[J]．生态环境（2）：234-242.

周际海，袁颖红，朱志保，等，2015．土壤有机污染物生物修复技术研究进展[J]．生态环境学报，24（2）：343-351.

周健民，2013．我国耕地资源保护与地力提升[J]．中国科学院院刊（2）：269-274.

周启星，2004．污染土壤修复原理与方法[M]．北京：科学出版社.

周启星，2005．健康土壤学：土壤健康质量与农产品安全[M]．北京：科学出版社.

周启星，宋玉芳，孙铁珩，2004．生物修复研究与应用进展[J]．自然科学进展，7：2-9.

周星，陈骋，常海娜，等，2020．蚓堆肥热干扰后对土壤质量和作物生长的影响[J]．土壤学报，57（1）：142-152.

周志红，骆世明，牟子平，1997．番茄（*Lycopersicon*）的化感作用研究[J]．应用生态学报，8（4）：445-449.

朱高峰，2011．论工程的综合性[J]．高等工程教育研究（2）：1-4.

朱海，杨劲松，姚荣江，等，2019．有机无机肥配施对滨海盐渍农田土壤盐分及作物氮素利用的影响[J]．中国生态农业学报，27（3）：441-450.

朱强根，朱安宁，张佳宝，等，2009．黄淮海平原小麦保护性耕作对土壤动物总量和多样性的影响[J]．农业环境科学学报，28（8）：1766-1772.

朱强根，朱安宁，张佳宝，等，2010a．保护性耕作下土壤动物群落及其与土壤肥力的关系[J]．农业工程学报，26：70-76.

朱强根，朱安宁，张佳宝，等，2010b．长期施肥对黄淮海平原农田中小型土壤节肢动物的影响[J]．生态学杂志，29（1）：69-74.

朱强根，朱安宁，张佳宝，等，2010c．华北潮土长期施肥对土壤跳虫群落的影响[J]．土壤学报，47（5）：946-952.

朱铁霞，高凯，张永亮，等，2008．不同根瘤菌接种量对紫花苜蓿的影响[J]．作物杂志（4）：37-38.

朱显谟，1991．黄土高原的形成与整治对策[J]．水土保持通报，11（1）：1-8，17.

朱显谟，1998．黄土高原国土整治“28 字方略”的理论与实践[J]．中国科学院院刊，13（3）：232-236.

朱显谟，孙林夫，杨文治，等，1985．黄土高原综合治理分区[J]．水土保持研究（1）：2-66.

朱新玉，胡云川，2011．土壤动物对土壤质量变化的响应述评[J]．中国农学通报，27（11）：236-240.

朱新玉，朱波，2015．不同施肥方式对紫色土农田土壤动物主要类群的影响[J]．中国农业科学，48（5）：911-920.

朱永官，李刚，张甘霖，等，2015．土壤安全：从地球关键带到生态系统服务[J]．地理学报，70（12）：1859-1869.

朱永恒，李克中，陆林，2012．根际土壤动物及其对植物生长的影响[J]．生态学杂志，31（10）：2688-2693.

朱永恒，赵春雨，张平究，等，2011．矿区废弃地土壤动物研究进展[J]．生态学杂志，30（9）：2088-2092.

朱玉红，2015．污染土壤修复技术研究现状与趋势[J]．建材与装饰（50）：120-121.

祖超，杨建峰，李志刚，等，2015．胡椒园间作槟榔对胡椒光合效应和产量的影响[J]．热带作物学报，36（1）：20-25.

祖智波，黄璜，2009．免耕稻—鸭种养生态系统服务功能价值评估[J]．湖南农业大学学报，35（4）：427-432.

ABBOTT L K, MURPHY D V, 2007. What is soil biological fertility?[C]//ABBOTT L K, MURPHY D V. Soil biological fertility. Dordrecht: Springer.

ABHILASH P C, SRIVASTAVA S, SINGH N, 2011. Comparative bioremediation potential of four rhizospheric microbial species against lindane[J]. Chemosphere, 82(1): 56-63.

ACHATZ M, MORRIS E K, MULLER F, et al., 2014. Soil hypha mediated movement of allelochemicals: arbuscular mycorrhizae extend the bioactive zone of juglone[J]. Functional Ecology, 28: 1020-1029.

ADAIR K L, LINDGREEN S, POOLE A M, et al., 2019. Above and belowground community strategies respond to different global change drivers[J]. Scientific Reports, 9(1): 2540.

ADESEMOYE A O, TORBERT H A, KLOEPPER J W, 2008. Enhanced plant nutrient use efficiency with PGPR and AMF in an integrated nutrient management system[J]. Canadian Journal of microbiology, 54(10): 876-886.

ADESEMOYE A, TORBERT H A, KLOEPPER J W, 2009. Plant growth-promoting rhizobacteria allow reduced application rates of chemical fertilizers[J]. Microbial Ecology, 58(4): 921-929.

ADESEMOYE A O, TORBERT H A, KLOEPPER J W, 2010. Increased plant uptake of nitrogen from 15N-depleted fertilizer using plant growth-promoting rhizobacteria[J]. Applied Soil Ecology, 46(1): 54-58.

AGAPIT C, GIGON A, PUGA-FREITAS R, et al., 2018. Plant-earthworm interactions: Influence of age and proportion of casts in the soil on plant growth, morphology and nitrogen uptake[J]. Plant and Soil, 424: 49-61.

AGGARWAL R K, KUMAR P, POWER J F, 1997. Use of crop residue and manure to conserve water and enhance nutrient availability and pearl millet yields in an arid tropical region[J]. Soil and Tillage Research, 41: 43-51.

AIRA M, DOMINGUEZ J, 2011. Earthworm effects without earthworms: Inoculation of raw organic matter with worm-worked substrates alters microbial community functioning[J]. PLoS One, 6(1): e16354.

AKHTAR J, GALLOWAY A F, NIKOLOPOULOS G, et al., 2018. A quantitative method for the high throughput screening for the soil adhesion properties of plant and microbial polysaccharides and exudates[J]. Plant and Soil, 428(1-2): 57-65.

AKIYAMA K, MATSUZAKI K, HAYASHI H, 2005. Plant sesquiterpenes induce hyphal branching in arbuscular mycorrhizal fungi[J]. Nature, 435(7043): 824-827.

ALAM M M, LADHA J K, RAHMANZ, et al., 2006. Nutrient management for increased productivity of rice-wheat cropping system in Bangladesh[J]. Field Crops Research, 96(2-3): 374-386.

ALEXANDER S E, SCHNEIDER S H, LAGERQUIST K, et al., 1997. Nature's services: societal dependence on natural ecosystems[J]. Pacific Conservation Biology, 6: 220-221.

ALFEROV A A, CHERNOVA L S, KOZHEMYAKOV A P, 2018. Efficacy of biopreparations for spring wheat in the European part of Russia against different backgrounds of mineral nutrition[J]. Russian Agricultural Sciences, 44(1): 53-57.

ALGUACIL M, TORRECILLAS E, LOZANO Z, et al., 2011. Evidence of differences between the communities of arbuscular mycorrhizal fungi colonizing galls and roots of prunus persica infected by the root-knot nematode meloidogyne incognita[J]. Applied and Environmental Microbiology, 77(24): 8656-8661.

ALI M A, ABBAS A, AZEEM F, et al., 2015. Plant-nematode interactions: From genomics to metabolomics[J]. International Journal of Agriculture and Biology, 17(6): 1071-1082.

ALI M A, AZEEM F, ABBAS A, et al., 2017. Transgenic strategies for enhancement of nematode resistance in plants[J]. Frontiers in Plant Science, 8: 750.

ALLEN-MORLEY C R, COLEMAN D C, 1989. Resilience of soil biota in various food webs to freezing perturbations[J]. Ecology, 70(4): 1127-1141.

ALONI R, ALONI E, LANGHANS M, et al., 2006. Role of cytokinin and auxin in shaping root architecture: Regulating vascular differentiation, lateral root initiation, root apical dominance and root gravitropism[J]. Annals of Botany, 97: 883-893.

ALPHEI J, BONKOWSKI M, SCHEU S, 1996. Protozoa, Nematoda and Lumbricidae in the rhizosphere of *Hordelymus* europaeus(Poaceae): Faunal interactions, response of microorganisms and effects on plant growth[J]. Oecologia, 106: 111-126.

ALTIERI M A, NICHOLLS C I, 2003. Soil fertility management and insect pests: Harmonizing soil and plant health in agroecosystems[J]. Soil and Tillage Research, 72(2): 203-211.

ALVAREZ C R, ALVAREZ R, 2000. Short-term effects of tillage systems on active soil microbial biomass[J]. Biology and Fertility of Soils, 31: 157-161.

ALVAREZ R, 2005. A review of nitrogen fertilizer and conservation tillage effects on soil organic carbon storage[J]. Soil Use and Management, 21(1): 38-52.

AMEIN T, OMER Z, WELCH C, 2008. Application and evaluation of *pseudomonas* strains for biocontrol of wheat seedling blight[J]. Crop Protection, 27(3-5): 532-536.

AMES R N, 1989. Mycorrhiza development in onion in response to inoculation with chitin-decomposing actinomycetes[J]. New Phytologist, 112(3): 423-427.

AN Z Q, GROVE J H, HENDRIX J W, et al., 1990. Vertical distribution of endogonaceous mycorrhizal fungi associated with soybean, as affected by soil fumigation[J]. Soil Biology and Biochemistry, 22(5): 715-719.

AN Z Q, HENDRIX J W, HERSHMAN D E, et al., 1993. The influence of crop rotation and soil fumigation on a mycorrhizal fungal community associated with soybean[J]. Mycorrhiza, 3(4): 171-182.

ANDERSEN D C, 1987. Below-ground herbivory in natural communities: A review emphasizing fossorial animals[J]. The Quarterly Review of Biology, 62: 261-286.

ANDRÉ H M, DUCARME X, LEBRUN P, 2002. Soil biodiversity: Myth, reality or conning?[J]. Oikos, 96: 3-24.

ANDREWS S S, KARLEN D L, CAMBARDELLA C A, 2004. The soil management assessment framework: A quantitative soil quality evaluation method[J]. Soil Science Society of America Journal, 68(6): 1945-1962.

ANDREWS S S, KARLEN D L, MITCHELL J P, 2002. A comparison of soil quality indexing methods for vegetable production systems in Northern California[J]. Agriculture, Ecosystems and Environment, 90: 25-45.

ANEJA V P, SCHLESINGER W H, ERISMAN J W, 2009. Effects of agriculture upon the air quality and climate: Research, policy, and regulations[J]. Environmental Science and Technology, 43(12): 4234-4240.

ANGHINONI I, BARBER S A, 1980. Phosphorus influx and growth characteristics of corn roots as influenced by phosphorus supply[J]. Agronomy Journal, 72(4): 685-688.

ARDELLI B F, PRICHARD R K, 2013. Inhibition of p-glycoprotein enhances sensitivity of *caenorhabditis elegans* to ivermectin[J]. Veterinary Parasitology, 191(3-4): 264-275.

ARJOUNE Y, SUGUNARAJ N, PERI S, et al., 2022. Soybean cyst nematode detection and management: A review[J]. Plant Methods, 18: 110.

ARKHIPOVA T N, PRINSEN E, VESELOV S U, et al., 2007. Cytokinin producing bacteria enhance plant growth in drying soil[J]. Plant and Soil, 292: 305-315.

ARORA R, BATTU G S, RAMAKRISHNAN N, 2000. Microbial pesticides: Current status and future outlook[M]. Commonwealth Publishers: New Delhi.

ATKINSON J A, HAWKESFORD M J, WHALLEY W R, et al., 2020. Soil strength influences wheat root interactions with soil macropores[J]. Plant Cell and Environment, 43: 235-245.

AVILA MIRANDA M E, HERRERA ESTRELLA A, PEÑA CABRIALES J J, 2006. Colonization of the rhizosphere, rhizoplane and endorhiza of garlic(*Allium sativum* L.) by strains of Trichoderma harzianum and their capacity to control allium white-rot under field conditions[J]. Soil Biology and Biochemistry, 38: 1823-1830.

AXELSEN J A, KRISTENSEN K T, 2000. Collembola and mites in plots with different types of green manure[J]. Pedobiologia, 44(5): 556-566.

BAGO B, PFEFFER P E, SHACHAR-HILL Y, 2000. Carbon metabolism and transport in arbuscular mycorrhizas[J]. Plant Physiology, 124(3): 949-958.

BAI Y, MÜLLER D B, SRINIVAS G, et al., 2015. Functional overlap of the Arabidopsis leaf and root microbiota[J]. Nature, 528: 364-369.

BAIS H P, WEIR T L, PERRY L G, et al., 2006. The role of root exudates in rhizosphere interactions with plants and other organisms[J]. Annual Review of Plant Biology, 57: 233-266.

BAKER A J M, BROOKS R R, 1989. Terrestrial higher plants which hyperaccumulate metallic elements: A review of their distribution ecology and phytochemistry[J]. Biorecovery, 1(2): 81-126.

BAKER A J M, MCGRATH S P, SIDOLI C M D, et al., 1994. The possibility of in-situ heavy-metal decontamination of polluted soils using crops of metal-accumulating plants[J]. Resources Conservation and Recycling, 11(1-4): 41-49.

BALBI S, DEL PRADO A, GALLEJONES P, et al., 2015. Modeling trade-offs among ecosystem services in agricultural production systems[J]. Environmental Model Software, 72: 314-326.

BANDYOPADHYAY K K, MISRA A K, GHOSH P K, et al., 2010. Effect of integrated use of farmyard manure and chemical fertilizers on soil physical properties and productivity of soybean[J]. Soil and Tillage Research, 110(1): 115-125.

BANERJEE S, WALDER F, BUCHI L, et al., 2019. Agricultural intensification reduces microbial network complexity and the abundance of keystone taxa in roots[J]. ISME Journal, 13(7): 1722-1736.

BANIK P, SHARMA R C, 2009. Yield and resource utilization efficiency in baby corn: Legume-intercropping system in the eastern plateau of India[J]. Journal of Sustainable Agriculture, 33(4): 379-395.

BANWART S, BERNASCONI S M, BLOEM J, et al., 2011. Soil processes and functions in critical zone observatories: Hypotheses and experimental design[J]. Vadose Zone Journal, 10: 974-987.

BAO X L, YU J, LIANG W J, et al., 2015. The interactive effects of elevated ozone and wheat cultivars on soil microbial community composition and metabolic diversity[J]. Applied Soil Ecology, 87: 11-18.

BARBER S A, 1995. Soil nutrient bioavailability: A mechanistic approach[M]. 2nd ed. New York: John Wiley and Sons.

BARDGETT R D, VAN DER PUTTEN W H, 2014. Belowground biodiversity and ecosystem functioning[J]. Nature, 515: 505-511.

BARDGETT R D, WARDLE D A, 2010a. Aboveground-belowground linkages: Biotic interactions, ecosystem processes, and global change[M]. Oxford: Oxford University Press.

BARDGETT R D, WARDLE D A, 2010b. Biotic interactions in soil as drivers of ecosystem properties[M]//BARDGETT R, WARDLE, D A. Aboveground-belowground linkages: Biotic interactions, ecosystem processes, and global change. New York: Oxford University Press.

BARKER K, NUSBAUM C, NELSON L A, 1969. Seasonal population dynamics of selected plant-parasitic nematodes as measured by three extraction procedures[J]. Journal of Nematology, 1(3): 232-239.

BARNARD R L, OSBORNE C A, FIRESTONE M K, 2013. Responses of soil bacterial and fungal communities to extreme desiccation and rewetting[J]. ISME Journal, 7: 2229-2241.

BAROIS I, LAVELLE P, 1986. Changes in respiration rate and some physic chemical properties of a tropical soil during transit through *Pontoscolex corethrurus*(*Glossoscolecidae*, *Oligochaeta*)[J]. Soil Biology and Biochemistry, 18(5): 539-541.

BARRIOS E, 2007. Soil biota, ecosystem services and land productivity[J]. Ecological Economics, 64(2): 269-285.

BARRON, A R, WURZBURGER N, BELLENGER J P, et al., 2009. Molybdenum limitation of asymbiotic nitrogen fixation in tropical forest soils[J]. Nature Geoscience, 2(1): 42-45.

BARTO E K, WEIDENHAMER J D, CIPOLLINI D, 2012. Fungal superhighways: Do common mycorrhizal networks enhance below ground communication?[J]. Trends in Plant Sciences, 17(11): 633-637.

BASCOMPTE J, 2010. Structure and dynamics of ecological networks[J]. Science, 329(5993): 765-766.

BASTOW J L, 2012. Resource quality in a soil food web[J]. Biology and Fertility of Soils, 48: 501-510.

BATEMAN I J, HARWOOD A R, MACE G M, et al., 2013. Bringing ecosystem services into economic decision-making: Land use in the United Kingdom[J]. Science, 341(6141): 45-50.

BAUER T, CHRISTIAN E, 1987. Habitat dependent differences in the flight behaviour of collembola[J]. Pedobiologia, 30(4): 233-239.

BAZZAZ F, 1996. Plants in changing environments: Linking physiological, population, and community ecology[M]. Cambridge: Cambridge University Press.

BEARDMORE R E, GUDELJ I, LIPSON D A, et al., 2011. Metabolic trade-offs and the maintenance of the fittest and the flattest[J]. Nature, 472(7343): 342-346.

BEARE M H, CABRERA M L, HENDRIX P F, et al., 1994. Aggregate-protected and unprotected organic matter pools in conventional and no-tillage soils[J]. Soil Science Society of America Journal, 58: 787-795.

BECH J, POSCHENRIEDER C, LUGANY M, et al., 1997. Arsenic and heavy metal contamination of soil and vegetation around a copper mine in Northern Peru[J]. Science of The Total Environment, 203(1): 83-91.

BECKER D, STANKE R, FENDRIK I, et al., 2002. Expression of the NH_4^+-transporter gene LEAMT1; 2 is induced in tomato roots upon association with N_2-fixing bacteria[J]. Planta(Berlin), 215(3): 424-429.

BEEDY T L, SNAPP S S, AKINNIFESI F K, et al., 2010. Impact of *Gliricidia sepium* intercropping on soil organic matter fractions in a maize-based cropping system[J]. Aquatic Ecosystem Health and Management, 138(3-4): 139-146.

BEGON, MICHAEI, HARPER, et al., 1996. Ecology: Individuals, populations and communities[M]. 3rd ed. Oxford: Blackwell Science Ltd.

BENCKISER G, 2010. Ants and sustainable agriculture[J]. Agronomy for Sustainable Development, 30: 191-199.

BENDER S F, HEIJDEN M G, 2015. Soil biota enhance agricultural sustainability by improving crop yield, nutrient uptake and reducing nitrogen leaching losses[J]. Journal of Applied Ecology, 52(1): 228-239.

BENDER S F, WAGG C, V M G, 2016. An underground revolution: Biodiversity and soil ecological engineering for agricultural sustainability[J]. Trends in Ecology and Evolution, 31(6): 440-452.

BENDING G D, FRILOUX M, WALKER A, 2002. Degradation of contrasting pesticides by white rot fungi and its relationship with ligninolytic potential[J]. FEMS Microbiology Letters, 212(1): 59-63.

BENDING G D, READ D J, 1995. The structure and function of the vegetative mycelium of ectomycorrhizal plants. V. Foraging behaviour and translocation of nutrients from exploited litter[J]. New Phytologist, 130(3): 401-409.

BENÍTEZ T, RINCÓN A M, LIMÓN M C, et al., 2004. Biocontrol mechanisms of Trichoderma strains[J]. International microbiology: The Official Journal of the Spanish Society for Microbiolog, 7(4): 249-260.

BENNER R, 2011. Biosequestration of carbon by heterotrophic microorganisms[J]. Nature Reviews Microbiology, 9(1): 75.

BENNER, J W, VITOUSEK P M, 2012. Cyanolichens: A link between the phosphorus and nitrogen cycles in a Hawaiian montane forest[J]. Journal of Tropical Ecology[J]. 28(1): 73-81.

BENNETT J A, KLIRONOMOS J, 2019. Mechanisms of plant-soil feedback: Interactions among biotic and abiotic drivers[J]. New Phytologist, 222(1): 91-96.

BENNETT J A, KOCH A M, FORSYTHE J, et al., 2020. Resistance of soil biota and plant growth to disturbance increases with plant diversity[J]. Ecology Letter, 23(1): 119-128.

BENNETT J A, MAHERALI H, REINHART K O, et al., 2017. Plant-soil feedbacks and mycorrhizal type influence temperate forest population dynamics[J]. Science, 355(6321): 181-184.

BERENBAUM M R, 1995. The chemistry of defense: Theory and practice[J]. Proceedings of the National Academy of Sciences of the United States of America, 92(1): 2-8.

BERENDSEN R L, PIETERSE C M J, BAKKER P A H M, 2012. The rhizosphere microbiome and plant health[J]. Trends in Plant Science, 17(8): 478-486.

BERENDSEN R L, VISMANS G, YU K, et al., 2018. Disease-induced assemblage of a plant-beneficial bacterial consortium[J]. ISME Journal, 12(6): 1496-1507.

BERG G, EBERL L, HARTMANN A, 2005. The rhizosphere as a reservoir for opportunistic human pathogenic bacteria[J]. Environmental Microbiology, 7(11): 1673-1685.

BERG M, DE RUITER P, DIDDEN W, et al., 2001. Community food web, decomposition and nitrogen mineralisation in a stratified scots pine forest soil[J]. Oikos, 94: 130-142.

BERNARD L, CHAPUIS-LARDY L, RAZAFIMBELO T, et al., 2012. Endogeic earthworms shape bacterial functional communities and affect organic matter mineralization in a tropical soil[J]. ISME Journal, 6(1): 213-222.

BERNAYS E A, WOODHEAD S, 1982. Plant phenols utilized as nutrients by a phytophagous insect[J]. Science, 216(4542): 201-203.

BERRUTI A, LUMINI E, BALESTRINI R, et al., 2016. Arbuscular mycorrhizal fungi as natural biofertilizers: Let's benefit from past successes[J]. Frontiers in Microbiology, 6: 1559.

BERTIN C, YANG X H, WESTON L A, 2003. The role of root exudates and allelochemicals in the rhizosphere[J]. Plant and Soil, 256(1): 67-83.

BERTNESS M D, CALLAWAY R, 1994. Positive interactions in communities[J]. Trends in Ecology and Evolution, 9(5): 191-193.

BERTRAND M, BAROT S, BLOUIN M, et al., 2015. Earthworm services for cropping systems: A review[J]. Agronomy for Sustainable Development, 35(2): 553-567.

BESSERER A, PUECH-PAGÈS V, KIEFER P, et al., 2006. Strigolactones stimulate arbuscular mycorrhizal fungi by activating mitochondria[J]. PLoS Biology, 4(7): 1239-1247.

BETHLENFALVAY G J, SCHÜEPP H, 1999. Arbuscular mycorrhizas and agrosystem stability[M].//GIANINAZZI S, SCHÜEPP H. Impact of Arbusular Mycorrhizas on Sustainable Agriculture and Natural Ecosystems. Basel: Birkhäuser: 117-131.

BEVER J D, 2003. Soil community feedback and the coexistence of competitors: Conceptual frameworks and empirical tests[J]. New Phytologist, 157(3): 465-473.

BEVER J D, RICHARDSON S C, LAWRENCE B M, et al., 2009. Preferential allocation to beneficial symbiont with spatial structure maintains mycorrhizal mutualism[J]. Ecology Letters, 12(1): 13-21.

BEZEMER T M, DE DEYN G B, BOSSINGA T M, et al., 2005. Soil community composition drives aboveground plant-herbivore-parasitoid interactions[J]. Ecology Letters, 8(6): 652-661.

BEZEMER T M, FOUNTAIN M T, BAREA J M, et al., 2010. Divergent composition but similar function of soil food webs of individual plants: Plant species and community effects[J]. Ecology, 91(10): 3027-3036.

BEZEMER T M, VAN DAM N M, 2005. Linking aboveground and belowground interactions via induced plant defenses[J]. Trends in Ecology and Evolution, 20(1): 617-624.

BIGNELL D E, ROISIN Y, NATHAN L E, 2011. Biology of termites: A modern synthesis[M]. Dordrecht: Springer.

BINDRABAN P S, Van der VELDE M, YE L, et al., 2012. Assessing the impact of soil degradation on food production[J]. Current Opinion in Environmental Sustainability, 4(5): 478-488.

BIRD D M, 2004. Signaling between nematodes and plants[J]. Current Opinion in Plant Biology, 7(4): 372-376.

BIRKHOFER K, BEZEMER T M, BLOEM J, et al., 2008. Long-term organic farming fosters below and aboveground biota: implications for soil quality, biological control and productivity[J]. Soil Biology and Biochemistry, 40(9): 2297-2308.

BJØRNLUND L, LIU M Q, RØNN R, et al., 2012. Nematodes and protozoa affect plants differently, depending on soil nutrient status[J]. European Journal of Soil Biology, 50: 28-31.

BLAIR N, CROCKER G J, 2000. Crop rotation effects on soil carbon and physical fertility of two Australian soils[J]. Australian Journal of Soil Research, 38(1): 71-84.

BLISS K M, JONES R H, MITCHELL R J, et al., 2002. Are competitive interactions influenced by spatial nutrient heterogeneity and root foraging behavior?[J]. New Phytologist, 154(2): 409-417.

BLOSSEY B, HUNT-JOSHI T R, 2003. Belowground herbivory by insects: Influence on plants and aboveground herbivores[J]. Annual Review of Entomology, 48: 521-547.

BLOSSFELD S, GANSERT D, 2007. A novel non-invasive optical method for quantitative visualization of pH dynamics in the rhizosphere of plants[J]. Plant Cell and Environment, 30: 176-186.

BLOUIN M, HODSON M E, DELGADO E A, et al., 2013. A review of earthworm impact on soil function and ecosystem services[J]. European Journal of Soil Science, 64: 161-182.

BLOUIN M, ZUILY-FODIL Y, PHAM-THI A T, et al., 2005. Belowground organism activities affect plant aboveground phenotype, inducing plant tolerance to parasites[J]. Ecology Letters, 8(2): 202-208.

BOAG B, YEATES G W, 1998. Soil nematode biodiversity in terrestrial ecosystems[J]. Biodiversity and Conservation, 7(5): 617-630.

BODDEY R M, DOBEREINER J, 1995. Nitrogen fixation associated with grasses and cereals: Recent progress and perspectives for the future[J]. Fertilizer Research, 42(1-3): 241-250.

BOLLER T, HE S Y, 2009. Innate immunity in plants: An arms race between pattern recognition receptors in plants and effectors in microbial pathogens[J]. Science, 324(5928): 742-744.

BONANOMI G, LORITO M, VINALE F, et al., 2018. Organic amendments, beneficial microbes, and soil microbiota: Toward a unified framework for disease suppression[J]. Annual Review of Phytopathology, 56: 1-20.

BONANOMI G, SICUREZZA M G, CAPORASO S, et al., 2006. Phytotoxicity dynamics of decaying plant materials[J]. New Phytologist, 169(3): 571-578.

BONFANTE P, ANCA I A, 2009. Plants, mycorrhizal fungi, and bacteria: A network of interactions[J]. Annual Review of Microbiology, 63: 363-383.

BONGERS T, 1988. De nematoden van nederland[M]. Pirola Schoorl: KNNV.

BONGERS T, 1990. The Maturity Index: An ecological measure of environmental disturbance based on nematode species composition[J]. Oecologia, 83: 14-19.

BONGERS T, BONGERS M, 1998. Functional diversity of nematodes[J]. Applied Soil Ecology, 10(3): 239-251.

BONGERS T, FERRIS H, 1999. Nematode community structure as a bioindicator in environmental monitoring[J]. Trends in Ecology and Evolution, 14: 224-228.

BONGIORNO G, 2020. Novel soil quality indicators for the evaluation of agricultural management practices: A biological perspective[J]. Frontiers of Agricultural Science and Engineering, 7(3): 257-274.

BONKOWSKI M, 2004. Protozoa and plant growth: The microbial loop in soil revisited[J]. New Phytologist, 162(3): 617-631.

BONKOWSKI M, BRANDT F, 2002. Do soil protozoa enhance plant growth by hormonal effects?[J]. Soil Biology and Biochemistry 34, 1709-1715.

BONKOWSKI M, CHENG W, GRIFFITHS B S, et al., 2000. Microbial-faunal interactions in the rhizosphere and effects on plant growth[J]. European Journal of Soil Biology, 36(3-4): 135-147.

BONKOWSKI M, DUMACK K, FIORE-DONNO A M, 2019. The protists in soil: A token of untold eukaryotic diversity[J]. Modern Soil Microbiology, 8: 125-140.

BONKOWSKI M, GRIFFITHS B, SCRIMGEOUR C, 2000. Substrate heterogeneity and microfauna in soil organic 'hotspots' as determinants of nitrogen capture and growth of ryegrass[J]. Applied Soil Ecology, 14(1): 37-53.

BONKOWSKI M, VILLENAVE C, GRIFFITHS B, 2009. Rhizosphere fauna: The functional and structural diversity of intimate interactions of soil fauna with plant roots[J]. Plant and Soil, 321(1-2): 213-233.

BOOTH M G, HOEKSEMA J D, 2010. Mycorrhizal networks counteract competitive effects of canopy trees on seedling survival[J]. Ecology, 91(8): 2294-2302.

BORING L R, SWANK W T, WAIDE J B, et al., 1988. Sources, fates, and impacts of nitrogen inputs to terrestrial ecosystems- review and synthesis[J]. Biogeochemistry, 6(2): 119-159.

BORRIELLO R, LUMIN E, GIRLANDA M, et al., 2012. Effects of different management practices on arbuscular mycorrhizal fungal diversity in maize fields by a molecular approach[J]. Biology and Fertility of Soils, 48: 911-922.

BOSSUYT H, SIX J, HENDRIX P F, 2005. Protection of soil carbon by microaggregates within earthworm casts[J]. Soil Biology and Biochemistry, 37(2): 251-258.

BOSSUYT H, SIX J, HENDRIX P F, 2006. Interactive effects of functionally different earthworm species on aggregation and incorporation and decomposition of newly added residue carbon[J]. Geoderma, 130(1-2): 14-25.

BÖTTGER A, VOTHKNECHT U, BOLLE C, et al., 2018. Plant secondary metabolites and their general function in plants[J]//Lessons on caffeine, cannabis & Co; learning materials in biosciences; Cham, Switzerland: Springer.

BOUCHÉ M B, 1977. Strategies lombriciennes[J]. Biological Bulletins, 25: 122-132.

BOUCHÉ M B, 1983. The establishment of earthworm communities[M]//SATCHELL J E. Earthworm Ecology. London: Chapman and Hall, 431-448.

BOURNE M, NICOTRA A B, COLLOFF M J, et al., 2008. Effect of soil biota on growth and allocation by eucalyptus microcarpa[J]. Plant and Soil, 305: 145-156.

BOUWMAN L, BLOEM J, VAN DEN BOOGERT PHJF, et al., 1994. Short-term and long-term effects of bacterivorous nematodes and nematophagous fungi on carbon and nitrogen mineralization in microcosms[J]. Biology and Fertility of Soils, 17(4): 249-256.

BOYD J, BANZHAF S, 2007. What are ecosystem services? the need for standardized environmental accounting units[J]. Ecological Economics, 63(2-3): 616-626.

BOYDSTON R A, MOJTAHEDI H, CROSSLIN J M, et al., 2008. Effect of hairy nightshade(*Solanum sarrachoides*) presence on potato nematodes, diseases, and insect pests[J]. Weed Science, 56: 151-154.

BOYER S, KIM Y N, BOWIE M H, et al., 2016. Response of endemic and exotic earthworm communities to ecological restoration[J]. Restoration Ecology, 24(6): 717-721.

BRADSHAW A D, 1965. Evolutionary significance of phenotypic plasticity in plants[J]. Advance in Genetics, 13(1): 115-155.

BRADY N C, WEIL R R, 2008. The nature and properties of soils[M]. Upper Saddle River: Prentice Hall.

BRASCHKAT J, RANDALL P J, 2004. Excess cation concentrations in shoots and roots of pasture species of importance in south-eastern Australia[J]. Australian Journal of Experimental Agriculture, 44: 883-892.

BRECHENMACHER L, LEI Z T, LIBAULT M, et al., 2010. Soybean metabolites regulated in root hairs in response to the symbiotic bacterium *Bradyrhizobium japonicum*[J]. Plant Physiology, 153(4): 1808-1822.

BREDA F A D, DA SILVA T F R, DOS SANTOS S G, et al., 2019. Modulation of nitrogen metabolism of maize plants inoculated with *Azospirillum brasilense* and *Herbaspirillum seropedicae*[J]. Archives of Microbiology, 201(4): 547-558.

BREMER E, RENNIE D A, RENNIE R J, 1988. Dinitrogen fixation of lentil, field pea and fababean under dryland conditions[J]. Canadian Journal of Soil Science, 68(3): 553-562.

BREVIK E C, BURGESS L C, 2013. Soils and human health[M]. Boca Raton: CRC Press.

BREVIK E C, PEREG L, STEFFAN J J, et al., 2018. Soil ecosystem services and human health[J]. Current Opinion in Environmental Science and Health, 5: 87-92.

BROCKWELL J, BOTTOMLEY P J, 1995. Recent advances in inoculant technology and prospects for the future[J]. Soil Biology and Biochemistry, 27(4-5): 683-687.

BROOKER R W, BENNETT A E, WEN F C, et al., 2015. Improving intercropping: A synthesis of research in agronomy, plant physiology and ecology[J]. New Phytologist, 206(1): 107-117.

BROOKER R W, KARLEY A J, NEWTON A C, et al., 2016. Facilitation and sustainable agriculture: A mechanistic approach to reconciling crop production and conservation[J]. Functional Ecology, 30(1): 98-107.

BROOKER R W, MAESTRE F T, CALLAWAY R M, et al., 2008. Facilitation in plant communities: The past, the present, and the future[J]. Journal of Ecology, 96(1): 18-34.

BROOKS R R, RADFORD C C, 1978. Nickel accumulation by European species of genus alyssum[J]. Proceedings of the Royal Society Series B-Biological Sciences, 200(1139): 217-224.

BROOKS R R, TROW J M, VEILLON J M, et al., 1981. Studies on manganese-accumulating alyxia species from new caledonia[J]. TAXON, 30(2): 420-423.

BROWN S L, CHANEY R L, ANGLE J S, et al., 1995. Zinc and cadmium uptake by the hyperaccumulator *thlaspi-caerulescens* and metal-tolerant silene-vulgaris grown on sludge-amended soils[J]. Environmental Science and Technology, 29(6): 1581-1585.

BRUNE A, DIETRICH C, 2015. The gut microbiota of termites: Digesting the diversity in the light of ecology and evolution[J]. Annual Review of Microbiology, 69: 145-166.

BRUNETTO G, DE MELO G W B, TERZANO R, et al., 2016. Copper accumulation in vineyard soils: Rhizosphere processes and agronomic practices to limit its toxicity[J]. Chemosphere, 162: 293-307.

BRUSSAARD L, 1999. On the mechanisms of interactions between earthworms and plants[J]. Pedobiologia, 43(6): 880-885.

BRUSSAARD L, DE RUITER P C, BROWN G G, 2007. Soil biodiversity for agricultural sustainability[J]. Agriculture Ecosystems and Environment, 121: 233-244.

BRYLA D R, DUNIWAY J M, 2002. The influence of the mycorrhiza *Glomus etunicatum* on drought acclimation in safflower and wheat[J]. Physiologia Plantarum, 104(1): 87-96.

BUDDLE C M, LANGOR D W, POHL G R, et al., 2006. Arthropod responses to harvesting and wildfire: Implications for emulation of natural disturbance in forest management[J]. Biological Conservation, 128: 346-357.

BULEN W A, LECOMTE J R, 1966. The nitrogenase system from azotobacter: Two-enzyme requirement for N_2 reduction, ATP-dependent H_2 evolution, and ATP hydrolysis[J]. Proceedings of the National Academy of Sciences of the United Sates of America, 56(3): 979-986.

BÜNEMANN E K, BONGIORNO G, BAI Z, et al., 2018. Soil quality: A critical review[J]. Soil Biology and Biochemistry, 120: 105-125.

BURDMAN S, DULGUEROVA G, OKON Y, et al., 2001. Purification of the major outer membrane protein of *Azospirillum brasilense*, its affinity to plant roots and its involvement in cell aggregation[J]. Molecular Plant-microbe Interactions, 14: 555-561.

BURNS I G, 1991. Short-and long-term effects of a change in the spatial distribution of nitrate in the root zone on N uptake, growth and root development of young lettuce plants[J]. Plant Cell and Environment, 14(1): 21-33.

BURTELOW A E, BOHLEN P J, GROFFMAN P M, 1998. Influence of exotic earthworm invasion on soil organic matter, microbial biomass and denitrification potential in forest soils of the Northeastern United States[J]. Applied Soil Ecology, 9: 197-202.

BUTENSCHOEN O, POLL C, LANGEL R, et al., 2007. Endogeic earthworms alter carbon translocation by fungi at the soil-litter interface[J]. Soil Biology and Biochemistry, 39(11): 2854-2864.

BUTT K R, 1999. Inoculation of earthworms into reclaimed soils: The UK experience[J]. Land Degradation and Development, 10(6): 565-575.

BUTT K R, 2011. The earthworm inoculation unit technique: Development and use in soil improvement over two decades[M]. Berlin: Springer.

BUTTNER D, 2016. Behind the lines-actions of bacterial type Ⅲ effector proteins in plant cells[J]. FEMS Microbiology Reviews, 40(6): 894-937.

BYRNES J E, GAMFELDT L, ISBELL F, et al., 2014. Investigating the relationship between biodiversity and ecosystem multifunctionality: Challenges and solutions[J]. Methods in Ecology and Evolution, 5(2): 111-124.

CALABRESE E J, BALDWIN L A, 2003. Hormesis: The dose-response revolution[J]. Annual Review of Pharmacology and Toxicology, 43(11): 175-197.

CALISI A, ZACCARELLI N, LIONETTO M G, et al., 2013. Integrated biomarker analysis in the earthworm *Lumbricus terrestris*: Application to the monitoring of soil heavy metal pollution[J]. Chemosphere, 90(11): 2637-2644.

CALLAN N W, MATHRE D E, MILLER J B, 1991. Field performance of sweet corn seed bio-primed and coated with *pseudomonas fluorescens* AB254[J]. HortScience, 26(9): 1163-1165.

CALLAWAY R M, 1995. Positive interactions among plants[J]. The Botanical Review, 61(4): 306-349.

CALLAWAY R M, DELUCIA E H, MOORE D, et al., 1996. Competition and facilitation: Contrasting effects of Artemisia tridentata on desert vs. montane pines[J]. Ecology, 77(7): 2130-2141.

CALLAWAY R M, LI L, 2020. Decisions, decisions, decisions: Plant roots detect and respond to complex environmental cues[J]. New Phytologist, 226 (1): 11-12.

CALLAWAY R M, PENNINGS S C, RICHARDS C L, 2003. Phenotypic plasticity and interactions among plants[J]. Ecology, 84(5): 1115-1128.

CALLAWAY R M, WALKER L R, 1997. Competition and facilitation: A synthetic approach to interactions in plant communities[J]. Ecology, 78(7): 1958-1965.

CAMERON K C, DI H J, MOIR J L, 2013. Nitrogen losses from the soil/plant system: A review[J]. Annuals of Applied Biology, 162: 145-173.

CAMPBELL B D, GRIME J P, MACKEY J M L, 1991. A trade-off between scale and precision in resource foraging[J]. Oecologia, 87(4): 532-538.

CANNON R J C, 1986. Effects of contrasting relative humidities on the cold tolerance of an Antarctic mite[J]. Journal of Insect Physiology, 32(6): 523-534.

CAO Y, ZHANG Z H, LING N, et al., 2011. *Bacillus subtilis* SQR 9 can control Fusarium wilt in cucumber by colonizing plant roots[J]. Biology and Fertility of Soils, 47: 495-506.

CARDOZA Y J, BUHLER W G, 2012. Soil organic amendment impacts on corn resistance to Helicoverpa zea: Constitutive or induced?[J]. Pedobiologia, 55(6): 343-347.

CARON D A, WORDEN A Z, COUNTWAY P D, et al., 2008. Protists are microbes too: A perspective[J]. ISME Journal, 3(1): 4-12.

CARRANCA C, VARENNES A DE, ROLSTON D, 1999. Biological nitrogen fixation by fababean, pea and chickpea, under field conditions, estimated by the N-15 isotope dilution technique[J]. European Journal of Agronomy, 10(1): 49-56.

CARVALHO T L G, BALSEMAO-PIRES E, SARAIVA R M, et al., 2014. Nitrogen signalling in plant interactions with associative and endophytic diazotrophic bacteria[J]. Journal of Experimental Botany, 65(19): 5631-5642.

CASPER B B, JACKSON R B, 1997. Plant competition underground[J]. Annual Review of Ecology and Systematics, 28(1): 545-570.

CASTRILLO G, TEIXEIRA P, PAREDES S, et al., 2017. Root microbiota drive direct integration of phosphate stress and immunity[J]. Nature, 543: 513-518.

CASTRO-SOWINSKI S, HERSCHKOVITZ Y, OKON Y, et al., 2007. Effects of inoculation with plant growth-promoting rhizobacteria on resident rhizosphere microorganisms[J]. Fems Microbiology Letters, 276(1): 1-11.

CEBALLOS I, RUIZ M, FERNÁNDEZ C, et al., 2013. The in vitro mass-produced model mycorrhizal fungus, *Rhizophagus irregularis*, significantly increases yields of the globally important food security crop cassava[J]. PLoS One, 8(8): e70633.

CECCHI G, MARESCOTTI P, DI PIAZZA S, et al., 2017. Native fungi as metal remediators: Silver myco-accumulation from metal contaminated waste-rock dumps(Libiola Mine, Italy)[J]. Journal of Environmental Science and Health, Part B, 52(3): 191-195.

CHA J Y, HAN S, HONG H J, et al., 2016. Microbial and biochemical basis of a *Fusarium* wilt-suppressive soil[J]. ISME Journal, 10(1): 119-129.

CHAI Q, QIN A Z, GAN Y T, et al., 2014. Higher yield and lower carbon emission by intercropping maize with oilseed rape, pea, and wheat in arid irrigation areas[J]. Agronomy for Sustainable Development, 34(2): 535-543.

CHALK P M, 1991. The contribution of associative and symbiotic nitrogen-fixation to the nitrogen nutrition of non-legumes[J]. Plant and Soil, 132(1): 29-39.

CHAMBERLAIN K, GUERRIERI E, PENNACCHIO F, 2001. Can aphid-induced plant signals be transmitted aerially and through the rhizosphere?[J]. Biochemical Systematics and Ecology, 29(10): 1063-1074.

CHANEY, 1983. Plant uptake of inorganic waste[M]//PARR. J E, MARSH P B, KLA, J M. Land Treatment of Hazardous Waste. Park Ridge: Noyes Data Corp.

CHAPAGAIN T, RISEMAN A, 2014. Barley-pea intercropping: Effects on land productivity, carbon and nitrogen transformations[J]. Field Crops Research, 166: 18-25.

CHAPAGAIN T, RISEMAN A, 2015. Nitrogen and carbon transformations, water use efficiency and ecosystem productivity in monocultures and wheat-bean intercropping systems[J]. Nutrient Cycling in Agroecosystems, 101(1): 107-121.

CHAPARRO J M, SHEFLIN A M, MANTER D K, et al., 2012. Manipulating the soil microbiome to increase soil health and plant fertility[J]. Biology and Fertility of Soils, 48: 489-499.

CHAPIN D M, BLISS, L C, BLEDSOE L J, 1991. Environmental regulation of nitrogen fixation in a high arctic lowland ecosystem[J]. Canadian Journal of Botany, 69(12): 2744-2755.

CHAPIN F S, MATSON P A, MOONEY H A, 2011. Principles of terrestrial ecosystem ecology[M]. New York: Springer.

CHEN H, FUJITA M, FENG Q, et al., 2004. Tyrosol is a quorum-sensing molecule in *Candida albicans*[J]. Proceedings of the National Academy of Sciences of the United States of America, 101(14): 5048-5052.

CHEN K J, ZHENG Y Q, KONG C H, et al., 2010a. 2, 4-Dihydroxy-7-methoxy-1, 4-benzoxazin-3-one(DIMBOA) and 6-methoxy-benzoxazolin-2-one(MBOA)levels in the wheat rhizosphere and their effect on soil microbial community structure[J]. Journal of Agricultural and Food Chemistry, 58(24): 12710-12716.

CHEN L, LUO S L, CHEN J L, et al., 2012a. Diversity of endophytic bacterial populations associated with Cd-hyperacumulator plant *Solanum nigrum* L. grown in mine tailings[J]. Applied Soil Ecology, 62: 24-30.

CHEN L C, WANG S L, WANG P, et al., 2014. Autoinhibition and soil allelochemical(cyclic dipeptide) levels in replanted Chinese fir(*Cunninghamia lanceolata*) plantations[J]. Plant and Soil, 374(1): 793-801.

CHEN S, GENG P, XIAO Y, et al., 2012b. Bioremediation of β-cypermethrin and 3-phenoxybenzaldehyde contaminated soils using *Streptomyces aureus* HP-S-01[J]. Applied Microbiology and Biotechnology, 94: 505-515.

CHEN S M, WAGHMODE TR, SUN R, et al., 2019. Root-associated microbiomes of wheat under the combined effect of plant development and nitrogen fertilization[J]. Microbiome, 7(1): 136.

CHEN T B, WEI C Y, HUANG Z C, et al., 2002. Arsenic hyperaccumulator *Pteris vittata* L. and its arsenic accumulation[J]. Chinese Science Bulletin, 47(11): 902-905.

CHEN X Y, DANIELL T, J NEILSON R, et al., 2010b. A comparison of molecular methods for monitoring soil nematodes and their use as biological indicators[J]. European Journal of Soil Biology, 46: 319-324.

CHEN X Y, LIU M Q, HU F, et al., 2007. Contributions of soil micro-fauna(protozoa and nematodes) to rhizosphere ecological functions[J]. Acta Ecologica Sinica, 27(8): 3132-3143.

CHOMEL M, GUITTONNY-LARCHEVEQUE M, FERNANDEZ C, et al., 2016. Plant secondary metabolites: A key driver of litter decomposition and soil nutrient cycling[J]. Journal of Ecology, 104(6): 1527-1541.

CHOUVENC T, EFSTATHION C A, ELLIOTT M L, et al., 2013. Extended disease resistance emerging from the faecal nest of a subterranean termite[J]. Proceedings of the Royal Society B: Biological Sciences, 280(1770): 1885.

CHOWDHURY S P, HARTMANN A, GAO X W, et al., 2015. Biocontrol mechanism by root-associated *Bacillus amyloliquefaciens* FZB42: A review[J]. Frontiers in Microbiology, 6: 700.

CHRISTEN B, KJELDSEN C, DALGAARD T, et al., 2015. Can fuzzy cognitive mapping help in agricultural policy design and communication?[J]. Land Use Policy, 45: 64-75.

CHRISTENSEN O, 1988. The direct effects of earthworms on nitrogen turnover in cultivated soils[J]. Ecological Bulletins, 39: 41-44.

CHRISTIANSEN K A, 2003. Springtails[M]. Kansas: Emporia State University.

CHU G X, SHEN Q R, CAO J L, 2004. Nitrogen fixation and N transfer from peanut to rice cultivated in aerobic soil in an intercropping system and its effect on soil N fertility[J]. Plant and Soil, 263(1): 17-27.

CHUBATSU L S, MONTEIRO R A, DE SOUZA E M, et al., 2012. Nitrogen fixation control in *Herbaspirillum seropedicae*[J]. Plant and Soil, 356(1-2): 197-207.

CLAUS S P, GUILLOU H, ELLERO-SIMATOS S, 2016. The gut microbiota: A major player in the toxicity of environmental pollutants?[J]. NPJ Biofilms and Microbiomes, 3(1): 17001.

CLERCK F D, SINGER M J, LINDERT P, 2003. A 60-year history of California soil quality using paired samples[J]. Geoderma, 114(3): 215-230.

CLEVELAND C C, TOWNSEND A R, SCHIMEL D S, et al., 1999. Global patterns of terrestrial biological nitrogen N_2 fixation in natural ecosystems[J]. Global Biogeochemical Cycles, 13(2): 623-645.

COBURN B, SEKIROV I, BRETT FINLAY B, 2007. Type Ⅲ secretion systems and disease[J]. Clinical Microbiology Reviews, 20(4): 535-549.

COLEMAN D C, 1987. Soil ecology[M]//McGraw-hill Encyclopedia of Science and Technology. New York: McGraw-Hill Professional Pub, 16: 550-553.

COLEMAN D C, 2008. From peds to paradoxes: Linkages between soil biota and their influences on ecological processes[J]. Soil Biology and Biochemistry, 40(2): 271-289.

COLEMAN D C, CALLAHAM M A, CROSSLEY D A, 2018. Fundamentals of soil ecology[M]. 3rd ed. Cambridge: Academic Press.

COLEMAN D C, CALLAHAM M, CROSSLEY D A, et al., 2017. Fundamentals of soil ecology[M]. 3rd ed. New York: Academic Press, 16: 550-553.

COLEMAN D C, WALL D H, 2015. Chapter 5: Soil fauna: Occurrence, biodiversity, and roles in ecosystem function[M]//PAUL E A. Soil microbiology, ecology and biochemistry. 4th ed. SanDiego: Elsevier Academic Press.

COLEMAN K, JENKINSON D S, 1996. RothC-26. 3-a model for the turnover of carbon in soil[J]. Evaluation of Soil Organic Matter Models, 38: 237-246.

COMAS L, BOUMA T, EISSENSTAT D, 2002. Linking root traits to potential growth rate in six temperate tree species[J]. Oecologia, 132(1): 34-43.

COMMISSION E E, 2006. Thematic strategy for soil protection[Z]. Communication（COM(2006)231）.

CORTEZ J, BILLES G, BOUCHÉ M B, 2000. Effect of climate, soil type and earthworm activity on nitrogen transfer from a nitrogen-15-labelled decomposing material under field conditions[J]. Biology and Fertility of Soils, 30(4): 318-327.

COSKUN D, BRITTO D T, SHI W, et al., 2017. Nitrogen transformations in modern agriculture and the role of biological nitrification inhibition[J]. Nature Plants, 3: 17074.

COSTA T R D, FELISBERTO-RODRIGUES C, MEIR A, et al., 2015. Secretion systems in gram-negative bacteria: Structural and mechanistic insights[J]. Nature Reviews Microbiology, 13: 343-359.

COSTANZA R, D'ARGE R, DE GROOT R, et al., 1997. The value of the world's ecosystem services and natural capital[J]. Nature, 387(15): 253-260.

COUILLEROT O, PRIGENT-COMBARET C, CABALLERO-MELLADO J, et al., 2009. *Pseudomonas fluorescens* and closely-related fluorescent pseudomonads as biocontrol agents of soil-borne phytopathogens[J]. Letters in Applied Microbiology, 48(5): 505-512.

COÛTEAUX M M, DARBYSHIRE J F, 1998. Functional diversity amongst soil protozoa[J]. Applied Soil Ecology, 10: 229-237.

COUX C, RADER R, BARTOMEUS I, et al., 2016. Linking species functional roles to their network roles[J]. Ecology Letters, 19(7): 762-770.

COZZOLINO V, DE MARTINO A, NEBBIOSO A, et al., 2016. Plant tolerance to mercury in a contaminated soil is enhanced by the combined effects of humic matter addition and inoculation with arbuscular mycorrhizal fungi[J]. Environmental Science and Pollution Research, 23: 11312-11322.

CRAVEN M, NEL A A, 2017. Effect of conservation agriculture associated crop rotation systems on root and crown rot severity and respective soil-borne pathogens of maize(*Zea mays* L.) in the Highveld area of South Africa[J]. South African Journal of Plant and Soil, 34(2): 87-95.

CREAMER R E, HANNULA S E, LEEUWEN J P V, et al., 2016. Ecological network analysis reveals the inter-connection between soil biodiversity and ecosystem function as affected by land use across Europe[J]. Applied Soil Ecology, 97: 112-124.

CREISSEN H E, JORGENSEN T H, BROWN J K M, 2016. Impact of disease on diversity and productivity of plant populations[J]. Functional Ecology, 30(4): 649-657.

CROFT S A, HODGE A, PITCHFORD J W, 2012. Optimal root proliferation strategies: the roles of nutrient heterogeneity, competition and mycorrhizal networks[J]. Plant and Soil, 351(1-2): 191-206.

CROTTY F V, BLACKSHAW R P, MURRAY P J, 2011. Tracking the flow of bacterially derived ^{13}C and ^{15}N through soil faunal feeding channels[J]. Rapid Communications in Mass Spectrometry, 25(11): 1503-1513.

CUI S Y, LIANG S W, ZHANG X K, et al., 2018. Long-term fertilization management affects the C utilization from crop residues by the soil micro-food web[J]. Plant and Soil, 429(1-2): 335-348.

CUNHA L, BROWN G G, STANTON D W G, et al., 2016. Soil animals and pedogenesis: The role of earthworms in anthropogenic soils[J]. Soil Science, 181(3-4): 110-125.

CUNNINGHAM S D, BERTI W R, HUANG J W, 1995. Phytoremediation of contaminated soils[J]. Trends in Biotechnology, 13(9): 393-397.

CURRIE C, SCOTT J, SUMMERBELL R, et al., 1999a. Fungus-growing ants use antibiotic-producing bacteria to control garden parasites[J]. Nature, 398(6729): 701-704.

CURRIE C R, MUELLER U G, MALLOCH D, 1999b. The agricultural pathology of ant fungus gardens[J]. Proceedings of the National Academy of Sciences of the United States of America, 96(14): 7998-8002.

CYCOŃ M, MROZIK A, PIOTROWSKA-SEGET Z, 2017. Bioaugmentation as a strategy for the remediation of pesticide-polluted soil: A review[J]. Chemosphere, 172: 52-71.

CYCOŃ M, WÓJCIK M, PIOTROWSKA-SEGET Z, 2009. Biodegradation of the organophosphorus insecticide diazinon by *Serratia* sp. and *Pseudomonas* sp. and their use in bioremediation of contaminated soil[J]. Chemosphere, 76: 494-501.

DA SILVA P M, CARVALHO F, DIRILGEN T, et al., 2016. Traits of collembolan life-form indicate land use types and soil properties across an European transect[J]. Applied Soil Ecology, 97: 69-77.

DAI Z M, LIU G F, CHEN H H, et al., 2019. Long-term nutrient inputs shift soil microbial functional profiles of phosphorus cycling in diverse agroecosystems[J]. ISME Journal, 14(3): 1-14.

DAILY G C, 1997. Introduction: What are ecosystem services?[M]. Washington DC: Island Press.

DANGL J L, JONES J D, 2001. Plant pathogens and integrated defence responses to infection[J]. Nature, 411(6839): 826-833.

DAPAAH H K, ASAFU-AGYEI J N, ENNIN S A, et al., 2003. Yield stability of cassava, maize, soya bean and cowpea intercrops[J]. The Journal of Agricultural Science, 140(1): 73-82.

DARWIN C R, 1881. The formation of vegetable mould, through the action of worms, with observation on their habits[M]. London: John Murray.

DAVIDSON A M, JENNIONS M, NICOTRA A B, 2011. Do invasive species show higher phenotypic plasticity than native species and, if so, is it adaptive? a meta-analysis[J]. Ecology Letters, 14(4): 419-431.

DAVIDSON J A, KRYSINSKA-KACZMAREK M, Mckay A H, et al., 2017. Comparison of cultural growth and in planta quantification of *Didymella pinodes, Phoma koolunga*, and *Phoma medicaginis* var. *pinodella*, causal agents of ascochyta blight on field pea(*Pisum sativum*)[J]. Mycologia, 104(1): 93-101.

DAVIES W M, 1928. On the economic status and bionomics of *Sminthurus viridis*, lubb. (collembola)[J]. Bulletin of Entomological Research, 18(3): 291-296.

DE BOER W, KOWALCHUK G A, 2001. Nitrification in acid soils: Micro-organisms and mechanisms[J]. Soil Biology and Biochemistry, 33(7-8): 853-866.

DE DEYN G B, QUIRK H, OAKLEY S, et al., 2012. Increased plant carbon translocation linked to overyielding in grassland species mixtures[J]. PLoS One, 7(9): e45926.

DE DEYN G B, RAAIJAMAKERS C E, VAN RUIJVEN J, et al., 2004. Plant species identity and diversity effects on different trophic levels of nematodes in the soil food web[J]. Oikos, 106(3): 576-586.

DE DEYN G B, RAAIJMAKERS C E, ZOOMER H R, et al., 2003. Soil invertebrate fauna enhances grassland succession and diversity[J]. Nature, 422(6933): 711-713.

DE DEYN G B, VAN DER PUTTEN W H, 2005. Linking aboveground and belowground diversity[J]. Trends in Ecology and Evolution, 20(11): 625-633.

DE FINE LICHTA H H, SCHIØTTA M, ROGOWS KA-WRZESIN SKA A et al., 2013. Laccase detoxification mediates the nutritional alliance between leaf-cutting ants and fungus-garden symbionts[J]. Proceedings of the National Academy of Sciences of the United States of America, 110(2): 583-587.

DE GRYZE S, SIX J, BRITS C, et al., 2005. A quantification of short-term macroaggregate dynamics: Influences of wheat residue input and texture[J]. Soil Biology and Biochemistry, 37(1): 55-66.

DE KROON H, MOMMER L, NISHIWAKI A, 2003. Root competition: Towards a mechanistic Understanding[M]// KROON H, VISSER E J W. Root Ecology. Berlin: Springer.

DE LIMA MENDONÇA A, DA SILVA C E, DE MESQUITA F L T, et al., 2009. Antimicrobial activities of components of the glandular secretions of leaf cutting ants of the genus Atta[J]. Antonie van Leeuwenhoek, 95(4): 295-303.

DE RUITER P C, MOORE J C, ZWART K B, et al., 1993. Simulation of nitrogen mineralization in the below-ground food webs of two winter wheat fields[J]. Journal of Applied Ecology, 30(1): 95-106.

DEAKER R, ROUGHLEY R J, KENNEDY I R, 2004. Legume seed inoculation technology: A review[J]. Soil Biology and Biochemistry, 36(8): 1275-1288.

DECAËNS T, JIMENEZ J J, GIOIA C, et al., 2006. The values of soil animals for conservation biology[J]. European Journal of Soil Biology, 42: S23-S38.

DECLERCK S, RISEDE J M, RUFYIKIRI G, et al., 2002. Effects of arbuscular mycorrhizal fungi on severity of root rot of bananas caused by *Cylindrocladium spathiphylli*[J]. Plant Pathol, 51(2002): 109-115.

DEGRASSI G, DEVESCOVI G, SOLIS R, et al., 2007. *Oryza sativa* rice plants contain molecules that activate different quorum-sensing N-acyl homoserine lactone biosensors and are sensitive to the specific AiiA lactonase[J]. FEMS Microbial Letters, 269(2): 213-220.

DEGUCHI S, SHIMAZAKI Y, UOZUMI S, et al., 2007. White clover living mulch increases the yield of silage corn via arbuscular mycorrhizal fungus colonization[J]. Plant and Soil, 291: 291-299.

DEL GALLO M, NEGI M, NEYRA C A, 1989. Calcofluor-and lectin-binding exocellular polysaccharides of *Azospirillum brasilense* and *Azospirillum lipoferum*[J]. Journal of Bacteriology, 171(6): 3504-3510.

DEL GROSSO S, PARTON W, MOSIER A, et al., 2001. Simulated interaction of carbon dynamics and nitrogen trace gas fluxes using the DAYCENT model[M]//SHAFFER M J, MA L, HANSEN S. Modeling carbon and nitrogen dynamics for Soil management. Florida: CRC Press.

DELAUNOIS B, JEANDET P, CLÉMENT C, et al., 2014. Uncovering plant-pathogen crosstalk through apoplastic proteomic studies[J]. Frontiers in Plant Science, 249(5): 1-18.

DELHAIZE, JAMES R A, RYAN P R, 2012. Aluminium tolerance of root hairs underlies genotypic differences in rhizosheath size of wheat(*Triticum aestivum*) grown on acid soil[J]. New Phytologist, 195(3): 609-619.

DELUCA T H, ZACKRISSON O, NILSSON M C, et al., 2002. Quantifying nitrogen-fixation in feather moss carpets of boreal forests[J]. Nature, 419(6910): 917-920.

DEMPSEY R J, SLATON N A, NORMAN R J, et al., 2017. Ammonia volatilization, rice yield, and nitrogen uptake responses to simulated rainfall and urease inhibitor[J]. Agronomy Journal, 109(1): 363-377.

DENTONA C S, BARDGETT R D, Cook R, et al., 1999. Low amounts of root herbivory positively influence the rhizosphere microbial community in a temperate grassland soil[J]. Soil Biology and Biochemistry, 31(1): 155-165.

DERNER J D, BRISKE D D, 1999. Does a tradeoff exist between morphological and physiological root plasticity? A comparison of grass growth forms[J]. Acta Oecologica, 20(5): 519-526.

DERPSCH R, FRIEDRICH T, KASSAM A, et al., 2010. Current status of adoption of no-till farming in the world and some of its main benefits[J]. International Journal of Agricultural and Biological Engineering, 3(1): 1-25.

DESSAUX Y, GRANDCLÉMENT C, FAURE D, 2016. Engineering the rhizosphere[J]. Trends in Plant Science, 21(3): 266-278.

DEVANEY E, WINTER A D, BRITTON C, 2010. MicroRNAs: A role in drug resistance in parasitic nematodes?[J]. Trends in Parasitology, 26(9): 428-433.

DI H J, CAMERON K C, SHEN J P, et al., 2009. Nitrification driven by bacteria and not archaea in nitrogen-rich grassland soils[J]. Nature Geoscience, 2: 621-624.

DICK R P, 1992. A review: Long-term effects of agricultural systems on soil biochemical and microbial parameters[J]. Agriculture, Ecosystems and Environment, 40: 25-36.

DIGEL C, CURTSDOTTER A, RIEDE J, et al., 2014. Unravelling the complex structure of forest soil food webs: Higher omnivory and more trophic levels[J]. Oikos, 123(10): 1157-1172.

DING G C, BAI M H, HAN H, et al., 2019. Microbial taxonomic, nitrogen cycling, and phosphorus recycling community composition during long-term organic greenhouse farming[J]. FEMS Microbiology Ecology, 95(5): fiz042.

DING X D, SUI X H, WANG F, et al., 2012. Synergistic interactions between glomus mosseae and *Bradyrhizobium japonicum* in enhancing proton release from nodules and hyphae[J]. Mycorrhiza, 22(1): 51-58.

DINI-A NDREOTE F, ELSAS J D, 2013. Back to the basics: The need for ecophysiological insights to enhance our understanding of microbial behaviour in the rhizosphere[J]. Plant and Soil, 373: 1-15.

DINKELAKER B, HENGELER C, MARSCHNER H, 1995. Distribution and Function of Proteoid Roots and other Root Clusters[J]. Botanica Acta, 108: 183-200.

DINKELAKER B, RÖMHELD V, MARSCHNER H, 1989. Citric acid excretion and precipitation of calcium citrate in the rhizosphere of white lupin(*Lupinus albus* L.)[J]. Plant Cell and Environment, 12: 285-292.

DOEBLEY J F, GAUT B S, SMITH B D, 2006. The molecular genetics of crop domestication[J]. Cell, 127(7): 1309-1321.

DOEHLEMANN G, REISSMANN S, ASSMANN D, et al., 2011. Two linked genes encoding a secreted effector and a membrane protein are essential for Ustilago maydis-induced tumour formation[J]. Molecular Microbiology, 81(3): 751-766.

DOLES J L, 2000. A survey of soil biota in the arctic tundra and their role in mediating terrestrial nutrient cycling[D]. Greeley: University of Northern Colorado.

DOMENE X, COLÓN J, URAS M V, et al., 2010. Role of soil properties in sewage sludge toxicity to soil collembolans[J]. Soil Biology and Biochemistry, 42(11): 1982-1990.

DONG H Y, KONG C H, WANG P, et al., 2014. Temporal variation of soil friedelin and microbial community under different land uses in a long-term agroecosystem[J]. Soil Biology and Biochemistry, 69: 275-281.

DONOVAN S E, EGGLETON, P, BIGNELL D E, 2001. Gut content analysis and a new feeding group classification of termites[J]. Ecological Entomology, 26(4): 356-366.

DOORNBOS R F, VAN LOON L C, BAKKER PAHM, 2012. Impact of root exudates and plant defense signaling on bacterial communities in the rhizosphere: A review[J]. Agronomy for Sustainable Development, 32: 227-243.

DORAN J W, PARKIN T B, 1994. Defining and assessing soil quality[M]//DORAN J W, COLEMAN D C, BEZDICEK D F, et al. Defining soil quality for a sustainable environment. Madison, WI: SSSA Special Publication. 35. ASA.

DORAN J W, SMITH M S, 1987. Organic matter management and utilization of soil and fertilizer nutrients[M]// FOLLETT R F. Soil fertility and organic matter as critical components of agricultural production systems. London: SSSA Special Publication.

DORDAS C, 2008. Role of nutrients in controlling plant diseases in sustainable agriculture: A review[J]. Agronomy for Sustainable Development, 28: 33-46.

DOYLE E A, LAMBERT K N, 2003. Meloidogyne javanica chorismate mutase 1 alters plant cell development[J]. Molecular Plant-microbe Interactions, 16(2): 123-131.

DREW M C, NYE P H, 1970. The supply of nutrient ions by diffusion to plant roots in soil: Ⅲ. Uptake of phosphate by roots of onion, leek, and rye-grass[J]. Plant and Soil, 33(3): 545-563.

DREW M C, SAKER L R, 1978. Nutrient supply and the growth of the seminal root system in barley: III. Compensatory increases in growth of lateral roots, and in rates of phosphate uptake, in response to a localized supply of phosphate[J]. Journal of Experimental Botany, 29(2): 435-451.

DRUZHININA I S, SEIDL-SEIBOTH V, HERRERA-ESTRELLA A, et al., 2011. Trichoderma: The genomics of opportunistic success[J]. Nature Reviews Microbiology, 9: 749-759.

DUDLEY S A, FILE A L, 2007. Kin recognition in an annual plant[J]. Biology Letters, 3: 435-438.

DUNBABIN V, RENGEL Z, DIGGLE A J, 2004. Simulating form and function of root systems: Efficiency of nitrate uptake is dependent on root system architecture and the spatial and temporal variability of nitrate supply[J]. Functional Ecology, 18(2): 204-211.

DURÁN P, THIERGART T, GARRIDO-OTER R, et al., 2018. Microbial interkingdom interactions in roots promote *Arabidopsis* survival[J]. Cell, 175(4): 973-983.

DUTTA S C, NEOG B, 2017. Inoculation of arbuscular mycorrhizal fungi and plant growth promoting rhizobacteria in modulating phosphorus dynamics in turmeric rhizosphere[J]. National Academy Science Letters, 40: 445-449.

DYNARSKI K A, HOULTON B Z, 2018. Nutrient limitation of terrestrial free-living nitrogen fixation[J]. New Phytologist, 217(3): 1050-1061.

EAST D, KNIGHT D, 1998. Sampling soil earthworm populations using household detergent and mustard[J]. Journal of Biological Education, 32(3): 201-206.

EDWARDS C A, 2004. The importance of earthworms as key representatives of the soil fauna[M]//Earthworm Ecology, 2nd ed. Boca Raton: CRC Press LLC.

EDWARDS C A, ARANCON N Q, EMERSON E, et al., 2007. Suppressing plant parasitic nematodes and arthropod pests with vermicompost teas[J]. Biocycle, 48: 38-39.

EDWARDS C A, BOHLEN P J, 1996. Biology and ecology of earthworms[M]. 3rd ed. London: Chapman and Hall.

EDWARDS C A, LOFTY J R, 1975. The invertebrate fauna of the Park Grass plots. I. Soil fauna[R]. Rep Rothamsted Exp Stn, 2: 133-154.

EDWARDS C A, LOFTY J R, 1977. Biology of earthworms[M]. London: Chapman and Hall.

EDWARDS J, JOHNSON C, SANTOS-MEDELLÍN C, et al., 2015. Structure, variation, and assembly of the root-associated microbiomes of rice[J]. Proceedings of the National Academy of Science of the United States of America, 112(8): E911-E920.

EELEN D, BØRGESEN L W, BILLEN J, 2004. Morphology of a novel glandular epithelium lining the infrabuccal cavity in the ant *Monomorium pharaonis*(Hymenoptera, Formicidae)[J]. Arthropod Structure and Development, 33(4): 471-475.

EGHBALL B, MARANVILLE J W, 1993. Root development and nitrogen influx of corn genotypes grown under combined drought and nitrogen stresses[J]. Agronomy Journal, 85(1): 147-152.

EHRENFELD J G, RAVIT B, ELGERSMA K J, 2005. Feedback in the plant-soil system[J]. Annual Review of Environment and Resources, 30(1): 75-115.

EHRLICH P, EHRLICH A, 1981. Extinction: The causes and consequences of the disappearance of species[J]. Biological Conservation, 26(4): 378-379.

EHRLICH P R, EHRLICH A H, 1982. Extinction: The causes and consequences of the disappearance of species[M]. London: Victor Gollancz.

EIGENBROD F, ARMSWORTH P R, ANDERSON B J, et al., 2010. The impact of proxy-based methods on mapping the distribution of ecosystem services[J]. Journal of Applied Ecology, 47(2): 377-385.

EILER A, HEINRICH F, BERTILSSON S, 2012. Coherent dynamics and association networks among lake bacterioplankton taxa[J]. ISME Journal, 6(2): 330-342.

EINSMANN J C, JONES R H, PU M U, et al., 1999. Nutrient foraging traits in 10 co-occurring plant species of contrasting life forms[J]. Journal of Ecology, 87(4): 609-619.

EISENHAUER N, 2010. The action of an animal ecosystem engineer: Identification of the main mechanisms of earthworm impacts on soil microarthropods[J]. Pedobiologia, 53(6): 343-352.

EISENHAUER N, REICH P B, SCHEU S, 2012. Increasing plant diversity effects on productivity with time due to delayed soil biota effects on plants[J]. Basic and Applied Ecology, 13(7): 571-578.

EISENHAUER N, SABAIS A C W, SCHEU S, 2011. Collembola species composition and diversity effects on ecosystem functioning vary with plant functional group identity[J]. Soil Biology and Biochemistry, 43(8): 1697-1704.

EISENHAUER N, STRAUBE D, SCHEU S, 2008. Efficiency of two widespread non-destructive extraction methods under dry soil conditions for different ecological earthworm groups[J]. European Journal of Soil Biology, 44(1): 141-145.

EK H, 1997. The influence of nitrogen fertilization on the carbon economy of *Paxillus involutus* in ectomycorrhizal association with *Betula pendula*[J]. New Phytologist, 135(1): 133-142.

EKELUND F, RONN R, 1994. Notes on protozoa in agricultural soil with emphasis on heterotrophic flagellates and naked amoebae and their ecology[J]. FEMS Microbiology Reviews, 15(4): 321-353.

EL ZAHAR HAICHAR F, SANTAELLA C, HEULIN T, et al., 2014. Root exudates mediated interactions belowground[J]. Soil Biology and Biochemistry, 77: 69-80.

ELASRI M, DELORME S, LEMANCEAU P, et al., 2001. Acyl-homoserine lactone production is more common among plant-associated *Pseudomonas* spp. than among soilborne *Pseudomonas* spp.[J]. Applied and Environmental Microbiology, 67(3): 1198-1209.

ELFSTRAND S, LAGERLOF J, HEDLUND K, et al., 2008. Carbon routes from decomposing plant residues and living roots into soil food webs assessed with ^{13}C labelling[J]. Soil Biology and Biochemistry, 40(10): 2530-2539.

ELLEGAARD-JENSEN L, AAMAND J, KRAGELUND B B, et al., 2013. Strains of the soil fungus mortierella show different degradation potentials for the phenylurea herbicide diuron[J]. Biodegradation, 24(6): 765-774.

ELLEGAARD-JENSEN L, KNUDSEN B E, JOHANSEN A, et al., 2014. Fungal-bacterial consortia increase diuron degradation in water-unsaturated systems[J]. Science of the Total Environment, 466-467: 699-705.

ELMERICH CLAUDINE, NEWTON WILLIAM E, 2007. Associative and endophytic nitrogen-fixing bacteria and cyanobacterial associations[M]. Dordrecht, The Netherlands: Springer.

ENWALL K, NYBERG K, BERTILSSON S, et al., 2007. Long-term impact of fertilization on activity and composition of bacterial communities and metabolic guilds in agricultural soil[J]. Soil Biology and Biochemistry, 39(1): 106-115.

ERB M, TON J, DEGENHARDT J, et al., 2008. Interactions between arthropod-induced aboveground and belowground defenses in plants[J]. Plant Physiology, 146(3): 867-874.

ERDOGAN O, BENLIOGLU K, 2010. Biological control of *Verticillium* wilt on cotton by the use of fluorescent *Pseudomonas* spp. under field conditions[J]. Biological Control, 53(1): 39-45.

ERNST W V, 1968. Ökologische Untersuchungen an Pflanzengesellschaften unterschiedlich stark gestörter schwermetallreicher Böden in Gro-ß-britannien[J]. Flora Oder Allgemeine Botanische Zeitung, 158(1-2): 95-109.

ESTEVEZ DE JENSEN C, PERCICH J A, GRAHAM P H, 2002. Integrated management strategies of bean root rot with *Bacillus subtilis* and Rhizobium in Minnesota[J]. Field Crops Research, 74(2-3): 107-115.

ETCHEVERRIA P, HUYGENS D, GODOY R, et al., 2009. Arbuscular mycorrhizal fungi contribute to ^{13}C and ^{15}N enrichment of soil organic matter in forest soils[J]. Soil Biology and Biochemistry, 41(4): 858-861.

FABIAN J, ZLATANOVIC S, MUTZ M, et al., 2017. Fungal-bacterial dynamics and their contribution to terrigenous carbon turnover in relation to organic matter quality[J]. ISME Journal, 11(2): 415-425.

FALIK O, REIDES P, GERSANI M, et al., 2005. Root navigation by self inhibition[J]. Plant Cell and Environment, 28(4): 562-569.

FAN F L, YU B, WANG B, et al., 2019. Microbial mechanisms of the contrast residue decomposition and priming effect in soils with different organic and chemical fertilization histories[J]. Soil Biology and Biochemistry, 135: 213-221.

FANG H, QIN X Y, JIE H Y, et al., 2008. Fungal degradation of chlorpyrifos by *Verticillium* sp. DSP in pure cultures and its use in bioremediation of contaminated soil and pakchoi[J]. International Biodeterioration and Biodegradation, 61(4): 294-303.

FANG P, WU W L, XU Q, et al., 1999. Assessing bioindication with earthworms in an intensively farmed rural landscape(Yuanqiao and Daqiao villages in Qianjiang municipality, Located in Hubei Province, subtropical China)[J]. Critical Review of Plant Science, 18(3): 429-455.

FARIAS C P, ALVES G S, OLIVEIRA D C, et al., 2019. A consortium of fungal isolates and biochar improved the phytoremediation potential of *Jacaranda mimosifolia* D. Don and reduced copper, manganese, and zinc leaching[J]. Journal of Soils and Sediments, 20: 260-271.

FARMER E E, 2001. Surface-to-air signals[J]. Nature, 411(6839): 854-856.

FARRAR S C, 2003. How roots control the flux of carbon to the rhizosphere[J]. Ecology, 84: 827-837.

FEENEY R J, NICOTRI P J, JANKE D S, 1998. Overview of thermal desorption technology[R]. Foster-Wheeler Environmental Corp. United States.

FERNÁNDEZ L A, ZALBA P, GÓMEZ M A, et al., 2007. Phosphate-solubilization activity of bacterial strains in soil and their effect on soybean growth under greenhouse conditions[J]. Biology and Fertility of Soils, 43: 805-809.

FERNÁNDEZ M E, GYENGE J, LICATA J, et al., 2008. Belowground interactions for water between trees and grasses in a temperate semiarid agroforestry system[J]. Agroforestry Systems, 74(2): 185-197.

FERNÁNDEZ-LUQUEÑO F, VALENZUELA-ENCINAS C, MARSCH R, 2011. Microbial communities to mitigate contamination of PAHs in soil—possibilities and challenges: A review[J]. Environmental Science and Pollution Research International, 18(1): 12-30.

FERRIS H, 1993. New frontiers in nematode ecology[J]. Journal of Nematology, 25(3): 374-382.

FERRIS H, 2010a. Form and function: Metabolic footprints of nematodes in the soil food web[J]. European Journal of Soil Biology, 46(2): 97-104.

FERRIS H, 2010b. Contribution of nematodes to the structure and function of the soil food web[J]. Journal of Nematology, 42(1): 63-67.

FERRIS H, BONGERS A M T, 2009. Indices developed specifically for analysis of nematode assemblages[J]. Nematodes as Environmental Indicators, 5: 124-145.

FERRIS H, BONGERS T, GOED R D, 2001. A framework for soil food web diagnostics: Extension of the nematode faunal analysis concept[J]. Applied Soil Ecology, 18(1): 13-29.

FERRIS H, SÁNCHEZ-MORENO S, BRENNAN E B, 2012. Structure, functions and interguild relationships of the soil nematode assemblage in organic vegetable production[J]. Applied Soil Ecology, 61: 16-25.

FERRIS H, VENETTE R C, LAU S S, 1997. Population energetics of bacterial-feeding nematodes: Carbon and nitrogen budgets[J]. Soil Biology and Biochemistry, 29(8): 1183-1194.

FIERER N, 2017. Embracing the unknown: Disentangling the complexities of the soil microbiome[J]. Nature Reviews Microbiology, 15(10): 579-590.

FIERER N, BRADFORD M A, JACKSON R B, 2007. Toward an ecological classification of soil bacteria[J]. Ecology, 88(6): 1354-1364.

FILSER J, 2002. The role of collembola in carbon and nitrogen cycling in soil[J]. Pedobiologia, 46(3-4): 234-245.

FILSER J, FABER J H, TIUNOV A V, et al., 2016. Soil fauna: Key to new carbon models[J]. Soil, 2: 565-582.

FINLAY B J, 2002. Global dispersal of free-living microbial eukaryote species[J]. Science(NEW YORK), 296(5570): 1061-1063.

FISHER R F, 1980. Allelopathy: A potential cause of regeneration failure[J]. Journal of Forestry, 78(6): 346-350.

FITTER A H, STICKLAND T R, 1991. Architectural analysis of plant root systems 2. Influence of nutrient supply on architecture in contrasting plant species[J]. New Phytologist, 118(3): 383-389.

FLOR H H, 1971. Current Status of the gene-for-gene concept[J]. Annual Review of Phytopathology, 9(1): 275-296.

FOISSNER W, 1997. Protozoa as bioindicators in agroecosystems, with emphasis on farming practices, biocides, and biodiversity[J]. Agriculture Ecosystem and Environment, 62(2/3): 93-103.

FOISSNER W, 1999. Soil protozoa as bioindicators: Pros and cons, methods, diversity, representative examples[J]. Agriculture, Ecosystems and Environment, 74: 95-112.

FOMSGAARD I S, MORTENSEN A G, CARLSEN S C, 2004. Microbial transformation products of benzoxazolinone and benzoxazinone allelochemicals: A review[J]. Chemosphere, 54(8): 1025-1038.

FORDE B, LORENZO H, 2001. The nutritional control of root development[J]. Plant and Soil, 232(1-2): 51-68.

FOREY E, CHAUVAT M, COULIBALY S, et al., 2018. Inoculation of an ecosystem engineer (Earthworm: *Lumbricus terrestris*) during experimental grassland restoration: Consequences for above and belowground soil compartments[J]. Applied Soil Ecology, 125: 148-155.

FORST S, DOWDS B, BOEMARE N, et al., 1997. *Xenorhabdus* and *Photorhabdus* spp.: Bugs that kill bugs[J]. Annual Review of Microbiology, 51: 47-72.

FORTUNATO A A, RODRIGUES F A, DATNOFF L E, 2015. Silicon control of soil-borne and seed-borne diseases[M]//RODRIGUES F A, DATNOFF L E. Silicon and Plant Diseases. Cham: Springer International Publishing.

FOSTER R C, DORMAAR J F, 1991. Bacteria-grazing amoebae in situ in the rhizosphere[J]. Biology and Fertility of Soils, 11(2): 83-87.

FRANSEN B, BLIJJENBERG J, DE KROON H, 1999. Root morphological and physiological plasticity of perennial grass species and the exploitation of spatial and temporal heterogeneous nutrient patches[J]. Plant and Soil, 211(2): 179-189.

FRANSEN B, DE KROON H, BERENDSE F, 2001. Soil nutrient heterogeneity alters competition between two perennial grass species[J]. Ecology, 82(9): 2534-2546.

FRASER F C, TODMAN L C, CORSTANJE R, et al., 2016. Distinct respiratory responses of soils to complex organic substrate are governed predominantly by soil architecture and its microbial community[J]. Soil Biology and Biochemistry, 103: 493-501.

FRAZIER S J, COHEN B N, LESTER H A, 2013. An engineered glutamate-gated chloride(GluCl) channel for sensitive, consistent neuronal silencing by ivermectin[J]. The Journal of Biological Chemistry, 288(29): 21029-21042.

FREIBAUER A, ROUNSEVELL M D, SMITH P, et al., 2004. Carbon sequestration in the agricultural soils of Europe[J]. Geoderma, 122(1): 1-23.

FREIRE E S, CAMPOS V P, PINHO R S C, et al., 2012. Volatile substances produced by *Fusarium oxysporum* from coffee rhizosphere and other microbes affect *Meloidogyne incognita* and *Arthrobotrys conoides*[J]. Journal of Nematology, 44(4): 321-328.

FREYMANN, BERND P, DESOUZA O, et al., 2008. The importance of termites(Isoptera) for the recycling of herbivore dung in tropical ecosystems: A review[J]. European Journal of Entomology, 105(2): 165-173.

FRÍAS M, BRITO N, GONZÁLEZ C, 2013. The Botrytis cinerea cerato-platanin BcSpl1 is a potent inducer of systemic acquired resistance(SAR) in tobacco and generates a wave of salicylic acid expanding from the site of application[J]. Molecular Plant Pathology, 14: 191-196.

FRIMAN V P, JOUSSET A, BUCKLING A, 2014. Rapid prey evolution can alter the structure of predator-prey communities[J]. Journal of Evolutionary Biology, 27(2): 374-380.

FROUZ J, 2015. Soil biota and ecosystem development in post mining sites[M]. Boca Raton: CRC Press.

FU B J, SU C H, WEI Y P, et al., 2011. Double counting in ecosystem services valuation: Causes and countermeasures[J]. Ecological Research, 26: 1-14.

FU S L, FERRIS H, BROWN D, et al., 2005. Does the positive feedback effect of nematodes on the biomass and activity of their bacteria prey vary with nematode species and population size?[J]. Soil Biology and Biochemistry, 37(11): 1979-1987.

FU S L, ZOU X M, COLEMAN D, 2009. Highlights and perspectives of soil biology and ecology research in China[J]. Soil Biology and Biochemistry, 41(5): 868-876.

FU X, WANG J, SAINJU U M, et al., 2019. Soil microbial community and carbon and nitrogen fractions responses to mulching under winter wheat[J]. Applied Soil Ecology, 139: 64-68.

FU Z Q, DONG X, 2013. Systemic acquired resistance: Turning local infection into global defense[J]. Annual Review Plant Biology, 64: 839-863.

FUJIKAKE H, YAMAZAKI A, OHTAKE N, et al., 2003. Quick and reversible inhibition of soybean root nodule growth by nitrate involves a decrease in sucrose supply to nodules[J]. Journal of Experimental Botany, 54(386): 1379-1388.

FUSARO S, GAVINELLI F, LAZZARINI F, et al., 2018. A new way to use earthworms as bioindicators in agroecosystems[J]. Ecological Indicators, 93: 1276-1292.

GALIC N, SCHMOLKE A, FORBES V, et al., 2012. The role of ecological models in linking ecological risk assessment to ecosystem services in agroecosystems[J]. Science of the Total Environment, 415: 93-100.

GALLAND W, PIOLA F, BURLET A, et al., 2019. Biological denitrification inhibition(BDI) in the field: A strategy to improve plant nutrition and growth[J]. Soil Biology and Biochemistry, 136: 107513.

GAN Y, JOHNSTON A M, KNIGHT J D, et al., 2010. Nitrogen dynamics of chickpea: Effects of cultivar choice, N fertilization, rhizobium inoculation and cropping systems[J]. Canadian Journal of Plant Science, 90: 655-666.

GAO Q, JIN K, YING S H, et al., 2011. Genome sequencing and comparative transcriptomics of the model entomopathogenic fungi *Metarhizium anisopliae* and *M. acridum*[J]. PLoS Genetics, 7(1): e1001264.

GAO X, BRODHAGEN M, ISAKEIT T, et al., 2009. Inactivation of the lipoxygenase ZmLOX3 increases susceptibility of maize to *aspergillus* spp.[J]. Molecular Plant-microbe Interactions, 22(2): 222-231.

GAO Z L, KARLSSON I, GEISEN S, et al., 2019. Protists: Puppet masters of the rhizosphere microbiome[J]. Trends in Plant Science 24: 165-176.

GARDNER W K, BOUNDY K A, 1983. The acquisition of phosphorus by *Lupinus albus* L. IV. The effect of interplanting wheat and white lupin on the growth and mineral composition of the two species[J]. Plant and Soil, 70: 391-402.

GARDNER W K, PARBERY D G, BARBER D A, 1981. Proteoid root morphology and function in *Lupinus albus*[J]. Plant and Soil, 60: 143-147.

GARDNER W K, PARBERY D G, BARBER D A, 1982. The acquisition of phosphorus by *Lupinus albus* L. I. Some characteristics of the soil/root interface[J]. Plant and Soil, 68: 19-32.

GASTAL F, LEMAIRE G, 2002. N uptake and distribution in crops: An agronomical and ecophysiological perspective[J]. Journal of Experimental Botany, 53(370): 789-799.

GAUDIN A C M, MCCLYMONT S A, HOLMES B M, et al., 2011. Novel temporal, fine-scale and growth variation phenotypes in roots of adult-stage maize(*Zea mays* L.) in response to low nitrogen stress[J]. Plant Cell and Environment, 34(12): 2122-2137.

GAUME A, MÄCHLER F, DE LEÓN C, et al., 2001. Low-P tolerance by maize(*Zea mays* L.) genotypes: Significance of root growth, and organic acids and acid phosphatase root exudation[J]. Plant and Soil, 228: 253-264.

GEISEN S, BANDOW C, RÖMBKE J, et al., 2014. Soil water availability strongly alters the community composition of soil protists[J]. Pedobiologia, 57(4-6): 205-213.

GEISEN S, BONKOWSKI M, 2018. Methodological advances to study the diversity of soil protists and their functioning in soil food webs[J]. Applied Soil Ecology, 123: 328-333.

GEISEN S, MITCHELL E A D, ADL S, BONKOWSKI M, et al., 2018. Soil protists: A fertile frontier in soil biology research[J]. FEMS Microbiology Reviews, 42(3): 293-323.

GEISEN S, MITCHELL E A D, WILKINSON D M, et al., 2017. Soil protistology rebooted: 30 fundamental questions to start with[J]. Soil Biology and Biochemistry, 111: 94-103.

GENRE A, CHABAUD M, FACCIO A, et al., 2008. Prepenetration apparatus assembly precedes and predicts the colonization patterns of arbuscular mycorrhizal fungi within the root cortex of both *Medicago truncatula* and *Daucus carota*[J]. The Plant Cell, 20(5): 1407-1420.

GENRE A, CHABAUD M, TIMMERS T, et al., 2005. Arbuscular mycorrhizal fungi elicit a novel intracellular apparatus in *Medicago truncatula* root epidermal cells before infection[J]. Plant Cell, 17(12): 3489-3499.

GEORGE T S, GREGORY P J, SIMPSON R J, et al., 2007. Differential interactions of *Aspergillus niger* and *Peniophora lycii* phytases with soil particles affects the hydrolysis of inositol phosphates[J]. Soil Biology and Biochemistry, 39: 793-803.

GEORGE T S, RICHARDSON A E, HADOBAS P A, et al., 2004. Characterization of transgenic *Trifolium subterraneum* L. which expresses phyA and releases extracellular phytase: Growth and P nutrition in laboratory media and soil[J]. Plant Cell, and Environment, 27(11): 1351-1361.

GEORGE T S, RICHARDSON A E, SIMPSON R J, 2005. Behaviour of plant-derived extracellular phytase upon addition to soil[J]. Soil Biology and Biochemistry, 37: 977-978.

GÉRARD F, BLITZ-FRAYRET C, HINSINGER P, et al., 2017. Modelling the interactions between root system architecture, root functions and reactive transport processes in soil[J]. Plant and Soil, 413: 161-180.

GERVOIS S, CIAIS P, DE NOBLET - DUCOUDRÉ N, et al., 2008. Carbon and water balance of European croplands throughout the 20th century[J]. Global Biogeochemical Cycles, 22: GB2022.

GHORBANI R, WILCOCKSON S, KOOCHEKI A, et al., 2010. Soil management for sustainable crop disease control: A review[M]//LICHTFOUSE E. Organic farming, pest control and remediation of soil pollutants. Dordrecht: Springer Netherlands.

GIEHL R F H, GRUBER B D, VON WIRÉN N, 2014. It's time to make changes: Modulation of root system architecture by nutrient signals[J]. Journal of Experimental Botany, 65(3): 769-778.

GILBERT G A, KNIGHT J D, VANCE C P, et al., 1999. Acid phosphatase activity in phosphorus-deficient white lupin roots[J]. Plant Cell and Environment, 22(7): 801-810.

GILBERT N, 2012. African agriculture: Dirt poor[J]. Nature News, 483(7391): 525-527.

GILBERT S F, TAUBER S A I, 2012. A symbiotic view of life: We have never been individuals[J]. Quarterly Review of biology, 87(4): 325-341.

GILBERTSON R L, BATUMAN O, WEBSTER C G, et al., 2015. Role of the insect supervectors *Bemisia tabaci* and *Frankliniella occidentalis* in the emergence and global spread of plant viruses[J]. Annual Review of Virology, 2: 67-93.

GILES C, GEORGE T, BROWN L, et al., 2016. Does the combination of citrate and phytase exudation in *Nicotiana tabacum* promote the acquisition of endogenous soil organic phosphorus?[J]. Plant and Soil, 412: 1-17.

GIROUX S, COREY E J, 2008. Enantioselective synthesis of a simple benzenoid analogue of Glycinoeclepin A[J]. Organic Letters, 10(24): 5617-5619.

GLOVER J D, REGANOLD J P, COX C M, 2012. Agriculture: Plant perennials to save Africa's soils[J]. Nature, 489(7416): 359-361.

GOLDSTEIN J H, CALDARONE G, DUARTE T K, et al., 2012. Integrating ecosystem-service tradeoffs into land-use decisions[J]. Proceedings of the National Academy of Sciences of the United States of America, 109(19): 7565-7570.

GÓMEZ-APARICIO L, ZAMORA R, GÓMEZ J M, et al., 2004. Applying plant facilitation to forest restoration: A meta-analysis of the use of shrubs as nurse plants[J]. Ecological Applications, 14(4): 1128-1138.

GONG X, CHEN T W, ZIEGER S L, et al., 2018a. Phylogenetic and trophic determinants of gut microbiota in soil oribatid mites[J]. Soil Biology and Biochemistry, 123: 155-164.

GONG X, JIANG Y Y, ZHENG Y, et al., 2018b. Earthworms differentially modify the microbiome of arable soils varying in residue management[J]. Soil Biology and Biochemistry, 121(1): 120-129.

GONG X, WANG S, WANG Z W, et al., 2019. Earthworms modify soil bacterial and fungal communities through T enhancing aggregation and buffering pH[J]. Geoderma: An International Journal of Soil Science, 347: 59-69.

GOYAL S, CHANDER K, MUNDRA M, 1999. Influence of inorganic fertilizers and organic amendments on soil organic matter and soil microbial properties under tropical conditions[J]. Biology and Fertility of Soils, 29(2): 196-200.

GRACE J, TILMAN D, 1990. Perspectives on plant competition[M]. Waltham: Academic Press.

GRAHAM J H, EISSENSTAT D M, 1998. Field evidence for the carbon cost of citrus mycorrhizas[J]. New Phytologist, 140(1): 103-110.

GRANDY A S, WIEDER W R, WICKINGS K, et al., 2016. Beyond microbes: Are fauna the next frontier in soil biogeochemical models?[J]. Soil Biology and Biochemistry, 102: 40-44.

GRAY E J, SMITH D L, 2005. Intracellular and extracellular PGPR: Commonalities and distinctions in the plant-bacterium signaling processes[J]. Soil Biology and Biochemistry, 37(3): 395-410.

GRAYLING K M, YOUNG S D, ROBERTS C J, et al., 2018. The application of X-ray micro computed tomography imaging for tracing particle movement in soil[J]. Geoderma, 321: 8-14.

GRIFFITHS B S, BONKOWSKI M, DOBSON G, et al., 1999. Changes in soil microbial community structure in the presence of microbial-feeding nematodes and protozoa[J]. Pedobiologia, 43(4): 297-304.

GRIFFITHS B S, FABER J, BLOEM J, 2018. Applying soil health indicators to encourage sustainable soil use: The transition from scientific study to practical application[J]. Sustainability, 10: 3021.

GRIGERA M S, DRIJBER R A, WIENHOLD B J, 2007. Increased abundance of arbuscular mycorrhizal fungi in soil coincides with the reproductive stages of maize[J]. Soil Biology and Biochemistry, 39(7): 1401-1409.

GRIME J, 1979. Plant strategies and vegetation processes[M]. Chichester: Wiley.

GRIME J P, 2007. The scale-precision trade-off in spacial resource foraging by plants: Restoring perspective[J]. Annals of Botany, 99(5): 1017-1021.

GRIME J P, MACKEY J M L, 2002. The role of plasticity in resource capture by plants[J]. Evolutionary Ecology, 16: 299-307.

GRUBER B D, GIEHL R F H, FRIEDEL S, et al., 2013. Plasticity of the *Arabidopsis* root system under nutrient deficiencies[J]. Plant Physiology, 163(1): 161-179.

GRZELAK K, GLUCHOWSKA M, GREGORCZYK K, et al., 2016. Nematode biomass and morphometric attributes as biological indicators of local environmental conditions in Arctic fjords[J]. Ecological Indicators, 69: 368-380.

GUERINOT M L, 2000. The ZIP family of metal transporters[J]. Biochimica et Biophysica Acta(BBA)-biomembranes, 1465(1-2): 190-198.

GUO J H, LIU X J, ZHANG Y, et al., 2010. Significant acidification in major chinese croplands[J]. Science, 327(5968): 1008-1010.

GUO L Y, WU G L, LI Y, et al., 2016. Effects of cattle manure compost combined with chemical fertilizer on topsoil organic matter, bulk density and earthworm activity in a wheat-maize rotation system in Eastern China[J]. Soil and Tillage Research, 156: 140-147.

GUO Z Y, KONG C H, WANG J G, et al., 2011. Rhizosphere isoflavones(daidzein and genistein) levels and their relation to the microbial community structure of mono-cropped soybean soil in field and controlled conditions[J]. Soil Biology and Biochemistry, 43(1): 2257-2264.

GUPTA N, RAUTARAY S, BASAK U, 2006. The growth and development of arbuscular mycorrhizal fungi and its effects on the growth of maize under different soil compositions[J]. Mycorrhiza News, 18(3): 15-23.

HAAS D, DÉFAGO G, 2005. Biological control of soil-borne pathogens by fluorescent pseudomonads[J]. Nature Reviews Microbiology, 3: 307-319.

HACQUARD S, KRACHER B, HIRUMA K, et al., 2016. Survival trade-offs in plant roots during colonization by closely related beneficial and pathogenic fungi[J]. Nature Communication, 7: 11362.

HALL S J, MATSON P A, ROTH P M, 1996. NO*x* emissions from soil: Implications for air quality modeling in agricultural regions[J]. Annual Review of Environment and Resources, 21(1): 311-346.

HALLIN S, JONES C M, SCHLOTER M, et al., 2009. Relationship between N-cycling communities and ecosystem functioning in a 50-year-old fertilization experiment[J]. ISME Journal, 3(5): 597-605.

HAMID M I, HUSSAIN M, WU Y P, et al., 2017. Successive soybean-monoculture cropping assembles rhizosphere microbial communities for the soil suppression of soybean cyst nematode[J]. FEMS Microbiology Ecology, 93(1): 1-10.

HAMMER E C, PALLON J, WALLANDER H, et al., 2011. Tit for tat? a mycorrhizal fungus accumulates phosphorus under low plant carbon availability[J]. FEMS Microbiology Ecology, 76(2): 236-244.

HAN J C, ZHANG Y, 2014. Land policy and land engineering[J]. Land Use Policy, 40: 64-68.

HAN X, Xu C, DUNGAIT J A J, et al., 2018. Straw incorporation increases crop yield and soil organic carbon sequestration but varies under different natural conditions and farming practices in China: A system analysis[J]. Biogeosciences, 15(7): 1933-1946.

HANNULA S E, ZHU F, HEINEN R, et al., 2019. Foliar-feeding insects acquire microbiomes from the soil rather than the host plant[J]. Nature Communications, 10: 1254.

HAO J J, SUBBARAO K V, KOIKE S T, 2003. Effects of broccoli rotation on lettuce drop caused by Sclerotinia minor and on the population density of sclerotia in soil[J]. Plant Disease, 87(2): 159-166.

HARLEY J, SMITH S, 1983. Mycorrhizal symbiosis[M]. New York: Academic.

HARRISON K A, BOL R, BARDGETT R D, 2007. Preferences for different nitrogen forms by coexisting plant species and soil microbes[J]. Ecology, 88(4): 989-999.

HASAN H, 1999. Fungal utilization of organophosphate pesticides and their degradation by *Aspergillus flavus* and A. sydowii in soil[J]. Folia Microbiologica, 44: 77-84.

HAUGGAARD-NIELSEN H, AMBUS P, JENSEN E S, 2001a. Temporal and spatial distribution of roots and competition for nitrogen in pea-barley intercrops-a field study employing ^{32}P technique[J]. Plant and Soil, 236(1): 63-74.

HAUGGAARD-NIELSEN H, AMBUS P, JENSEN E S, 2001b. Interspecific competition, N use and interference with weeds in pea-barley intercropping[J]. Field Crops Research, 70(2): 101-109.

HAUGGAARD-NIELSEN H, GOODING M, AMBUS P, et al., 2009. Pea-barley intercropping for efficient symbiotic N_2-fixation, soil N acquisition and use of other nutrients in European organic cropping systems[J]. Field Crops Research, 113(1): 64-71.

HAUGGAARD-NIELSEN H, JENSEN E S, 2005. Facilitative root interactions in intercrops[M]//LAMBERS H, COLMER T D. Root physiology: From gene to function. Dordrecht: Springer.

HAUGGAARD-NIELSEN H, JØRNSGAARD B, KINANE J, et al., 2008. Grain legume-cereal intercropping: The practical application of diversity, competition and facilitation in arable and organic cropping systems[J]. Renewable Agriculture and Food Systems, 23(1): 3-12.

HAYATSU M, TAGO K, SAITO M, 2008. Various players in the nitrogen cycle: Diversity and functions of the microorganisms involved in nitrification and denitrification[J]. Soil Science and Plant Nutrition, 54(1): 33-45.

HAYES C S, AOKI S K, LOW D A, 2010. Bacterial contact-dependent delivery systems[J]. Annual Review of Genetics, 44: 71-90.

HAYES J E, RICHARDSON A E, SIMPSON R J, 1999. Phytase and acid phosphatase activities in extracts from roots of temperate pasture grass and legume seedlings[J]. Functional Plant Biology, 26(8): 801-09.

HAYES J E, RICHARDSON A E, SIMPSON R J, 2000. Components of organic phosphorus in soil extracts that are hydrolysed by phytase and acid phosphatase[J]. Biology and Fertility of Soils, 32(4): 279-286.

HAYNES R J, NAIDU R, 1998. Influence of lime, fertilizer and manure applications on soil organic matter content and soil physical conditions: A review[J]. Nutrient Cycling in Agroecosystems, 51: 123-137.

HE S, IVANOVA N, KIRTON E, et al., 2013. Comparative metagenomic and metatranscriptomic analysis of hindgut paunch microbiota in wood- and dung-feeding higher termites[J]. PLoS One, 8(4): 61-126.

HECKMAN D S, GEISER D M, EIDELL B R, et al., 2001. Molecular evidence for the early colonization of land by fungi and plants[J]. Science(New York), 293(5532): 1129-1133.

HEDIN L O, BROOKSHIRE E N J, MENGE D N L, et al., 2009. The nitrogen paradox in tropical forest ecosystems[J]. Annual Review of Ecology Evolution and Systematics, 40(1): 613-635.

HEIN L, VAN KOPPEN K, DE GROOT R S, et al., 2006. Spatial scales, stakeholders and the valuation of ecosystem services[J]. Ecological Economics, 57(2): 209-228.

HEINEN R, BIERE A, HARVEY J A, et al., 2018. Effects of soil organisms on aboveground plant-insect interactions in the field: Patterns, mechanisms and the role of methodology[J]. Frontiers in Ecology and Evolution, 6: 106.

HELGASON T, DANIELL T J, HUSBAND R, et al., 1998. Ploughing up the wood-wide web?[J]. Nature, 394(6692): 431.

HELGASON T, FITTER A, 2005. The ecology and evolution of the arbuscular mycorrhizal fungi[J]. Mycologist, 19(3): 96-101.

HEMMATI S, SAEEDIZADEH A, 2019. Root-knot nematode, *meloidogyne javanica*, in response to soil fertilization[J]. Brazilian Journal of Biology, 80(3): 621-630.

HENDRIX P F, BOHLEN P J, 2002. Exotic earthworm invasions in North America: Ecological and policy implications[J]. BioScience, 52(9): 801-811.

HERMANS C, HAMMOND J P, WHITE P J, et al., 2006. How do plants respond to nutrient shortage by biomass allocation?[J]. Trends in Plant Science, 11(12): 610-617.

HERRIDGE D F, PEOPLES M B, BODDEY R M, 2008. Global inputs of biological nitrogen fixation in agricultural systems[J]. Plant and Soil, 311(1/2): 1-18.

HERRIDGE D F, ROBERTSON M J, COCKS B, et al., 2005. Low nodulation and nitrogen fixation of mungbean reduce biomass and grain yields[J]. Australian Journal of Experimental Agriculture, 45(2-3): 269-277.

HIDDINK G A, TERMORSHUIZEN A J, RAAIJMAKERS J M, 2005. Effect of mixed and single crops on disease suppressiveness of soils[J]. Biology Control, 95(11): 1325-1332.

HILLEL D, 1992. Out of the earth: Civilization and the life of the soil[M]. California: University of California Press.

HINSINGER P, 2001. Bioavailability of soil inorganic P in the rhizosphere as affected by root-induced chemical changes: A review[J]. Plant and Soil, 237: 173-195.

HINSINGER P, BENGOUGH A G, VETTERLEIN D, et al., 2009. Rhizosphere: Biophysics, biogeochemistry and ecological relevance[J]. Plant and Soil, 321: 117-152.

HINSINGER P, PLASSARD C, TANG C, et al., 2003. Origins of root-mediated pH changes in the rhizosphere and their responses to environmental constraints: A review[J]. Plant and Soil, 248: 43-59.

HINTON J J, VEIGA M M, 2002. Earthworms as bioindicators of mercury pollution from mining and other industrial activities[J]. Geochemistry: Exploration, Environment, Analysis, 2(3): 269-274.

HIRUMA K, GERLACH N, SACRISTÁN S, et al., 2016. Root endophyte *colletotrichum tofieldiae* confers plant fitness benefits that are phosphate status dependent[J]. Cell, 165(2): 464-474.

HODGE A, 2004. The plastic plant: Root responses to heterogeneous supplies of nutrients[J]. New Phytologist, 162(1): 9-24.

HODGE A, 2009. Root decisions[J]. Plant Cell and Environment, 32: 628-640.

HODGE A, CAMPBELL C D, FITTER A H, 2001. An arbuscular mycorrhizal fungus accelerates decomposition and acquires nitrogen directly from organic material[J]. Nature, 413(6853): 297-299.

HOFFLAND E, VAN DEN BOOGAARD R, NELEMANS J, et al., 1992. Biosynthesis and root exudation of citric and malic acids in phosphate-starved rape plants[J]. New Phytologist, 122(4): 675-880.

HOGAN D A, 2006. Talking to themselves: Autoregulation and quorum sensing in fungi[J]. Eukaryotic Cell, 5(4): 613-619.

HOGENHOUT S A, VAN R A, TERAUCHI R, et al., 2009. Emerging concepts in effector biology of plant-associated organisms[J]. Molecular Plant-microbe Interactions, 22(2): 115-122.

HOITINK H A J, SCHMITTHENNER A F, HERR L J, 1975. Composted bark for control of root rot in ornamentals[J]. Ohio Report on Research and Development, 60: 25-26.

HOLDEN-DYE L, WALKER R J, 2005. Anthelmintic drugs and nematicides: Studies in Caenorhabditis elegans[M]. Pasadena(CA): WormBook.

HOLTKAMP R, KARDOL P, WAL A V D, et al., 2008. Soil food web structure during ecosystem development after land abandonment[J]. Applied Soil Ecology, 39(1): 23-34.

HONG Q, ZHANG Z, HONG Y, et al., 2007. A microcosm study on bioremediation of fenitrothion-contaminated soil using Burkholderia sp. FDS-1[J]. International Biodeterioration and Biodegradation, 59(1): 55-61.

HONGOH Y, 2011. Toward the functional analysis of uncultivable, symbiotic microorganisms in the termite gut[J]. Cellular and Molecular Life Sciences, 68(8): 1311-1325.

HONGOH Y, EKPORNPRASIT L, INOUE T, et al., 2006. Intracolony variation of bacterial gut microbiota among castes and ages in the fungus-growing termite *Macrotermes gilvus*[J]. Molecular Ecology, 15(2): 505-516.

HOPKIN S P, 1997. Biology of the springtails(insecta: collembola)[M]. Oxford: Oxford University Press.

HOPKIN S P, 2002. Collembola[M]//LAL R. Encyclopedia of Soil Science. New York: Marcel Dekker: 207-210.

HORIUCHI J I, PRITHIVIRAJ B, BAIS H P, 2005. Soil nematodes mediate positive interactions between legume plants and rhizobium bacteria[J]. Planta, 222: 848-857.

HU F, GAN Y, CUI H, et al., 2016a. Intercropping maize and wheat with conservation agriculture principles improves water harvesting and reduces carbon emissions in dry areas[J]. European Journal of Agronomy, 74: 9-17.

HU F, LI H X, WU S M, 1997. Differentiation of soil fauna populations in conventional tillage and no-tillage red soil ecosystems[J]. Pedosphere, 7: 339-348.

HU H, DA COSTA R R, PILGAARD B, et al., 2019. Fungiculture in termites is associated with a mycolytic gut bacterial community[J]. Msphere, 4(3): e00165-19.

HU H J, CHEN Y L, WANG Y F, et al., 2017a. Endophytic *Bacillus cereus* effectively controls meloidogyne incognita on tomato plants through rapid rhizosphere occupation and repellent action[J]. Plant Disease, 101(3): 448-455.

HU L F, ROBERT C A M, CADOT S, et al., 2018. Root exudate metabolites drive plant-soil feedbacks on growth and defense by shaping the rhizosphere microbiota[J]. Nature Communications, 9(1): 2738.

HU N, LI H, TANG Z, et al., 2016b. Community diversity, structure and carbon footprint of nematode food web following reforestation on degraded Karst soil[J]. Scientific Reports, 6: 28138.

HU S, COLEMAN D C, HENDRIX P F, et al., 1995. Biotic manipulation effects on soil carbohydrates and microbial biomass in a cultivated soil[J]. Soil Biology and Biochemistry, 27(9): 1127-1135.

HU Y, YOU J, LI C, et al., 2017b. Ethylene response pathway modulates attractiveness of plant roots to soybean cyst nematode Heterodera glycines[J]. Scientific Reports, 7: 41282.

HUANG J, LIU M, CHEN X, et al., 2015b. Effects of intraspecific variation in rice resistance to aboveground herbivore, brown planthopper, and rice root nematodes on plant yield, labile pools of plant and rhizosphere soil[J]. Biology and Fertility of Soils, 51: 417-425.

HUANG J H, ZHANG W X, LIU M Y, et al., 2015a. Different impacts of native and exotic earthworms on rhizodeposit carbon sequestration in a subtropical soil[J]. Soil Biology and Biochemistry, 90: 152-160.

HUANG L F, SONG L X, XIA X J, et al., 2013. Plant-soil feedbacks and soil sickness: From mechanisms to application in agriculture[J]. Journal of Chemical Ecology, 39: 232-242.

HUANG X, ZHAO J, ZHOU X, et al., 2019. How green alternatives to chemical pesticides are environmentally friendly and more efficient[J]. European Journal of Soil Science, 70(3): 518-529.

HUANG Z, HAIG T, WU H, et al., 2003. Correlation between phytotoxicity on annual ryegrass(*Lolium rigidum*) and production dynamics of allelochemicals within root exudates of an allelopathic wheat[J]. Journal of Chemical Ecology, 29(10): 2263-2279.

HUTCHINSON G E, 1958. Concluding remarks[J]. Cold Spring Harbor Symposia on Quantitative Biology, 22: 415-427.

IDRIS E E, IGLESIAS D J, TALON M, et al., 2007a. Tryptophan-dependent production of indole-3-acetic acid (IAA) affects level of plant growth promotion by *Bacillus amyloliquefaciens* FZB42[J]. Molecular Plant-Microbe Interactions, 20: 619-626.

IDRIS H A, LABUSCHAGNE N, KORSTEN L, 2007b. Screening rhizobacteria for biological control of *Fusarium* root and crown rot of sorghum in Ethiopia[J]. Biological Control, 40(1): 97-106.

IKEGAMI T, 2005. Neutral phenotypes as network keystone species[J]. Population Ecology, 47(1): 21-29.

IKERRA S T, MAGHEMBE J A, SMITHSON P C, et al., 1999. Soil nitrogen dynamics and relationships with maize yields in a gliricidia-maize intercrop in Malawi[J]. Plant and Soil, 211(2): 155-164.

INDERJIT, CALLAWAY R M, 2003. Experimental designs for the study of allelopathy[J]. Plant and Soil, 256: 1-11.

INGHAM R E, TROFYMOW J A, INGHAM E R, et al., 1985. Interactions of bacteria, fungi, and their nematode grazers: Effects on nutrient cycling and plant growth[J]. Ecological Monographs, 55(1): 119-140.

IRSHAD U, VILLENAVE C, BRAUMAN A, et al., 2011. Grazing by nematodes on rhizosphere bacteria enhances nitrate and phosphorus availability to *Pinus pinaster* seedlings[J]. Soil Biology and Biochemistry, 43(10): 2121-2126.

ISBELL F, CRAVEN D, CONNOLLY J, et al., 2015. Biodiversity increases the resistance of ecosystem productivity to climate extremes[J]. Nature, 526(7574): 574-577.

IVES J D, MESSERLI B, 2003. The Himalayan dilemma: Reconciling development and conservation[M]. New York: Routledge Press.

JABEEN H, IQBAL S, ANWAR S, et al., 2015. Optimization of profenofos degradation by a novel bacterial consortium PBAC using response surface methodology[J]. International Biodeterioration and Biodegradation, 100: 89-97.

JACKSON J R, WILLEMSEN R W, 1976. Allelopathy in the first stages of secondary succession on the piedmont of New Jersey[J]. American Journal of Botany, 63(7): 1015-1023.

JAKOBSEN I, ROSENDAHL L, 1990. Carbon flow into soil and external hyphae from roots of mycorrhizal cucumber plants[J]. New Phytologist, 115(1): 77-83.

JANA U, BAROT S, BLOUIN M, et al., 2010. Earthworms influence the production of above- and belowground biomass and the expression of genes involved in cell proliferation and stress responses in *Arabidopsis thaliana*[J]. Soil Biology and Biochemistry, 42(2): 244-252.

JANDÉR K C, HERRE E A, 2010. Host sanctions and pollinator cheating in the fig tree-fig wasp mutualism[J]. Proceedings of the Royal Society Biological Sciences, 277(1687): 1481-1488.

JANION-SCHEEPERS C, BENGTSSON J, LEINAAS H, et al., 2016. The response of springtails to fire in the fynbos of the Western Cape, South Africa[J]. Applied Soil Ecology, 108: 165-175.

JANNOURA R, JOERGENSEN R G, BRUNS C, 2014. Organic fertilizer effects on growth, crop yield, and soil microbial biomass indices in sole and intercropped peas and oats under organic farming conditions[J]. European Journal of Agronomy, 52: 259-270.

JANVIER C, VILLENEUVE F, ALABOUVETTE C, 2007. Soil health through soil disease suppression: Which strategy from descriptors to indicators？[J]. Soil Biology and Biochemistry, 39(1): 1-23.

JEBARA S H, ABDELKERIM S, FATNASSI I C, et al., 2014. Identification of effective Pb resistant bacteria isolated from Lens culinaris growing in lead contaminated soils[J]. Journal of Basic Microbiology, 55(3): 346-353.

JENSEN E S, 1996. Grain yield, symbiotic N_2 fixation and interspecific competition for inorganic N in pea-barley intercrops[J]. Plant and Soil, 182(1): 25-38.

JETIYANON K, PLIANBANGCHANG P, 2012. Potential of *Bacillus cereus* strain RS87 for partial replacement of chemical fertilisers in the production of Thai rice cultivars[J]. Journal of the Science of Food and Agriculture, 92(5): 1080-1085.

JIANG Q Y, ZHUO F, LONG S H, et al., 2016. Can arbuscular mycorrhizal fungi reduce Cd uptake and alleviate Cd toxicity of *Lonicera japonica* grown in Cd-added soils?[J]. Scientific Reports, 6: 21805.

JIANG Y, JIN C, SUN B, 2014. Soil aggregate stratification of nematodes and ammonia oxidizers affects nitrification in an acid soil[J]. Environmental Microbiology, 16(10): 3083-3094.

JIANG Y, LIU M Q, ZHANG J, et al., 2017a. Nematode grazing promotes bacterial community dynamics in soil at the aggregate level[J]. ISME Journal, 11(12): 2705-2717.

JIANG Y, QIAN H Y, WANG X, et al., 2018. Nematodes and microbial community affect the sizes and turnover rates of organic carbon pools in soil aggregates[J]. Soil Biology and Biochemistry, 119: 22-31.

JIANG Y, SUN B, Li H, et al., 2015. Aggregate-related changes in network patterns of nematodes and ammonia oxidizers in an acidic soil[J]. Soil Biology and Biochemistry, 88: 101-109.

JIANG Y, WANG W, XIE Q, et al., 2017b. Plants transfer lipids to sustain colonization by mutualistic mycorrhizal and parasitic fungi[J]. Science, 356(63430): 1172-1175.

JIANG Y J, SUN B, JIN C, et al., 2013. Soil aggregate stratification of nematodes and microbial communities affects the metabolic quotient in an acid soil[J]. Soil Biology and Biochemistry, 60: 1-9.

JIANG Z Q, GUO Y H, LI S M, et al., 2006. Evaluation of biocontrol efficiency of different *Bacillus* preparations and field application methods against phytophthora blight of bell pepper[J]. Biological Control, 36(2): 216-223.

JIAO X, LI H, RENGEL Z, et al., 2015. Dynamic growth pattern and exploitation of soil residual P by *Brassica campestris* throughout growth cycle on a calcareous soil[J]. Field Crops Research, 180: 110-117.

JIAO X, LYU Y, WU X, et al., 2016. Grain production versus resource and environmental costs: Towards increasing sustainability of nutrient use in China[J]. Journal of Experimental Botany, 67: 4935-4949.

JIGGINS F M, BENTLEY J K, MAJERUS M E, et al., 2001. How many species are infected with wolbachia? Cryptic sex ratio distorters revealed to be common by intensive sampling[J]. Proceedings of the Royal Society B: Biological Sciences, 268(1472): 1123-1126.

JIN K, WHITE P J, WHALLEY W R, et al., 2017. Shaping an optimal soil by root-soil Interaction[J]. Trends in Plant Science, 22(10): 823-829.

JING J, RUI Y, ZHANG F, et al. 2010. Localized application of phosphorus and ammonium improves growth of maize seedlings by stimulating root proliferation and rhizosphere acidification[J]. Field Crops Research, 119(2-3): 355-364.

JOHANSEN A, JAKOBSEN I, JENSEN E S, 1993. External hyphae of vesicular-arbuscular mycorrhizal fungi associated with *Trifolium subterraneum* L.[J]. New Phytologist, 124(1): 61-68.

JOHN B, YAMASHITA T, LUDWIG B, et al., 2005. Storage of organic carbon in aggregate and density fractions of silty soils under different types of land use[J]. Geoderma, 128(1-2): 63-79.

JOHNSON D L, LEWIS L A, 1995. Land degradation: Creation and destruction[M]. MA and Oxford: Blackwell, Cambridge.

JOHNSON S N, MURRAY P J, 2008. Root feeders: An ecosystem perspective[M]. London: CABI.

JONER E J, Van AARLE I M, VOSATKA M, 2000. Phosphatase activity of extra-radical arbuscular mycorrhizal hyphae: A review[J]. Plant and Soil, 226: 199-210.

JONES D L, 1998. Organic acids in the rhizosphere: A critical review[J]. Plant and Soil, 205: 25-44.

JONES D L, DARRAH P R, 1995. Influx and efflux of organic acids across the soil-root interface of *Zea mays* L. and its implications in rhizosphere C flow[J]. Plant and Soil, 173: 103-109.

JONES D L, NGUYEN C, FINLAY R D, 2009. Carbon flow in the rhizosphere: Carbon trading at the soil-root interface[J]. Plant and Soil, 321: 5-33.

JONES J D, DANGL J L, 2006. The plant immune system[J]. Nature, 444: 323-329.

JONGMANS A G, PULLEMAN M M, BALABANE M, et al., 2003. Soil structure and characteristics of organic matter in two orchards differing in earthworm activity[J]. Applied Soil Ecology, 24(3): 219-232.

JOUQUET P, MARON P A, NOWAK V, et al., 2013. Utilization of microbial abundance and diversity as indicators of the origin of soil aggregates produced by earthworms[J]. Soil Biology and Biochemistry, 57: 950-952.

JOURNET E P, EL-GACHTOULI N, VERNOUD V, et al., 2001. Medicago truncatula ENOD11: A novel RPRP-encoding early nodulin gene expressed during mycorrhization in arbuscule-containing cells[J]. Molecular Plant-microbe Interactions, 14(6): 737-748.

JOUSSET A, ROCHAT L, PÉCHY-TARR M, et al., 2009. Predators promote defence of rhizosphere bacterial populations by selective feeding on non-toxic cheaters[J]. ISME Journal, 3(6): 666-674.

JR LEIGH E G, 2010. The evolution of mutualism[J]. Journal of Evolutionary Biology, 23(12): 2507-2528.

KABIR Z, O'HALLORAN I P, WIDDEN P, et al., 1998. Vertical distribution of arbuscular mycorrhizal fungi under corn(*Zea mays* L.) in no-till and conventional tillage systems[J]. Mycorrhiza, 8(1): 53-55.

KAHILUOTO H, KETOJA E, VESTBERG M, et al., 2001. Promotion of AM utilization through reduced P fertilization 2: Field studies[J]. Plant and Soil, 231(1): 65-79.

KAMOUN S, 2006. A catalogue of the effector secretome of plant pathogenic oomycetes[J]. Annual Review of Phytopathology, 44(1): 41-60.

KARDOL P, BEZEMER T M, VAN DER PUTTEN W H, 2006. Temporal variation in plant-soil feedback controls succession[J]. Ecology Letters, 9(9): 1080-1088.

KARIMI B, TERRAT S, DEQUIEDT S, et al., 2018. Biogeography of soil bacteria and archaea across France[J]. Science Advances, 4(7): eaat1808.

KARPENSTEIN-MACHAN M, STUELPNAGEL R, 2000. Biomass yield and nitrogen fixation of legumes monocropped and intercropped with rye and rotation effects on a subsequent maize crop[J]. Plant and Soil, 218(1-2): 215-232.

KAUTZ T, LÓPEZ-FANDO C, ELLMER F, 2006. Abundance and biodiversity of soil microarthropods as influenced by different types of organic manure in a long-term field experiment in Central Spain[J]. Applied Soil Ecology, 33(3): 278-285.

KEATING B A, CARBERRY P S, 1993. Resource capture and use in intercropping: Solar radiation[J]. Field Crops Research, 34(3-4): 273-301.

KELL D B, 2011. Breeding crop plants with deep roots: Their role in sustainable carbon, nutrient and water sequestration[J]. Annals of Botany, 108: 407-418.

KEMBEL S W, CAHILL JR J F, 2005. Plant phenotypic plasticity belowground: A phylogenetic perspective on root foraging trade-offs[J]. American Naturalist, 166(2): 216-230.

KEMBEL S W, DE KROON H, CAHILL JR J F, et al., 2008. Improving the scale and precision of hypotheses to explain root foraging ability[J]. Annals of Botany, 101(9): 1295-1301.

KERGUNTEUIL A, BAKHTIARI M, FORMENTI L, et al., 2016. Biological control beneath the feet: A review of crop protection against insect root herbivores[J]. Insects, 7(4): 70.

KERN J S, JOHNSON M G, 1993. Conservation tillage impacts on national soil and atmospheric carbon levels[J]. Soil Science Society of America Journal, 57(1): 200-210.

KERSTEN W J, BROOKS R R, REEVES R D, et al., 1979. Nickel uptake by new caledonian species of phyllanthus[J]. TAXON, 28(5-6): 529-534.

KERVEN G, EDWARDS D, ASHER C, et al., 1989. Aluminium determination in soil solution. II. Short-term colorimetric procedures for the measurement of inorganic monomeric aluminium in the presence of organic acid ligands[J]. Australian Journal of Soil Research, 27: 1 91-102.

KEUSKAMP J A, DINGEMANS B J J, LEHTINEN T, et al., 2013. Tea bag index: A novel approach to collect uniform decomposition data across ecosystems[J]. Methods in Ecology and Evolution, 4(11): 1070-1075.

KHAN M, SETO D, SUBRAMANIAM R, et al., 2018. Oh, the places they'll go! a survey of phytopathogen effectors and their host targets[J]. Plant Journal, 93: 651-663.

KIBBLEWHITE M, RITZ K, SWIFT M, 2008. Soil health in agricultural systems[J]. Philosophical Transactions of the Royal Society B: Biological Sciences, 363: 685-701.

KIERS E T, DUHAMEL M, BEESETTY Y, et al., 2011. Reciprocal rewards stabilize cooperation in the mycorrhizal symbiosis[J]. Science, 333(6044): 880-882.

KIERS E T, ROUSSEAU R A, WEST S A, et al., 2003. Host sanctions and the *legume-rhizobium* mutualism. [J]. Nature, 425(6953): 78-81.

KILLHAM K, 1994. Soil ecology[M]. Cambridge: Cambridge University Press.

KIM Y S, KIL B S, 1989. Identification and growth inhibition of phytotoxic substances from tomato plant[J]. Korean Journal of Botany, 25(4): 238-247.

KINKEL L L, BAKKER M G, SOHLATTER D C, 2011. A coevolutionary framework for managing disease-suppressive soils[J]. Annual Review of Phytopathology, 49: 47-67.

KIRKBY C A, RICHARDSON A E, WADE L J, et al., 2013. Carbon-nutrient stoichiometry to increase soil carbon sequestration[J]. Soil Biology and Biochemistry, 60: 77-86.

KLEOPPER J W, SCHROTH M N, 1978. Plant growth-promoting rhizobacteria on radishes[C]//Proceedings of 4th International Conference on Plant Pathology of Bacteria. Angers: France, 897-882.

KLEUNEN M V, FISCHER M, SCHMID B, 2001. Effects of intraspecific competition on size variation and reproductive allocation in a clonal plant[J]. Oikos, 94(3): 515-524.

KOBAE Y, OHMORI Y, SAITO C, et al., 2016. Phosphate treatment strongly inhibits new arbuscule development but not the maintenance of arbuscule in mycorrhizal rice roots[J]. Plant Physiology, 171(1): 566-579.

KOCHIAN L V, HOEKENGA O A, PIÑEROS M A, 2004. How do crop plants tolerate acid soils? Mechanisms of aluminum tolerance and phosphorus deficiency[J]. Annual Review of Plant Biology, 55: 459-493.

KÖHLER T, STING U, MEUSER K, et al., 2008. Novel lineages of planctomycetes densely colonize the alkaline gut of soil-feeding termites(*Cubitermes* spp.)[J]. Environmental Microbiology, 10(5): 1260-1270.

KONG C H, HU F, XU X H, et al., 2004a. Allelopathic plants XV: *Ageratum conyzoides* L.[J]. Allelopathy Journal, 14: 1-12.

KONG C H, LIANG W J, HU F, et al., 2004b. Allelochemicals and their transformations in the *Ageratum conyzoides* intercropped the citrus orchard soil[J]. Plant and Soil, 264: 149-157.

KONG C H, WANG P, GU Y, et al., 2008. The fate and impact on microorganisms of rice allelochemicals in paddy soil[J]. Journal of Agricultural and Food Chemistry, 56(13): 5043-5049.

KONG C H, XU X H, ZHANG M, et al., 2010. Allelochemical tricin in rice hull and its aurone isomer against rice seedling rot disease[J]. Pest Management Science, 66(9): 1018-1024.

KONG C H, XU X H, ZHOU B, et al., 2004c. Two compounds from allelopathic rice accession and their inhibitory effects on weeds and fungal pathogens[J]. Phytochemistry, 65(8): 1123-1128.

KONG C H, XUAN T D, KHANH T D, et al., 2019. Allelochemicals and signaling chemicals in plants[J]. Molecules, 24(15): 2737.

KONG C H, ZHANG S Z, LI Y H, et al., 2018. Plant neighbor detection and allelochemical response are driven by root-secreted signaling chemicals[J]. Nature Communications, 9(1): 3867.

KONG C H, ZHAO H, XU X H, et al., 2007. Activity and allelopathy of soil of flavone O-Glycosides from rice[J]. Journal of Agricultural and Food Chemistry, 55: 6007-6012.

KOSUTA S, CHABAUD M, LOUGNON G, et al., 2003. A diffusible factor from arbuscular mycorrhizal fungi induces symbiosis-specific *MtENOD11* expression in roots of Medicago truncatula[J]. Plant Physiology, 131(3): 952-962.

KRAB E J, LANTMAN I M V S, CORNELISSEN J H C, et al., 2013. How extreme is an extreme climatic event to a subarctic peatland springtail community?[J]. Soil Biology and Biochemistry, 59: 16-24.

KRAMER C, GLEIXNER G, 2006. Variable use of plant-and soil-derived carbon by microorganisms in agricultural soils[J]. Soil Biology and Biochemistry, 38(11): 3267-3278.

KRAMER S, DIBBERN D, MOLL J, et al., 2016. Resource partitioning between bacteria, fungi, and protists in the detritusphere of an agricultural soil[J]. Frontiers in Microbiology, 7: 1524.

KRANTZ G W, WALTER D E, 2009. A manual of Acarology[M]. 3rd ed. Lubbock: Texas Tech University Press.

KRAVCHENKO A N, GUBER A K, RAZAVI B S, et al., 2019. Microbial spatial footprint as a driver of soil carbon stabilization[J]. Nature Communication, 10: 3121.

KREUZER K, ADAMCZYK J, IIJIMA M, et al., 2006. Grazing of a common species of soil protozoa(*Acanthamoeba castellanii*)affects rhizosphere bacterial community composition and root architecture of rice(*Oryza sativa* L.)[J]. Soil Biology and Biochemistry, 38(7): 1665-1672.

KULMATISKI A, ANDERSON-SMITH A, BEARD K H, et al., 2014. Most soil trophic guilds increase plant growth: A meta-analytical review[J]. Oikos, 123: 1409-1419.

KULMATISKI A, BEARD K H, NORTON J M, et al., 2017. Live long and prosper: Plant-soil feedback, lifespan, and landscape abundance covary[J]. Ecology, 98(12): 3063-3073.

KUMAR U, SHAHID M, TRIPATHI R, et al., 2017. Variation of functional diversity of soil microbial community in sub-humid tropical rice-rice cropping system under long-term organic and inorganic fertilization[J]. Ecological Indicators, 73: 536-543.

KUPPUSAMY S, THAVAMANI P, VENKATESWARLU K, et al., 2017. Remediation approaches for polycyclic aromatic hydrocarbons(PAHs) contaminated soils: Technological constraints, emerging trends and future directions[J]. Chemosphere, 168: 944-968.

KUSHWAHA C P, TRIPATHI S K, SINGH K P, 2001. Soil organic matter and water-stable aggregates under different tillage and residue conditions in a tropical dryland[J]. Applied Soil Ecology, 16(3): 229-241.

KUZYAKOV Y, DOMANSKI G, 2000. Carbon input by plants into the soil: Review[J]. Zeitschrift für Pflanzenernährung und Bodenkunde, 163: 421-431.

LADHA J K, REDDY P M, 2003. Nitrogen fixation in rice systems: State of knowledge and future prospects[J]. Plant and Soil, 252(1): 151-167.

LAL R, 2014. Societal value of soil carbon[J]. Journal of Soil and Water Conservation, 69(6): 186A-192A.

LAL R, STAVI I, 2015. Achieving zero net land degradation: Challenges and opportunities[J]. Journal of Arid Environments, 112: 44-51.

LAMARQUE P, QUETIER F, LAVOREL S, 2011. The diversity of the ecosystem services concept and its implications for their assessment and management[J]. Comptes Rendus Biologies, 334(5-6): 441-449.

LAMBERS H, HAYES P, LALIBERTÉ E, et al., 2015. Leaf manganese accumulation and phosphorus-acquisition efficiency[J]. Trends in Plant Science, 20: 83-90.

LAMBERS H, SHANE M W, CRAMER M D, et al., 2006. Root structure and functioning for efficient acquisition of phosphorus: Matching morphological and physiological traits[J]. Annals of Botany, 98(4): 693-713.

LANG B, RUSSELL D J, 2019. Effects of earthworms on bulk density: A meta-analysis[J]. European Journal of Soil science, 71(1): 80-83.

LATZ E, EISENHAUER N, RALL B C, et al., 2012. Plant diversity improves protection against soil-borne pathogens by fostering antagonistic bacterial communities[J]. Journal of Ecology, 100(3): 597-604.

LAVELLE P, 1983. The structure of earthworm communities[M]//SATCHELL J E E. Ecosystem ecology. London: Chapman and Hall: 449-466.

LAVELLE P, 2002. Functional domains in soils[J]. Ecological Research, 17(4): 441-450.

LAVELLE P, SPAIN A, 2001. Soil ecology[M]. Berlin: Springer Science and Business Media.

LAWRENCE A P, BOWERS M A, 2002. A test of the 'hot' mustard extraction method of sampling earthworms[J]. Soil Biology and Biochemistry, 34(4): 549-552.

LE MAY C, POTAGE G, ANDRIVON D, et al., 2009. Plant disease complex: Antagonism and synergism between pathogens of the ascochyta blight complex on pea[J]. Journal of Phytopathology, 157(11-12): 715-721.

LEANDRO L F S, EGGENBERGER S, CHEN C, et al., 2018. Cropping system diversification reduces severity and incidence of soybean sudden death syndrome caused by fusarium virguliforme[J]. Plant Disease, 102: 1748-1758.

LEBEIS S L, PAREDES S H, LUNDBERG D S, et al., 2015. Salicylic acid modulates colonization of the root microbiome by specific bacterial taxa[J]. Science, 349: 860-864.

LEDGARD S F, STEELE K W, 1992. Biological nitrogen fixation in mixed legume/grass pastures[J]. Plant and soil, 141(1-2): 137-153.

LEE K E, 1985. Earthworms: Their ecology and relationships with soils and land use[M]. Sydney: Academic Press.

LEEMANS R, DE GROOT R, 2003. Millennium ecosystem assessment: Ecosystems and human well-being: A framework for assessment[M]. Washington DC: Island Press.

LEHTOVIRTA-MORLEY L E, STOECKER K, VILCINSKAS A, et al., 2011. Cultivation of an obligate acidophilic ammonia oxidizer from a nitrifying acid soil[J]. Proceedings of the National Academy of Sciences of the United States of America, 108(38): 15892-15897.

LEIGH J, HODGE A, FITTER A H, 2009. Arbuscular mycorrhizal fungi can transfer substantial amounts of nitrogen to their host plant from organic material[J]. New Phytologist, 181(1): 199-207.

LEMANCEAU P, BLOUIN M, MULLER D, et al., 2017. Let the core microbiota be functional[J]. Trends in Plant Science, 22: 583-595.

LEROY B L M, DE SUTTER N, FERRIS H, et al., 2009. Short-term nematode population dynamics as influenced by the quality of exogenous organic matter[J]. Nematology, 11(1): 23-38.

LEWIS J, LUMSDEN R, MILLNER P, et al., 1992. Suppression of damping-off of peas and cotton in the field with composted sewage sludge[J]. Crop Protection, 11(3): 260-266.

LI B, LI Y Y, WU H M, et al., 2016a. Root exudates drive interspecific facilitation by enhancing nodulation and N_2 fixation[J]. Proceedings of the National Academy of Sciences of the United States of America, 113(23): 6496-6501.

LI H W, HE J, BHARUCHA Z P, et al., 2016b. Improving China's food and environmental security with conservation agriculture[J]. International Journal of Agricultural Sustainability, 14(4): 377-391.

LI H X, HU F, 2001. Effect of bacterial-feeding nematode inoculation on wheat growth and N and P uptake[J]. Pedosphere, 11(1): 57-62

LI H, CAI X, GONG J, et al., 2019a. Long-term organic farming manipulated rhizospheric microbiome and *Bacillus antagonism* against pepper blight(*Phytophthora capsici*)[J]. Frontiers in Microbiology, 10: 342.

LI H, HUANG G, MENG Q, et al., 2011. Integrated soil and plant phosphorus management for crop and environment in China: A review[J]. Plant and Soil, 349: 157-167.

LI H, SHEN J, ZHANG F, et al., 2008a. Dynamics of phosphorus fractions in the rhizosphere of common bean(*Phaseolus vulgaris* L.) and durum wheat(*Triticum turgidum durum* L.) grown in monocropping and intercropping systems[J]. Plant and Soil, 312: 139-150.

LI H, SHEN J, ZHANG F, et al., 2008b. Is there a critical level of shoot phosphorus concentration for cluster-root formation in *Lupinus albus*?[J]. Functional Plant Biology, 35(4): 328-336.

LI H, SHEN J, ZHANG F, et al., 2010. Phosphorus uptake and rhizosphere properties of intercropped and monocropped maize, faba bean, and white lupin in acidic soil[J]. Biology and Fertility of Soils, 46: 79-91.

LI H, ZHANG D, WANG X, et al., 2019b. Competition between *Zea mays* L. genotypes with different root morphological and physiological traits is dependent on phosphorus forms and supply patterns[J]. Plant and Soil, 434: 125-137.

LI J, COOPER J M, LIN Z A, et al., 2015a. Soil microbial community structure and function are significantly affected by long-term organic and mineral fertilization regimes in the North China plain[J]. Applied Soil Ecology, 96: 75-87.

LI J, ZHANG K Q, 2013. Research on nematophagous microorganisms for biological control of pathogenic nematodes[J]. Chinese Journal of Biological Control, 29(4): 481-489(in Chinese).

LI L, LI S M, SUN J H, et al., 2007a. Diversity enhances agricultural productivity via rhizosphere phosphorus facilitation on phosphorus-deficient soils[J]. Proceedings of the National Academy of Sciences of the United States of America, 104(27): 11192-11196.

LI L, SUN J, ZHANG F, et al., 2001a. Wheat/maize or wheat/soybean strip intercropping: I. Yield advantage and interspecific interactions on nutrients[J]. Field Crops Research, 71(2): 123-137.

LI L, SUN J, ZHANG F, et al., 2001b. Wheat/maize or wheat/soybean strip intercropping: II. Recovery or compensation of maize and soybean after wheat harvesting[J]. Field Crops Research, 71(3): 173-181.

LI L, SUN J, ZHANG F, et al., 2006. Root distribution and interactions between intercropped species[J]. Oecologia, 147(2): 280-290.

LI L, TANG C, RENGEL Z, et al., 2003. Chickpea facilitates phosphorus uptake by intercropped wheat from an organic phosphorus source[J]. Plant and Soil, 248(1-2): 297-303.

LI L, TILMAN D, LAMBERS H, et al., 2014. Plant diversity and overyielding: Insights from belowground facilitation of intercropping in agriculture[J]. New Phytologist, 203(1): 63-69.

LI L, YANG S, LI X, et al., 1999. Interspecific complementary and competitive interactions between intercropped maize and faba bean[J]. Plant and Soil, 212(2): 105-114.

LI L, ZHANG L, ZHANG F, 2013b. Crop mixtures and the mechanisms of overyielding[M]//LEVIN S A. Encyclopedia of Biodiversity. Waltham: Academic Press.

LI L J, HAN X Z, YOU M Y, et al., 2013a. Carbon and nitrogen mineralization patterns of two contrasting crop residues in a Mollisol: Effects of residue type and placement in soils[J]. European Journal of Soil Biology, 54: 1-6.

LI M, CHENG X, GUO H, 2013c. Heavy metal removal by biomineralization of urease producing bacteria isolated from soil[J]. International Biodeterioration and Biodegradation, 76: 81-85.

LI M, OSAKI M, RAO I M, et al., 1997a. Secretion of phytase from the roots of several plant species under phosphorus-deficient conditions[J]. Plant and Soil, 195: 161-169.

LI M, SHINANO T, TADANO T, 1997b. Distribution of exudates of lupin roots in the rhizosphere under phosphorus deficient conditions[J]. Soil Science and Plant Nutrition, 43(1): 237-245.

LI M, WEI Z, WANG J N, et al., 2019c. Facilitation promotes invasions in plant-associated microbial communities[J]. Ecology Letters, 22(1): 149-158.

LI N, PAN F J, HAN X Z, et al., 2016c. Development of soil food web of microbes and nematodes under different agricultural practices during the early stage of pedogenesis of a mollisol[J]. Soil Biology and Biochemistry, 98: 208-216.

LI Q, YANG A, WANG Z, et al., 2015b. Effect of a new urease inhibitor on ammonia volatilization and nitrogen utilization in wheat in North and Northwest China[J]. Field Crops Research, 175: 96-105.

LI Q, YANG Y, BAO X L, et al., 2016d. Cultivar specific plant-soil feedback overrules soil legacy effects of elevated ozone in a rice-wheat rotation system[J]. Agriculture Ecosystems and Environment, 232: 85-92.

LI S, LI L, ZHANG F, et al., 2004. Acid phosphatase role in chickpea/maize intercropping[J]. Annals of Botany, 94(2): 297-303.

LI W F, ZHANG X P, LIANG A Z, et al., 2007. Impacts of no-tillage on earthworm and soil bulk density in black soil in Northeast China[J]. System Sciences and Comprehensive Studies in Agriculture, 23: 489-493.

LI X J, XIA Z C, KONG C H, et al., 2013d. Mobility and microbial activity of allelochemicals in soil[J]. Journal of Agricultural and Food Chemistry, 61(21): 5072-5079.

LI X, GEORGE E, MARSCHNER H, 1991a. Extension of the phosphorus depletion zone in VA-mycorrhizal white clover in a calcareous soil[J]. Plant and Soil, 136: 41-48.

LI X, GEORGE E, MARSCHNER H, 1991b. Phosphorus depletion and pH decrease at the root-soil and hyphae-soil interfaces of VA mycorrhizal white clover fertilized with ammonium[J]. New Phytologist, 119: 397-404.

LI X, HU H J, LI J Y, et al., 2019d. Effects of the endophytic *Bacteria bacillus cereus* BCM2 on tomato root exudates and *Meloidogyne incognita* infection[J]. Plant Disease, 103(7): 1551-1558.

LI Y, PANG H D, HE L Y, et al., 2017. Cd immobilization and reduced tissue Cd accumulation of rice(*Oryza sativa* wuyun-23) in the presence of heavy metal-resistant bacteria[J]. Ecotoxicology and Environmental Safety, 138: 56-63.

LI Y, WANG B, CHANG Y, et al., 2019e. Reductive soil disinfestation effectively alleviates the replant failure of Sanqi ginseng through allelochemical degradation and pathogen suppression[J]. Applied Microbiology and Biotechnology, 103(8): 3581-3595.

LI Y Y, YU C B, CHENG X, et al., 2009. Intercropping alleviates the inhibitory effect of N fertilization on nodulation and symbiotic N_2 fixation of faba bean[J]. Plant and Soil, 323(1-2): 295-308.

LIANG B, ZHAO W, YANG X Y, et al., 2013. Fate of nitrogen-15 as influenced by soil and nutrient management history in a 19-year wheat-maize experiment[J]. Field Crop Research, 144: 126-134.

LIANG C, SCHIMEL J P, JASTROW J D, 2017. The importance of anabolism in microbial control over soil carbon storage[J]. Nature Microbiology, 2: 17105.

LIANG W, HUANG M, 1994. Influence of citrus orchard ground cover plants on arthropod communities in China: A review[J]. Agriculture Ecosystems and environment, 50(1): 29-37.

LIANG W J, LOU Y L, LI Q, et al., 2009. Nematode faunal response to long-term application of nitrogen fertilizer and organic manure in Northeast China[J]. Soil Biology and Biochemistry, 41(5): 883-890.

LIANG W J, ZHONG S, HUA J F, et al., 2007. Nematode faunal response to grassland degradation in Horqin sandy land[J]. Pedosphere, 17(5): 611-618.

LIANG Y, NIKOLIC M, BÉLANGER R, et al., 2015. Silicon in agriculture[J]. Dordrecht: Springer.

LIAO Y, WU W L, MENG F Q, et al., 2015. Increase in soil organic carbon by agricultural intensification in Northern China[J]. Biogeosciences, 12(5): 1403-1413.

LICHT H H D F M, SCHIØTT A, ROGOWSKA-WRZESINSKA, et al., 2013. Laccase detoxification mediates the nutritional alliance between leaf-cutting ants and fungus-garden symbionts[C]. Proceedings of the National Academy of Sciences, 110(2): 583-587.

LIMA D, VIANA P, ANDRÉ S, et al., 2009. Evaluating a bioremediation tool for atrazine contaminated soils in open soil microcosms: The effectiveness of bioaugmentation and biostimulation approaches[J]. Chemosphere, 74(2): 187-192.

LIN H, MING X, LIN X H, et al., 2018. Earthworm gut bacteria increase silicon bioavailability and acquisition by maize[J]. Soil Biology and Biochemistry, 125: 215-221.

LIN Y H, HUANG Q H, LIU H, et al., 2010. Effect of long-term cultivation and fertilization on community diversity of cropland soil animals[J]. Scientia Agricultura Sinica, 43(11): 2261-2269.

LINDERMAN R G, 1991. Mycorrhizal interactions in the rhizosphere[M]//KEISTER D L, CREGAN P B. The rhizosphere and Plant growth. Dordrecht: Kluwer Academic Publishers.

LING N, ZHU C, XUE C, et al., 2016. Insight into how organic amendments can shape the soil microbiome in long-term field experiments as revealed by network analysis[J]. Soil Biology and Biochemistry, 99: 137-149.

LIPIEC J, BRZEZINSKA M, TURSKI M, et al., 2015. Wettability and biogeochemical properties of the drilosphere and casts of endogeic earthworms in pear orchard[J]. Soil and Tillage research, 145: 55-61.

LITTLE A E, MURAKAMI T, MUELLER U G, et al., 2006. Defending against parasites: Fungus-growing ants combine specialized behaviours and microbial symbionts to protect their fungus gardens[J]. Biology letters, 22(1): 12-16.

LIU C, LU M, CUI J, et al., 2014a. Effects of straw carbon input on carbon dynamics in agricultural soils: A meta-analysis[J]. Global Change Biology, 20(5): 1366-1381.

LIU F, CHI Y, WU S, et al., 2014b. Simultaneous degradation of cypermethrin and its metabolite, 3-phenoxybenzoic acid, by the cooperation of *Bacillus licheniformis* B-1 and *sphingomonas* sp. SC-1[J]. Journal of Agricultural and Food Chemistry, 62(33): 8256-8262.

LIU H, BRETTELL L E, 2019. Plant defense by VOC-induced microbial priming[J]. Trends in Plant Science, 24(3): 187-189.

LIU H, DU X, LI Y, et al., 2022. Organic substitutions improve soil quality and maize yield through increasing soil microbial diversity[J]. Journal of Cleaner Production, 347: 131-323.

LIU H, XIONG W, ZHANG R, et al., 2018a. Continuous application of different organic additives can suppress tomato disease by inducing the healthy rhizospheric microbiota through alterations to the bulk soil microflora[J]. Plant and Soil, 423: 229-240.

LIU L, LI W, SONG W, et al., 2018b. Remediation techniques for heavy metal-contaminated soils: Principles and applicability[J]. Science of the Total Environment, 633: 206-219.

LIU M, CHEN X, QIN J, et al., 2008. A sequential extraction procedure reveals that water management affects soil nematode communities in paddy fields[J]. Applied Soil Ecology, 40(2): 250-259.

LIU N, ZHANG L, ZHOU H, et al., 2013. Metagenomic insights into metabolic capacities of the gut microbiota in a fungus-cultivating termite(*Odontotermes yunnanensis*)[J]. PLoS One, 8(7): e69184.

LIU S, RAZAVE B, SU X, 2017. Spatio-temporal patterns of enzyme activities after manure application reflect mechanisms of niche differentiation between plants and microorganisms[J]. Soil Biology and Biochemistry, 112: 100-109.

LIU T, CHEN X, GONG X, et al., 2019a. Earthworms coordinate soil biota to improve multiple ecosystem functions[J]. Current Biology, 29: 3420-3429.

LIU T, HU F, LI H, 2019b. Spatial ecology of soil nematodes: Perspectives from global to micro scales[J]. Soil Biology and Biochemistry, 137: 107565.

LIU X, HERBERT S J, HASHEMI A M, 2006. Effects of agricultural management on soil organic matter and carbon transformation: A review[J]. Plant Soil and Environment, 52: 531-543.

LIU Y S, ZHANG X P, LI X W, et al., 2003. Mechanism and regulation of land degradation in Yulin district[J]. Journal of Geographical Science, 13(2): 217-224.

LIU Y S, ZHENG X Y, WANG Y S, et al., 2018c. Land consolidation and modern agricultural: A case study from soil particles to agricultural systems[J]. Journal of Geographical Science, 28(12), 1896-1906.

LIU Y X, MENG L, QI Y H, et al., 2014. Control effect of four nematicides against cowpea root-knot nematode disease[J]. Plant Protection, 40(4): 177-180.

LIU Y X, SUN J H, ZHANG F F, et al., 2019c. The plasticity of root distribution and nitrogen uptake contributes to recovery of maize growth at late growth stages in wheat/maize intercropping[J]. Plant and Soil, 1-15.

LIU Y X, ZHANG W P, SUN J H, et al., 2015. High morphological and physiological plasticity of wheat roots is conducive to higher competitive ability of wheat than maize in intercropping systems[J]. Plant and Soil, 397(1-2): 387-399.

LIU Y, CHEN L, ZHANG N, et al., 2016. Plant-microbe communication enhances auxin biosynthesis by a root-associated bacterium, *Bacillus amyloliquefaciens* SQR9[J]. Molecular Plant-microbe Interactions, 29(4): 324-330.

LODHI M A K, 1976. Role of allelopathy as expressed by dominating trees in a lowland forest in controlling the productivity and pattern of herbaceous growth[J]. American Journal of Botany, 63(1): 1-8.

LODHI M A K, 1977. The influence and comparison of individual forest trees on soil properties and possible inhibition of nitrification due too intact vegetation[J]. American Journal of Botany, 64(3): 260-264.

LODHI M A K, 1978. Allelopathic effects of decaying litter of dominant trees and their associated soil in a lowland forest community[J]. American Journal of Botany, 65(3): 340-344.

LOGI C, SBRANA C, GIOVANNETTI M, 1998. Cellular events involved in survival of individual arbuscular mycorrhizal symbionts growing in the absence of the host[J]. Applied and Environmental Microbiology, 64(9): 3473-3479.

LONG X X, YANG X E, YE Z Q, et al., 2002. Differences of uptake and accumulation of zinc in four species of *Sedum*[J]. Acta Botanica Sinica, 44(2): 152-157.

LÓPEZ-RÁEZ J A, FLORS V, GARCÍA J M, et al., 2010. AM symbiosis alters phenolic acid content in tomato roots[J]. Plant Signaling and Behavior, 5(9): 1138-1140.

LOUSIER J D, BAMFORTH S S, 1990. Soil protozoa[M]// DINDAL D L. Soil biology guide. New York: Wiley.

LUBBERS I M, VAN GROENIGEN K J, FONTE S J, et al., 2013. Greenhouse-gas emissions from soils increased by earthworms[J]. Nature Climate Change, 3: 187-194.

LUGTENBERG B, KAMILOVA F, 2009. Plant-growth-promoting rhizobacteria[J]. Annual Review of Microbiology, 63: 541-556.

LUO Q, WANG S, SUN L, et al., 2017. Identification of root exudates from the Pb-accumulator *Sedum alfredii* under Pb stresses and assessment of their roles[J]. Journal of Plant Interactions, 12: 272-278.

LUSSENHOP J, 1992. Mechanisms of microarthropod-microbial interactions in soil[J]. Advances in Ecological Research, 23: 1-33.

LV M, SHAO Y, LIN Y, et al., 2016. Plants modify the effects of earthworms on the soil microbial community and its activity in a subtropical ecosystem[J]. Soil Biology and Biochemistry, 103: 446-451.

LYNCH J P, 2011. Root phenes for enhanced soil exploration and phosphorus acquisition: Tools for future crops[J]. Plant Physiology, 156(3): 1041-49.

LYNCH J P, 2013. Steep, cheap and deep: An ideotype to optimize water and N acquisition by maize root systems[J]. Annals of Botany, 112: 347-357.

LYNCH J P, 2019. Root phenotypes for improved nutrient capture: An underexploited opportunity for global agriculture[J]. New Phytologist, 223: 548-564.

LYNCH J P, WOJCIECHOWSKI T, 2015. Opportunities and challenges in the subsoil: Pathways to deeper rooted crops[J]. Journal of Experimental Botany, 66: 2199-2210.

LYNCH J, VAN BEEM J J, 1993. Growth and architecture of seedling roots of common bean genotypes[J]. Crop Science, 33(6): 1253-1257.

LYNCH M D, NEUFELD J D, 2015. Ecology and exploration of the rare biosphere[J]. Nature Reviews Microbiology, 13(4): 217-229.

LYU Y, TANG H, LI H, et al., 2016. Major crop species show differential balance between root morphological and physiological responses to variable phosphorus supply[J]. Frontiers in Plant Science, 7: 1939.

MA B, WANG H, DSOUZA M, et al., 2016. Geographic patterns of co-occurrence network topological features for soil microbiota at continental scale in eastern China[J]. ISME Journal, 10(8): 1891-1901.

MA B, WANG Y, YE S, et al., 2020. Earth microbial co-occurrence network reveals interconnection pattern across microbiomes[J]. Microbiome, 8(82): 1-12.

MA L, DENG F, YANG C, et al., 2018. Bioremediation of PAH-contaminated farmland: Field experiment[J]. Environmental Science and Pollution Research, 25: 64-72.

MA L, LI Y, WU P, et al., 2019. Effects of varied water regimes on root development and its relations with soil water under wheat/maize intercropping system[J]. Plant and Soil, 439(1-2): 113-130.

MA Q, WANG X, LI H, et al., 2015. Localized application of NH_4^+-N plus P enhances zinc and iron accumulation in maize via modifying root traits and rhizosphere processes[J]. Field Crops Research, 164: 107-116.

MA X, MASON-JONES K, LIU Y, et al., 2019. Coupling zymography with pH mapping reveals a shift in lupine phosphorus acquisition strategy driven by cluster roots[J]. Soil Biology and Biochemistry, 135: 420-428.

MA Y, 2005. Allelopathic studies of common wheat(*Triticum aestivum* L.)[J]. Weed Biology and Management, 5(3): 93-104.

MA Z C, ZHU L, SONG T Q, et al., 2017. A paralogous decoy protects phytophthora sojae apoplastic effector Ps XEG1 from a host inhibitor[J]. Science, 355(6326): 710-714.

MAARASTAWI S, FRINDTE K, BODELIER P, et al., 2019. Rice straw serves as additional carbon source for rhizosphere microorganisms and reduces root exudate consumption[J]. Soil Biology and Biochemistry, 135: 235-238.

MAAß S, CARUSO T, RILLIG M C, 2015. Functional role of microarthropods in soil aggregation[J]. Pedobiologia, 58(2-3): 59-63.

MACFADYEN S, GIBSON R, POLASZEK A, et al., 2009. Do differences in food web structure between organic and conventional farms affect the ecosystem service of pest control?[J]. Ecology Letters, 12(3): 229-238.

MACHADO J D S, FILHO L C L O, SANTOS J C P, et al., 2019. Morphological diversity of springtails(Hexapoda: Collembola) as soil quality bioindicators in land use systems[J]. Biota Neotropica, 19(1): e20180618.

MACKINTOSH J A, TRIMBLE J E, JONES M K, et al., 1995. Antimicrobial mode of action of secretions from the metapleural gland of *Myrmecia gulosa*(Australian bull and ant)[J]. Revue Canadienne de microbiologie, 41(2): 136-144.

MADARAIGA B R, SCHAREN A L, 1986. Interactions of puccinia striiformis and mycosphaerella graminicola on wheat *Triticum aestivum*[J]. Plant Disease, 70: 651-654.

MÄDER P, FLIEßBACH A, DUBOIS D, et al., 2002. Soil fertility and biodiversity in organic farming[J]. Science, 296(5573): 1694-1697.

MAGUIRE S M, CLARK C M, NUNNARI J, et al., 2011. The C. elegans touch response facilitates escape from predacious fungi[J]. Current Biology, 21(15): 1326-1330.

MAHALL B E, CALLAWAY R M, 1991. Root communication among desert shrubs[J]. Proceedings of National Academy of Science of the United States of America, 88(3): 874-876.

MAHÉ F, D E VARGAS C, BASS D, et al., 2017. Parasites dominate hyperdiverse soil protist communities in Neotropical rainforests[J]. Nature Ecology and Evolution, 1(4): 0091.

MAKUMBA W, JANSSEN B, OENEMA O, et al., 2006. The long-term effects of a gliricidia–maize intercropping system in Southern Malawi, on gliricidia and maize yields, and soil properties[J]. Agriculture, Ecosystems and Environment, 116(1-2): 85-92.

MALÉZIEUX E, CROZAT Y, DUPRAZ C, et al., 2009. Mixing plant species in cropping systems: Concepts, tools and models: A review[M]// LICHTFOUSE E, NAVARRETE M, DEBAEKE P, et al. Sustainable agriculture. Dordrecht: Springer.

MALHOTRA M, SRIVASTAVA S, 2008. An *ipdC* gene knock-out of *Azospirillum brasilense* strain SM and its implications on indole-3-acetic acid biosynthesis and plant growth promotion[J]. Antonie Van Leeuwenhoek, 93: 425-433.

MANCERA-LÓPEZ M E, ESPARZA-GARCÍA F, CHÁVEZ-GÓMEZ B, et al., 2008. Bioremediation of an aged hydrocarbon-contaminated soil by a combined system of biostimulation-bioaugmentation with filamentous fungi[J]. International Biodeterioration and Biodegradation, 61(2): 151-160.

MANCINELLI R, DI FELICE V, RADICETTI E, et al., 2015. Impact of land ownership and altitude on biodiversity evaluated by indicators at the landscape level in Central Italy[J]. Land Use Policy, 45: 43-51.

MANGLA S, CALLAWAY I M, CALLAWAY R M, 2008. Exotic invasive plant accumulates native soil pathogens which inhibit native plants[J]. Journal of Ecology, 96(1): 58-67.

MANNA M C, SWARUP A, WANJARI R, et al., 2007. Long-term fertilization, manure and liming effects on soil organic matter and crop yields[J]. Soil and Tillage Research, 94(2): 397-409.

MANNING P, VAN DER PLAS F, SOLIVERES S, et al., 2018. Redefining ecosystem multifunctionality[J]. Nature Ecology and Evolution, 2(3): 427-436.

MAO J, GUAN W, 2016. Fungal degradation of polycyclic aromatic hydrocarbons(PAHs) by Scopulariopsis brevicaulis and its application in bioremediation of PAH-contaminated soil[J]. Acta agriculturae Scandinavica, Section B: Soil and Plant Science, 66(5): 399-405.

MAO L, ZHANG L, LI W, et al., 2012. Yield advantage and water saving in maize/pea intercrop[J]. Field Crops Research, 138: 11-20.

MAO X F, HU F, GRIFFITHS B, et al., 2007. Do bacterial-feeding nematodes stimulate root proliferation through hormonal effects?[J]. Soil Biology and Biochemistry, 39: 1816-1819.

MAO X, HU F, GRIFFITHS B S, et al., 2006. Bacterial-feeding nematodes enhance root growth of tomato seedlings[J]. Soil Biology and Biochemistry, 38(7): 1615-1622.

MARAUN M, SCHATZ H, SCHEU S, 2007. Awesome or ordinary? Global diversity patterns of oribatid mites[J]. Ecography, 30: 209-216

MARIOTTE P, MEHRABI Z, BEZEMER T M, et al., 2018. Plant-soil feedback: Bridging natural and agricultural sciences[J]. Trends in Ecology and Evolution, 33(2): 129-142.

MARSCHNER H, 1995. Marschner's mineral nutrition of higher plants[M]. Waltham: Academic press.

MARSCHNER H, RÖMHELD V, KISSEL M, 1986. Different strategies in higher plants in mobilization and uptake of iron[J]. Journal of Plant Nutrition, 9: 695-713.

MARSCHNER H, RÖMHELD V, OSSENBERG-NEUHAUS H, 1982. Rapid method for measuring changes in pH and reducing processes along roots of intact plants[J]. Z. Pflanzenphysiol., 105: 407-416.

MARSCHNER P, 2012. Marschner's mineral nutrition of higher plants[M]. New York: Academic Press.

MARSCHNER P, MARHAN S, KANDELER E, 2012. Microscale distribution and function of soil microorganisms in the interface between rhizosphere and detritusphere[J]. Soil Biology and Biochemistry, 49: 174-183.

MARSCHNER P, YANG C, LIEBEREI R, et al., 2001. Soil and plant specific effects on bacterial community composition in the rhizosphere[J]. Soil Biology and Biochemistry 33: 1437-1445.

MARTIN B, PETRA P, MARCELA S, et al., 2010. Invertebrate immunity[M]. Boston: Springer.

MARTIN N A, 1977. Guide to the lumbricid earthworms of New Zealand pastures[J]. New Zealand Journal of Experimental Agriculture, 5(3): 301-309.

MARTÍNEZ-HARMS M J, BALVANERA P, 2012. Methods for mapping ecosystem service supply: A review[J]. International Journal of Biodiversity Science, Ecosystem Services and Management, 8(1-2): 17-25.

MARTINEZ-MEDINA A, FERNÁNDEZ I, LOK G B, et al., 2017. Shifting from priming of salicylic acid- to jasmonic acid-regulated defences by Trichoderma protects tomato against the root knot nematode *Meloidogyne incognita*[J]. New Phytologist, 213(3): 1363-1377.

MARTYNIUK S, STOCHEMAL A, MACIAS F A, et al., 2006. Effects of some benzoxazinoids on in vitro growth of *Cephalosporium gramineum* and other fungi pathogenic to cereals and on *Cephalosporium* stripe of winter wheat[J]. Journal of Agricultural and Food Chemistry, 54(4): 1036-1039.

MASAMUNE T, ANETAI M, TAKASUGI M, et al., 1982. Isolation of a natural hatching stimulus, glycinoeclepin A, for the soybean cyst nematode[J]. Nature, 297: 495- 496.

MASSALHA H, KORENBLUM E, THOLL D, et al., 2017. Small molecules below-ground: The role of specialized metabolites in the rhizosphere[J]. Plant Journal, 90(4): 788-807.

MATHIMARAN N, RUH R, JAMA B, et al., 2007. Impact of agricultural management on arbuscular mycorrhizal fungal communities in Kenyan ferralsol[J]. Agriculture Ecosystems and Environment, 119(1-2): 22-32.

MATUS-ACUÑA V, CABALLERO-FLORES G, REYES-HERNANDEZ B J, et al., 2018. Bacterial preys and commensals condition the effects of bacteriovorus nematodes on *Zea mays* L. and *Arabidopsis thaliana*[J]. Applied Soil Ecology, 132: 99-106.

MATZEK V, VITOUSEK P, 2003. Nitrogen fixation in bryophytes, lichens, and decaying wood along a soil-age gradient in Hawaiian montane rain forest[J]. Biotropica, 35(1): 12-19.

MCCAVERA S, WALSH T K, WOLSTENHOLME A J, 2007. Nematode ligand-gated chloride channels: An appraisal of their involvement in macrocyclic lactone resistance and prospects for developing molecular markers[J]. Parasitology, 134(8): 1111-1121.

MCCONNAUGHAY K D M, BAZZAZ F A, 1992. The occupation and fragmentation of space: Consequences of neighbouring shoots[J]. Functional Ecology, 6(6): 711-718.

MCCULLY M E, 1999. Roots in soil: Unearthing the complexities of roots and their rhizospheres[J]. Annual Review of Plant Biology, 50(1): 695-718.

MCINERNEY M, LITTLE D J, BOLGER T, 2001. Effect of earthworm cast formation on the stabilization of organic matter in fine soil fractions[J]. European Journal of Soil Biology, 37(4): 251-254.

MCINTIRE E J B, FAJARDO A, 2014. Facilitation as a ubiquitous driver of biodiversity[J]. New Phytologist, 201(2): 403-416.

MCNEAR JR D H, 2013. The rhizosphere-roots, soil and everything in between[J]. Nature Education Knowledge, 4(3): 1.

MEA, 2005. Ecosystems and human well-being[M]. Washington DC: Island Press.

MEHRABI Z, TUCK S L, 2015. Relatedness is a poor predictor of negative plant-soil feedbacks[J]. New Phytologist, 205(3): 1071-1075.

MEHTA C M, PALNI U, FRANKE-WHITTLE I H, et al., 2014. Compost: Its role, mechanism and impact on reducing soil-borne plant diseases[J]. Waste Management, 34(3): 607-622.

MEI P P, GUI L G, WANG P, et al., 2012. Maize/faba bean intercropping with rhizobia inoculation enhances productivity and recovery of fertilizer P in a reclaimed desert soil[J]. Field Crops Research, 130: 19-27.

MELMAN D A, KELLY C, SCHNEEKLOTH J, et al., 2019. Tillage and residue management drive rapid changes in soil macrofauna communities and soil properties in a semiarid cropping system of Eastern Colorado[J]. Applied Soil Ecology, 143: 98-106.

MENDES R, GARBEVA P, RAAIJMAKERS J M, 2013. The rhizosphere microbiome: Significance of plant beneficial, plant pathogenic, and human pathogenic microorganisms[J]. FEMS Microbiology Reviews, 37(5): 634-663.

MENDES R, KRUIJT M, BRUIJN D I, 2011. Deciphering the rhizosphere microbiome for disease-suppressive bacteria[J]. Science, 332(6033): 1097-1100.

MENG Q, HANSON L E, DOUCHES D, et al., 2013. Managing scab diseases of potato and radish caused by *Streptomyces* spp. using *Bacillus amyloliquefaciens* BAC03 and other biomaterials[J]. Biological Control, 67(3): 373-379.

METLEN K L, ASCHEHOUG E T, CALLAWAY R M, 2009. Plant behavioural ecology: Dynamic plasticity in secondary metabolites[J]. Plant Cell and Environment 32(6): 641-653.

MEYER J R, KASSEN R, 2007. The effects of competition and predation on diversification in a model adaptive radiation[J]. Nature, 446(7134): 432-435.

MEYER-WOLFARTH F, SCHRADER S, OLDENBURG E, et al., 2017. Biocontrol of the toxigenic plant pathogen *Fusarium culmorum* by soil fauna in an agroecosystem[J]. Mycotoxin Research, 33(3): 237-244.

MEYSMAN F J R, MIDDELBURG J J, HEIP C H R, 2006. Bioturbation: A fresh look at Darwin's last idea[J]. Trends in Ecology and Evolution, 21(12): 688-695.

MI G, CHEN F, WU Q, et al., 2010. Ideotype root architecture for efficient nitrogen acquisition by maize in intensive cropping systems[J]. Science China Life Sciences, 53: 1369-1373.

MIKAELYAN A, DIETRICH C, KÖHLER T, et al., 2015. Diet is the primary determinant of bacterial community structure in the guts of higher termites[J]. Molecular Ecology, 24(20): 5284-5295.

MIKAELYAN A, MEUSER K, BRUNE A, 2017. Microenvironmental heterogeneity of gut compartments drives bacterial community structure in wood- and humus-feeding higher termites[J]. FEMS Microbiology Ecology, 93(1): fiw210.

MISHRA V, GUPTA A, KAUR P, et al., 2016. Synergistic effects of arbuscular mycorrhizal fungi and plant growth promoting rhizobacteria in bioremediation of iron contaminated soils[J]. International Journal of Phytoremediation, 18(7): 697-703.

MITSCH J W, JORGENSEN S E, 1989. Ecological engineering: An introduction to ecotechnology[M]. New York: John Wiley and Sons.

MOENS T, DOS SANTOS G, THOMPSON F, et al., 2005. Do nematode mucus secretions affect bacterial growth?[J]. Aquatic Microbial Ecology, 40(1): 77-83.

MOLINA-FAVERO C, CREUS C M, SIMONTACCHI M, et al., 2008. Aerobic nitric oxide production by *Azospirillum brasilense* Sp245 and its influence on root architecture in tomato[J]. Molecular Plant-microbe Interactions, 21(7): 1001-1009.

MÖLLER K, MÜLLER T, 2012. Effects of anaerobic digestion on digestate nutrient availability and crop growth: A review[J]. Engineering in Life Sciences, 12(3): 242-257.

MONTOYA J M, PIMM S L, SOLÉ R V, 2006. Ecological networks and their fragility[J]. Nature, 442(7100): 259-264.

MOORE J C, DE RUITER P C, 2012. Energetic food webs[M]. New York: Oxford University Press.

MOORE J C, MCCANN K, RUITER P C D, 2005. Modeling trophic pathways, nutrient cycling, and dynamic stability in soils[J]. Pedobiologia, 49(6): 499-510.

MOORE J C, MCCANN K, SETALA H, et al., 2003. Top-down is bottom-up: Does predation in the rhizosphere regulate aboveground dynamics?[J]. Ecology, 84(4): 846-857.

MOORE J C, ZWETSLOOT H J C, DE RUITER P C, et al., 1990. Statistical analysis and simulation modeling of the belowground food webs of two winter wheat management practices[J]. Netherlands Journal of Agricultural Science, 38(3): 303-316.

MOOSHAMMER M, WANEK W, HÄMMERLE I, et al., 2014. Adjustment of microbial nitrogen use efficiency to carbon: Nitrogen imbalances regulates soil nitrogen cycling[J]. Nature Communications, 5: 3694.

MORGAN J A, 2002. Looking beneath the surface[J]. Science, 298: 1903-1904.

MORRIËN E, HANNULA S E, SNOEK L B, et al., 2017. Soil networks become more connected and take up more carbon as nature restoration progresses[J]. Nature Communications, 8: 14349.

MOU P, JONES R H, MITCHELL R J, et al., 1995. Spatial distribution of roots in sweetgum and loblolly pine monocultures and relations with above-ground biomass and soil nutrients[J]. Functional Ecology, 9(4): 689-699.

MOU P, JONES R H, TAN Z, et al., 2013. Morphological and physiological plasticity of plant roots when nutrients are both spatially and temporally heterogeneous[J]. Plant and Soil, 364(1-2): 373-384.

MOU P U, MITCHELL R J, JONES R H, 1997. Root distribution of two tree species under a heterogeneous nutrient environment[J]. Journal of Applied Ecology, 34(3): 645-656.

MOUNIER E, PERVENT M, LJUNG K, et al., 2014. Auxin - mediated nitrate signalling by NRT 1. 1 participates in the adaptive response of *Arabidopsis* root architecture to the spatial heterogeneity of nitrate availability[J]. Plant Cell and Environment, 37(1): 162-174.

MULDER C, VONK J A, 2011. Nematode traits and environmental constraints in 200 soil systems: Scaling within the 60-6000μm body size range[J]. Ecology, 92(10): 2004.

MURFIN K E, LEE M M, KLASSEN J L, et al., 2015. *Xenorhabdus bovienii* strain diversity impacts coevolution and symbiotic maintenance with *Steinernema* spp. Nematode Hosts[J]. Mbio, 6(3): e00076.

MUSCOLO A, BOVALO F, GIONFRIDDO F, et al., 1999. Earthworm humic matter produces auxin-like effects on Daucus carota cell growth and nitrate metabolism[J]. Soil Biology and Biochemistry, 31(9): 1303-1311.

NAIR R R, VASSE M, WIELGOSS S, et al., 2019. Bacterial predator-prey coevolution accelerates genome evolution and selects on virulence-associated prey defences[J]. Nature Communications, 10: 1-10.

NAKEI M D, VENKATARAMANA P B, NDAKIDEMI P A, 2022. Soybean-nodulating rhizobia: Ecology, characterization, diversity, and growth promoting functions[J]. Frontiers in Sustainable Food Systems, 6: 824444.

NAUER P A, HUTLEY L B, ARNDT S K, 2018. Termite mounds mitigate half of termite methane emissions[J]. Proceedings of the National Academy of Sciences of the United States of America, 115(52): 13306-13311.

NAVEED M, BROWN L K, RAFFAN A C, et al., 2018. Rhizosphere-scale quantification of hydraulic and mechanical properties of soil impacted by root and seed exudates[J]. Vadose Zone Journal, 17(1): 170083.

NEHER D A, 2001. Role of nematodes in soil health and their use as indicators[J]. Journal of nematology, 33(4): 161-168.

NEHER D A, 2010. Ecology of plant and free-living nematodes in natural and agricultural soil[J]. Annual Review of Phytopathology, 48: 371-394.

NEHER D A, BARBERCHECK M E, 2019. Soil microarthropods and soil health: Intersection of decomposition and pest suppression[J]. Insect, 10(12): 414.

NEHER D A, CAMPBELL C L, 1996. Sampling for regional monitoring of nematode communities in agricultural soils[J]. Journal of Nematology, 28: 196-208.

NEUMANN G, GEORGE T S, PLASSARD C, 2009. Strategies and methods for studying the rhizosphere—the plant science toolbox[J]. Plant and Soil, 321: 431-456.

NEUMANN G, MASSONNEAU A, LANGLADE N, et al., 2000. Physiological aspects of cluster root function and development in phosphorus-deficient white lupin(*Lupinus albus* L.)[J]. Annals of Botany, 85(6): 909-919.

NEUMANN G, RÖMHELD V, 1999. Root excretion of carboxylic acids and protons in phosphorus-deficient plants[J]. Plant and Soil, 211: 121-130.

NGUGI H K, KING S B, HOLT J, et al., 2001. Simultaneous temporal progress of sorghum anthracnose and leaf blight in crop mixtures with disparate patterns[J]. Phytopathology, 91(8): 720-729.

NGUYEN C, 2003. Rhizodeposition of organic C by plants: Mechanisms and controls[J]. Agronomie, 23(516): 375-396.

NICAISE V, 2014. Crop immunity against viruses: Outcomes and future challenges[J]. Frontiers in Plant Science, 5: 660.

NIELSEN U N, AYRES E, WALL D H, et al., 2014. Global-scale patterns of assemblage structure of soil nematodes in relation to climate and ecosystem properties[J]. Global Ecology and Biogeography, 23(9): 968-978.

NIEMEYER H M, 2009. Hydroxamic acids derived from 2-hydroxy-2H-1, 4-benzoxazin-3(4H)-one: Key defense chemicals of cereals[J]. Journal of Agricultural and Food Chemistry, 57(5): 1677-1696.

NILSSON U, GRIPWALL E, 1999. Influence of application technique on the viability of the biological control agents *Verticillium lecanii* and *Steinernema feltiae*[J]. Crop Protection, 18(1): 53-59.

NIU H B, LIU W X, WAN F H, et al., 2007. An invasive aster(*Ageratina adenophora*)invades and dominates forest understories in China: Altered soil microbial communities facilitate the invader and inhibit natives[J]. Plant and Soil, 294: 73-85.

NONG X Q, LIU C Q, LU X, et al., 2011. Laboratory evaluation of entomopathogenic fungi against the white grubs, holotrichia oblita and *anomala corpulenta*(coleoptera: scarabaeidae)from the field of peanut, *Arachis hypogaea*[J]. Biocontrol Science and Technology, 21(5): 593-603.

NORRSTRÖM A C, 1995. Acid-base status of soils in groundwater discharge zones-relation to surface water acidification[J]. Journal of Hydrology, 170: 87-100.

NOSIL P, CRESPI B J, 2006. Experimental evidence that predation promotes divergence in adaptive radiation[J]. Proceedings of the National Academy of Sciences of the United States of America, 103(24): 9090-9095.

NOUMI Z, CHAIEB M, LE BAGOUSSE-PINGUET Y, et al., 2016. The relative contribution of short-term versus long-term effects in shrub-understory species interactions under arid conditions[J]. Oecologia, 180(2): 529-542.

NOZOYE T, NAGASAKA S, KOBAYASHI T, et al., 2011. Phytosiderophore efflux transporters are crucial for iron acquisition in graminaceous plants[J]. Journal of Biological Chemistry, 286(7): 5446-5454.

OBURGER E, SCHMIDT H, 2016. New methods to unravel rizosphere processes[J]. Trends in Plant Science, 21(3): 243-255.

OBURGERA E, JONES D L, 2018. Sampling root exudates -Mission impossible?[J]. Rhizosphere, 6: 116-133.

ODUM H T, 1962. Ecological tools and their use: man and the ecosystem[C]//WAGGONER P E, OVINGTON J D (Eds.), Proceedings of the Lockwood Conference on the Suburban Forest and Ecology. The Connecticut Agricultural Experiment Station Bulletin 652.

OEHL F, SIEVERDING E, INEICHEN K, et al., 2003. Impact of land use intensity on the species diversity of arbuscular mycorrhizal fungi in agroecosystems of Central Europe[J]. Applied and Environmental Microbiology, 69(5): 2816-2824.

OEHL F, SIEVERDING E, INEICHEN K, et al., 2005. Community structure of arbuscular mycorrhizal fungi at different soil depths in extensively and intensively managed agroecosystems[J]. New Phytologist, 165(1): 273-283.

OEHL F, SIEVERDING E, PALENZUELA J, et al., 2011. Advances in glomeromycota taxonomy and classification[J]. IMA Fungus, 2(2): 191-199.

OH HYE-SOOK, PARK DUCK HWAN, COLLMER ALAN, 2010. Components of the *pseudomonas syringae* type III secretion system can suppress and may elicit plant innate immunity[J]. Molecular Plant-microbe Interactions, 23(6): 727-739.

OHKUMA M, BRUNE A, 2010. Diversity, structure, and evolution of the termite gut microbial community[M]//BIGNELL D E, ROSIN Y, LO N. Biology of termites: A modern synthesis. Dordrecht: Springer.

OKA Y, 2010. Mechanisms of nematode suppression by organic soil amendments: A review[J]. Applied Soil Ecology, 44(2): 101-115.

OLDE VENTERINK H, 2011. Does phosphorus limitation promote species-rich plant communities?[J]. Plant and Soil, 345: 1-9.

OLEGHE E, NAVEED M, BAGGS E M, et al., 2017. Plant exudates improve the mechanical conditions for root penetration through compacted soils[J]. Plant Soil, 421(1): 19-30.

OLFERT O, JOHNSON G D, BRANDT S A, et al., 2002. Use of arthropod diversity and abundance to evaluate cropping systems[J]. Agronomy Journal, 94(2): 210-216.

OLIVEIRA A L M D, CANUTO E D L, REIS V M, et al., 2003. Response of micropropagated sugarcane varieties to inoculation with endophytic diazotrophic bacteria[J]. Brazilian Journal of Microbiology, 34: 59-61.

OLIVER R J, MERCADO L M, SITCH S, et al., 2018. Large but decreasing effect of ozone on the European carbon sink[J]. Biogeosciences, 15(13): 4245-4269.

OLIVERIO A M, GEISEN S, DELGADO-BAQUERIZO M, et al., 2020. The global-scale distributions of soil protists and their contributions to belowground systems[J]. Science Advances, 6(4): eaax8787.

OLSON D M, DAVIS R F, WACKERS F L, 2008. Plant-herbivore-carnivore interactions in cotton, *Gossypium hirsutum*: Linking belowground and aboveground[J]. Journal of Chemical Ecology, 34: 1341-1348.

OLSSON P A, THINGSTRUP I, JAKOBSEN I, et al., 1999. Estimation of the biomass of arbuscular mycorrhizal fungi in a linseed field[J]. Soil Biology and Biochemistry, 31(13): 1879-1887.

O'NEILL R V, DEANGELIS D L, WAIDE J B, et al., 1986. A hierarchical concept of the ecosystem[M]. Princeton: Princeton University Press.

O'LEAR H A, BLAIR J M, 1999. Responses of soil microarthropods to changes in soil water availability in tallgrass prairie[J]. Biology and Fertility of Soils, 29(2): 207-217.

ONGENA M, JACQUES P, 2008. *Bacillus* lipopeptides: Versatile weapons for plant disease biocontrol[J]. Trends in Microbiology, 16(3): 115-125.

ORGIAZZI A, BARDGETT R, BARRIOS E, et al., 2016. Global soil biodiversity atlas[M]. Luxembourg: European Commission, Publications Office of the European Union.

OTANI S, MIKAELYAN A, NOBRE T, et al., 2014. Identifying the core microbial community in the gut of fungus-growing termites[J]. Molecular Ecology, 23(18): 4631-4644.

PAN F F, YU W T, MA Q, et al., 2018. Do organic amendments improve the synchronism between soil N supply and wheat demand?[J]. Applied Soil Ecology, 125: 184-191.

PAN J, BAUMGARTEN A, MAY G, 2008. Effects of host plant environment and *Ustilago maydis* infection on the fungal endophyte community of maize(*Zea mays* L.) [J]. New Phytologist, 178(1): 147-156.

PANG J, BANSAL R, ZHAO H, et al., 2018. The carboxylate-releasing phosphorus-mobilizing strategy can be proxied by foliar manganese concentration in a large set of chickpea germplasm under low phosphorus supply[J]. New Phytol, 219: 518-529.

PANKHURST C E, DOUBE B M, GUPTA VVSR, 1997. Biological indicators of soil health[M]. Oxon: CABI International.

PARIHAR C M, PARIHAR M, SUTALIYA J, 2018. Ten years of conservation agriculture in a rice-maize rotation of eastern gangetic plains of India: Yield trends, water productivity and economic profitability[J]. Field Crop Research, 232: 1-10.

PARISI A, MENTA C, GARDI C, et al., 2005. Microarthropod communities as a tool to assess soil quality and biodiversity: A new approach in Italy[J]. Agriculture Ecosystems and Environment, 105(1-2): 323-333.

PARNISKE M, 2008. Arbuscular mycorrhiza: The mother of plant root endosymbioses[J]. Nature Reviews Microbiology, 6(10): 763-775.

PARTON W, SILVER W L, BURKE I C, et al., 2007. Global-scale similarities in nitrogen release patterns during long-term decomposition[J]. Science, 315(5810): 361-364.

PASTERNAK Z, PIETROKOVSKI S, ROTEM O, et al., 2013. By their genes ye shall know them: Genomic signatures of predatory bacteria[J]. ISME Journal, 7(2013): 756-769.

PAULA M A, URQUIAGA S, SIQUEIRA J O, et al., 1992. Synergistic effects of vesicular-arbuscular mycorrhizal fungi and diazotrophic bacteria on nutrition and growth of sweet potato(*Ipomoea batatas*)[J]. Biology and Fertility of Soils, 14(1): 61-66.

PAWLOWSKI J, AUDIC S, ADL S, et al., 2012. CBOL Protist working group: Barcoding eukaryotic richness beyond the animal, plant and fungal kingdoms[J]. PLoS Biology, 10: 1-5.

PEDRAZA R O, 2008. Recent advances in nitrogen-fixing acetic acid bacteria[J]. International Journal of Food Microbiology, 125(1): 25-35.

PENG X, YAN X, ZHOU H, et al., 2015. Assessing the contributions of sesquioxides and soil organic matter to aggregation in an Ultisol under long-term fertilization[J]. Soil and Tillage Research, 146: 89-98.

PENG Y, LI X, LI C, 2012. Temporal and spatial profiling of root growth revealed novel response of maize roots under various nitrogen supplies in the field[J]. PLoS One, 7(5): e37726.

PENICK C A, HALAWANI O, PEARSON B, et al., 2018. External immunity in ant societies: Sociality and colony size do not predict investment in antimicrobials[J]. Royal Society Open Science, 5(2): 171332.

PEN-MOURATOV S, HU C, HINDIN E, et al., 2011. Soil microbial activity and a free-living nematode community in the playa and in the sandy biological crust of the Negev Desert[J]. Biology and Fertility of Soils, 47(4): 363-375.

PÉREZ C A, CARMONA M R, ARAVENA J C, et al., 2004. Successional changes in soil nitrogen availability, non-symbiotic nitrogen fixation and carbon/nitrogen ratios in southern Chilean forest ecosystems[J]. Oecologia, 140(4): 617-625.

PETERS B C, WIBOWO D, YANG G Z, et al., 2019. Evaluation of baiting fipronil-loaded silica nanocapsules against termite colonies in fields[J]. Heliyon, 5(8): e02277.

PETERS N K, FROST J W, LONG S R, 1986. A plant flavone, luteolin, induces expression of *Rhizobium meliloti* nodulation genes[J]. Science, 233(4767): 977-980.

PETERSON B F, SCHARF M E, 2016. Lower termite associations with microbes: Synergy, protection, and interplay[J]. Frontiers in Microbiology, 7: 422.

PETERSON R L, MASSICOTTE H B, MELVILLE L H, 2004. Mycorrhizas: Anatomy and cell biology[M]. Wallingford: CABI.

PFEILMEIER SEBASTIAN, CALY DELPHINE L, MALONE JACOB G, 2016. Bacterial pathogenesis of plants: Future challenges from a microbial perspective[J]. Molecular Plant Pathology, 17: 1298-313.

PHILIPP E, NANCY A M, 2013. The gut microbiota of insects-diversity in structure and function[J]. FEMS Microbiology Reviews, 37(5): 699-735.

PHILLIPS H R P, GUERRA C A, BARTZ M L C et al., 2019. Global distribution of earthworm diversity[J]. Science, 366: 480-485.

PICOT A, HOURCADE-MARCOLLA D, BARREAU C, et al., 2012. Interactions between Fusarium verticillioides and Fusarium graminearum in maize ears and consequences for fungal development and mycotoxin accumulation[J]. Plant Pathology, 61(1): 140-151.

PINEDA A, KAPLAN I, BEZEMER T M, 2017. Steering soil microbiomes to suppress aboveground insect pests[J]. Trends in Plant Science, 22(9): 770-778.

PINOCHET J, CAMPRUBI A, CALVET C, 1993. Effects of the root lesion nematode pratylenchus vulnus and the mycorrhizal fungus *Glomus mosseae* on the growth of EMLA-26 apple rootstock[J]. Mcorrhiza, 4(2): 79-83.

PNG G K, LAMBERS H, KARDOL P, et al., 2019. Biotic and abiotic plant-soil feedback depends on nitrogen-acquisition strategy and shifts during long-term ecosystem development[J]. Journal of Ecology, 107(1): 142-153.

POEPLAU C, DON A, 2015. Carbon sequestration in agricultural soils via cultivation of cover crops-A meta-analysis[J]. Agriculture, Ecosystems and Environment, 200: 33-41.

POMMERESCHE R, LOES A, TORP T, 2017. Effects of animal manure application on springtails(*Collembola*) in perennial ley[J]. Applied Soil Ecology, 110: 137-145.

PORAZINSKA D L, BARDGETT R D, BLAAUW M B, et al., 2003. Relationships at the aboveground-belowground interface: Plants, soil biota, and soil processes[J]. Ecological Monographs, 73: 377-395.

POTAPOV A A, SEMENINA E E, KOROTKEVICH A Y, et al., 2016. Connecting taxonomy and ecology: Trophic niches of collembolans as related to taxonomic identity and life forms[J]. Soil Biology and Biochemistry, 101: 20-31.

POULSEN M, 2015. Towards an integrated understanding of the consequences of fungus domestication on the fungus-growing termite gut microbiota[J]. Environmental Microbiology, 17(8): 2562-2572.

POULSEN M, BOOMSMA J J, 2005. Mutualistic fungi control crop diversity in fungus-growing ants[J]. Science, 307(5710): 741-744.

POULSEN M, HU H, LI C, et al., 2014. Complementary symbiont contributions to plant decomposition in a fungus-farming termite[J]. Proceedings of the National Academy of Sciences of the United States of America, 111(40): 14500-14505.

POWLSON D, CAI Z, LEMANCEAU P, 2015. Soil carbon dynamics and nutrient cycling[M]// BANWART S A, NOELLEMEYER E, MILNE E. Soil carbon, science, management and policy for multiple benefits. Wallingford: CAB International.

PRASAD R D, RANGESHWARAN R, HEGDE S V, et al., 2002. Effect of soil and seed application of *Trichoderma harzianum* on pigeonpea wilt caused by *Fusarium udum* under field conditions[J]. Crop Protection, 21(4): 293-297.

PRECOTT-ALLEN R, PRESCOTT-ALLEN C, 1990. How many plants feed the world?[J]. Conservation Biology, 4: 365-374.

PROCTER D, 1984. Towards a biogeography of free-living soil nematodes[J]. Journal of Biogeography, 103-117.

PROSSER J I, NICOL G W, 2012. Archaeal and bacterial ammonia-oxidisers in soil: The quest for niche specialisation and differentiation[J]. Trends in Microbiology, 20(11): 523-531.

PULLEMAN M M, SIX J, UYL A, et al., 2005. Earthworms and management affect organic matter incorporation and microaggregate formation in agricultural soils[J]. Applied Soil Ecology, 29(1): 1-15.

PUOPOLO G, CIMMINO A, PALMIERI M C, et al., 2014. *Lysobacter capsici* AZ78 produces cyclo(l-Pro-l-Tyr), a 2, 5-diketopiperazine with toxic activity against sporangia of phytophthora infestans and plasmopara viticola[J]. Journal of Applied Microbiology, 117(4): 1168-1180.

QIN L, JIANG H, TIAN J, et al., 2011. Rhizobia enhance acquisition of phosphorus from different sources by soybean plants[J]. Plant and Soil, 349(1-2): 25-36.

QIN L, ZHANG W, LU J, et al., 2013. Direct imaging of nanoscale dissolution of dicalcium phosphate dihydrate by an organic ligand: Concentration matters[J]. Environmental Science and Technology, 47(23): 13365-13374.

QUÉNÉHERVÉ P, CHOTTE J L, 1996. Distribution of nematodes in vertisol aggregates under a permanent pasture in Martinique[J]. Applied Soil Ecology, 4(3): 193-200.

RAJANIEMI T K, 2007. Root foraging traits and competitive ability in heterogeneous soils[J]. Oecologia, 153(1): 145-152.

RAO M R, WILLEY R W, 1980. Evaluation of yield stability in intercropping: Studies on sorghum/pigeonpea[J]. Experimental Agriculture, 16(2): 105-116.

RAO V R, RAMAKRISHNAN B, ADHYA T K, et al., 1998. Review: Current status and future prospects of associative nitrogen fixation in rice[J]. World Journal of Microbiology and Biotechnology, 14(5): 621-633.

RATCLIFFE S, WIRTH C, JUCKER T, et al., 2017. Biodiversity and ecosystem functioning relations in European forests depend on environmental context[J]. Ecology Letters, 20: 1414-1426.

RATTAN L, 2016. Soil health and carbon management[J]. Food and Energy Security, 5(4): 212-222.

RAVISHANKARA A R, DANIEL J S, PORTMANN R W, 2009. Nitrous oxide(N_2O): The dominant ozone-depleting substance emitted in the 21st century[J]. Science(New York), 326(5949): 123-125.

RAZAVI B S, ZAREBANADKOUKI M, BLAGODATSKAYA E, et al., 2016. Rhizosphere shape of lentil and maize: Spatial distribution of enzyme activities[J]. Soil Biology and Biochemistry, 96: 229-237.

REAY D S, DAVIDSON E A, SMITH K A, et al., 2012. Global agriculture and nitrous oxide emissions[J]. Nature Climate Change, 2(6): 410-416.

REDECKER D, ARTHUR SCHÜßLER, STOCKINGER H, et al., 2013. An evidence-based consensus for the classification of arbuscular mycorrhizal fungi(*Glomeromycota*)[J]. Mycorrhiza, 23(7): 515-531.

REED S C, CLEVELAND C C, TOWNSEND A R, 2008. Tree species control rates of free-living nitrogen fixation in a tropical rain forest[J]. Ecology, 89(10): 2924-2934.

REED S C, CLEVELAND C C, TOWNSEND A R, 2011. Functional ecology of free-living nitrogen fixation: A contemporary perspective[J]. Annual Review of Ecology Evolution and Systematics, 42(1): 489-512.

REESE J C, 1979. Interactions of allelochemicals with nutrients in herbivore food[M]// ROSENTHAL G A, JAZEN D H. Herbivores: Their interaction with secondary plant metabolites. Waltham: Academic Press.

REEVE J R, SCHADT C W, CARPENTER-BOGGS L, et al., 2010. Effects of soil type and farm management on soil ecological functional genes and microbial activities[J]. ISME Journal, 4(9): 1099-1107.

REEVES R D, BAKER A J, 1984. Studies on metal uptake by plants from Serpentine and non-Serpentine populations of *Thlaspi goesingense* Halacsy (Cruciferae)[J]. New Phytologist(98): 191-204.

REEVES R D, BAKER A J, BROOKS R R, 1995. Abnormal accumulation of trace metals by plants[J]. Mining Environmental Management, 9: 4-8.

REMANS R, BEEBE S, BLAIR M, et al., 2008. Physiological and genetic analysis of root responsiveness to auxin-producing plant growth-promoting bacteria in common bean(*Phaseolus vulgaris* L.)[J]. Plant and Soil, 302(1/2): 149-161.

REMY W, TAYLOR T N, HASS H, et al., 1994. Four hundred-million-year-old vesicular arbuscular mycorrhizae[J]. Proceedings of the National Academy of Sciences of the United States of America, 91(25): 11841-11843.

RENGEL Z, 2015. Availability of Mn, Zn and Fe in the rhizosphere[J]. Journal of Soil Science and Plant Nutrition, 15: 397-409.

RICE E L, 1984. Allelopathy[M]. 2nd ed. Waltham: Academic Press.

RICH S M, WATT M, 2013. Soil conditions and cereal root system architecture: Review and considerations for linking Darwin and Weaver[J]. Journal of Experimental Botany, 64(5): 1193-1208.

RICHARDSON A E, HADOBAS P A, HAYES J E, 2000. Phosphomonoesterase and phytase activities of wheat (*Triticum aestivum* L.) roots and utilisation of organic phosphorus substrates by seedlings grown in sterile culture[J]. Plant Cell and Environment, 23: 397-405.

RICHARDSON A E, SIMPSON R J, 2011. Soil microorganisms mediating phosphorus availability update on microbial phosphorus[J]. Plant Physiology, 156(3): 989-996.

RISCH A C, OCHOA-HUESO R, VAN DER PUTTEN W H, et al., 2018. Size-dependent loss of aboveground animals differentially affects grassland ecosystem coupling and functions[J]. Nature Communications, 9(1): 3684.

RITZ K, TRUDGILL D L, 1999. Utility of nematode community analysis as an integrated measure of the functional state of soils: Perspectives and challenges[J]. Plant and Soil, 212: 1-11.

ROBINSON B H, BROOKS R R, HOWES A W, et al., 1997. The potential of the high-biomass nickel hyperaccumulator *Berkheya coddii* for phytoremediation and phytomining[J]. Journal of Geochemical Exploration, 60(2): 115-126.

ROBINSON D, 1994. The responses of plants to non-uniform supplies of nutrients[J]. New Phytologist, 127(4): 635-674.

ROBINSON D, HOCKLEY N, COOPER D, et al., 2013. Natural capital and ecosystem services, developing an appropriate soils framework as a basis for valuation[J]. Soil Biology and Biochemistry, 57: 1023-1033.

ROBINSON D, HOCKLEY N, DOMINATI E, et al., 2012. Natural capital, ecosystem services, and soil change: Why soil science must embrace an ecosystems approach[J]. Vadose Zone Journal, 11(1).

RODRIGUEZ P A, ROTHBALLER M, CHOWDHURY S P, et al., 2019. Systems biology of plant-microbiome interactions[J]. Molecular Plant, 12(6): 804-821.

ROJO F G, REYNOSO M M, FEREZ M, et al., 2007. Biological control by *Trichoderma* species of *Fusarium solani* causing peanut brown root rot under field conditions[J]. Crop Protection, 26(4): 549-555.

ROLFE SA, GRIFFITHS J, TON J, 2019, Crying out for help with root exudates: Adaptive mechanisms by which stressed plants assemble health-promoting soil microbiomes[J]. Current Opinion in Microbiology, 49: 73-82.

ROMIG D E, GARYLYAN M J, HARRIS R F, et al., 1995. How farmers assess soil health and quality[J]. Journal of Soil and water conservation, 50(3): 229-236.

RØNN R, MCCaig A E, GRIFFITHS B S, et al., 2002. Impact of protozoan grazing on bacterial community structure in soil microcosms[J]. Applied and Environmental Microbiology, 68(12): 6094-6105.

RØNN R, VESTERGÅRD M, EKELUND F, 2012. Interactions between bacteria, protozoa and nematodes in soil[J]. Acta Protozoologica, 51(3): 223-235.

ROSENGAUS R B, SCHULTHEIS K F, YALONETSKAYA A, et al., 2014. Symbiont-derived β-1,3-glucanases in a social insect: Mutualism beyond nutrition[J]. Frontiers in Microbiology, 5: 607.

ROSKOSKI J P, 1980. Nitrogen-fixation in hardwood forests of the Northeastern United-States[J]. Plant and Soil, 54(1): 33-44.

ROUATT J W, KATZNELSON H, PAYNE T M B, 1960. Statistical evaluation of the rhizosphere effect[J]. Soil Science Society of America Journal, 24(4): 271-273.

ROUGHLEY R J, PULSFORD D J, 1982. Production and control of legume inoculants[J]. Journal of Dynamic Systems Measurement and Control, 120(4): 2170-2175.

ROUSK J, BÅÅTH E, BROOKES P C, et al., 2010. Soil bacterial and fungal communities across a pH gradient in an arable soil[J]. ISME Journal, 4(10): 1340-1351.

ROUSSEAU L, FONTE S J, TÉLLEZ O, et al., 2013. Soil macrofauna as indicators of soil quality and land use impacts in smallholder agroecosystems of Western Nicaragua[J]. Ecological Indicators, 27: 71-82.

RUANO-ROSA D, MERCADO-BLANCO J, 2015. Combining biocontrol agents and organics amendments to manage soil-borne phytopathogens[M]//MEGHVANSI M K, VARMA A. Organic amendments and soil suppressiveness in plant disease management. Cham: Springer International Publishing.

RUDOLPH-MOHR N, TÖTZKE C, KARDJILOV N, et al., 2017. Mapping water, oxygen, and pH dynamics in the rhizosphere of young maize roots[J]. Journal of Plant Nutrition and Soil Science, 180: 336-346.

RUDOLPH-MOHR N, VONTOBEL P, OSWALD S E, 2014. A multi-imaging approach to study the root-soil interface[J]. Annals of Botany, 114: 1779-1787.

RUDOLPH-MOHR N, VOSS S, MORADI B, et al., 2013. Spatio-temporal mapping of local soil pH changes induced by roots of lupin and soft-rush[J]. Plant and Soil, 369: 669-680.

RUDRAPPA T, BAIS H P, 2008. Curcumin, a known phenolic from curcuma longa, attenuates the virulence of *Pseudomonas aeruginosa* PAO1 in whole plant and animal pathogenicity models[J]. Journal of Agricultural and Food Chemistry, 56(6): 1955-1962.

RUGH C, WILDE H, STACK N, et al., 1996. Mercuric ion reduction and resistance in transgenic *Arabidopsis thaliana* plants expressing a modified bacterial *merA* gene[J]. Proceedings of the National Academy of Sciences of the United States of America, 93(8): 3182-3187.

RUSEK J, 1998. Biodiversity of *Collembola* and their functional role in the ecosystem[J]. Biodiversity and Conservation, 7: 1207-1219.

RYAN P R, JAMES R A, WELIGAMA C, et al., 2014. Can citrate efflux from roots improve phosphorus uptake by plants? Testing the hypothesis with near-isogenic lines of wheat[J]. Physiologia Plantarum, 151: 230-242.

SACHEZ-MORENO S, FERRIS H, 2007. Suppressive service of the soil food web: Effects of environmental management[J]. Agriculture Ecosystems and Environment, 119(1-2): 75-87.

SACKETT T E, CLASSEN A T, SANDERS N J, 2010. Linking soil food web structure to above- and belowground ecosystem processes: A meta-analysis[J]. Oikos, 119: 1984-1992.

SAHOO R K, ANSARI M W, PRADHAN M, et al., 2014. Phenotypic and molecular characterization of native *Azospirillum* strains from rice fields to improve crop productivity[J]. Protoplasma, 251: 943-953.

SAIJO Y, LOO EPI, YASUDA S, 2018. Pattern recognition receptors and signaling in plant-microbe interactions[J]. Plant Journal, 93: 592-613.

SAKAI R H, AMBROSANO E J, NEGRINI A C A, et al., 2011. N transfer from green manures to lettuce in an intercropping cultivation system[J]. Acta Scientiarum Agronomy, 33(4): 679-686.

SALATI E, 1987. The forest and the hydrological cycle[M]. New York: John Wiley and Sons.

SALMON S, PONGE J F, GACHET S, et al., 2014. Linking species, traits and habitat characteristics of Collembola at European scale[J]. Soil Biology and Biochemistry, 75: 73-85.

SALMON S, REBUFFAT S, PRADO S et al., 2019. Chemical communication in springtails: A review of facts and perspectives[J]. Biology and Fertility of Soils, 55: 425-438.

SAMPEDRO L, DOMINGUEZ J, 2008. Stable isotope natural abundances(δ^{13}**C** and δ^{15}**N**) of the earthworm *Eisenia fetida* and other soil fauna living in two different vermicomposting environments[J]. Applied Soil Ecology, 38(2): 91-99.

SÁNCHEZ-MARAÑÓN M, MIRALLES I, AGUIRRE-GARRIDO J F, et al., 2017. Changes in the soil bacterial community along a pedogenic gradient[J]. Scientific Reports, 7(1): 14593.

SANDERS I R, CROLL D, 2010. Arbuscular mycorrhiza: The challenge to understand the genetics of the fungal partner[J]. Annual Review of Genetics, 44: 271-292.

SAPOUNTZIS P, NASH D R, SCHIØTT M, et al., 2019. The evolution of abdominal microbiomes in fungus-growing ants[J]. Molecular Ecology, 28(4): 879-899.

SAS L, RENGEL Z, TANG C, 2002. The effect of nitrogen nutrition on cluster root formation and proton extrusion by *Lupinus albus*[J]. Annals of Botany, 89: 435-442.

SASAKI N, MATSUSHITA Y, NYUNOYA H, 2019. Plant protein-mediated inhibition of virus cell-to-cell movement: Far-western screening and biological analysis of a plant protein interacting with a viral movement protein[M]. Antiviral Resistance in Plants, 2028: 123-144.

SASAKI T, YAMAMOTO Y, DELHAIZE E, et al., 2005. Overexpression of wheat ALMT1 gene confers aluminum tolerance in plants[J]. Plant and Cell Physiology, 46: S158-S158.

SASSE J, MARTINOIA E, NORTHEN T, 2018. Feed your friends: Do plant exudates shape the root microbiome?[J]. Trends in Plant Science, 23(1), 25-41.

SCHAFFER G F, PETERSON R L, 1993. Modifications to clearing methods used in combination with vital staining of roots colonized with vesicular-arbuscular mycorrhizal fungi[J]. Mycorrhiza, 4(1): 29-35.

SCHENK H J, CALLAWAY R M, MAHALL B E, 1999. Spatial root segregation: Are plants territorial?[J]. Advances in Ecological Research, 28: 145-180.

SCHICKEL R, BOYERINAS B, PARK S M, et al., 2008. MicroRNAs: Key players in the immune system, differentiation, tumorigenesis and cell death[J]. Oncogene, 27(45): 5959-5974.

SCHIMEL J P, SCHAEFFER S M, 2012. Microbial control over carbon cycling in soil[J]. Frontiers in Microbiology, 3: 348.

SCHIPANSKI M E, BARBERCHECK M, DOUGLAS M R, et al., 2014. A framework for evaluating ecosystem services provided by cover crops in agroecosystems[J]. Agricultural Systems, 125: 12-22.

SCHLESINGER W H, BERNHARDT E S, 2013. Biogeochemistry: An analysis of global change[M]. Cambridge: Academic Press.

SCHMID C, SCHRODER P, ARMBRUSTER M, et al., 2017. Organic amendments in a long-term field trial-consequences for the bulk soil bacterial community as revealed by network analysis[J]. Microbial Ecology, 76(1): 226-239.

SCHULENBURG H, FÉLIX M-A, 2017. The natural biotic environment of *Caenorhabditis elegans*[J]. Genetics, 206(1): 55-86.

SCHWINNING S, WEINER J, 1998. Mechanisms determining the degree of size asymmetry in competition among plants[J]. Oecologia, 113(4): 447-455.

SEIFERT C A, ROBERTS M J, LOBELL D B, 2017. Continuous corn and soybean yield penalties across hundreds of thousands of fields[J]. Agronomy Journal, 109(2): 541-548.

SEKIYA N, ARAKI H, YANO K, 2011. Applying hydraulic lift in an agroecosystem: Forage plants with shoots removed supply water to neighboring vegetable crops[J]. Plant and Soil, 341(1-2): 39-50.

SELOSSE M A, RICHARD F, HE X, et al., 2006. Mycorrhizal networks: Des liaisons dangereuses?[J]. Trends in Ecology and Evolution, 21(11): 621-628.

SEMCHENKO M, JOHN E A, HUTCHINGS M J, 2007. Effects of physical connection and genetic identity of neighbouring ramets on root-placement patterns in two clonal species[J]. New Phytologist, 176(3): 644-654.

SEMCHENKO M, SAAR S, LEPIK A, 2014. Plant root exudates mediate neighbour recognition and trigger complex behavioural changes[J]. New Phytologist, 204(3): 631-637.

SEPPEY C V W, SINGER D, DUMACK K, et al., 2017. Distribution patterns of soil microbial eukaryotes suggests widespread algivory by phagotrophic protists as an alternative pathway for nutrient cycling[J]. Soil Biology and Biochemistry, 112: 68-76.

SESHADRI B, BOLAN N S, NAIDU R, 2015. Rhizosphere-induced heavy metal(loid) transformation in relation to bioavailability and remediation[J]. Journal of Soil Science and Plant Nutrition, 15: 524-548.

SHANE M, LAMBERS H, 2005. Cluster roots: A curiosity in context[J]. Plant and Soil, 27: 101-125.

SHANMUGANATHAN R, OADES J, 1983. Modification of soil physical properties by addition of calcium compounds[J]. Australian Journal of Soil Research, 21(3): 285-300.

SHAO Y H, ZHANG W X, EISENHAUER N, et al., 2019. Exotic earthworms maintain soil biodiversity by altering bottom-up effects of plants on the composition of soil microbial groups and nematode communities[J]. Biology and Fertility of Soils, 55: 213-227.

SHAO Y H, ZHANG W X, SHEN J C, et al., 2008. Nematodes as indicators of soil recovery in tailings of a lead/zinc mine[J]. Soil Biology and Biochemistry, 40(8): 2040-2046.

SHARMA A, SINGH S B, SHARMA R, et al., 2016. Enhanced biodegradation of PAHs by microbial consortium with different amendment and their fate in in-situ condition[J]. Journal of Environmental Management, 181: 728-736.

SHARMA M, JASROTIA S, OHRI P, et al., 2019. Nematicidal potential of *Streptomyces antibioticus* strain M7 against Meloidogyne incognita[J]. AMB Express, 9(1): 168.

SHEN J, LI C, MI G, et al., 2013a. Maximizing root/rhizosphere efficiency to improve crop productivity and nutrient use efficiency in intensive agriculture of China[J]. Journal of Experimental Botany, 64(5): 1181-1192.

SHEN J, TANG C, RENGEL Z, et al., 2004. Root-induced acidification and excess cation uptake by N_2-fixing *Lupinus albus* grown in phosphorus-deficient soil[J]. Plant and Soil, 260: 69-77.

SHEN J, YUAN L, ZHANG J, et al., 2011. Phosphorus dynamics: From soil to plant[J]. Plant Physiology, 156: 997-1005.

SHEN Q, WEN Z, DONG Y, et al., 2018. The responses of root morphology and phosphorus-mobilizing exudations in wheat to increasing shoot phosphorus concentration[J]. AoB Plants, 10(5): ply054.

SHEN Z, ZHONG S, WANG Y, et al., 2013b. Induced soil microbial suppression of banana fusarium wilt disease using compost and biofertilizers to improve yield and quality[J]. European Journal of Soil Biology, 57: 1-8.

SHI Z M, TANG Z W, WANG C Y, 2017. A brief review and evaluation of earthworm biomarkers in soil pollution assessment[J]. Environmental Science and Pollution Research, 24(15): 13284-13294.

SHILLING D G, LIEBL R A, WORSHAM D, 1985. Rye(*Secale cereale* L.) and wheat(*Triticum aestivum* L.) mulch: The suppression of certain broadleaved weeds and the isolation and identification of phytotoxins[M]//T A C. The chemistry of allelopathy: Bilchemcal interactions among plants. Washington: American Chemical Society.

SHUSTER W D, MCDONALD L P, MCCARTNEY D A, et al., 2002. Nitrogen source and earthworm abundance affected runoff volume and nutrient loss in a tilled-corn agroecosystem[J]. Biology and Fertility of Soils, 35: 320-327.

SIMON D J, MADISON J M, CONERY A L, et al., 2008. The MicroRNA miR-1 regulates a MEF-2-dependent retrograde signal at neuromuscular junctions[J]. Cell, 133(5): 0-915.

SIMON L, BOUSQUET J, LÉVESQUE, ROGER C, et al., 1993. Origin and diversification of endomycorrhizal fungi and coincidence with vascular land plants[J]. Nature(London), 363(6424): 67-69.

SIMS J T, CUNNINGHAM S D, SUMNER M E, 1997. Assessing soil quality for environmental purposes: Roles and challenges for soil scientists[J]. Journal of Environment Quality, 26(1): 20-25.

SINGH J, SINGH S, VIG A P, 2016. Extraction of earthworm from soil by different sampling methods: A review[J]. Environment, Development and Sustainability, 18: 1521-1539.

SINGH N B, SINGH P P, NAIR K P P, 1986. Effect of legume intercropping on enrichment of soil nitrogen, bacterial activity and productivity of associated maize crops[J]. Experimental Agriculture, 22(4): 339-344.

SINGH U P, CHAUHAN V B, WAGNER K G, 1992. Effect of ajoene, a compound derived from garlic(*Allium sativum*), on *Phytophora drechsleri f.* sp. *Cajani*[J]. Mycologia, 84(1): 105-108.

SINGLETON P, KEYSER H, SANDE E, et al., 2002. Development and evaluation of liquid inoculants[M]//Development and evaluation of liquid inoculants. New York: Scholars' Press.

SINHA R K, HAHN G, SINGH P K, et al., 2011. Organic farming by vermiculture: Producing safe, nutritive and protective foods by earthworms[J]. American Journal of Experimental Agriculture, 1(4): 363-399.

SIPAHIOGLU M H, DEMIR S, USTA M, et al., 2009. Biological relationship of potato virus Y and arbuscular mycorrhizal fungus *Glomus intraradices* in potato[J]. Pest Technologies, 3: 4.

SIX J, CONANT R T, PAUL E A, et al., 2002. Stabilization mechanisms of soil organic matter: Implications for C-saturation of soils[J]. Plant and Soil, 241: 155-176.

SIX J, ELLIOTT E T, PAUSTIAN K, et al., 1998. Aggregation and soil organic matter accumulation in cultivated and native grassland soils[J]. Soil Science Society of America Journal, 62(5): 1367-1377.

SMALL D R, ASH J E, RYAN M H, 2000. Phosphorus controls the level of colonisation by arbuscular mycorrhizal fungi in conventional and biodynamic irrigated dairy pastures[J]. Australian Journal of Experimental Agriculture, 40(5): 663-670.

SMEDA R J, PUTNAM A R, 1988. Cover crop suppression of weeds and influence on strawberry yield[J]. Horticultural Science, 23: 132-134.

SMITH S E, READ D J, 1997. Mycorrhizal symbiosis[M]. San Diego: Academic Press.

SNAPP S S, BLACKIE M J, GILBERT R A, et al., 2010. Biodiversity can support a greener revolution in Africa[J]. Proceedings of the National Academy of Sciences of the United States of America, 107(48): 20840-20845.

SOHLENIUS B J O, 1980. Abundance, biomass and contribution to energy flow by soil nematodes in terrestrial ecosystems[J]. Oikos, 34: 186-194.

SOHLENIUS B J O, BOSTRÖM S, SANDOR A, 1988. Carbon and nitrogen budgets of nematodes in arable soil[J]. Biology and Fertility of Soils, 6(1): 1-8.

SØLTOFT M, JØRGENSEN L N, SVENSMARK B, et al., 2008. Benzoxazinoid concentrations show correlation with fusarium head blight resistance in Danish wheat varieties[J]. Biochemical Systematics and Ecology, 36(4): 245-259.

SOMASUNDARAM S, RAO T P, TATSUMI J, et al., 2009. Rhizodeposition of mucilage, root border cells, carbon and water under combined soil physical stresses in *Zea mays* L. [J]. Plant Production Science, 12(4): 443-448.

SONG D, PAN K, TARIQ A, et al., 2017. Large-scale patterns of distribution and diversity of terrestrial nematodes[J]. Applied Soil Ecology, 114: 161-169.

SONG X, LIU M, WU D, et al., 2015. Interaction matters: Synergy between vermicompost and PGPR agents improves soil quality, crop quality and crop yield in the field[J]. Applied Soil Ecology, 89: 25-34.

SOOD S G, 2003. Chemotactic response of plant-growth-promoting bacteria towards roots of vesicular-arbuscular mycorrhizal tomato plants[J]. FEMS Microbiology Ecology, 45(3): 219-227.

SPANSWICK R M, 2003. Electrogenic ion pumps[J]. Annual Review of Plant Physiology, 32(1): 267-289.

SPOHN M, KUZYAKOV Y, 2013. Distribution of microbial- and root-derived phosphatase activities in the rhizosphere depending on P availability and C allocation -Coupling soil zymography with ^{14}C imaging[J]. Soil Biology and Biochemistry, 67: 106-113.

SPOHN M, SIMONE N, CORMANN M, et al., 2015. Distribution of phosphatase activity and various bacterial phyla in the rhizosphere of *Hordeum vulgare* L. depending on P availability[J]. Soil Biology and Biochemistry, 89: 44-51.

SPRENT J I, EMBRAPA J I, 1980. Root nodule anatomy, type of export product and evolutionary origin in some Leguminosae[J]. Plant Cell and Environment, 3(1): 35-43.

SRIVASTAVA A K, SINGH S, MARATHE R A, 2002. Organic citrus: Soil fertility and plant nutrition[J]. Journal of Sustainable Agriculture, 19(3): 5-29.

ŠRUT M, MENKE S, HÖCKNER M, et al., 2019. Earthworms and cadmium-heavy metal resistant gut bacteria as indicators for heavy metal pollution in soils[J]. Ecotoxicology and Environment Safety, 171: 843-853.

STEEL H, FERRIS H, 2016. Soil nematode assemblages indicate the potential for biological regulation of pest species[J]. Acta Oecologica, 73: 87-96.

STEENHOUDT O, VANDERLEYDEN J, 2000. *Azospirillum*, a free-living nitrogen-fixing bacterium closely associated with grasses: Genetic, biochemical and ecological aspects[J]. FEMS Microbiology Reviews, 24(4): 487-506.

STOCHMAL A, KUS J, MARTYNIUK S, et al., 2006. Concentration of benzoxazinoids in roots of field-grown wheat(*Triticum aestivum* L.) varieties[J]. Journal of Agricultural and Food Chemistry, 54(4): 1016-1022.

STOCKER T, 2014. Climate change 2013: The physical science basis. Working group I contribution to the fifth assessment report of the intergovernmental panel on climate change[M]. Cambridge: Cambridge University Press.

STOCKMANN U, ADAMS M A, CRAWFORD J W, et al., 2013. The knowns, known unknowns and unknowns of sequestration of soil organic carbon[J]. Agriculture Ecosystems and Environment, 164: 80-99.

STOPNISEK N, ZÜHLKE D, CARLIER A, et al., 2015. Molecular mechanisms underlying the close association between soil Burkholderia and fungi[J]. ISME Journal, 10: 253-264.

STRIGUL N S, KRAVCHENKO L V, 2006. Mathematical modeling of PGPR inoculation into the rhizosphere[J]. Environmental Modelling and Software, 21(8): 1158-1171.

SU C, LIU H, WANG S, 2018. A process-based framework for soil ecosystem services study and management[J]. Science of the Total Environment, 627: 282-289.

SU L, YANG L, HUANG S, et al., 2016. Comparative gut microbiomes of four species representing the higher and the lower termites[J]. Journal of Insect Science, 16(1): 97.

SUKHDEV P, WITTMER H, SCHRÖTER-SCHLAACK C, et al., 2010. The economics of ecosystems and biodiversity: Mainstreaming the economics of nature: A synthesis of the approach, conclusions and recommendations of TEEB[M]. Malta: Progress Press.

SUN B, WANG P, KONG CH, 2014. Plant-soil feedback in the interference of allelopathic rice with barnyardgrass[J]. Plant and Soil, 377: 309-321.

SUN L, LU Y, YU F, et al., 2016. Biological nitrification inhibition by rice root exudates and its relationship with nitrogen-use efficiency[J]. New Phytologist, 212(3): 646-656.

SUTHAR S, 2009. Earthworm communities a bioindicator of arable land management practices: A case study in semiarid region of India[J]. Ecological Indicators, 9(3): 588-594.

SWIFT M J, HEAL O W, ANDERSON J M, 1979. Decomposition in terrestrial ecosystems[M]. Berkeley: University of California Press.

TAHIR J, RASHID M, AFZAL A J, 2019. Post-translational modifications in effectors and plant proteins involved in host-pathogen conflicts[J]. Plant Pathology, 68(4): 628-644.

TAKKEN F L W, TAMELING W I L, 2009. To nibble at plant resistance proteins[J]. Science, 324(5928): 744-746.

TANG C, BARTON L, MCLAY C D A, 1997. A comparison of proton excretion of twelve pasture legumes grown in nutrient solution[J]. Australian Journal of Experimental Agriculture, 37(5): 563-570.

TANG C, DREVON J J, JAILLARD B, et al., 2004. Proton release of two genotypes of bean(*Phaseolus vulgaris* L.) as affected by N nutrition and P deficiency[J]. Plant and Soil, 260: 59-68.

TANG C, HAN X Z, QIAO Y F, et al., 2009. Phosphorus deficiency does not enhance proton release by roots of soybean[*Glycine max* (L.) Murr.][J]. Environmental and Experimental Botany, 67: 228-234.

TANG X Y, BERNARD L, BRAUMAN A, et al., 2014. Increase in microbial biomass and phosphorus availability in the rhizosphere of intercropped cereal and legumes under field conditions[J]. Soil Biology and Biochemistry, 75: 86-93.

TAPILSKAJA N V, 1967. Amoeba albida Nägler und ihre Beziehungen zu dem pilz verticillum dahliae kleb, dem erreger der welkekrankheit von baumwollpflanzen[J]. Pedobiologia, 7: 156-165.

TARAFDAR J C, CLAASSEN N, 1988. Organic phosphorus compounds as a phosphorus source for higher plants through the activity of phosphatases produced by plant roots and microorganisms[J]. Biology and Fertility of Soils, 5(4): 308-312.

TARAFDAR J C, JUNGK A, 1987. Phosphatase activity in the rhizosphere and its relation to the depletion of soil organic phosphorus[J]. Biology and Fertility of Soils, 3: 199-204.

TARAFDAR J C, MARSCHNER H, 1994. Efficiency of VAM hyphae in utilisation of organic phosphorus by wheat plants[J]. Journal of Soil Science and Plant Nutrition, 40(4): 593-600.

TAUTGES N E, SULLIVAN T S, REARDON C L, et al., 2016. Soil microbial diversity and activity linked to crop yield and quality in a dryland organic wheat production system[J]. Applied Soil Ecology, 108: 258-268.

TEDERSOO L, BAHRAM M, PÕLME S, et al., 2014. Global diversity and geography of soil fungi[J]. Science, 346(6213): 1256688.

TENGBERG A, FREDHOLM S, ELIASSON I, et al., 2012. Cultural ecosystem services provided by landscapes: Assessment of heritage values and identity[J]. Ecosystem Services, 2: 14-26.

TEPLITSKI M, CHEN HC, RAJAMANI S, et al., 2004. *Chlamydomonas reinhardtii* secretes compounds that mimic bacterial signals and interfere with quorum sensing regulation in bacteria[J]. Plant Physiology, 134(1): 137-146.

TESTE F P, KARDOL P, TURNER B L, et al., 2017. Plant-soil feedback and the maintenance of diversity in Mediterranean-climate shrublands[J]. Science, 355(6321): 173-176.

THOMPSON L R, SANDERS J G, MCDONALD D, et al., 2017. A communal catalogue reveals earth's multiscale microbial diversity[J]. Nature, 551(7681): 457-463.

THRANE C, NIELSEN M N, SØRENSEN J, et al., 2001. *Pseudomonas fluorescens* DR54 reduces sclerotia formation, biomass development, and disease incidence of rhizoctonia solani causing damping-off in sugar beet[J]. Microbial Ecology, 42(3): 438-445.

TIAN G, OLIMAH J A, ADEOYE G O, et al., 2000. Regeneration of earthworm populations in a degraded soil by natural, planted fallows under humid tropical conditions[J]. Soil Science Society of America Journal, 64(1): 222-228.

TILMAN D, 1982. Resource competition and community structure[M]. Princeton: Princeton University Press.

TILMAN D, 1996. Biodiversity: Population versus ecosystem stability[J]. Ecology, 77(2): 350-363.

TILMAN D, 1999. The ecological consequences of changes in biodiversity: A search for general principles[J]. Ecology, 80(5): 1455-1474.

TILMAN D, ELHADDI A, 1992. Drought and biodiversity in grasslands[J]. Oecologia, 89(2): 257-264.

TILMAN D, KNOPS J, WEDIN D, et al., 1997. The influence of functional diversity and composition on ecosystem processes[J]. Science, 277(5330): 1300-1302.

TILMAN D, REICH P B, ISBELL F, 2012. Biodiversity impacts ecosystem productivity as much as resources, disturbance, or herbivory[J]. Proceedings of the National Academy of Sciences of the United States of America, 109(26): 10394-10397.

TILMAN D, REICH P B, KNOPS J M H, 2006. Biodiversity and ecosystem stability in a decade-long grassland experiment[J]. Nature, 441(7093): 629-632.

TILMAN D, REICH P B, KNOPS J, et al., 2001. Diversity and productivity in a long-term grassland experiment[J]. Science, 294(5543): 843-845.

TISDALL J, OADES J, 1979. Stabilization of soil aggregates by the root systems of ryegrass[J]. Australian Journal of Soil research, 17(3): 429-441.

TISDALL J M, OADES J M, 1982. Organic matter and water-stable aggregates in soils[J]. Journal of Soil Science, 33(2): 141-163.

TOJU H, PEAY K G, YAMAMICHI M, et al., 2018. Core microbiomes for sustainable agroecosystems[J]. Nature Plants, 4(5): 247-257.

TRACY S R, NAGEL K A, POSTMA J A, et al., 2020. Crop improvement from phenotyping roots: Highlights reveal expanding opportunities[J]. Trends in Plant Science, 25(1): 105-118.

TRAORÉ O, GROLEAU-RENAUD V, PLANTUREUX S, et al., 2000. Effect of root mucilage and modelled root exudates on soil structure[J]. European Journal of Soil Science, 51(4): 575-581.

TRAP J, BONKOWSKI M, PLASSARD C, et al., 2016. Ecological importance of soil bacterivores for ecosystem functions[J]. Plant and Soil, 398(1-2): 1-24.

TRESEDER K K, 2008. Nitrogen additions and microbial biomass: A meta-analysis of ecosystem studies[J]. Ecology Letters, 11(10): 1111-1120.

TRUCHADO P, GIMENEZ-BASTIDA J A, LARROSA M, et al., 2012. Inhibition of quorum sensing(QS) in yersinia enterocolitica by an orange extract rich in glycosylated flavanones[J]. Journal of Agricultural and Food Chemistry, 60(36): 8885-8894.

TSAY J S, FUKAI S, WILSON G L, 1988. Effects of relative sowing time of soybean on growth and yield of cassava in cassava/soybean intercropping[J]. Field Crops Research, 19(3): 227-239.

TSIAFOULI M A, THÉBAULT E, SGARDELIS S P, et al., 2015. Intensive agriculture reduces soil biodiversity across Europe[J]. Global Change Biology, 21(2): 973-985.

TSUNODA T, VAN DAM N M, 2017. Root chemical traits and their roles in belowground biotic interactions[J]. Pedobiologia, 65: 58-67.

TULLGREN A, 1918. Ein sehr einfacher Ausleseapparat für terricole Tierformen[J]. Zeitschrift Für Angewandte Entomologie, 4(1): 149-150.

TURNBULL M S, LINDO Z, 2015. Combined effects of abiotic factors on collembola communities reveal precipitation may act as a disturbance[J]. Soil Biology and Biochemistry, 82: 36-43.

TURNER B L, FROSSARD E, BALDWIN D S, 2005. Organic phosphorus in the environment[M]. London: CABI.

TURNER T R, RAMAKRISHNAN K, WALSHAW J, et al., 2013. Comparative metatranscriptomics reveals kingdom level changes in the rhizosphere microbiome of plants[J]. ISME Journal, 7(12): 2248-2258.

UGA Y, SUGIMOTO K, OGAWA S, et al., 2013. Control of root system architecture by DEEPER ROOTING 1 increases rice yield under drought conditions[J]. Nature Genetics, 45: 1097-1102.

VACHERON J, DESBROSSES G, BOUFFAUD M, et al., 2013. Plant growth-promoting rhizobacteria and root system functioning[J]. Frontiers in Plant Science, 4: 356.

VALLIS I, PARTON W J, KEATING B A, 1991. Simulation of the effects of trash and N fertilizer management on soil organic matter levels and yields of sugarcane[J]. Soil and Tillage Research, 38(1-2): 115-132.

VAN DAM N M, BOUWMEESTER H J, 2016. Metabolomics in the rhizosphere: Tapping into belowground chemical communication[J]. Trends in Plant Science, 21(3): 256-265.

VAN DEN HOOGEN J, GEISEN S, ROUTH D, et al., 2019. Soil nematode abundance and functional group composition at a global scale[J]. Nature, 572: 194-198.

VAN DER HOORN R A L, KAMOUN S, 2008. From guard to decoy: A new model for perception of plant pathogen effectors[J]. Plant Cell, 20(8): 2009-2017.

VAN DER PUTTEN W H, 2017. Belowground drivers of plant diversity: Feedbacks between soil microbes and plants affect the diversity of plant communities[J]. Science, 355(6321): 134-135.

VAN DER PUTTEN W H, BARDGETT R D, BEVER J D, et al., 2013. Plant-soil feedbacks: The past, the present and future challenges[J]. Journal of Ecology, 101(2): 265-276.

VAN GROENIGEN J W, LUBBERS I M, VOS H M J, et al., 2014. Earthworms increase plant production: A meta-analysis[J]. Scientific Reports, 4: 6365.

VAN KESSEL C, HARTLEY C, 2000. Agricultural management of grain legumes: Has it led to an increase in nitrogen fixation?[J]. Field Crops Research, 65(2-3): 165-181.

VAN LOOCKE A, TWINE T E, ZERI M, et al., 2012. A regional comparison of water use efficiency for miscanthus, switchgrass and maize[J]. Agricultural and Forest Meteorology, 164: 82-95.

VAN LOON L C, 2016. The intelligent behavior of plants[J]. Trends in Plant Science, 21(4): 286-294.

VAN RHEE J A, 1969. Inoculation of earthworms in a newly-drained polder[J]. Pedobiologia, 9: 128-132.

VAN VUUREN M M I, ROBINSON D, GRIFFITHS B S, 1996. Nutrient inflow and root proliferation during the exploitation of a temporally and spatially discrete source of nitrogen in soil[J]. Plant and Soil, 178(2): 185-192.

VAN WEST P, MORRIS B M, REID B, et al., 2002. Oomycete plant pathogens use electric fields to target roots[J]. Molecular Plant-microbe Interactions, 15(8): 790-798.

VANDERMEER J H, 1989. The ecology of intercropping[M]. Cambridge: Cambridge University Press.

VARMA A, MALATHI V G, 2003. Emerging geminivirus problems: A serious threat to crop production[J]. Annals of Applied Biology, 142(2): 145-164.

VARVEL G E, 2000. Crop rotation and nitrogen effects on normalized grain yields in a long-term study[J]. Agronomy Journal, 92(5): 938-941.

VÁZQUEZ M D, JUAN B, CHARLOTTE P, et al., 1992. Localization of zinc and cadmium in *Thlaspi caerulescens* (Brassicaceae), a metallophyte that can hyperaccumulate both metals[J]. Journal of Plant Physiology, 140: 350-355.

VEEN G F, WUBS E R J, BARDGETT R D, et al., 2019. Applying the aboveground-belowground interaction concept in agriculture: Spatio-temporal scales matter[J]. Frontiers in Ecology and Evolution, 7: 300.

VELASCO-CASTRILLÓN A, SCHULTZ M B, COLOMBO F, et al., 2014. Distribution and diversity of soil microfauna from East Antarctica: Assessing the link between biotic and abiotic factors[J]. PLoS One, 9(1): e87529.

VENTURI V, KEEL C, 2016. Signaling in the rhizosphere[J]. Trends in Plant Science, 21(3): 187-198.

VERMA M, BRAR S K, TYAGI R D, et al., 2007. *Antagonistic fungi*, *Trichoderma* spp. : Panoply of biological control[J]. Biochemical Engineering Journal, 37(1): 1-20.

VERSCHOOR B C, DE GOEDE R G M, 2000. The nematode extraction efficiency of the Oostenbrink elutriator-cottonwool filter method with special reference to nematode body size and life strategy[J]. Nematology, 2: 325-342.

VESSEY J K, 2003. Plant growth promoting rhizobacteria as biofertilizers[J]. Plant and Soil, 255: 571-586.

VESSEY J K, PAWLOWSKI K, BERGMAN B, 2005. Root-based N_2-fixing symbioses: Legumes, actinorhizal plants, Parasponia sp and cycads[J]. Plant and Soil, 274 (1-2): 51-78.

VIDYA LAKSHMI C, KUMAR M, KHANNA S, 2008. Biotransformation of chlorpyrifos and bioremediation of contaminated soil[J]. International Biodeterioration and Biodegradation, 62(2): 204-209.

VIEIRA A S, BUENO O C, CAMARG-Mathias M I, 2011. Secretory profile of metapleural gland cells of the leaf-cutting ant *acromyrmex coronatus*(Formicidae, *Attini*)[J]. Microscopy Research and Technique, 74(1): 76-83.

VIKETOFT M, 2013. Determinants of small-scale spatial patterns: Importance of space, plants and abiotics for soil nematodes[J]. Soil Biology and Biochemistry, 62: 92-98.

VILLAVERDE J, RUBIO-BELLIDO M, LARA-MORENO A, et al., 2018. Combined use of microbial consortia isolated from different agricultural soils and cyclodextrin as a bioremediation technique for herbicide contaminated soils[J]. Chemosphere, 193: 118-125.

VILLENAVE C, BONGERS T, EKSCHMITT K, et al., 2003. Changes in nematode communities after manuring in millet fields in Senegal[J]. Nematology, 5: 351-358.

VISSER A A, NOBRE T, CURRIE C R, et al., 2012. Exploring the potential for actinobacteria as defensive symbionts in fungus-growing termites[J]. Microbial Ecology, 63(4): 975-985.

VITOUSEK P M, EHRLICH P R, EHRLICH A H, et al., 1986. Human appropriation of the products of photosynthesis[J]. Bioscience, 36(6): 368-373.

VOLDER A, SMART D R, BLOOM A J, et al., 2005. Rapid decline in nitrate uptake and respiration with age in fine lateral roots of grape: Implications for root efficiency and competitive effectiveness[J]. New Phytologist, 165(2): 493-502.

VON UEXKÜLL H R, MUTERT E, 1995. Global extent, development and economic impact of acid soils[J]. Plant and Soil, 171: 1-15.

WAKELIN S A, WARREN R A, HARVEY P R, et al., 2004. Phosphate solubilization by *Penicillium* spp. closely associated with wheat roots[J]. Biology and Fertility of Soils, 40: 36-43.

WALCH-LIU P I A, IVANOV I I, FILLEUR S, et al., 2006. Nitrogen regulation of root branching[J]. Annals of Botany, 97(5): 875-881.

WALL D H, 2004. Sustaining biodiversity and ecosystem services in soils and sediments[M]. Washington DC: Island Press.

WALL D H, NIELSEN U N, SIX J, 2015. Soil biodiversity and human health[J]. Nature, 528: 69-76.

WALSH U F, MORRISSEY J P, O'GARA F, 2001. *Pseudomonas* for biocontrol of phytopathogens: From functional genomics to commercial exploitation[J]. Current Opinion in Biotechnology, 12(3): 289-295.

WALTERS WA, JIN Z, YOUNGBLUT N, et al., 2018. Large-scale replicated field study of maize rhizosphere identifies heritable microbes[J]. Proceedings of the National Academy of Sciences of the United State of America, 115(28): 7368-7373.

WANG B, LI R, RUAN Y, et al., 2015a. Pineapple-banana rotation reduced the amount of *Fusarium oxysporum* more than maize-banana rotation mainly through modulating fungal communities[J]. Soil Biology and Biochemistry, 86: 77-86.

WANG C, LIU D W, EDITH B A I, 2018. Decreasing soil microbial diversity is associated with decreasing microbial biomass under nitrogen addition[J]. Soil Biology and Biochemistry, 120: 126-133.

WANG G, POST W M, MAYES M A, 2013. Development of microbial-enzyme-mediated decomposition model parameters through steady-state and dynamic analyses[J]. Ecological Applications, 23(1): 255-272.

WANG K, QIAO Y H, LI H F, et al., 2020a. Use of integrated biomarker response for studying the resistance strategy of the earthworm *Metaphire californica* in Cd-contaminated field soils in Hunan Province, South China[J]. Environmental Pollution, 260: 114056.

WANG L, MOU P P, JONES R H, 2006. Nutrient foraging via physiological and morphological plasticity in three plant species[J]. Canadian Journal of Forest Research, 36(1): 164-173.

WANG L, SHEN J, 2019. Root/Rhizosphere management for improving phosphorus use efficiency and crop productivity[J]. Better Crops with Plant Food, 103(1): 36-39.

WANG M G, RUAN W B, KOSTENKO O, et al., 2019a. Removal of soil biota alters soil feedback effects on plant growth and defense chemistry[J]. New Phytologist, 221(3): 1478-1491.

WANG P, KONG C H, SUN B, et al., 2010. Allantoin-induced changes of microbial diversity and community in rice soil[J]. Plant and Soil, 332: 357-368.

WANG Q, ZHANG D, ZHANG L, et al., 2017a. Spatial configuration drives complementary capture of light of the understory cotton in young jujube plantations[J]. Field Crops Research, 213: 21-28.

WANG R, CHENG T, HU L Y, 2015b. Effect of wide-narrow row arrangement and plant density on yield and radiation use efficiency of mechanized direct-seeded canola in Central China[J]. Field Crops Research, 172(3-4): 42-52.

WANG S, YANG L S, SU M M, et al., 2019b. Increasing the agricultural, environmental and economic benefits of farming based on suitable crop rotations and optimum fertilizer applications[J]. Field Crops Research, 240: 78-85.

WANG S J, TAN Y, FAN H, et al., 2015c. Responses of soil microarthropods to inorganic and organic fertilizers in a poplar plantation in a coastal area of eastern China[J]. Applied Soil Ecology, 89: 69-75.

WANG W H, LUO X, YE X F, et al., 2020b. Predatory Myxococcales are widely distributed in and closely correlated with the bacterial community structure of agricultural land[J]. Applied Soil Ecology, 146: 103365.

WANG X, HU F, LI H X, 2005. Contribution of earthworms to the infiltration of nitrogen in a wheat agroecosystem[J]. Biology and Fertility of Soils, 41: 284-287.

WANG X, PAN Q, CHEN F, et al., 2011. Effects of co-inoculation with arbuscular mycorrhizal fungi and rhizobia on soybean growth as related to root architecture and availability of N and P[J]. Mycorrhiza, 21(3): 173-181.

WANG X X, ZHAO F, ZHANG G, et al., 2017b. Vermicompost improves tomato yield and quality and the biochemical properties of soils with different tomato planting history in a greenhouse study[J]. Frontiers in Plant Science, 8: 1978.

WANG Y, LAMBERS H, 2020. Root-released organic anions in response to low phosphorus availability: Recent progress, challenges and future perspectives[J]. Plant and Soil, 447: 135-156.

WANG Y Q, SUN J X, CHEN H M, et al., 1997. Determination of the contents and distribution characteristics of REE in natural plants by NAA[J]. Journal of Radioanalytical and Nuclear Chemistry, 219: 99-103.

WARDLE D A, 2002. Communities and ecosystems: Linking the aboveground and belowground components[M]. Princeton: Princeton University Press.

WARDLE D A, 2006. The influence of biotic interactions on soil biodiversity[J]. Ecology Letters, 9: 870-886.

WARDLE D A, 2012. The soil food web: Biotic interactions and regulators[M]//WARDLE D A. Communities and ecosystems: linking the aboveground and belowground components. Princeton: Princeton University Press: 7-55.

WARDLE D A, BARDGETT R D, KLIRONOMOS J N, et al., 2004. Ecological linkages between aboveground and below ground biota[J]. Science, 304(5677): 1629-1633.

WARDLE D A, VERHOEF H A, CLARHOLM M, 1998. Trophic relationships in the soil microfood-web: Predicting the responses to a changing global environment[J]. Global Change Biology, 4(7): 713-727.

WASSON A P, NAGEL K A, TRACY S, et al., 2020. Beyond digging: Noninvasive root and rhizosphere phenotyping[J]. Trends in Plant Science, 25(1): 119-120.

WATANABE M D, ORTEGA E, 2014. Dynamic emergy accounting of water and carbon ecosystem services: A model to simulate the impacts of land-use change[J]. Ecological Modelling, 271: 113-131.

WATANABE T, OSAKI M, TADANO T, 1998. Effects of nitrogen source and aluminum on growth of tropical tree seedlings adapted to low pH soils[J]. Soil Science and Plant Nutrition, 44(4): 655-666.

WATT M, HUGENHOLTZ P, WHITE R, et al., 2006. Numbers and locations of native bacteria on field-grown wheat roots quantified by fluorescence in situ hybridization(FISH)[J]. Environmental Microbiology, 8(5): 871-884.

WEAVER R W, ANGLE S, BOTTOMLEY P, 1994. Methods of soil analysis: Microbiological and biochemical properties[J]. Soil Science Society of America, 63: 131-133.

WEBER J L, 2007. Accounting for soil in the SEEA[M]. Bangkok: UNEP's Press.

WEI C Y, CHEN T B, HUANG Z C, et al., 2002. Cretan Brake (*Pteris cretica* L.): An Arsenic-accumulating plant[J]. Acta Ecologica Sinica, 22(5): 777-778.

WEI Z, YANG X, Yin S, et al., 2011. Efficacy of *Bacillus*-fortified organic fertiliser in controlling bacterial wilt of tomato in the field[J]. Applied Soil Ecology, 48(2): 152-159.

WEIDNER S, LATZ E, AGARAS B, et al., 2017. Protozoa stimulate the plant beneficial activity of rhizospheric pseudomonads[J]. Plant and Soil, 410: 509-515.

WEIGELT A, SCHUMACHER J, ROSCHER C, et al., 2008. Does biodiversity increase spatial stability in plant community biomass?[J]. Ecology Letters, 11(4): 338-347.

WELLER D M, RAAIMAKEN J M, GARDENER B B M, 2002. Microbial populations responsible for specific soil supprcssiveness to plant pathogens[J]. Annual Review of Phytopathology, 40: 309-348.

WELLER S, FISCHER A, WILLIBALD G, et al., 2019. N_2O emissions from maize production in South-West Germany and evaluation of N_2O mitigation potential under single and combined inhibitor application[J]. Agriculture, Ecosystems and Environment, 269: 215-223.

WEN Z, LI H, SHEN J, et al., 2017. Maize responds to low shoot P concentration by altering root morphology rather than increasing root exudation[J]. Plant and Soil, 416: 377-389.

WEN Z, LI H, SHEN Q, et al., 2019. Tradeoffs among root morphology, exudation and mycorrhizal symbioses for phosphorus-acquisition strategies of 16 crop species[J]. New Phytologist, 223 (2): 882-895.

WEN Z, PANG J, TUEUX G, et al., 2020. Contrasting patterns in biomass allocation, root morphology and mycorrhizal symbiosis for phosphorus acquisition among 20 chickpea genotypes with different amounts of rhizosheath carboxylates[J]. Functional Ecology, 34 (7): 1311-1324.

WENZEL W W, BUNKOWSKI M, PUSCHENREITER M, et al., 2003. Rhizosphere characteristics of indigenously growing nickel hyperaccumulator and excluder plants on serpentine soil[J]. Environmental Pollution, 123(1): 131-138.

WERNER S, POLLE A, BRINKMANN N, 2016. Belowground communication: Impacts of volatile organic compounds(VOCs) from soil fungi on other soil-inhabiting organisms[J]. Applied Microbiology and Biotechnology, 100(20): 8561-8665.

WEST D B, 2001. Introduction to graph theory[M]. 2nd ed. New Delhi: Prentice Hall of India International.

WEST S A, HERRE E A, 1994. The Ecology of the new world fig-parasitizing wasps idarnes and implications for the evolution of the fig-pollinator mutualism[J]. Proceedings of the Royal Society London B, 258(1351): 67-72.

WEST S A, KIERS E T, SIMMS E L, et al., 2002. Sanctions and mutualism stability: Why do rhizobia fix nitrogen?[J]. Proceedings of the Royal Society London B, 269: 685-694.

WHALEN J K, SAMPEDRO L, 2010. Soil ecology and management[M]. Wallingford: CABI Publishers.

WHALLEY P, JARZEMBOWSKI E A, 1981. A new assessment of *Rhyniella*, the earliest known insect, from the Devonian of Rhynie, Scotland[J]. Nature, 291: 317.

WHITE R F, 1979. Acetylsalicylic acid(aspirin) induces resistance to tobacco mosaic virus in tobacco[J]. Virology, 99(2): 410-412.

WHITTAKER R H, FEENY P P, 1971. Allelochemics: Chemical interactions between species[J]. Science, 171(3973): 757-770.

WIJESINGHE D K, JOHN E A, BEURSKENS S, et al., 2001. Root system size and precision in nutrient foraging: Responses to spatial pattern of nutrient supply in six herbaceous species[J]. Journal of Ecology, 89(6): 972-983.

WILKINSON M T, RICHARDS P J, HUMPHREYS G S, 2009. Breaking ground: Pedological, geological, and ecological implications of soil bioturbation[J]. Earth-science Reviews, 97(1-4): 257-272.

WILLIAMS M, MALHI Y, NOBRE A, et al., 1998. Seasonal variation in net carbon exchange and evapotranspiration in a Brazilian rain forest: A modelling analysis[J]. Plant Cell and Environment, 21(10): 953-968.

WILLIAMSON V M, 1998. Root-knot nematode resistance genes in tomato and their potential for future use[J]. Annual Review of Phytopathology, 36(2): 277-293.

WILLIAMSON V M, GLEASON C A, 2003. Plant-nematode interactions[J]. Current Opinion in Plant Biology, 6(4): 327-333.

WILSON S C, JONES K C, 1993. Bioremediation of soil contaminated with polynuclear aromatic hydrocarbons (PAHs): A review[J]. Environmental Pollution, 81: 229-249.

WITT C, CASSMAN K G, OLK D C, 2000. Crop rotation and residue management effects on carbon sequestration, nitrogen cycling and productivity of irrigated rice system[J]. Plant and Soil, 225: 263-278.

WU D, LIU M Q, SONG X C, et al., 2015. Earthworm ecosystem service and dis-service in an N-enriched agroecosystem: Increase of plant production leads to no effects on yield-scaled N_2O emissions[J]. Soil Biology and Biochemistry, 82: 1-8.

WU D, SENBAYRAM M, WELL R, et al., 2017. Nitrification inhibitors mitigate N_2O emissions more effectively under straw-induced conditions favoring denitrification[J]. Soil Biology and Biochemistry, 104: 197-207.

WU H, HAIG T, PRATLEY J, et al., 2000. Distribution and exudation of allelochemicals in wheat *Triticum aestivum*[J]. Journal of Chemical Ecology, 26(9): 2141-2154.

WU H, LIU D, LING N, et al., 2008a. Effects of vanillic acid on the growth and development of *Fusarium oxysporum* f. sp. niveum[J]. Allelopathy Journal 22(1): 111-121.

WU H, RAZA W, FAN J, et al., 2008b. Antibiotic effect of exogenously applied salicylic acid on in vitro soilborne pathogen, *Fusarium oxysporum* f. sp. niveum[J]. Chemosphere, 74(1): 45-50.

WU K X, FULLEN M A, AN T X, et al., 2012. Above-and below-ground interspecific interaction in intercropped maize and potato: A field study using the 'target' technique[J]. Field Crops Research, 139: 63-70.

WU M, HAN H, ZHENG X N et al., 2019. Dynamics of oxytetracycline and resistance genes in soil under long-term intensive compost fertilization in Northern China[J]. Environmental Science and Pollution Research, 26: 21381-21393.

WUBS E R J, BEZEMER T M, 2018. Temporal carry-over effects in sequential plant-soil feedbacks[J]. Oikos, 127(2): 220-229.

WUBS E R J, VAN DER PUTTEN W H, BOSCH M, et al., 2016. Soil inoculation steers restoration of terrestrial ecosystems[J]. Nature Plants, 2(8): 16107.

WUBS E R J, VAN DER PUTTEN W H, MORTIMER S R, et al., 2019. Single introductions of soil biota and plants generate long-term legacies in soil and plant community assembly[J]. Ecology Letters, 22(7): 1145-1151.

WURST S, 2010. Effects of earthworms on above- and belowground herbivores[J]. Applied Soil Ecology, 45: 123-130.

WURST S, 2013. Plant-mediated links between detritivores and aboveground herbivores[J]. Frontiers in Plant Science, 4: 380.

WURST S, DE DEYN G B, ORWIN K, 2013. Soil biodiversity and functions[M]//WALL D A. Soil ecology and ecosystem services. New York: Oxford University Press.

WURST S, OHGUSHI T, 2015. Do plant- and soil-mediated legacy effects impact future biotic interactions?[J]. Functional Ecology, 29(11): 1373-1382.

XIA Z C, KONG C H, CHEN L C, et al., 2016. A broadleaf species enhances an autotoxic conifers growth through belowground chemical interactions[J]. Ecology, 97(9): 2283-2292.

XIAO G, YING S H, ZHENG P, et al., 2012. Genomic perspectives on the evolution of fungal entomopathogenicity in *Beauveria bassiana*[J]. Scientific Reports, 2: 483.

XIAO H F, GRIFFITHS B, CHEN X Y, et al., 2010. Influence of bacterial-feeding nematodes on nitrification and the ammonia-oxidizing bacteria(AOB)community composition[J]. Applied Soil Ecology, 45(3): 131-137.

XIAO Y, LI L, ZHANG F, 2004. Effect of root contact on interspecific competition and N transfer between wheat and faba bean using direct and indirect ^{15}N techniques[J]. Plant and Soil, 262(1-2): 45-54.

XIAO Z, JIANG L, CHEN X, et al., 2019. Earthworms suppress thrips attack on tomato plants by concomitantly modulating soil properties and plant chemistry[J]. Soil Biology and Biochemistry, 130: 23-32.

XIAO Z, LIU M, JIANG L, et al., 2016. Vermicompost increases defense against root-knot nematode(*Meloidogyne incognita*) in tomato plants[J]. Applied Soil Ecology, 105: 177-186.

XIAO Z, WANG X, KORICHEVA J, et al., 2018. Earthworms affect plant growth and resistance against herbivores: A meta-analysis[J]. Functional Ecology, 32(1): 150-160.

XIONG H, KAKEI Y, KOBAYASHI T, et al., 2013. Molecular evidence for phytosiderophore-induced improvement of iron nutrition of peanut intercropped with maize in calcareous soil[J]. Plant Cell and Environment, 36(10): 1888-1902.

XIONG W, JOUSSET A, GUO S, et al., 2018. Soil protist communities form a dynamic hub in the soil microbiome[J]. ISME Journal, 12: 634-638.

XIONG W, LI R, REN Y, et al., 2017. Distinct roles for soil fungal and bacterial communities associated with the suppression of vanilla *Fusarium* wilt disease[J]. Soil Biology and Biochemistry, 107: 198-207.

XU H, BI H, GAO L, et al., 2013a. Distribution and morphological variation of fine root in a walnut-soybean intercropping system in the Loess Plateau of China[J]. International Journal of Agriculture and Biology, 15(5): 998-1002.

XU J L, ZHANG J, HUANG T L, et al., 2013b. Comparative bioremediation of oil contaminated soil by natural attenuation, biostimulation and bioaugmentation[J]. Advanced Materials Research, 777: 258-262.

XU L, NAYLOR D, DONG Z, et al., 2018. Drought delays development of the sorghum root microbiome and enriches for monoderm bacteria[J]. Proceedings of the National Academy of Sciences, 115(18): E4284-E4293.

XUAN W, BAND L R, KUMPF R P, et al., 2016. Cyclic programmed cell death stimulates hormone signaling and root development in Arabidopsis[J]. Science, 351(6271): 384-387.

YACHI S, LOREAU M, 1999. Biodiversity and ecosystem productivity in a fluctuating environment: the insurance hypothesis[J]. Proceedings of the National Academy of Sciences, 96(4): 1463-1468.

YADAV R S, TARAFDAR J C, 2001. Influence of organic and inorganic phosphorus supply on the maximum secretion of acid phosphatase by plants[J]. Biology and Fertility of Soils, 34: 140-143.

YAN S K, SINGH A N, FU S L, et al., 2012. A soil fauna index for assessing soil quality[J]. Soil Biology and Biochemistry, 47: 158-165.

YANG B, DANIEL B M, GIRISH S, et al. 2015. Functional overlap of the *Arabidopsis* leaf and root microbiota[J]. Nature, 528: 364-369.

YANG C, LIU N, GUO X, et al., 2006. Cloning of *mpd* gene from a chlorpyrifos-degrading bacterium and use of this strain in bioremediation of contaminated soil[J]. FEMS Microbiology Letters, 265(1): 118-125.

YANG J, KLOEPPER J W, RYU C M, 2009. Rhizosphere bacteria help plants tolerate abiotic stress[J]. Trends in Plant Science, 14(1): 1-4.

YANG L X, WANG P, KONG C H, 2010. Effect of larch(*Larix gmelini* Rupr.)root exudates on Manchurian walnut(*Juglans mandshurica* Maxim.) growth and soil juglone in a mixed-species plantation[J]. Plant and Soil, 329: 249-258.

YANG L X, YAN X F, KONG C H, 2007. Allelopathic potential of root exudates of larch(*Larix gmelini*) on Manchurian walnut(*Juglans mandshurica*)[J]. Allelopathy Journal, 20(1): 127-134.

YANG X F, KONG C H, 2017. Interference of allelopathic rice with paddy weeds at the root level[J]. Plant Biology, 19(4): 584-591.

YANG X, CHEN L, YONG X, et al., 2011. Formulations can affect rhizosphere colonization and biocontrol efficiency of *Trichoderma harzianum* SQR-T037 against *Fusarium* wilt of cucumbers[J]. Biology and Fertility of Soils, 47(3): 239-248.

YANG X, REN W, SUN B, et al., 2012. Effects of contrasting soil management regimes on total and labile soil organic carbon fractions in a loess soil in China[J]. Geoderma, 177-178: 49-56.

YANG X F, LI L L, XU Y, et al., 2018. Kin recognition in rice(*Oryza sativa* L.)lines[J]. New Phytologist, 220(2): 567-578.

YAO R J, YANG J S, ZHANG T J, et al., 2014. Studies on soil water and salt balances and scenarios simulation using SaltMod in a coastal reclaimed farming area of Eastern China[J]. Agricultural Water Management, 131: 115-123.

YAO Z, YAN G, ZHENG X, et al., 2017. Straw return reduces yield-scaled N_2O plus NO emissions from annual winter wheat-based cropping systems in the North China plain[J]. Science of the Total Environment, 590-591: 174-185.

YAZDANPANAH N, MAHMOODABADI M, CERDÀ A, 2016. The impact of organic amendments on soil hydrology, structure and microbial respiration in semiarid lands[J]. Geoderma, 266: 58-65.

YEATES G W, 2003. Nematodes as soil indicators: Functional and biodiversity aspects[J]. Biology and Fertility of Soils, 37(4): 199-210.

YEATES G W, BONGERS T, 1999. Nematode diversity in agroecosystems, invertebrate biodiversity as bioindicators of sustainable landscapes[M]. Amsterdam: Elsevier.

YEATES G W, BONGERS T, DE GOEDE R, et al., 1993. Feeding habits in soil nematode families and genera-an outline for soil ecologists[J]. Journal of Nematology, 25(3): 315-331.

YEK S H, MUELLER U G, 2011. The metapleural gland of ants[J]. Biological Reviews, 86(4): 774-791.

YOUNIS M, 2007. Responses of lablab purpureus-*rhizobium* symbiosis to heavy metals in pot and field experiments[J]. World Journal of Agricultural Sciences, 1(3): 111-122.

YU J G, HU F, LI H X, et al., 2008. Earthworm(*Metaphire guillelmi*) effects on rice photosynthates distribution in the plant-soil system[J]. Biology and Fertility of Soils, 44(4): 641-647.

YU P, LI X, YUAN L, et al., 2014. A novel morphological response of maize(*Zea mays*) adult roots to heterogeneous nitrate supply revealed by a split-root experiment[J]. Physiologia Plantarum, 150(1): 133-144.

YU R, LI X, XIAO Z, et al., 2020. Phosphorus facilitation and covariation of root traits in steppe species[J]. New Phytologist, 226 (5): 1285-1298.

YU Y, STOMPH T J, MAKOWSKI D, et al., 2015. Temporal niche differentiation increases the land equivalent ratio of annual intercrops: A meta-analysis[J]. Field Crops Research, 184(2): 133-144.

ZAKIR H A, SUBBARAO G V, PEARSE S J, et al., 2008. Detection, isolation and characterization of a root-exuded compound, methyl 3-(4-hydroxyphenyl) propionate, responsible for biological nitrification inhibition by sorghum(*Sorghum bicolor*)[J]. New Phytologist, 180(2): 442-451.

ZANG H, YANG X, FENG X, et al., 2015. Rhizodeposition of nitrogen and carbon by mungbean(*Vigna radiata* L.) and its contribution to intercropped oats(*Avena nuda* L.)[J]. PLoS One, 10(3): e0121132.

ZAPPI M E, ROGERS B A, TEETER C L, et al., 1996. Bioslurry treatment of a soil contaminated with low concentrations of total petroleum hydrocarbons[J]. Journal of Hazardous Materials 46(1): 1-12.

ZAVATTARO L, BECHINI L, GRIGNANI C, et al., 2017. Agronomic effects of bovine manure: A review of long-term European field experiments[J]. European Journal of Agronomy, 90: 127-138.

ZHALNINA K, DE QUADROS P D, CAMARGO F A O, et al., 2012. Drivers of archaeal ammonia-oxidizing communities in soil[J]. Frontiers in Microbiology, 3: 210.

ZHALNINA K, LOUIE K B, HAO Z, et al., 2018. Dynamic root exudate chemistry and microbial substrate preferences drive patterns in rhizosphere microbial community assembly[J]. Nature Microbiology, 3(4): 470-480.

ZHAN A, LYNCH J P, 2015a. Reduced frequency of lateral root branching improves N capture from low-N soils in maize[J]. Journal of Experimental Botany, 66: 2055-2065.

ZHAN A, SCHNEIDER H, LYNCH J P, et al., 2015b. Reduced lateral root branching density improves drought tolerance in maize[J]. Plant Physiology, 168: 1603-1615.

ZHANG D, LYU Y, LI H, et al., 2020. Neighbouring plants modify maize root foraging for phosphorus: Coupling nutrients and neighbours for improved nutrient-use efficiency[J]. New Phytologist, 226(1): 244-253.

ZHANG D, ZHANG C, TANG X, et al., 2016a. Increased soil phosphorus availability induced by faba bean root exudation stimulates root growth and phosphorus uptake in neighbouring maize[J]. New Phytologist, 209(2): 823-831.

ZHANG F, 2006. Biological processes in the rhizosphere: A frontier in the future of soil science[M]//The Future of Soil Science. CIP-GEGEVENS KONINKLIJKE BIBLIOTHEEK, DEN HAAG. Wageningen: IUSS international Union of Soil Sciences.

ZHANG F, LI L, 2003. Using competitive and facilitative interactions in intercropping systems enhances crop productivity and nutrient-use efficiency[J]. Plant and Soil, 248(1-2): 305-312.

ZHANG F, RÖMHELD V, MARSCHNER H, 1989. Effect of zinc deficiency in wheat on the release of zinc and iron mobilizing root exudates[J]. Zeitschrift Für Pflanzenernährung Und Bodenkunde, 152(2): 205-210.

ZHANG F, RÖMHELD V, MARSCHNER H, 1991a. Diurnal rhythm of release of phytosiderophores and uptake rate of zinc in iron-deficient wheat[J]. Soil Science and Plant Nutrition, 37(4): 671-678.

ZHANG F, RÖMHELD V, MARSCHNER H, 1991b. Release of zinc mobilizing root exudates in different plant species as affected by zinc nutritional status[J]. Journal of Plant Nutrition, 14(7): 675-686.

ZHANG F, SHEN J, LI L, et al., 2004. An overview of rhizosphere processes under major cropping systems in China[J]. Plant and Soil, 260: 89-99.

ZHANG F, SHEN J, ZHANG J, et al., 2010. Rhizosphere processes and management for improving nutrient use efficiency and crop productivity: Implications for China[J]. Advances in Agronomy, 107: 1-32.

ZHANG J, LIU Y, ZHANG N, et al., 2019a. NRT1. 1B is associated with root microbiota composition and nitrogen use in field-grown rice[J]. Nature Biotechnology, 37: 676-684.

ZHANG L, FENG G, DECLERCK S, 2018a. Signal beyond nutrient, fructose, exuded by an arbuscular mycorrhizal fungus triggers phytate mineralization by a phosphate solubilizing bacterium[J]. ISME Journal, 12: 2339-2351.

ZHANG L, VAN der WERF W, BASTIAANS L, et al., 2008. Light interception and utilization in relay intercrops of wheat and cotton[J]. Field Crops Research, 107(1): 29-42.

ZHANG L, XU M, LIU Y, et al. 2016b. Carbon and phosphorus exchange may enable cooperation between an arbuscular mycorrhizal fungus and a phosphate-solubilizing bacterium[J]. New Phytologist, 210(3): 1022-1032.

ZHANG L M, HU H W, SHEN J P, et al., 2012a. Ammonia-oxidizing archaea have more important role than ammonia-oxidizing bacteria in ammonia oxidation of strongly acidic soils[J]. ISME Journal, 6(5): 1032-1045.

ZHANG P, WEI T, JIA Z K, et al., 2014. Soil aggregate and crop yield changes with different rates of straw incorporation in semiarid areas of Northwest China[J]. Geoderma, 230(7): 41-49.

ZHANG Q Q, YING G G, PAN C G, et al., 2015a. Comprehensive evaluation of antibiotics emission and fate in the river basins of China: Source analysis, multimedia modeling, and linkage to bacterial resistance[J]. Environmental Science and Technology, 49(11): 6772-6782.

ZHANG S X, CUI S Y, Mclaughlin N B, et al., 2019b. Tillage effects outweigh seasonal effects on soil nematode community structure[J]. Soil and Tillage Research, 192: 233-239.

ZHANG S X, LI Q, LÜ Y, et al., 2015b. Conservation tillage positively influences the microflora and microfauna in the black soil of Northeast China[J]. Soil and Tillage Research, 149: 46-52.

ZHANG W, HENDRIX P F, DAME L E, et al., 2013. Earthworms facilitate carbon sequestration through unequal amplification of carbon stabilization compared with mineralization[J]. Nature Communications, 4: 2576.

ZHANG W, RICKETTS T H, KREMEN C, et al., 2007. Ecosystem services and dis-services to agriculture[J]. Ecological Economics, 64(2): 253-260.

ZHANG W, TANG X, FENG X, et al., 2019c. Management strategies to optimize soil phosphorus utilization and alleviate environmental risk in China[J]. Journal of Environmental Quality, 48(5): 1167-1175.

ZHANG W D, WANG X F, LI Q, et al., 2007. Soil nematode responses to heavy metal stress[J]. Helminthologia, 44: 87-91.

ZHANG W P, LIU G C, SUN J H, et al., 2017a. Temporal dynamics of nutrient uptake by neighbouring plant species: Evidence from intercropping[J]. Functional Ecology, 31(2): 469-479.

ZHANG X, BOL R, RAHN C, et al., 2017b. Agricultural sustainable intensification improved nitrogen use efficiency and maintained high crop yield during 1980-2014 in Northern China[J]. Science of the Total Environment, 596-597: 61-68.

ZHANG X K, LI Q, ZHU A N, et al., 2012b. Effects of tillage and residue management on soil nematode communities in North China[J]. Ecological Indicators, 13: 75-81.

ZHANG Z H, ZHOU H K, ZHAO X Q, et al., 2018b. Relationship between biodiversity and ecosystem functioning in alpine meadows of the Qinghai-Tibet Plateau[J]. Biodiversity Science, 26(2): 111-129.

ZHANG Z Y, ZHANG X K, JHAO J S, et al., 2015c. Tillage and rotation effects on community composition and metabolic footprints of soil nematodes in a black soil[J]. European Journal of Soil Biology, 66: 40-48.

ZHAO C, YAN M, ZHONG H, et al., 2018. Biodegradation of polybrominated diphenyl ethers and strategies for acceleration: A review[J]. International biodeterioration and Biodegradation, 129: 23-32.

ZHAO F, ZHANG Y, DONG W, et al., 2019. Vermicompost can suppress *Fusarium oxysporum* f. sp. lycopersici via generation of beneficial bacteria in a long-term tomato monoculture soil[J]. Plant and Soil, 440: 491-505.

ZHAO G, LIU J, KUANG W, et al., 2015. Disturbance impacts of land use change on biodiversity conservation priority areas across China: 1990-2010[J]. Journal of Geographical Sciences, 25: 515-529.

ZHAO X, LIU S L, PU C, et al., 2017. Crop yields under no-till farming in China: A meta-analysis[J]. European Journal of Agronomy, 84: 67-75.

ZHENG Y, WANG S, BONKOWSKI M, et al., 2018. Litter chemistry influences earthworm effects on soil carbon loss and microbial carbon acquisition[J]. Soil Biology and Biochemistry, 123: 105-114.

ZHONG Y, YANG Y, LIU P, et al., 2019. Genotype and rhizobium inoculation modulate the assembly of soybean rhizobacterial communities[J]. Plant Cell and Environment, 42(6): 2028-2044.

ZHONG Y Q, YAN W M, SHANGGUAN Z P, 2015. Impact of long-term N additions upon coupling between soil microbial community structure and activity, and nutrient-use efficiencies[J]. Soil Biology and Biochemistry, 91: 151-159.

ZHOU C, LIU J, YE W, et al., 2003. Neoverataline A and B, two antifungal alkaloids with a novel carbon skeleton from *Veratrum taliense*[J]. Tetrahedron, 59(30): 5743-5747.

ZHOU J J, 2013. Screen for plant growth promoting bacteria ang investigations on endophytic nitrogen-fixers in vegetables[D]. Beijing: Chinese Academy of Agricultural Sciences.

ZHOU J M, CHAI J J, 2008. Plant pathogenic bacterial type Ⅲ effectors subdue host responses[J]. Current Opinion in Microbiology, 11(2): 179-185.

ZHOU L J, YING G G, Liu S, et al., 2013. Excretion masses and environmental occurrence of antibiotics in typical swine and dairy cattle farms in China[J]. Science of the Total Environment, 444(2): 183-195.

ZHOU L L, CAO J, ZHANG F S, et al., 2009. Rhizosphere acidification of faba bean, soybean and maize[J]. The Science of Total Environment, 407: 4356-4362.

ZHU C, LING N, GUO J, et al., 2016. Impacts of fertilization regimes on arbuscular mycorrhizal fungal(AMF) community composition were correlated with organic matter composition in maize rhizosphere soil[J]. Frontiers in Microbiology, 7: 1-12.

ZIPFEL C, 2014. Plant pattern-recognition receptors[J]. Trends in Immunology, 35(7): 345-351.

ZOTTI M, DI PIAZZA S, ROCCOTIELLO E, et al., 2014. Microfungi in highly copper-contaminated soils from an abandoned Fe-Cu sulphide mine: Growth responses, tolerance and bioaccumulation[J]. Chemosphere, 117: 471-476.

ZUO Y, ZHANG F, 2008. Effect of peanut mixed cropping with gramineous species on micronutrient concentrations and iron chlorosis of peanut plants grown in a calcareous soil[J]. Plant and Soil, 306: 23-36.

ZUO Y, ZHANG F, 2009. Iron and zinc biofortification strategies in dicot plants by intercropping with gramineous species: A review[J]. Agronomy for Sustainable Development, 29(1): 63-71.

ZUO Y, ZHANG F, LI X, et al., 2000. Studies on the improvement in iron nutrition of peanut by intercropping with maize on a calcareous soil[J]. Plant and Soil, 220(1-2): 13-25.

索　引

H

J

K

L

M

N

P

Q

S

T

W

X

Y

Z